W0259052

Werner Nürnberg

Die Asynchronmaschine

Zweite Auflage

Reprint

Springer-Verlag Berlin Heidelberg New York 1976

ISBN-13: 978-3-642-64969-1 e-ISBN-13: 978-3-642-64968-4
DOI: 10.1007/978-3-642-64968-4

Softcover reprint of the hardcover 2nd edition 1952

Library of Congress Catalog Card Number 53-1748

Vorwort

Ich begrüße die Absicht des Verlages, die seit einiger Zeit vergriffene zweite Auflage in einer Reprintausgabe wieder zugänglich zu machen.

Die Umrechnung der im Buch teilweise verwendeten alten Einheiten auf die neuen *gesetzlichen Einheiten* ist an Hand der folgenden drei Beziehungen leicht möglich. Ein Maxwell ist gleich 10^{-8} Voltsekunden, ein Gauß ist gleich 10^{-4} Voltsekunden durch Quadratmeter und ein Kilopond ist gleich 9,80665 Newton (N). Demnach ist die früher durchweg benutzte Einheit für die spezifische Beanspruchung kg/cm^2 gleich 0,0980665 N/mm oder ungefähr 0,1 N/mm^2. Wie in diesem Beispiel ist allgemein eine Beschränkung auf die reinen SI-Einheiten weder durch das Gesetz vorgeschrieben noch in der Praxis zweckmäßig.

Erwähnt seien die seit der letzten Auflage neu eingeführten *Einheitennamen* Weber (W) für die Voltsekunde, Tesla (T) für das Weber durch Quadratmeter, Newton (N) für das Kilogramm durch Sekundenquadrat und Joule (J) für das Newtonmeter und die Wattsekunde. Als Besonderheit sei vermerkt, daß sich die Einheit kgm^2 des Trägheitsmomentes auch als Ws^3 oder als Js^2 schreiben läßt. Die Einheit Nm des Drehmomentes kann entsprechend als VAs, Ws oder J auftreten.

Die *magnetische Feldkonstante* (Permeabilität μ_o des leeren Raumes) ist bei elektrischen Maschinen nur dort von Bedeutung, wo Luftwege von magnetischen Flüssen durchsetzt werden; das sind der Luftspalt, die Nuten und das Gebiet der Wickelköpfe. Das Einhalten genauer Abmessungen ist in der Praxis nur bis zu einer gewissen Grenze möglich. Man muß mit Toleranzen in der Größenordnung von Prozenten rechnen. Es erscheint daher gerechtfertigt bei $\mu_o = (4\pi/10) \cdot 10^{-6}$ Vs/Am den Faktor $4\pi/10 = 1{,}256637...$ abzurunden auf 1,25 und für den Kehrwert 0,8 zu setzen. Bei den Blindwiderständen erscheint $4\pi^2$; hier ist das exakte μ_o eingearbeitet.

Berlin, im April 1976

Werner Nürnberg

Die Asynchronmaschine

Ihre Theorie und Berechnung unter besonderer Berücksichtigung der Keilstab- und Doppelkäfigläufer

von

Dr.-Ing. W. Nürnberg
o. Professor an der Technischen Universität Berlin

Zweite durchgesehene Auflage

Mit 227 Abbildungen
und sechs durchgerechneten Beispielen

Springer-Verlag
Berlin / Göttingen / Heidelberg
1963

Aus dem Vorwort zur ersten Auflage.

Die Asynchronmaschine ist die am stärksten verbreitete elektrische Maschine. Trotz ihres sehr einfachen Aufbaus bietet sie der Kunst des Ingenieurs die Gelegenheit zu mancher spezieller Auslegung, wobei vornehmlich der Läufer die typischen Eigenschaften der Maschine bestimmt.

Bei der theoretischen Behandlung und bei der praktischen Auslegung liegen zwei Aufgaben vor: erstens die Bestimmung der Eigenschaften einer in allen Abmessungen vorgelegten Maschine und zweitens die Ermittlung gerade dieser Abmessungen bei vorgeschriebenen Eigenschaften.

Gründe der Wirtschaftlichkeit bestimmen im allgemeinen die Güte der technischen Daten bei Nennlast und voller Drehzahl, besondere Fragen der Antriebstechnik schreiben die Höhe des Drehmomentes beim Anlauf und während des Hochlaufs vor und die Rücksicht auf die Anschlußbedingungen verlangt durchweg einen relativ kleinen Kurzschlußstrom.

Der Motor mit stromverdrängungsfreiem Läufer wird in vorliegendem Buch in der Theorie und im Hinblick auf die praktische Bemessung zuerst behandelt. Unmittelbar die gewonnenen Ergebnisse benutzend, werden die spezielleren Maschinen mit Keilstab- und mit Doppelkäfigen besprochen. Auf verschiedenen Wegen wird der Einfluß der Keilform untersucht, woraus endgültig die Überlegenheit des keilförmigen Stabes vor dem rechteckigen Stab folgt. Das Verhalten des Doppelkäfigmotors wird bei tatsächlichen oder nur gedachten Veränderungen seiner Wirk- und Blindwiderstände studiert, wobei sich vorteilhafte Erkenntnisse für seine Auslegung und gleichzeitig für seine endgültige praktische Berechnung ergeben.

Die rechnerische und die graphische Behandlung bedient sich in beiden Fällen einer Reihe neuerer Methoden, die ihre praktische Bewährung beweisen konnten.

Die Ersatzbilder und die Ortskurven für die Impedanzen und die Ströme nehmen einen ihrer großen Bedeutung angemessenen Raum ein. Die Ersatzbilder der sektorförmig, rechteckig und keilförmig gestalteten Hochstäbe, die den Quotienten höherer Funktionen entsprechen, dienen dazu, die Wirkungsweise solcher Stäbe in guter Annäherung anschaulich werden zu lassen und vor allem die rechnerische Behandlung zu erleichtern. Sie erlauben überdies, die Abgrenzung zwischen den Doppelstäben und den billigeren Keilstäben zu vollziehen.

Während die Ortskurven der Keilstabanker transzendente Kurven sind, sind die entsprechenden Kurven beim Doppelkäfiganker die bekannten Kurven dritter und vierter Ordnung, für deren Konstruktion bequeme und vor allem auch anschauliche Wege geboten werden. Durch Umkehrung der Gedankengänge wird geklärt, wie man zu den Abmessungen und der Widerstandsaufteilung bei Doppelkäfigen kommt, wenn man die Ortskurve des Motors und nur diese kennt.

Die Besonderheiten des Ständers werden bei den polumschaltbaren Maschinen mit den theoretisch einwandfreien und praktisch bewährten Wicklungen nach DAHLANDER, KREBS und MANDI behandelt.

Der theoretisch interessante Einphasenmotor wird aus dem vergleichbaren Drehstrommotor entwickelt. Seine Ortskurven werden unmittelbar aus dem Kreisdiagramm bei Drehstromspeisung gewonnen.

Bei allen Gattungen wird der Streuung jene Aufmerksamkeit gewidmet, die ihr bei den heute bevorzugten Maschinen mit Kurzschlußläufer zukommt. Besonders wird der Einfluß der Sehnung und der Zonenbreite auf die Nutenstreuung und vor allem auf die doppeltverkettete Streuung berücksichtigt. Letzterer dienen besonders eingehende Untersuchungen.

Die Gleichungen sind, den unmittelbaren Bedürfnissen des Ingenieurs Rechnung tragend, als Zahlenwertgleichungen geschrieben. Rückverweisungen wurden durchweg vermieden, um die unabhängige Lesbarkeit der einzelnen Abschnitte zu erleichtern.

Das vorliegende Buch wendet sich an den Studenten der Elektrotechnik und an den theoretisch oder praktisch tätigen Ingenieur, für den es, wie ich hoffe, eine brauchbare Hilfe bei seiner kunstvollen, oft stillen Tätigkeit sein wird. Der Student dürfte Unterstützung bei seinen eigenen Entwürfen finden.

Berlin, im Frühjahr 1952.

Werner Nürnberg.

Vorwort zur zweiten Auflage

Die freundliche Aufnahme der ersten Auflage durch Studierende und Ingenieure, denen das Buch gewidmet war und denen es eine Hilfe werden durfte, war Veranlassung zu einer sorgfältigen Durchsicht und Verbesserung einiger Zahlenwerte der hiermit vorgelegten zweiten Auflage. Inzwischen ist neben das Buch von RICHTER, Die elektrischen Maschinen, Band IV u. a. als Neuerscheinung das Buch von J. KLAMT, Berechnung und Bemessung elektrischer Maschinen getreten, die beide ein umfangreiches Schrifttumverzeichnis enthalten, auf das der Leser hingewiesen werden möge.

Für die Ausstattung des Werkes und die stets bewiesene Freundlichkeit darf ich auch bei dieser Auflage dem Verlag meinen besten Dank aussprechen.

Berlin, im Sommer 1962

Werner Nürnberg.

Inhaltsverzeichnis.

Verzeichnis der wichtigsten Größen.

U, $\mathfrak{U}$	elektrische Spannung	Volt	[V]
I, $\mathfrak{J}$	elektrischer Strom	Ampere	[A]
N	elektrische Leistung	Watt	[W]
V	magnetische Spannung	Ampere	[A]
Φ	magnetischer Fluß	Mega-Maxwell	[MM] = [10^{-2} Vs]
B	magnetische Induktion	Gauß	[G] = $\left[10^{-8} \frac{\text{Vs}}{\text{cm}^2}\right]$
H	magnetische Feldstärke	Ampere/cm	$\left[\frac{\text{A}}{\text{cm}}\right]$
$\mu_0 = \frac{B}{H}$	Permeabilität $= \frac{4\pi}{10}$	$\frac{\text{Gauß}}{\text{Amp/cm}}$	
R	Ohmscher Widerstand	Ohm	[Ω]
X	Blindwiderstand	Ohm	[Ω]
$\mathfrak{z}$	komplexer Widerstand, Impedanz	Ohm	[Ω]
f	Frequenz	Hertz	[Hz]
j	$\sqrt{-1}$		

Einleitung.

1. Aufbau und Wirkungsweise. Die Asynchronmaschine besteht in ihrem wirksamen elektrischen Teil aus dem Ständer und dem Läufer. Der Ständer ist meist der primäre, an das Netz angeschlossene Teil und der Läufer der durchweg in sich kurzgeschlossene, sekundäre Teil der Maschine. Aus besonderen Gründen macht man auch gelegentlich den Läufer zum Primärteil.

Ständer und Läufer bestehen aus aufeinandergeschichteten Eisenblechen, die mit Nuten zur Aufnahme der Wicklungen versehen sind. Die Bleche werden aus Tafeln von sog. Dynamoblech ausgestanzt, dessen Dicke 0,35 oder meistens 0,5 mm beträgt. Man strebt hohe Magnetisierbarkeit und geringe Hysterese- und Wirbelstromverluste an. Die Bleche erhalten zur gegenseitigen Isolation einen Papier- oder Lackauftrag.

In den Ständernuten liegt die mehrphasige, aus einzelnen Spulen bestehende Primärwicklung, die vom Netz gespeist wird. Sie besteht bei der heutigen Verwendung von Drehstrom aus 3 Phasen oder Strängen, die zu einem Stern oder einem Dreieck verbunden sind. Im seltenen Fall des 1-phasigen Motors oder Drehreglers bilden 2 der in Reihe geschalteten Stränge die Hauptwicklung, der dritte Strang die Hilfs- oder Kompensationswicklung. Häufig werden alle 6 Enden der 3 Stränge nach außen geführt, so daß die Maschine leicht von der Stern- in die Dreieckschaltung umgeschaltet werden kann.

Der Läufer besitzt entweder ebenfalls eine Spulenwicklung wie der Ständer oder aber eine Kurzschlußwicklung, die aus einem Einfach- oder Mehrfachkäfig besteht. Die Strangzahl des Läufers ist meistens 3, seltener 2. In beiden Fällen besitzt der Läufer 3 Schleifringe. Die 3-phasige Wicklung wird bei kleineren Ankern in Stern, bei größeren zur Verringerung der Stillstandsspannung in Dreieck geschaltet. Die Käfige der für Motoren heute durchweg vorgesehenen Kurzschlußläufer bestehen aus den in die Läufernuten eingeschobenen oder eingegossenen Stäben, die durch Ringe auf beiden Seiten des Eisenpaketes kurzgeschlossen werden. Während die Spulenwicklungen von Ständer und Läufer gut vom Eisen isoliert werden, verzichtet man aus Gründen der Herstellung und der Betriebssicherheit auf jede Isolation der Kurzschlußkäfige. Die entstehenden höheren Läuferverluste nimmt man in Kauf.

Die Wirkungsweise der Asynchronmaschine beruht auf dem Auftreten des magnetischen Drehfeldes, das bei 3-phasiger Speisung der Primärwicklung von den 3 dem Netz entnommenen Magnetisierungsströmen erregt wird. Das Drehfeld induziert im Ständer und im Läufer Spannungen. Die induzierte Ständerspannung ist etwas kleiner als die zugeführte Netzspannung. Die Läuferspannung des stillstehenden, offenen Läufers hängt vom Windungszahlverhältnis ab. Sie sinkt mit zunehmender Drehzahl bei Lauf im Sinne des Drehfeldes ab und verschwindet — vom Einfluß der magnetischen Oberfelder abgesehen — bei Synchronismus. Dies ist die Drehzahl, bei der die Asynchronmaschine in Betriebsschaltung leer läuft. Sie hängt von der Netzfrequenz und der Polzahl der Maschine ab und beträgt:

$$n_{\mathrm{syn}} = \frac{120 \cdot \mathbf{Netzfrequenz}}{\mathbf{Polzahl}} = \frac{6000}{2p} \text{ U/min bei 50 Hz.}$$

Wenn der Läufer eine Spulenwicklung trägt, kann die vom Drehfeld induzierte sekundäre Spannung einem Verbraucher zugeführt werden. Die Maschine arbeitet dann als Transformator. Durch geeignete Schaltung kann die Läuferspannung der stehenden Maschine der Netzspannung zugesetzt werden. Die Ausgangsspannung ist dann regelbar, da durch Verstellung des Läufers gegen den Ständer die Phasenlage der Zusatzspannung geändert werden kann. Die Maschine arbeitet als Drehregler. Die Läuferspannung der in Drehung versetzten Asynchronmaschine hat eine andere Frequenz als das Netz und kann daher Verbrauchern höherer oder niedrigerer Frequenz zur Verfügung gestellt werden. Die Maschine dient dann als Periodenwandler.

Wenn die Läuferwicklung kurzgeschlossen wird, induziert das Drehfeld in ihr Ströme, die mit dem Feld zusammen ein Drehmoment ausüben. Dieses wirkt zwischen Stillstand und Synchronismus beschleunigend, also motorisch. Bei Synchronismus werden keine Ströme im Läufer induziert, das Drehmoment wird Null. Liegt die Drehzahl über der synchronen, so kehren die Ströme ihre Richtung um, das auftretende Drehmoment verzögert den Lauf der Maschine; sie wird zum Generator. Wenn sie entgegen dem Drehfeld umläuft, tritt ebenfalls ein bremsendes Drehmoment auf. Im Gegensatz zum übersynchronen Betrieb wird aber keine elektrische Leistung an das Netz zurückgeliefert, sondern trotz zugeführter mechanischer Leistung auch noch elektrische Energie vom Netz bezogen. Man nennt diesen Zustand die Gegenstrombremsung. Wenn man die Läuferwicklung über Schleifringe mit Gleichstrom speist, läuft die Asynchronmaschine wie eine normale Synchronmaschine mit starrer synchroner Drehzahl um. Man nennt sie dann eine synchronisierte Asynchronmaschine. Relativ synchron zueinander laufen 2 oder mehrere Asynchronmaschinen um, die primär und sekundär parallel geschaltet sind. Man nennt diese Anordnung eine elektrische Welle.

Die Aufnahme des 3-phasigen Magnetisierungsstromes bedeutet die Entnahme einer Blindleistung aus dem Netz. Durch läuferseitige Erregung kann die Maschine von der netzseitigen Blindstromaufnahme teilweise oder ganz entlastet werden. Der Läufer wird dann durch Gleichstrom oder durch Drehstrom geringer Frequenz gespeist. Die zugehörigen Hintermaschinen nennt man Drehstromerregermaschinen. Sie arbeiten als fremderregte Frequenzwandler oder als eigenerregte Maschinen.

Wenn der Läufer Wirkleistung elektrischer Form abgibt, sinkt seine Drehzahl; wenn ihm solche zugeführt wird, läuft er schneller. Alle an die Schleifringe angeschlossenen Hintermaschinen arbeiten mit Stromwendern.

Sobald der Läufer der Asynchronmaschine Strom führt, muß die Stromaufnahme des Ständers um den entsprechenden Betrag über die Magnetisierungsstromaufnahme hinaus ansteigen. Die resultierende magnetisierende Wirkung der Ständer- und der Läuferströme bleibt praktisch erhalten, so daß die Maschine mit fast unveränderlichem Kraftfluß arbeitet. Dies gilt für Belastungen zwischen Leerlauf und Vollast. Hierin besteht ein wesentlicher Unterschied gegenüber den Gleich- oder Wechselstrommaschinen mit Stromwendern, bei denen nicht der Kraftfluß, sondern das Produkt aus Fluß und Drehzahl bei konstant gehaltener Spannung gleichbleibt. Die Synchronmaschine arbeitet mit stärker veränderlichem Fluß als die Asynchronmaschine, obwohl auch bei ihr die starre Netzspannung und Netzfrequenz praktisch den Fluß vorschreiben. Stärkere Streuflüsse bedingen diese Abweichung gegenüber der asynchronen Schwester.

Die angenäherte Konstanz des Flusses bedeutet eine wesentliche Erleichterung bei der rechnerischen Behandlung der Asynchronmaschine.

Die 1-phasig gespeiste Maschine arbeitet in der Nähe der synchronen Drehzahl nahezu mit einem Drehfeld, sofern die Läuferwicklung kurzgeschlossen ist. Die nur einachsige Erregung durch die Ständerwicklung wird ergänzt durch eine läuferseitige Erregung, die von Läuferströmen von nahezu doppelter Netzfrequenz hervorgerufen wird. Diese Ströme tragen nicht zur Drehmomentbildung bei. Die belastete Einphasenmaschine führt zusätzliche Läuferströme von Schlupffrequenz, die das Drehmoment bilden. Die Höhe der Blindleistungsaufnahme aller Maschinen ist, sofern ein Drehfeld ausgebildet wird, unabhängig von der Art der mehr- oder 1-phasigen Speisung durch das Netz.

Nur im 1-phasigen Drehregler tritt betrieblich statt des Drehfeldes konstanter Größe ein Wechselfeld gleicher Amplitude auf, dessen Augenblickswert sich sinusförmig mit der Zeit ändert. Benötigt wird eine in sich kurzgeschlossene Kompensationswicklung im Ständer, die die quermagnetisierende Wirkung des Läufers aufhebt.

Der Energieinhalt eines Wechselfeldes beträgt die Hälfte desjenigen eines Drehfeldes, wenn man den zeitlichen Mittelwert bildet. Die zur Erregung benötigte Blindleistung beträgt daher auch nur die Hälfte. Öffnet man bei einer 1-phasig gespeisten umlaufenden Asynchronmaschine den Läuferkreis, so tritt an die Stelle des Drehfeldes ein Wechselfeld. Die Blindstromaufnahme der unbelasteten Maschine sinkt daher auf etwa die Hälfte.

Die Wirkungsweise, die Schaltung und der in Einzelheiten abweichende Aufbau der verschiedenen Asynchronmaschinen wird eingehend zu Beginn der entsprechenden Abschnitte besprochen. Insbesondere findet sich dort die theoretische Behandlung, die zur Aufstellung der Gleichungen für die Ströme und weiter zum Ersatzbild und zu den Ortskurven der Maschinen führt.

2. Grundsätzlicher Berechnungsgang. Die Berechnung der Asynchronmaschine besteht im wesentlichen in der Bestimmung der Hauptabmessungen, in der Wahl der magnetischen und elektrischen Beanspruchungen und in der Ermittlung des Magnetisierungs- und des ideellen Kurzschlußstromes. Hinzu kommt die Berechnung der einzelnen Verluste, also der Wicklungsverluste im Ständer und im Läufer, der Eisenverluste im Ständerrücken, in den Ständerzähnen und in den Zähnen und der Oberfläche des Läufers. Zu diesen elektrischen und magnetischen Verlusten treten noch die mechanischen durch Luft- und Lagerreibung, die gemeinsam durch die Reibungsverluste dargestellt werden. Zusätzliche Verluste, die durch schwer erfaßbare Wirbelströme in den Leitern und Konstruktionsteilen verursacht werden, nimmt man nach Vereinbarung zu 0,5% der bei Vollast umgesetzten elektrischen Leistung an. Sie werden quadratisch auf andere Ströme umgerechnet.

Im Gegensatz zu den Generatoren für Gleich- oder Wechselstrom, bei denen man von den gegebenen Nennwerten für Strom und Drehzahl ausgeht, müssen diese Daten bei der vorwiegend als Motor zu berechnenden Asynchronmaschine zu Beginn der Auslegung auf Grund der Erfahrung oder nach Schätzung angenommen werden. Wichtig ist die Kenntnis des zu erwartenden Wirkungsgrades η und des Leistungsfaktors $\cos\varphi$, die beide die Stromaufnahme der Maschine bestimmen, da die Spannung des Netzes und die Leistung an der Kupplung natürlich vorgegeben sind. Die wirkliche Lastdrehzahl bzw. den Schlupf braucht man dagegen bei Rechnungsbeginn noch nicht zu kennen. Die Drehzahl kleiner Maschinen unterscheidet sich etwa um 3 bis 6%, die der großen Einheiten um 1 bis 2% von der Synchrondrehzahl. Diese ist natürlich bekannt. Wichtig ist die Kenntnis des Schlupfes nur bei Motoren zum Antrieb von Kolbenverdichtern oder bei Maschinen, die mechanisch miteinander gekuppelt arbeiten sollen. Bei ersteren regelt der Schlupf die Wirklastschwankungen, bei letzteren entscheidet er über die richtige Lastverteilung. Immerhin beachte man, daß der Schlupf der kalten Maschine sich von dem der warmen Maschine um 25 bis 40% seines Nennwertes unterscheidet.

Die endgültigen technischen Daten, also $\cos\varphi$, η, Stromaufnahme und Schlupf werden nach der Durchrechnung unter Benutzung des Kreisdiagrammes oder der sonstigen Ortskurve berechnet. Die zu Beginn angenommenen Werte werden u. U. geringfügig korrigiert. Eine erneute Durchrechnung ist nur selten erforderlich.

Bei keiner Maschinengattung spielt die Ortskurve für den Primärstrom (bei konstanter Netzspannung) eine auch nur ähnlich wichtige Rolle wie bei der Asynchronmaschine in ihren so sehr verschiedenen Anwendungsbereichen. Trotz der bei neuzeitlichen Maschinen hoch gewählten Kraftflußdichte im Luftspalt und im Eisen geben die Ortskurven zwischen Leerlauf und etwa der Kippleistung befriedigende Ergebnisse. Nur bei der Auswertung des Kurzschlusses und der Nachbargebiete ist u. U. mit gewissen geringen Zuschlägen zu den entnommenen Strömen zu rechnen.

Wenn für die zu bauende Asynchronmaschine keine besonderen, von den üblichen Werten stark abweichenden Daten gefordert werden, geht man mit der Ausnützung des Werkstoffes bis an die zulässige Grenze. Diese ist im wesentlichen durch die Erwärmung der Wicklungen und des wirksamen Eisens gegeben, worüber verbindliche Grenzwerte für die einzelnen Isolationsklassen und Betriebsarten vereinbart worden sind. Heute rechnet man bei Kleinmotoren bis etwa 20 kW Leistung meistens mit einer zulässigen Erwärmung von 60°; bei mittleren und Großmaschinen geht man bis 80° C. Hierzu benötigt man wärmebeständige Isolationen der Wicklung. Als höchste Raumtemperatur gilt 40°, so daß betrieblich 100° und 120° erreicht werden können. Die magnetische Beanspruchung von Luft und Eisen wird so hoch getrieben, wie es der Leistungsfaktor zuläßt. Die $\cos\varphi$-Werte liegen heute fühlbar unter den früheren Werten.

Bei Großmaschinen gewinnt der Wirkungsgrad und der Blindstromverbrauch aus wirtschaftlichen Gründen einen solchen Einfluß auf die Auslegung, daß häufig die obere, thermisch bedingteLeistungsfähigkeit der Maschinen nicht mehr ausgenutzt wird. Solche Einheiten zeigen bei der Prüfung Temperaturzunahmen, die u. U. erheblich unter den zulässigen Werten liegen können. Besonders gilt dies für große Langsamläufer, also für Maschinen mit einer Drehzahl von unter 300 U/min, die besonders als 48-polige Typen Bedeutung gewonnen haben. Sie werden durchweg mit Hochspannung von 6000 V betrieben und nach Klasse B isoliert; sie erwärmen sich aber oft nur um 40 bis 50°. Dies entspricht einer geringen Stromdichte im Leiter. Die magnetische Beanspruchung liegt um 10 bis 20% unter der üblichen, so daß also Langsamläufer verhältnismäßig schwerer als Schnelläufer sind.

Sobald besondere Werte für die technischen Daten, sei es für $\cos\varphi$ oder η, den Einschaltstrom oder das Anzugsdrehmoment, die Überlastbarkeit oder den Schlupf im einzelnen oder gemeinsam verlangt werden, wird die Auslegung der Maschinen davon in stärkerem Maße beeinflußt. Die Erhöhung von η und $\cos\varphi$ über die normal erreichbaren Werte bedingt stets einen erhöhten Aufwand an Eisen oder Kupfer oder an beidem. Die Bedingung eines kleinen Einschaltstromes und eines gleichzeitig hohen Anlaufmomentes läßt sich oft durch geeignete Auslegung des Läufers als Hochstab- oder Doppelkäfigläufer erfüllen. Bei extremen Werten muß die Maschine dagegen vergrößert werden. Diese Verhältnisse werden bei der Auslegung der einzelnen Maschinen besonders behandelt. Allgemein läßt sich feststellen, daß jede Verringerung des natürlichen Kurzschlußstromes und jede Erhöhung des normalen Anlaufdrehmomentes zu einer gewissen Verschlechterung des Leistungsfaktors und in schwächerem Maße auch des Wirkungsgrades bei Nennbetrieb führen. Natürlich liegt es zum großen Teil in der Hand des geschickten Berechners, diese unvermeidlichen Nachteile in mäßigen Grenzen zu halten.

Die Schutzart und die Bauform der Maschine sind bei der Auslegung von vornherein zu berücksichtigen. Die höchste Leistung bei gegebenen

Abmessungen hat die offene Maschine, bei der die Frischluft durch 1 oder 2 Lüfter angesaugt und am Ende oder in der Mitte durch geeignete Austrittsöffnungen ausgeblasen wird. Durch den zusätzlichen Tropfwasserschutz geht die Leistung um etwa 5%, durch den erhöhten Spritzwasserschutz um 10% zurück. Fremdbelüftete Maschinen, denen die Frischluft durch besondere Kanäle zugeführt wird, leisten 90 bis 100% der vollen Leistung. Bei gekapselten Maschinen mit und ohne Mantelkühlung geht die Leistungsfähigkeit am stärksten, und zwar um 40 bis 50% gegenüber der Leistung einer gleich großen offenen Maschine zurück. Dasselbe gilt für ruhende, offene Maschinen, z. B. für Drehregler. Diese Maschinen sollen nachstehend nicht besonders behandelt werden. Im allgemeinen beziehen sich daher die gemachten Angaben auf die offene, ungeschützte Bauart.

Der tatsächliche, heute übliche Gang der Berechnung unterscheidet sich von dem früher geübten und oft noch in der Literatur angegebenen Verfahren dadurch, daß man nach Wahl der Abmessungen nicht vom Strombelag, sondern von der magnetischen Induktion ausgeht. Man wählt die mittlere (oder die mit ihr in einfachen Zusammenhang stehende, etwa 40 bis 50% höhere maximale) Induktion im Luftspalt, die in weitem Bereich von der Kleinmaschine von 1,0 kW bis zur Größtmaschine von einigen tausend kW zwischen 4900 und 5600 G liegt. Hieraus bestimmt man über Polteilung und Eisenbreite den Kraftfluß Φ, der über die Spannungsformel die notwendige Leiterzahl je Strang und somit die Leiterzahl je Nut ergibt. Die Nutenzahl des Ständers wird möglichst größer als 2 je Pol und Strang gewählt, obwohl man bei Kleinmaschinen auch 2, 1,5 und bei kleinsten Einheiten auch 1 Nut je Pol und Strang nehmen muß. Nach Wahl der Wicklung als Einschicht- oder Zweischichtwicklung in der Ausführung als Hand-, Halbform- oder Formspulenwicklung bestimmt man die Nutisolation, woraus sich der zur Verfügung stehende Querschnitt für den Leiter ergibt. Hieraus erhält man den Widerstand und die Wicklungsverluste. Auch der Strombelag und die Stromdichte können nunmehr bestimmt werden, aus deren Produkt übrigens ein guter Anhalt für die Erwärmung der Maschine gewonnen wird. Außerdem ergibt sich das Gewicht des Wicklungsmetalles.

Nachdem die Ständerwicklung festliegt, wählt man die Abmessungen und die Anzahl der Läufernuten, wobei man aus Gründen der Geräuschfreiheit und zur Vermeidung störender zusätzlicher Drehmomente durch die Oberfelder gewissen Einschränkungen unterliegt. In den Läufer legt man so viel Wicklungsmetall, daß die Läuferwicklungsverluste etwa 60 bis 80% der entsprechenden Verluste im Ständer betragen. Die Gestaltung der Läufernut wird maßgeblich von den gestellten Bedingungen des Anlaufes beeinflußt. Hohe schmale rechteckige oder keilförmige Nuten deuten auf den drehmomenterhöhenden Einfluß der Wirbelströme beim Anlauf hin; hohe Stege über den Nuten bewirken eine wesentliche Verringerung des natürlichen Kurzschlußstromes. Nuten für Doppelkäfige bestehen aus 2 deutlich erkennbaren Teilen, die der Aufnahme der Stäbe des oberen und des unteren Kurzschlußkäfigs dienen. Läufer mit Schleifringen bekommen Nuten, die denen des Ständers entsprechen, durchweg aber kleiner als diese sind.

Wenn die Blech- und Nutenabmessungen endgültig oder vorläufig festliegen, folgt die Durchrechnung des magnetischen Kreises zur Bestimmung des Magnetisierungsstromes und der Eisenverluste, wobei man anschließend auch die Reibungsverluste berechnet. Zur Bestimmung des Magnetisierungsstromes zerlegt man den magnetischen Kreis, in dem die magnetischen Kraftlinien des Nutzflusses verlaufen, in zweckmäßige Abschnitte, und zwar in Ständerrücken, Ständerzähne, Luftspalt, Läuferzähne und Läuferrücken. Es ist Sache der Gewöhnung, mit dem vollen oder dem halben Kreis zu rechnen. Im weiteren Verlauf wird der halbe Kreis zugrunde gelegt, weshalb nur mit der einfachen Länge der Zähne und mit dem einseitigen Luftspalt zu rechnen ist. Zu jedem der Abschnitte wird Länge und wirksamer Querschnitt und die vom Kraftfluß abhängige magnetische Induktion oder Kraftliniendichte B bestimmt. Zu dieser entnimmt man den Magnetisierungskurven des verwendeten Blechs die zugehörigen Werte der magnetischen Feldstärke, die mit der jeweiligen Länge multipliziert werden. Man erhält die magnetischen Spannungen der einzelnen Eisenabschnitte, vermehrt sie um die magnetische Spannung für den Luftspalt und gewinnt die gesamte magnetische Spannung, aus der sich die Größe des Magnetisierungsstromes ergibt. Die Eisenverluste berechnet man aus dem Gewicht der Ständerzähne und des Ständerrückens. Wenn irgend möglich, entnimmt man die Eisenverluste früheren Messungen an gleichen oder ähnlichen Maschinen, da die genaue Vorausberechnung im Gegensatz zu allen anderen Rechnungen an der Asynchronmaschine nur mit einer verhältnismäßig großen Ungenauigkeit möglich ist. Dasselbe gilt für die Reibungsverluste. Beide Verluste können aber, wenn kein Anhalt vorliegt, doch mit etwa 10 bis 20% Genauigkeit bestimmt werden.

Als letzter Rechnungsgang vor der Aufzeichnung der Ortskurve für den Strom folgt die Berechnung des Kurzschlußstromes, worunter der ideelle Strom zu verstehen ist, den die primär und sekundär widerstandsfrei gedachte Maschine bei Stillstand oder sehr hoher Drehzahl aufnehmen würde. Bei Maschinen ohne Stromverdrängung gibt es nur einen solchen Strom, bei Maschinen mit Stromverdrängung, also mit Hochstäben oder Doppelkäfigen im Läufer, unterscheidet man mehrere ideelle Ströme, wobei man den veränderlichen Einfluß der Stromverdrängung auf den Streufluß der Läufernut berücksichtigt.

Die ideellen Kurzschlußströme werden gefunden, indem man die Streuflüsse bzw. die ihnen entsprechenden Streublindwiderstände der Nuten, der Wickelköpfe und der Oberfelder bestimmt. Auch die etwaige gegenseitige Schrägung der Ständer- und Läufernuten bedingt eine fühlbare Streuung, die durch einen zusätzlichen Streublindwiderstand zu berücksichtigen ist.

Im Anschluß an die Berechnung des ideellen Kurzschlußstromes wird bei Kurzschlußläufern mit Stäben von mehr als 1 bis 2 cm Höhe auch die Abhängigkeit des Wirkwiderstandes dieser Stäbe von der Läuferfrequenz bzw. vom Schlupf s bestimmt, da man diesen Widerstand, der wesentlich über dem Gleichstromwiderstand liegen kann, zur punktweisen Konstruktion der Ortskurve, insbesondere zur Bestimmung des Anlaufdrehmomentes benötigt.

Den Abschluß der Berechnung bildet die Zeichnung und die Auswertung der Ortskurve für den Primärstrom. Sie ist bei den stromverdrängungsfreien Maschinen ein Kreis, bei Doppelkäfigmotoren eine rationale bizirkulare Quartik und bei Maschinen mit Stromverdrängung im Läufer eine punktweise zu bestimmende transzendente Kurve. Für alle diese Ortskurven gilt die praktisch sehr wichtige Tatsache, daß sie im Bereich kleiner Schlüpfe, also in der Nähe der Synchrondrehzahl, angenähert durch einen 4-punktig berührenden Schmiegungskreis dargestellt werden können. Dasselbe gilt bei den Doppelkäfigmaschinen auch im Bereich hoher Schlüpfe. Diese Hilfskreise stehen im engsten Zusammenhang mit den Daten der Maschine und lassen sich daher vom Berechner sehr vorteilhaft verwenden. Für den Stillstand, also für den Schlupf $s = 1$, sowie noch für die Werte $s = 0{,}25$ und $0{,}125$ werden die Punkte der Ortskurve einzeln berechnet bzw. konstruiert; sie dienen der endgültigen Darstellung der Kurve in ihrem ganzen Verlauf.

Die Auswertung der Ortskurve besteht nach dem Eintragen der Punkte für Voll- und Teillast im Ablesen des Primär- und des Sekundärstromes und des Leistungsfaktors. Weiterhin wird das Drehmoment, besonders im Stillstand und im Bereich kleiner und mittlerer Drehzahlen, und das Kippmoment entnommen. Nach Bestimmung der Lastverluste, zu denen die als konstant betrachteten Leerverluste (Eisen- und Reibungsverluste) treten, findet man den Wirkungsgrad in Abhängigkeit von der Last. Bei dem heute üblichen Kurzschlußanlauf interessieren noch die Kurven des Stromes und des Drehmomentes über der Drehzahl zwischen Stillstand und Synchronismus.

Man erkennt, ob die anfänglichen Annahmen stimmen und ob die gestellten Bedingungen erfüllt werden. Entsprechende kleine Änderungen erlauben es meist, geringe Abweichungen zu beseitigen. Eine gänzlich neue Durchrechnung ist nur selten, wenn z. B. gar keine vergleichbare Maschine zugrunde gelegt werden konnte, notwendig.

Wicklungen.

3. Schaltung. Die 3 Stränge der Spulenwicklungen im Ständer oder im Läufer der Asynchronmaschine werden durchweg in Stern oder in Dreieck geschaltet. Ein Einfluß auf die Wirkungsweise besteht nicht, wenn man von den etwas geänderten Magnetisierungsbedingungen absieht. Die gemischte Schaltung aus Stern und Dreieck kommt praktisch nicht vor. Ebenfalls fehlt die Zickzackschaltung. Besondere Schaltungen der einzelnen Gruppen innerhalb der Stränge kommen bei den später behandelten polumschaltbaren Motoren vor. Die Wicklungsstränge bestehen aus den einzelnen Spulengruppen, die in Reihe, gemischt oder parallel geschaltet sind. Die Spulengruppen selbst werden von den fast ausschließlich in Reihe liegenden (Loch-) Spulen gebildet. Die Zahl der

Gruppen stimmt bei der üblichen Einschichtwicklung (2-Ebenenwicklung) in jedem Strang mit der halben Polzahl überein. Bei Einschichtwicklungen mit geteilten Gruppen (3-Ebenenwicklung), die man fast immer bei 2-poligen, häufig auch bei größeren 4-poligen Maschinen vorsieht, zerfällt jede Spulengruppe in 2 gleiche Hälften. Die Gruppenzahl je Strang ist gleich der Polzahl. Das gleiche gilt von den Zweischichtwicklungen, bei denen also auf jeden Pol eine Spulengruppe in jedem Wicklungsstrang entfällt.

Die Zahl der Gruppen entscheidet über die Möglichkeit der Parallelschaltung innerhalb der Stränge. Im Gegensatz zur Gleichstrommaschine und in Übereinstimmung mit den sonstigen Drehstrom- oder Wechselstrommaschinen ist man bei der Asynchronmaschine frei in der Wahl der Anzahl der parallelen Zweige. Bei einer 12-poligen Maschine mit Zweischichtwicklung kann man z. B. die 12 Gruppen jedes Stranges in Reihe schalten oder in 2, 3, 4, 6 oder 12 parallelen Zweigen anordnen. Das gleiche gilt, wenn man eine Einschichtwicklung mit geteilten Spulen vorsehen würde. Bei der normalen Einschichtwicklung liegen nur 6 Gruppen entsprechend der Polpaarzahl 6 vor; daher kann man außer der reinen Reihenschaltung nur noch die Parallelschaltung von 2, 3 und 6 Gruppen wählen. Durch den Übergang von der Stern- auf die Dreieckschaltung bei entsprechend geänderter Leiterzahl vermag man die Zahl der Leiter je Spule meist gut in Einklang mit der gewünschten Leiterabmessung und der Höhe des gewünschten Flusses zu bringen. Nur bei sehr hoher Spannung und kleiner Leistung, wenn also nur die Reihenschaltung in Betracht kommt oder bei hoher Leistung und kleiner Netzspannung, wenn hohe Ströme fließen, kann die bequeme Anpassung an die verlangten Verhältnisse nicht immer erreicht werden. Es liegen dann ähnliche Bedingungen wie bei Gleichstromankern vor, bei denen man dann auch nur einerseits die reine Reihenschaltung mit hoher Leiterzahl je Nut oder andererseits die höchstmögliche Parallelschaltung mit sehr wenigen Leitern je Nut wählen kann. Hochstrommaschinen sind bei den Asynchronmotoren sehr selten, da heute bereits mittlere Motoren ab 100 bis 200 kW an 3000 bis 6000 V angeschlossen werden. Bei den Drehreglern dagegen bildet die Sekundärwicklung für hohen Strom fast die Regel, und gerade bei diesen Maschinen kann man wegen ihrer geringen Polzahl von 2 oder 4 meist von der Parallelschaltung nur geringen Gebrauch machen.

Die Dreieckschaltung bietet z. B. bei Hochspannungsmaschinen kleiner Leistung gewisse Nachteile gegenüber der Sternschaltung, da 73% mehr Einzelleiter unterzubringen sind. Sie hat aber immer den großen betrieblichen Vorzug, daß man die Maschine in Sterndreieck anlassen kann mit der bekannten Verringerung des Anlaufstromes auf $^1/_3$ des sonstigen Wertes. Daher geht das Bestreben dahin, wenigstens die Niederspannungsmaschinen von 220, 380 und 500 V in größerem Umfange mit Dreieckschaltung zu versehen. Früher benutzte man gern Sternschaltung bei 380 V, um die durch Umlegen dreier Schaltverbindungen am Klemmbrett auf Dreieck umgeschaltete Maschine auch am 220 V-Netz mit unveränderter Leistung benutzen zu können. Der andere

Vorzug scheint jedoch stärker zu wiegen, so daß viele Maschinen in Dreieckschaltung geliefert werden.

Die Dreieckschaltung bei Hochspannung ist verhältnismäßig selten, wenn man von großen Leistungen absieht. Dort herrscht also die Sternschaltung vor. Sollen Hochspannungsmaschinen in Sterndreieck angefahren werden, so ist natürlich die Dreieckschaltung vorzusehen. Wegen der hohen Leiterzahl je Nut, die den Füllfaktor sehr erheblich einschränken kann, muß jedoch gelegentlich von dieser Anfahrmethode abgesehen werden.

Recht wenig Möglichkeiten zur Parallelschaltung bestehen bei Polpaarzahlen, die nur durch wenige Zahlen oder gar nicht teilbar sind. So kann z. B. eine 14-polige Wicklung in Einschichtausführung nur in Reihenschaltung oder mit 7 parallelen Gruppen, und zwar in Stern oder in Dreieck, ausgeführt werden. Ebenso ungünstig liegt die Maschinenwicklung für 34 Pole. Diese Polpaarzahlen werden daher möglichst vermieden. Erwünscht sind dagegen die Polzahlen 12, 16, 24, 36 und 48 für die Maschinen geringer Drehzahl, bei denen in Einschicht- oder Zweischichtausführung viele Möglichkeiten der Parallelschaltung bestehen. Wenn man eine Spulengruppe in 2 Hälften, die in den zugehörigen Nuten übereinanderliegen, aufteilt, kann man auch bei der Einschichtwicklung, z. B. einer 14-poligen Maschine, 2 parallele Zweige zu je $3^1/_2$ Gruppen ausführen. Man sieht aber gern von solchen Kunstgriffen ab.

Eine besondere Art der Schaltung stellen die Käfig- oder Kurzschlußwicklungen dar. Bei ihnen spielt naturgemäß die auftretende Stromstärke gar keine Rolle, da sie nach außen hin nicht in Erscheinung tritt. Von den besonderen Ausführungen, bei denen zwischen den Kurzschlußringen mehr als ein Leiter liegt, sehen wir ab. Der Käfig soll also aus 2 Ringen und einzelnen Stäben bestehen, deren Zahl mit der Nutenzahl übereinstimmt oder, wenn man z. B. jeden zweiten Stab wegläßt, gleich der halben Nutenzahl ist. Man faßt bei der Berechnung nun den Käfig nicht als eine Parallelschaltung seiner einzelnen Stäbe auf, sondern betrachtet diese als in Reihe liegend. Diese Vorstellung rührt daher, daß man als Sekundärstrom den Strom je Stab betrachtet. Bei der Widerstandsberechnung addiert man daher die Widerstände aller Stäbe einschließlich des Ringanteiles; man rechnet mit einem Drittel dieses Gesamtwiderstandes, wenn man den Widerstand eines (nur gedachten) Stranges erhalten will.

Die Stromstärke in den Spulenwicklungen in Sternschaltung stimmt mit derjenigen der Netzzuleitung überein. Bei der Dreieckschaltung ist die Stromstärke im Strang nur $1/\sqrt{3}$ von derjenigen in der Zuleitung.

Bei Käfigwicklungen muß man die beiden Stromstärken in den Stäben und in den Ringen unterscheiden. Durchweg ist der Ringstrom wesentlich größer als der Stabstrom, und zwar um so mehr, je feiner die Nutenzahl je Pol ist. Wenn man den elektrischen Winkel, den 2 Nuten miteinander einschließen, mit α bezeichnet, so verhalten sich die Ströme I_r in den Ringen zu den Stabströmen I_{st} wie:

$$\frac{\text{Ringstrom}}{\text{Stabstrom}} = \frac{I}{I_{st}} = \frac{1}{2 \cdot \sin\alpha/2}\,.$$

Für den Winkel α setzt man:

$$\alpha = \frac{2p \cdot 180^\circ}{N_2} = \frac{2p \cdot 180^\circ}{3 \cdot 2p \cdot q_2},$$

wobei $2p$ die Polzahl und N_2 die Nutenzahl des Käfigankers ist und $q_2 = \frac{N_2}{3 \cdot 2p}$ gesetzt wurde. Wegen der Kleinheit von $\frac{\alpha}{2}$ kann man den Sinus durch den im Bogenmaß gemessenen Winkel ausdrücken, wodurch man zu folgender Näherungsformel kommt:

$$I_r \approx \frac{I_{st}}{1{,}05} q_2 .$$

4. Grundbegriffe. Bei den Spulenwicklungen muß man mit einer Anzahl zum Teil bereits benutzter Begriffe arbeiten, die nachstehend ausführlicher erklärt werden sollen.

Die *Strangzahl* stimmt mit der Phasenzahl des speisenden Stromsystems überein. Sie ist also bei der Primärwicklung durchweg gleich 3. Bei der Sekundärwicklung ist sie frei wählbar, jedoch nimmt man meistens auch dort die Strangzahl 3. Nur bei kleinen Maschinen, bei denen die Nutenzahl des Läufers beschränkt ist, greift man zur 2phasigen Wicklung, die früher auch in stärkerem Maße bei größeren Maschinen, z. B. für Hebezeuge, verwendet wurde. Gelegentlich kommt die Phasenzahl 2 noch bei Läuferwicklungen polumschaltbarer Maschinen vor, wo man Klemmen und Verbindungsbrücken bzw. Schleifringe einsparen will.

Auf jeden Strang der insgesamt m Stränge einer Wicklung entfällt genau $1/m$ aller Nuten und $1/m$ aller Leiter. Die Anfänge müssen elektrisch genau um $1/m$ von 360°, also um $1/m$ einer doppelten Polteilung oder $2/m$ einer Polteilung, auseinanderliegen. Die in den einzelnen Strängen vom Drehfeld induzierten Spannungen müssen dem Betrage nach übereinstimmen, in der Phasenlage aber um $360^\circ/m$ voneinander abweichen.

Unter *Spule* versteht man in der Literatur und auch in der Praxis mitunter zwei verschiedene Dinge. Nachstehend soll unter Spule nur die Vereinigung eines Leiterbündels verstanden werden, dessen eine Seite in einer Nut und dessen andere Seite in einer anderen Nut untergebracht ist. Mehrere solcher in benachbarten Nuten liegenden Spulen werden zu einer sog. *Spulengruppe* verbunden. Die Anzahl dieser Spulengruppen steht mit der Polzahl in einfacher Verbindung. Bei Einschichtwicklungen gibt es so viel Gruppen je Strang wie Polpaare, bei Zweischichtwicklungen doppelt soviel. Die Zahl der Spulengruppen erhöht sich bei der Einschichtwicklung auf das Doppelte, wenn man jede Gruppe in 2 halbe Gruppen aufteilt. Die Gruppen sind nur bei der Einschichtwicklung äußerlich gut erkennbar, da die Köpfe der zu einer Gruppe gehörende Spulen gemeinsam umbandelt werden und außerdem die Spulen einer Gruppe konzentrisch liegen. Bei der Zweischichtwicklung erkennt man die Gruppen nur auf der Schaltseite der Maschine an den kurzen Schaltverbindern zwischen den Spulen.

Der Teil des Umfanges des primären oder sekundären Ankers, den jede der beiden Seiten einer Spulengruppe einnimmt, heißt *Zone*. Die Breite der Zone beeinflußt, wie später erläutert wird, den Wicklungsfaktor. Man drückt die Breite der Zone entweder in elektrischen Graden oder in Teilen der Polteilung aus. Bei Drehstromwicklungen gibt es im allgemeinen nur die Zonenbreite von $60°_{el}$ bzw. $^1/_3$ Polteilung. Man teilt also den vollen Umfang einer 2-poligen Maschine in 6 gleiche Zonen, von denen die erste und vierte dem Strang U, die dritte und sechste dem Strang V und die fünfte und zweite dem Strang W zugeordnet ist. Zone 1, 3, 5 enthält die hingehenden Leiter der 3 aufeinanderfolgenden Stränge U, V, W, während in den Zonen 4, 6, 2 die rückkehrenden Leiter liegen. Dies gilt für die Einschichtwicklungen. Bei den Zweischichtwicklungen legt man die rückkehrenden Leiter in die obere Nuthälfte, die hingehenden Leiter in die untere Nuthälfte. Dadurch würde die Hälfte der Zonen jeder Schicht frei bleiben, wenn man nicht durch Einlegen der doppelten Anzahl von Spulen auch die anderen Zonen bewickelte. Durch Umkehrung des Schaltsinnes in diesen Spulen kommen Spulenseiten gleicher Strangzugehörigkeit und gleicher Stromrichtung in beiden Schichten entweder genau übereinander oder doch meist benachbart zu liegen. Bei mehrpoligen Maschinen wiederholt sich die Zoneneinteilung für jede weitere Polpaarteilung.

Die 6 Zonen der Drehstromwicklungen kann man sich entstanden denken durch die doppelte Aufschneidung einer Gleichstromwicklung, die man in eine Drehstromwicklung mit 3 Strängen umwandelt. Schneidet man die Gleichstromwicklung nur einfach auf, teilt man sie also nur in 3 Zonen ein, so erhält man eine wesentlich ungünstigere Drehstromwicklung mit einer Zonenbreite von $120°_{el}$ oder $^2/_3$ einer Polteilung. Solche Zonen wählt man nur bei polumschaltbaren Maschinen, insbesondere bei denen für eine Umschaltung im Verhältnis 1 : 2.

Ungleiche Zonenbreiten bekommt man bei den sog. Bruchlochwicklungen. Wickelt man eine Drehstrommaschine mit z. B. 30 Nuten für 4 Pole, so entfällt auf eine Spulengruppe die Spulenzahl $2^1/_2$. Man wechselt dann mit Gruppen von 2 und 3 Nuten je Strang nacheinander ab, bekommt also örtlich verschieden breite Zonen. Im Mittel sind aber alle Zonen wieder 60° breit.

Einphasenmaschinen wickelt man mit einer Wicklung, deren Zone doppelt so breit wie die einer Drehstromwicklung ist. Sie beträgt also 120°. Man nützt also nur $^2/_3$ des Maschinenumfanges aus, würde aber bei voller Bewicklung praktisch keine höhere Leistung erzielen können. Diese Einphasenwicklung kann man auch bekommen, indem man zwei Stränge einer normalen Drehstromwicklung hintereinanderschaltet.

Die *Spulenweite* ist die Entfernung der beiden Nuten, denen die hingehenden und rückkehrenden Leiter einer Spule angehören. Man kann sie in Nutteilungen, in elektrischen Graden oder bezogen auf die Polteilung ausdrücken. Die erste Angabe ist von der Polzahl unabhängig und empfiehlt sich daher bei polumschaltbaren Maschinen. Bei normalen Maschinen gibt man die Weite der Spule meist als Bruchteil der Polteilung an, die ihrerseits in eindeutiger Weise dem elektrischen Winkel von 180° entspricht.

Man sagt entweder, daß die Spulenweite z. B. 83% der Polteilung beträgt oder man gibt den Bruch als Verhältnis der von der Spule umfaßten Nutteilungen zu den auf einen Pol entfallenden Nutteilungen an. Bei einer Maschine mit 9 Nuten je Pol, die mit Spulen einer Weite von 8 Nutteilungen versehen ist, beträgt demnach die relative Weite 8/9.

Der *Wicklungsschritt* ist gleich der Spulenweite. Man drückt ihn etwas anders aus, indem man die Nut angibt, in welche die zu Nut 1 gehörenden rückkehrenden Leiter gelegt werden. In obigem Beispiel beträgt also der Schritt 1 : 9. Die zweite Zahl ist immer um 1 größer als die Weite. Dieser Zusammenhang ist primitiv, verleitet aber deshalb leicht zu einer falschen Angabe an die Werkstatt.

Die Spulenweite ist nur bei Wicklungen mit Spulen gleicher Weite konstant. Zu diesen zählt die Zweischichtwicklung und eine früher ausgeführte Art der Einschichtwicklung. Bei den heutigen Einschichtwicklungen haben alle Spulen einer Gruppe verschiedene Weite. Nur wenn die Nutenzahl je Pol und Strang eine ungerade Zahl ist, hat eine einzige dieser Spulen eine Weite gleich der Polteilung. Die übrigen sind größer oder kleiner. Die mittlere Weite aller Spulen ist aber genau gleich der Polteilung. Deshalb spricht man auch bei der Einschichtwicklung von einer Weite von 100%, obwohl bei einer Lochzahl, die durch 2 teilbar ist, überhaupt keine Spule wirklich diese Weite hat.

Man spricht von einer *Sehnung* der Spulen, wenn die Weite kleiner als die Polteilung ist. Die Abweichung gegen die volle Polteilung heißt die *Verkürzung*. Man drückt sie in Nutteilungen oder in % aus. Eine eigentliche Sehnung ist nur bei Zweischichtspulen möglich. Sie ist ein wichtiges, praktisch oft angewandtes Mittel, um die Oberfelder klein zu halten und um außerdem an Wicklungsmetall zu sparen. Meist sehnt man eine Spule um $^1/_6$ der Polteilung. Dann prägen sich die fünfte und siebente Oberwelle nur schwach aus. Die Sehnung um $^1/_3$ Polteilung, die bei in Dreieck laufenden Synchronmaschinen die Regel ist, wird bei der Asynchronmaschine wohl nur zur Verringerung der Wickelkopflänge von 2-poligen und auch großen 4-poligen Maschinen gewählt. Solche Maschinen können nur schwer mit Spulen des vollen Schrittes hergestellt werden. Die Verkürzung der Spule in Nutteilungen wird mit v bezeichnet.

Die Sehnung führt nur bei Schleifenwicklungen zu einer Verkürzung der Wickelkopflänge. Bei Wellenwicklungen nimmt zwar der Kopf auf der einen Ankerseite ab, auf der anderen Seite erhöht sich die Länge aber um den gleichen Betrag. Gesehnte Wellenwicklungen, die man fast nur im Läufer größerer Maschinen vorsieht, sind daher selten.

Die *Lochzahl* einer Drehstrommaschine bezeichnet die *Nutenzahl je Pol und Strang*. Sie ist eine wichtige Größe und wird q benannt. Je höher die Lochzahl q, desto oberwellenreiner ist die Feldkurve. Dementsprechend erhöht sich der Kurzschlußstrom. Außerdem sinkt bei steigender Lochzahl die spezifische Wärmebelastung der Nutenwandung und der Wickelköpfe. Die wohl meistbenutzte Lochzahl ist 3 und 4. Seltener, wenn konstruktive Gründe hierzu zwingen, wählt man $q = 2$, sehr selten $q = 1{,}5$ oder gar 1. Die Höhe der Lochzahl wird beschränkt durch die kleiner werdende Nutteilung und die schwächeren Zähne, die beide gewisse Geringstwerte nicht unterschreiten sollen. Bei kleineren Hochspannungsmaschinen ist die Lochzahl ebenfalls beschränkt, da der gegenseitige Abstand der Spulen außerhalb des Eisens einen von der Spannung abhängigen Wert nicht unterschreiten darf. Über $q = 5$ geht man nur bei Großmaschinen mit großer Polteilung; man bemißt dann q so hoch, daß die Nutteilung nicht größer als 4 bis 5 cm wird.

Die Lochzahl q des Läufer wird um 1 bis 2 abweichend von der des Ständers gewählt, wobei man zur Verringerung der Pulsationsverluste gern die Lochzahl im Läufer kleiner als im Ständer wählt. Bei Kurzschlußankern kann man vorteilhafterweise ebenfalls von einer, wenn auch nur gedachten, Lochzahl sprechen. Sie ermöglicht es, alle Formeln, die für gewickelte Läufer gelten, unverändert auf Kurzschlußläufer zu übertragen. Im Gegensatz zu den Spulenwicklungen wählt man q bei Käfigankern oft gebrochen, und zwar vornehmlich die Zahlen: $2^2/_3$, $3^1/_3$ und entsprechende, woraus sich ganze Nutzahlen je Pol ergeben.

Außer der Lochzahl q je Pol und Strang ist die *Lochzahl Q je Pol* wichtig. Sie ist ein Maß für die mehr oder weniger feine Nutung der Maschine, unabhängig von der Strangzahl. Bei den üblichen Drehstromwicklungen ist $Q = 3q$. Das Verhältnis q/Q gibt die auf die Polteilung bezogene Zonenbreite wieder. Dieser Wert ist also meist, wie bereits erwähnt, gleich $^1/_3$, während er bei Einphasenwicklungen in der Regel $^2/_3$ ist. Bei Zweiphasenwicklungen, die sehr selten noch ausgeführt werden, ist $q/Q = \frac{1}{2}$. Die Lochzahl je Polpaar, also $2Q$ interessiert im Zusammenhang mit den sog. Nutharmonischen. $2Q$ ist die Zahl der Nuten einer 2poligen Maschine oder der p-te Teil der Nuten einer $2p$-poligen Maschine. Die Nutharmonischen zeichnen sich durch besondere Höhe aus, da ihr Wicklungsfaktor mit dem der Grundwelle übereinstimmt. Ihre Ordnungszahl ist $2Q \pm 1$, $4Q \pm 1$ usw.

5. Einschicht- und Zweischichtwicklung. Die Einschicht- und die Zweischichtwicklung sind die beiden wichtigsten Wicklungen der Asynchronmaschine. In Abb. 1 und 2 sind Spulen beider Arten dargestellt. Führt man den einzigen Leiter oder das Leiterbündel, das eine ganze Nut füllt, einer zweiten Nut zu, so entsteht die Spule einer Einschichtwicklung. Legt man dagegen ein halb so hohes Leiterbündel oder einen halb so starken Einzelleiter in die untere Nuthälfte und führt die zugehörigen Leiter des Bündels in den oberen Teil einer anderen Nut, so entsteht die Spule einer Zweischichtwicklung. In jeder Nut liegen 2 Spulenseiten in 2 Schichten übereinander. Der Begriff Schicht bezieht sich nur auf die Lage innerhalb der Nut, wobei man die Leiter in der im Nutengrund befindlichen Hälfte die Unterlage, die Leiter in der oberen Nuthälfte die Oberlage nennt. Außerhalb der Nuten, im Bereich der Stirnköpfe, spricht man bei Einschichtwicklungen von Ebenen oder Etagen. Die Köpfe der ungeteilten Einschichtwicklung liegen in 2 Ebenen. Teilt man die Spulengruppen in halbe Gruppen, so liegen die Spulenköpfe in 3 Ebenen (vgl. hierzu Abb. 3). Die einzelnen Zweischichtspulen umfassen nur die Hälfte aller Leiter in einer Nut, die Spulen der Einschichtwicklung dagegen alle Leiter. Daher muß die gesamte Spulenzahl bei der Zweischichtwicklung doppelt so hoch sein wie bei der anderen Ausführung. Da Gleichstromanker immer als Zweischichtwicklung ausgeführt werden, nennt man diese Wicklung auch häufig — aufgeschnittene — Gleichstromwicklung. Leider sind statt dieser beiden einwandfreien Bezeichnungen noch andere Namen üblich, die nur zur Verwirrung führen. Man spricht von Faß-, Korb-, Trommel-

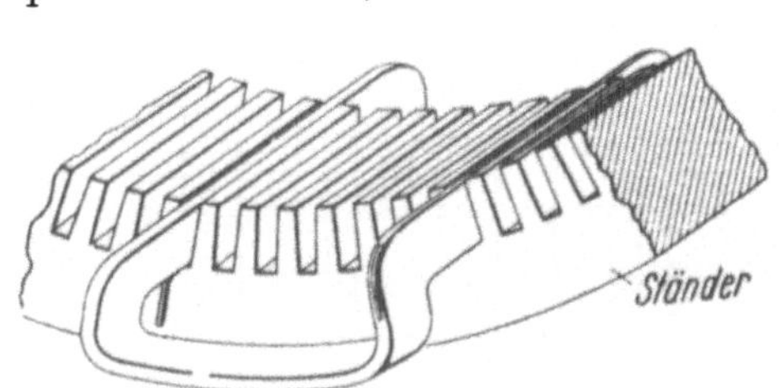

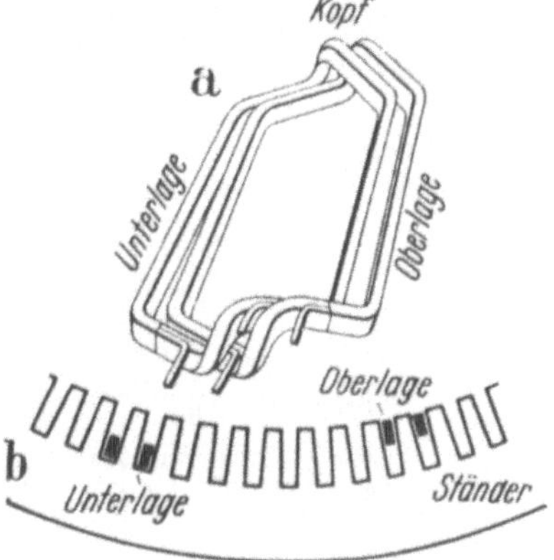

Abb. 1. Spule einer Einschichtwicklung. Abb. 2a, b. Spulen einer Zweischichtwicklung.

und Gittertrommelwicklung. Nachstehend sollen diese Namen nicht verwendet werden. Wenn die Zweischichtwicklung nur aus zwei Stäben je Nut aufgebaut wird, nennt man sie auch Stabwicklung. Derselbe Name ist auch für die früher übliche, aus einem Stab je Nut aufgebaute Einschichtwicklung üblich und daher auch nicht frei von Verwechslungen. Korrekt bezeichnet man die Wicklungen im speziellen Fall als Einschicht-Spulen- oder Einschicht-Stabwicklung in 2 oder in 3 Ebenen bzw. Zweischicht-Spulen- oder Zweischicht-Stabwicklung.

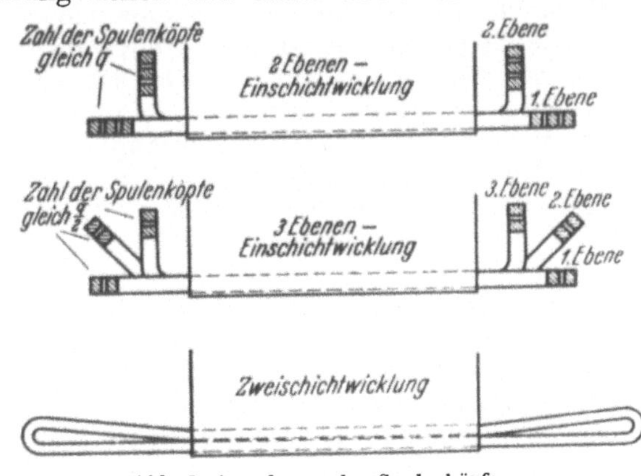

Abb. 3. Anordnung der Spulenköpfe.

Wenn man bei einer gewickelten Asynchronmaschine alle Wickelköpfe abschlägt, kann man das Vorhandensein einer Ein- oder Zweischichtwicklung nur noch an dem mehr oder weniger starken, isolierenden Zwischenstück in der Mitte der Nut erkennen, das die beiden Schichten der letztgenannten Wicklung voneinander trennt. Bei umpreßten Spulen erkennt man natürlich die beiden Wicklungsarten auch an der einzigen Umpressung der Einschichtwicklung oder den beiden Umpressungen der Zweischichtwicklung. Sonst sind keine äußeren

Unterschiede zu sehen. Betrachtet man aber die Wickelköpfe, so unterscheiden sich beide Arten sehr stark voneinander, wenn man von der heute selteneren Ausführung der Einschichtwicklung mit Spulen gleicher Weite absieht. Die Zweischichtwicklung besteht aus lauter Spulen gleicher Weite, deren Mitten je um eine Nutteilung gegeneinander am Umfange versetzt sind. Die Einschichtwicklung besteht aus Spulengruppen, deren einzelne Spulen verschiedene Weite haben. Sie liegen innerhalb jeder Gruppe — im Gegensatz zu denen der Zweischichtwicklung — konzentrisch.

Offenbar muß die Einschichtwicklung einer Reihe von Wicklungsgesetzen folgen, um ausführbar zu sein. Die Nutenzahl einer Maschine

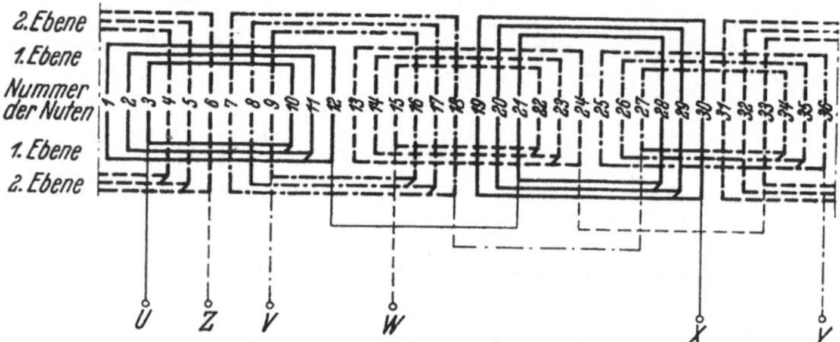

Abb. 4. 3-phasige Einschichtwicklung mit Anordnung der Köpfe in 2 Ebenen für $2p = 4$, $q = 3$, $N = 3 \cdot 2p \cdot q = 36$.

für Einschichtwicklung darf also nur bestimmte Werte haben. Außerdem müssen die einzelnen Spulen der Einschichtwicklung eine bestimmte Weite besitzen, damit die rückkehrende Seite einer Spule nicht eine fremde Spulenseite behindert. Weiterhin muß die Polteilung von Einfluß auf die Spulenweite sein. Der Entwurf der Wicklung bietet aber keine Schwierigkeiten, besonders wenn man, wie meist üblich, von einer ganzen Nutenzahl je Pol und Strang ausgeht. Man zeichnet, wie z. B. Abb. 4 für eine Maschine mit 4 Polen und mit einer Lochzahl von $q = 3$ zeigt, die Nuten des abgewickelten Maschinenumfanges auf und markiert q nebeneinanderliegende Nuten und weitere q nebeneinanderliegende Nuten, wobei zwischen beiden Gruppen $2q$ Nuten übergangen werden. Dann verbindet man die durch Striche angedeuteten Leiter beider Gruppen durch konzentrische Wickelköpfe oder Stirnverbindungen. So erhält man die erste Spulengruppe des ersten Stranges. Die zweite Gruppe des gleichen Stranges bekommt man, indem man wieder $2q$ Nuten überspringt und die vorige Zeichnung wiederholt. Hier sind aber die Wickelköpfe weiter herauszuzeichnen, da sie in die zweite Ebene gehören, wenn die zuerst gezeichneten in der ersten Ebene lagen. Man erhält für jedes Polpaar eine solche Gruppe aus q Lochspulen. Die übrigen Stränge bekommen die gleiche Anzahl von Gruppen, wobei der Beginn des zweiten Stranges $2q$ Nuten nach dem Beginn des ersten, der des dritten Stranges um $2 \cdot 2q$ Nuten nach dem des ersten Stranges zu liegen kommt. Die sechs Gruppen des 4-poligen Beispieles liegen im Wickelkopfraum zur Hälfte in der ersten, zur anderen Hälfte in der zweiten Ebene. Wenn die Polzahl durch 4 teilbar ist, sind die Schaltschemas der höherpoligen Maschinen eine wiederholte Fortsetzung des 4-poligen Schemas. Ist dagegen die Polzahl nicht durch 4 teilbar, hat man also z. B. 6 Pole, so gehört eine Spulengruppe halb zur ersten, halb zur zweiten Ebene. Die Wickelköpfe einer einzigen Gruppe müssen daher abgekröpft oder abgeknickt werden. Dadurch unterscheidet sich die gesamte Länge der Leiter des entsprechenden Stranges etwas von der der beiden anderen. Elektrisch ist aber kein Unterschied zu bemerken.

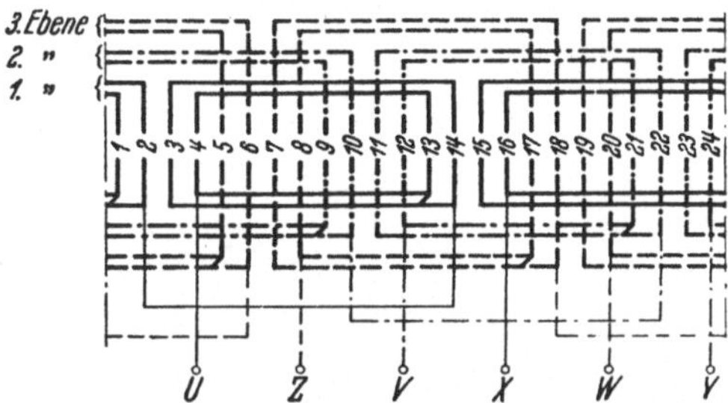

Abb. 5. 3-phasige Einschichtwicklung, mit Anordnung der Köpfe in Ebenen (geteilte Spulengruppen = halbe Gruppen) für $2p = 2$, $q = 4$, $N = 3 \cdot 2p \cdot q = 24$.

Eine andere Art des Entwurfes der Einschichtwicklung, die man meist nur bei Einphasenmaschinen oder bei 2- und auch 4-poligen Dreiphasenmaschinen anwendet, zeigt Abb. 5. Dargestellt ist eine 2-polige Wicklung mit 4 Nuten je Pol und Strang für Drehstrom. Die Hälfte der q Köpfe einer Gruppe ist nach links, die andere nach rechts geführt. Man erkennt, daß 2 halbe Gruppen an Stelle einer einzigen ganzen Gruppe entstehen. Führt man den Entwurf für alle 3 Stränge durch, so sieht man, daß die Köpfe nicht mehr in 2, sondern nur in 3 Ebenen Platz finden. Daher rührt die Bezeichnung dieser Ausführungsart als 3-Ebenenwicklung. Wenn q gerade ist, sind beide Gruppenhälften elektrisch völlig gleichwertig und können daher, wie in Abb. 6 für den Strang UX dargestellt wurde, miteinander parallel geschaltet werden. Man führt die 3-Ebenenwicklung auch bei ungerader Zahl q durch und bildet meist 2 ungleiche Teilgruppen, indem man z. B. bei $q = 5$ 2 Köpfe nach links, 3 Köpfe nach rechts abbiegt. Eine Parallelschaltung der Teilgruppen ist dann nicht mehr möglich.

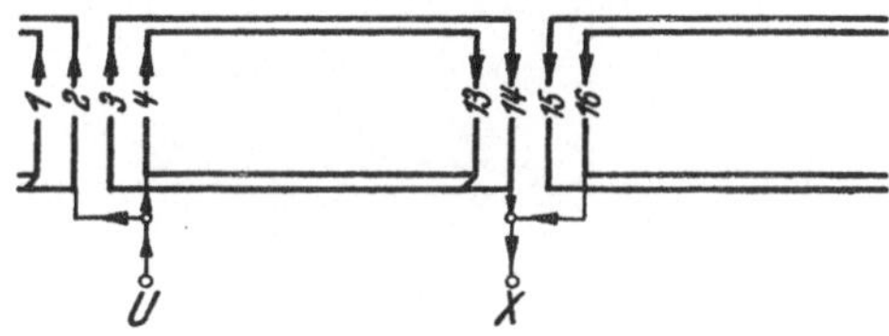

Abb. 6. Strang einer Wicklung nach Abb. 5 mit parallelgeschalteten Teilgruppen.

Die Zweischichtwicklung kann, rein mechanisch betrachtet, bei jeder Nutenzahl und bei beliebiger Spulenweite eingelegt werden. Eine Maschine mit z. B. 17 Nuten könnte ohne weiteres mit 17 Zweischichtspulen der Weite 5 oder 8 oder 11 bewickelt werden, da den rückkehrenden Spulenseiten immer die leeren Nutenhälften der anderen Schicht zur Verfügung stehen. Um 3 unter sich gleiche Stränge zu bekommen, muß natürlich die Nutenzahl durch 3 teilbar sein und bei einer Lochzahl q genau wie bei der Einschichtwicklung gleich $N = 3 \cdot 2p \cdot q$ sein. Die Lochzahl q wählt man durchweg ganzzahlig, seltener gebrochen zu 2,5 oder gar 1,5.

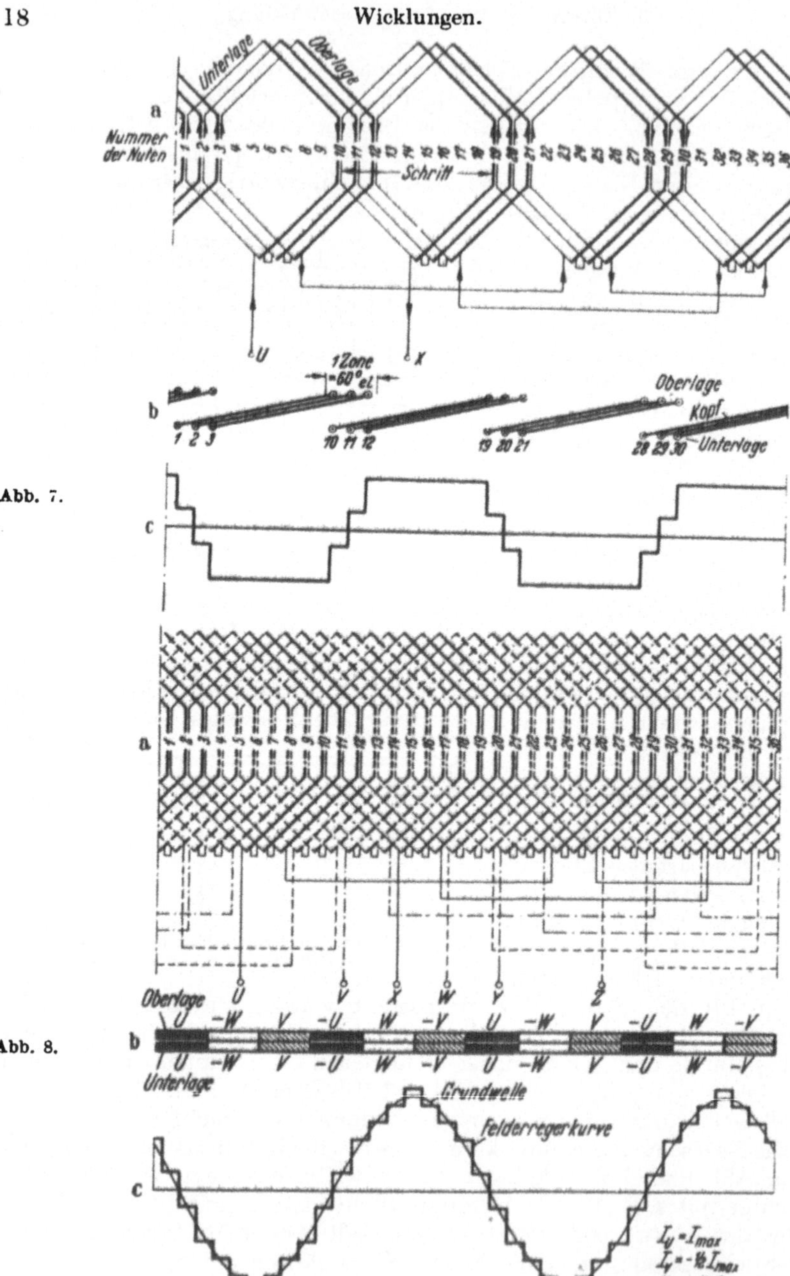

Abb. 7 a—c. Strang einer 3-phasigen Zweischichtwicklung mit unverkürzten Spulen für $2p = 4$, $q = 3$, $v = 0$, $N = 3 \cdot 2p \cdot q = 36$.
a Schema, b Schnitt mit Stromverteilung, c Felderregerkurve des einen Stranges.

Abb. 8 a—c. Wicklung wie in Abb. 7, jedoch mit allen 3 Strängen.
a Schema, b Zonen, c Felderregerkurve mit Grundwelle.

Den Entwurf der Zweischichtwicklung kann man an den Beispielen in den Abb. 7 bis 9 verfolgen. Abb. 7 zeigt eine 4-polige Wicklung in der Wiedergabe für den Strang UX; Abb. 8 bietet die ganze Wicklung. Die Lochzahl ist $q = 3$, die Weite W der Spulen ist gleich der Polteilung t_p, die Verkürzung also $v = 0$. Wieder zeichnet man die bezifferten Nuten des abgewickelten Ankers hin, markiert q Nuten und nach $2q$ übersprungenen fremden Nuten wiederum q Nuten. So fährt man fort, bis man zu den Anfangsnuten zurückkehrt. Die beiden Leiter-

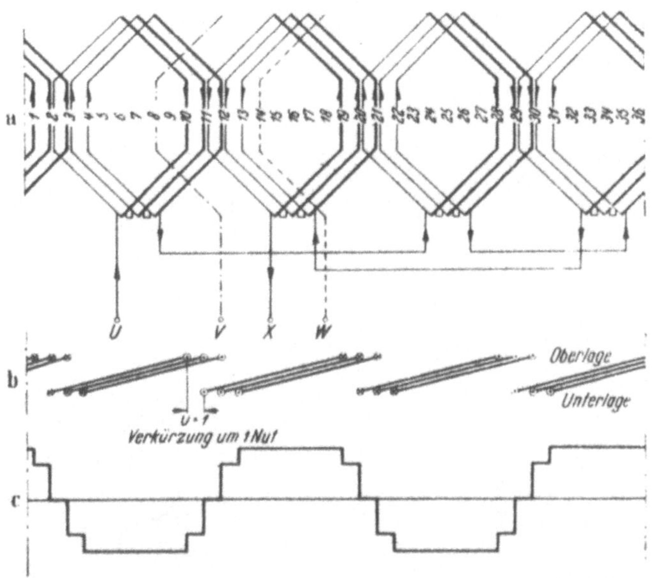

Abb. 9 a—c. Strang einer 3-phasigen Zweischichtwicklung mit um eine Nutteilung *verkürzten* Spulen, sonst genau wie Abb. 7, für $2p = 4$, $q = 3$, $v = 1$, $N = 3 \cdot 2p \cdot q = 36$.
a Schema, b Schnitt mit Stromverteilung, c Felderregerkurve eines Stranges.

bündel oder Einzelleiter in jeder der Nuten bezeichnet man durch einen dünnen Strich für die Unterlage und einen starken Strich für die Oberlage. Nunmehr verbindet man die Leiter der Oberlage mit denen der Unterlage durch die schrägen Wickelköpfe zu beiden Seiten des Ankers.

In Abb. 9 ist eine Zweischicht-Drehstromwicklung wie in Abb. 7 wiedergegeben, jedoch mit einer Sehnung der Spulen um 1 Nut. Es ist also $q = 3$, $v = 1$; die relative Weite W/t_p beträgt 8/9. Zur besseren Übersicht ist wiederum nur der erste Strang dargestellt. Man sieht, daß die stark ausgezogenen Spulenseiten der Oberlage in den gleichen Nuten wie in Abb. 7 liegen, während die dünn gezeichneten Spulenseiten der Unterlage um 1 Nut versetzt wurden. Der Schritt geht entsprechend nicht mehr von 1 nach 10, sondern von 2 nach 10. Betrachtet man nur die Oberlage oder nur die Unterlage, so lassen sich die Abb. 9 und 7 jeweils zur Deckung bringen. Ober- und Unterlage sind in Abb. 9 um $v = 1$ Nut gegeneinander versetzt.

Während man bei Ständerwicklungen in den weitaus meisten Fällen die Zweischichtwicklung als Schleifenwicklung ausführt, wählt man im Läufer durchweg die Wellenwicklung. Die Gründe sind einfacher Art. Im Ständer sehnt man die Wicklung, teils um die Oberwellen zu verringern, teils um eine kleinere Ausladung der Wickelköpfe zu bekommen. Dieser letztere Vorteil verschwindet aber bei der Wellenwicklung, da dem kürzer gewordenen Kopf auf der einen Seite der um den gleichen

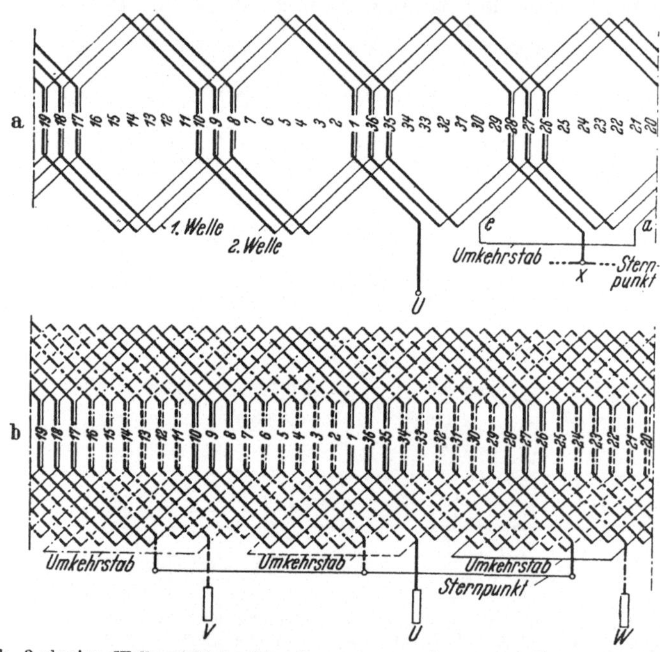

Abb. 10 a, b. 3-phasige *Wellen*wicklung für $2p = 4$, $q = 3$, $v = 0$, $N = 3 \cdot 2p \cdot q = 36$ in Sternschaltung, vorzugsweise für Läufer mit Stabwicklung.
a Schema eines Stranges, bestehend aus zwei einzelnen Wellen, b Gesamtschema.
Man beachte die geringe Anzahl der Verbindungen.

Betrag länger gewordene Kopf auf der anderen Seite gegenüberstehen würde. Die Wellenwicklung wird aber deshalb im Läufer bevorzugt, weil man bei ihr mit dem kleinsten Aufwand an Schaltverbindungen auskommt, wie sich aus Abb. 10 ergibt. Dort ist die gleiche 4-polige Wicklung für $q = 3$ und $v = 0$ wie in Abb. 8, jedoch als Wellenwicklung, statt als Schleifenwicklung dargestellt. Die Hälfte aller Spulenseiten eines Stranges gehört einem Wellenzweig, die andere Hälfte einem zweiten Wellenzweig an. Es entstehen also nur 2 Gruppen, die durch eine einzige Verbindung, den sog. Umkehrstab, miteinander in Reihe geschaltet werden. Man beachte beim Entwurf, daß an einer Stelle in jedem Strang der Schaltschritt sich um 1 Nutteilung ändern muß, da man sonst in die Anfangsnut zurückkehren würde. Dies wird bei Gleichstromankern meist durch entsprechende Wahl der Nutenzahl vermieden, ist aber Drehstromwicklungen wegen der ganzzahligen Nutenzahl Q je Pol nicht möglich.

Eine der bei kleineren Asynchronmaschinen gelegentlich angewandten Bruchlochwicklungen zeigt Abb. 11 in der Ausführung als Zweischicht-Schleifenwicklung. Es ist nur der erste Strang dargestellt. Das Bild gilt für eine 4-polige Maschine mit 30 Nuten, also 2,5 Nuten je Pol und Strang. Die Spulen müssen naturgemäß um mindestens $^1/_2$ Nut gesehnt sein, da die Polteilung 7,5 Nutteilungen umfaßt. Im Beispiel wurde eine Sehnung von $v = 1{,}5$ gewählt, entsprechend einer relativen Weite von 6 : 7,5.

Der Entwurf dieser Wicklung geschieht derartig, daß man zuerst die gesamten Nuten in Zonen von 2, 3, 2, 3, usw. Nuten einteilt. Dann ordnet man diese Zonen wie sonst den drei Strängen als U, $-W$, V, $-U$, W, $-V$ usw. zu. Dies wird in beiden Schichten gemacht. Die Anfänge der Einteilung in Ober- und Unterlage müssen um die Weite der Einzelspule gegeneinander versetzt sein. Man bekommt dann 4 Gruppen je Strang, die 2, 3, 2 und wieder 3 Einzelspulen enthalten. Die Aufteilung aller Spulen auf alle 3 Stränge ist gleich; die Anfänge und Enden liegen um genau $^2/_3$ Polteilung, also 120 $°_{el}$ auseinander.

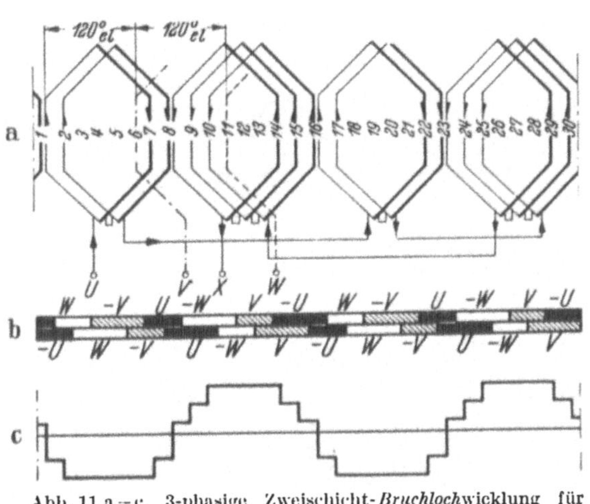

Abb. 11 a—c. 3-phasige Zweischicht-*Bruchloch*wicklung für $2p = 4$, $q = 2^1/_2$, $v = 1^1/_2$, $N = 3 \cdot 2p \cdot q = 30$.
a Schema eines Stranges, b Zonen, c Felderregerkurve eines Stranges. Man beachte die ungleiche Polausbildung.

6. Felderregerkurve. Von den verschiedenen Mitteln, die Güte einer Wicklung zu beurteilen, ist das einfachste die Aufzeichnung der sog. Felderregerkurve, kurz auch Erregerkurve genannt. Diese Kurve erhält man folgendermaßen: Man denkt sich die Wicklung von einem Drehstrom gespeist, greift aber einen ganz beliebigen Zeitpunkt innerhalb der Periode heraus. In den 3 Phasen treten dabei im allgemeinen verschieden große Ströme auf, deren Summe allerdings stets Null sein muß. Am besten wählt man einen speziellen Augenblick, z. B. den, wo der Strom in einem Strang gerade Null ist; dann hat der Strom im zweiten Strang den 0,866-fachen Betrag seines Höchstwertes, während er im dritten Strang die gleiche Größe, aber die umgekehrte Richtung hat. Man kann sich diese Stromverteilung so vorstellen, also ob z. B. in einen Strang ein Gleichstrom I_{gl} eintritt, der über den Sternpunkt einem anderen Strang zufließt und diesen über die Eingangsklemme wieder verläßt, während der dritte Strang stromlos bleibt. Für diesen Fall sind die Erregerkurven in den Abb. 12 bis 14 entworfen. Die Erregerkurve selbst bekommt man, indem man auf einer geraden Linie die einzelnen stromführenden Nuten der Maschine markiert und durch einen Punkt oder ein Kreuz den Austritt oder Eintritt des Stromes kennzeichnet. Im Fall der Zweischichtwicklung muß man wegen der beiden Schichten 2 Geraden zeichnen.

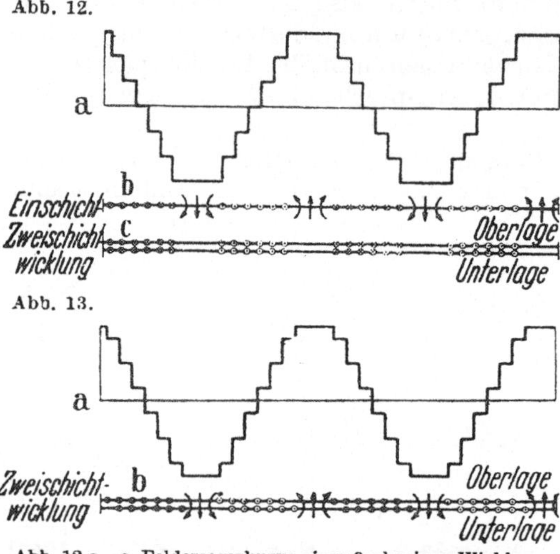

Abb. 12 a—c. Felderregerkurve einer 3-phasigen Wicklung für $2p = 4$, $q = 3$, $v = 0$, $N = 3 \cdot 2p \cdot q = 36$. Vgl. Abb. 4, 7 u. 8. a Felderregerkurve bei Stromlosigkeit eines Stranges. b Augenblickliche Stromverteilung bei Einschichtwicklung. c Desgl. bei Zweischichtwicklung.

Abb. 13 a, b. Felderregerkurve und augenblickliche Stromverteilung einer 3-phasigen Zweischichtwicklung mit *verkürzten* Spulen nach Abb. 9 für $2p = 4$, $q = 3$, $v = 1$, $N = 3 \cdot 2p \cdot q = 36$.

Die Nuten der Zonen $+U$ und $-W$ bekommen z. B. alle ein Kreuz, die Nuten der Zonen $-U$ und $+W$ dagegen einen Punkt. Die Zonen des dritten Stranges, also $+V$ und $-V$, bleiben stromlos. Wir gewinnen auf diese Weise ein Bild von der augenblicklichen Durchflutung der Wicklung. Jedes Kreuz entspricht einem Strom von $z_n I_{gl}$ A, wenn z_n die Zahl der Leiter je Nut ist, bzw. $0{,}5 z_n \cdot I_{gl}$, wenn man eine Zweischichtwicklung behandelt. Den Punkten entspricht der gleiche Strom in umgekehrter Richtung. Wenn I der Effektivwert des erregenden Wechselstromes ist, so ist I_{gl} gleich $I\sqrt{1{,}5}$. Meistens interessiert aber gar nicht der wahre Strominhalt einer Nut und man kann ihn einfach gleich 1 setzen. Über oder unter das Bild der Durchflutung zeichnet man jetzt die Erregerkurve, indem man eine Treppenkurve entwirft, die bei Nuten mit 2 Punkten um eine Einheit nach oben springt, bei solchen mit 2 Kreuzen aber um eine Einheit nach unten geht. An den Stellen, an denen weder ein Kreuz noch ein Punkt ist, entsteht keine Stufe. Wo nur ein Kreuz ist, ist nur eine halbe Stufe abwärts zu zeichnen. Einem einzigen Punkt entspricht eine halbe Stufe aufwärts. Bei Maschinen mit starker Sehnung kann in der gleichen Nut ein Punkt und ein Kreuz sein, die Felderregerkurve hat dann dort keine Stufe, die Nut ist magnetisch gesehen stromlos. Die Treppenkurve erreicht bei der letzten Nut wieder die Ausgangshöhe der ersten Nut. Sie besitzt noch keine Mittellinie. Diese wird so eingetragen, daß die Flächen oberhalb und unterhalb derselben gleich groß werden. Wenn man die Treppenkurve, von links beginnend, in der genannten Weise zeichnet, entsprechen die Teile ober-

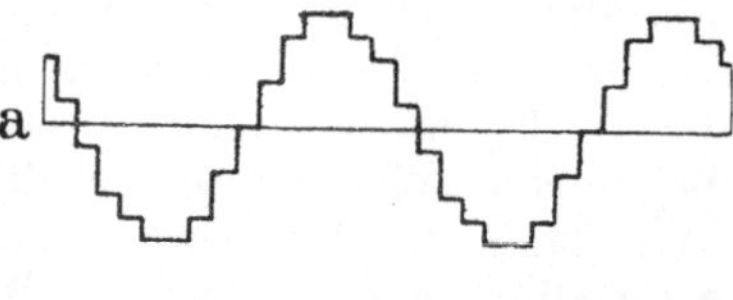

Abb. 14 a, b. Felderregerkurve und augenblickliche Stromverteilung der 3-phasigen *Bruchloch*wicklung nach Abb. 11 für $2p = 4$, $q = 2\frac{1}{2}$, $v = 1\frac{1}{2}$, $N = 3 \cdot 2p \cdot q = 30$.

halb der Mittellinie Nordpolen, die Teile unterhalb Südpolen. Die Kraftlinien dieser Pole sind schematisch in den Abb. 12b, 13b und 14b im Bilde der Durchflutung angedeutet. In den Abb. 12a, 13a und 14a sind die Treppenkurven, also die Erregerkurven der Wicklungen, entsprechend Abb. 4, 7, 8 bzw. 9 bzw. 11 wiedergegeben. Wohlgemerkt sind sie für alle 3 Stränge und nicht nur für einen einzigen Strang gezeichnet.

Mathematisch gesehen, stellt die Felderregerkurve die Integralkurve zur Durchflutung dar. Letztere ist nur im Falle unendlich feiner Ankernutung durch eine stückweise stetige Kurve darzustellen. Bei endlicher Nutenzahl müßte man sie durch eine Reihe von sehr schmalen Rechtecken wiedergeben, deren eine Seite gleich der Nutöffnung ist und deren Flächeninhalt dem gesamten augenblicklichen Strom der einzelnen Nuten entspricht. Die mittleren Abstände der Rechtecke sind gleich der Nutteilung. Wir vereinfachen die Darstellung in üblicher Weise, indem wir die wirkliche Breite der Nutöffnung unberücksichtigt lassen und statt des Rechtecks, das bei unendlich schmaler Nutöffnung unbegrenzt hoch sein müßte, die genannten Punkte oder Kreuze lediglich als Symbole für den austretenden oder eintretenden Augenblicksstrom in der Nut benutzen. Bei tatsächlicher Berücksichtigung des Nutenschlitzes würde die Treppe der Felderregerkurve keine senkrechte, sondern schräge Stufen bekommen.

Die nur selten dargestellte Durchflutungskurve stellt den augenblicklichen Strombelag über dem abgewickelten Anker dar. Die Ordinaten werden also in A/cm, die Abszissen in cm gemessen.

Die Erregerkurve als Integralkurve hat also auf der Ordinate die Einheit cm A/cm, also Ampere.

Physikalisch gesehen, gibt die Erregerkurve den Verlauf der magnetisierenden Wirkung der stromdurchflossenen Wicklung über dem Maschinenumfang wieder. Sie stellt also die *magnetische Spannung* dar, deren Einheit das Ampere ist. Wenn man den magnetischen Spannungsbedarf des Eisens vernachlässigt, steht die ganze Spannung zur Magnetisierung des Luftspaltes zur Verfügung. Da dieser bei Asynchronmaschinen konstant ist, gibt der Verlauf der Erregerkurve gleichzeitig den Verlauf der magnetischen Induktion im Luftspalt wieder. Hierbei vernachlässigen wir allerdings den nicht unwesentlichen Einfluß der mehr oder weniger breiten Nutenschlitze, die den Luftspalt in Wirklichkeit örtlich recht stark verbreitern. Immerhin ist man berechtigt, für eine ganze Reihe von Überlegungen den Verlauf der magnetischen Induktion, also der eigentlichen Feldkurve, dem der Erregerkurve gleichzusetzen. Der Proportionalitätsfaktor wird durch die Größe des Luftspaltes gegeben, indem man die Formel berücksichtigt:

$$B = \frac{V}{0{,}8\,\delta},$$

mit B = Induktion in G oder in $\mathrm{Vs/cm^2} \cdot 10^{-8}$, δ = Luftspalt in cm,
V = magnetische Spannung in A, $0{,}8 = \frac{10}{4\pi}\,\frac{\mathrm{A}}{\mathrm{cm\,G}}$.

Statt mit dem mechanisch meßbaren Luftspaltes δ rechnet man korrekter mit dem reduzierten Luftspalt δ', der größer als δ ist und angenähert die Einflüsse der Nutenöffnungen berücksichtigt. Es gilt dann:

$$\delta' = \delta\, k_{c_1}\, k_{c_2},$$

wobei k_c der sog. CARTERsche Faktor für den Stator bzw. den Rotor ist (siehe Abschnitt 18).

Infolge des hohen Eigenbedarfs der Eisenwege an magnetischer Spannung steht nur ein Teil der vollen Spannung für den Luftspalt zur Verfügung. Wegen der Sättigungserscheinungen im Eisen entsprechen sogar gleichen Stufen der Erregerkurve (magn. Spannung) nicht mehr gleiche Stufen der Feldkurve (magn. Induktion). Trotzdem ist die Erregerkurve ein sehr brauchbares Mittel zur Untersuchung der Eigenschaften der Wicklung, wenn sie auch nur im Idealfall die Feldkurve der Maschine wiedergibt. Im Abschnitt 27 wird die Erregerkurve zu besonderen Untersuchungen herangezogen.

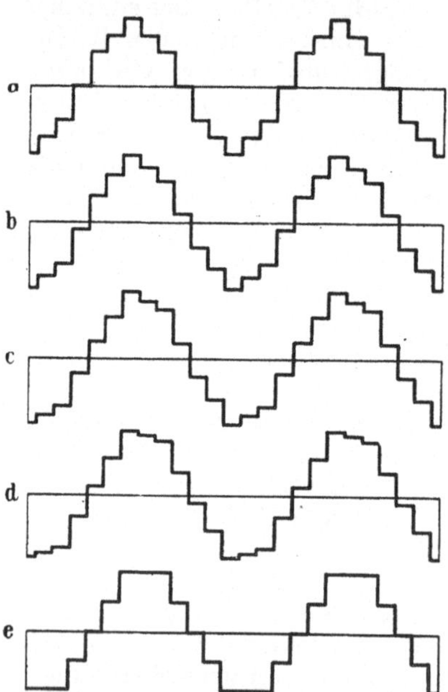

Abb. 15a—e. Felderregerkurve einer 4-poligen, ungesehnten 2-Lochwicklung für aufeinanderfolgende Zeitpunkte, die je 1/48 der Periodendauer auseinanderliegen. Alle verschieden gestalteten Kurven liefern bei der Fourierzerlegung gleiche Amplituden für die Grundwelle und die einzelnen Oberwellen.

Wenn man eine andere augenblickliche Stromverteilung wählt, z. B. für den Zeitpunkt, in dem der Strom in einen Strang mit seinem Höchstwert eintritt und je zur Hälfte aus den beiden anderen wieder wegfließt, so bekommt man eine anders gestaltete Erregerkurve (vgl. z. B. Abb. 8). Die typischen Eigenschaften dieser neuen Kurve und aller anderen, die man für beliebige Zeitpunkte bekommt, stimmen dagegen überein, so daß man sich auf die Darstellung der am einfachsten zu gewinnenden Erregerkurve beschränken kann. Die verschiedenen Gestalten einer Felderregerkurve für gleichmäßig aufeinanderfolgende Zeitpunkte sind in Abb. 15 wiedergegeben.

7. Herstellung der Wicklungen. Je nach der Art der mechanischen Herstellung der Wicklungen unterscheidet man die Handwicklungen und die Wicklungen aus Halb- und Ganzformspulen. Handwicklungen werden in der einfachsten Art als *Durchzieh*wicklungen angefertigt. Die Nuten werden zu Beginn mit sog. Nadeln aus Holz oder Eisen ausgefüllt, die der Zahl und dem Querschnitt der einzubringenden Leiter entsprechen. Meist verwendet man für diese Runddraht, seltener rechteckigen Flachdraht; bei größeren Maschinen benutzt man vielfach Litze. Beim Durchziehen wird nun jeweils eine der Nadeln herausgenommen, die dem durch geeignete Mittel geschmeidig gemachten nachgeführten Draht Platz macht. Die Runddrähte dürfen nicht über etwa 3 mm stark sein, damit sie noch leicht genug von Hand abgebogen werden können. Die Litzen können dagegen sehr stark sein. Die obere Grenze ist etwa 30 mm², obwohl man bei großen Nuten noch Litzen von 50 bis 60 mm² einbringen kann.

Durchziehwicklungen sind immer Einschichtwicklungen. Die *Träufelwicklung* ist die zweite Art der Handwicklung; sie kann für Einschicht- oder Zweischichtwicklungen hergestellt werden. Die einzelnen Spulen werden als Leiterbündel außerhalb der Maschine vorbereitet und Draht für Draht durch den Nutenschlitz in die Nuten eingebracht. Die Nutöffnung muß natürlich größer als der Durchmesser des umsponnenen oder lackierten Drahtes sein. Zum Schutz des Drahtes läßt man oft die Nutauskleidung während des Einträufelns am Nutschlitz herausragen, so daß die Leiter nicht an den harten Kanten der Bleche abgescheuert werden. In diesem Fall muß also die Nutöffnung gleich dem Drahtdurchmesser plus der doppelten Stärke der Nutauskleidung plus etwa 0,3 bis 0,5 mm sein.

Der Vorteil der Träufelwicklung vor der Durchziehwicklung besteht darin, daß sie als gesehnte Zweischichtwicklung herstellbar ist. Man verwendet sie bei Kleinmaschinen, wo viele dünne Drähte je Nut vorhanden sind. Als Läuferwicklung wird sie aus mechanischen Gründen bevorzugt, weil sie gleichmäßige Wickelköpfe ergibt, die sich beim Lauf gegenseitig ohne Bandage zu halten vermögen.

Die beiden Handwicklungen kommen heute nur noch für Niederspannung in Betracht. Selten verwendet man sie bei mittleren Maschinen bis zu etwa 3000 V. Für Hochspannung (5000 oder 6000 V) werden sie kaum noch vorgesehen, außer wenn Einrichtungen bestehen, den gesamten gewickelten Anker nach Fertigstellung der Wicklung in Compoundmasse zu tauchen.

Die *Halbform*spulen verwendet man für jene Hochspannungsmaschinen mit halbgeschlossenen Nuten, z. B. für Langsamläufer kleiner Leistung je Pol, bei denen man die weitere effektive Vergrößerung (offene Nuten) des schon aus mechanischen Gründen sehr großen Luftspaltes vermeiden will. Die Halbformspulen werden außerhalb der Maschine in beiden Nutenteilen und auf der einen Kopfseite fertig isoliert. Die Spulen werden mit den gestreckten Leiterenden des anderen, noch nicht fertiggestellten Kopfes axial in die Nuten eingeschoben. Dann werden die Leiterenden abgebogen, miteinander verlötet oder verschweißt, abisoliert und miteinander zu einem Kopf geformt. Man verwendet Halbformspulen nur für Einschichtwicklungen.

Formspulen sind die beste Wicklungsausführung. Sie werden in überwiegendem Maße für Zweischichtwicklungen verwendet. Die ganze Spule wird außerhalb der Maschine hergestellt und danach durch die voll geöffneten Nutenschlitze radial eingelegt. Die Schlußspulen können erst eingebracht werden, wenn die ersten Spulen wieder angehoben werden. Man muß eine größere Anzahl Spulen lüften, damit der Einbau der letzten Spulen ohne Gefährdung der Isolation geschehen kann. Von dem Vorteil, die Formspulen zu sehnen, macht man aus mechanischen und elektrischen Gründen fast stets Gebrauch.

Über die Verwendung der genannten Wicklungen gibt nachstehende Aufstellung Kenntnis, wobei aber zu beachten ist, daß manche Fragen der Werkstatteinrichtungen und der Herstellung den Bereich der einen oder anderen Wicklung stark verschieben können. Heute kann man beobachten, daß bei mittleren Maschinen bis etwa 100 kW die Handwicklung wieder stärker als die Formspule in Erscheinung tritt.

Schnelläufer.

Leistung bezogen auf 4-polige Maschine	1—25 kW	25—100 kW	100—4000 kW
Ständerwicklung	*ET*	*ET*	*ZF*
Läuferwicklung	*ZT*	*ED*	*Z*-Stab
Polumschaltbare Ständer	*ZT*		*ZF*

Langsamläufer.

Ständerspannung	380—3000 V	5000, 6000 V	10000 V
Ständerwicklung	*ED*	*E*-Halbform	*ZF*
Läuferwicklung	*Z*-Stab		

wobei bedeutet: *E* = Einschicht, *Z* = Zweischicht, *T* = Träufelwicklung, *D* = Durchziehwicklung, *Z*-Stab = Zweischichtstab, *E*-Halbform = Einschicht-Halbformspulen, *F* = Formspulen.

Den Vorteilen der einzelnen Wicklungsarten stehen gewisse Nachteile gegenüber. Vergleicht man z. B. die Halbformspule mit der Formspule, so bedingt erstere einen besseren Leistungsfaktor der Maschine und geringere Eisenverluste. Dafür ist aber die Leiterlänge wesentlich größer als die einer vergleichbaren, mäßig gesehnten Formspule. Der Verringerung der Wicklungsverluste durch den verbesserten $\cos\varphi$ steht also eine Erhöhung der gleichen Verluste durch den vergrößerten Widerstand gegenüber, um so mehr, wenn man vom gleichen Kupferaufwand ausgeht. Wenn die Halbformspule z. B. 15% länger als die Formspule ist, muß bei gleichem Gewicht ihr Querschnitt rund 15% kleiner gewählt werden. Dadurch steigt der Widerstand um etwa 33%. Die Wicklungsverluste steigen wesentlich weniger an, da der $\cos\varphi$ bei der Halbformspule höher als bei der Formspule ist, so daß bei manchen Maschinen ein merklicher Gewinn an Wirkungsgrad verbleibt. Bei Großmaschinen über 1000 kW verschwinden praktisch diese Unterschiede.

Bei mittleren Maschinen muß man zwischen Hand- und Formspulenwicklung wählen. Der Nutfüllfaktor als das Verhältnis zwischen dem gesamten Metallquerschnitt in der Nut zur Nutfläche liegt bei Formspulen höher, wenn die Nuten verhältnismäßig groß sind, aber niedriger, wenn sie klein sind. Insbesondere verliert man bei den Zweischichtwicklungen einen merklichen Teil in der Höhe durch das zwischen beiden Schichten erforderliche isolierende Zwischenstück. Genaue Grenzen der Anwendung können daher nicht angegeben werden.

Durchzieh- und Träufelwicklungen unterscheiden sich dadurch, daß erstere den besseren Füllfaktor haben, aber nur für stärkere Drähte geeignet sind, während die Träufelwicklungen besonders für viele, dünne

Drähte in Betracht kommen. Wegen der Art des Einbringens in die Nut ist die Ausnützung des Nutraumes bei der Träufelwicklung natürlich geringer als bei allen anderen Wicklungen.

8. Länge, Gewicht, Widerstand. Bei den Spulenwicklungen unterscheidet man die Längen des Leiters, der Windung und des ganzen Stranges. Da man mit Rücksicht auf die Käfigwicklung, wo nur die Länge des Stabes anschaulich ist, auch bei den Spulen gern den Leiter, also die halbe Windung zugrunde legt, soll die Länge des Leiters bestimmt werden. Bei den Einschichtwicklungen hängt die Länge stark von der Ausbildung des Kopfes ab, bei den Zweischichtwicklungen kann man sie besser vorausberechnen. In jedem Fall läßt sich die Länge genau der Zeichnung entnehmen oder rückwärts aus dem Metallverbrauch der hergestellten Maschine ermitteln. Meistens braucht man aber die Leiterlänge gerade bei der Vorausberechnung.

Die Länge eines Leiters entfällt auf verschiedene Abschnitte, nämlich auf den Teil im Inneren der Nut, den geraden Teil außerhalb der Nut und den abgebogenen Teil des eigentlichen Kopfes. Die Länge des Kopfes ist offenbar von der Weite der Spule, also — unter Berücksichtigung einer etwaigen Sehnung — von der Polteilung abhängig. Gewisse Zuschläge berücksichtigen die Krümmungen und ähnliches.

Die Leiterlänge von Handwicklungen ist:

$$l_l = l_a + 60 + 1{,}2\,t_p \quad \text{Ständer-Einschichtwicklung,}$$

$$= l_a + 34 + 0{,}67\,t_p \quad \text{Läufer-Zweischichtträufelwicklungen mit } \frac{W}{t_p} = \frac{5}{6},$$

$$= l_a + 100 + 1{,}6\,t_p \quad \text{Ständer-Einschichtwicklung von Großmaschinen,}$$

$$= l_a + 370 + 1{,}7\,t_p \quad \text{Ständer-Halbformspulenwicklung für 6000 V.}$$

Hierin ist l_a die Breite des Ankers einschließlich der Kühlkanäle und t_p die Polteilung, alle Maße in mm.

Die Leiterlänge der Zweischichtwicklungen mit Formspulen wird berechnet zu:

$$l_l = l_a + 2d + 2s + k + 50\,\text{mm}.$$

Nach Abb. 16 bedeutet hierbei d die gerade Länge außerhalb der Nut, s den schrägen Teil und k den kleinen Halbkreis in Kopfmitte beim Übergang von der Ober- in die Unterschicht. Der innere Biegungsradius kann vernachlässigt werden. Die Formel wird zur Berechnung umgeschrieben:

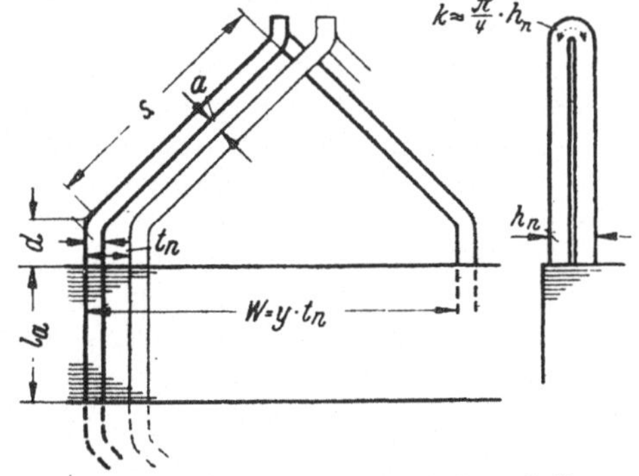

Abb. 16. Zur Berechnung der mittleren Leiterlänge von Zweischichtspulen- und Stabwicklungen.

$$l_l = l_a + 2d + y t_n \frac{1}{\sqrt{1 - \left(\frac{b_n + a}{t_n}\right)^2}} + \frac{\pi}{4} h_n + 50\,\text{mm}.$$

y ist der Schritt in Nutteilungen, t_n die Nutteilung, $y\,t_n$ also die wahre Weite der Spule. b_n und h_n sind Breite und Höhe der Nut. a ist der gegenseitige Abstand der Köpfe im schrägen Teil. d und a sind abhängig von der Spannung und können Abb. 17 entnommen werden. Der Zahlwert $1/\sqrt{}$ entspricht dem Faktor von t_p in den Formeln für die Handwicklungen; er ist aber bei größeren Nutteilungen meistens fühlbar kleiner. Bei kleinen Teilungen t_n wird der Beiwert recht groß. Er liegt

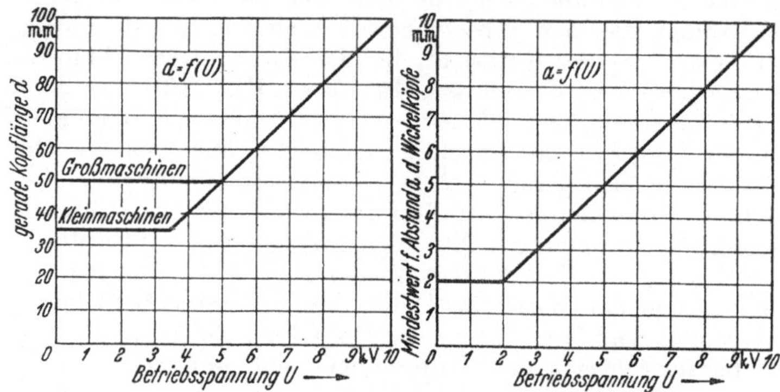

Abb. 17. Gerade Länge d und Abstand a der Wickelköpfe.

im allgemeinen zwischen 1,25 und 1,6. Man erkennt, daß das von der Spannung der Maschine abhängige a einen starken Einfluß auf die Leiterlänge hat, besonders wenn es im Verhältnis zu b_n stark ins Gewicht fällt. Maschinen, deren Zahnbreite $b_z = t_n - b_n = a$ werden würde, können überhaupt nicht mehr mit dem vorgeschriebenen Kopfabstand ausgeführt werden. Unter Umständen muß dann also a kleiner gehalten und die Kopfisolation entsprechend verstärkt werden.

Die exakte Berechnung verlangt, daß man t_n in halber Nuthöhe zugrunde legt. Man begeht keinen merklichen Fehler, wenn man die Nutteilung an der Bohrung einsetzt.

Für die Widerstandsberechnung setzt man die Leiterlänge nicht in mm, sondern in m ein, da die Leitfähigkeit oder der spezifische Widerstand in der Praxis für das Meter als Längeneinheit und für das Quadratmillimeter als Einheit des Querschnitts angegeben werden. In der Gewichtsbestimmung sollen diese beiden Einheiten beibehalten werden. Für das Gewicht gilt dann:

$$\text{Wicklungsgewicht } G = 3\,z\,l_l\,q\,\frac{\gamma}{1000}\ \text{kg},$$

mit z = Leiterzahl je Strang, l_l = mittlere Leiterlänge in m, q = Leiterquerschnitt in mm², γ = spezifisches Gewicht = 8,9 für Cu, = 2,7 für Al.

Der Widerstand bei der Temperatur $t°$ beträgt:

$$\text{Strangwiderstand } R = \frac{z\,l_l}{q\,L}\ \Omega,$$

mit L = Leitfähigkeit in $\dfrac{\text{m}}{\text{mm}^2\,\Omega}$.

Die Leitfähigkeit fällt mit zunehmender Wicklungstemperatur t° stark ab:

$$\text{Leitfähigkeit } L_{t^\circ} = L_{20^\circ} \frac{20 + T}{t^\circ + T},$$

mit $T = 235$ für Cu, $= 245$ für Al

$L_{20^\circ} = 57$ für Cu, $= 37$ für Al-Draht, $= 32$ für Al-Guß.

Hieraus ergeben sich die praktisch benötigten Werte von L:

	20°	75°	95°
Cu	57	46,8	44
Al-Draht	37	30,6	28,8
Al-Guß	32	26,5	25

Bei *Käfigwicklungen*, die aus N_2 Stäben und 2 Ringen bestehen, muß man die Länge der Stäbe l_{st} und die gestreckte Länge der Ringe $l_r = \pi D_r$ berechnen. Die Stablänge kann angenommen werden zu:

$$\text{Stablänge } l_{st} = l_a + 60 \text{ bis } 120 \text{ mm}.$$

Der Ringdurchmesser D_r ist etwa um die einfache bis doppelte Läufernuthöhe kleiner als der Außendurchmesser des Läufers.

Das Gesamtgewicht eines Käfigs mit N_2 Nuten ist:

$$\text{Käfiggewicht } G_k = N_2 l_{st} q_{st} \frac{\gamma_{st}}{1000} + 2\pi D_r q_r \frac{\gamma_r}{1000} \text{ kg},$$

mit N_2 = Nutenzahl, = Stabzahl,
l_{st} = Stablänge in m,
q_{st} = Stabquerschnitt in mm².
γ_{st} = spez. Gewicht der Stäbe,
D_r = Ringdurchmesser in m,
q_r = Ringquerschnitt in mm²,
γ_r = spez. Gewicht der Ringe.

Der *Käfigwiderstand* wird entweder ausgedrückt durch den Widerstand des Einzelstabes einschließlich des auf ihn entfallenden Ringanteils, oder durch den Strangwiderstand eines gedachten Stranges, der $^1/_3$ aller Stäbe plus Ringanteil umfaßt, oder durch den Gesamtwiderstand aller in Reihe liegend gedachten Stäbe, einschließlich Ringanteil. Mit dem Widerstand eines einzelnen Stabes (der Ringanteil soll immer eingeschlossen sein) rechnet man besonders gern bei Doppelkäfigmotoren, wenn man noch mit der Metallaufteilung und Streustegbemessung beschäftigt ist. Es empfiehlt sich, die Widerstände in $\mu\Omega$ auszudrücken; die Beträge liegen dann zwischen 100 und 1000 $\mu\Omega$.

Recht vorteilhaft ist die Einführung des gedachten Läuferstranges. Bei der fast ausschließlich vorkommenden 3-phasigen Ausführung der Ständerwicklung denke man sich einen ebenfalls 3-phasigen Läufer, der also 3 *gedachte Stränge* erhält. Jeder Strang umfaßt $N_2/3$ Stäbe, die man sich in Reihe liegend vorstellt. Die Leiterzahl des Läuferstranges ist daher $z_2 = N_2/3$. In der Tat verhält sich ein echter, 3-phasig gewickelter Läufer mit einem Stab je Nut sehr ähnlich wie ein Käfiganker mit gleichem Metallaufwand. Zur Formel für den Widerstand beim Käfiganker kommt man über die Berechnung der Läuferverluste. Sie betragen:

$$\text{Läuferverluste des Käfigs } Q_2 = N_2 r_{st} I_{st}^2 + 2 r_r I_r^2 \text{ W},$$

mit N_2 = Stabzahl,
r_{st} = Stabwiderstand (ohne Ringanteil) in Ω,
r_r = Widerstand eines gestreckten Ringes in Ω,
I_{st} = Stabstrom in A,
I_r = Ringstrom in A.

Wegen

$$I_r = I_{st} \frac{1}{2 \sin \alpha/2} \quad \text{(vgl. Abschnitt 3)}$$

und

$$\alpha = \frac{2p \cdot 180^\circ}{N_2} = \frac{2p\pi}{N_2} \quad \text{im Bogenmaß}$$

folgt:

$$Q_2 = N_2\, r_{st}\, I_{st}^2 + 2 r_r \frac{I_{st}^2}{4 \sin^2 \alpha/2}$$

oder

$$= N_2 (r_{st} + \Delta r)\, I_{st}^2 ,$$

wenn man den *Ringanteil*

$$\Delta r = \frac{r_r}{N_2} \frac{1}{2 \sin^2 \alpha/2}$$

einführt.

r_r/N_2 ist gerade der Widerstand des zwischen 2 benachbarten Stäben liegenden Ringsegmentes. Dieser Wert wird aber durch den nebenstehenden Faktor auf den 20- bis 40-fachen Betrag gebracht. Man denke daran, daß der Ringstrom das 3- bis 4-fache des Stabstromes, seine Verluste bei gleichen Querschnitten also das 9- bis 16-fache je Längeneinheit betragen. In 2 Ringen verdoppeln sich dann noch diese Werte, denen die üblichen Läuferlochzahlen q_2 von 3 und 4 Nuten je Pol und gedachtem Strang zugrunde liegen.

Wenn man die wirkliche Läufernutenzahl N_2 auf die 3 gedachten Läuferstränge und die Polzahl der Maschine (diese wird nur von der Ständerwicklung diktiert) umlegt, wenn man also mit der gedachten Lochzahl je Pol und Strang im Kurzschlußanker rechnet, genau so, als ob man den Läufer 3-phasig zu wickeln gedächte, so kommt man zu bequemen Ausdrücken für die Widerstandsberechnung. Man setze: Gedachte Lochzahl je Pol und Strang im Läufer

$$q_2 = \frac{N_2}{3 \cdot 2p}$$

und findet in Näherung

$$2 \sin \frac{\alpha}{2} \approx \frac{1{,}05}{q_2} \quad \text{mit} \quad 1{,}05 = \frac{\pi}{3}$$

sowie

$$2 \sin^2 \frac{\alpha}{2} \approx \frac{0{,}55}{q_2^2} \quad \text{mit} \quad 0{,}55 = \frac{\pi^2}{18} .$$

Für den Stabwiderstand einschließlich Ringanteil läßt sich jetzt schreiben:

$$r = r_{st} + r_r = \frac{l_{st}}{q_{st} L_{st}} + \frac{\pi D_r}{N_2 q_r L_r} \frac{q_2^2}{0{,}55} .$$

Wenn man die Formel für den Ringanteil etwas umformt, kommt man zu einem besseren Überblick über seine relative Größe. Wir denken uns den Ringwiderstand verursacht durch eine Verlängerung der wahren Stablänge l_{st} um einen Betrag Δl. Hierfür finden wir durch eine kleine

Nebenrechnung unter Benutzung der Näherung für $2\sin^2\alpha/2$ den Ausdruck:

$$\Delta l = 0{,}61\, t_r \frac{q_{st}\, q_2}{q_r} \frac{L_{st}}{L_r}\,, \quad \text{so daß } r = \frac{l_{st} + \Delta l}{q_{st}\, L_{st}}\,,$$

wobei $0{,}61 = 6/\pi^2$,
t_r = Polteilung des Ringes $= \pi D_r/2p$ in m,
q_{st} = Stabquerschnitt in mm^2,
q_r = Ringquerschnitt in mm^2,
q_2 = gedachte Lochzahl je Pol und Strang,
$= N_2/(3 \cdot 2p)$,
L_{st} = Stableitfähigkeit in m/mm$^2\,\Omega$,
L_r = Ringleitfähigkeit in m/mm$^2\,\Omega$ ist.

Im allgemeinen wählt man die gleiche Stromdichte im Stab und im Ring. Man gibt also dem Ring den rund q_2-fachen Stabquerschnitt. Der erste Bruch in der Formel für Δl nimmt also meist einen Wert nahe 1 an. Ebenfalls verwendet man häufig den gleichen Werkstoff, dann wird auch der zweite Bruch gleich der Einheit. Bei verschiedenem Metall im Ring (z. B. Messing) und im Stab (z. B. Kupfer) wählt man den Ringquerschnitt entsprechend größer und erreicht wieder, daß beide Brüche zusammen rund 1 ergeben. Unter diesen praktisch oft vorkommenden Voraussetzungen ist der wirksame Längenzuwachs eines jeden Stabes gleich 61% der Polteilung des Ringes. Bei gewickelten Läufern entfällt auf jeden Leiter, wenn man in vergleichbarer Weise von seinem geraden Teil ausgeht, noch der schräge Teil des Wickelkopfes, der rund 85% der Polteilung beträgt. Beim Käfiganker dagegen kommen nur 61% der außerdem noch etwas kleineren Ringteilung hinzu. Der Widerstand eines Käfigankers ist also geringer als der eines gewickelten Läufers.

Bei Käfigankern wird das obengenannte Gleichgewicht der guten Ringbemessung gestört, wenn sie unverändert mit *verschiedenen* Polzahlen betrieben werden. Das ist der Fall bei polumschaltbaren Maschinen. Soll die Maschine z. B. mit den Polzahlen $2p = 4, 6, 8$ und 12 laufen, und besitzt der Läufer einen Käfig mit 72 Stäben, so ändert sich der Stabwiderstand selbst nicht, der Ringanteil jedoch in stärkstem Maße, entsprechend den Beträgen von q_2^2, also im Verhältnis der Zahlen 36, 16, 9 und 4. Dem Käfiganker kommt also ohne Angabe der Polzahl kein definierter Widerstand zu.

Endgültig benutzt man folgende Werte:

1. Stabwiderstand einschließlich Ringanteil $r = \dfrac{l_{st} + \Delta l}{q_{st}\, L_{st}}$,
2. Widerstand eines (gedachten) Stranges $R_2 = \dfrac{N_2}{3}\, r$,
3. Gesamtwiderstand $3R_2 = N_2 r$,
4. Auf einen primären Strang bezogener Läuferwiderstand[1]

$$R_2^{(1)} = \ddot{u}^2 R_2 = \ddot{u}^2 \frac{N_2}{3}\, r\,.$$

9. Leiterisolation. Die Drähte und die Spulen der Einschicht- oder Zweischichtwicklungen werden nach verschiedenen Klassen isoliert, deren wichtigsten die Klasse A für Erwärmungen bis 60° und die

[1] $\ddot{u}$ s. Absch. 40.

Klasse B für Erwärmungen bis 80° sind. Diese Temperaturzunahmen gelten für eine Höchsttemperatur des eintretenden Kühlmittels, also meist der Luft, von 40°. Die zu verwendenden Isolationsstoffe unterliegen entsprechenden Vorschriften. Klasse B ist wärmebeständig, so daß die Leiterisolation z. B. aus Asbest bestehen muß. Klasse A ist nicht wärmebeständig, daher können die Leiter z. B. mit imprägnierter Baumwolle oder Seide isoliert sein. Bei Klasse B lassen sich aus verschiedenen Gründen nichtwärmebeständige Stoffe, wie z. B. Haltebänder aus Baumwolle oder Seide, nicht vermeiden, jedoch dürfen sie nur an solcher Stelle verwendet werden, wo ihre Zerstörung durch Erhitzung nicht zur Gefährdung der Isolationsfestigkeit der Leiter untereinander oder der ganzen Spule führt. Die Auswahl der geeigneten Stoffe, deren Entwicklung noch lange nicht abgeschlossen ist, da man immer mehr versucht, die Naturstoffe durch Kunststoffe gleicher oder besserer Eigenschaften zu ersetzen, ist eine Angelegenheit der Fertigung. Bei der Berechnung interessiert im wesentlichen nur die Stärke der Isolation der Einzelleiter und der Spulen, da hiervon die Nutabmessungen bei gegebenen Drahtquerschnitten oder umgekehrt der Wicklungsquerschnitt bei gegebener Nut abhängen.

Die Drähte rechteckiger oder runder Form werden meistens entweder 2-mal umsponnen und nicht lackiert oder nur lackiert, oder lackiert und 1-mal umsponnen, oder lackiert und 2-mal umsponnen. Die Auswahl dieser verschiedenen Isolationen hängt im wesentlichen davon ab, welchen mechanischen Beanspruchungen der Leiter während der Herstellung der Wicklung und welchen elektrischen Beanspruchungen er später in der Maschine ausgesetzt ist. Am empfindlichsten war bisher der reine Lackdraht, der aber den großen Vorzug eines sehr kleinen Isolationsauftrages hat. Am hochwertigsten sind Drähte mit Lackierung und einer Asbestumspinnung, die bei modernen Herstellungsverfahren sehr fest am Leiter haftet. Sie hat aber auch den stärksten Auftrag. Als ungefähre Regel gilt, daß mit steigender Maschinengröße und mit steigender Maschinenspannung eine zunehmende Isolation des Leiters

Isolationsauftrag von Drähten (ungefähre Abmessungen in mm).

	Runddrähte			
Durchmesser	0,8 bis 1,0	1,0 bis 1,5	1,5 bis 3,0	3,0 bis 4,0
Lack	0,05	0,06	0,07	—
1-mal umsponnen	0,12	0,12	0,15	—
2-mal umsponnen	0,22	0,22	0,26	0,30
1-mal umsponnen mit Lack	0,17	0,18	0,22	—
2-mal umsponnen mit Lack	0,27	0,28	—	—
Asbestumspinnung	0,25	0,30	0,30	0,40
Asbestumspinnung mit Lack	0,30	0,36	0,37	0,47

	Vierkantdrähte		
Abmessungen	1×2 bis 2,5×4,8	1×5 bis 4×6	1×8 bis 4×10
Asbestumspinnung	0,36	0,40	0,50
Asbestumspinnung mit Lack	0,41	0,46	0,56

zu wählen ist. Bei Leitern mit großem Querschnitt kann man eher eine starke Isolation wählen als bei sehr schwachen Drähten, da der prozentuale Anteil der Isolation am Gesamtquerschnitt des Leiters mit wachsender Leiterstärke sehr schnell fällt. Würde man z. B. einen Runddraht von 1 mm mit Lack und Asbest bei einem Auftrag von 0,36 mm isolieren, so betrüge der Metallquerschnitt nur 54 % des isolierten Leiterquerschnittes. Ein Runddraht von 3,6 mm mit 0,47 mm Auftrag hat dagegen einen Füllfaktor von 78 %.

Der Auftrag von Rund- und Flachkupferdrähten kann vorstehender Tabelle entnommen werden.

10. Auslegen der Nut. Bei der Nutauslegung ist mit größeren Abmessungen als den Sollwerten der isolierten Leiter zu rechnen, da bei der Drahtfertigung Übermaße entstehen können und wegen der Tränkung der Spulen und des beim Einlegen der Leiter benötigten Spieles Zuschläge zu machen sind. Bei Runddrähten für Handwicklungen rechnet man mit einem Zuschlag zum Durchmesser von etwa 0,1 bis 0,15 mm; bei Vierkantdrähten, die im wesentlichen für Formspulen verwendet werden, hat man etwa 0,05 mm für die Herstellung des Drahtes, 0,05 mm für die Tränkung und 0,04 mm für seine Isolation, insgesamt also 0,14 mm in Höhe und Breite jedes einzelnen Leiters zuzuschlagen. Hierzu tritt einmalig ein Tränkungszuschlag von 0,2 mm in der Breite. Außerdem muß mit einer Luft zum Einbau der ganzen Spule von etwa 0,3 bis 0,5 mm in der Höhe und in der Breite gerechnet werden; dies gilt, wenn die Spulen gepreßt werden, sonst liegen die Werte noch höher.

Die eigentliche Isolation der Spulen wird bei kleinen Maschinen mit Handwicklung von der Nutauskleidung, z. B. aus Preßspan von etwa 0,5 mm Stärke, übernommen. Der Preßspan besteht meist aus mehreren Lagen dünneren Spans, um eine größere mechanische Festigkeit zu bekommen. Zur Erhöhung der elektrischen Festigkeit und zur Verbesserung der Wärmebeständigkeit können Zwischenlagen von glimmerhaltigen Stoffen vorgesehen werden. Einige moderne Kunststoffe, wie Triazetatfolie, steigern nur die elektrische Festigkeit.

Die Nutauskleidung wird als vorgefalzter Streifen so in die Nut eingebracht, daß sie oben zum Schlitz vorschaut. Nachdem die Drähte eingeträufelt worden sind, werden die beiden oberen Teile eingeschlagen, so daß sie sich überlappen. Ein Keil aus Holz oder ein Streifen dickeren Preßspans schließt die Nut ab.

Maschinen mit Durchziehwicklung für höhere Spannung bis zu 3000 V bekommen als Nutauskleidung eine in sich geschlossene Hülse aus Hartpapier oder Glimmerpräparaten, z. B. Mikanit. Ihre Stärke beträgt je nach Maschinengröße 0,8 bis 1,5 mm.

Der Kernteil der Halbformspulen wird außerhalb isoliert. Die Leiter werden auf einer Schablone gewickelt, von einem Band umfaßt, getränkt und mit Mikanit umpreßt. Die Nuten selbst bekommen keine Auskleidung, da sich diese doch beim axialen Einschieben der Spulen wegschieben würde. Die zweite Kopfseite wird erst nachträglich isoliert.

Formspulen werden vor dem Einlegen fertig isoliert. Die Nuten bekommen zum Schutz der Mikanitumpressung der Spulen eine dünne Nutauskleidung von etwa 0,1 bis 0,15 mm einseitiger Stärke.

Formspulen kleinerer Maschinen für Niederspannung werden nur umbandelt. In diesem Fall werden die Nuten ähnlich wie bei der Handwicklung mit einer stärkeren Auskleidung von 0,5 bis 0,8 mm versehen.

Die eigentliche Nutauslegung zum Überprüfen der Raumverhältnisse geschieht bei Handwicklungen zeichnerisch, bei Halbform- oder Ganzformspulen rechnerisch. Man zeichnet bei Durchzieh- oder Träufelwicklungen die Nut in einem stark vergrößernden Maßstab, am besten in 10-facher Wiedergabe, auf. Man darf als Abmessung der Nut nicht ihr Stanzmaß, sondern das wirkliche, durch die Schichtung entstehende, etwa um 0,3 mm in Höhe und Breite kleinere Schichtmaß benutzen. Man zeichnet die Auskleidung mit einem etwa 10% stärkeren Maß ein. Dann werden mit dem Zirkel die Leiter so eingetragen, daß sich der Raum möglichst ohne Lücken füllt. Der Durchmesser ist um 0,15 mm, also in der Zeichnung um 1,5 mm größer zu wählen. Man muß damit rechnen, daß bei Träufelspulen die Leiter nicht so exakt wie in der Zeichnung liegen werden, so daß etwa 1 bis 2 mm, in der Zeichnung 10 bis 20 mm, frei bleiben müssen. Bei Durchziehwicklungen dagegen kann wegen der Verwendung der ordentlich eingebrachten Nadeln mit voller Raumausnützung gerechnet werden. Durch feinere Unterteilung des Leiters in parallel geführte Teilleiter kann bei der Durchziehwicklung gelegentlich eine bessere Nutausnützung erreicht werden. Unter Umständen kann man statt eines starken Leiters, der z. B. nur $2^1/_2$-mal in der Breite aufgeht, die Leiterzahl so wählen, daß genau 3 Leiter nebeneinander Platz finden. Man muß dann natürlich die Zahl der parallelen Gruppen oder die Schaltung, keinesfalls aber den Fluß, variieren.

Formspulen, zu denen nachstehend auch die Halbformspulen rechnen sollen, werden ausgelegt, indem man eine Aufstellung der Abmessungen in Höhe und Breite der Nut macht. Zu empfehlen ist eine Skizze im Maßstab 1 : 1 oder 2 : 1, der zwar nicht graphisch Abmessungen entnommen werden sollen, die aber ein anschauliches Bild der ausgefüllten Nut gibt. Außerdem hilft sie erkennen, ob in der Aufstellung irgendeine Zwischenlage oder eine Isolation vergessen oder falsch eingesetzt wurde.

Man unterscheidet bei Formspulen verschiedene Leiteranordnungen. Die einfachste und betrieblich beste Anordnung zeigt Abb. 18a. Die Leiter liegen flach in der Nut, in der Breite ist nur ein Leiter vorhanden. Die einzelnen Leiter werden durch Zwischenlagen aus Glimmerpräparaten von 0,2 bis 0,4 mm Dicke voneinander getrennt. Sofern 2 oder 3 der übereinanderliegenden Leiter parallel geschaltet werden, läßt man die Zwischenlagen zwischen diesen Leitern fort. Das Leiterbündel wird von einem Band gehalten. Bei Hochspannung oder bei großen Leistungen wird das Leiterbündel durch eine Umpressung aus Mikanit geschützt. Die Stärke dieser Umpressung hängt außer von der Spannung noch von der Maschinenbreite ab. Man kann etwa setzen:

$$\text{Stärke der Mikanitumpressung in mm} = 0{,}6 + \frac{U}{5000} + \frac{l_a - 600}{1250},$$

wobei U = die Klemmenspannung in V, l_a = die Ankerbreite in mm ist. Bei $l_a < 600$ mm entfällt das letzte Glied. Die Stärke der Umpressung beträgt mindestens 1 mm.

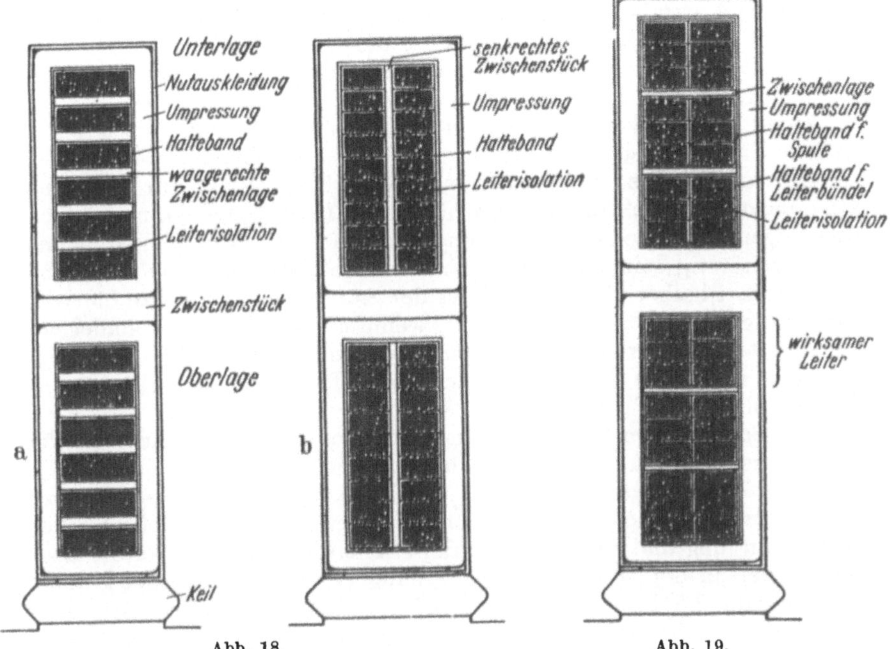

Abb. 18. Abb. 19.

Abb. 18 u. 19. Hochspannungsnuten mit einer bzw. zwei nebeneinanderliegenden, in Reihe geschalteten Leitern und eine weitere Nut mit in sechs Teilleiter aufgelösten Leitern.

Zur Umpressung ist bei der Auslegung der Nut ein Zuschlag von $+0{,}2$ mm für ihre Herstellungstoleranz zu machen.

Bei Zweischicht-Formspulen kommt zwischen die Ober- und die Unterlage ein Zwischenstück von 1 bis 3 mm Stärke. Es kann bestimmt werden zu:

$$\text{Stärke des Zwischenstückes zwischen Ober- und Unterlage} = 1{,}0 + \frac{U}{5000}.$$

Für den Glimmschutz von Großmaschinen mit einer Spannung von 6000 V und darüber ist in der Höhe noch ein Zuschlag von 1 mm zu machen.

Bei anderer Leiteranordnung bleibt das Wesentliche des Gesagten bestehen. Nur innerhalb der Umpressung ändert sich etwas. Abb. 18b zeigt die Anordnung zweier Leiter nebeneinander in der Nut, und zwar für den Fall der Reihenschaltung aller Leiter. Man nennt die übereinanderliegenden Leiter Teilspulen; sie entstehen beim Wickeln, da die

Spule von oben nach unten bzw. umgekehrt gefahren wird. Bei 2 Leitern nebeneinander liegt die volle Spulenspannung zwischen den beiden unteren benachbarten Leitern. Man sieht daher am besten außer dem senkrechten Zwischenstück, das die Teilspulen trennt, noch eine zusätzliche Umbandelung einer der Teilspulen mit hochwertigem Isolationsstoff vor. Liegen 3 Teilspulen nebeneinander, so isoliert man die mittlere, bei zweien die rechte oder linke.

Wenn 2 parallel geschaltete Leiter nebeneinanderliegen, ist die Spule wie eine solche mit nur einem Leiter in der Breite zu behandeln. Man sieht also keine senkrechte, sondern nur waagerechte Zwischenlagen vor.

Wenn man sowohl nebeneinander- als auch übereinanderliegende Teilleiter parallel schaltet, wie es allerdings bei Asynchronmaschinen selten vorkommt, so umbandelt man diese Teilgruppen für sich, und alle zusammen noch einmal. Zwischen die Teilgruppen kommen Zwischenlagen. Eine solche Anordnung zeigt Abb. 19. Die Umbandelung kann weitläufig sein und trägt dann nur so stark auf, wie das Band dick ist. Bei halber Überlappung ist der Auftrag das Doppelte hiervon. Weitläufig wickelt man die Bänder, wenn sie nur die Leiterbündel vor einer weiteren Verarbeitung der Spule zusammenhalten sollen, überlappt dagegen, wenn das Band selbst nach der Tränkung den eigentlichen Schutz bildet.

Die Bandstärken liegen zwischen 0,075 und 0,15 mm einseitig; der Auftrag ist also 0,15 bis 0,3 mm in der Höhe und in der Breite.

Den Abschluß der Nut bildet der Nutkeil. Bei halbgeschlossenen Nuten für Halbformspulen füllt er den dreieckigen Zwickel zwischen Nutenwandung und Spulenkante. Bei offenen Nuten sichert er die Lage der Spulen in der Nut. Seine Höhe hängt von der Breite der Nut ab und beträgt 3,5 bis 4,5 mm. Nur bei den Läufernuten wird der Keil wirklichen mechanischen Beanspruchungen ausgesetzt. Dann muß seine Höhe u. U. wesentlich höher gewählt werden. Der Werkstoff des Nutenkeiles ist imprägniertes Holz, Hartgewebe oder Hartpapier.

Die Kurzschlußwicklungen der Läufer werden nicht isoliert, obwohl die Isolation der Stäbe gewisse elektrische Vorteile bringen würde. Man ist sogar bestrebt, den Kontakt zwischen den eingeschobenen Stäben und dem Läufereisen ziemlich fest zu machen, damit beim Anlauf keine Funken auftreten. Man umhüllt daher die Stäbe, wenn sie nicht stramm in die Nuten passen, mit Metallfolien, die einen festen Sitz und gute elektrische Verbindung gewährleisten. Bei gegossenen Ankern ist man dagegen bestrebt, den allzu innigen Kontakt mit dem Eisen zu verringern.

11. Nutform. Die Nutform wird bestimmt durch die Größe der Maschine und die Art der Wicklung. Bei kleinen Maschinen bis etwa 30 kW bei 4 Polen werden die Nuten mit halbrunder Begrenzung am Schlitz ausgeführt. Die Breite der Nut ist veränderlich und wird so gewählt, daß die Zähne zwischen den Nutflanken gleichbleibende Breite haben. Auf diese Weise erreicht man die beste Ausnützung des zur Verfügung stehenden Raumes. Die Breite des Zahnes wird dabei so groß gewählt, daß von der Nutteilung in mittlerer Nuthöhe etwa 40 bis 50% auf den Zahn und 60 bis 50% auf die Nut entfallen. Unten ist die Nut etwa genau so breit wie der Zahn, oben aber wesentlich breiter. Dies gilt für die Ständernut; bei der Läufernut ist es gerade umgekehrt. Dort ist die Nut am Grund schmal, am Kopf breit. Abb. 20 zeigt eine Ständernut und eine zugehörige Läufernut für Kleinmaschinen. Der Läufer ist für einen aus Aluminium gegossenen Doppelkäfig vorgesehen.

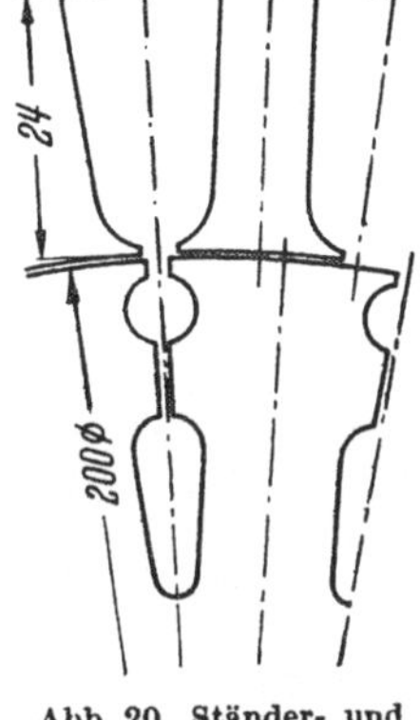

Abb. 20. Ständer- und Läufernut einer Kleinmaschine mit parallelflankigen Zähnen. Läufer für Doppelkäfig aus Aluminiumguß.

Nuten mit nichtparallelen Flanken werden nur bei Handwicklung verwendet. Bei größeren Maschinen wählt man heute halbgeschlossene und offene Nuten von gleichbleibender Breite (vgl. Abb. 21). Man macht also die Seitenbegrenzungen parallel und sieht auch von der früher allgemein üblichen halbrunden Form ab. Nur bei kleineren Läufernuten, die eine Spulenwicklung bekommen oder mit Hochstäben geringerer Abmessung ausgefüllt werden, wählt man die oben und unten halbrunde Form mit parallelen Seiten.

Eine offene Nut für eine Großmaschine zeigt Abb. 22. In den beiden letzten Abbildungen sind die Zähne oben und unten nicht mehr gleich stark, sondern trapezförmig. Für ihre mechanische Festigkeit ist die engste Stelle, für die magnetische Beanspruchung dagegen die Stelle in $^1/_3$ Zahnhöhe, gerechnet vom engsten Querschnitt aus, maßgebend.

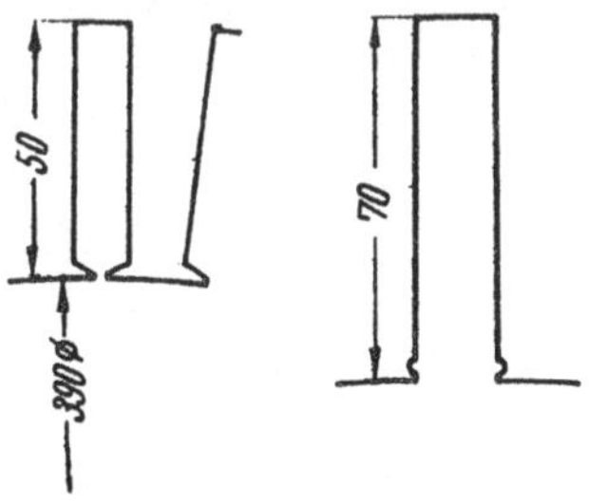

Abb. 21. Abb. 22.
Abb. 21 u. 22. Halbgeschlossene Ständernut einer mittleren Niederspannungsmaschine und offene Nut einer Großmaschine, speziell für Hochspannung. Nutenflanken parallel.

Mannigfaltige Formen zeigen die Nuten für Kurzschlußläufer und für gewickelte Schleifringanker. Einige sind in Abb. 23 dargestellt. Abb. 23 i, u. k zeigt Nuten für Maschinen mit Stromverdrängung, wobei dem Stab keilförmige Gestalt verliehen wurde. Diese hat den Vorzug vor der rechteckigen Form, daß erstens die erwünschte Widerstandserhöhung größer ist und daß zweitens der Stab mechanisch durch seine Keilform gesichert wird. Den Rechteckstab muß man entweder samt der Nut schräg zum Radius stellen oder aber man muß die Nut mit einem engeren Schlitz versehen bzw. ganz schließen (Abb. 23d, h).

Abb. 23g zeigt eine typische Form für Doppelkäfigläufer. Oben liegt ein Rundstab, meist aus Messing, unten ein Rechteckstab, meist aus Kupfer. Oft ist auch die untere Nut rund (Abb. 23f). Zwischen beiden Nutteilen liegt ein enger, hoher Steg.

Abb. 23e zeigt die Nut eines gegossenen Aluminiumläufers, der geschleudert oder gespritzt wird. Der Steg zwischen beiden Nutteilen ist daher auch mit Metall gefüllt. Der untere Nutteil ist wieder so gestaltet, daß der Zahn an dieser Stelle parallelflankig wird. Solche Nuten werden bei Maschinen bis herauf zu 30 kW bei 4-poliger Ausführung benutzt.

Soll der Kurzschlußstrom einer Maschine stark abgesenkt werden, so bekommen die Läufernuten hohe, enge Stege, die bis zu 40 mm Höhe haben (vgl. Abb. 23b u. k). Nuten für Schleifringanker steigender Größe zeigt Abb. 23 l bis p, und zwar für Durchziehwicklung (l), für Stabwicklung (m und n) mit axial eingeschobenen Stäben und zuletzt (p) für Stabwicklung mit radial eingelegten Stäben.

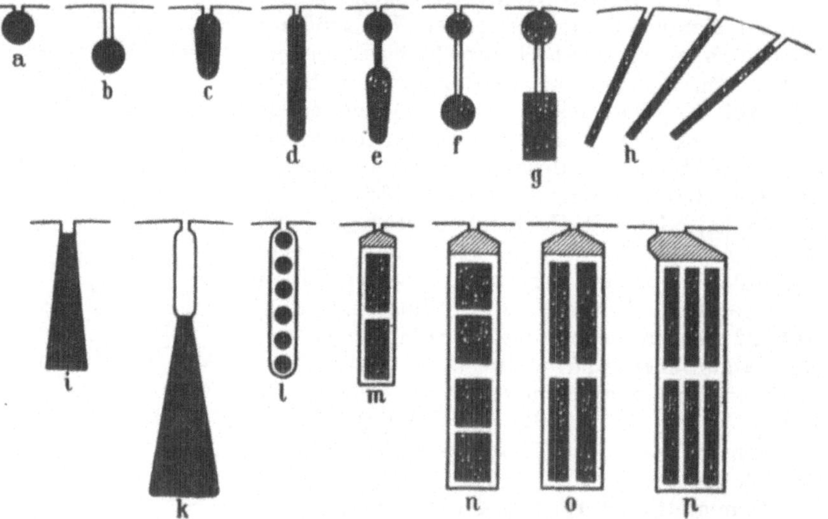

Abb. 23 a–p. Läufernuten. Erklärungen im Text.

Wechselfeld und Drehfeld.

12. Wechselfeld. Wird eine 1-strängige Wicklung von einem Gleichstrom durchflossen, so bildet sich in der Maschine ein zeitlich konstanter magnetischer Zustand mit wechselnder Polfolge aus. Geschieht dagegen die Erregung durch einen Wechselstrom, so ändert das Feld seine Stärke nach dem gleichen Zeitgesetz wie der Strom, wenn man unbegrenzt permeables Eisen voraussetzt. Man erhält ein Wechselfeld. Zeichnet man dieses Feld für verschiedene Zeitpunkte auf, indem man einfach die Felderregerkurve entwirft, so sieht man, daß sich nur die Höhe der Ordinaten ändert. Das Wechselfeld steht also räumlich still.

Der einfachste Fall der Erzeugung wird durch 1-Lochspulen nach Abb. 24 bewirkt. Die Spulen sollen eine Weite W gleich der Polteilung t_p haben, also $180°_{el}$ umfassen. Wir betrachten den Zeitpunkt des höchsten Stromes I_{max}, zu dem auch die magnetische Induktion den Höchstwert B hat. Die Rechteckkurve $f(x)$ kann in bekannter Weise nach Fourier in einzelne stehende Sinus- und Kosinuswellen zerlegt werden. Legt man den Koordinatenanfangspunkt in die Spulenmitte, so verschwinden alle Sinuswellen und es bleiben nur die Kosinusglieder übrig. Die Kurve lautet dann, wenn man $2t_p = 2\pi$ setzt:

Feldkurve $f(x) = B_1 \cos x + B_3 \cos 3x + B_5 \cos 5x + \cdots + B_\nu \cos \nu x + \cdots$

Die Amplituden der einzelnen Wellen, also die Absolutwerte von B_1, B_3, $B_\nu, \ldots$, lassen sich bekanntlich aus dem Absolutwert von B berechnen zu:

$$|B_1| = \frac{4}{\pi}|B|\frac{1}{1}, \quad |B_3| = \frac{4}{\pi}|B|\frac{1}{3}, \ldots |B_\nu| = \frac{4}{\pi}|B|\frac{1}{\nu}.$$

Abb. 24.

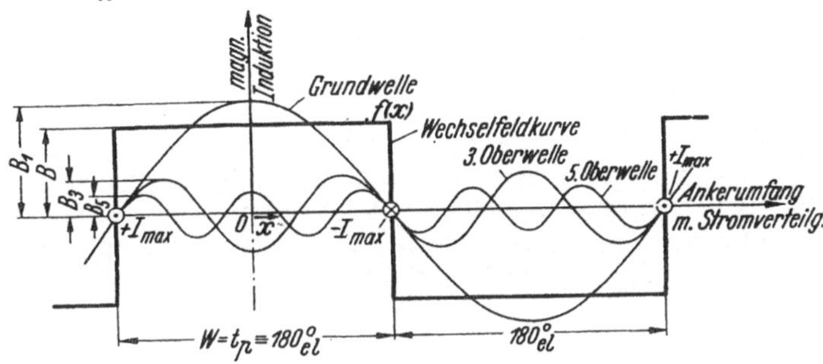

Abb. 25.

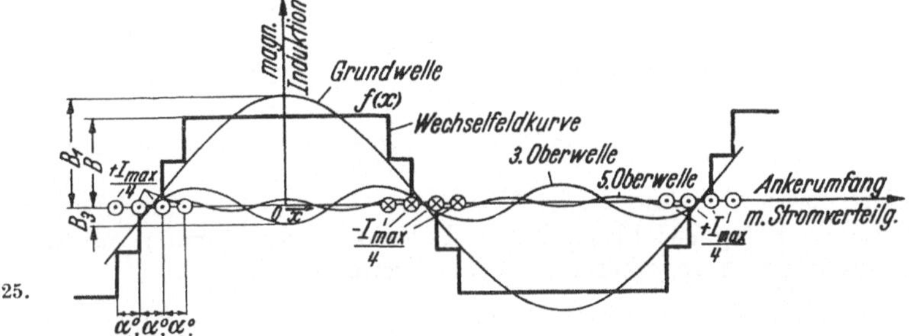

Abb. 24. Stehende Feldkurve einer 1-Lochwicklung mit Grundwelle und dritter und fünfter Oberwelle
Abb. 25. Stehende Feldkurve einer q-Lochwicklung ($q = 4$) mit Grundwelle und dritter und fünfter Oberwelle.

Werden statt einer 1-Lochspule q Spulen benutzt, deren gegenseitige Verschiebung $\alpha\,°_{el}$ beträgt und die je nur $1/q$ des vorigen Stromes führen, so entsteht z. B. für $q = 4$ eine Feldkurve $f(x)$ nach Abb. 25. Bezeichnet man wieder ihren Höchstwert mit B, so erkennt man nach der harmonischen Analyse, daß die Amplituden der einzelnen Wellen kleiner geworden sind. Bei gewissen Oberwellen kann je nach der Größe von q und α die Amplitude sogar Null werden. Die neuen Werte sind:

$$|B_1| = \frac{4}{\pi}|B|\frac{f_{w,1}}{1}, \quad |B_3| = \frac{4}{\pi}|B|\frac{f_{w,3}}{3}, \ldots |B_\nu| = \frac{4}{\pi}|B|\frac{f_{w,\nu}}{\nu}.$$

Für die hier auftretenden sog. Wicklungsfaktoren $f_w < 1$ erhält man leicht die Beziehung:

$$f_{w,1} = \frac{\sin\left(1 q \frac{\alpha}{2}\right)}{q \sin\left(1 \frac{\alpha}{2}\right)}, \quad f_{w,3} = \frac{\sin\left(3 q \frac{\alpha}{2}\right)}{q \sin\left(3 \frac{\alpha}{2}\right)}, \ldots \quad f_{w,\nu} = \frac{\sin\left(\nu q \frac{\alpha}{2}\right)}{q \sin\left(\nu \frac{\alpha}{2}\right)}.$$

Diese Wicklungsfaktoren reduzieren also die magnetisierende Wirkung einer in q Löchern des gegenseitigen Abstandes α verteilten Wicklung auf diejenige einer in einer Nut konzentrierten Wicklung verringerter wirksamer Leiterzahl, aber gleicher Stromstärke. Die räumliche Verteilung der Leiter bedeutet also stets einen gewissen Verlust, erlaubt aber erstens die bessere Unterbringung der Leiter und bewirkt zweitens, daß viele unerwünschte Oberfelder stark gegen das gewollte Grundfeld zurücktreten.

Wenn die einzelnen Lochspulen nicht die Weite der vollen Polteilung haben, sondern gesehnt sind, so treten außer den ungeradzahligen Wellen auch die geradzahligen auf. Sie sind immer recht unerwünscht. Wenn man dagegen auf die erste gesehnte Gruppe von q Einzelspulen genau im Abstand einer Polteilung eine zweite Gruppe mit umgekehrtem Stromdurchgang folgen läßt, so fallen die geradzahligen Wellen wieder fort. Dies läßt sich in allen Fällen, mit Ausnahme gewisser polumschaltbarer Wicklungen, auch durchführen. Wir sehen daher an dieser Stelle von der Behandlung geradzahliger Oberwellen ab (vgl. Abschnitt 75 und 76).

Die Sehnung der Spulen beeinflußt die Wicklungsfaktoren, die ihretwegen noch mit dem sog. Sehnungsfaktor f_s malzunehmen sind. Er beträgt:

$$\text{Sehnungsfaktor } f_{s,1} = \left|\sin\left(1 \frac{W}{t_p} 90^\circ\right)\right| \quad \text{bei der Grundwelle}$$

und

$$f_{s,\nu} = \left|\sin\left(\nu \frac{W}{t_p} 90^\circ\right)\right| \quad \text{bei der } \nu\text{-ten Oberwelle.}$$

Die zeitlich veränderliche Feldkurve der aus je q Einzelspulen bestehenden Erregerwicklung lautet bei einem sinusförmig mit der Zeit schwingenden Erregerstrom, dessen Frequenz f ist:

$$f(x, t) = B_1 \cos x \sin(2\pi f t) + B_3 \cos 3x \sin(2\pi f t) + \cdots$$

Die einzelnen Glieder der rechten Seite bedeuten zeitlich sinusförmig veränderliche und räumlich sinusförmig verteilte, ***stillstehende*** Wechselfelder, deren Polteilung wie vorher mit dem Kehrwert der Ordnungszahl abnimmt. Man kann sie sich jeweils zerlegt denken in 2 gegeneinander umlaufende Drehfelder konstanter Größe, die gleich der halben Amplitude des zu zerlegenden Wechselfeldes ist. Dies geht z. B. für das erste Glied hervor aus der Identität:

$$\cos x \sin(2\pi f t) = \tfrac{1}{2}\sin(2\pi f t - x) + \tfrac{1}{2}\sin(2\pi f t + x).$$

Die erste Komponente beschreibt in der Tat eine Welle der Scheitelhöhe 1/2, die mit der Geschwindigkeit v nach rechts wandert; die zweite Komponente beschreibt eine gleich große Welle, die mit v nach links eilt. Für v ergibt sich unmittelbar:

$$v = 2\pi f \text{ im Bogenmaß je Zeiteinheit gemessen oder}$$
$$= f \cdot 2t_p \text{ in cm/s, wenn } t_p \text{ die Polteilung in cm ist.}$$

Für die ν-te stehende Welle des Wechselfeldes gilt sinngemäß das gleiche. Man beachte, daß ihre Polteilung nur den ν-ten Teil derjenigen der

Grundwelle beträgt und daß sie infolgedessen in Drehwellen zerlegt wird, die nur mit $1/\nu$ der Geschwindigkeit der Grundwelle des Drehfeldes wandern.

Der Zerlegung von stehenden Wechselfeldern in umlaufende Drehfelder kommt eine echte Bedeutung zu, da sich die Läufer 1-phasig gespeister Asynchronmaschinen gegenüber dem mitläufigen Feld ganz anders verhalten als gegenüber dem gegenläufigen Feld. Hierauf kommen wir im Abschnitt über den Einphasenmotor zurück.

13. Drehfeld. Die einfachste Erzeugung eines Drehfeldes geschieht durch 2 gleich starke Wechselfelder, die räumlich um $90\,^\circ_{\mathrm{el}}$ versetzt sind und die von Wechselströmen erregt werden, die zeitlich um 90° verschoben sind. Zu Anfang sollen nur die beiden stehenden Grundwellen der Wechselfelder betrachtet werden, die die *umlaufende* Grundwelle des Drehfeldes liefern:

Grundwelle des 2-phasig erregten Drehfeldes

$$\begin{aligned} f_1(x,t) &= B_1 \cos x \sin(2\pi f t) + B_1 \cos(x - 90^\circ)\sin(2\pi f t - 90^\circ), \\ &= B_1[\underbrace{\tfrac{1}{2}\sin(2\pi f t - x)}_{\text{rechtsläufig}} + \underbrace{\tfrac{1}{2}\sin(2\pi f t + x)}_{\text{linksläufig}}] + \\ &\quad + B_1[\underbrace{\tfrac{1}{2}\sin(2\pi f t - x)}_{\text{rechtsläufig}} + \underbrace{\tfrac{1}{2}\sin(2\pi f t - 90^\circ + x - 90^\circ)}_{\text{linksläufig}}], \\ &= B_1 \sin(2\pi f t - x). \end{aligned}$$

Man erkennt, daß sich die beiden rechtsläufigen Drehfelder, die bei der Zerlegung der ursprünglichen Wechselfelder entstanden, addiert haben, während sich die beiden linksläufigen Drehfelder gegenseitig auslöschen. Dies ist ein sehr wichtiges Ergebnis.

Genau so einfach erzeugt man ein Drehfeld durch 3 gleich starke Wechselfelder, die räumlich um 120° versetzt sind und von Wechselströmen hervorgerufen werden, die zeitlich um 120° verschoben sind. Wenn wieder nur die Grundwellen betrachtet werden, bekommt man [ohne die Zwischenrechnung]:

Grundwelle des 3-phasig erzeugten Drehfeldes

$$\begin{aligned} f_1(x,t) &= B_1 \cos x \sin(2\pi f t) + B_1 \cos(x - 120^\circ)\sin(2\pi f t - 120^\circ) + \\ &\quad + B_1 \cos(x - 240^\circ)\sin(2\pi f t - 240^\circ), \\ &= \tfrac{3}{2} B_1 \sin(2\pi f t - x). \end{aligned}$$

Wiederum löschen sich die — nunmehr 3 — linksläufigen Komponenten aus, während sich die 3 rechtsläufigen zu einem einzigen Drehfeld der 1,5-fachen Amplitude zusammensetzen.

Einen unmittelbaren Eindruck von der Entstehung eines nicht in seine Einzelwellen aufgelösten Drehfeldes bei mehrphasiger Erregung mehrsträngiger Wicklungen bekommt man, wenn man die Felderregerkurve der Wicklung für in gleichem Abstand aufeinanderfolgende Zeitpunkte entwirft und die Bilder untereinander zeichnet. Dies war schon in Abb. 15 für eine 3-phasige 2-Lochwicklung geschehen, und zwar für Zeitunterschiede von 7,5° oder $^1/_{48}$ Periodendauer. (Man vgl. auch Abb. 26.)

Interessant ist das Resultat der dritten Oberwellen der 3 erzeugenden Wechselfelder. Hier ergibt sich durch die Überlagerung:

$$f_3(x,t) = B_3 \cos 3x \sin 2\pi f t + B_3 \cos 3(x - 120°) \sin(2\pi f t - 120°) + \\ + B_3 \cos 3(x - 240°) \sin(2\pi f t - 240°) \\ = 0.$$

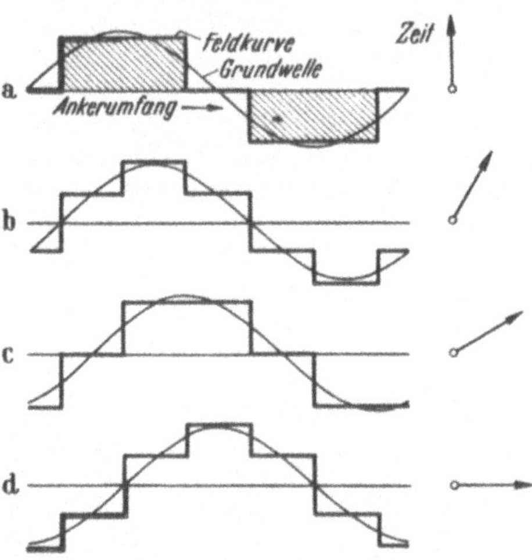

Abb. 26 a–d. Feldkurve und Grundwelle einer 3-phasigen 1-Lochwicklung für Zeitunterschiede von $^1/_{12}$ Periodendauer. Die ersten Quadranten von a und d sind vergrößert in Abb. 28 a, b wiedergegeben.

Das bedeutet also, daß bei 3-strängiger Anordnung und 3-phasiger Erregung die Oberfelder der Ordnungszahl 3, die von jedem einzelnen Strang hervorgerufen werden, sich gegenseitig aufheben, daß sie also im Drehfeld verschwinden. Dies trifft für alle durch 3 teilbaren Oberwellen zu, so daß auch die 9., 15., 21., ... Oberwelle im Drehfeld der Maschine nicht existiert. Allgemein gilt, daß bei M Strängen, die von M Sinusströmen gespeist werden, keine Wellen im Drehfeld auftreten, deren Ordnungszahl durch M oder die Teiler von M teilbar ist.

Untersucht man noch die fünfte Oberwelle im Drehfeld, so bekommt man [ohne die Zwischenrechnung]:

$$f_5(x,t) = B_5 \cos 5x \sin 2\pi f t + B_5 \cos 5(x - 120°) \sin(2\pi f t - 120°) + \\ + B_5 \cos 5(x - 240°) \sin(2\pi f t - 240°) \\ = \tfrac{3}{2} B_5 \sin(2\pi f t + 5x).$$

Man erkennt an dem Vorzeichen von x, daß die Drehfeldwelle der Ordnung 5 sich entgegen dem Grundfeld bewegt, und an dem Beiwert von x, daß dies nur mit $^1/_5$ der Grundfeldgeschwindigkeit geschieht. Weitere Untersuchungen würden zeigen, daß die Drehfeldwellen der Ordnung $7, 13, 19, \ldots$ im Sinne der Grundwelle des Drehfeldes aber nur mit $^1/_7$, $^1/_{13}$, $^1/_{19}$ ihrer Geschwindigkeit rotieren. Die Oberwellen der Ordnung $5, 11, 17, \ldots$ sind gegenläufig und haben nur $^1/_5$, $^1/_{11}$, $^1/_{17}$ ... der sog. synchronen Geschwindigkeit oder der synchronen Drehzahl, die der Grundwelle zukommt.

Man beachte, daß ein Beobachter, der unbeweglich zu den Wicklungen ruht, alle diese Vorgänge mit der gleichen Frequenz, nämlich mit der des speisenden Mehrphasenstromes, wahrnimmt. Ein an den Wicklungen gleichförmig vorübergleitender Beobachter hingegen sieht sich Erscheinungen von unterschiedlichen Frequenzen gegenüber.

Der Einfluß der *Strangzahl* auf das Auftreten von Oberwellen im Drehfeld mag nachstehend etwas eingehender entwickelt werden. Wir gehen nicht mehr vom abgewickelten Ankerumfang aus, sondern denken uns den kreisrunden Anker einer 2-poligen Maschine. Er habe M einzelne Spulengruppen oder Stränge oder Zonen, die räumlich um $2\pi/M$ oder $360°/M$ gegeneinander versetzt sind. Dieser Winkel gilt für die Grundwelle. Für die dritte Oberwelle ist der 3-fache, für die ν-te Oberwelle der ν-fache Winkel einzusetzen. Die Stränge werden von einem M-phasigen System gespeist, dessen Ströme zeitlich um $2\pi/M$ oder $1/M$ der Periodendauer gegeneinander in der Phase verschoben sind. Offenbar ist dies der allgemeine Ansatz, besonders wenn wir ausdrücklich auch an Oberströme denken, die mit μ-facher Frequenz pulsieren und untereinander um den Zeitwinkel $\mu \cdot 2\pi/M$ phasenverschoben sind. Wir werden erkennen, daß die stehenden Wechselfelder der einzelnen Stränge sich entweder zu mit- oder zu gegenläufigen Drehfeldern zusammensetzen oder daß sie sich auslöschen oder daß (durch gewisse Oberströme hervorgerufene) Wechselfelder sich zu resultierenden Wechselfeldern zusammensetzen können.

Für die mathematische Behandlung brauchen wir nur die Kenntnis, daß $e^{\alpha j}$ einen Einheitsvektor darstellt, der um den Winkel α gegen die reelle Achse verdreht ist und der sich, wenn α linear mit der Zeit wächst, gleichförmig dreht. Außerdem wird die bekannte Beziehung

$$\cos\beta = \frac{e^{\beta j} + e^{-\beta j}}{2}$$

benutzt. e ist die Basis der natürlichen Logarithmen, j die Wurzel aus -1.

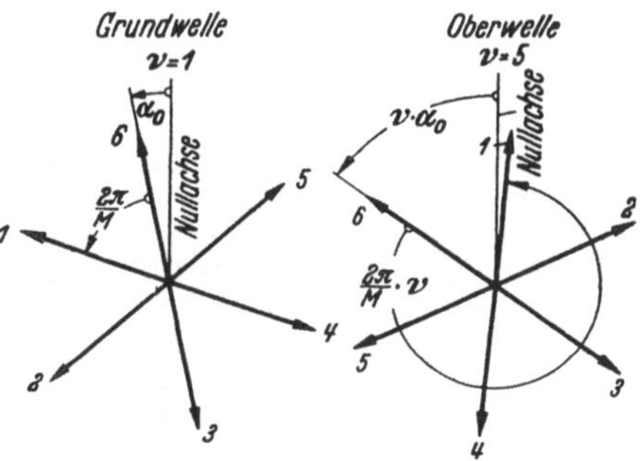

Abb. 27. Zur Untersuchung der von Wechselfeldern M-strängiger Anordnungen gebildeten resultierenden Felder.

Nach Abb. 27 werden die Achsen der M Stränge und der von ihnen hervorgerufenen Wechselfelder durch die Strahlen vom Mittelpunkt eines Kreises nach M gleichmäßig auf dem Umfang verteilten Punkten dargestellt. Wenn B_ν die Amplitude der ν-ten Welle jedes der M Wechselfelder ist, ergibt sich für die auf diesen Betrag bezogene Resultierende $\mathfrak{B}_\nu$ durch vektorielle Addition aller M stehenden Wellen der Ordnung ν der Ausdruck

$$\begin{aligned}\frac{\mathfrak{B}_\nu}{B_\nu} = {} & e^{j\left(\alpha_0 + \frac{2\pi}{M}1\right)\nu} \cos\left[\left(\varphi_0 + 2\pi f t + \frac{2\pi}{M}1\right)\mu\right] + \\ & + e^{j\left(\alpha_0 + \frac{2\pi}{M}2\right)\nu} \cos\left[\left(\varphi_0 + 2\pi f t + \frac{2\pi}{M}2\right)\mu\right] + \\ & + \cdots + e^{j\left(\alpha_0 + \frac{2\pi}{M}M\right)\nu} \cos\left[\left(\varphi_0 + 2\pi f t + \frac{2\pi}{M}M\right)\mu\right].\end{aligned}$$

Der Winkel α_0 berücksichtigt die beliebige örtliche Ausgangslage des ersten der M Stränge, der Winkel φ_0 die zeitliche Anfangsphase des ersten der M Ströme. Beide haben, wie zu erwarten, auf das Ergebnis keinen wesentlichen Einfluß.

Die Kosinusglieder geben den Relativwert der Wechselfelder zur Zeit t wieder, die Exponentialglieder liefern die örtliche Lage in der 2-poligen Darstellung, auf die auch die Oberfelder reduziert werden.

Durch den Ansatz:

$$\cos\left[\left(\varphi_0+2\pi f t+\frac{2\pi}{M}n\right)\mu\right]=\frac{1}{2}\left[e^{j\left(\varphi_0+2\pi f t+\frac{2\pi}{M}n\right)\mu}+e^{-j\left(\varphi_0+2\pi f t+\frac{2\pi}{M}n\right)\mu}\right]$$

kommt man zu folgendem Zwischenergebnis:

$$2\frac{\mathfrak{B}_\nu}{B_\nu}=e^{j[\alpha_0\nu+(\varphi_0+2\pi f t)\mu]}\left[e^{j\frac{2\pi}{M}(\nu+\mu)1}+e^{j\frac{2\pi}{M}(\nu+\mu)2}+\cdots+e^{j\frac{2\pi}{M}(\nu+\mu)M}\right]+$$

$$+e^{j[\alpha_0\nu-(\varphi_0+2\pi f t)\mu]}\left[e^{j\frac{2\pi}{M}(\nu-\mu)1}+e^{j\frac{2\pi}{M}(\nu-\mu)2}+\cdots+e^{j\frac{2\pi}{M}(\nu-\mu)M}\right].$$

Die beiden Klammerausdrücke sind geometrische Reihen von der Form:

$$[\,]=e^{j\delta 1}+e^{j\delta 2}+\cdots+e^{j\delta M},$$

deren Summe lautet:

$$=e^{j\frac{\delta}{2}(M+1)}\frac{\sin\frac{M\delta}{2}}{\sin\frac{\delta}{2}}.$$

Endgültig ergibt eine kleine Nebenrechnung und eine Erweiterung mit M:

$$\frac{\mathfrak{B}_\nu}{B_\nu}=\frac{M}{2}\left[e^{j\left[(\varphi_0+2\pi f t)\mu+\frac{\pi}{M}(M+1)(\nu+\mu)\right]}\frac{\sin(\nu+\mu)\pi}{M\sin(\nu+\mu)\frac{\pi}{M}}+\right.$$

$$\left.+e^{j\left[-(\varphi_0+2\pi f t)\mu+\frac{\pi}{M}(M+1)(\nu-\mu)\right]}\frac{\sin(\nu-\mu)\pi}{M\sin(\nu-\mu)\frac{\pi}{M}}\right].$$

Der erste Ausdruck in der großen eckigen Klammer stellt ein Drehfeld dar, das im Sinne positiver Winkel, also linksherum, umläuft. Der zweite Ausdruck dagegen stellt ein rechtsläufiges Drehfeld dar. Ob die Drehfelder überhaupt auftreten, hängt von den Beiwerten der Exponentialausdrücke ab, die als *Strangfaktoren* bezeichnet werden sollen. Sie lassen sich gemeinsam darstellen durch den Ausdruck:

$$f_M=\frac{\sin(\nu+\mu)\pi}{M\sin(\nu\pm\mu)\frac{\pi}{M}},$$

wobei das $+$-Zeichen für den ersten, das $-$-Zeichen für den zweiten Faktor gilt.

Wenn man bedenkt, daß hier nur ganzzahlige Werte für ν und μ als den Ordnungszahlen der Oberfelder und der sie erregenden Oberströme in Betracht kommen (bei Bruchlochwicklungen gibt es auch gebrochene ν-Werte!), so ist der Zähler von f_M stets Null. Der Bruch selbst kann nur dann nicht verschwinden, wenn gleichzeitig der Nenner Null wird. Dann ergibt sich für f_M der Wert 1, sonst also Null. Die Aussage des Strangfaktors lautet also entweder „Verschwunden" oder „Vollvorhanden".

Der Nenner von f_M wird aber nur Null, wenn:

$$\frac{\nu \pm \mu}{M} = g, \text{ mit } g = \text{ganze Zahl einschließlich Null.}$$

Am meisten interessiert der Fall, daß die Erregung des Systems der M Stränge durch ein von Oberströmen freies Stromsystem geschieht. Dann ist $\mu = 1$ zu setzen und es folgt:

$$\nu = g\,M \pm 1$$

als Ordnung der nichtverschwindenden Wellen im Drehfeld. Die ganze Zahl g nimmt alle natürlichen Werte einschließlich Null an. Das positive Vorzeichen liefert die Ordnung der rechtsläufigen, das negative Zeichen die der linksläufigen Drehfelder. Für $g = 0$ ergibt sich die Ordnung 1, also die Grundwelle.

Die Strangzahl M kann durch verkettete Schaltung leicht halbiert erscheinen. So kommt der normalen Drehstromwicklung mit 60° Zonenbreite $M = 6$ und nicht etwa $M = 3$ zu. Bei polumschaltbaren Wicklungen wählt man oft die Zonenbreite 120°, dann ist $M = 3$ zu setzen. Bei 2-phasig gewickelten Läufern ist $M = 4$.

Die normale Drehstromwicklung hat also $M = 6$. Wird sie von reinen Sinusströmen gespeist, so ruft sie räumlich sinusförmig verteilte Drehfelder hervor, deren Ordnung ist:

$$\nu = 1, 7, 13, 19, 25, 31, 37, \ldots \text{ für die rechtsläufigen Felder}$$

$$\text{und} \quad = \quad 5, 11, 17, 23, 29, 35, \ldots \text{ für die gegenläufigen Felder.}$$

Resultierende Wechselfelder existieren nicht.

Erst wenn wir Oberströme zulassen, wobei die Frage offenbleiben möge, ob sie auf Grund der Schaltung überhaupt zu fließen vermögen, so können auch Wechselfelder auftreten. Wir beschränken uns auf den Fall $\mu = 3$, nehmen also an, daß in einem Stromsystem von 50 Hz Ströme von 150 Hz enthalten seien, die dann bei Sternschaltung allerdings nur über den Sternpunkt abgeführt werden können. Dann ist für gewisse Werte ν sowohl

$$\nu - \mu = g_1 M \text{ als auch } \nu + \mu = g_2 M, \text{ mit } g_1 \text{ und } g_2 \text{ als ganzen Zahlen,}$$

so daß beide Strangfaktoren gleichzeitig existieren und den Wert 1 haben. Für unseren wichtigsten Fall ist $M = 6$. Dann entstehen durch die Oberströme 3-facher Frequenz resultierende Wechselfelder der Ordnung:

$$\nu = 3, 9, 15, \ldots,$$

sofern solche Ordnungen bei den einzelnen Strängen existieren.

Züchtet man ein solches Wechselfeld in Reinkultur, indem man z. B. die 3 Stränge einer normalen Drehstromwicklung in Reihe schaltet und 1-phasig ans Netz legt, so betreibt man die Maschine mit der dritten Harmonischen eines gar nicht vorhandenen Grundstromes von $^1/_3$ Netzfrequenz. Die Maschine bildet die 3-fache Polzahl aus und läuft als Einphasenmotor mit $^1/_3$ der sonstigen synchronen Drehzahl. Eine solche Schleichdrehzahl ist für viele Anwendungszwecke gut zu gebrauchen.

Die Exponentialausdrücke in der Gleichung für $\mathfrak{B}_\nu/B_\nu$ sagen Unwesentliches über die Phasenlage und Wesentliches über die Frequenz aus. Die Rückwirkung aller Erscheinungen auf die erregenden Stränge geschieht nur mit der Frequenz f bzw. μf des Erregerstromes bzw. seines Oberstromes. Durch Selbstinduktion tritt also in den Strängen keinesfalls eine Spannung anderer Frequenz auf, als sie der magnetisierende Strom selbst besitzt. In einem Läufer hingegen treten ganz verschiedene Frequenzen auf. Speziell induziert das fünfte Drehfeld und das siebente bei Synchronismus in der Läuferwicklung Spannungen von genau 6-facher Netzfrequenz; das 11. und 13. Oberfeld induzieren mit der 12-fachen Frequenz usw. Die Summe all dieser Spannungen ist beträchtlich, der durch sie bei Kurzschluß hervorgerufene Strom dagegen spielt — bei voller Geschwindigkeit — keine Rolle. Bei Teilgeschwindigkeiten rufen die Oberfelder u. U. die lästigsten Einsattlungen im Drehmoment hervor, weshalb wir sie möglichst klein halten werden.

Die Exponentialausdrücke sagen weiter aus, daß sich in einer vollen Periode des Erregerstromes jede Welle des Drehfeldes unabhängig von der Ordnungszahl um 360° bewegt, also 2 eigene Polteilungen zurücklegt. Das Feld der Ordnung ν hat aber $\nu \cdot 2p$ Pole, wenn das Grundfeld $2p$ Pole besitzt. Also bewegt sich das Feld der Ordnung ν nur mit $1/\nu$ der synchronen Drehzahl.

Die bisherigen Ergebnisse erlauben, die Feldkurve von Mehrphasenwicklungen auf ihren Gehalt an Grund- und Oberwellen zu untersuchen, ohne auf die Wechselfelder der einzelnen Stränge einzugehen. Wir machen dabei die praktisch fast immer erfüllte Voraussetzung, daß die speisenden Ströme als sinusförmig zu betrachten seien, und vernachlässigen die Sättigungserscheinungen des Eisens. Dann existieren nur mit- und gegenläufige Wellen unveränderlicher Gestalt, die sich gegeneinander verschieben und die recht unterschiedlichen Augenblicksfiguren des jeweiligen resultierenden Feldes ergeben. Wenn man also die Feldkurve einer mehrsträngigen Wicklung für einen beliebigen Zeitpunkt entwirft und sie nach Fourier in ihre Wellen auflöst, so bekommt man alle Drehfelder, die überhaupt darin enthalten sind. Durch geeignete Wahl des Zeitpunktes kann man die Analyse erleichtern. Wenn man außerdem die Strangzahl M kennt (etwa bei einer vorgelegten Feldkurve), so weiß man auch die Richtung, in der sich mit zunehmender Zeit diese einzelnen Wellen verschieben werden. Ist z. B. $M = 5$ (diese Zahl kommt gelegentlich bei Drehstromkommutatormaschinen vor), so wird die 1., 6., 11. usw. Welle nach der einen, die 4., 9. usw. Welle nach der anderen Seite wandern mit Geschwindigkeiten, die dem Kehrwert der Ordnungszahl entsprechen. Als Beispiel für den wichtigsten Fall $M = 6$ ist die Feldkurve einer 3-phasigen 1-Lochwicklung, die in Abb. 26 in 2 typischen Gestalten zu 4 verschiedenen Zeitpunkten dargestellt wurde, in Abb. 28 jeweils im ersten Viertel des Verlaufs vergrößert

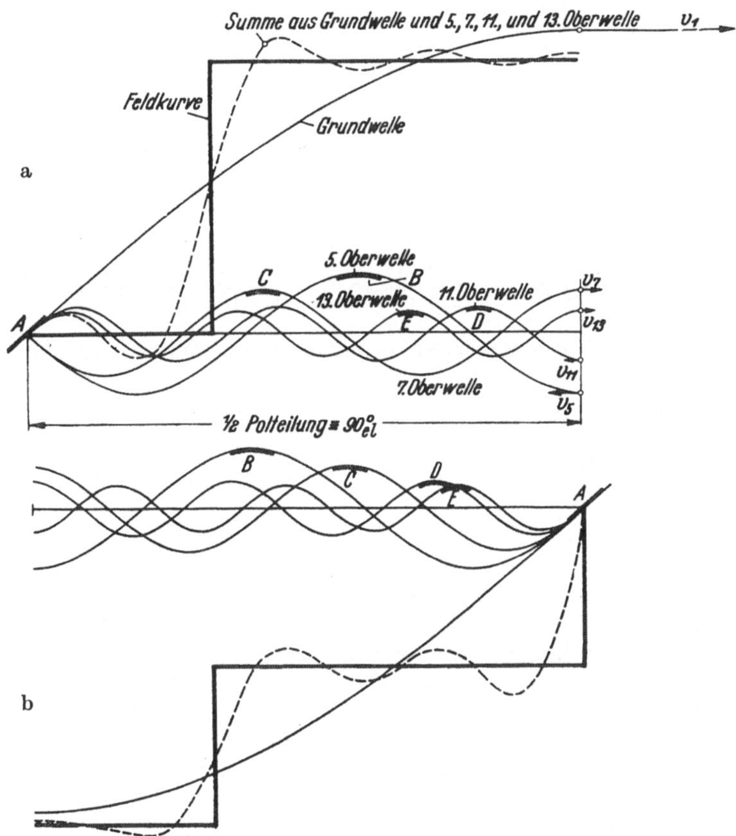

Abb. 28 a, b. Vergrößerte und mit den Oberwellen bis zur Ordnung 13 ausgerüstete Wiedergabe der ersten Viertel der Feldkurve einer 3-phasigen 1-Lochwicklung nach Abb. 26. Zeitunterschied gleich $^1/_4$ Periodendauer. Jede Welle ist innerhalb dieser Zeit um $^1/_4$ *ihrer* Polteilung, und zwar in der *ihr* zukommenden Richtung weitergewandert.

wiedergegeben und mit Grund- und einigen Oberwellen ausgestattet worden. Die Wanderrichtungen und die Geschwindigkeiten wurden mit eingezeichnet. Die Grundwelle ist um $^1/_4$ Polteilung nach rechts und jede andere Welle ebenfalls um $^1/_4$ ihrer eigenen Polteilung nach der entsprechenden Seite gewandert. Die Summenkurve der ersten 5 Wellen stellt die wahre Feldkurve bereits recht gut dar.

In Abb. 29 sind die einzelnen *Flüsse*, die von einer 1-Lochwicklung erzeugt werden, schematisch abgebildet. Jeder Fluß ist nur über der entsprechenden Polteilung aufgetragen, da wir immer nur mit Flüssen je Pol rechnen. Die Begrenzungslinie ist natürlich eine albe Sinuskurve, sie stellt die räumliche Verteilung der magnetischen Induktion dar, deren Scheitelhöhe die schon genannte Amplitude B_1, B_5 oder B_ν ist. Die Basis ist die zugehörige Polteilung, also t_p, $t_p/5$, t_p/ν. Die Fläche der Stirnseite multipliziert mit der Länge l ergibt den Betrag des Flusses.

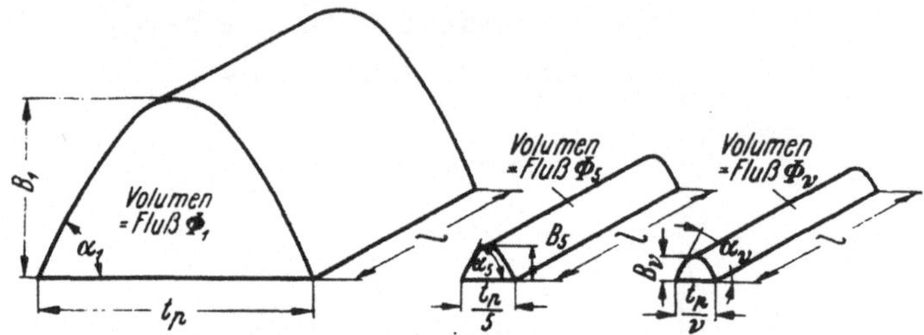

Abb. 29. Schematische Darstellung der Flüsse der Ordnung 1 (Nutzfluß), 5 und allgem. ν. Die Umrandung ist eine Halbwelle der magnetischen Induktion, die Basis die der Ordnungszahl zukommende Polteilung und die Tiefe die Schichtlänge der Maschine.

Im einzelnen sind die folgenden interessanten Proportionalitäten festzustellen:

Anstieg $= \operatorname{tg}\alpha$ ist proportional $\quad f_{w,1} \quad f_{w,5} \quad f_{w,11} \quad f_{w,13} \cdots f_{w,\nu}$,

Scheitelhöhe B ist proportional $\quad \frac{f_{w,1}}{1} \quad \frac{f_{w,5}}{5} \quad \frac{f_{w,11}}{11} \quad \frac{f_{w,13}}{13} \cdots \frac{f_{w,\nu}}{\nu}$,

Fluß Φ ist proportional $\quad \frac{f_{w,1}}{1^2} \quad \frac{f_{w,5}}{5^2} \quad \frac{f_{w,11}}{11^2} \quad \frac{f_{w,13}}{13^2} \cdots \frac{f_{w,\nu}}{\nu^2}$,

Induzierte Spannung U ist proportional $\quad \frac{f_{w,1}^2}{1^2} \quad \frac{f_{w,5}^2}{5^2} \quad \frac{f_{w,11}^2}{11^2} \quad \frac{f_{w,13}^2}{13^2} \cdots \frac{f_{w,\nu}^2}{\nu^2}$.

Da uns bei der Maschinenberechnung am meisten die Flüsse und die von ihnen induzierten Spannungen interessieren, sind die beiden letzten Zeilen von besonderer Wichtigkeit. Die den Oberwellen der magnetischen Induktion entsprechenden Flüsse hängen linear vom Wicklungsfaktor und quadratisch vom Kehrwert der Ordnungszahl ab. Die von diesen Flüssen in der Wicklung *selbstinduzierten Spannungen* (sie kennzeichnen die Blindwiderstände der Stränge) hängen vom Quadrat des Wicklungsfaktors und vom Kehrwert der quadrierten Ordnungszahl ab. Das erste Glied der letzten Zeile kennzeichnet den Nutzblindwiderstand, die Summe der rechtsstehenden Glieder den durch Oberwellen bedingten Streublindwiderstand. Hierzu Näheres im Abschnitt 27 über die Berechnung der doppelt verketteten Streuung.

14. Wicklungsfaktor. Der Wicklungsfaktor einer Gruppe von verteilt angeordneten Spulen gibt an, in welchem Maß die von ihr erzeugte magnetische Spannung oder die in ihr induzierte elektrische Spannung gegenüber der konzentrierten Anordnung als 1-Lochspule zurückgeht. Sind die Spulen bezüglich der Polteilung des zugrunde gelegten Grundfeldes gesehnt, so enthält der Wicklungsfaktor durch den hinzutretenden Sehnungsfaktor auch noch diesen Einfluß. Wenn man die einzelnen Gruppen zu Strängen einer Maschine verbindet, tritt eine neue Beeinflussung des Wicklungsfaktors durch den Strangfaktor auf. Alle einzelnen Faktoren zusammen ergeben den Wicklungsfaktor der fertig geschalteten Maschine. Nachstehend sollen die einzelnen Einflüsse voneinander getrennt werden, so daß es möglich sein wird, unabhängig voneinander die Wirkung der Zonenbreite, der Nutung, der Sehnung und der Strangzahl zu beurteilen.

Da man zu identischen Ergebnissen kommt, ob man das magnetisierende Verhalten einer stromdurchflossenen Wicklung oder die in ihr von einem Drehfeld der Ordnungszahl 1 oder ν induzierte Spannung untersucht, so kann man sich auf eines von beiden beschränken. Wegen der besseren Anschaulichkeit werde jetzt letzterer Weg beschritten.

Wir gehen von Abb. 30 aus, in der schematisch der Umfang einer

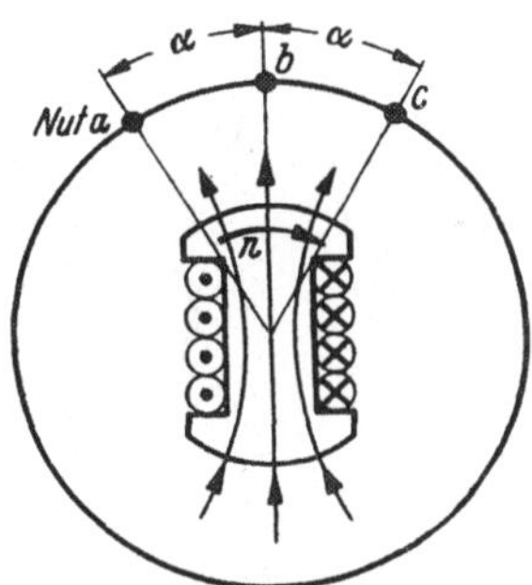

Abb. 30. Schematische Darstellung der Spannungsinduktion in q (hier 3) nebeneinanderliegenden Nuten durch ein fremdes, 2-poliges Drehfeld.

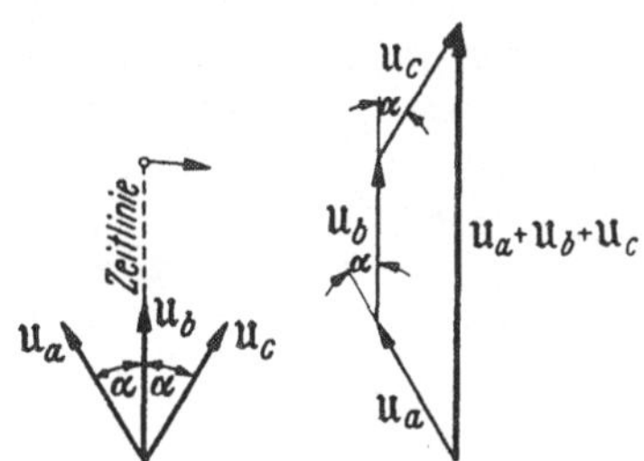

Abb. 31. Vektorielle Darstellung und Addition der Nutenspannungen aus Abb. 30.

2-poligen Maschine dargestellt ist. In 3 Nuten a, b, c liegen jeweils gleich viele Leiter. Die Nuten sind um den Winkel α gegeneinander versetzt. Die ihnen zukommende Zone mißt also 3α. Bei q Nuten würde die Zonenbreite $q\alpha$ betragen. Von einem Grundfeld wird in den einzelnen Leitern jeder Nut eine gleich große Spannung induziert. Die Gesamtspannung der Leiter einer Nut sei $\mathfrak{U}_a$, $\mathfrak{U}_b$, $\mathfrak{U}_c$. Alle 3 Spannungen sind zeitlich gegeneinander um den Winkel α phasenverschoben. Bei Reihenschaltung der 3 Nuten würde sich eine Gesamtspannung gleich der vektoriellen Summe aller 3 Einzelspannungen ergeben. Wegen der Phasenverschiebungen ist ihr Betrag kleiner als die algebraische Summe von U_a, U_b, U_c. In Abb. 31 ist die vektorielle Addition durchgeführt. Die Summenspannung beträgt bei q Einzelspannungen mit dem Versetzungswinkel α

$$|\mathfrak{U}_a + \mathfrak{U}_b + \mathfrak{U}_c + \cdots \mathfrak{U}_q| = U_a \frac{\sin q \frac{\alpha}{2}}{\sin \frac{\alpha}{2}}.$$

Die auf jede Nut entfallende Spannung ist kleiner als die wahre Spannung der für sich allein betrachteten Nut, und zwar ist das Verhältnis (oder der Wicklungsfaktor):

$$f_w = \frac{U_{\text{mittel}}}{U_a} = \frac{\sin q \frac{\alpha}{2}}{q \sin \frac{\alpha}{2}}.$$

Die mittlere Spannung ist der Betrag der durch q dividierten resultierenden Spannung.

In Abb. 32 ist der Fall von 4 Nuten wiedergegeben. Man kann die Summation der 4 Spannungen $\mathfrak{U}_a, \mathfrak{U}_b, \mathfrak{U}_c, \mathfrak{U}_d$ auch so vollziehen, daß man den Schwerpunkt S der 4 mit der Masse $m = 1$ behafteten Punkte a, b, c, d bestimmt. Sein Abstand vom Mittelpunkt gibt, wenn der Radius R des Kreises, auf dem die 4 Punkte liegen, gleich 1 gemacht wird, unmittelbar den Wicklungsfaktor f_w.

In Abb. 33 ist der Fall einer ungleichmäßigen Bewicklung von 4 Nuten dargestellt, wie er seltener zur Anwendung kommt, z. B. wenn man eine sehr reine Feldkurve haben möchte. In den beiden äußeren Nuten liegen halb soviel Leiter wie in den beiden Inneren. Der Schwerpunkt ist also so zu ermitteln, als ob Punkt a und d die Masse $m = 1/2$,

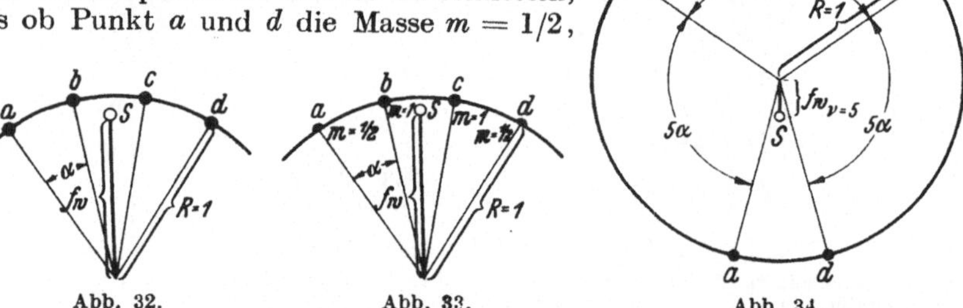

Abb. 32. Abb. 33. Abb. 34.

Abb. 32. Graphische Ermittlung des Wicklungsfaktors f_w für $q = 4$ gleich stark bewickelte Nuten durch Bestimmung des Schwerpunktes S.

Abb. 33. Wie Abb. 31. Jedoch enthalten die äußeren Nuten nur die halbe Leiterzahl.

Abb. 34. Graphische Ermittlung des Wicklungsfaktors $f_{w,\nu}$ für $\nu = 5$ der Anordnung nach Abb. 32.

Punkt b und c die Masse $m = 1$ hätten. Er ist gegenüber Abb. 32 nach oben gewandert, f_w ist also größer geworden.

Wenn man sich statt eines 2-poligen Drehfeldes ein 2ν-poliges Drehfeld in der Maschine umlaufend denkt, so muß man zur Untersuchung der induzierten Gesamtspannung der q nebeneinanderliegenden Nuten den gegenseitigen Winkel mit ν multiplizieren, da jeweils einer Polteilung ein elektrischer Winkel von 180° entspricht; die Zahl der Polteilungen hat sich aber jetzt auf das ν-fache erhöht. Abb. 34 zeigt die Anordnung nach Abb. 32 für ein Oberfeld der Ordnung 5. Der Winkel zwischen den Spannungen ist auf 5α, die Zonenbreite demnach auf $5q\alpha$ gestiegen. Der Schwerpunkt ist nahe an den Mittelpunkt gerückt, ein Zeichen für die sehr klein gewordene mittlere Spannung bzw. den kleinen *Wicklungsfaktor* $f_{w,\nu}$:

$$f_{w,\nu} = \frac{U_{\text{mittel}}}{U_{\text{nut}}} = \frac{\sin q \frac{\alpha}{2} \nu}{q \sin \frac{\alpha}{2} \nu}.$$

Sobald die Zonenbreite sich zum Kreisumfang oder einem Vielfachen davon erweitert, verschwindet die mittlere Spannung und somit auch der Wicklungsfaktor. Drehfelder, bei denen $\nu q \alpha = g \cdot 2\pi$ wird, wobei

$g = 1, 2, 3, \ldots$ ist, induzieren also an den Klemmen der in Reihe geschalteten q Nuten keine Spannung mehr.

Da keine Ringwicklungen angewendet werden, entsprechen den bisher betrachteten q Nuten immer noch weitere q Nuten am Maschinenumfang, die meistens um etwa eine Polteilung entfernt liegen. Sie nehmen die rückkehrenden Leiter der ersten Zone auf. Die mittlere Spannung der ersten Zone und die in genau der gleichen Weise zu ermittelnde gleich große mittlere Spannung der zweiten Zone setzen sich wieder vektoriell zusammen. Wegen der umgekehrten Leiterführung sind die beiden Gruppen elektrisch gegeneinander geschaltet. Bezüglich der vom Grunddrehfeld induzierten Spannungen sind die beiden Zonen als eine gleichsinnige Reihenschaltung anzusehen, wenn man ihre wahre Verschiebung um 180° verringert. Sind also beide Zonen — wie meist bei Einschichtwicklungen — um 180° versetzt, so sind die in ihnen induzierten mittleren Spannungen einfach zu addieren. Beträgt dagegen die Entfernung $W/t_p \cdot 180°$, wie es bei gesehnten Zweischichtwicklungen mit der Spulenweite W und der Polteilung t_p der Fall ist, so ist die Gesamtspannung mit dem sog. *Sehnungsfaktor*

$$f_s = \sin \frac{W}{t_p} 90°$$

malzunehmen. Für die Oberfelder der Ordnung ν gilt:

$$f_{s,\nu} = \left| \sin \frac{W}{t_p} \nu 90° \right| .$$

Der Sehnungsfaktor kann ebenfalls für bestimmte Ordnungszahlen ν Null werden. Dies geschieht für:

$$\nu \frac{W}{t_p} = 2g \quad \text{mit} \quad g = 1, 2, \ldots$$

Durch geeignete Spulenweite W kann man also eine Reihe von Oberwellen unterdrücken oder sehr klein halten. Hiervon macht man bei der Zweischichtwicklung stets Gebrauch, indem man die relative Weite $W/t_p \approx 5/6$ zur Verringerung der fünften und siebenten Harmonischen und speziell die relative Weite $W/t_p = 2/3$ zur Unterdrückung der dritten Harmonischen bereits im einzelnen Strang benutzt.

Wie im Abschnitt 13 erläutert wurde, macht sich die Gesamtwirkung aller Maschinenstränge dadurch bemerkbar, daß die Ausbildung gewisser magnetischer Drehfelder nicht stattfindet, auch wenn die einzelnen Stränge die Wechselfelder der gleichen Ordnungszahl erregen. In der gleichen Weise verschwinden an den Klemmen der in Stern verketteten Stränge die Spannungen derselben Ordnungszahlen, auch wenn sie von entsprechenden in die Maschine eingebrachten magnetischen Drehfeldern in den einzelnen Strängen induziert würden. Der Faktor, der hierüber entscheidet, war bereits als Strangfaktor f_M bezeichnet worden. Er betrug 1 oder 0.

Alle Faktoren zusammen ergeben, wenn keine Bruchlochwicklung vorliegt, von der wir hier absehen wollen, den gesamten Wicklungsfaktor der Maschine. Er lautet:

Wicklungsfaktor der Ordnung ν

$$f_{w,\nu} = \frac{\sin q\,\nu\,\frac{\alpha}{2}}{q\,\sin\nu\,\frac{\alpha}{2}}\,\sin\nu\,\frac{W}{t_p}\,90^\circ\,\frac{\sin(\nu-1)\pi}{M\sin(\nu-1)\frac{\pi}{M}}\,.$$

Auf das doppelte Vorzeichen im Strangfaktor kann verzichtet werden, wenn man die Ordnungszahl der gegenläufigen Felder negativ einsetzt; die Zahl 1 statt der allgemeineren μ bedeutet Beschränkung auf den praktisch wichtigen Fall der Speisung durch oberwellenfreie Ströme. Dieser Wicklungsfaktor läßt sich auch in 4 Faktoren zerlegen, wenn wir getrennt beurteilen wollen: den Einfluß der Zonenbreite, den Einfluß der Feinheit der Nutung, den Einfluß der Sehnung und den Einfluß der Zahl der Zonen oder Stränge.

Eine Zone umfasse den Winkel β, wobei meist gilt $\beta = 2\pi/M = 360^\circ/M$. Wir kennen aber auch Sonderwicklungen, bei denen benachbarte Zonen sich überlappen oder beliebig schmal sind. Dann ist die Zonenbreite $\beta \neq 2\pi/M$. Der Einfluß von β wird durch den Faktor der Zonenbreite f_z berücksichtigt:

$$f_z = \left|\frac{\sin\frac{\nu\beta}{2}}{\frac{\nu\beta}{2}}\right| \leqq 1.$$

Die Nutenzahl betrage $2Q$ Nuten je Polpaar, der Winkel zwischen 2 benachbarten Nuten sei $\alpha = 2\pi/2Q = 360^\circ/2Q$. Den Einfluß der mehr oder feinen Nutung — ohne Rücksicht auf Zonenbreite β und Strangzahl M — berücksichtigt der Nutungsfaktor f_Q:

$$f_Q = \left|\frac{\nu\,\frac{\pi}{2Q}}{\sin\nu\,\frac{\pi}{2Q}}\right| \geqq 1.$$

Der Nutungsfaktor wird unendlich für $\nu = 2Q, 4Q, \ldots$ Diese Ordnungszahlen selbst kommen nicht vor. Für die ihnen dicht benachbarten Ordnungszahlen $\nu = 2Q \pm 1$, $4Q \pm 1, \ldots$ nimmt f_Q angenähert den Wert der Ordnungszahl ν selbst an. Wellen dieser Ordnungszahlen treten also stark hervor und heißen die Nutharmonischen. Es gibt kein Mittel zu ihrer Unterdrückung.

Die Spulenweite betrage W, die relative Spulenweite W/t_p. Der bereits benutzte Sehnungsfaktor bleibt:

$$f_s = \left|\sin\nu\,\frac{W}{t_p}\,90^\circ\right| \leqq 1.$$

Der Faktor der Strangzahl bleibt auch der alte, nämlich:

$$f_M = \frac{\sin(\nu-1)\pi}{M\sin(\nu-1)\frac{\pi}{M}} = \pm 1 \quad \text{oder} \quad 0, \quad \text{mit} \quad \nu = \text{positive oder negative ganze Zahl.}$$

Der gesamte Wicklungsfaktor lautet demnach:

$$f_{w,\nu} = f_z\, f_Q\, f_s\, f_M$$

oder ausführlich unter Benutzung der Größen:

β = Zonenbreite, t_p = Polteilung,
Q = Nutenzahl je Pol, M = Strangzahl = Zonenzahl,
W = Spulenweite, ν = Ordnungszahl = positive und negative ganze Zahlen

$$f_{w,\nu} = \frac{\sin\frac{\nu\beta}{2}}{\frac{\nu\beta}{2}} \cdot \frac{\nu\frac{\pi}{2Q}}{\sin\nu\frac{\pi}{2Q}} \cdot \sin\nu\frac{W}{t_p}\,90^\circ \cdot \frac{\sin(\nu-1)\,\pi}{M\sin(\nu-1)\frac{\pi}{M}}\,.$$

Es interessieren im allgemeinen nur die absoluten Beträge der Faktoren und der Ordnungszahlen. Lediglich beim Faktor für die Strangzahl f_M ist es vorteilhaft, das Vorzeichen beizubehalten, da positive ν-Werte für Wellen gelten, die im Sinne der Grundwelle umlaufen, während die negativen ν-Werte den gegenläufigen Wellen zukommen.

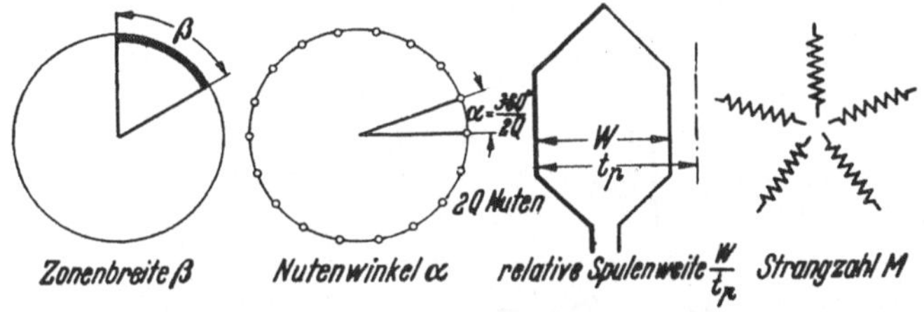

Abb. 35. Zur Berechnung des gesamten Wicklungsfaktors f_w, dargestellt am 2-poligen Anker.

Abb. 35 dient der Übersicht der 4 für den gesamten Wicklungsfaktor wichtigen Begriffe. Wirklich frei wählbar ist die Zonenbreite nur bei Stromwendermaschinen, die nicht in den Rahmen der Asynchronmaschine hineingehören. Durch Benutzung gegeneinander verschiebbarer Bürsten kann auf dem Stromwender jede Zonenbreite β eingestellt werden. In der sog. 3-Bürstenschaltung liegt $\beta = 120°$, in der häufigen 6-Bürstenschaltung $\beta = 60°$ vor. Die modernen Querfeldmaschinen für Gleichstrom arbeiten mit $\beta = 90°$ und $180°$. Im allgemeinen ist bei der Asynchronmaschine wegen $\beta = 360°/M$ die Zonenbreite β eng an die Strangzahl M gebunden.

Die Feinheit der Nutung wird meist nicht durch die Rücksicht auf den Wicklungsfaktor bestimmt, sondern aus Gründen einer guten Ausnützung und ausreichenden Isolation. Hohes Q hält die Summe der Oberfelder klein, kleines Q bedeutet erhöhte Streuung.

Die Schrittverkürzung wird heute bei allen Zweischichtwicklungen im Ständer angewandt. Man macht also $W/t_p \approx 5/6$ und verringert damit noch weiter die Oberwellen und auch die von ihnen verursachten Zusatzverluste.

Die Strangzahl M ist durch das Stromsystem vorgeschrieben. Für Drehstromversorgung kommt nur $M = 3$ mit der Zonenbreite $\beta = 120°$ und $M = 6$ mit der Zonenbreite $\beta = 60°$ in Betracht. Durch Zusammenschalten gegenüberliegender Stränge hat die Wicklung im letzten Fall nur 3 wickeltechnische Stränge, deren Zahl dann mit $m = 3$ angegeben wird. $M = 3$ haben die meisten polumschaltbaren Wicklungen, $M = 6$ alle normalen.

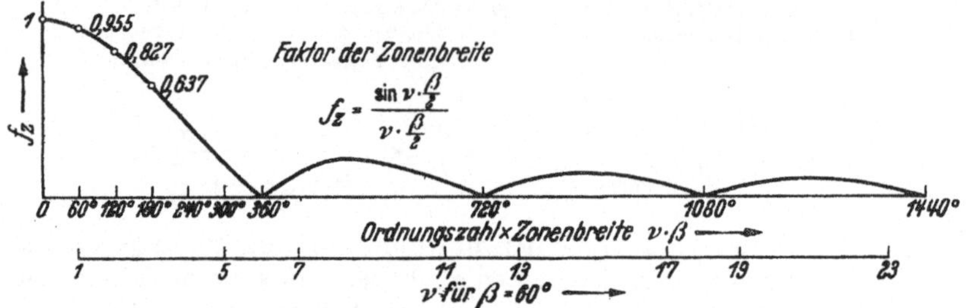

Abb. 36. Der Faktor der Zonenbreite $f_z = f$ (Ordnungszahl × Zonenbreite) bzw. $= f$ (Ordnungszahl) für die normale Breite $\beta = 60°$.

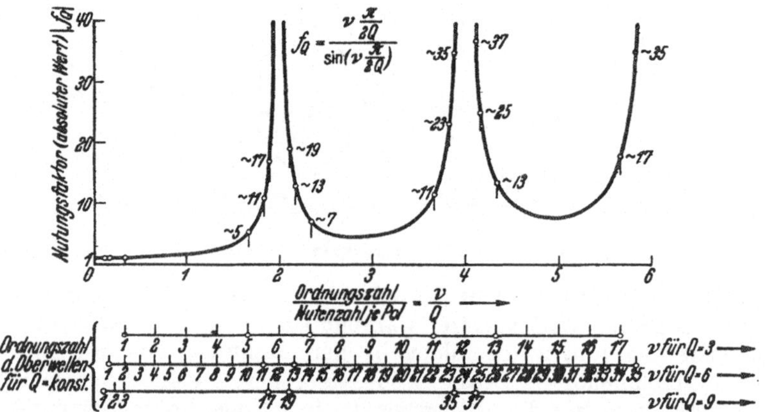

Abb. 37. Der Nutungsfaktor $f_Q = f\left(\frac{\text{Ordnungszahl}}{\text{Nutenzahl je Pol}}\right)$ bzw. $= f$ (Ordnungszahl) für 3, 6 und 9 Nuten je Pol. Die Werte von f_Q bei den besonders hervorgehobenen Nutharmonischen sind nahezu gleich der Ordnungszahl.

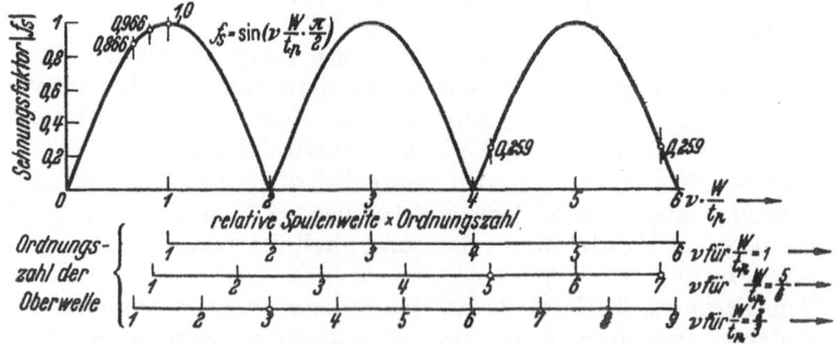

Abb. 38. Der Sehnungsfaktor $f_s = f$ (relative Spulenweite × Ordnungszahl) bzw. $= f$ (Ordnungszahl) bei festen Spulenweiten $W/t_p = 1$, 5/6 und 2/3.

Der Zonenfaktor f_z ist in Abb. 36 einmal über $\nu \beta$ und außerdem für $\beta = 60°$ über ν dargestellt.

Der Nutungsfaktor f_Q ist in Abb. 37 über ν/Q und für $Q = 3$, $Q = 6$. und $Q = 9$ über ν aufgetragen. Man beachte die besonders gekennzeichneten Nutharmonischen.

Der Sehnungsfaktor f_s wird in Abb. 38 gezeigt. Er verläuft als Sinuslinie — die negativen Äste sind umgeklappt — über $\nu W/t_p$. Erst bei genauerem Studium versteht man die Bedeutung dieser einfachen,

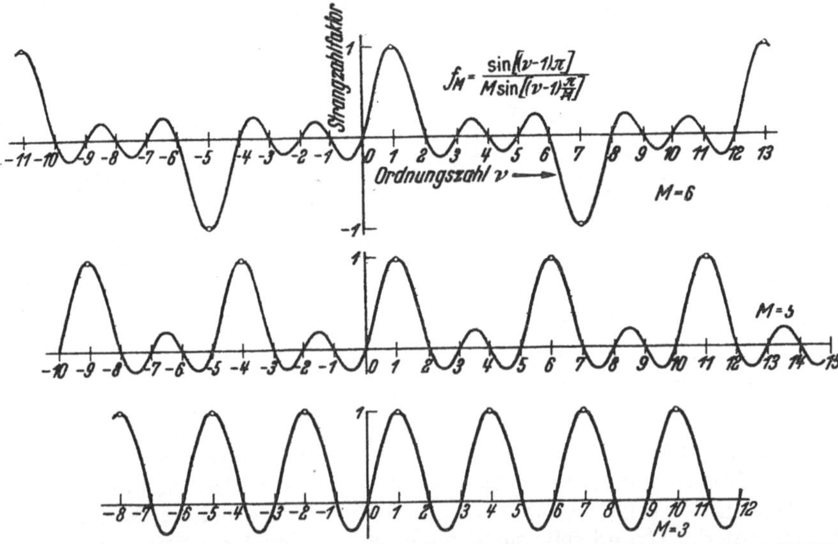

Abb. 39 a—c. Der Strangzahlfaktor $f_M = f$ (Ordnungszahl) für die Strangzahlen $M = 6$ (übliche Drehstromwicklung), $M = 5$ und $M = 3$ (häufig bei polumschaltbaren Wicklungen). Wellen mit *positiver* Ordnungszahl laufen *im Sinne* der Grundwelle um, solche mit *negativer* Ordnungszahl *entgegengesetzt* zu ihr.

bestbekannten Kurve. Daher wurde die Abszisse noch in ν für $W/t_p = 1$, 5/6 und 2/3 eingeteilt.

Für vollen Schritt $W = t_p$ ergibt sich keine Schwächung irgendeiner Oberwelle. Für alle ungeraden ν, und nur solche können vorkommen, ist $f_s = 1$. Betrachtet man dagegen die Abszissenteilung für $W/t_p = 5/6$, so sieht man, daß f_s für die Grundwelle gleich 0,966, für die fünfte und siebente Harmonische nur gleich 0,259 ist. Für $W/t_p = 2/3$ verschwindet f_s für alle durch 3 teilbaren Felder. Die Einbuße für die Grundwelle, deren $f_s = 0{,}866$ ist, wiegt allerdings schwer.

Die Kurven in Abb. 39 zeigen den Faktor für die Strangzahl f_M für $M = 6$, 5 und 3. Hier zeigt sich der Vorzug großer Strangzahlen, also hoher Zonenunterteilung der Wicklung oder schmaler Zonenbreite. Alle Oberwellen verschwinden, die sich nicht aus

$$\nu = 1 \pm Mg$$

mit g = ganze, positive Zahl ergeben. Je höher also M ist, desto weniger Ordnungszahlen entfallen auf einen Bereich. Die Reinheit von Oberwellen, die mit hoher Strangzahl verbunden ist, läßt sich durch keinen noch so gut gewählten Sehnungsfaktor erreichen. Beide günstigen Einflüsse zusammen, also hohes M und $W/t_p \approx 5/6$, ergeben in der Tat vortreffliche Maschinen.

Man ist daher von $M = 4$, also von der Ausführung 2-phasiger Läuferwicklungen, fast gänzlich abgegangen.

Bei $M = 3$, also bei den meisten polumschaltbaren Wicklungen, darf man W/t_p nicht verschieden von 1 wählen. Wie Abb. 39c zeigt, wird $f_M = 1$ auch für $\nu = -2, 4, -8, 10, \ldots$ Diese Wellen werden erst durch den vollen Schritt unterdrückt, für den f_s ja bei geradzahligen Ordnungszahlen verschwindet.

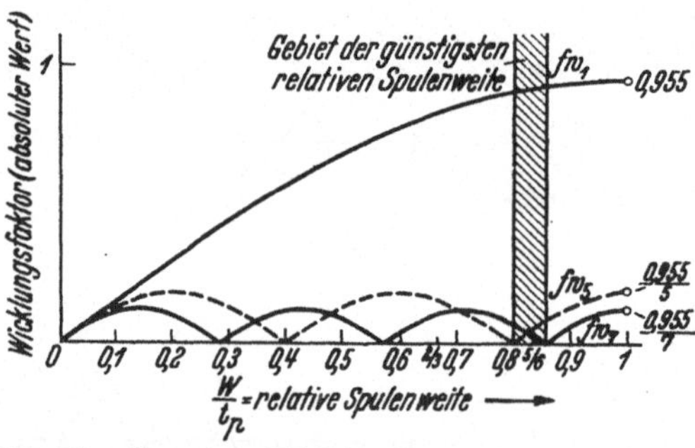

Abb. 40. Gesamter Wicklungsfaktor $f_w = f$ (relative Spulenweite) für Grundwelle und fünfte und siebente Oberwelle einer normalen Drehstromwicklung hoher Nutenzahl. ($M = 6$, $Q \to \infty$, $\beta = 60°$, $0 \leqq W/t_p \leqq 1$).

Für die besonderen praktischen Bedürfnisse bei der Auslegung normaler Drehstromwicklungen wurde Abb. 40 gezeichnet. Es zeigt, unter Annahme hoher Lochzahl q je Pol und Strang, den Verlauf des gesamten Wicklungsfaktors über der relativen Spulenweite W/t_p. Dargestellt sind die Faktoren für die Grundwelle und die fünfte und siebente Oberwelle. Man sieht, daß man am besten im Bereich der relativen Weite von 80 bis 85% arbeitet, da dort der Faktor für die Grundwelle noch hoch ist, während die beiden anderen Faktoren stark abgeschwächt sind. Will man die exakten Wicklungsfaktoren kennenlernen, so muß man die Werte aus Abb. 40 noch mit dem Nutungsfaktor f_Q malnehmen.

Wenn man die Wicklungsfaktoren einer bestimmten Wicklung in Abhängigkeit von der Ordnungszahl aufträgt, bekommt man ihr sog. Spektrum. Solche Spektren zeigen Abb. 41 und 42 für eine normale Drehstromwicklung mit $q = 4$ und $v = 0$ bzw. $v = 2$. Die relative Weite W/t_p ist also gleich 1 bzw. gleich 5/6. Deutlich heben sich die Nutharmonischen hervor, die immer den gleichen Wicklungsfaktor wie die Grundwelle haben. Das zweite Bild läßt erkennen, wie — mit Ausnahme der Faktoren für diese Nutharmonischen — alle anderen Wicklungsfaktoren durch die Vornahme der Sehnung stark zurückgegangen sind. Man beachte auch den periodischen Verlauf der Faktoren.

Bei der praktischen Berechnung benötigt man keine Untersuchungen über die Höhe der Wicklungsfaktoren. Man bestimmt eigentlich nur den Sehnungsfaktor und setzt den restlichen Wicklungsfaktor für die Grundwelle unabhängig von der Lochzahl q mit 0,955 an. Genauer ist nachstehende Tabelle, die den Wicklungsfaktor der Grundwelle für die vorkommenden Lochzahlen $q = 1$ bis 6 und die Verkürzungen $v = 0$ bis q enthält. Bei Maschinen mit doppelter Zonenbreite ($\beta = 120°$ bei

DAHLANDER-Schaltung) sind die Werte mit 0,866 malzunehmen. Da man dann nur mit $v = 0$ arbeitet, ist nur die erste Zeile zu benutzen.

Wicklungsfaktor der Grundwelle von Dreiphasenwicklungen mit 60° Zonenbreite.

$q =$	1	2	3	4	5	6	> 8 bis ∞
$v = 0$	1,000	0,966	0,960	0,958	0,957	0,956	0,955
1	0,866	0,933	0,945	0,949	0,951	0,953	
2		0,837	0,902	0,925	0,936	0,942	
3			0,831	0,885	0,910	0,924	
4				0,829	0,874	0,898	
5					0,829	0,867	
6						0,828	

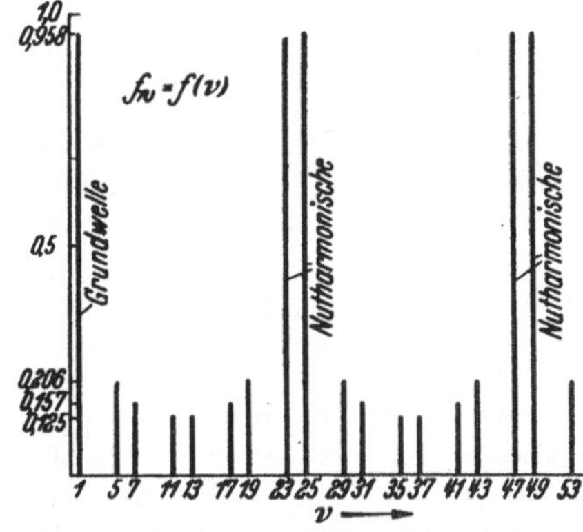

Abb. 41. Spektrum der Wicklungsfaktoren einer normalen, ungesehnten Drehstromwicklung für $q = 4$, $v = 0$.

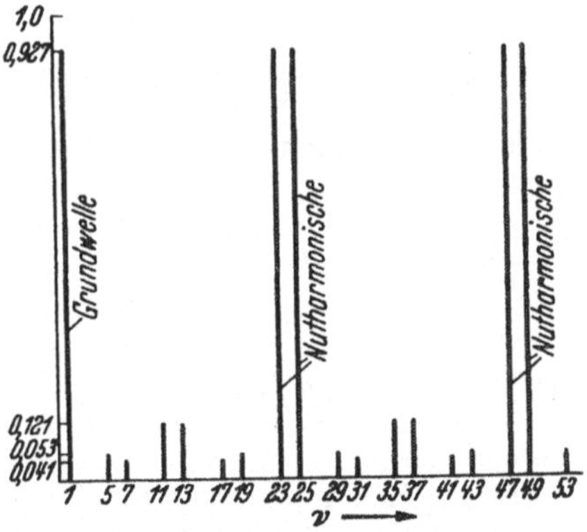

Abb. 42. Spektrum der Wicklung aus Abb. 41 nach Sehnung um $v = 2$ Nuten. Man beachte den starken Rückgang aller Faktoren für die Oberwellen, mit Ausnahme jener der Nutharmonischen.

15. Induzierte Spannung. Wenn der von einer Wicklung mit w Windungen umfaßte magnetische Kraftfluß Φ sich zeitlich ändert, wird in ihr eine elektrische Spannung induziert:

$$u = -\frac{d\Phi}{dt} w\, 10^{-2},$$

mit u = Spannung in V, Φ = Fluß in M-Maxwell, t = Zeit in Sekunden.

Wenn dieser Fluß sich sinusförmig mit der Zeit ändert und sein Höchstwert mit Φ_0 und die Frequenz mit f bezeichnet wird, so ist:

$$\Phi = \Phi_0 \sin 2\pi f t$$

und

$$u(t) = -2\pi f \Phi_0 \cos(2\pi f t) \cdot 10^{-2}\, w.$$

Der Scheitelwert ist

$$U_{max} = 2\pi f \Phi_0 10^{-2} w$$

und der Effektivwert

$$U = 2\pi f \Phi_0 10^{-2} w \frac{1}{\sqrt{2}} = 2{,}22 w \frac{f}{50} \Phi_0.$$

Bei der Asynchronmaschine liegen die einzelnen Leiter der Wicklung verteilt angeordnet. Die Windungszahl w bzw. die doppelt so große Leiterzahl z jedes Stranges ist daher mit einem Faktor kleiner als 1, eben mit dem Wicklungsfaktor malzunehmen. Der Fluß besteht aus der Summe der einzelnen, den sinusförmigen Induktionswellen zukommenden Teilflüsse $\Phi_1, \Phi_5, \Phi_7, \ldots, \Phi_\nu$, die durch ihre gleichförmige Bewegung auf die ruhenden Wicklungsteile des Ständers wie zeitlich sinusartig veränderliche Flüsse einwirken. Der Fluß der Grundwelle, also Φ_1, induziert die Spannung:

$$U_1 = 1{,}11\, z\, f_{w,1}\, \Phi_1 \frac{f}{50} \quad \text{mit} \quad \Phi_1 = \frac{2}{\pi} B_1 t_p\, l\, 10^{-6}\ \text{M-Maxwell},$$

Die Spannung, herrührend vom Fluß Φ_ν der Ordnungszahl ν, wird berechnet zu:

$$U_\nu = 1{,}11\, z\, f_{w,\nu}\, \Phi_\nu \frac{f}{50} \quad \text{mit} \quad \Phi_\nu = \frac{2}{\pi} B_\nu \frac{t_p}{\nu}\, l\, 10^{-6}\ \text{M-Maxwell},$$

sofern die gleiche Frequenz f in Betracht kommt. Dies ist der Fall bei der Induktion in der *gleichen* Spule (Selbstinduktion), die auch das Feld erregt und die mit einem Strom der Frequenz f gespeist wird. Erregt dagegen die Ständerwicklung einen Fluß Φ_5 der 5-fachen Polzahl und läuft der Rotor um, so ist die *ihn* induzierende Frequenz nicht mehr die Frequenz f des Ständers, sondern die der Drehzahl entsprechende Schlupffrequenz f_5.

Für die praktische Berechnung braucht man nur die einzige Spannungsformel für den Fluß Φ_1 der Grundwelle, den man ohne merklichen Fehler gleich dem Fluß Φ der Maschine setzen darf. Die Indizes für die Ordnungszahlen dürfen wegfallen, da nur noch die Grundwelle berücksichtigt werden wird. Künftige Indizes 1, 2 bezeichnen im allgemeinen den Ständer und den Läufer, so daß U_1 die im Ständer, U_2 die im Läufer auftretende Spannung ist, während $f_{w,1}$ den Wicklungsfaktor der Grundwelle im Ständer und $f_{w,2}$ den der Grundwelle im Läufer bezeichnet. Die *Spannungsformel*, die den Ausgangspunkt der Maschinenauslegung darstellt, lautet jetzt:

$$U = 1{,}11\, z\, f_w \frac{f}{50} \Phi \quad \text{mit} \quad \Phi = B_{L,\text{mittel}}\, t_p\, l\, 10^{-6}.$$

z ist wie oben die Zahl der in einem Strang in Reihe liegenden Leiter. f_w der Wicklungsfaktor aus obiger Tabelle. $B_{L,\text{mittel}}$ ist die *mittlere* Kraftflußdichte im Luftspalt in G, t_p die Polteilung in cm, l die Länge des geschichteten Blechpaketes in cm und f die Frequenz in Hz.

16. Magnetische Spannung. Wenn die insgesamt $3z$ Leiter einer normalen Drehstromwicklung den effektiven Strom I führen, so ist der Umfang beaufschlagt mit einem Strombelag der mittleren Größe:

$$A = \frac{3zI}{\pi D} = \frac{3zI}{2p\,t_p}.$$

Er ist je nach Wicklungsanordnung örtlich verschieden groß und ändert sich nach dem Zeitgesetz der speisenden Ströme, bei uns also nach einem Sinusgesetz der Frequenz f. Der Strombelag kann zerlegt werden in sinusförmige Grund- und Oberwellen der Ordnung ν. Der Scheitelwert dieser Wellen sei A_1 für die Grundwelle und A_ν für die Welle der Ordnung ν. Für diese gilt:

$$A_1 = A\sqrt{2}\, f_{w,1} \quad \text{bzw.} \quad A_\nu = A\sqrt{2}\, f_{w,\nu}.$$

Unter Benutzung des Wertes für A folgt:

$$A_1 = \frac{1{,}35\, z\, f_{w,1}\, I}{D} \quad \text{bzw.} \quad A_\nu = \frac{1{,}35\, z\, f_{w,\nu}\, I}{D} \quad \text{mit} \quad 1{,}35 = \frac{3}{\pi}\sqrt{2}.$$

Integriert man die Strombelagswellen über den Umfang, so bekommt man die Grundwelle und die Oberwellen der magnetischen Spannung. Ihre Scheitelwerte sind:

$$V_1 = \frac{2}{\pi} A_1 \frac{t_p}{2} \quad \text{bzw.} \quad V_\nu = \frac{2}{\pi} A_\nu \frac{t_p}{2} \frac{1}{\nu}$$

$$= 1{,}35 \frac{z}{2p} f_{w,1}\, I \qquad\qquad = 1{,}35 \frac{z}{\nu\, 2p} f_{w,\nu}\, I.$$

Der Strombelag wird in A/cm und die magnetische Spannung in A ausgedrückt. Im älteren Schrifttum und in der Praxis spricht man auch von Amperewindungen statt von magnetischer Spannung.

Die Wellen der magnetischen Spannung bilden zusammen die Felderregerkurve. Man kann sich die genannten Formeln auch anders ableiten. Man geht aus von einer einzigen Spulengruppe von q Nuten je Pol und Strang mit z_{nut} Leitern in jeder Nut. Der Strom habe gerade den Höchstwert $I_{\max} = I\sqrt{2}$.

Dann ist der örtliche Höchstwert der magnetischen Spannung:

$$v_{\max} = \tfrac{1}{2} z_{\text{nut}}\, q\, I \sqrt{2},$$

deren Grundwelle den Scheitelwert hat:

$$v_1 = \frac{4}{\pi} f_{w,1}\, v_{\max}.$$

Die 3 Stränge zusammen liefern eine mit synchroner Geschwindigkeit umlaufende magnetische Spannungswelle der 1,5-fachen Größe, deren Amplitude also, genau wie oben, beträgt:

$$V_1 = 1{,}5\, v_1 = 1{,}35 \frac{z}{2p} f_{w,1}\, I, \quad \text{wegen} \quad z_{\text{nut}} = \frac{z}{q\, 2p}.$$

In der leerlaufenden Maschine führt nur der Ständer Strom, und zwar den Magnetisierungsstrom I_μ. Bei Last führt auch der Läufer Strom. Da der Ständerstrom um den entsprechenden Betrag ansteigt und sich die beiden magnetischen Spannungen des Laststromes von Ständer und Läufer entgegenwirken, verbleibt wirklich magnetisierend nur die magnetische Spannung, verursacht von I_μ, den wir wenigstens in dem wichtigen Bereich der Nenndrehzahl als konstant annehmen dürfen. Die von I_μ hervorgerufene magnetische Spannung bei der wir nur die Grundwelle berücksichtigen wollen, heiße V_μ. Sie beträgt:

$$V_\mu = 1{,}35 \frac{z}{2p} f_w\, I_\mu,$$

wobei wieder der Index für die Ordnung weggelassen wurde.

V_μ dient zum größeren Teil der Magnetisierung des Luftspaltes und zum kleineren Teil der Magnetisierung der Eisenteile. Der Betrag liegt bei Asynchronmaschinen zwischen etwa 300 und 1500 A. Bei Gleichstrommaschinen kennt man magnetische Spannungen bis zu einigen Tausend A und bei Synchronmaschinen gar bis zu 10000 A und darüber. Alle Zahlen gelten je Pol.

Leerlauf.

Leerlauf heißt der Betriebszustand der Drehstrom-Asynchronmaschine, bei dem der Sekundärstrom Null ist. Die Drehzahl ist dann nahezu gleich der synchronen, die sich aus der Polzahl $2p$ und der Netzfrequenz f ergibt zu:

$$n_{\text{syn}} = \frac{120\,f}{2p} \text{ in U/min.}$$

Der primär aufgenommene Strom I_0 ist im wesentlichen ein um 90° der Spannung nacheilender *Blind*strom, der die Magnetisierung der Maschine übernimmt. Ein kleiner *Wirk*anteil deckt die Leerverluste, also die Eisen- und Reibungsverluste. Ein meist vernachlässigbar kleiner weiterer Anteil dient der Deckung der schwachen Wicklungsverluste, die I_0 in der Ständerwicklung selbst hervorruft. Nur bei umlaufenden, 1-phasig gespeisten Maschinen fließt im Leerlauf auch sekundär ein Strom, der nahezu die doppelte Netzfrequenz hat. Auch er ist als Blindstrom zu betrachten.

Die Bestimmung des reinen Magnetisierungsstromes I_μ und der Eisen- und Reibungsverluste $Q_{\text{fe}} + Q_{\text{rbg}}$ ist ein wesentlicher Teil der Berechnung der Maschine. Da man die Verhältnisse bei 1-phasiger Speisung auf die bei 3-phasiger Stromzufuhr zurückführen kann, soll nachstehend im wesentlichen die 3-phasige Magnetisierung behandelt werden.

17. Magnetischer Kreis. Die Berechnung des Magnetisierungsstromes setzt die Kenntnis des Verlaufes, der Dichte und der Weglängen der Kraftlinien des magnetischen Flusses Φ der Maschine voraus. In Abb. 43 ist daher — in gewisser Annäherung an die wirklichen Verhältnisse — der Flußverlauf eines Poles einer 4-poligen Maschine wiedergegeben. Diese Linienverteilung ist in allen 4 Polen die gleiche; sie rotiert mit der synchronen Drehzahl über den räumlich ruhenden Ständer hinweg, während der Läufer, je nach Größe seines Schlupfes, mehr oder weniger stark hinter dem Drehfeld zurückbleibt.

Der gesamte Fluß tritt zwischen A und B im Bereich genau einer *Polteilung* über den Luftspalt, durchsetzt die Läuferzähne und teilt sich in 2 gleiche Teile im Läuferrücken. Dort vollzieht sich der Übergang zu den Nachbarpolen. Von diesen zurückkehrend, kommen die Linien in den beiden Rückenhälften des Ständers wieder zusammen und kehren durch die Ständerzähne zum Luftspalt zurück.

Die Vorstellung des Fließens und die Annahme von Kraftlinien ist eine Unterstützung unseres Denkens in magnetischen Feldern. Ihr kommt keine Realität zu, aber sie ist uns von ungewöhnlichem Nutzen.

Man unterscheidet zweckmäßigerweise 5 getrennte Abschnitte des magnetischen Kreises je Pol (exakter: des Halbkreises), nämlich: Ständerrücken, Ständerzähne, Luftspalt, Läuferzähne und Läuferrücken. Durch die Zähne und den Luftspalt tritt der volle Fluß, durch den linken oder rechten Rückenquerschnitt der halbe Fluß. Die Berechnung der Kraftliniendichte geschieht, indem man unter Berücksichtigung eines Verteilungsbeiwertes den Fluß jedes Abschnittes durch den Querschnitt teilt. Im Rücken muß man daher entweder den halben Fluß durch den vollen Querschnitt oder — was uns bequemer scheint — den vollen Fluß durch den doppelten Querschnitt dividieren. Als Kraftliniendichte B_r im Rükken berechnet man immer den Betrag an der Stelle des Grenzüberganges zu den Nachbarpolen. Man nimmt an, daß sich die Linien an dieser Stelle gleichförmig über den Querschnitt verteilen. Der Verteilungsbeiwert im Rücken ist daher Eins.

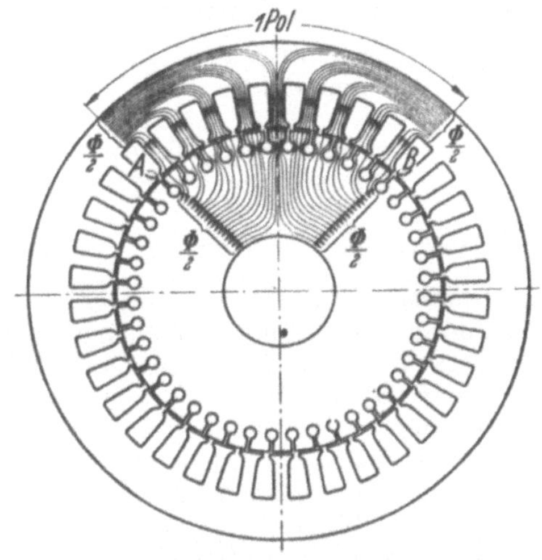

Abb. 43. Augenblickliche Verteilung des magnetischen Kraftflusses Φ eines Poles einer 4-poligen Maschine. Die Kraftlinien im Ständerrücken sind nur schematisch angedeutet, der übrige Verlauf entspricht etwa den wahren Verhältnissen.

Im Luftspalt verteilen sich die Linien wegen der — wenn auch nur grob angenäherten — sinusförmigen Verteilung der stromführenden Leiter längs jeder Polteilung ebenfalls etwa sinusförmig. Die höchste Kraftliniendichte $B_{L,\max}$ ist, wie in Abb. 43 angedeutet, in der Mitte der Polteilung vorhanden. Sie liegt wesentlich über dem Mittelwert $B_{L,\text{mittel}}$ der Luftinduktion, die wir bekommen, wenn wir den Fluß durch den Querschnitt $t_p\,l$ des Luftspaltes teilen. Bei streng sinusförmiger Verteilung wäre:

$$B_{L,\max} = \frac{\pi}{2}\,B_{L,\text{mittel}} = 1{,}57\,B_{L,\text{mittel}};$$

wegen der stets vorhandenen Sättigungserscheinungen in den Zähnen ist der Beiwert wesentlich kleiner und beträgt nur etwa 1,35 bis 1,45.

In den Zähnen des Ständers und Läufers bleibt die Kraftlinienverteilung des Luftspaltes, an den beide unmittelbar angrenzen, bestehen. Die Zähne in der Mitte zwischen A und B sind augenblicklich am höchsten beansprucht. Ihre Kraftliniendichte wird als $B_{z,1}$ und $B_{z,2}$ in der Berechnung des magnetischen Kreises berücksichtigt.

Wenn die Zähne nicht — wie bei Kleinmaschinen — parallelflankig, sondern — wie bei Großmaschinen — trapezförmig sind, ändert sich wegen des veränderlichen Zahnquerschnittes auch die Zahninduktion. Man könnte den Zahn dann selbst in einzelne Unterabschnitte zerlegen und die dort herrschenden Induktionen angeben. Wir verzichten hierauf und berechnen die Zahninduktion einheitlich in $^1/_3$ seiner Höhe, gerechnet von der engsten Stelle aus. Hierdurch tragen wir der zunehmenden Krümmung der Magnetisierungskennlinien des Eisens recht gut Rechnung.

Zusammengefaßt werden also folgende *magnetische Induktionen* (Kraftliniendichten) bestimmt:

Ständerrückeninduktion $B_{r,1}$ = Mittelwert,
Ständerzahninduktion $B_{z,1}$ = Höchstwert über Polmitte und in $^1/_3$ Ständer-Zahnhöhe,
Luftinduktion $B_{L,\max} = B_L$ = Höchstwert in Polmitte,
Läuferzahninduktion $B_{z,2}$ = Höchstwert unter Polmitte und in $^1/_3$ Läufer-Zahnhöhe,
Läuferrückeninduktion $B_{r,2}$ = Mittelwert.

Als Einheit der Induktion wird G oder 10^{-8} V · s/cm² zugrunde gelegt. Zu den einzelnen Induktionen bestimmt man an Hand von Magnetisierungskurven für die verwendete Blechsorte die magnetischen *Feldstärken* $H(B)$, die angeben, wieviel Ampere zur Erregung der berechneten magnetischen Induktion (Kraftliniendichte) B für jeden Zentimeter Weglänge benötigt werden. Man multipliziert diese Feldstärke H mit der Länge l des Abschnittes und bekommt so die magnetische *Teilspannung* V für diesen Abschnitt. Die Summe aller 5 Teilspannungen ergibt die gesamte *magnetische Spannung* V_μ je Pol. Aus ihr berechnet man unmittelbar den Magnetisierungsstrom I_μ.

Die Abmessungen der einzelnen 5 Abschnitte entnimmt man der Zeichnung. Eine solche ist in Abb. 44 für den Querschnitt und den Längsschnitt wiedergegeben. Als wichtigste Abmessungen für den eigentlichen aktiven Teil unterscheiden wir: Außendurchmesser D_a und Bohrungs- oder Innendurchmesser D des Ständers, Läuferdurchmesser $D - 2\delta$ und Läufer-Innendurchmesser D_i sowie die Schichtlänge l und die Baulänge l_a, die um die Summe der Breiten der Kühlkanäle größer als l ist. Hinzu kommen die Rückenhöhen $h_{r,1}$ und $h_{r,2}$ und die Zahn- oder Nutlängen $l_{z,1} \approx h_{n,1}$ bzw. $l_{z,2} \approx h_{n,2}$.

Die Zahnbreiten $b_{z,1}$ und $b_{z,2}$ sind, wie bereits erwähnt, in $^1/_3$ der Zahnhöhe über der engsten Stelle zu bestimmen.

Als Luftspalt δ gibt man den meßbaren Wert an. Bei der magnetischen Durchrechnung muß er größer, nämlich multipliziert mit dem gesamten CARTERschen Faktor k_c, eingesetzt werden. Dieser Faktor beträgt 1,1 bis 1,6 und berücksichtigt den luftspaltvergrößernden Einfluß der halb- oder ganz geöffneten Ständer- und Läufernuten.

Im Rücken ist noch die mittlere Weglänge der Kraftlinien $l_{r,1}$ und $l_{r,2}$ zu bestimmen. Wegen der sehr ungleichmäßig verteilten Dichte muß man entweder mit einer wesentlich kleineren Länge als der halben Rückenteilung $t_r/2$ in Rückenmitte rechnen, oder man arbeitet wie im folgenden doch mit $l_r = 0{,}5\, t_r$ und benutzt eine entsprechend stark reduzierte Magnetisierungskurve für den Rücken.

Die weitaus wichtigsten Abmessungen sind die Bohrung D und die Schichtlänge l. D liefert sofort die Polteilung $t_p = \pi D/2p$. Die Rückenhöhen h_r werden, da man die magnetischen Induktionen im Luftspalt und im Rücken aufeinander abstimmt, unmittelbar durch t_p bestimmt. Die Gesamtbreite der Zähne je Pol wird ebenfalls auf t_p abgestimmt oder — im gleichen Sinn — die Zahnbreite b_z von der Nutteilung t_n ab-

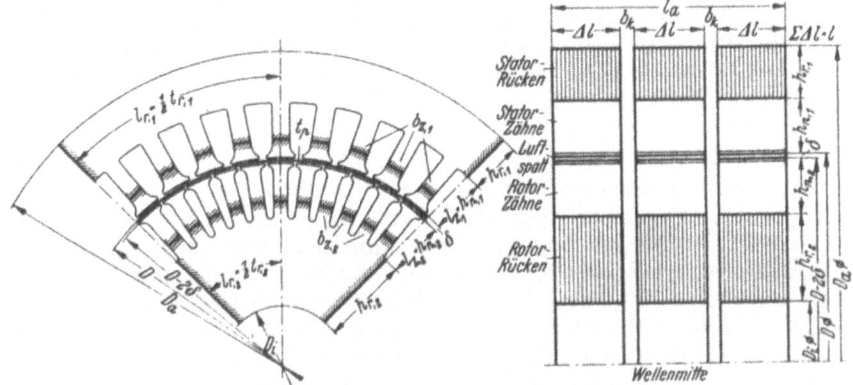

Abb. 44. Zu den Abmessungen des aktiven Eisens und des Luftspalts im Quer- und Längsschnitt der Maschine.

hängig gemacht. Bezieht man auch noch den Luftspalt δ auf t_p, indem man δ/t_p bildet, so kann man leicht die magnetischen Verhältnisse von Maschinen miteinander vergleichen, deren Polzahlen und deren Abmessungen weit auseinander liegen.

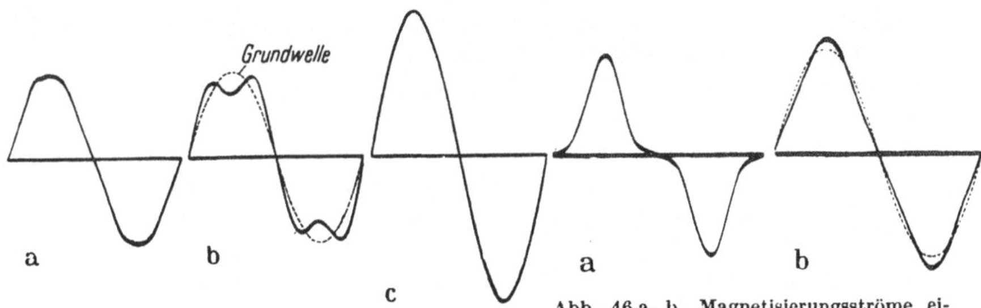

Abb. 45 a—c. Magnetisierungsströme einer hochgesättigten *Drehstrom*maschine in Y und Δ-Schaltung. a Strom in einem Y-Strang, b Strom in einem Δ-Strang, c dazugehöriger Netzstrom. Kraftfluß Φ in beiden Fällen konstant.

Abb. 46 a, b. Magnetisierungsströme einer hochgesättigten Maschine bei *einphasiger* Speisung. a Strom bei offenem Läufer (Ausbildung eines Wechselfeldes) und b Strom bei geschlossenem Läufer (Ausbildung eines Drehfeldes). Die Grundwelle hat sich nahezu verdoppelt.

Solche Vergleichsmöglichkeiten ersetzen, wenn sie bewußt ausgewertet werden, einen großen Teil der sonst nur durch lange Praxis zu gewinnenden Überblicke. Sie ersparen viel Arbeit.

Die Berechnung des Magnetisierungsstromes I_μ ist aus vielen Gründen nicht exakt durchzuführen, besonders da die Eisenpermeabilität keine konstante, sondern eine von der Induktion B abhängige Größe ist. Da wir vom Höchstwert $B_{\max}$ ausgehen und zu diesem den Höchstwert $H_{\max}$ bestimmen, berechnen wir einen zu großen Magnetisierungsstrom. Denn für Induktionen kleiner als $B_{\max}$ sind wegen der stark gekrümmten Kennlinie für die Magnetisierung des Eisens wesentlich kleinere H-Werte nötig, als sich durch lineare Umrechnung ergibt. Mit einer solchen arbeiten wir aber.

Weiter wird der u. U. sehr beachtliche Einfluß der Dreieckschaltung des Ständers und der Einfluß der Läuferwicklung, die sich ebenfalls am Magnetisierungsvorgang beteiligt, nicht besonders in Ansatz gebracht. Die Feldkurven der Maschinen stehen daher nicht in dem einfachen Zusammenhang mit der Felderregerkurve der alleinigen Ständerwicklung, die zudem nach unserer Annahme nur einen reinen sinusförmigen Strom führt.

Zur besseren Übersicht sind die Abb. 45 bis 48 von gemessenen Magnetisierungsströmen, Feldkurven und induzierten Spannungen wiedergegeben. Abb. 45a zeigt den Strom einer (mit Überspannung betriebenen) 3-phasigen Asynchronmaschine in Sternschaltung. Netz- und Strangstrom sind also identisch. Der Kurvenverlauf entspricht recht gut einer Sinuslinie. Man beachte, daß Ströme der Ordnung 3 und Vielfacher davon nicht fließen können, da der Maschinensternpunkt nicht mit dem Generatorsternpunkt verbunden ist. Abb. 45b zeigt den Strom im Strang der gleichen Maschine nach Umschaltung in Dreieck. Die Grundwelle hat den alten Wert behalten. Darüber lagern sich weitere Ströme, deren Ordnung vornehmlich durch 3 teilbar ist. Sie fließen innerhalb des Dreiecks im Kreise, ohne dem Netz von ihrer Existenz Kunde zu tun, wie Abb. 45c zeigt, welche den Netzstrom wiedergibt. Dieser hat wieder fast reine Sinusform und ist natürlich $\sqrt{3}$-mal so groß wie der vorherige Sternstrom.

Diese Hilfsströme in den Dreieckschaltungen sorgen zwar für die Erregung eines sauberen Feldes, belasten aber die Wicklungen thermisch. Sie können, im Effektivwert, 50% des Nutzstromes ausmachen und erwärmen dann die Wicklung um zusätzliche 25%.

Bei 1-phasigem Netzbetrieb der Asynchronmaschine muß man deutlich die beiden Fälle des offenen und des geschlossenen Läufers unterscheiden. Abb. 46a zeigt die Magnetisierungsstromaufnahme einer Maschine bei offenem Läufer. Der Verlauf des Stromes entspricht genau dem aller 1-phasigen, eisenhaltigen Anordnungen, speziell der Transformatoren im Leerlauf. Der Strom ruft ein stehendes, zeitlich nach einem Sinusgesetz veränderliches *Wechselfeld* in der Maschine hervor. Nach Schluß der Läuferwicklung übernimmt diese eine wesentliche Rolle. Abb. 46b zeigt die erhöhte und im Verlauf stark veränderte Stromaufnahme. Im Läufer selbst fließt ein nicht dargestellter nahezu sinusförmiger, mehrphasiger Strom von doppelter Netzfrequenz. Die Grundwelle des Ständerstromes, der zusammen mit den Läuferströmen nunmehr in der Maschine ein umlaufendes, zeitlich fast unveränderliches *Drehfeld* hervorruft, hat sich wegen der Verdopplung der Aufgabe ebenfalls praktisch verdoppelt. Ein Drehfeld ist nämlich 2 Wechselfeldern desselben Scheitelwertes gleichzusetzen.

Abb. 47a zeigt die Feldkurve einer Asynchronmaschine mit 3-Lochwicklung im Ständer und 4-Lochwicklung im Läufer. Sie wurde durch Gleichstromspeisung von zwei Läufersträngen erregt. Die Feldkurve wurde gemessen als die in einer Probespule des Ständers (von genau der Weite einer Polteilung) induzierte Spannung. Die tiefen Einsattlungen entsprechen den 12 Läufernuten je Pol, die feinen Schwingungen rühren von der Passage der Ständerzähne längs der Läuferzähne her. Die 4 Treppenstufen, die vom Nulldurchgang zum Scheitel führen, haben sättigungsbedingt nicht konstante, sondern abnehmende Höhe, obwohl die magnetische Spannung in gleichen Stufen zunimmt. Abb. 47b zeigt die gleichzeitig in den Leitern eines Ständerstranges induzierte Phasenspannung, die noch eine merkliche dritte Harmonische enthält, und Abb. 47c endlich die (in kleinerem Maßstabe aufgenommene) verkettete Spannung, bei der wegen der Sternschaltung alle Oberwellen, die durch 3 teilbar sind, fehlen müssen. Durch Schrägstellen der Nuten können die Einsattlungen der Spannungskurven weitgehend verringert werden.

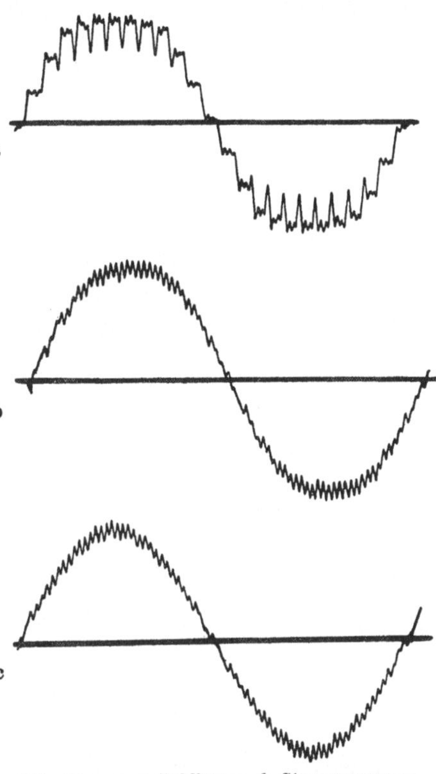

Abb. 47 a—c. a Feldkurve, b Strangspannung und c verkettete Spannung einer 4-poligen, läuferseitig über zwei Ringe mit Gleichstrom erregten Maschine mit 36 Ständer- und 48 Läufernuten. Maßstab der Kurven verschieden groß.

Zum Abschluß zeigen Abb. 48a und b die Feldkurve einer anderen Asynchronmaschine mit 7 Nuten je Pol und Läuferstrang. In diesem Fall wurde der erregende Gleichstrom einem Schleifring zugeführt und über die beiden anderen Ringe wieder abgenommen. Auf diese Weise wurde der Augenblick einer Drehstromspeisung festgehalten, in dem ein Strang den maximalen Strom führt, während in den beiden anderen Strängen je der halbe und negative Strom fließt. Die Kurve der magnetischen Spannung besteht also aus 7 halben, 7 vollen und wieder 7 halben Sprüngen aufwärts, denen sich 7 halbe, 7 volle und 7 halbe Sprünge abwärts anschließen, wonach sich der Vorgang periodisch über den weiteren Maschinenumfang wiederholt. Abb. 48a wurde mit 30%, Abb. 48b mit 100% Läuferstrom aufgenommen. Man erkennt, daß die Stufenhöhen der Feldkurve schon im ersten Bild nach oben zu stark abnehmen, wodurch die Kurve stark gegenüber der Felderregerkurve abflacht. Beim zweiten Bild wird schon ganz zu Beginn fast die volle Scheitelhöhe erreicht.

Solche abgeflachte Feldkurven treten nun wirklich auf, wenn man die Asynchronmaschinen durch Gleichstrom erregt. Sie führen durch die Benutzung örtlich verteilter Wicklungen und vor allem durch die Sehnung dieser Wicklungen zu durchaus brauchbaren Phasenspannungen und erst recht zu brauchbaren verketteten Spannungen an den Klemmen des induzierten Teiles der Maschine. In Wirklichkeit wird meist die als sinusförmig anzusehende Netzspannung der Maschine zugeführt. Diese muß mit dem Aufbau eines Feldes antworten, das bis auf eine kleine Differenz die Netzspannung durch den Vorgang der Selbstinduktion in die Ständerwicklung nachbildet.

Als Mittel hierfür stehen der Maschine erstens die zufließenden Magnetisierungsströme, zweitens die im Inneren einer etwaigen Dreieckschaltung fließenden, durch Selbstinduktion entstehenden Hilfs- oder Ausgleichsströme und drittens die ebenfalls durch Induktionsvorgang im sekundären Maschinenteil hervorgerufenen zusätzlichen Magnetisierungsströme zur Verfügung. Dieses reichlich komplizierte und noch recht wenig erforschte Gebiet muß von uns so weit vereinfacht werden, daß wir zu schnellen und brauchbaren Ergebnissen gelangen, wobei wir bestrebt sind, die notwendigen Annahmen so zu treffen, daß wir auf der sicheren Seite bleiben. Das heißt, wir berechnen lieber den Magnetisierungsstrom I_μ etwas zu hoch. Recht genau soll der Hauptanteil, der die Magnetisierung des Luftspaltes bewirkt, bestimmt werden, mit guter Annäherung der Anteil für die Zähne und die kleinere Sorge soll der Bestimmung des Anteiles für die beiden Rücken gelten, da sich besonders der Stator durch Streulinien in den umgebenden Luftraum hinein Entlastung besorgen kann.

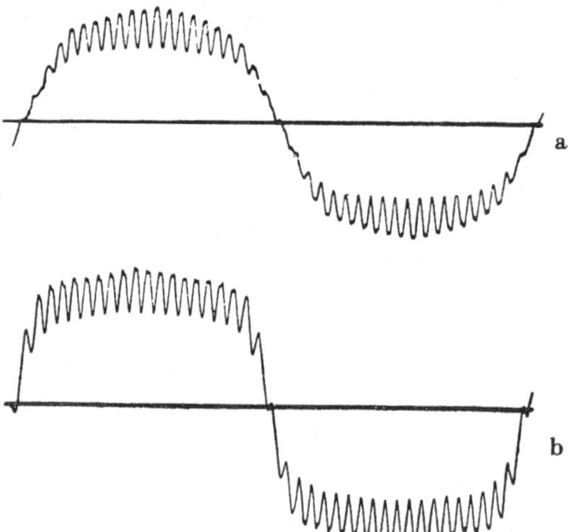

Abb. 48 a, b. Feldkurven einer über drei Schleifringe mit Gleichstrom erregten Asynchronmaschine der relativen Stromstärke 30% (a) und 100% (b). Lochzahl des Läufers je Pol und Strang gleich 7.

18. Carterscher Faktor. Während die Querschnitte und Längen der Zähne und der Rücken, die man zur magnetischen Berechnung braucht, unmittelbar den Abmessungen des aktiven Eisenkörpers entnommen werden können, muß man im Luftspalt, der Ständer und Läufer scheidet, für die wirkliche Länge δ und den gesamten Übertrittsquerschnitt $t_p\, l_a$ eines Poles korrigierte Werte einsetzen. Betrachtet man die abgewickelten, dem Luftspalt zugewandten Flächen des z. B. mit offenen Nuten versehenen Ständers und des mit halbgeschlossenen Nuten ausgerüsteten Läufers nach Abb. 49, in dem die eisernen Zahnköpfe schwarz angelegt wurden, während Nutöffnungen und Kühlschlitze weiß gelassen wurden, so sieht man, daß durchaus nicht der volle Querschnitt $l_a t_p$ für jeden Pol als Übertritt des Flusses zur Verfügung steht. Unmittelbar über dem Eisen herrscht auch im Spalt die Dichte $B \approx B_{\text{eisen}}$, und erst in Luftspaltmitte werden sich die Linien besser ausbreiten können und dort die geringere Dichte B_{luft} annehmen. Dieser Ausbreitungsvorgang wird durch einen großen Spalt begünstigt werden. Für die Berechnung einer mittleren Luftspaltinduktion muß man mit einem Querschnitt arbeiten, der offenbar größer ist als der

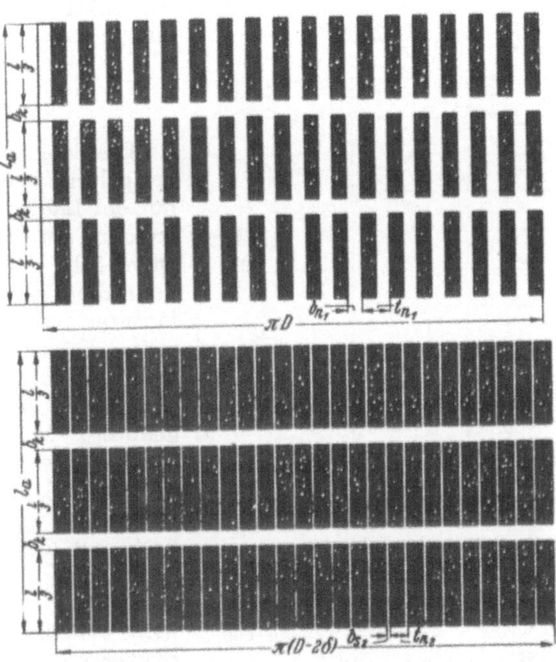

Abb. 49. Aufsicht auf Ständer- und Läufereisen vom Luftspalt aus. Ständernuten geöffnet, Läufernuten halb geschlossen, Zahl der Kühlschlitze gleich 2.

reine, den Spalt begrenzende Eisenquerschnitt, und der kleiner ist als der aus Baulänge l_a und Polteilung t_p zu bestimmende Luftquerschnitt. Betrachten wir zuerst einmal den Fall, daß keine Lüftungsschlitze vorhanden seien und daß nur der Ständer offene Nutenschlitze habe, während der Läufer glatt sei. Für den Luftquerschnitt über einer Nutteilung t_n käme in Betracht ein Wert zwischen $l t_n$ und $l(t_n - b_s)$, wobei l die Schichtlänge des Ankers und b_s die Nutschlitzbreite ist. In Wirklichkeit muß also mit einer Breite gerechnet werden:

$$\text{wirksame Nutteilung } t_n' = t_n - y b_s,$$

wobei y eine Zahl zwischen Null und Eins ist, die von b_s/δ abhängt. Bei sehr kleinem Luftspalt nähert sich y dem Wert 1, für sehr große Spalte dem Wert 0. Abb. 50 zeigt den Verlauf von y über b_s/δ. Die Berechnung von y setzt voraus, daß die Nut unbegrenzt tief sei, die

Breite des Schlitzes habe und daß die Nachbarnuten unbegrenzt weit weg liegen. Der genaue Wert für y unter diesen idealen Annahmen ist:

$$y = \frac{2}{\pi}\,\frac{1}{x}\int\limits_0^x \operatorname{arc\,tg} x\, dx \quad \text{mit} \quad x = \frac{1}{2}\,\frac{b_s}{\delta}$$

$$= \frac{2}{\pi}\left(\operatorname{arc\,tg} x - \frac{\ln(1+x^2)}{2x}\right).$$

Wir dürfen stets vereinfacht setzen:

$$y \approx \frac{b_s}{5\delta + b_s}.$$

Die gleichen Überlegungen gelten für den Fall, daß nur der Läufer genutet sei, während der Ständer glatte Oberfläche habe. Nur ist dann die Teilung der Läufernuten und die Schlitzweite dieser Nuten einzusetzen. In Wirklichkeit sind aber beide Maschinenteile genutet. Man berechnet dann die wirksamen Nutteilungen t_n' für jeden Maschinenteil getrennt und bestimmt daraus das Verhältnis t_n/t_n' für jeden von beiden. Dieses Verhältnis wird als der Cartersche Faktor k_c bezeichnet. Man hat also:

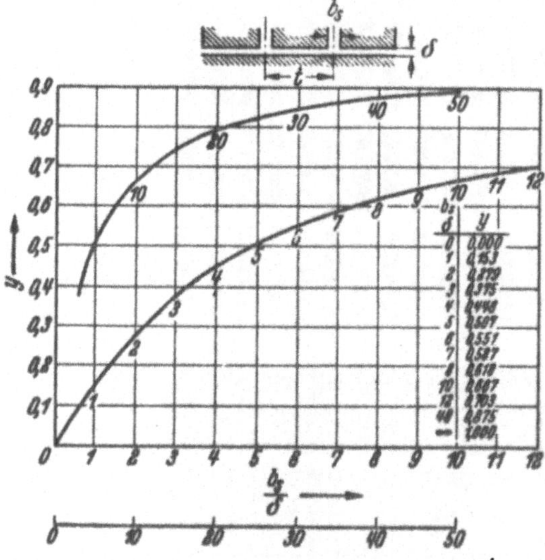

Abb. 50. Ermittlung des Carterschen Faktors $k_c = \dfrac{t}{t - y b_s}$ für auf einer Seite von Schlitzen der Weite b_s (Kühlschlitze oder Nutenschlitze) unterbrochene Eisenbegrenzungen der Teilung t (Paketteilung oder Nutenteilung), wobei: t = Teilung in mm, b_s = Schlitzweite in mm, δ = Luftspalt in mm, $y = f(b_s/\delta)$.
Beispiel: $t = 20$ mm, $b_s = 10$ mm, $\delta = 2$ mm.
$b_s/\delta = 5$, $y = 0{,}507$, $k_c = \dfrac{20}{20 - 10 \cdot 0{,}507} = 1{,}34$.

Carterscher Faktor für den Ständer

$$k_{c,1} = \frac{t_{n,1}}{t_{n,1} - y_1\, b_{s,1}} \quad \text{mit} \quad y_1 = f\left(\frac{b_{s,1}}{\delta}\right) \quad \text{und}$$

Carterscher Faktor für den Läufer

$$k_{c,2} = \frac{t_{n,2}}{t_{n,2} - y_2\, b_{s,2}} \quad \text{mit} \quad y_2 = f\left(\frac{b_{s,2}}{\delta}\right).$$

Als resultierenden Carterschen Faktor, der allerdings etwas zu groß ist, bezeichnet man das Produkt, also:

Carterscher Faktor für die Maschine

$$k_c = k_{c,1}\, k_{c,2}.$$

Der wirksame Übertrittsquerschnitt im Luftspalt beträgt nunmehr $F = l\, t_p/k_c$. Der zugehörige Luftspalt ist gleich dem meßbaren Wert δ.

Um nun besser Maschinen mit halbgeschlossenen Nuten und solche gleicher Abmessungen, die aber mit offenen Nuten ausgerüstet sind, vergleichen zu können, geht man einen anderen Weg. Man rechnet als Fläche des Luftspaltes den vollen Wert aus Schichtlänge l und Polteilung t_p und vergrößert den wahren Luftspalt auf den wirksamen Betrag δ', indem man setzt:

$$\text{wirksamer Luftspalt } \delta' = \delta k_c .$$

Beim erstgenannten Vorgang hatte man der Tatsache besser Rechnung getragen, daß die Nutöffnungen zu einer wirksamen Verringerung der Übertrittsfläche für den Luftspaltfluß führen. Beim zweiten Vorgang rechnet man mit vollem, ungeschmälertem Übertritt und legt den Nuteneinfluß in eine Erhöhung der benötigten magnetischen Spannung für die Luft. Wegen der linearen Beziehungen zwischen Induktion B und Feldstärke H im Luftraum bekommen wir beide Male das gleiche Ergebnis, nämlich eine Zunahme der magnetischen Spannung V_L im Luftspalt bei der genuteten Maschine mit halb- oder ganz offenen Nutschlitzen gegenüber einer Vergleichsmaschine mit glatter Ständerbohrung und glattem Läuferumfang.

Abb. 51 zeigt ein Nomogramm, dem die beiden CARTERschen Faktoren bequem entnommen werden können. Der Wert solcher Nomogramme, auch wenn sie ganz einfache Rechenoperationen ersetzen, besteht vor allem darin, daß numerische Fehler fast unmöglich sind und daß man überdies mit einem einzigen Blick den Bereich der möglichen Zahlenwerte überschaut.

Bei Maschinen mit halbgeschlossenen Nuten ist $k_c \approx 1{,}05$ bis $1{,}15$, bei solchen mit offenen Ständernuten wird $k_c \approx 1{,}3$ bis $1{,}6$.

Auf die gleiche Weise könnte man die ideelle Länge l_i eines mit Kühlschlitzen versehenen Ankers bestimmen zu:

$$l_i = l_a - n_k b_k y_k \quad \text{mit} \quad y_k = f\left(\frac{b_k}{\delta}\right),$$

wenn die gesamte Baulänge l_a beträgt, die sich um die Breite der n_k Kühlschlitze der Einzelbreite b_k von der reinen Schichtlänge l unterscheidet. Wie Abb. 49 zeigt, ist kein Unterschied zwischen dem Einfluß offener Nuten und dem der Kühlschlitze zu erkennen. Beide bewirken eine fühlbare Einschränkung des Übertrittsquerschnittes im Luftspalt. Man geht nun meistens so vor, daß man die Kühlschlitze zuerst gänzlich unberücksichtigt läßt, so daß man als Querschnitt im Luftspalt nur mit $l\,t_p$ wie oben rechnet. Da nun $l_i > l$ wegen $y_k < 1$ ist, rechnet man zu ungünstig; man besitzt eine stille, nicht unerwünschte Reserve. Will man aber korrekt vorgehen, so kann man den Einfluß der Kühlschlitze, die eine wirksame Vergrößerung der reinen Schichtlänge l auf l_i bedeuten, ebenfalls im reduzierten Luftspalt berücksichtigen, dessen Wert nun wieder etwas verkleinert werden muß. Der entsprechende Faktor heiße Entlastungsfaktor k_e; er liegt unter 1. Baut man also eine bestimmte Maschine mit der Schichtlänge l einmal ohne und dann mit Kühlschlitzen, hat man also zuerst $l_a = l$ und dann $l_a > l$, so braucht man eine etwas geringere magnetische Spannung V_L für die

Luft. Da sich im Inneren des gleichbleibenden Eisenquerschnittes nichts ändert, bleiben die Spannungen für die Eisenabschnitte des magnetischen Kreises erhalten. Nur bei höchsten Induktionen in den Zähnen bringen die magnetisch parallel liegenden Kühlschlitze auch dort eine Entlastung. Diese stille Reserve bleibe unberücksichtigt. Für den

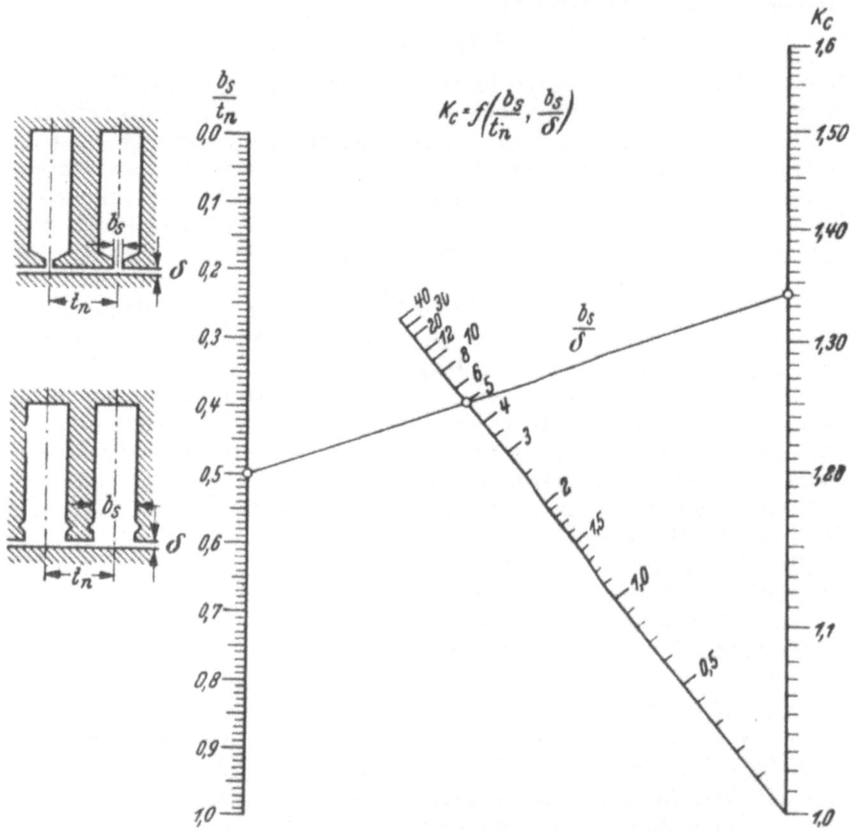

Abb. 51. Nomogramm für den CARTERschen Faktor $k_c = f\left(\frac{b_s}{t_n};\ \frac{b_s}{\delta}\right)$.
Beispiel (wie Abb. 50): $t_n = 20$ mm, $b_s = 10$ mm, $\delta = 2$ mm. $b_s/t_n = 0{,}5$, $b_s/\delta = 5$, $k_c = 1{,}34$

Entlastungsfaktor, der die einander gegenüberliegenden Schlitze im Ständer und im Läufer gleichzeitig berücksichtigt, ergibt sich:

$$k_e = \frac{l}{l_a - n_k\, b_k\, y_k} \quad \text{oder wegen} \quad l_a = l + n_k\, b_k$$

$$= \frac{1}{\frac{l_a}{l} - \left(\frac{l_a}{l} - 1\right) y_k} \quad \text{mit} \quad y_k = f\left(\frac{b_k}{\frac{\delta}{2}}\right).$$

Der Bezug auf den halben Luftspalt $\delta/2$ bewirkt, daß k_e gleichzeitig für Ständer und Läufer gilt. k_e hängt also ab von l_a/l und außerdem von $2b_k/\delta$. Die Kühlschlitzbreite b_k variiert man keinesfalls von Fall zu Fall, sondern wählt den konstanten Betrag $b_k = 10$ mm. Infolgedessen hängt der Entlastungsfaktor k_e nur ab vom Verhältnis Baulänge/Schichtlänge und vom Luftspalt. Im Nomogramm in Abb. 52 ist $k_e = f(l_a/l; \delta)$ bequem zu entnehmen. Bei der vollgeschichteten Maschine ergibt sich der Faktor $k_e = 1$, also keine Entlastung für den Luftspalt, im Fall der reichlich in Einzelpakete unterteilten Maschine

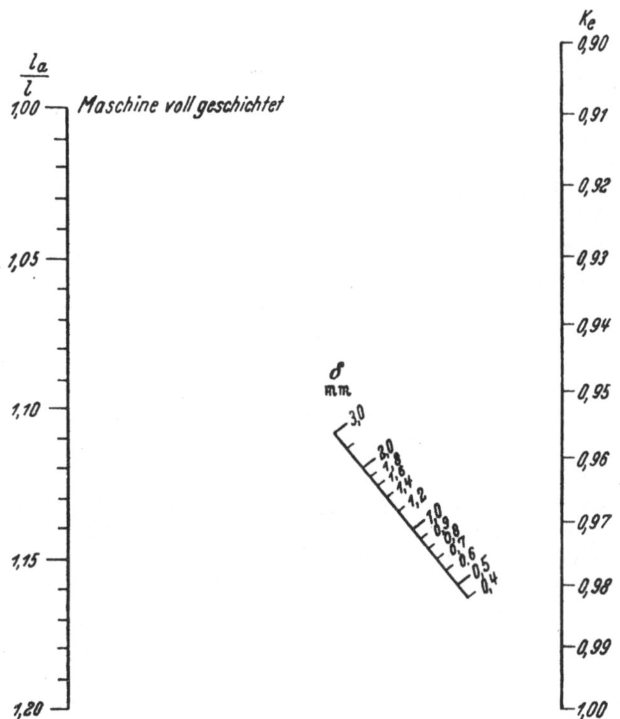

Abb. 52. Entlastungsfaktor k_e für Maschinen mit 10 mm breiten, gegenüberstehenden Kühlschlitzen in Ständer und Läufer. l_a Ankerlänge einschl. Kühlschlitze, l Schichtlänge, δ Lufsspalt, alle Maße in mm.

($l_a/l = 1{,}2$) ist k_e je nach Luftspaltgröße 0,98 bis 0,93, so daß eine Einsparung von 2 bis 7% an Magnetisierungsstrom für den Luftanteil eintritt. Der *wirksame Luftspalt* nimmt endgültig folgenden Wert an:

$$\delta' = \delta\, k_{c,1}\, k_{c,2}\, k_e$$

und der zugehörige *Luftquerschnitt*

$$F_L = (l_a - n_k b_k) t_p = l\, t_p .$$

Hiermit wird weiterhin gerechnet werden.

Bei theoretischen Betrachtungen schlägt man oft die für das Eisen verbrauchte magnetische Spannung V_{fe} der Luftspaltspannung V_L zu und legt in Gedanken einen Ersatzluftspalt $\delta'' > \delta'$ zugrunde.

Dieser Ersatzluftspalt reduziert also die Betrachtung der wahren Maschine auf eine idealisierte Maschine mit unbegrenzt permeablem Eisen. Natürlich ist δ'' abhängig von den Induktionen im Eisen und kann von uns nur bei bestimmten Betrachtungen mit Vorteil benutzt werden. Der reduzierte Spalt hat die Größe:

Ersatzluftspalt unter Berücksichtigung der magnetischen Spannungen für das Eisen

$$\delta'' = \delta\, k_{c,1}\, k_{c,2}\, k_e\, \frac{V_L + V_{fe}}{V_L} = \delta' \frac{V_L + V_{fe}}{V_L}.$$

Dieser Ersatzspalt beträgt das 1,5- bis 3-fache des wahren Spaltes δ.

19. Berechnung der Feldkurve. Die Oszillogramme in Abb. 47 und 48 zeigten, daß zwischen der Felderregerkurve (Kurve der magnetischen Spannung) und der von ihr hervorgerufenen Feldkurve (Kurve der magnetischen Induktion im Luftspalt) wegen der Sättigungserscheinungen des Eisens starke Unterschiede bestehen. Das Verhältnis zwischen dem Stufensprung der Erregerkurve und dem der Feldkurve ändert sich von Stufe zu Stufe, da mit wachsender magnetischer Spannung die Sättigung des Eisens in bekannter Weise zunimmt. Will man daher die Feldkurve für einen bestimmten Zeitpunkt, also für eine bestimmte augenblickliche Gestalt und eine bestimmte absolute Größe der Erregerkurve bestimmen, so muß man zuvor eine Magnetisierungskurve ermitteln, die es erlaubt, wenigstens in guter Annäherung zu jeder magnetischen Spannung aus der Erregerkurve die zugehörige Induktion im Luftspalt abzulesen. Wenn man die Grundwelle der so erhaltenen Feldkurve bestimmt und sie integriert, bekommt man den Fluß Φ_1, der zu dem angenommenen Erregerstrom gehört. Bei der Wiederholung des Verfahrens für zunehmende Erregerströme gewinnt man die wahre Magnetisierungskurve der Maschine $\Phi_1 = f(I_\mu)$, die die richtige Feldverteilung im Luftspalt und in den Zähnen berücksichtigt. Man benötigt diese Kurve speziell im Fall synchronisierter Asynchronmaschinen, die selbständig als Generator laufen sollen. Bei den asynchronen Motoren wählt man das weiter unten beschriebene, stark vereinfachte Verfahren.

Die anfänglich benötigte Magnetisierungskurve wird sozusagen nur für einen sehr schmalen Pfad des magnetischen Kreises berechnet. Man braucht über dessen Breite keine Annahme zu treffen, indem man folgendermaßen vorgeht: Man nimmt eine bestimmte Induktion B_L im Luftspalt an. Zu dieser berechnet man die zugehörige Induktion in den Zähnen und — angenähert — in den beiden Rücken, indem man setzt:

$$B_L = \text{angenommener Wert}$$

$$B_{z,1} = B_L \frac{t_{n,1}}{0{,}92\, b_{z,1}}, \qquad B_{z,2} = B_L \frac{t_{n,2}}{0{,}92\, b_{z,2}},$$

$$B_{r,1} = B_L \frac{t_p}{0{,}92 \cdot 2 h_{r,1}}, \qquad B_{r,2} = B_L \frac{t_p}{0{,}92 \cdot 2 h_{r,2}},$$

worin bedeuten:

B_L, B_z, B_r die magnetischen Induktionen in der Luft, den Zähnen und den Rücken in G, Index 1 den Ständer, Index 2 den Läufer, t_n die

Nutteilung in cm, b_z die Zahnbreite in cm, t_p die Polteilung in cm und 0,92 den Füllfaktor des geschichteten Bleches unter Berücksichtigung der Blechisolation. Zu den einzelnen magnetischen Induktionen B werden die magnetischen Spannungen als Produkt von magnetischer Feldstärke H und Weglänge des Abschnitts bestimmt:

$$V_L = 0{,}8\,\delta\, k_{c,1}\, k_{c,2}\, k_e\, B_L\,,$$

$$V_{z,1} = H_{z,1}\, l_{z,1}\,, \qquad V_{z,2} = H_{z,2}\, l_{z,2}\,,$$

$$V_{r,1} = H_{r,1} \cdot 0{,}5\, t_{r,1}\,, \qquad V_{r,2} = H_{r,2} \cdot 0{,}5\, t_{r,2}\,.$$

H_z ist die magnetische Feldstärke für die Zähne, die den Magnetisierungskurven des verwendeten Bleches in Abhängigkeit von B_z zu entnehmen ist. Solche Kurven zeigt Abb. 53. H_r sind die — reduzierten — Feldstärken im Rücken, die in Abhängigkeit von B_r (Abb. 54) entnommen werden. Die Reduktion ist aus der Praxis geboren und berücksichtigt die Tatsache, daß große Partien des Rückens nur eine geringe Kraftliniendichte haben.

l_z sind die Zahnlängen in cm, t_r die Polteilungen in Rückenmitte in cm.

Die Feldstärken H_z sind bei Induktionen über 18000 G in Abhängigkeit des Parameters b_z/t_n abzulesen, da dann eine fühlbare magnetische Entlastung des hochbeanspruchten Zahnes durch die magnetisch parallel geschaltete Nut eintritt. Diese bewirkt eine Verringerung der Feldstärke bis zu 50%.

In Wirklichkeit ist dem Zahn die Nut und die der Luft magnetisch gleichzusetzende Blechisolation parallel geschaltet. Auf diesen Nebenschluß wirkt die gleiche Feldstärke H_z ein wie auf den Zahn. Den zusätzlichen magnetischen Fluß kann man rechnerisch als eine Erhöhung des Flusses im Zahn berücksichtigen, indem man mit einem Zuschlag ΔB zur wahren Zahninduktion B rechnet. Da wir oben aber den ganzen Fluß als nur im Zahn verlaufend angenommen haben, kennen wir bereits den Wert $\Delta B + B$. Die Magnetisierungskurve muß aber geändert werden. Betrachten wir einen Zahn der Breite b_z, der in Richtung der Maschinenachse 1 cm lang ist, so wird er bei der Nutteilung t_n begleitet von einem Luftquerschnitt $b_z \cdot 0{,}08$ zwischen den einzelnen Blechen und von einem weiteren Luftquerschnitt $(t_n - b_z) \cdot 1$ in der Nut. Diesen Querschnitten steht die Feldstärke H_z, die zu B_z, der wirklichen Zahninduktion, gehört, zur Verfügung. Daher wächst die Zahninduktion an um:

$$\Delta B = H_z\, 1{,}25 \left(\frac{t_n}{b_z\, 0{,}92} - 1 \right),$$

wobei die vereinfachende Annahme parallelflankiger Zähne und paralleler Nuten gemacht wurde (Abb. 55). Fügt man ΔB den örtlichen Werten B in Abhängigkeit des Parameters b_z/t_n zu, so gewinnt man die in Abb. 53 gestrichelt wiedergegebenen Kurven, denen man zum scheinbaren Wert der Zahninduktion den reduzierten Betrag der magnetischen Spannung H entnimmt.

Die Magnetisierungskurve $b = f(a)$ für einen schmalen Pfad ist in Abb. 56 dargestellt. In Abb. 57 wurden 3 verschieden starke magnetische Spannungskurven a, b, c eingetragen und mit Hilfe der Magneti-

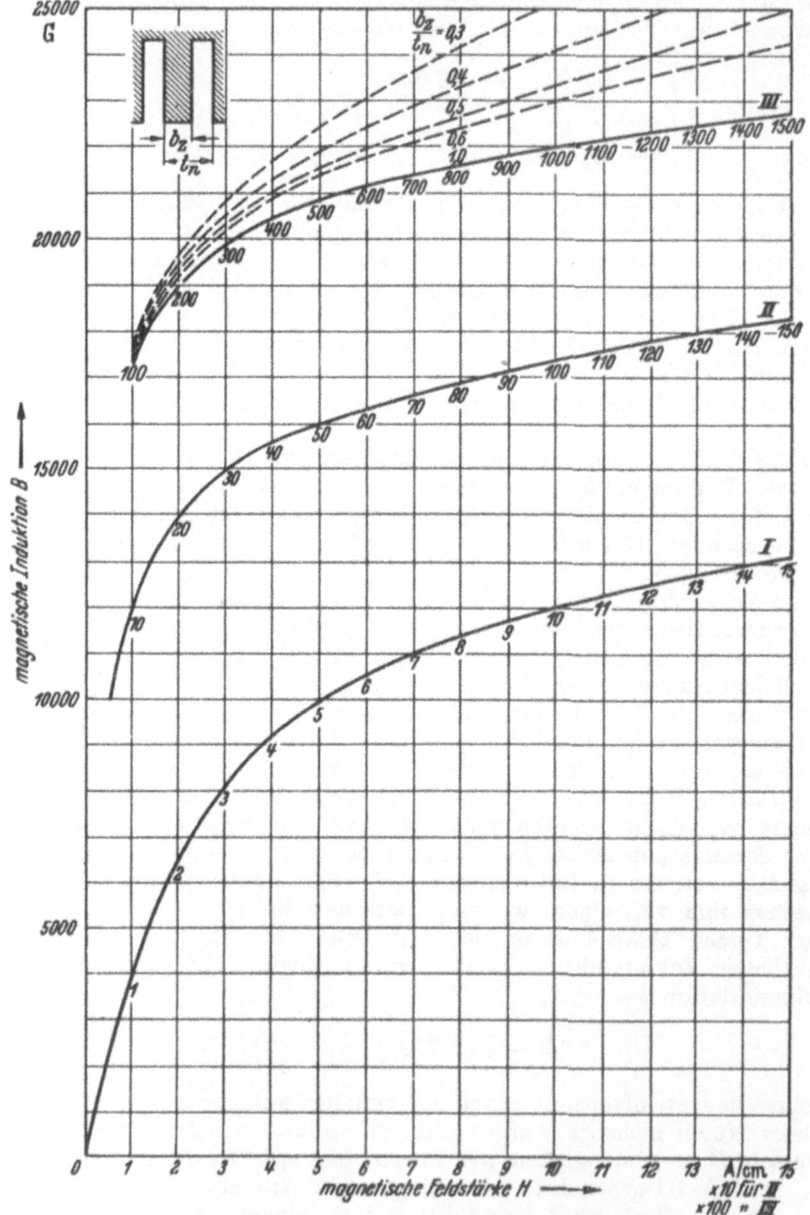

Abb. 53. Magnetisierungskurven $B_z = f(H_z)$ für die Zähne. Die gestrichelten Kurven berücksichtigen die Zahnentlastung durch die Nuten.

sierungskurve die zugehörigen wirklichen Feldkurven d, e, f ermittelt. Zu den Treppenkurven der magnetischen Spannung und denen der magnetischen Induktion wurden die Grundwellen mit den Amplituden A_1, A_2, A_3 und B_1, B_2, B_3 nach dem Vorgang in Abb. 58 bestimmt,

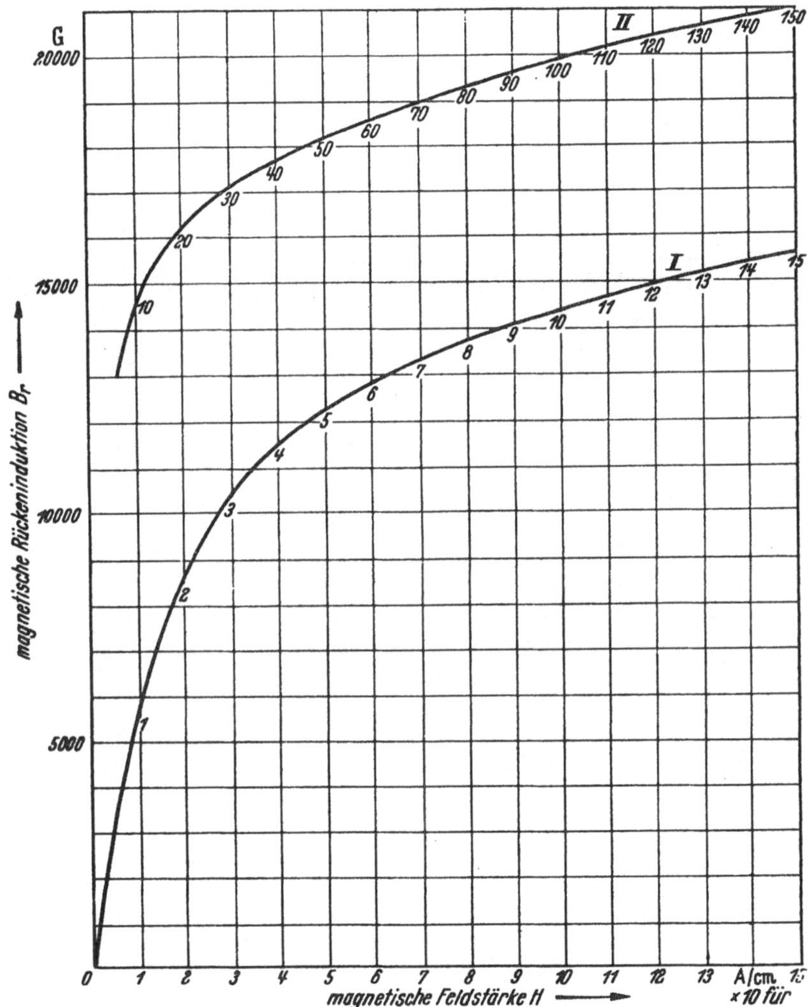

Abb. 54. Reduzierte Magnetisierungskurven $B_r = f(H_r)$ für den Rücken.

worauf die wirkliche magnetische Kennlinie $B = f(V)$ in Abb. 59 gewonnen wurde. Diese zeigt an den Zusammenhang zwischen der Amplitude der Grundwelle der magnetischen Spannung und der Amplitude der magnetischen Induktion. Die Leiterzahl z_1 der primären Wicklung brauchte man bisher nicht zu kennen. Diese benötigt man erst, wenn

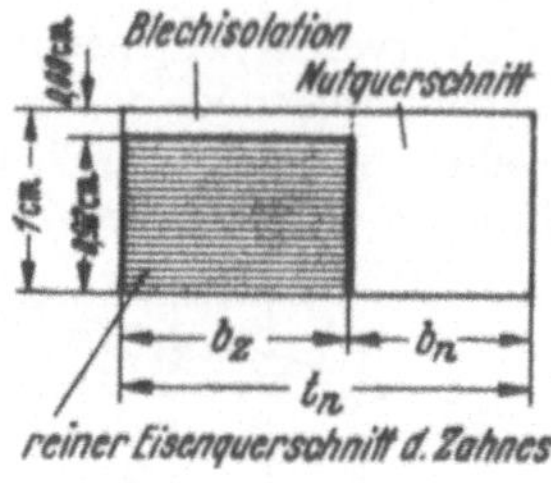

Abb. 55. Zur Zahnentlastung.

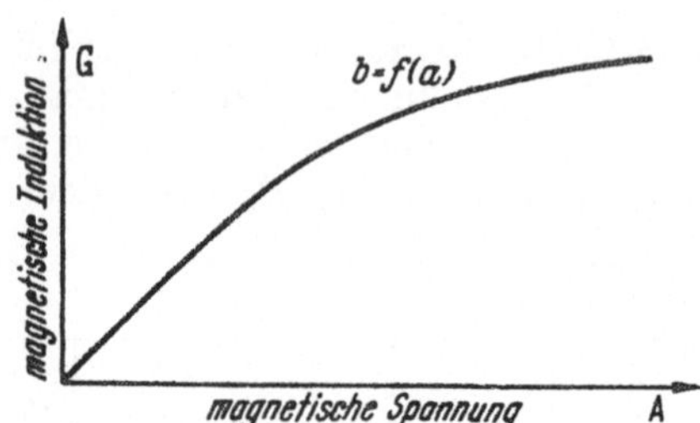

Abb. 56. Magnetisierungskurve $b = f(a)$ für einen schmalen Pfad.

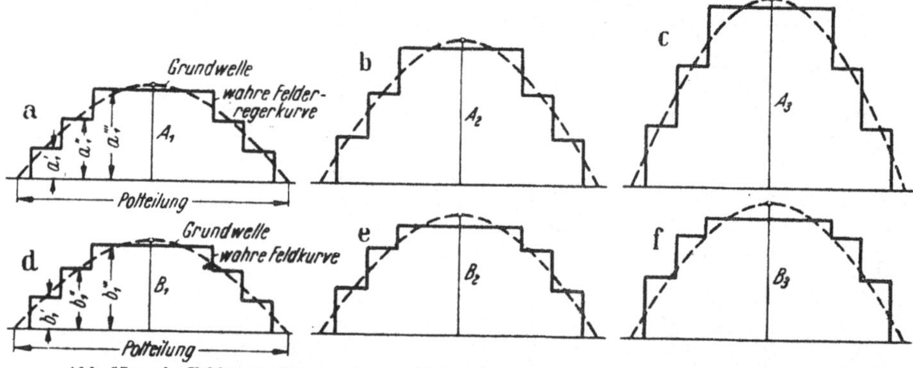

Abb. 57 a—f. Felderregerkurven (magnetische Spannung), a, b, c und zugehörige Feldkurven (magnetische Luftinduktion), d, e, f, mit ihren Grundwellen bei zunehmender Erregung.

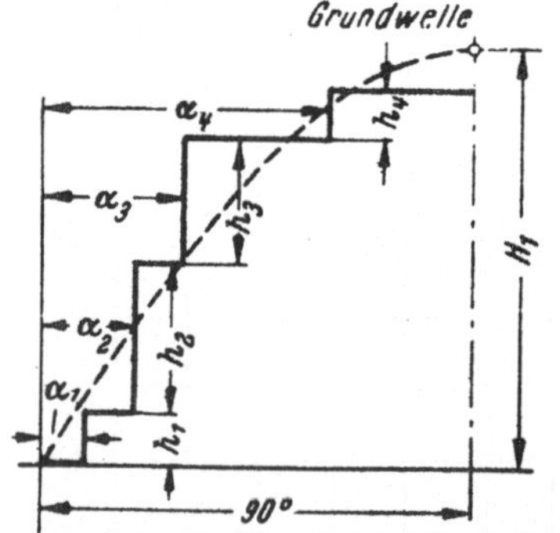

Abb. 58. Harmonische Analyse einer treppenförmigen Kurve, deren Verlauf sich in den drei restlichen Vierteln entsprechend wiederholt.

$H_1 = \frac{4}{\pi}(h_1 \cos\alpha_1 + h_2 \cos\alpha_2 + h_3 \cos\alpha_3 + h_4 \cos\alpha_4)$

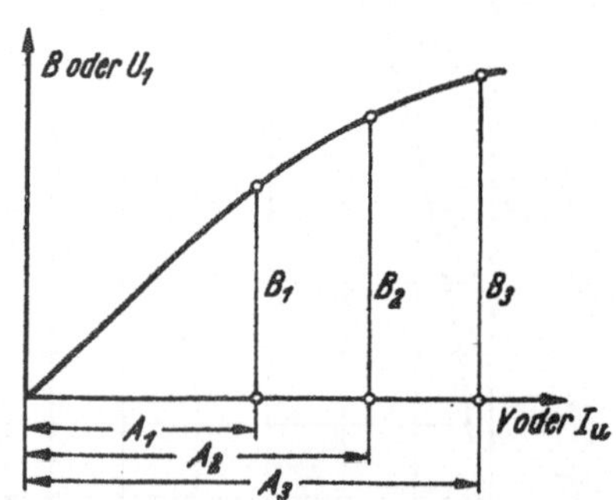

Abb. 59. Magnetisierungskurve $B = f(V)$ bzw. $U_1 = f(J_\mu)$, gewonnen aus den Feldkurven in Abb. 57.

man nicht B über V, sondern U_1 über I_μ auftragen will. Durch Maßstabsänderung geht $B = f(V)$ über in $U_1 = f(I_\mu)$ wegen:

$$U_1 = 1{,}11\, z_1 f_w \frac{f}{50}\, l\, t_p \frac{2}{\pi}\, B\, 10^{-6}$$

und

$$I_\mu = \frac{2pV}{1{,}35\, z_1 f_w}.$$

Der Faktor $2/\pi$ in der Spannungsformel berücksichtigt, daß B der Scheitelwert einer räumlich sinusförmig verteilten Größe ist.

20. Praktische Berechnung des Magnetisierungsstromes. Das vorstehend erläuterte Verfahren zur Bestimmung der Magnetisierungskurve $U_1 = f(I_\mu)$ ist für die Praxis wenig geeignet, da es nicht erlaubt, unmittelbar zu einem gewünschten Fluß Φ den benötigten Magnetisierungsstrom I_μ zu bestimmen. Unter gewissen vereinfachenden Annahmen, die ihre Zulässigkeit bewiesen haben, kommt man nach einer kleinen Nebenrechnung sofort zum Ziel. Wie betrachten die Feldkurve der Maschine als eine abgeplattete Kurve nach Abb. 60. Gestrichelt eingezeichnet ist die Grundwelle streng sinusförmiger Gestalt. Die Amplitude der Feldkurve ist $B_{\max}$, die der Grundwelle B_1. Der Mittelwert beider Kurven wird als gleich groß angenommen, eine Vereinfachung,

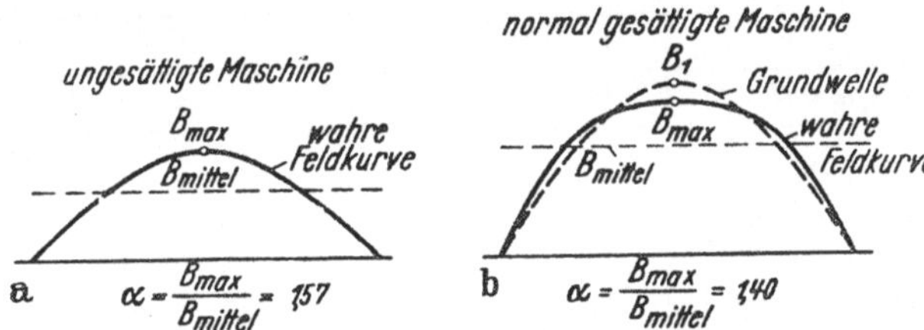

Abb. 60 a u. b. Zum Abplattungsfaktor $\alpha = B_{\max}/B_{\text{mittel}}$. Feldkurve einer ungesättigten Maschine (a) und einer normal gesättigten Maschine (b).

die sicher in guter Annäherung zutrifft. Die Annahme lautet also, daß unabhängig vom Sättigungszustand der Fluß der Grundwelle übereinstimmt mit dem Gesamtfluß:

$$\Phi_1 = \frac{2}{\pi} B_1 \, l \, t_p \, 10^{-6} \equiv \Phi = B_{\text{mittel}} \, l \, t_p \, 10^{-6}.$$

Für die Berechnung des Flusses Φ_1 dient nun die *mittlere* Luftinduktion B_{mittel}, und für die Bestimmung der höchsten magnetischen Induktionen benutzen wir $B_{\max}$. B_{mittel} ist deshalb eine wertvolle Bezugsgröße, weil ihr Betrag von der kleinen bis zur großen Maschine in den engen Grenzen von 5000 bis 5700 G liegt. Dies gilt bei modernen hoch ausgenützten Maschinen.

Die magnetischen Induktionen, die für die Berechnung von I_μ benötigt werden, sind, wenn 0,92 der Füllfaktor der Bleche ist:

$$\text{Luft } B_L = B_{\max}, \text{ Zähne } B_z = B_{\max} \frac{t_n}{0{,}92\, b_z}, \text{ Rücken } B_r = B_{\text{mittel}} \frac{t_p}{0{,}92 \cdot 2 h_r}.$$

Wenn man den Höchstwert $B_{\max}$ im Luftspalt in Beziehung setzt zur mittleren Induktion B_{mittel}, so bekommt man eine Zahl, die zwischen 1,57 und etwa 1,3 liegt. Wenn die Feldkurve wie in Abb. 60a nicht abgeplattet ist, wie es bei sehr schwach gesättigten Maschinen der Fall ist, so ist $B_{\max}/B_{\text{mittel}} = \pi/2 = 1{,}57$. Das Verhältnis 1,3 kommt bei recht hoch gesättigten Maschinen in Betracht. In Wirklichkeit liegt die Zahl zwischen 1,45 und 1,35. Im Mittel kann man mit 1,4 rechnen.

Diese Zahl soll der Abplattungsfaktor α heißen. Es ist also weiterhin:

$$\alpha = \frac{B_{\mathrm{max}}}{B_{\mathrm{mittel}}}.$$

α muß vom Sättigungsgrad k der Maschine abhängen. Als Maß für diesen bezeichnen wir das Verhältnis

$$k = \frac{V_{z,1} + V_{z,2}}{V_L},$$

also das Verhältnis der magnetischen Gesamtspannung für Ständer- und Läuferzähne zur magnetischen Spannung für die Luft. Den heute üblichen Auslegungen von Asynchronmaschinen entspricht die Kurve in Abb. 61, die α in Abhängigkeit von k wiedergibt. Sie wurde aus Rückrechnungen hergestellter und genau durchgeprüfter Maschinen ge-

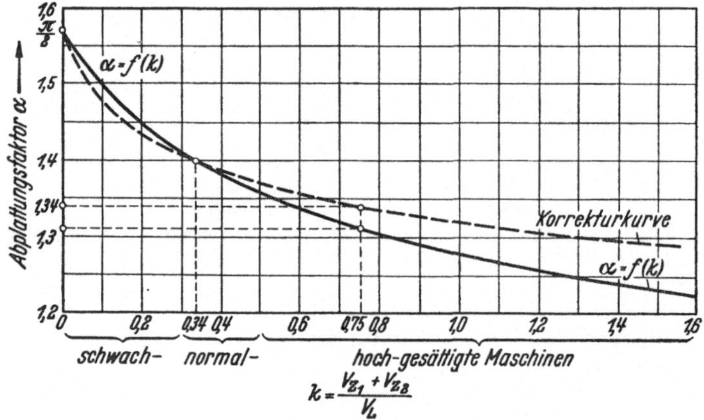

Abb. 61. Abplattungsfaktor $\alpha = f$ (Sättigungsgrad k). Bezüglich Anwendung und eingetragenem Beispiel siehe Text.

wonnen. Sie zeigt, welche Wertpaare von α und k zusammengehören. Bei der Berechnung kennt man aber zu Beginn weder α noch k. Man muß also zuerst eine Annahme, und zwar über α treffen. Man geht zweckmäßigerweise vom Wert $\alpha = 1{,}4$ aus, berechnet mit diesem Abplattungsfaktor aus der mittleren Luftinduktion B_{mittel}, die sich aus dem von der Spannung und der Leiterzahl vorgeschriebenen Kraftfluß Φ ergibt, die Höchstwerte der Induktionen B_{max}, $B_{z,1}$ und $B_{z,2}$ im Luftspalt und in den Zähnen des Ständers und des Läufers und bestimmt die zugehörigen magnetischen Spannungen V_L, $V_{z,1}$ und $V_{z,2}$. Hieraus ergibt sich $k = (V_{z,1} + V_{z,2})/V_L$. Nur in seltenen Fällen wird sich der zu $\alpha = 1{,}4$ gehörige Wert $k = 0{,}34$ ergeben. Ist k höher ausgefallen, so ist die Maschine stärker gesättigt, als angenommen wurde. Ist k kleiner als 0,34, so ist sie schwächer gesättigt. Bei der höher gesättigten Maschine hätte man also mit einem kleineren Abplattungsfaktor als 1,4 rechnen müssen, im anderen Fall mit einem α größer als 1,4. In Abb. 61 ist der Fall eingetragen, daß man zu Beginn $\alpha = 1{,}4$ gewählt hatte. Das Verhältnis k der Zahnspannung zur Luftspaltspannung ergab sich zu $k = 0{,}75$. Demnach muß der wahre Abplattungsfaktor α oberhalb von 1,31 liegen; letzterer Wert gehört zu $k = 0{,}75$. Der wahre Wert für α liegt zwischen 1,4 und 1,31, und zwar näher an 1,31. Man findet ihn, indem man die gestrichelt eingetragene Korrektur- oder Interpolationskurve benutzt, auf der man zu $k = 0{,}75$ den Wert $\alpha = 1{,}34$ abliest. Mit diesem α hat man nunmehr die endgültige Rechnung des magnetischen Kreises durchzuführen. Es ergibt sich ein neuer Sättigungsgrad k, der praktisch mit dem Wert zusammenfällt, der sich aus der Kurve $\alpha = f(k)$ zu $\alpha = 1{,}34$ ergibt. Er wird also etwa 0,58 sein. Sollte dieser Wert nicht ganz genau resultieren, so ist doch kein neuer Rechnungsgang mehr nötig. In den Berechnungsbeispielen wird die Benutzung der beiden Kurven aus Abb. 61 wiederholt gezeigt werden.

Bei der praktischen Berechnung empfiehlt es sich, die Induktionen in den Zähnen und im Rücken unmittelbar aus dem Fluß Φ zu bestimmen, indem man sie nicht wie bisher von der Induktion im Luftspalt ableitet, sondern aus dem Verhältnis Fluß/Querschnitt berechnet. Das gleiche gilt für die Luft.

Auf diese Weise erhält man natürlich nur die mittleren Induktionen. Die Höchstwerte liegen im Luftspalt und in den Zähnen höher, und das entsprechende Verhältnis ist gerade der eingeführte Wert α. In den Rücken bleibt es bei den mittleren Induktionen, in Luft und Zähnen sind sie mit α malzunehmen.

Der praktisch einzuschlagende Berechnungsgang ist im einzelnen der folgende. Zuerst bestimmt man den Fluß aus der Spannung U_1 je Strang, der Leiterzahl z_1 je Strang und der Frequenz f oder aber aus der mittleren Induktion $B_{L,\mathrm{mittel}}$, der Polteilung t_p und der Maschinenlänge l zu:

$$\Phi = \frac{U_1}{1{,}11\, z_1\, f_w\, \frac{f}{50}} = B_{L,\mathrm{mittel}}\, t_p\, l\, 10^{-6},$$

je nachdem man eine vorgelegte Maschine gegebener Wicklungsdaten oder eine neue Maschine mit in Aussicht genommener mittlerer Luftinduktion berechnen will.

Dann berechnet man die Querschnitte und Weglängen der einzelnen 5 Abschnitte des magnetischen Kreises aus den Abmessungen. Es ist:

1. Luft: Querschnitt $F_L = t_p\, l$,
   wirksame Länge $\delta' = \delta\, k_{c,1}\, k_{c,2}$

bzw. bei Berücksichtigung der Kühlschlitze:

$$= \delta\, k_{c,1}\, k_{c,2}\, k_e,$$

2. Ständerzähne: Querschnitt $F_{z,1} = \frac{N_1}{2p}\, b_{z,1}\, l_e$ mit $l_e = 0{,}92\, l$,
   Länge $l_{z,1} = h_{n,1}$,
3. Läuferzähne: Querschnitt $F_{z,2} = \frac{N_2}{2p}\, b_{z,2}\, l_e$,
   Länge $l_{z,2} = h_{n,2}$,

4. Ständerrücken: Querschnitt $F_{r,1} = 2\,h_{r,1}\,l_e$,

Länge $l_{r,1} = \frac{1}{2}\,t_{r,1} = \pi(D_a - h_{r,1})/4p$,

5. Läuferrücken: Querschnitt $F_{r,2} = 2\,h_{r,2}\,l_e$,

Länge $l_{r,2} = \frac{1}{2}\,t_{r,2} = \pi(D_i + h_{r,2})/4p$.

Die Längen sind in cm, die Querschnitte in cm² auszudrücken, da die magnetische Induktion B in G, die magnetische Feldstärke H in A/cm berechnet wird. Besonders bei der Größe des Luftspaltes ist hierauf zu achten, da sein Betrag durchweg in mm angegeben wird.

Für die spätere Verlustberechnung benötigt man die Gewichte der Ständerzähne und des Ständerrückens (sofern der Ständer der Primärteil ist). Es ist:

Ständerzahngewicht $G_{z,1} = 2p\,\frac{F_{z,1}}{130}\,h_{n,1}$ in kg

und

Ständerrückengewicht $G_{r,1} = 2p\,\frac{F_{r,1}}{130}\,l_{r,1}$ in kg, mit $\frac{1}{130} \approx \frac{1000}{\gamma_{\mathrm{fe}}}$.

Für das spezifische Gewicht des Eisens wurde $\gamma_{\mathrm{fe}} = 7{,}7$ gesetzt. Die gewählte Schreibweise der Formeln sichert gegen numerische Fehler.

Nun berechnet man unter Annahme des anfänglichen Wertes $\alpha = 1{,}4$ die vorläufigen Induktionen im Luftspalt und in den Zähnen von Ständer und Läufer (Höchstwerte) zu:

$$B'_L = 1{,}4\,\frac{\Phi\,10^6}{F_L}, \quad B'_{z,1} = 1{,}4\,\frac{\Phi\,10^6}{F_{z,1}}, \quad B'_{z,2} = 1{,}4\,\frac{\Phi\,10^6}{F_{z,2}}.$$

Der $'$ soll andeuten, daß wir noch nicht die wahren Werte bekommen. B_L sei die abgekürzte Schreibweise für das bisherige $B_{L,\max}$ bzw. $B_{\max}$. Dann bestimmt man die magnetischen Spannungen:

$$V'_L = 0{,}8\,\delta'\,B'_L, \quad V'_{z,1} = H'_{z,1}\,h_{n,1}, \quad V'_{z,2} = H'_{z,2}\,h_{n,2},$$

wozu man die Feldstärken $H'_z = f(B'_z)$ den Magnetisierungskurven in Abb. 53 entnimmt.

Jetzt findet man den vorläufigen Wert k' zu:

$$k' = \frac{V'_{z,1} + V'_{z,2}}{V'_L},$$

zu dem man unter Benutzung der Korrekturkurve in Abb. 61 den endgültigen Wert α aufsucht. Mit diesem neuen α wiederholt man die bisherige Rechnung der Induktionen und der magnetischen Spannungen, indem man setzt:

$$B_L = \alpha\,\frac{\Phi\,10^6}{F_L}, \quad B_{z,1} = \alpha\,\frac{\Phi\,10^6}{F_{z,1}}, \quad B_{z,2} = \alpha\,\frac{\Phi\,10^6}{F_{z,2}}.$$

Die wahren zuletzt berechneten Induktionen verhalten sich zu den vorläufig ermittelten wie α zu 1,4; sie liegen also bei stärker gesättigten Maschinen tiefer, als zuerst angenommen, und bei schwächer gesättigten Maschinen darüber. Die Maschine kommt der steigenden Magnetisierung durch Abflachung ihrer Feldkurve etwas entgegen. Ähnliche Entlastungen finden sich bei der Synchronmaschine.

Entsprechend den veränderten B-Werten ändern sich die magnetischen Spannungen. Im Luftspalt können wir die neue Spannung linear über die Induktionen umrechnen, im Eisen müssen zuerst die neuen Feldstärken H_z und aus ihnen die neuen Zahnspannungen V_z bestimmt werden. Dann ist endgültig:

$$V_L = 0{,}8\,\delta'\,B_L\,, \qquad V_{z,1} = H_{z,1}\,h_{n,1}\,, \qquad V_{z,2} = H_{z,2}\,h_{n,2}\,.$$

Nur zur Kontrolle berechnet man das endgültige Verhältnis:

$$k = \frac{V_{z\,1} + V_{z,2}}{V_L}\,,$$

das praktisch — auf etwa 1 bis 2% genau — mit dem Wert zusammenfallen muß, der sich für α aus der Kurve $\alpha = f(k)$ ergibt.

Die magnetische Induktion und die magnetische Spannung im Rücken werden — ohne Benutzung von α — bestimmt zu:

$$B_{r,1} = \frac{\Phi\,10^6}{F_{r,1}}\,, \qquad B_{r,2} = \frac{\Phi\,10^6}{F_{r,2}}\,,$$

$$V_{r,1} = H_{r,1}\,l_{r,1}\,, \qquad V_{r,2} = H_{r,2}\,l_{r,2}\,.$$

Die Feldstärken H_r sind der reduzierten Magnetisierungskurve für Rücken in Abb. 54 in Abhängigkeit der Induktion B_r zu entnehmen.

Die Summe aller magnetischen Spannungen ergibt die zur Erregung des Flusses Φ benötigte Gesamtspannung V_μ in A(windungen). Es ist:

$$V_\mu = V_L + V_{z,1} + V_{z,2} + V_{r,1} + V_{r,2}\,,$$

woraus sich der in jedem Strang fließende Magnetisierungsstrom ergibt zu:

$$I_\mu = \frac{2p\,V_\mu}{1{,}35\,z_1\,f_w}\ \text{A}.$$

Diese Formel gilt für 3-phasige Erregung bei z_1 Leitern je Strang; f_w ist wie üblich der Wicklungsfaktor für die Grundwelle. Bei 1-phasiger Erregung, wobei 2 in Reihe liegende Stränge an der speisenden Spannung liegen, während die Zuleitung zur dritten unterbrochen wurde, ist mit dem rund $\sqrt{3}$-fachen Strom zu rechnen, wenn ein *Drehfeld* erregt wird (unter Mitarbeit des kurzgeschlossenen Läufers). Bei 1-phasiger Speisung und Erregung eines *Wechselfeldes* (Läuferwicklung offen) beträgt der Strom nur das 0,866-fache. Demnach gilt:

1-phasige Speisung über $2z_1$ Leiter und Erregung eines Drehfeldes

$$I_\mu \approx \frac{2p\,V_\mu}{1{,}35\,z_1\,f_w}\,\sqrt{3}$$

mit f_w = Wicklungsfaktor für einen z_1 Leiter umfassenden Strang.

1-phasige Speisung zur Erregung eines Wechselfeldes

$$I_\mu = \frac{2p\,V_\mu}{1{,}35\,z_1\,f_w}\,\frac{\sqrt{3}}{2}\,.$$

Diese Formeln gelten, wenn man von der 3-phasigen Maschine ausgeht, also die Leiterzahl und den Wicklungsfaktor für eine zugrunde gelegte Drehstromwicklung berechnet. Die 1-phasige Erregung soll dann durch Anschluß von nur 2 Klemmen der in Stern geschalteten Maschine an das speisende Netz geschehen, dessen Spannung gleich $\sqrt{3}\, U_{ph}$ ist. Die 1-phasige Erregung eines *Drehfeldes* liegt vor bei der fast synchron rotierenden Einphasenmaschine, die 1-phasige Erregung eines *Wechselfeldes* kommt praktisch nur bei 1-phasigen leerlaufenden Drehreglern vor. Bei der 1phasigen Erregung eines Drehfeldes braucht man die gleiche Blindleistung wie bei Drehstromspeisung und daher einen auf diese bezogenen $\sqrt{3}$-fachen Strom. Durch andere Einflüsse ist der wirkliche Strom etwa 10% kleiner. Bei der Erregung eines Wechselfeldes, dessen mittlere Energie genau die Hälfte derjenigen eines Drehfeldes gleicher Amplitude ist, wird nur die halbe Blindleistung, also auch nur der halbe Magnetisierungsstrom benötigt.

Diese Verhältnisse lehrt in instruktiver Form ein einfacher Versuch an einem beliebigen Drehstrommotor mit Schleifringanker. Beträgt die Stromaufnahme im Leerlauf 100%, so steigt sie beim Öffnen einer der 3 Netzzuleitungen auf fast 173% (je nach den besonderen Verhältnissen bis zu 10% weniger) und fällt nach dem Öffnen der Läuferwicklung auf 86,6%.

Der Versuch verlangt wegen des Auftretens einer hohen Läuferspannung gewisse Vorsicht; sie verschwindet sofort, wenn die unterbrochene Primärzuleitung wieder geschlossen wird.

Der berechnete Magnetisierungsstrom I_μ ist in Wirklichkeit etwas kleiner, da eigentlich mit einer um 2 bis 4% kleineren Spannung U_1 als der vom Netz herrührenden Strangspannung gerechnet werden müßte; infolgedessen müßte der Fluß Φ um den gleichen Prozentsatz kleiner angesetzt werden. Φ wird unterstützt erstens durch die Flüsse der Ordnungszahl 5, 7, 11, 13 usw., die von den Oberwellen der Felderregerkurve erregt werden, und zweitens von den Streuflüssen quer zur Nutenwandung und im Wickelkopfraum des Ständers. Alle diese Streuflüsse bilden den sog. primären Leerlauf-Streufluß aus und induzieren eine Spannung, die sich algebraisch zu der vom eigentlichen Nutzfluß Φ induzierten Spannung addiert. Bei kleinen Maschinen kann dieser primäre Streufluß bei Leerlauf sogar 4 bis 8% betragen, so daß man bei ihnen den Fluß Φ für eine Spannung berechnen muß, die nur 96 bis 92% der angelegten Spannung eines Stranges ausmacht. Bei Maschinen über 30 kW kann man gänzlich von diesen Feinheiten absehen. Man rechnet also wissentlich mit einer zu hohen magnetischen Beanspruchung und bekommt einen etwas zu hohen Magnetisierungsstrom. Die Ungenauigkeiten beim Einhalten oder gar Überschreiten des Luftspaltes sind oft viel größer, so daß es praktisch keinen Zweck hat, die rechnerischen Vorgänge noch feiner zu gestalten.

Anders liegen die Verhältnisse bei den Kleinmaschinen, besonders bei jenen unter 10 kW. Dort ändert sich der Fluß Φ stark mit der Last und daher auch der Magnetisierungsstrom. Man schätzt bei diesen Maschinen den Vollaststrom nach Größe und Phasenlage (mittels $\cos\varphi$

und η) und auch den Magnetisierungsstrom bei Leerlauf. Dann bestimmt man den vom Strom hervorgerufenen Ohmschen und induktiven Spannungsabfall im Ständer und Läufer bei Vollast und nur im Ständer bei Leerlauf und entnimmt dem zugehörigen Vektordiagramm die in den einzelnen Maschinenwicklungen induzierten Spannungen, zu denen die etwas unterschiedlichen Flüsse in den einzelnen Abschnitten gehören. Vgl. das Berechnungsbeispiel in Abschnitt 86 und Abb. 218.

Bei Leerlauf gehen die Spannungsabfälle stark zurück, im Läufer sind sie sogar Null. Der Leerlauf-Magnetisierungsstrom einer Kleinmaschine ist daher u. U. wesentlich größer als der bei Vollast. Bei größeren Maschinen mag man einen mittleren Spannungsabfall zugrunde legen, indem man in die Spannungsformel eine um 2% verringerte Spannung einsetzt.

21. Der relative Magnetisierungsstrom. Die absolute Größe des Magnetisierungsstromes I_μ gibt einen geringeren Aufschluß als die auf den Nennstrom bezogene Größe. Dieser relative Strom sei mit $i_\mu = I_\mu/I_n$ bezeichnet. Er liegt meistens in den Grenzen von 0,25 bis 0,4 bei Schnellläufern und von 0,5 bis 0,7 bei hochgesättigten Maschinen (Hebezeugmotoren) und Langsamläufern (großer Luftspalt). Naturgemäß haben schwach ausgenützte Maschinen (geschlossene Typen) einen hohen Relativwert, da der Nennstrom I_n zurückgesetzt wurde. Trotzdem bietet i_μ, besonders bei Berechnung vergleichbarer Maschinen, wertvolle Aufschlüsse. Wir berechnen zuerst den Strombelag A_μ, der auf dem Ständer liegt, wenn die Maschine leer läuft:

$$A_\mu = \frac{3\, z_1\, I_\mu}{2\, p\, t_p} = \frac{V_\mu}{0{,}45\, f_w\, t_p}, \quad \text{wegen} \quad I_\mu = \frac{2\, p\, V_\mu}{1{,}35\, z_1\, f_w}.$$

Denkt man sich die gesamte magnetische Spannung V_μ an dem Ersatzluftspalt δ'' mit der mittleren magnetischen Induktion $B_{L,\text{mittel}}$ verbraucht, so kann man setzen:

$$V_\mu = 0{,}8\, \delta''\, \alpha\, B_{L,\text{mittel}}.$$

Drückt man V_μ durch δ'' aus, so geht der Ausdruck für den Strombelag über in:

$$A_\mu = 1{,}78\, \alpha\, B_{L,\text{mittel}} \frac{\delta''}{t_p} \frac{1}{f_w}, \quad \text{mit} \quad 1{,}78 = \frac{2{,}5}{\sqrt{2}}.$$

δ'' ist der bereits auf S. 72 eingeführte Ersatzluftspalt:

$$\delta'' = \delta\, k_{c,1}\, k_{c,2}\, k_e \left(1 + \frac{V_{\text{fe}}}{V_L}\right), \quad \text{mit} \quad V_{\text{fe}} = V_{z,1} + V_{z,2} + V_{r,1} + V_{r,2}.$$

Der Strombelag des Magnetisierungsstromes ist nun in seiner Abhängigkeit von den einzelnen Faktoren klar erkennbar. Der Abplattungsfaktor α begünstigt bei wachsender magnetischer Ausnützung, wie oben bereits erwähnt, die Magnetisierung, da er mit zunehmendem $B_{L,\text{mittel}}$ fällt. Die mittlere Luftinduktion $B_{L,\text{mittel}}$ ist von entscheidender Bedeutung und letzten Endes die einzige Größe, mit der wir A_μ regulieren können. Der echte Luftspalt δ vergrößert natürlich den Aufwand an Magnetisierungsstrom; er wird daher so klein gehalten, wie nur irgend zulässig ist. Die CARTERschen Faktoren sind klein bei halbgeschlossenen Nuten, sie liegen bei 1,02 bis 1,05. Sie wachsen auf 1,3 bis 1,6 bei Verwendung offener Nuten. Viele Bestrebungen zielten dahin, durch Verwendung magnetischer Keile die Nut magnetisch wirksam nach Einbringen der Wicklung zu schließen. Sie scheiterten im praktischen Betrieb. Die Benutzung von Kühlschlitzen ermäßigt A_μ um wenige Prozent; sie werden aber nur aus Gründen der Kühlung vorgesehen. Der Anteil an magnetischer Spannung V_{fe} für das gesamte aktive Eisen kann groß werden. Ihm kann man natürlich durch die Wahl größerer Zahn- und Rückenquerschnitte begegnen. Der Wicklungsfaktor erhöht mit fallendem Wert den Strombelag, aber keinesfalls, wie unten dargestellt, die vom Netz bezogene Blindleistung der leer laufenden Maschine. Diese ist von f_w unabhängig. Ein schlechter Wicklungsfaktor heizt zwar die Maschine, er erscheint aber nicht in der Blindleistungsbilanz.

Von ausschlaggebendem Einfluß ist neben $B_{L,\,\text{mittel}}$ und δ zuletzt noch die Polteilung t_p; besser faßt man die beiden letzten Größen zusammen in der einzigen δ/t_p. Zusammenfassend kann man also erklären, daß der Strombelag A_μ am meisten von $B_{L,\,\text{mittel}}$ und δ/t_p abhängt. $B_{L,\,\text{mittel}}$ muß man bei der erstrebten hohen Ausnützung des Eisens recht hoch wählen, der Wert liegt zwischen 5000 und 5700 G. So bleibt nur noch die Untersuchung und etwaige Beeinflussung von δ/t_p. Der Luftspalt wird aus rein konstruktiven und betrieblichen Gründen gewählt nach den Beziehungen:

Kleinmaschinen unter 20 kW

$$\delta = 0{,}2 + \frac{D}{1000} \quad \text{bei 4 bis 12 Polen,}$$

$$= 0{,}3 + \frac{D}{666} \quad \text{bei 2 Polen,}$$

Mittel- und Großmaschinen über 30 kW

$$\delta = \frac{D}{1200}\left(1 + \frac{9}{2p}\right) \quad \text{bei 2 bis 16 Polen,}$$

Langsamläufer $2p = 18$ bis 56

$$\delta = \frac{D + 1000}{1600}. \quad \text{Alle Maße in mm.}$$

Legt man diese an vielen tausend Maschinen ausgeführten Luftspalte zugrunde, so gewinnt man für das Verhältnis δ/t_p die Kurven in Abb. 62. Man erkennt, daß bei Kleinmaschinen zu einer wachsenden Polteilung eine günstigere Magnetisierung gehört, während bei den größeren Schnelläufern die Polteilung keinen Einfluß hat. Günstig wirkt sich die erhöhte Polteilung wieder bei den Langsamläufern aus, deren Magnetisierung dem Berechner größere Schwierigkeiten bereitet. In allen Fällen jedoch macht sich die steigende *Polzahl* im Sinne einer Steigerung von A_μ bemerkbar. Hieraus ergibt sich ganz allgemein der schlechte Leistungsfaktor der vollbelasteten Langsamläufer gegenüber gleich starken Schnelläufern.

Für den relativen Magnetisierungsstrom i_μ gewinnen wir endgültig unter Benutzung der Größe A_n des normalen, vom Laststrom I_n verursachten Strombelages den Ausdruck:

$$i_\mu = \frac{I_\mu}{I_n} = \frac{A_\mu}{A_n} = 1{,}78\,\alpha\,\frac{B_{L,\mathrm{mittel}}}{A_n}\,\frac{\delta''}{t_p}\,\frac{1}{f_w}.$$

Wird also die Maschine magnetisch hoch ausgenützt, so steigt i_μ; wird der Strombelag erhöht, so fällt i_μ.

Wenn man für die mittlere Luftinduktion $B_{L,\mathrm{mittel}}$ Werte zwischen 5000 und 5700 G, für den Strombelag A_n der vollbelasteten Maschine etwa 250 bis 500 A/cm, für den Wicklungsfaktor unter Berücksichtigung

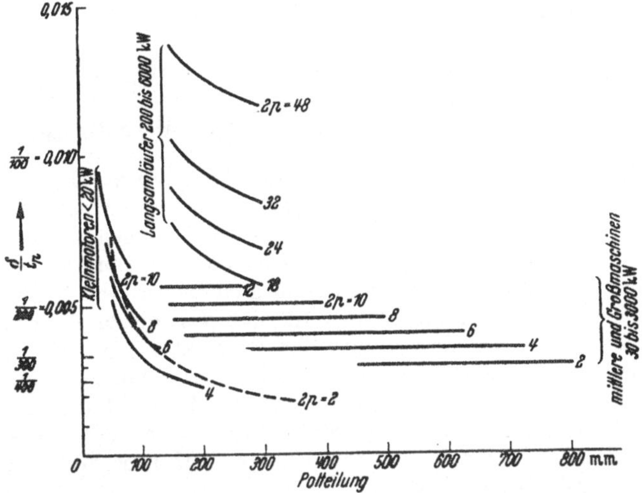

Abb. 62. Das für den relativen Magnetisierungsstrom $i_\mu = I_\mu/I_n$ maßgebliche Verhältnis $\delta/t_p = f(t_p)$.

einer etwaigen Sehnung 0,96 bis 0,90, für den Abplattungsfaktor α Zahlenwerte zwischen 1,45 und 1,35 und zuletzt für δ''/t_p ungefähr 0,005 bis 0,020 ansetzt, so liegt der relative Magnetisierungsstrom i_μ in den Grenzen von 0,3 bis 0,6. Wenn man rechnerisch auf $i_\mu > 1$ kommt, muß man entweder die Luftinduktion und die Abmessung des Luftspaltes kleiner machen oder den Strombelag der belasteten Maschine heraufsetzen. Sehr hart an $i_\mu = 1$ kommt man bei Motoren, deren Überlastbarkeit besonders hochgetrieben werden muß, während gleichzeitig ihre Dauerleistung durch ihre Schutzart (Mantelkühlung) verhältnismäßig klein ist. Hier beachte man aber, daß der Magnetisierungsstrom bei Nennlast gegenüber Leerlauf erheblich zurückgehen kann.

22. Die Blindleistung bei Leerlauf. Eingeschaltet sei hier die Bestimmung der Blindleistung N_μ, welche die leer laufende 3-phasige Asynchronmaschine dem Netz entnimmt. Man setzt:

$$N_\mu = 3\,U_{\mathrm{strang}}\,I_\mu\,10^{-3} = 2{,}47 \cdot 2p\,\frac{f}{50}\,\Phi\,\frac{V_\mu}{1000} \quad \text{mit} \quad 2{,}47 = \frac{\pi^2}{4}$$

$$= \frac{1}{20{,}4}\,2p\,t_p\,l\,\delta''\,\alpha\,\frac{f}{50}\left(\frac{B_{L,\mathrm{mittel}}}{5000}\right)^2 \quad \text{mit} \quad 20{,}4 = \frac{64}{\pi}.$$

Die erste Formel macht die Blindleistung abhängig von der Polzahl $2p$, der Frequenz f in Hz, dem Fluß je Pol Φ in M-Maxwell und der magnetischen Spannung je Pol V_μ in A. Die Leistung erscheint in kVA. Diese Formel ist vorteilhaft am Ende der Durchrechnung des magnetischen Kreises anzuwenden.

Die zweite Formel macht die Blindleistung N_μ abhängig von dem *Volumen* des Luftspaltes, wobei allerdings das größere δ'' statt des meßbaren δ gesetzt werden muß, vom Abplattungsfaktor α, von der Frequenz f in Hz und von der mittleren Luftinduktion $B_{L,\text{mittel}}$ in G. Die Abmessungen der Längen t_p, l und δ'' sind in cm einzusetzen.

Die Herleitung der beiden Formeln geht zurück auf die bereits benutzten Formeln:

$$U_{\text{strang}} = 1{,}11\, z_1\, f_w\, \Phi\, \frac{f}{50} \quad \text{und} \quad \Phi = B_{L,\text{mittel}}\, t_p\, l\, 10^{-6},$$

$$I_\mu = \frac{2p\, V_\mu}{1{,}35\, z_1\, f_w} \quad \text{und} \quad V_\mu = 0{,}8\, \alpha\, B_{L,\text{mittel}}\, \delta''.$$

Man beachte, daß der Wicklungsfaktor f_w *keinen* Einfluß auf die vom Netz zu liefernde Blindleistung hat. Dieser Verdacht besteht — wenn auch zu Unrecht — bei allen Maschinen mit sehr kleinem Wicklungsfaktor, z. B. bei den polumschaltbaren Motoren, wo wir Werte für f_w von 0,67 antreffen und bei denen gleichzeitig der Nennleistungsfaktor recht klein sein kann. Man muß sich von diesem Verdacht aber trennen. Man bemerkt, daß immer das Produkt $z f_w$ auftritt, daß aber bei gleichen magnetischen Beanspruchungen, also bei gleichem Fluß Φ oder bei gleicher Induktion B_L gerade dieses Produkt unabhängig von seiner Aufteilung in einen sinkenden Faktor f_w und eine entsprechend größer werdende Leiterzahl z erhalten bleibt. Auf diese Weise verschwindet der nur scheinbare Einfluß von f_w.

23. Die Nutzblindwiderstände $X_{1,h}$, X_{12} und $X_{2,h}$. Bei der rechnerischen Behandlung der Asynchronmaschine, besonders bei der Herleitung der Ortskurven für die Ströme, treten die Blindwiderstände X_1, X_2 und X_{12} auf, die sich auf den sog. Nutzblindwiderstand $X_{1,h}$ und die beiden Streublindwiderstände $X_{1,\sigma}$ und $X_{2,\sigma}$ zurückführen lassen. $X_{1,h}$ ist der Blindwiderstand, den jeder der 3 primären Stränge bei offenem Sekundärkreis oder bei Synchronlauf und geschlossenem Sekundärkreis der angelegten Spannung $U_{\text{strang}} = U_1$ bieten würde, wenn keine Oberfelder und keine Streufelder vorhanden wären. $X_{1,h}$ würde gerade die Aufnahme des Magnetisierungsstromes I_μ bedingen, wenn wir überdies von den Ohmschen Widerständen der Primärwicklung absehen. Mithin läßt sich der Nutzblindwiderstand $X_{1,h}$ (der Index h deutet auf den Nutz- oder Hauptfluß Φ hin) durch diesen Strom aus ausdrücken:

$$\text{Nutzblindwiderstand } X_{1,h} = \frac{U_{\text{strang}}}{I_\mu} \text{ in } \Omega.$$

Wenn wir die Spannung durch die Spannungsformel ausdrücken:

$$U_{\text{strang}} = 1{,}11\, z_1\, f_{w,1}\, \frac{f}{50}\, B_{L,\text{mittel}}\, t_p\, l\, 10^{-6}$$

und den Strom aus der magnetischen Spannung bestimmen:

$$I_\mu = \frac{2p\,0{,}8\,\delta''\,B_{L,\mathrm{mittel}}\,\alpha}{1{,}35\,z_1\,f_{w,1}},$$

so finden wir:

$$X_{1,h} = 1{,}20\,\frac{\frac{\pi}{2}}{\alpha}\left(\frac{z_1 f_{w,1}}{100}\right)^2 \frac{f}{50}\,\frac{t_p}{\delta''}\,\frac{l}{100}\,\frac{1}{2p} \quad \text{in } \Omega.$$

Die Längenabmessungen t_p, l und δ'' sind in cm einzusetzen. Beim Wicklungsfaktor erscheint der Index 1 für den Ständer. Man sieht an dem Aufbau der Formel, daß der Blindwiderstand abhängt vom Quadrat der wirksamen Leiterzahl $z_1 f_{w,1}$, von der Frequenz f und von den rein geometrischen Abmessungen. Die Sättigungserscheinungen der Eisenabschnitte kommen in δ'' zum Ausdruck.

Wir wollen die Formel derjenigen für den Streublindwiderstand anpassen, die den typischen Aufbau haben wird:

$$X_{1,\sigma} = \frac{4\pi^2}{10}\left(\frac{z_1}{100}\right)^2 \frac{f}{50}\,\frac{l}{100}\,\frac{1}{2p}\,\lambda_{1,\sigma},$$

worin $\lambda_{1,\sigma}$ der magnetische Streuleitwert des Ständers ist. Dann müssen wir natürlich den Streuleitwert $\lambda_{1,\sigma}$ ersetzen durch den neu einzuführenden *Nutzleitwert* λ_0, der vom Quadrat des Wicklungsfaktors $f_{w,1}$ begleitet wird. Es ergibt sich:

$$X_{1,h} = \frac{4\pi^2}{10}\left(\frac{z_1}{100}\right)^2 \frac{f}{50}\,\frac{l}{100}\,\frac{1}{2p}\,\lambda_0 f_{w,1}^2.$$

Der Index 0 deutet auf den Leerlauf hin. Durch Koeffizientenvergleich finden wir:

$$\lambda_0 = 0{,}477\,\frac{t_p}{\alpha\,\delta''}, \qquad \text{mit} \qquad 0{,}477 = \frac{3}{2\pi},$$

oder geeigneter für die Berechnung:

$$\lambda_0 = 0{,}38\,\frac{\Phi\,10^6}{V_\mu\,l}, \qquad \text{mit} \qquad 0{,}38 = \frac{15}{4\pi^2}.$$

Φ ist wie immer in M-Maxwell, V_μ in A(windungen) und die Schichtlänge l in cm einzusetzen. λ_0 ist eine reine Zahl und liegt bei Schnellläufern zwischen 50 und 70 und bei Langsamläufern infolge des großen Luftspaltes zwischen 18 und 30. Der Nutzen der neu definierten Größe λ_0 liegt erstens darin, daß man den Ausdruck für den *Gesamtblindwiderstand* eines Stranges übersichtlich schreiben kann:

$$X_1 = X_{1,h} + X_{1,\sigma} = \frac{4\pi^2}{10}\left(\frac{z_1}{100}\right)^2 \frac{f}{50}\,\frac{l}{100}\,\frac{1}{2p}\left(\lambda_0 f_{w,1}^2 + \lambda_{1,\sigma}\right).$$

Der zweite und größere Vorteil ist, daß man die Streuungserscheinungen durch Oberfelder und durch Nutenschrägung *unmittelbar* durch $\lambda_0 f_{w,1}^2$ berücksichtigen kann, indem man diesen Wert mit geeigneten Streufaktoren σ malnimmt. Beträgt z. B. die Summenwirkung der Oberfelder 2% von der des Nutzfeldes, so ist $\sigma = 0{,}02$ und der resultierende Streuleitwert beträgt $0{,}02 \cdot \lambda_0 f_{w,1}^2$.

Daran erkennt man, daß ein hoher Betrag von λ_0 den Streublindwiderstand der Maschine erhöht und daß also der Luftspalt δ einen unmittelbaren Einfluß auch auf den Kurzschlußstrom besitzt.

Der Nutzleitwert λ_0 stellt daher die rechnerische Verbindung zwischen Leerlauf und Kurzschluß her.

Der oben behandelte Strombelag A_μ des Magnetisierungsstromes und der relative Magnetisierungsstrom i_μ stehen natürlich in einfacher Beziehung zu λ_0, wie eine kleine Nebenrechnung zeigt:

$$A_\mu = 0{,}843 \frac{B_{L,\mathrm{mittel}}}{\lambda_0} \frac{1}{f_{w,1}} \quad \text{und} \quad i_\mu = 0{,}843 \frac{B_{L,\mathrm{mittel}}}{A_n \lambda_0} \frac{1}{f_{w,1}}$$

$$\text{mit} \quad 0{,}843 = \frac{3{,}75}{\sqrt{2}\,\pi}.$$

Setzt man die Induktionen gut ausgenutzter Maschinen mit 5300 bis 5500 G, den Strombelag zwischen 480 und 520 A/cm, den Wicklungsfaktor mit 0,92 ein und rundet ab, so bekommt man für den relativen Magnetisierungsstrom i_μ die sehr einfache Beziehung:

$$i_\mu \approx \frac{10}{\lambda_0}.$$

Kehren wir zum *Nutz*blindwiderstand $X_{1,h}$ zurück. Er unterscheidet sich vom *Gesamt*blindwiderstand X_1 um den kleinen, nur wenige Prozent betragenden *Streu*blindwiderstand $X_{1,\sigma}$. In all jenen Fällen, in denen es nicht gerade auf diese Differenz, sondern nur auf den angenäherten Gesamtbetrag ankommt, wird man X_1 für $X_{1,h}$ und umgekehrt setzen dürfen.

Dies ist bestimmt erlaubt, wenn es sich darum handelt, Ausdrücke wie R_1/X_1 oder gar $(R_1/X_1)^2$ zu berechnen, für die wir ohne weiteres $R_1/X_{1,h}$ oder $(R_1/X_{1,h})^2$ annehmen wollen.

Der sekundäre Nutzblindwiderstand $X_{2,h}$, den ein Strang der (evtl. nur gedachten) 3-phasigen Sekundärwicklung bei der Frequenz f bietet, wird berechnet zu:

$$X_{2,h} = \frac{4\pi^2}{10} \left(\frac{z_2}{100}\right)^2 \frac{f}{50} \frac{l}{100} \frac{1}{2p} \lambda_0 f_{w,2}^2.$$

Bei Kurzschlußankern mit der Nutenzahl N_2 setzt man für z_2 einfach $N_2/3$, also $1/3$ der Stabzahl ein. Der sekundäre Wicklungsfaktor ist in diesem Fall $f_{w,2} = 1$.

Der gesamte Blindwiderstand eines sekundären Stranges ist, wenn $\lambda_{2,\sigma}$ den Streuleitwert darstellt, gleich:

$$X_2 = X_{2,h} + X_{2,\sigma} = \frac{4\pi^2}{10} \left(\frac{z_2}{100}\right)^2 \frac{f}{50} \frac{l}{100} \frac{1}{2p} (\lambda_0 f_{w,2}^2 + \lambda_{2,\sigma}).$$

Diese beiden Formeln entsprechen im Aufbau völlig denen für die Primärseite.

Der Blindwiderstand der *gegenseitigen* Induktion von Ständer und Läufer stellt das Verhältnis der in der sekundären Wicklung induzierten Strangspannung $U_{2,0}$ zu dem in der primären Wicklung fließenden Magnetisierungsstrom I_μ dar. Genau so gut können wir an die Magnetisierung der Sekundärwicklung denken und die primär induzierte Spannung $U_{1,0}$ zu diesem Strom $I_{\mu,2}$, in Beziehung setzen. Also ist X_{12} gleich der induzierten Spannung des einen Maschinenteiles dividiert durch den Magnetisierungsstrom des anderen Teiles. Wir brauchen, um X_{12} zu gewinnen, in der Formel für $X_{1,h}$ nur *ein* $z_1 f_{w,1}$ durch $z_2 f_{w,2}$ zu ersetzen. Außerdem ist bei vielen Maschinen noch eine winzige Korrektur anzubringen. Diese Maschinen haben gegeneinander schräg gestellte Nuten, wozu man sich aus Gründen einer guten Drehmoment- und einer geringen Geräuschbildung entschließt. Entweder sind die Ständernuten axial geschrägt oder die Läufernuten oder beide in entgegengesetztem Sinne. Diese *Schrägstellung* in Richtung der Maschinenachse wird im allgemeinen um 1 Nutteilung des Primärteiles, also in der Regel um eine Ständernutteilung $t_{n,1}$ vorgenommen. Weder $X_{1,h}$ noch $X_{2,h}$ wird im geringsten durch diese Maßnahme betroffen. Die gegenseitige Induktion aber wird um einen kleinen Betrag geringer sein, der relativ durch den Unterschied des sog. *Schrägungsfaktors* f_{schr} gegen 1 ausgedrückt werden kann. Wenn man sich Anfang und Ende der schräg gestellten Nut vorstellt, so sind beide gegeneinander um den elektrischen Winkel β versetzt. Schrägt man um $1/n$ des Umfanges einer $2p$-poligen Maschine, so ist:

$$\beta = \frac{p\,360^\circ}{n} \text{ in Grad oder } = \frac{2p\pi}{n} \text{ im Bogenmaß.}$$

Die induzierende Wirkung des primären Flusses auf den sekundären Teil geht gegenüber der ungeschrägten Maschine zurück im Verhältnis von 1 zu f_{schr}. Letzterer Wert beträgt, wie eine kleine Überlegung zeigt:

$$f_{\text{schr}} = \frac{\sin\frac{\beta}{2}}{\frac{\beta}{2}} \approx 1 - \frac{\beta^2}{24} = 1 - 0{,}41\left(\frac{2p}{n}\right)^2.$$

Für X_{12} folgt jetzt:

$$X_{12} = \frac{U_{2,0}}{I_{1,\mu}} = \frac{U_{1,0}}{I_{2,\mu}} = \frac{4\pi^2}{10}\,\frac{z_1}{100}\,\frac{z_2}{100}\,\frac{f}{50}\,\frac{l}{100}\,\frac{1}{2p}\,\lambda_0\, f_{w,1}\, f_{w,2}\, f_{\text{schr}}.$$

Alle Nutzblindwiderstände lassen sich bequem durch den Nutzblindwiderstand des Ständers ausdrücken, auf welchen Maschinenteil man im allgemeinen die anderen Größen bezieht. Es ist:

$$X_{1,h} = \frac{U_{1,0}}{I_{1,\mu}} = X_{1,h},$$

$$X_{2,h} = \frac{U_{2,0}}{I_{2,\mu}} = X_{1,h}\left(\frac{z_2 f_{w,2}}{z_1 f_{w,1}}\right)^2,$$

$$X_{12} = \frac{U_{2,0}}{I_{1,\mu}} = X_{1,h}\,\frac{z_2 f_{w,2}}{z_1 f_{w,1}}\, f_{\text{schr}}$$

oder auch

$$= \sqrt{X_{1,h}\, X_{2,h}}\, f_{\text{schr}}.$$

Bei Kurzschlußläufern lassen wir — indem wir immer wieder mit drei gedachten Strängen arbeiten — alle Formeln bestehen und setzen

$z_2 = N_2/3$ und $f_{w,2} = 1$. Oft schreibt man, bei theoretischen Arbeiten, die gesamten Blindwiderstände unter Benutzung der sog. Streu*faktoren* σ in der Form:

$$X_1 = X_{1,h}(1 + \sigma_1) \quad \text{und} \quad X_2 = X_{2,h}(1 + \sigma_2).$$

Hierbei ist:

$$\sigma_1 = \frac{\lambda_{1,\sigma}}{\lambda_0 f_{w,1}^2} \quad \text{und} \quad \sigma_2 = \frac{\lambda_{2,\sigma}}{\lambda_0 f_{w,2}^2}.$$

Die Berechnung der Streu*leitwerte* λ_σ geschieht in den nächsten Abschnitten über den Kurzschluß. Sie sind Relativwerte und betragen etwa 1 bis 2. Wegen $\lambda_0 \approx 20$ bis 70 sind die Streufaktoren σ sehr kleine Zahlen etwa der Größe 0,02 bis 0,05.

Kurzschluß.

24. Streuung und Streublindwiderstände. Im Leerlauf verlaufen die Kraftlinien des magnetischen Flusses in den Bahnen des sog. magnetischen Kreises, wobei eine möglichst vollständige und nutzbare Verkettung der Kraftlinien mit den Leitern der Primär- und der Sekundärwicklung angestrebt wird. Nur im Primärteil ruft der kleine Leerlaufstrom, der nahezu mit dem Magnetisierungsstrom I_μ übereinstimmt, bereits einen schwachen Streufluß hervor, der mit dem Sekundärteil fast nicht verkettet ist.

Bei Last bilden beide Maschinenteile starke magnetische Streufelder aus, die beim ideellen Kurzschluß am größten werden und dann den gesamten sich der Netzspannung bietenden Streublindwiderstand bedingen. Als ideellen Kurzschluß wollen wir den Zustand der stillstehenden, sekundär kurzgeschlossenen Maschine verstehen, deren Wicklungswiderstände verschwindend klein sind. Man kann auch den Zustand unbegrenzt hoher Drehzahl zugrunde legen, wobei man nur den Ständerwiderstand R_1 gleich Null zu setzen hat, da der Läuferwiderstand immer durch den Schlupf s dividiert erscheint und somit bei $n = \infty$ in seiner Wirkung verschwindet.

Der Primärstrom, den die Maschine im ideellen Kurzschluß aufnimmt, wird mit I_i bezeichnet. Er heißt der *ideelle Kurzschlußstrom.* Dieser Strom kann tatsächlich nie beobachtet werden, da der Fall $R_1 = 0$ nicht realisierbar ist. Aus dem gleichen Grunde kann man auch den Magnetisierungsstrom I_μ, ebenfalls wegen $R_1 \neq 0$, nicht messen. Beide Ströme sind aber für die Theorie und für die Konstruktion der Ortskurven der Ströme von grundlegender Bedeutung. Es sind reine Blindströme.

Im ideellen Kurzschluß rufen die in den Primär- und Sekundärwicklungen fließenden Ströme im wesentlichen folgende *Streuflüsse* hervor. Erstens treten Felder quer zu den Nutenwandungen, die sog. Nutstreuflüsse, auf, deren Kraftlinien sich um die einzelnen Wicklungszonen herum im Eisen schließen. Man unterscheidet den primären, von uns wenig beeinflußbaren und den sekundären, stark beeinflußbaren Nutenstreufluß. Zweitens bilden sich im Bereich der Stirnköpfe auf beiden Seiten der Maschine Streufelder aus, die zum Teil ganz in der Luft, zum Teil aber auch in den benachbarten Eisenteilen verlaufen. Die Streufelder um die Leiterbündel innerhalb der Kühlschlitze kann man den Feldern im Stirnraum rechnerisch zuschlagen. Drittens gelten die magnetischen Oberfelder der Primärwicklung als Streufelder, da sie im wesentlichen nicht nutzbar mit der Läuferwicklung zusammenarbeiten, obgleich sie mit ihr örtlich verkettet sind. Viertens betrachtet man aus dem gleichen Grunde die Oberfelder der stromführenden Läuferwicklung als Streufelder. Fünftens entsteht eine Streuung durch die gegenseitige Schrägung der Ständer- und der Läufernuten. Durch sie geht ein Teil der Verkettung oder Kopplung zwischen Ständer und Läufer, die bei ungeschrägten Nuten in vollem Maße vorliegen würde, verloren. Der verlorene Anteil des Flusses ist als Streufluß zu betrachten.

Alle diese Streuflüsse treten, wenn auch in wesentlich schwächerem Maße, bei Last auf. Im ideellen Kurzschluß sind sie praktisch allein vorhanden, und man betrachtet den Nutzfluß als nicht mehr existierend. Die angelegte Netzspannung U_1 ist dann gleich der algebraischen Summe der einzelnen Streuspannungen, die von den verschiedenen Streufeldern induziert werden, wobei die sekundär auftretenden Spannungen auf die wirksame Leiterzahlprimärwicklung umzurechnen sind.

Heute berechnet man meist nicht mehr die Streuflüsse, sondern die ihnen entsprechenden, auf die *Primärseite bezogenen Streublindwiderstände.* Letztere Maßnahme hat den Vorteil, daß die sekundäre Leiterzahl überhaupt nicht berücksichtigt zu werden braucht.

Wenn man die Streublindwiderstände auf die Nutzblindwiderstände, also auf $X_{1,h}$ und $X_{2,h}$, bezieht, kommt man zu relativen Werten: dieses sind die bereits erwähnten Streufaktoren σ. Sie eignen sich für manche theoretische Überlegung; für die praktische Berechnung sind die Blindwiderstände am bequemsten zu benutzen.

Der Primärstrom der Asynchronmaschine beträgt nach Abschnitt 35:

$$\mathfrak{J}_1 = \frac{\mathfrak{U}_1}{R_1 + jX_1 + \dfrac{X_{12}^2}{\dfrac{R_2}{s} + jX_2}},$$

woraus für $R_1 = 0$ und $R_2/s = 0$ der ideelle Kurzschlußstrom folgt:

$$\mathfrak{J}_i = \frac{\mathfrak{U}_1}{jX_1 + \dfrac{X_{12}^2}{jX_2}} = \frac{\mathfrak{U}_1}{jX_i},$$

zu dem der *ideelle Streublindwiderstand* gehört:

$$X_i = X_1 - \frac{X_{12}^2}{X_2}.$$

Dieser Streublindwiderstand muß mithin berechnet werden. Zweckmäßigerweise setzt man, wie bereits oben, für die 3 großen X-Werte:

$$X_1 = X_{1,h} + X_{1,\sigma}, \qquad X_2 = X_{2,h} + X_{2,\sigma}, \qquad X_{12} = \sqrt{X_{1,h} X_{2,h}}\, f_{\text{schr}}.$$

Dann ergibt sich:

$$X_i = X_{1,h} + X_{1,\sigma} - \frac{X_{1,h}\, X_{2,h}\, f_{\mathrm{schr}}^2}{X_{2,h} + X_{2,\sigma}},$$

$$= X_{1,\sigma} + X_{2,\sigma}\,\frac{X_{1,h}}{X_{2,h}}\,\frac{1}{1+\dfrac{X_{2,\sigma}}{X_{2,h}}} + \frac{X_{1,h}(1-f_{\mathrm{schr}}^2)}{1+\dfrac{X_{2,\sigma}}{X_{2,h}}}.$$

Wenn man in den beiden Nennern das zweite Glied gegen 1 vernachlässigt, wozu man immer berechtigt ist, und außerdem für $X_{1,h}/X_{2,h}$ das Verhältnis der quadrierten wirksamen Leiterzahlen von Ständer und Läufer, also den Wert $(z_1 f_{w,1})^2/(z_2 f_{w,2})^2$ setzt, so bekommt man:

$$X_i = X_{1,\sigma} + \left(\frac{z_1 f_{w,1}}{z_2 f_{w,2}}\right)^2 X_{2,\sigma} + X_{1,h}(1 - f_{\mathrm{schr}}^2).$$

Der erste Ausdruck stellt den gesamten Streublindwiderstand eines Stranges der Ständerwicklung dar:

$$X_{1,\sigma} = X_{1,n} + X_{1,s} + X_{1,d},$$

wobei $X_{1,n}$ = Nutstreublindwiderstand,
$X_{1,s}$ = Stirnstreublindwiderstand,
$X_{1,d}$ = Blindwiderstand durch Oberfelder.

Entsprechend setzt sich der Streublindwiderstand des Läufers zusammen aus:

$$X_{2,\sigma} = X_{2,n} + X_{2,s} + X_{2,d}.$$

Der dritte Summand von X_i wird weder vom Ständer noch vom Läufer allein bestimmt. Er stellt den Einfluß der gegenseitigen Nutschrägung dar. Er soll mit X_{schr} bezeichnet werden. $X_{1,\sigma}$, $X_{2,\sigma}$ und X_{schr} werden, wie unten nachgewiesen werden soll, dargestellt durch die Gleichungen:

$$X_{1,\sigma} = \frac{4\pi^2}{10}\left(\frac{z_1}{100}\right)^2 \frac{f}{50}\,\frac{l}{100}\,\frac{1}{2p}\left[\frac{\lambda_{n,1}}{q_1} + \lambda_{s,1}\,\frac{l_{s,1}}{l} + \lambda_0\, f_{w,1}^2\,\sigma_{d,1}\right],$$

$$X_{2,\sigma} = \frac{4\pi^2}{10}\left(\frac{z_2}{100}\right)^2 \frac{f}{50}\,\frac{l}{100}\,\frac{1}{2p}\left[\frac{\lambda_{n,2}}{q_2} + \lambda_{s,2}\,\frac{l_{s,2}}{l} + \lambda_0\, f_{w,2}^2\,\sigma_{d,2}\right],$$

$$X_{\mathrm{schr}} = \frac{4\pi^2}{10}\left(\frac{z_1}{100}\right)^2 \frac{f}{50}\,\frac{l}{100}\,\frac{1}{2p}\,\lambda_0\, f_{w,1}^2\sigma_{\mathrm{schr}} \quad \text{mit} \quad \sigma_{\mathrm{schr}} = 1 - f_{\mathrm{schr}}^2.$$

Der *ideelle Kurzschlußblindwiderstand* X_i wird in einer Formel ausgedrückt durch:

$$X_i = \frac{4\pi^2}{10}\left(\frac{z_1}{100}\right)^2 \frac{f}{50}\,\frac{l}{100}\,\frac{1}{2p}\,\lambda_i$$

mit dem *ideellen Streuleitwert*

$$\lambda_i = \frac{\lambda_{n,1}}{q_1} + \frac{\lambda_{n,2}}{q_2}\,\frac{f_{w,1}^2}{f_{w,2}^2} + \lambda_s\,\frac{l_{s,1}}{l} + \lambda_0\, f_{w,1}^2(\sigma_{d,1} + \sigma_{d,2} + \sigma_{\mathrm{schr}}).$$

Hierbei wurden die beiden Glieder für die Stirnstreuung im Ständer und im Läufer zusammengefaßt zu einem einzigen durch:

$$\lambda_s\,\frac{l_{s,1}}{l} = \lambda_{s,1}\,\frac{l_{s,1}}{l} + \lambda_{s,2}\,\frac{l_{s,2}}{l}\,\frac{f_{w,1}^2}{f_{w,2}^2}.$$

Der ideelle Streuleitwert λ_i der Maschine setzt sich demnach aus 6 einzelnen Gliedern zusammen, die der Reihe nach folgende Streuerscheinungen berücksichtigen. Erstens die Nutstreuung im Ständer, zweitens die Nutstreuung im Läufer und drittens die Stirnstreuung von Ständer und Läufer gemeinsam. An vierter Stelle folgt die Streuung infolge der magnetischen Oberwellen, die der stromführende Ständer erzeugt. An fünfter Stelle steht die gleiche Erscheinung beim Läufer und an sechster Stelle finden wir die Streuerscheinung zufolge der gegenseitigen Nutenschrägung. Wie man sieht, ist die Leiterzahl des Läufers aus den Formeln verschwunden. Nur die Lochzahl q_2 und der Wicklungsfaktor $f_{w,2}$ der Läuferwicklung sind noch vorhanden. Von den 6 Streuleitwerten können nur 2, und zwar die Läufernutstreuung und die Läuferoberwellenstreuung in weiten Grenzen beeinflußt werden. Die übrigen 4 Größen lassen keine vernünftige Beeinflussung durch den Ingenieur zu.

Als Bezeichnungen dienten:

z_1 = primäre Leiterzahl je Strang,

$f_{w,1}$ = primärer Wicklungsfaktor für die Grundwelle,

f = Netzfrequenz in Hz,

l = Schichtlänge der Maschine in cm,

$2p$ = Polzahl,

z_2 = sekundäre Leiterzahl je Strang, $= N_2/3$ bei Käfigankern,

$f_{w,2}$ = sekundärer Wicklungsfaktor für die Grundwelle, $= 1$ bei Käfigankern,

l_s = Länge des Wickelkopfes in cm, = mittlere Leiterlänge l_l minus Schichtlänge l,

sowie:

$\lambda_{n,1}, \lambda_{n,2}, \lambda_{s,1}, \lambda_{s,2}, \lambda_s$ = Streuleitwerte für Ständernut, Läufernut, Ständerwickelkopf, Läuferwickelkopf, Ständer- + Läuferwickelkopf, $\sigma_{d,1}, \sigma_{d,2}, \sigma_{schr}$ = Faktoren der Streuung durch Oberwellen im Ständer, im Läufer und infolge der Nutenschrägung.

Die einzelnen Streuungen werden anschließend in eigenen Abschnitten behandelt.

25. Nutstreuung. Wenn die in eine Nut eingebetteten Leiter Strom führen, bildet sich ein Nutstreufluß aus, dessen Kraftlinien fast geradlinig quer zur Nut verlaufen und senkrecht in die Nutwandungen eintreten. Für die Feldverteilung ist die Existenz der Nutöffnung von ausschlaggebendem Einfluß. Am Nutengrund ist die magnetische Induktion immer Null, an der Nutöffnung ist sie am größten. Wäre die Nut, wovon wir immer absehen wollen, geschlossen, so würde die Verteilung des Feldes eine andere sein. Wir sehen von Stromverdrängungserscheinungen vorerst ab und nehmen an, daß der gesamte Strom in der Nut gleichmäßig über den Querschnitt des Leiterbündels verteilt sei. Außerdem betrachten wir vorerst nur parallelflankige Nuten.

Abb. 63 zeigt eine halbgeschlossene Nut mit einer Einschichtwicklung, Abb. 64 eine offene Nut mit den beiden Schichten einer Zweischichtwicklung. Links ist der Strombelag A als eine Parallele längs der aufsteigenden Leiterhöhe aufgetragen, die an den leiterfreien Stellen unterbrochen ist. Rechts ist die Integralkurve zum Strombelag, also die magnetische Spannung V oder Felderregerkurve eingetragen. Sie nimmt im Bereich der Leiter gleichförmig zu und beharrt in den leiterfreien Gebieten. Aus ihr wurde die Kurve der magnetischen Induktion B gewonnen, indem die jeweilige magnetische Spannung durch die zugehörige, 0,8-fache Nutbreite geteilt wurde. Die Induktion hat den Wert Null in der Höhe der untersten Leiterkante. Sie steigt linear an, bleibt in Abb. 64 im Bereich des Zwischenstückes konstant, nimmt im oberen

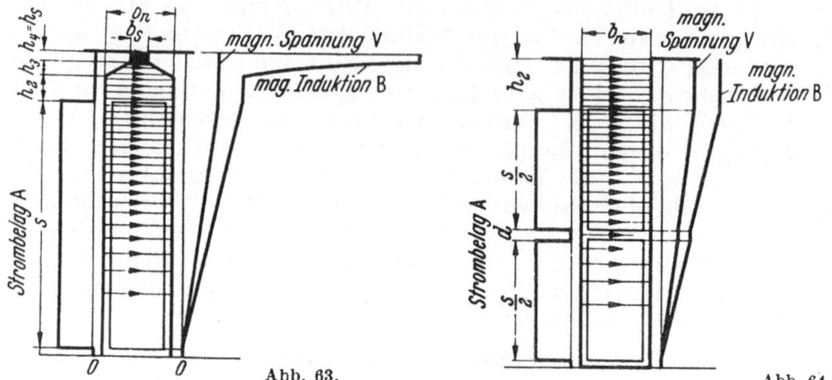

Abb. 63. Abb. 64.

Abb. 63 u. 64. Nutstreuung einer halbgeschlossenen Nut mit Einschichtwicklung und einer offenen Nut mit Zweischichtwicklung.

Nutteil weiter linear zu und bleibt erneut im Bereich der Höhe h_2 konstant. Im Bereich der Nutverengung in Abb. 63 steigt B etwa nach einer Hyperbel an, um den größten Wert im Bereich des sog. Nutensteges oder Schlitzes anzunehmen. Die Feldausbildung außerhalb der Nut wird bei der doppeltverketteten Streuung betrachtet.

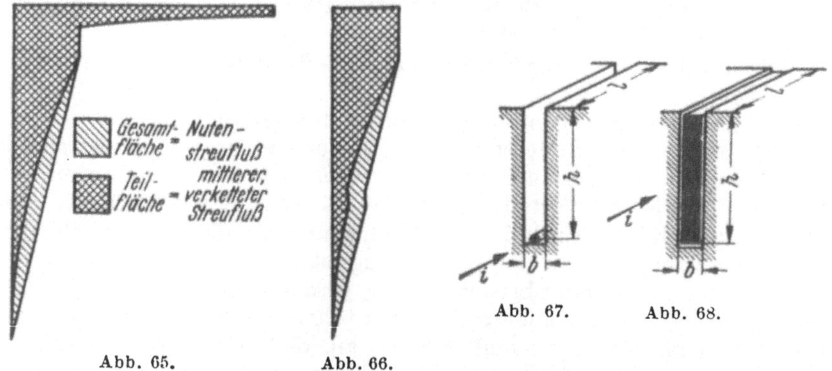

Abb. 65. Abb. 66.

Abb. 65 u. 66. Wahrer und mittlerer verketteter Streufluß der Nuten nach Abb. 63 u. 64.

Abb. 67. Abb. 68.

Abb. 67 u. 68. Zur Nutstreuung bei konzentrierter und bei verteilter Leiteranordnung.

Über die Höhe der Induktion soll ein Beispiel Aufschluß geben. Eine Nut von 12,5 × 60 mm habe einen Füllfaktor von 35%, fasse also insgesamt 263 mm² Kupfer. Bei einer Stromdichte von 4,5 A/mm² ist der effektive Nutenstrom 1180 A. Der zeitliche Höchstwert beträgt $1180\sqrt{2}$, also 1670 A. Dies ist auch der Höchstwert der magnetischen Spannung, die oberhalb der obersten Leiterkante zur Verfügung steht. Wenn der Nutenschlitz die Breite $b_s = 2{,}5$ mm hat, beträgt die höchste magnetische Induktion an dieser Stelle $B_s = 1670/(0{,}8 \cdot 0{,}25) = 8400$ G. Im Kurzschluß kann der Strom etwa den 5-fachen Wert annehmen. Dann wächst (rechnerisch) die Induktion im Schlitz auf 42000 G an. Es ist klar, daß unter diesen Umständen sich starke Sättigungserscheinungen im angrenzenden Zahnkopf bemerkbar machen, die wir sonst stillschweigend vernachlässigen.

Bei der offenen Nut steigt die Induktion im obersten Teil der Nut nicht so hoch an, da die Nutbreite konstant bleibt.

Der Nutenstreufluß induziert in den einzelnen Leitern Spannungen, deren Summe, durch den Strom im Leiter dividiert, den auf eine Nut entfallenden *Streublindwiderstand* liefert. Man muß dabei beachten, daß der gesamte Streufluß nur mit dem untersten Leiter voll verkettet ist, während der oberste Leiter nur von dem Teil des Flusses induziert wird, der im oberen leiterfreien Gebiet verläuft. Man muß also mit einem mittleren Streufluß rechnen. In Abb. 65 und 66 ist durch schräge Schraffur der gesamte und durch gekreuzte Schraffur der mittlere, mit allen Leitern verkettete Streufluß eingetragen, der zu Abb. 63 und 64 gehört. Mit seiner Hilfe lassen sich die induzierten Spannungen berechnen.

Bequemer führt uns wie so häufig die Berechnung der in der Nut gespeicherten magnetischen *Feldenergie* zum Ziel. Wir legen einen beliebigen Strom i und vorerst einen einzigen Leiter in der Nut zugrunde und bestimmen die Energie E des magnetischen Streufeldes. Daraus gewinnen wir die Induktivität L nach der Beziehung:

$$E = \frac{1}{2} L i^2, \quad \text{also} \quad L = \frac{2E}{i^2}.$$

Hieraus ergibt sich wegen:

$$X = 2\pi f L$$

sofort der Streublindwiderstand X einer Nut zu:

$$X = 2\pi f \frac{2E}{i^2}$$

bei Anwesenheit eines einzigen Leiters bzw.

$$X = z_{\text{nut}}^2 \, 2\pi f \frac{2E}{i^2}$$

bei z_{nut} Leitern in der Nut.

Legen wir der Betrachtung den einfachen Fall nach Abb. 67 zugrunde. Dort befindet sich ein einzelner Leiter ganz unten in einer Nut der Breite b, der Höhe h und der axialen Länge l, alle Maße in cm. Er führt den Strom i. Die magnetische Spannung V ist konstant und gleich i. Die magnetische Feldstärke H — quer zur Nut gerichtet — ist $H = V/b$. Die magnetische Induktion B beträgt $H/0{,}8$ mit $0{,}8 = 10/4\pi$. Die Energiedichte ist:

$$e = \frac{1}{2} H \frac{B}{10^8} \text{ in Ws/cm}^3,$$

da H in A/cm und B in G, also $B/10^8$ in Vs/cm² eingesetzt wird. Diese Energiedichte ist in der ganzen Nut konstant. Daher beträgt der Energieinhalt der Nut:

$$E = b\,h\,l\,e \text{ in Ws.}$$

Setzt man obige Werte ein, so resultiert (wiederum mit $0{,}8 = 10/4\pi$):

$$E = \frac{\pi}{5}\, 10^{-8}\, l\, \frac{h}{b}\, i^2,$$

woraus sich die auf i^2 bezogene Energie ergibt zu:

$$\frac{E}{i^2} = \frac{\pi}{5}\, 10^{-8}\, l\, \frac{h}{b}.$$

Daraus folgt für den Streublindwiderstand eines einzelnen Stabes in einer Nut nach Abb. 67:

$$X = 2\pi f \frac{2E}{i^2} = \frac{4\pi^2}{10}\,\frac{f}{50}\, l\, 10^{-6}\, \frac{h}{b} \text{ in } \Omega.$$

Als zweiter Fall werde Abb. 68 betrachtet. Dort füllt der einzelne Leiter die gesamte lichte Nut aus. Die Abmessungen und die Stromstärke seien wieder b, h und l sowie i. Nur in der obersten Zone herrscht jetzt die volle magnetische Spannung V. Im Mittel ist sie halb so groß. H und B wachsen linear von unten nach oben an. Die Energiedichte steigt daher quadratisch vom Nutengrund zur Nutenöffnung an. Die mittlere Energiedichte und daher die gesamte Energie sinken auf $^1/_3$ ab. Infolgedessen ist jetzt:

$$X = \frac{4\pi^2}{10}\,\frac{f}{50}\, l\, 10^{-6}\, \frac{h}{3b} \text{ in } \Omega.$$

Das Verhältnis h/b bzw. $h/3b$ ist eine reine Zahl und wird der *Streuleitwert* der Nut genannt. Ändert sich die Nutbreite über der obersten Leiterkante, so ist der Streuleitwert dieser Gebiete durch das örtliche (mittlere) Verhältnis h_2/b_2, h_3/b_3, h_4/b_4 zu berücksichtigen. Nutbezirke unter der untersten Leiterkante tragen zur Streuung nichts bei, da sie (nahezu) feld- und daher energiefrei sind. Leiterfreie Zonen innerhalb der Leiter sind bei der Berechnung des Streuleitwertes besonders zu beachten. Wichtig ist der Fall der Nut mit einer Zweischichtwicklung. Beide Schichten führen den gleichen Strom, beide Ströme seien vorerst gleichphasig. Dann ist die magnetische Spannung in dieser Zwischenzone gleich der Hälfte des vollen Wertes. Die Energiedichte ist nur $^1/_4$ derjenigen über dem obersten Leiter. Mithin ist der Streuleitwert dieser Zwischenzone mit $0{,}25\, d/b = d/4b$ anzusetzen. d ist die Entfernung der obersten Leiterkante der Unterschicht von der untersten Leiterkante der Oberschicht.

Für den Streuleitwert λ_n einer Nut mit Ein- oder Zweischichtwicklung, die teilweise oder ganz geöffnet ist, folgt mit den Bezeichnungen nach Abb. 63 und 64:

$$\lambda_n = \frac{s}{3b_n} + \frac{h_2}{b_n} + \frac{2h_3}{b_n + b_s} + \frac{h_4}{b_s} + \frac{d}{4b_n},$$

worin die mittlere Breite im Bereich der Schräge mit $(b_s + b_n)/2$ eingesetzt wurde. Bei Einschichtwicklungen ist $d = 0$; bei offenen Nuten ist h_3 und $h_4 = 0$. Dann verschwinden die entsprechenden Glieder. s ist die gesamte Höhe des Bereiches, in dem Leitermetall liegt, und zwar einschließlich Isolationszwischenlagen und Leiterisolation.

Wenn die Nutbreite längs der vom Grund aus gerechneten Höhe x schwankt und wenn auch die Leiterbreite bzw. die Leiterbündelbreite in der Nut veränderlich ist, muß der Streuleitwert λ_n durch Integration berechnet werden. Sei $b(x)$ die Nutbreite, $a(x)$ die Leiter(bündel)breite und h_n die Nuthöhe, so ist:

$$\lambda_n = \frac{\int\limits_0^{h_n} \frac{1}{b(x)} \left[\int\limits_0^x a(x)\,dx\right]^2 dx}{\left[\int\limits_0^{h_n} a(x)\,dx\right]^2}.$$

Voraussetzung ist hierbei, daß die Stromdichte in allen Höhenlagen x die gleiche ist. Das Integral von $a(x)$ ist ein Maß für den aufgelaufenen Strom zwischen Nutengrund und der Höhe x. Sein Quadrat, dividiert durch das Quadrat von $b(x)$, liefert die relative Energiedichte; diese, multipliziert mit $b(x)$ und dx, ergibt das Differential der Energie in der Höhe x. Das ist aber der Integrand im Zähler, welcher — über die volle Nuthöhe h_n integriert — die relative Energie in der Nut liefert. Im Nenner steht der gesamte relative Nutenstrom zum Quadrat. Man erkennt also, daß der allgemeine Ausdruck auf der rechten Seite für unser oben gebrauchtes E/i^2 steht. Merkwürdigerweise findet sich diese Formel nicht in der einschlägigen Literatur über die elektrischen Maschinen. Sie wird später noch bei der Behandlung keilförmiger Läufernuten benutzt werden.

Einem wichtigen Umstand wurde bisher nicht Rechnung getragen. Wir nahmen an, daß alle Ströme in der Nut *gleichphasig* seien. Dies trifft bei den meisten Zweischichtwicklungen aber nicht mehr zu. Durch die Sehnung, aber auch bei der Zonenbreite von 120°, liegen in manchen Nuten Schichten, die zu verschiedenen Strängen gehören. Im unteren Teil der Nut, also im Bereich $s/2$ über Leiterunterkante, ändert sich nichts. Auch die Verhältnisse im Bereich des Zwischenstückes der Dicke d bleiben unbeeinflußt. Die Energiedichte im oberen Bereich $s/2$ ist aber bei allen Nuten mit Schichten verschiedener Strangzugehörigkeit kleiner als sonst. Am stärksten wird der obere leiterfreie Nutteil, also der Bereich h_2, betroffen, der z. B. bei einer Sehnung um 100%, das ist bei einer Schrittweite $W = 0$, feld- und daher auch energiefrei ist. Die Nut würde in diesem Fall im unteren Teil Strom der einen Richtung und im oberen Teil Strom der entgegengesetzten Richtung führen. Diese Verhältnisse werden im wesentlichen durch das Quadrat des Sehnungsfaktors f_s beschrieben. Die Herleitung sei übergangen, die Korrektur selbst aber um so eingehender besprochen.

Wir müssen im allgemeinen Fall den Nutstreuleitwert mit den beiden *Korrekturfaktoren* k_1 für das Gebiet der stromführenden Wicklung und

k_2 für den Kopfteil oberhalb der Schichten versehen und setzen:

$$\lambda_n = k_1 \frac{s}{3 b_n} + k_2 \left(\frac{h_2}{b_n} + \frac{2 h_3}{b_s + b_n} + \frac{h_4}{b_s} \right) + \frac{d}{4 b_n}.$$

Die Korrekturfaktoren gewinnt man nach Abb. 69, indem man über einem Bereich der relativen Breite 2 in Abhängigkeit der relativen Spulenweite W/t_p die beiden Kurven

$$y_1 = 0{,}25 + 0{,}75 \sin^2 \left(\frac{W}{t_p} 90^\circ \right) = 0{,}25 + 0{,}75 f_s^2$$

und

$$y_2 = \sin^2 \left(\frac{W}{t_p} 90^\circ \right) = f_s^2$$

aufträgt. Dann unterteilt man die Basis 2 in soviel gleich große Zonen, wie bei der vorgelegten Wicklung vorhanden sind, also in 4 Teile bei einer normalen Zweiphasenwicklung mit 90° Zonenbreite, in 3 Teile

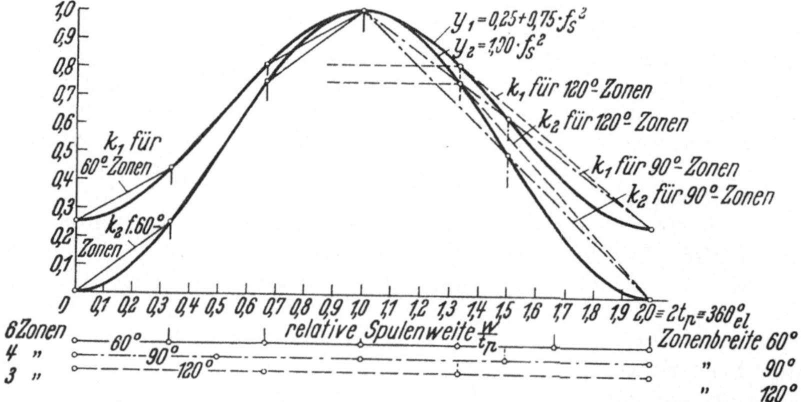

Abb. 69. Herleitung der Korrekturfaktoren k_1 und k_2 des Nutenstreuleitwertes λ_n aus dem quadrierten Sehnungsfaktor f_s^2 für verschieden breite Zonen.

bei der seltenen Drehstromwicklung mit 120° Zonenbreite und in 6 Teile bei der normalen Drehstromwicklung mit 60° Zonenbreite. In den Teilpunkten selbst liefert die y_1-Kurve den Korrektorfaktur k_1 und die y_2-Kurve den Korrekturfaktor k_2. Diese Punkte sind auf den beiden $\sin^2$-Kurven zu markieren und miteinander durch *gerade* Striche zu verbinden. Sie liefern die gewünschten Kurven k_1 und $k_2 = f(W/t_p)$, die Abb. 70 für die normale Drehstromwicklung und Abb. 71 für die normale Zweiphasenwicklung zeigt.

Die Korrekturfaktoren der Drehstromwicklung mit 120° Zonenbreite, die bei vielen polumschaltbaren Maschinen benutzt wird, zeigt Abb. 72. Man beachte die Tatsache, daß bei ungerader Zonenzahl auch bei voller Spulenweite $W = t_p$ die k-Werte unter 1 liegen.

Für viele Zwecke braucht man die Streuleitwerte halbgeschlossener und offener Nuten nur in guter Annäherung zu kennen. Man weiß die Nuthöhe h_n und die Nutbreite b_n und möchte λ_n für gesehnte oder ungesehnte Wicklungen angeben. Dann muß man auf normal ausgelegte

Nuten zurückgreifen, wie sie in Abb. 73 dargestellt sind. Man kommt dann zu den Formeln:

$$\lambda_n = \left(\frac{h_n + 24}{3 b_n} + 0{,}1\right) k \quad \text{für die halbgeschlossene Nut}$$

und

$$= \frac{h_n + 12}{3 b_n} k \quad \text{für die offene Nut (Maße in mm).}$$

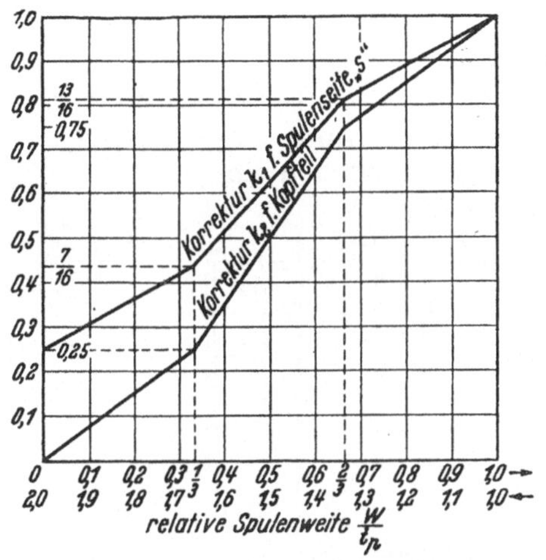

Abb. 70. Korrekturfaktoren k_1 und k_2 für normale 3-Phasenwicklungen (Zonenbreite 60°).

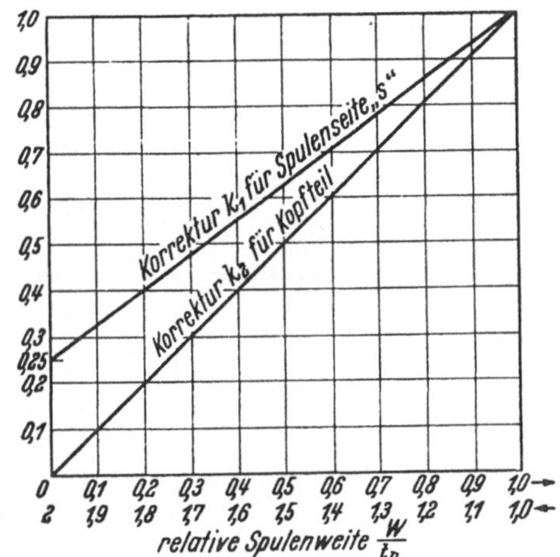

Abb. 71. Korrekturfaktoren k_1 und k_2 für normale 2-Phasenwicklungen (Zonenbreite 90°).

Bei normalen Drehstromwicklungen ist k ein mittlerer Korrekturfaktor, der 1 bei $W/t_p = 1$, 0,8 bei $W/t_p = \frac{2}{3}$ und 0,6 bei $W/t_p = \frac{1}{2}$ beträgt.

Wiederum mehr zur instruktiven Übersicht als zur Ersparnis der sehr einfachen Berechnung ist das Nomogramm in Abb. 74 entworfen, dem man λ_n und k für offene und halbgeschlossene Nuten entnehmen kann. Man unterschätze nicht den Wert solcher Nomogramme.

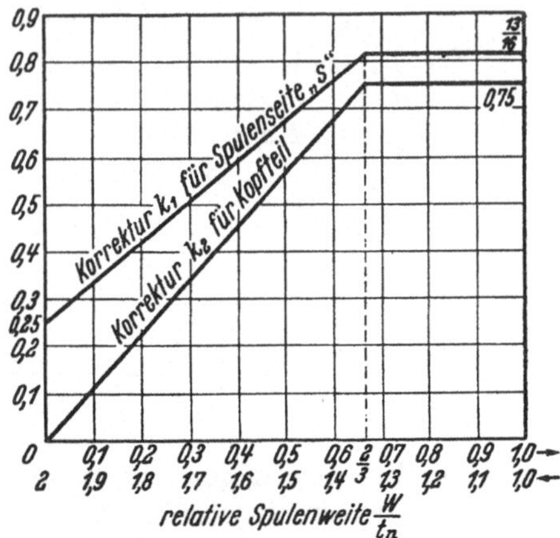

Abb. 72. Korrekturfaktoren k_1 und k_2 für 3-Phasenwicklungen der Zonenbreite $\beta = 120°$. (Polumschaltbare Wicklungen.)

Bisher war nur der Blindwiderstand für eine einzige Nut mit einem oder z_{nut} Leitern angegeben worden. Auf einen Strang entfallen N/m Nuten, wenn m die schalttechnische Strangzahl ist. Für N/m läßt sich auch $2pq$ unter Benutzung der Polzahl $2p$ und der Lochzahl q setzen. Zusammenfassend finden wir:

Blindwiderstand einer Nut mit einem Stab $$X_{(1)} = \frac{4\pi^2}{10}\,\frac{f}{50}\,l\,10^{-6}\,\lambda_n\,,$$

Blindwiderstand einer Nut mit z_{nut} Leitern $$X_{(z_{\text{nut}})} = \frac{4\pi^2}{10}\,\frac{f}{50}\,l\,10^{-6}\,\lambda_n\,z_{\text{nut}}^2\,,$$

mit $z_{\text{nut}} = \frac{z}{2pq}$,

und z = Leiterzahl eines Stranges.

Blindwiderstand eines Stranges mit z Leitern $$X_n = X_{(z_{\text{nut}})}\,\frac{N}{m}\,,$$

$$= \frac{4\pi^2}{10}\left(\frac{z}{100}\right)^2 \frac{f}{50}\,\frac{l}{100}\,\frac{1}{2p}\,\frac{\lambda_n}{q}\,.$$

Die erste Formel verwendet man gern bei der Auslegung von Käfig- oder Doppelkäfigankern, die letzte bei gewickelten Ankern.

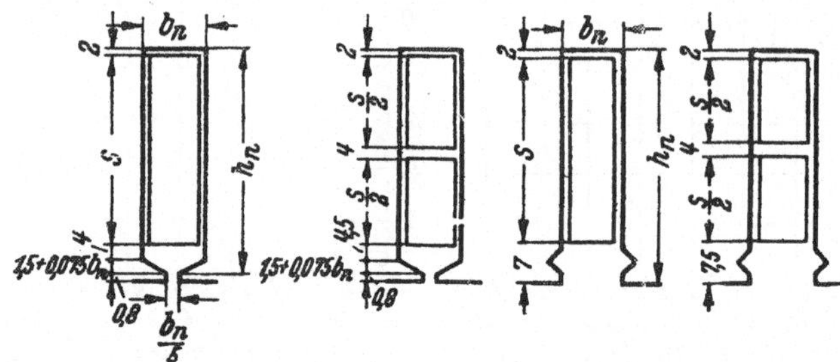

Abb. 73. Normalnuten mit den Streuleitwerten:

$$\lambda_n = \frac{h_n + 24}{3b_n} + 0{,}1 \text{ halboffene Nut,} \quad \lambda_n = \frac{h_n + 12}{3b_n} \text{ offene Nut;} \quad \frac{W}{t_p} = 1\,.$$

Die Division von λ_n durch die Lochzahl q je Pol und Strang darf nicht zu der Ansicht führen, als ob man durch Wahl einer anderen Nutenzahl die Nutstreuung wesentlich beeinflussen könnte. Greifen wir auf die zweite der Näherungsformeln (für offene Nut) zurück, so ist:

$$\frac{\lambda_n}{q} = \frac{h_n + 12}{3b_n q}\,;$$

nun ist aber bei der Drehstromwicklung $3t_n q = t_p$, also gilt:

$$\frac{\lambda_n}{q} = \frac{h_n + 12}{3t_n q\,\frac{b_n}{t_n}} = \frac{h_n + 12}{t_p \cdot \left(\frac{b_n}{t_n}\right)}\,.$$

Der in Klammern gesetzte Ausdruck (relative Nutbreite) liegt in den engen Grenzen von 0,5 bis 0,6, so daß der Betrag von λ_n/q praktisch nur von der Nuthöhe h_n und von der Polteilung t_p abhängt. Tiefe Nuten bedingen naturgemäß große Blindwiderstände, große Polteilungen verringern sie. Die Lochzahl hat fast keinen Einfluß; sie kann also keinesfalls zur Veränderung des Nutstreublindwiderstandes benutzt werden. Einen um so größeren Einfluß besitzt q dagegen bei der doppeltverketteten oder Oberwellenstreuung.

Anders gestaltete Nuten führt man auf die bisher behandelten mit parallelen Flanken zurück. Hierzu dient Abb. 75, in der die gängigsten Formen dargestellt sind.

Der Nutstreublindwiderstand der Primärwicklung wird berechnet unter Benutzung von z_1 und q_1. Der Nutstreublindwiderstand der

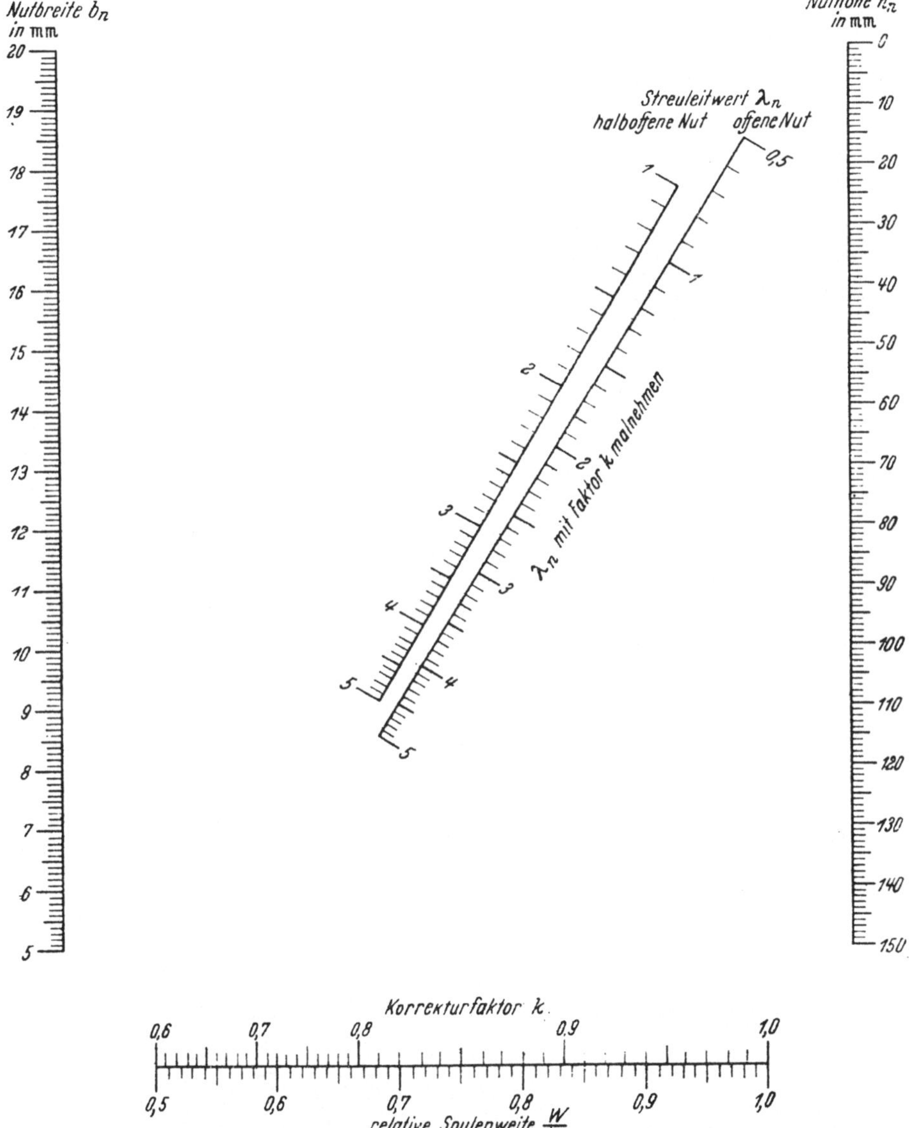

Abb. 74. Nomogramm für Nutenstreuleitwert λ_n normal bemessener Nuten nach Abb. 73 mit Gesamtkorrekturfaktor $k = f(W/t_p)$.

Sekundärwicklung wird meistens auf einen Strang der Primärseite bezogen. Es ist dann ebenfalls die Leiterzahl z_1 einzusetzen, während die Lochzahl durch q_2 des Läufers berücksichtigt wird. Außerdem ist mit dem Quadrat des Verhältnisses vom primären zum sekundären Wicklungsfaktor, also mit $(f_{w,1}/f_{w,2})^2$ zu multiplizieren. Die Leitwerte λ_n werden für jede Seite getrennt berechnet.

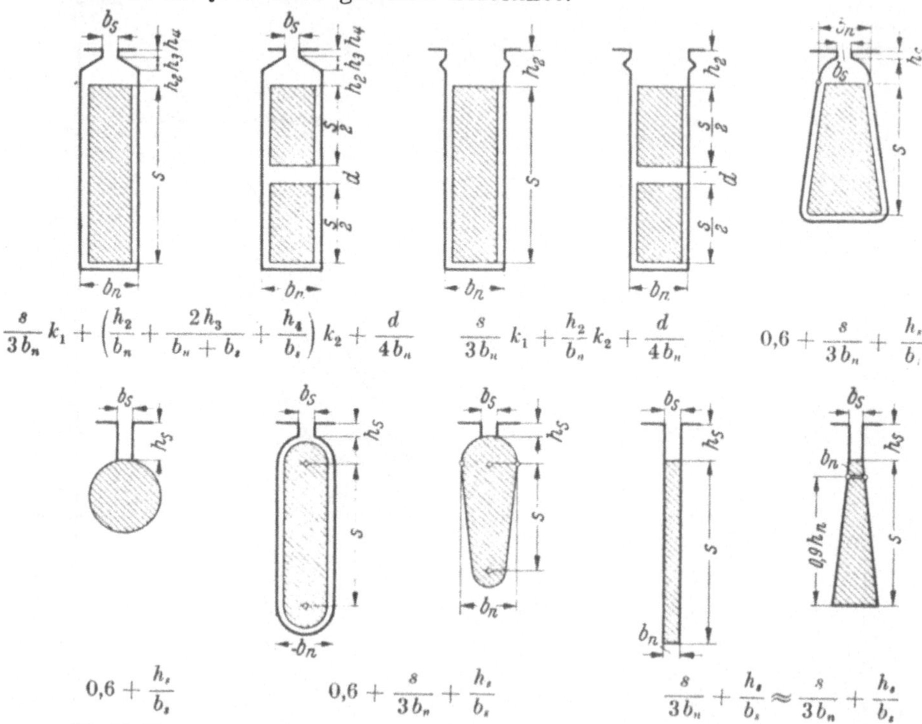

Abb. 75. Nutenstreuleitwert λ_n häufig vorkommender Nuten mit gleichförmiger Stromverteilung

Wegen der besonderen Wichtigkeit seien die Formeln für den Streublindwiderstand eines primären Stranges und für den der Sekundärseite, umgerechnet auf einen primären Strang, gemeinsam angeführt:

primärer Streublindwiderstand durch Nutenstreuung

$$X_{1,n} = \frac{4\pi^2}{10}\left(\frac{z_1}{100}\right)^2 \frac{f}{50}\,\frac{l}{100}\,\frac{1}{2p}\,\frac{\lambda_{n,1}}{q_1},$$

sekundärer Streublindwiderstand durch Nutenstreuung, bezogen auf einen primären Strang

$$X_{2,n}^{(1)} = \frac{4\pi^2}{10}\left(\frac{z_1}{100}\right)^2 \frac{f}{50}\,\frac{l}{100}\,\frac{1}{2p}\,\frac{\lambda_{n,2}}{q_2}\,\frac{f_{w,1}^2}{f_{w,2}^2}.$$

Bei Käfigankern ist genau wie bei 3-phasigen Schleifringankern $q_2 = N_2/(3 \cdot 2p)$, aber $f_{w,2} = 1$ zu setzen. f ist in beiden Formeln die Netzfrequenz, l die Paketlänge in cm, $X_{1,n}$ und $X_{2,n}$ die Widerstände in Ω.

26. Stirnstreuung. Die Stirnkopfstreuung ist rechnerisch kaum exakt zu erfassen, da die Ausbreitung der Streufelder im Bereich der Wickelköpfe von Ständer und Läufer ziemlich stark von der Form und der Verlegung der Köpfe sowie von der Annäherung an magnetisierbare Eisenteile abhängt. Im Gegensatz zur Nutstreuung, wo eher die Tendenz zu einer allzu genauen rechnerischen Ermittlung besteht, begnügt man sich bei der Stirnstreuung oft nur mit einer einzigen Zahl für den Streuleitwert λ_s. Das mag und soll bei Synchronmaschinen recht sein. Bei Asynchronmaschinen wird man den Tatsachen nur ungenügend gerecht. Man muß differenziertere Werte für λ_s benutzen. Solche finden sich in nachstehender Tabelle. Sie wurden rückwärts aus genauen Meßergebnissen an ausgeführten Maschinen bestimmt und decken sich recht gut mit den zahlreichen von Richter veröffentlichten Werten, die als Ausgangspunkt gedient hatten. Die Streuleitwerte gelten für Ständer- und Läuferwicklung gemeinsam.

Tabelle für Streuleitwerte λ_s der Stirnstreuung.

		Ständerwicklung	
		Einschicht	Zweischicht
Läuferwicklung	Einschicht . .	0,50	0,40—0,30
	Zweischicht . .	0,40	0,30
	Käfig.	0,35	0,25—0,15

Der Stirnstreublindwiderstand wird nach der gleichen Formel wie der Nutstreublindwiderstand berechnet. Nur tritt an Stelle der Schichtlänge l die Wickelkopflänge $l_{s,1}$ der primären Wicklung, die gefunden wird als Differenz der mittleren Leiterlänge l_l und der Schichtlänge l. Außerdem tritt λ_s an die Stelle von λ_n/q. Die Lochzahl q tritt also nicht in Erscheinung. λ_s gilt nämlich jeweils für eine ganze Gruppe von q Köpfen. Am besten berechnet man den Streublindwiderstand auch hier mit der Schichtlänge l und korrigiert entsprechend λ_s durch den Faktor $l_{s,1}/l$. Dann resultiert folgende Formel:

Streublindwiderstand durch Stirnstreuung im Ständer und Läufer

$$X_s = X_{s,1} + X'_{s,2} = \frac{4\pi^2}{10}\left(\frac{z_1}{100}\right)^2 \frac{f}{50}\,\frac{l}{100}\,\frac{1}{2p}\,\lambda_s\,\frac{l_{s,1}}{l}, \quad \text{mit} \quad l_{s,1} = l_l - l.$$

Der Stirnstreublindwiderstand ist bei schmaler Maschine relativ größer als bei breiten Maschinen mit sonst gleichen Abmessungen. Er liegt bei schnellaufenden Maschinen wegen der großen Wickelkopflängen wesentlich höher als bei hochpoligen Typen. Er kann bei 2-poligen schmalen Maschinen die Hälfte des gesamten Kurzschluß-Streublindwiderstandes ausmachen. Bei breiten Langsamläufern dagegen tritt die Stirnstreuung stark zurück. Sie kann niemals mit vernünftigen Mitteln vergrößert und zur Begrenzung des Kurzschlußstromes herangezogen werden. Man muß X_s berechnen und den gefundenen Wert hinnehmen.

27. Doppeltverkettete Streuung. Der Begriff der doppeltverketteten Streuung sei gleich zu Beginn an einem sehr einfachen 1-phasigen Beispiel klargemacht. In Abb. 76a ist der abgewickelte Umfang einer Maschine dargestellt, die auf dem primären Stator die regelmäßig angeordneten 1-Lochspulen S_1 und auf dem sekundären Rotor die ebenfalls regelmäßig liegenden 1-Lochspulen S_2 trägt. Die Spulenweite von S_1 und der Spulenabstand seien gleich der Polteilung t_p bzw. $2t_p$. Die Spulen im Sekundärteil dagegen seien gesehnt, ihre Weite betrage $0{,}8\,t_p$; ihr Abstand ist ebenfalls gleich der doppelten Polteilung. Die Spulen S_1 und S_2 stehen sich konzentrisch gegenüber. Die Ohmschen Widerstände seien verschwindend klein, die Nutstreuung sei ebenfalls

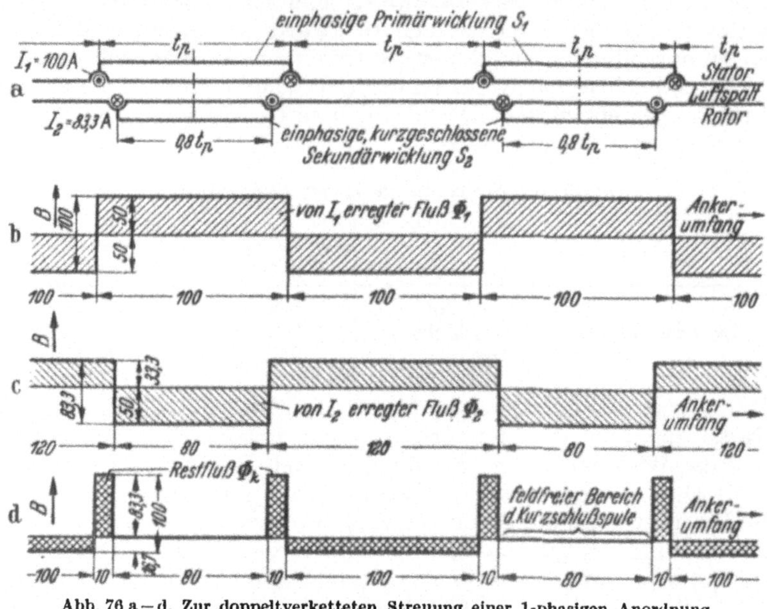

Abb. 76 a—d. Zur doppeltverketteten Streuung einer 1-phasigen Anordnung. Streufaktor $\sigma = \Phi_k/\Phi_1 = 0{,}33$. Erläuterung im Text.

vernachlässigbar gering. Wird jetzt die Primärseite, z. B. von einem Wechselstrom $I_1 = 100$ A, gespeist, wobei die Sekundärwicklung noch offen bleibt, so ist infolge der ungestörten Feldausbildung eine hohe Spannung U_1 an den Klemmen der Primärwicklung zu beobachten. Diese Wicklung bietet also dem Strom I_1 einen großen Blindwiderstand, den sog. *Nutz*blindwiderstand, dar. Die Spannung U_2 an den Klemmen der Sekundärwicklung ist — bei gleicher Windungszahl — kleiner, da nicht der volle Fluß, der die Primärspulen S_1 durchsetzt, von den kürzeren Sekundärspulen S_2 umfaßt wird. Im Beispiel beträgt die relative Spulenweite 80%, also ist auch die Sekundärspannung U_2 nur 80% von U_1. Schließt man jetzt die Sekundärseite widerstandslos kurz, hält aber durch geeignete Maßnahmen den Primärstrom I_1 auf dem Werte 100 A konstant, so bricht die Spannung U_1 auf den kleineren Wert der Kurzschlußspannung $U_{1,k}$ zusammen. Warum verschwindet sie nicht völlig, da doch keine Ohmschen und keine durch Nutstreuung verursachten Blindwiderstände vorhanden sind? (Auch die Wickelkopfstreuung sei Null.) Wir betrachten hierzu Abb. 76c. Mit Sicherheit wissen wir, daß die sekundär induzierte Spannung wegen des widerstandslos gedachten Kurzschlußkreises gleich Null sein muß. Also fließt sekundär ein solcher Strom I_2, daß der vom Primärstrom hervorgerufene und von S_2 umfaßte Fluß genau aufgehoben wird. In unserem Versuch ist das der Fall, wenn sekundär der Strom $I_2 = 83{,}3$ A fließt. Dann ist der Fluß, herrührend von I_2, gerade genau so groß wie der im Bereich von S_2 liegende Flußanteil der Primärwicklung (Abb. 76b). Beide Flüsse sind einander entgegengerichtet und heben sich bezüglich S_2 auf. In S_2 wird tatsächlich keine Spannung induziert. Ganz anders aber in S_1. Die Überlagerung der beiden Flüsse ist in Abb. 76d eingezeichnet. Wenn man die restliche, doppelt schraffiert angelegte Fläche ausmißt, erkennt man, daß die Spulen S_1 einen durchaus noch beachtlichen Restfluß umfassen. Er beträgt im Beispiel $^1/_3$ des Flusses bei Leerlauf; daher ist die in der Primärwicklung induzierte Kurzschlußspannung 33,3% der Leerlaufspannung. Diese Spannung $U_{1,k}$ gleich $^1/_3$ von U_1 wird durch den Strom I_1 dividiert. Es ergibt sich der ***Blindwiderstand*** durch ***doppeltverkettete Streuung***. Würde man die Sekundärspulen weiter machen, so würde die Kurzschlußspannung und mit ihr der Blindwiderstand immer kleiner werden, um bei voller Weite der Spulen S_2 ganz zu verschwinden. Der Widerstand der doppeltverketteten Streuung tritt immer dann in Erscheinung, wenn sich eine Primär- und eine Sekundärwicklung mit nicht gleicher ***Verteilung*** der Leiter und in nicht ***deckungsgleicher*** örtlicher ***Stellung*** gegenüberstehen. Nehmen wir als 3-phasiges Beispiel eine Maschine, in deren Statornuten z. B. 2 übereinanderliegende Wicklungen gemeinsam untergebracht sind. Die Anfänge ihrer einzelnen Zonen sollen in den gleichen Nuten liegen und die Ausführung der Wicklungen soll völlig übereinstimmen bis auf das frei bleibende Windungszahlverhältnis. Beim Kurzschlußversuch zeigt sich kein Anteil der Kurzschlußspannung, der auf eine doppeltverkettete Streuung schließen läßt. Verlegt man dagegen die Wicklungsanfänge der zweiten Wicklung um 1 oder 2 Nuten gegenüber den Anfängen der primären Wicklung, so steigt die Kurzschlußspannung oder der Kurzschlußwiderstand fühlbar an. (Solche Wicklungsanordnungen findet man bei Drehstromkommutatormaschinen.) Beide Wicklungen erzeugen jede für sich gleichartige Flüsse, von denen jeder in der Maschine den gleichen, nur räumlich entsprechend versetzten Verlauf nimmt. Aber die Verkettung der jeweils erregenden mit der unerregten Wicklung hat sich verschlechtert; es treten daher ***Teile*** des Flusses der Wirkung nach als ***Streu***flüsse auf, obwohl sie doppelt, also mit beiden Wicklungen verkettet sind. Die doppeltverkettete Streuung muß demnach bei einer normal gebauten und umlaufenden Asynchronmaschine, bei der sich die Lage der Primärwicklung im Ständer zu der Sekundärwicklung im Läufer dauernd ändert, Schwankungen unterworfen sein. Solche sind bei jedem Kurzschlußversuch zu beobachten, wenn man den Läufer langsam verstellt. Um eine saubere Berechnung zu ermöglichen (deren Ergebnisse in gutem Einklang mit den Messungen stehen), betrachtet man die Vorgänge bei einer Mehrphasenmaschine folgendermaßen: Man zerlegt den von der stromführenden Primärwicklung erzeugten Fluß in den Fluß der Grundwelle Φ_1 und die Flüsse der Oberwellen Φ_5, Φ_7, Φ_{11}, Φ_{13} usw. Dann nimmt man an, daß nur Φ_1 mit der umlaufenden Sekundärwicklung nutzbar verkettet ist. Die übrigen Flüsse betrachtet man als Streuflüsse, die nur in der Primärwicklung selbst Spannungen induzieren, die sich übrigens algebraisch addieren. Die Summe dieser Spannungen setzt man in Beziehung zu der von Φ_1 induzierten Spannung U_1 und nennt den resultierenden Wert den *Faktor* σ_d der doppeltverketteten Streuung. Die Multiplikation von σ_d mit dem Nutzblindwiderstand X_h ergibt den Streublindwiderstand X_d.

Zur Berechnung von σ_d stehen prinzipiell verschiedene Wege zur Verfügung. Zum Beispiel dieser erste. Man geht aus von der 3-phasigen Speisung der Primärwicklung. Die Ströme rufen einen mehrwelligen Strombelag hervor, dessen einzelne Amplituden bis auf eine Konstante gleich den Wicklungsfaktoren $f_{w,1}$, $f_{w,5}$, $f_{w,7}$ usw. sind. Die Strombelagswellen besitzen Periodenlängen, die bis auf eine Konstante (nämlich die doppelte Polteilung) gleich den Kehrwerten der Ordnungszahlen, also gleich $^1/_1$, $^1/_5$, $^1/_7$ usw. sind. Die integrierten Strombelagswellen liefern die Wellen der magnetischen Spannung, die proportional sind den durch die Ordnungszahlen dividierten Wicklungsfaktoren, also den Werten $f_{w,1}/1$, $f_{w,5}/5$, $f_{w,7}/7$ entsprechen. Diese Wellen der magnetischen Spannung erregen die Einzelwellen der magnetischen Induktion, die also bis auf eine Konstante den Werten $f_{w,1}/1^2$, $f_{w,5}/5^2$, $f_{w,7}/7^2$ usw. gleich sind. Endlich kommen diesen Induktionswellen Flüsse zu, die nun (alle mit der Netzfrequenz) in der Primärwicklung Spannungen U_1, U_5, U_7, ... der relativen Größe $(f_{w,1}/1)^2$, $(f_{w,5}/5)^2$, $(_{w,7}/7)^2$ usw. induzieren. Daraus ergibt sich:

$$\sigma_d = \frac{U_5 + U_7 + U_{11} + U_{13} + \cdots}{U_1},$$

$$= \frac{1}{f_{w,1}^2}\left(\frac{f_{w,5}^2}{5^2} + \frac{f_{w,7}^2}{7^2} + \frac{f_{w,11}^2}{11^2} + \frac{f_{w,13}^2}{13^2} + \cdots\right),$$

$$= \frac{1}{f_{w,1}^2} \sum^{\nu} \frac{f_{w,\nu}^2}{\nu^2}$$

mit $\nu = 6\,g \pm 1$ und $g = 1, 2, 3, \ldots$ bei der normalen Drehstromwicklung. Man braucht nur die Ordnungszahlen wirklich vorhandener Wellen zu berücksichtigen.

Beim Schleifringanker ergeben sich natürlich die gleichen Verhältnisse. Der *Käfiganker* bildet, sofern seine Stabströme sinusförmig und zeitlich um gleiche Winkel phasenverschoben sind, außer der Grundwelle Wellen der Ordnungszahlen aus:

$$\nu = g\,\frac{N_2}{p} \pm 1 \quad \text{mit} \quad g = 1, 2, 3, \ldots.$$

Ihre Wicklungsfaktoren haben alle den gleichen Betrag, nämlich Eins. Mithin ist der Faktor der doppeltverketteten Streuung des Käfigankers:

$$\sigma_d = \sum \frac{1}{\nu^2} = \frac{1}{(6q_2 - 1)^2} + \frac{1}{(6q_2 + 1)^2} + \frac{1}{(12q_2 - 1)^2} + \frac{1}{(12q_2 + 1)^2} + \cdots,$$

wenn man wie schon früher die gedachte Lochzahl $q_2 = N_2/(3 \cdot 2p)$ einführt. Vernachlässigt man jeweils die 1 im Nenner, so kann man die unendliche Reihe leicht addieren, für die man $\pi^2/108\, q_2^2 = 0{,}0915/q_2^2$ bekommt. Dies ist tatsächlich ein recht brauchbarer Ausdruck für σ_d des Käfigankers. Der Wert von σ_d hängt, woran man immer denken möge, vom Kehrwert des Quadrates der Polzahl $2p$ des Stators ab, in den der Käfiganker eingefügt wird. Bei Polumschaltung ändert sich mithin auch das σ_d des Käfigankers.

Wenn man die Summe der durch die magnetischen Oberwellen in der eigenen Wicklung induzierten Spannungen U_ν durch den Effektivwert des Stromes je Strang I teilt, bekommt man unmittelbar den Ausdruck für den *Streublindwiderstand:*

$$X_d = \frac{U_5 + U_7 + U_{11} + U_{13} + \cdots}{I}$$

bei der normalen Dreiphasenwicklung bzw.

$$X_d = \frac{\Sigma U_\nu}{I} \quad \text{mit} \quad \nu > 1$$

im allgemeinen Fall.

Wegen $X_{1,h} = U_1/I$ und wegen der obigen Definition von σ_d ergibt sich:

$$X_d = \frac{U_1}{I}\,\sigma_d.$$

Man muß also 2 zusammengehörige Werte der von der Grundwelle induzierten Spannung U_1 und des diese Grundwelle (neben den Oberwellen) hervorrufenden Stromes I kennen. Diese Kenntnis liefert aber die Durchbrechung des magnetischen Kreises. Setzt man U_1 mit einem winzigen Fehler gleich der Spannung eines Stranges U_{strang} und setzt man I gleich dem Magnetisierungsstrom I_μ, so ist:

$$X_d = \frac{U_{\text{strang}}}{I_\mu}\,\sigma_d.$$

U_{strang} ist bei jeder Maschine bekannt. I_μ wird entweder berechnet oder aber über den relativen Magnetisierungsstrom i_μ, den man leicht schätzen kann, aus dem Nennstrom I_n bestimmt zu $I_\mu = i_\mu I_n$. Auf diese Weise kann X_d, wenn man nur σ_d kennt, in guter Annäherung auch bei nicht durchgerechneten oder fremden Maschinen geschätzt werden.

Aus guten Gründen sollen aber alle Streublindwiderstände unmittelbar miteinander verglichen werden können. Deshalb wird der Ansatz gemacht:

$$X_d = \frac{4\pi^2}{10}\left(\frac{z}{100}\right)^2 \frac{f}{50}\,\frac{l}{100}\,\frac{1}{2p}\,\lambda_d,$$

worin λ_d der *Streuleitwert* der doppeltverketteten Streuung ist, der unmittelbar mit dem auf die Lochzahl bezogenen Streuleitwert der

Nuten λ_n/q oder mit dem auf die Ankerlänge l bezogenen Leitwert der Stirnstreuung $\lambda_s l_{s,1}/l$ verglichen werden kann.

Dieser Ansatz führt zum Nutzleitwert λ_0, da ein Koeffizientenvergleich mit der Annahme:

$$\lambda_d = \lambda_0 f_w^2 \sigma_d$$

wieder den schon oben gebrauchten Ausdruck (s. S. 87)

$$\lambda_0 = 0{,}38 \frac{\Phi\, 10^6}{V_\mu l}$$

ergibt. Man bezieht den Läuferblindwiderstand der doppeltverketteten Streuung genau wie den Nutstreublindwiderstand auf einen Strang der Primärwicklung und bekommt die Widerstände beider Wicklungen durch:

$$X_{d,1} + X_{d,2}^{(1)} = \frac{4\pi^2}{10} \left(\frac{z_1}{100}\right)^2 \frac{f}{50} \frac{l}{100} \frac{1}{2p} \lambda_0 f_{w,1}^2 (\sigma_{d,1} + \sigma_{d,2}).$$

Die Existenz der hier dauernd zugrunde gelegten einzelnen Wellen im Strombelag, in der magnetischen Spannung und in der ihr bis auf eine Konstante gleichzusetzenden Feldkurve ist durch einen Versuch recht anschaulich zu zeigen. (Existenz soll natürlich heißen, daß die nur mathematisch begründeten Zerlegungen recht vorteilhaft sind.) Man lasse einen Drehstrommotor mit Schleifringanker bei offenen Ringen streng synchron laufen. Dann kann die Grundwelle des allein stromdurchflossenen Ständers keine Spannung mehr im Läufer induzieren. Die 5. und 7. Welle dagegen induzieren sekundär Spannungen von der Frequenz $6f$, die 11. und 13. Welle Spannungen von der Frequenz $12f$ usw. Diese Spannungen gleicher Frequenz, aber verschiedener Herkunft können je nach Winkellage des Läufers sich zwischen 2 bestimmten Ringen algebraisch addieren oder subtrahieren oder allgemein vektoriell zusammensetzen.

Das Oszillogramm in Abb. 77 zeigt oben eine der 3 (voneinander verschiedenen) Spannungen des offenen Läufers und darunter zum Vergleich der Frequenzen die Netzspannung. Das Oszillogramm der Spannungen zwischen den anderen Ringpaaren zeigt die gleichen Frequenzen, aber andere Effektivwerte der Einzelwellen. Man erkennt sehr gut die 6-fache Netzfrequenz und ihre weiteren Vielfachen.

Schließt man den Läufer kurz, so fließt darin ein winziger Strom, den wir oben völlig vernachlässigt haben.

Anschließend sei ein anderes Verfahren zur Berechnung des Streufaktors σ_d angegeben, das auf der Berechnung der magnetisch gebundenen *Energien* im Luftspalt fußt. Wir gehen wieder davon aus, daß der induktive Widerstand dem Energieinhalt proportional ist. Dann legen wir irgendeine Drehstromwicklung zugrunde und zeichnen die Kurve der magnetischen Spannung oder die ihr bei konstantem Luftspalt (nach unserer vereinfachenden Annahme) verhältnisgleiche Kurve der magnetischen Induktion im Luftspalt, die wir beide unter dem Begriff *Feldkurve* zusammenfassen dürfen. Der Zeitpunkt ist ganz unwesentlich; wir wählen nur aus Gründen der Einfachheit immer jenen Punkt, bei dem ein Strang stromlos ist, während die beiden anderen gleich starke und entgegengesetzte Ströme führen.

Zu dieser Feldkurve zeichnen wir (nach harmonischer Analyse) die *Grundwelle*; anschließend stellen wir auch noch die Differenz aus Feldkurve und Grundwelle als sog. *Restkurve* dar.

Wenn jetzt die Feldkurve zuerst *quadriert* wird und dann ihr Integral über einer Basis genommen wird, längs deren sich der Kurvenverlauf periodisch wiederholt, so bekommen wir einen Wert, der dem Gesamtblindwiderstand (ohne Nut- und Stirnstreublindwiderstand) proportional

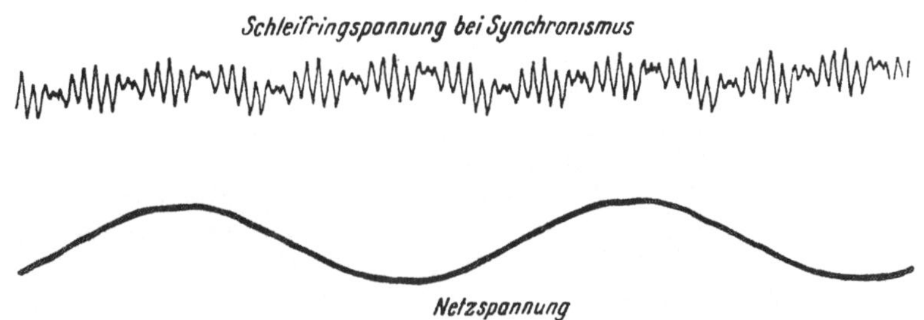

Abb. 77. Von den magnetischen Oberwellen hervorgerufene Spannung zwischen zwei bestimmten Schleifringen einer streng synchron umlaufenden, läuferseitig offenen Asynchronmaschine; darunter Netzspannung zum Vergleich der Frequenzen.

ist. Dieser Widerstand setzt sich zusammen aus dem Nutzblindwiderstand und dem gesuchten Streublindwiderstand der doppelten Verkettung.

Wenn anschließend auch die Grundwelle quadriert und danach über der gleich langen Basis integriert wird, so gewinnt man die relative Energie, die dem Nutzfeld zukommt, gleichzeitig also auch den relativen Nutzblindwiderstand.

Durch Subtraktion beider Integrale bekommt man den relativen Energieinhalt der Streufelder und somit auch den relativen Streublindwiderstand.

Von den unter sich gleichen Proportionalitätsfaktoren machen wir uns frei, indem wir setzen:

Faktor der doppeltverketteten Streuung

$$\sigma_d = \frac{\text{Fläche der quadrierten Feldkurve} - \text{Fläche ihrer quadrierten Grundwelle}}{\text{Fläche der quadrierten Grundwelle}}$$

Nach diesem Vorgang sind die auf Seite 115 tabellierten Werte von σ_d tatsächlich berechnet worden.

Man muß aber sehr genau rechnen, da das gesuchte Ergebnis der Differenz zweier fast gleich großer Zahlen entspricht. Als Beispiel sei der Fall der unendlich feinen Nutung, also der Fall $q = \infty$ bei ungesehnter Wicklung angeführt. Hierbei findet man z. B.:

$$\sigma_d = \frac{\pi^4 - 97{,}2000}{97{,}2000} = \frac{97{,}40909 - 97{,}2000}{97{,}2000} = \frac{0{,}20909}{97{,}2} = 0{,}00215.$$

Um das Ergebnis auf 3 Stellen sicherzustellen, mußte man also mit 7-stelliger Genauigkeit rechnen.

Irrte man sich bei der Berechnung des Scheitelwertes der Grundwelle um 0,1 % nach oben oder nach unten, so würde sich im Beispiel die Energie der Grundwelle um $\pm 0{,}2$ % ändern. Der Streufaktor würde im ersten Fall mit praktisch 0, im zweiten Fall mit rund dem doppelten Betrag des wahren Wertes resultieren. Dem Rechenfehler von $\pm 0{,}1$ % an der einen Stelle würde im Resultat ein Fehler von ± 100 % entsprechen.

Wir suchen daher einen besseren Weg, speziell um einen quantitativen Einblick zu gewinnen. Vermutlich wird die *Restkurve* bei entsprechender Benutzung zum Ergebnis führen. Verschwindet sie nämlich an jeder Stelle, so ist σ_d bestimmt Null, ist sie dagegen gleich der Feldkurve selbst, verschwindet also die Grundwelle, wie es eintreten kann, wenn wir einen anderspoligen Läufer in den Ständer einbauen, der gar nicht auf dessen Wicklungen reagiert, so ist $\sigma_d = \infty$.

Der *Flächeninhalt* der Restkurve kann nicht maßgebend sein, denn über 2 Polteilungen genommen, ist er — wie auch der Inhalt der Feldkurve und der Grundwelle — identisch Null. Der Flächeninhalt über eine einzige Polteilung kann positiv, negativ oder Null sein, je nachdem, für welchen Zeitpunkt die Feldkurve gezeichnet wurde. Auch deren Inhalt — über t_p genommen — schwankt. Allein die Grundwelle hat ein über t_p konstantes Integral.

Wir müssen tiefer auf das Problem der Näherung einer gegebenen periodischen Kurve $y(x)$ (unsere Feldkurve) durch eine der Gestalt nach willkürlich wählbare Kurve $y_1(x)$ (unsere Grundwelle) eingehen, deren Größe — gekennzeichnet durch einen Multiplikator a_1 — noch zu bestimmen ist.

Als beste Näherung wollen wir diejenige ansehen, bei der das über die volle Periode 2π genommene Integral der quadrierten Differenzen zwischen y und $a_1 y_1$ ein Minimum wird. Es sei also (nach Gauß):

$$Q = \int_0^{2\pi} (y - a_1 y_1)^2 \, dx = \text{Minimum}.$$

Daher ist zu setzen:

$$\frac{dQ}{da_1} = 2 \int_0^{2\pi} (y - a_1 y_1)(-y_1) \, dx = 0.$$

Hieraus folgt die bekannte Formel für den Multiplikator a_1:

$$a_1 = \frac{\int_0^{2\pi} y\, y_1 \, dx}{\int_0^{2\pi} y_1\, y_1 \, dx}.$$

Dies ist die ebenfalls allgemein bekannte Vorschrift, die anzunähernde Kurve $y(x)$ zuerst im Bereich 0 bis 2π mit der Näherungskurve $y_1(x)$ zu multiplizieren und das Integral der resultierenden Kurve zu bestimmen, das zuletzt durch das Integral der mit sich selbst malgenommenen Näherungskurve dividiert wird.

Wenn man nunmehr mit der richtigen, also auf das a_1-fache vergrößerten Näherungskurve $a_1 y_1(x)$ weiterarbeitet, kann man die verbleibende Restkurve zeichnen:

$$y_{\text{rest}} = y(x) - a_1 y_1(x)\,.$$

Sehr interessant wird nun sein, die Integrale der Kurven $y^2(x)$, $(a_1 y_1(x))^2$ und $y^2_{\text{rest}}(x)$ zu bilden. Wir finden nämlich, daß gilt:

$$\int_0^{2\pi} y^2(x)\,dx = \int_0^{2\pi} a_1^2 y_1^2(x)\,dx + \int_0^{2\pi} y^2_{\text{rest}}(x)\,dx\,,$$

sofern wir den obigen Wert für die Amplitude a_1 einsetzen, der die Bedingung des Minimums erfüllt. Das bedeutet erstens, daß eine gegebene Kurve $y(x)$ durch eine beliebig gestaltete Kurve $y_1(x)$, deren Amplitude a_1 noch zu bestimmen ist, gerade dann richtig genähert wird, wenn das Integral von y^2 gleich der Summe des Integrals von $(a_1 y_1)^2$ und des der quadrierten Restkurve ist. Da nun das letztgenannte Integral für die Amplitude a_1 ein Minimum ist, ändert es seinen Wert bei kleinen Änderungen von a_1 nach oben oder unten nur mit dem Quadrat und noch höheren Potenzen dieser Abweichungen. Das Ziel der genauen Bestimmung der quadrierten Grundwelle, um auf unser Thema zurückzukommen, wird also besser erreicht, wenn wir erstens das Integral der Feldkurve zum Quadrat bilden (eine immer einfache Aufgabe) und zweitens das Integral der wenn auch mit leichten Amplitudenfehlern gebildeten und quadrierten Restkurve bestimmen. Die Differenz ergibt den relativen Energieinhalt oder Blindwiderstand der Grundwelle, und für den Streufaktor setzen wir:

$$\sigma_d = \frac{\text{Fläche der quadrierten Restkurve}}{\text{Fläche der quadrierten Feldkurve} - \text{Fläche der quadrierten Restkurve}}\,,$$

$$= \frac{\text{Fläche der quadrierten Restkurve}}{\text{Fläche der quadrierten Grundwelle}}\,.$$

Drei gute Wege bestehen nun, die quadrierte Restkurve vor Augen zu führen. In Abb. 78 und 79 wurde der nächstliegende beschritten. In a) sieht man die Feldkurve und die zugehörige, bereits größengerechte, sinusförmige Grundwelle einer Drehstrom-1-Loch- bzw. 2-Lochwicklung ohne Sehnung. Darunter in b) ist die Differenzkurve beider, also die Restkurve dargestellt. In c) sind die beiden ersten Kurven und in d) die Restkurve quadriert. Ihre Integrale wurden in e) dargestellt, und zwar ist das große Rechteck A flächengleich mit der quadrierten Grundwelle, B gleicht der quadrierten Restkurve. Ihre Summe ist gleich der Fläche der quadrierten Feldkurve und ihr Verhältnis gleich dem gesuchten Streufaktor σ_d.

Wir setzen uns nun das Ziel, die 3 Kurven: Feldkurve, Grundwelle und Restkurve nicht mehr erst zu quadrieren, sondern sie möglichst unverändert in die Betrachtung hineinzubringen. Wir gehen davon aus, daß das Integral über $y^2 dx$ (bis auf eine Konstante) gleich dem auf die x-Achse bezogenen statischen Moment oder gleich dem Volumen des Körpers ist, den die Kurve $y(x)$ bei der Rotation um die x-Achse erzeugt. In Abb. 80 und 81 wurde die Feldkurve, die Grundwelle und ihre Restkurve für eine normale ungesehnte 3-Loch- und eine ∞-Lochwicklung aufgetragen. Darunter befindet sich die *absolute Restkurve*, die gewonnen wird, indem man alle negativen Teile nach oben klappt. Dies ist die einzige Änderung, die wir vornehmen. Nunmehr bestimmen wir durch Schwerpunkt- und Flächenermittlung oder durch sonstige rechnerische Hilfsverfahren oder auch experimentell das statische Moment dieser absoluten Restkurve. Es ist, gemessen am statistischen Moment der (in diesem Fall bereits absoluten) Grundwelle, unmittelbar gleich dem Streufaktor σ_d.

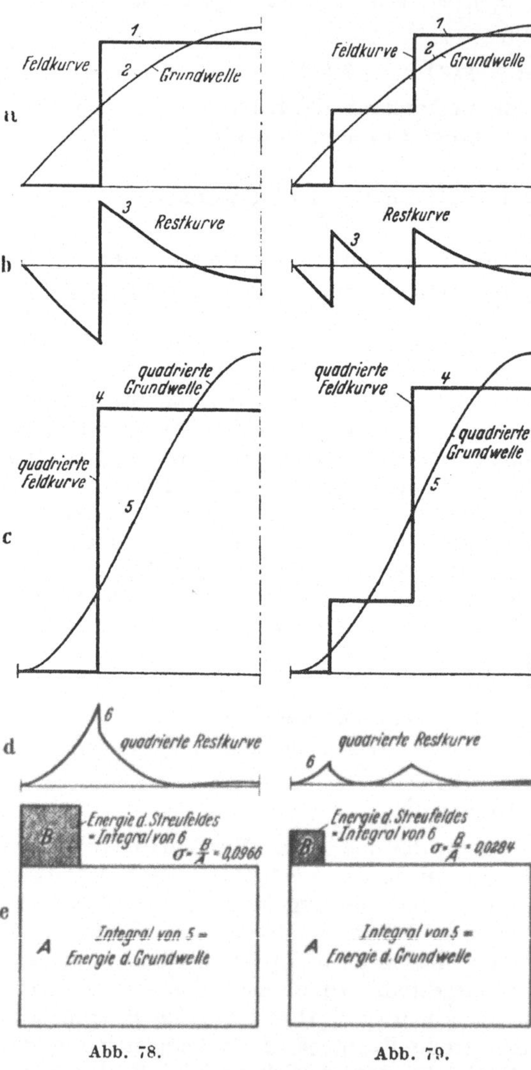

Abb. 78. Abb. 79.

Abb. 78 u. 79 a–e. Zur Bestimmung des Faktors der doppeltverketteten Streuung σ_d einer 1-Lochwicklung (Abb. 78) und einer 2-Lochwicklung für 3-Phasenstrom. a Feldkurve 1 und Grundwelle 2. b Restkurve 3 = 1 minus 2. c *quadrierte* Feldkurve 4 und *quadrierte* Grundwelle 5. d *quadrierte* Restkurve 6. e Integral der quadrierten Grundwelle A und der quadrierten Restkurve B. Es ist $\sigma_d = B/A$. Integral der quadrierten Feldkurve $A + B$.

Der andere Weg wurde in Abb. 82 eingeschlagen. Es ist der gleiche Fall wie in Abb. 81. Feldkurve, Grundwelle und Restkurve rotieren und liefern die 3 dargestellten Körper. Das Volumen der kleinen Nadel, gemessen an dem des Grundwellenkörpers, ist gleich σ_d.

Die Summe der Volumen dieser beiden Körper ist gleich dem des Körpers aus der Feldkurve.

Besonders anschaulich soll Abb. 83, das

nach einem ausgeführten Modell gezeichnet wurde, unsere Gedankengänge machen. Dort ist die absolute Feldkurve einer 3-Lochwicklung,

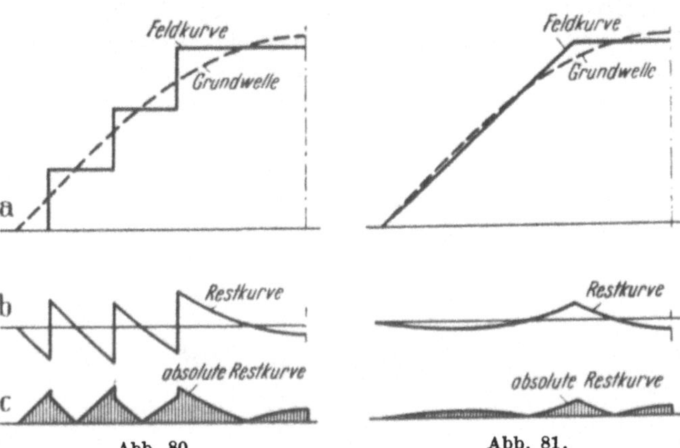

Abb. 80. Abb. 81.

Abb. 80 u. 81 a–c. Zur Bestimmung des Streufaktors σ_d mittels der *absoluten Restkurve* bei einer 3-Lochwicklung und einer Wicklung mit unendlich vielen Nuten, beide für Drehstrom. a Feldkurve und Grundwelle. b Restkurve. c *absolute* Restkurve.

Es ist $\sigma_d = \dfrac{\text{stat. Moment der } \textit{absoluten} \text{ Restkurve}}{\text{stat. Moment der } \textit{absoluten} \text{ Grundwelle}}$.

Abb. 82. Bestimmung des Streufaktors σ_d aus den Rotationskörpern der Feldkurve (Volumen V), der Grundwelle (Volumen V_1) und der Restkurve (Volumen V_{rest}) zu:

$$\sigma_d = \frac{V_{rest}}{V_1}, \quad \text{wobei } V = V_1 + V_{rest}.$$

(Nach einem Modell.)

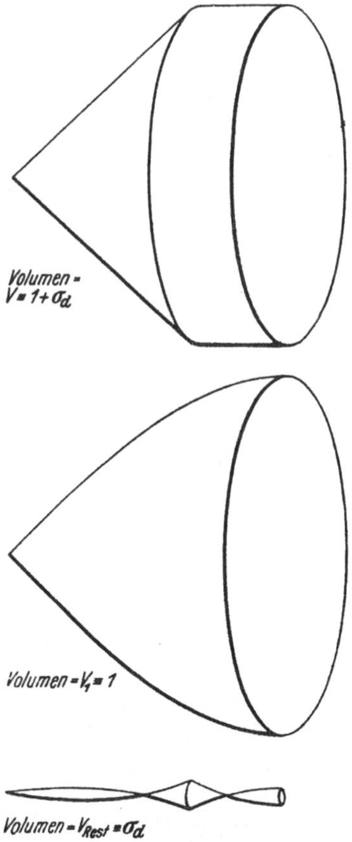

Volumen = $V = 1 + \sigma_d$

Volumen = $V_1 = 1$

Volumen = $V_{Rest} = \sigma_d$

Abb. 82.

ihre absolute Grundwelle und die absolute Restkurve über 2 volle Polteilungen, befestigt an der „x-Achse", in drehbarer Lagerung zu sehen. Selbstverständlich sind die Kurven aus einem ebenen Stoff gleicher Dicke auszuschneiden. An einem Hebelarm jeweils gleicher Länge tarieren Gewichte G, G_1 und G_{rest} die Kurvenschnitte aus. Es gilt:

$$G = G_1 + G_{rest}$$

und

$$\sigma_d = \frac{G_{rest}}{G_1}.$$

Der Rückgriff auf die absolute Restkurve soll vor allem den Blick dafür schärfen, daß jede irgendwo an die Feldkurve angesetzte Ecke stark die doppeltverkettete Streuung erhöhen muß, da ein solches Stückchen die Größe der Grundwelle fast gar nicht, die Restkurve und ihr statisches Moment dagegen sehr entscheidend und nur im wachsenden Sinn beeinflussen kann. Daher sind fast alle Bruchlochwicklungen bei Asynchronmaschinen zu vermeiden. Denn diese haben Feldkurven mit ungleich stark ausgebildeten Polen zur Folge. Ihr örtlicher Über- oder

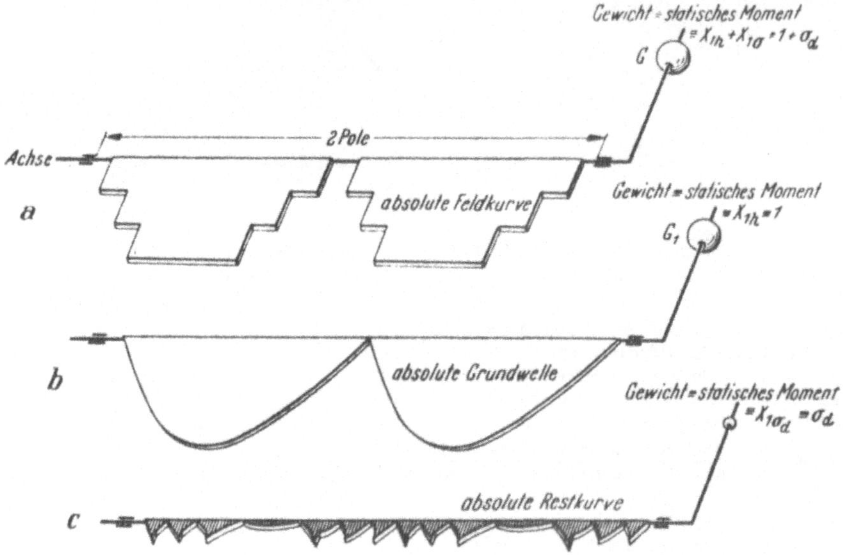

Abb. 83 a–c. Experimentelles Auswägen der statischen Momente der *absoluten* Feldkurve (a), der *absoluten* Grundwelle (b) und der *absoluten* Restkurve beider (c) im Fall einer 3-phasigen 3-Lochwicklung. (Nach einem Modell.)

$\sigma_d = \frac{G_{\text{rest}}}{G_1}$, wobei $G = G_1 + G_{\text{rest}}$. G_{rest} gleich Tariergewicht der Restkurve.

Unterschuß über die Grundwelle vergrößert die absolute Restkurve und ihr statisches Moment und drückt damit, wie jede zusätzliche Streuung, auf den Kurzschlußstrom, die Überlastbarkeit und den Nennleistungsfaktor.

Wir ziehen noch einen weiteren Gewinn. Bei Erhöhung der Stufenzahl einer Feldkurve, also bei Vergrößerung der Lochzahl q, ändert sich die Stufenhöhe mit $1/q$, sofern die Gesamtzahl der Leiter unverändert beibehalten wird. Der Rotationskörper der Restkurve oder das statische Moment der absoluten Restkurve ändert sich in guter Annäherung mit dem Quadrat der Stufenhöhe, also mit $1/q^2$. Die gleichzeitige, nur wenige Promille betragende Verringerung der Grundwelle spielt dagegen keine Rolle. Also gilt:

$$\sigma_d = \text{const}\ \frac{1}{q^2} + \text{konstanter Rest.}$$

Der konstante Rest rührt von der endlichen Zonenzahl her; bei Käfigankern muß man ihn Null setzen. Bei normalen Drehstromwicklungen beträgt er bei voller Spulenweite 0,00215; dieser Wert war bereits für $q = \infty$ angeführt worden. Als wesentliche Erkenntnis behalten wir: der Streufaktor der doppelt verketteten Streuung sinkt etwa mit $1/q^2$ ab. Man hat daher in der Wahl der Nutenzahl besonders von Käfigankern eine ungemein scharfe Waffe, den Streublindwiderstand und damit den Kurzschlußstrom von Asynchronmaschinen, zu beeinflussen; hohe Nutenzahlen bedeuten großen Kurzschlußstrom, kleine Nutenzahlen drücken ihn stark herab.

Zur bequemeren Benutzung sind die *Streufaktoren* von normalen Drehstromwicklungen mit 60° Zonenbreite, die Streufaktoren für Käfiganker und die Faktoren der im nächsten Abschnitt behandelten Streuung durch gegenseitige Nutenschrägung nachstehend in Tabellen mitgeteilt. Die letztgenannten Faktoren gelten für Schrägstellung um eine ganze Ständernutteilung. Sie werden in Abhängigkeit der Ständerlochzahl q_1 abgelesen. Bei anders bemessener Schrägung sind sie quadratisch umzurechnen. Die Tabellen enthalten $100\,\sigma_d$ oder die Streufaktoren in Prozent.

$100\,\sigma_d$ *für Drehstromwicklungen mit 60° Zonenbreite.*

Verkürzung v	$q = \frac{N}{3 \cdot 2p}$							
	1	2	3	4	5	6	7	8
0	9,66	2,84	1,41	0,89	0,65	0,52	0,44	0,38
1	9,66	2,35	1,15	0,74	0,55	0,45	0,38	0,34
2		2,84	1,11	0,62	0,44	0,35	0,30	0,28
3			1,41	0,69	0,41	0,29	0,24	0,21
4				0,89	0,50	0,31	0,22	0,18
5					0,65	0,40	0,26	0,18
6						0,52	0,34	0,23
7							0,44	0,30
8								0,38

$100\,\sigma_d$ *für Käfiganker.*

	Gedachte Lochzahl $q_2 = \frac{N_2}{3 \cdot 2p}$								
	1	2	$2^1/_3$	$2^2/_3$	3	$3^1/_3$	$3^2/_3$	4	q_2
$100\,\sigma_d =$	9,66	2,29	1,68	1,28	1,02	0,82	0,68	0,57	$\frac{9,15}{q_2^2}$

$100\,\sigma_{schr}$ *für um eine Ständernutteilung gegeneinander geschrägte Nuten.*

	Lochzahl $q_1 = \frac{N_1}{3 \cdot 2p}$								
	1	2	3	4	5	6	7	8	q_1
$100\,\sigma_{schr} =$	9,66	2,29	1,02	0,57	0,37	0,25	0,19	0,14	$\frac{9,15}{q_1^2}$

Die Streufaktoren scheinen zahlenmäßig sehr klein zu sein. Es soll daher kurz auf ihre Bedeutung hingewiesen werden. Nehmen wir an, der Streufaktor der primären Wicklung betrage 0,02. Beim Leerlauf

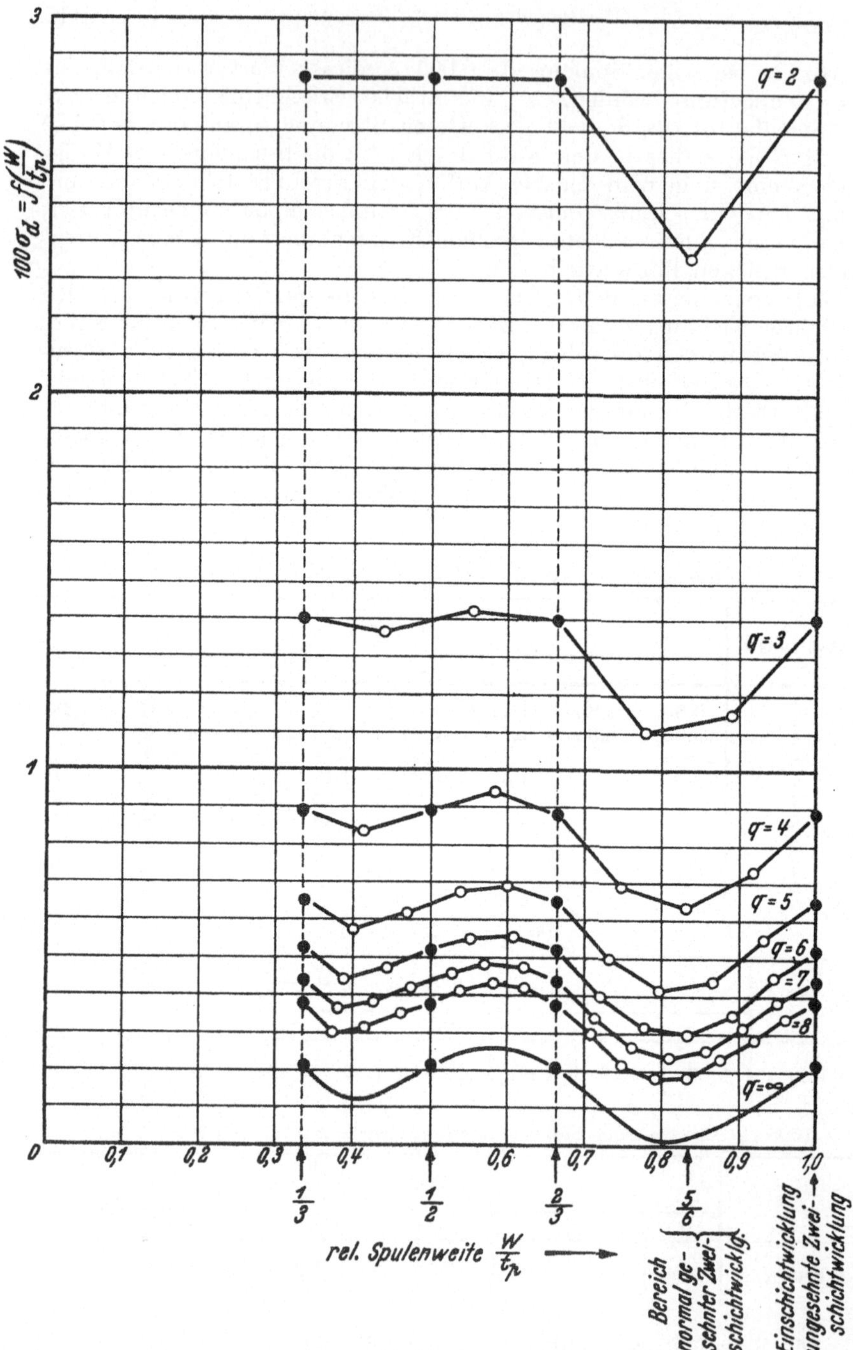

Abb. 84. Streufaktor $100\,\sigma_d$ der doppeltverketteten Streuung über der relativen Spulenweite W/t_p bei verschiedenen Lochzahlen q normaler Drehstromwicklungen mit 60° Zonenbreite. Die schwarz angelegten Werte bei $W/t_p = 1$, 1/3, 1/2 und 2/3 sind jeweils gleich groß.

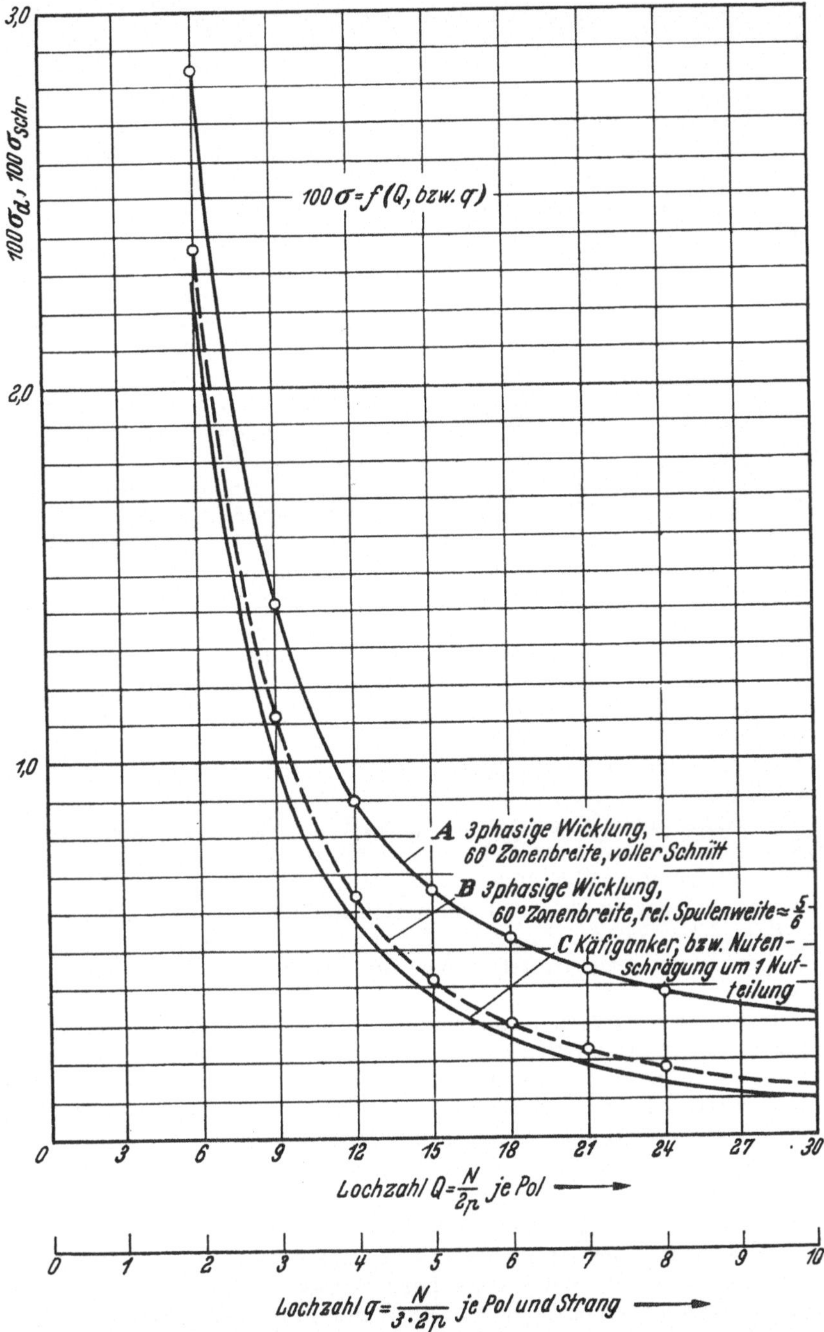

Abb. 85. Streufaktor $100\,\sigma_d$ bzw. $100\,\sigma_{schr}$ der doppeltverketteten Streuung bzw. der Schrägungsstreuung von normalen Drehstromwicklungen oder Käfigankern über der Lochzahl q je Pol und Strang oder der Lochzahl Q je Pol. A ungesehnte Wicklung. B optimal gesehnte Wicklung ($W/t \approx 5/6$). C Käfiganker; auch gültig für Schrägung um eine Ständernut.

der Maschine entfällt 0,02 oder 2% der angelegten Spannung auf den von den primären Oberwellen hervorgerufenen induktiven Spannungsabfall. Bei Kurzschluß vergrößert sich dieser Spannungsabfall im Verhältnis des bei voller Spannung fließenden Kurzschlußstromes zum Leerlaufstrom. Ist dieser z. B. 0,25 des Nennstromes, jener 5, so beträgt der der doppeltverketteten Streuung der Primärwicklung zuzuschreibende Spannungsabfall $0{,}02 \frac{5}{0{,}25} = 0{,}40$. 40% der angelegten Spannung werden von den Oberwellen abgedrosselt. Würde man auf hohe Nutenzahl und daher auf einen sehr kleinen σ-Wert übergehen, so würde dieser Abfall fast verschwinden und der Kurzschlußstrom auf das $1/0{,}6 = 1{,}67$-fache ansteigen. Wirklich gut abfinden kann man sich erst mit σ-Werten ab 1,4% und darunter. Daher trifft man, von ganz seltenen Ausnahmen abgesehen, keine 1-Loch- und nur spärlich die 2-Lochwicklungen an.

Beim Studium obiger Tabellen sehen wir, daß eine geeignete Spulen*verkürzung*, da sie die Oberwellen verkleinert, die Streufaktoren niedriger werden läßt. Bei der stets erstrebten Weite $W/t_p \approx 5/6$ sinken die Streufaktoren um rund 0,2%.

Bei $W/t_p = 1$, 2/3, 1/2 und 1/3 nehmen die Streufaktoren jeweils die *gleichen* Werte an.

Die Streufaktoren der Käfiganker liegen fühlbar unter denen für ungesehnte Drehstromwicklungen. Schließt man einen bisher als Schleifringanker benutzten, ungesehnten Läufer kurz, indem man die Läuferwickelköpfe zusammenschweißt, so geht der Streufaktor um 0,4 bis 0,2% zurück. Der Kurzschlußstrom dieser Maschine wird also merklich anwachsen.

Bei einem Schleifringanker mit gesehnten Wicklungen (diese wählt man bei Kleinmotoren als Träufelwicklung, während große Anker immer ungesehnte Wicklungen tragen) ist der Unterschied in der Streuung sehr gering, da σ nur um 0,03% kleiner wird. Daß Käfiganker im allgemeinen höhere Kurzschlußströme führen, liegt durchweg an ihrer geringeren Läufernutstreuung, die bei runden Nuten besonders klein ist.

Zur besseren Übersicht dienen die Abb. 84 und 85, wo 100σ einmal über der relativen Spulenweite W/t_p mit der Lochzahl q als Parameter und dann über der Lochzahl q für $W/t_p = 1$ und 5/6 sowie für Käfige dargestellt ist. Die Streufaktoren für $q = 1$ liegen so hoch, daß sie nicht mehr in die Darstellung einbezogen werden können.

Die Kurve C in Abb. 85 für den Käfig gilt gleichzeitig für die Schrägungsstreuung.

28. Streuung durch gegenseitige Nutenschrägung. Durch die gegenseitige Schrägstellung der Ständer- und Läufernuten in axialer Richtung, die man vornehmlich bei Käfigankern vorsieht, wird der Kurzschlußstrom gegenüber einer gleichen Maschine mit ungeschrägten Nuten empfindlich gesenkt. Dies macht sich bei einem von Natur aus reichlichen Kurzschlußstrom angenehm bemerkbar, da man weitere Maßnahmen zu seiner Begrenzung evtl. einsparen kann. Bei Maschinen mit kleiner Lochzahl q je Pol und Strang jedoch ($q = 2$) kann die Größe des durch die Schrägung neu hinzutretenden Streublindwiderstandes recht unangenehm sein. Andererseits ist die Schrägstellung zum Vermeiden von Geräuschen und störenden Drehmomentschwankungen meist unerläßlich.

Wir können die Abnahme des Kurzschlußstromes der geschrägten Maschine durch einen Blindwiderstand der Schrägungsstreuung berücksichtigen, der in ähnlicher Weise wie die beiden Blindwiderstände der Oberfelder bestimmt werden kann. Unten soll allerdings ein anderer Weg gewählt werden. Alle 3 Widerstände zusammen bilden den Blindwiderstand der doppeltverketteten Streuung.

Während wir vorher die Annahme trafen, daß die gesamten Oberfelder einer stromführenden Maschinenwicklung (Ständer oder Läufer) in der anderen Wicklung keine Ströme hervorrufen, sondern nur selbstinduzierte Streuspannungen in den eigenen Leitern zur Folge haben, handelt es sich bei der Streuerscheinung infolge Nutenschrägung darum, daß z. B. tatsächlich ein Teil des Nutzfeldes des Ständers für die Induktion der Leiter des Läufers verlorengeht.

Wird in einem Leiter einer ungeschrägten Maschine von dem Feld der anderen Wicklung die Spannung U induziert, so geht dieser Betrag auf $U f_{\text{schr}}$ mit $f_{\text{schr}} < 1$ bei der geschrägten Maschine zurück. Denkt man sich z. B. die Ständernuten gerade und die Läufernuten geschrägt, so ist es erlaubt, die Läufernuten auf ganz kleine Längen hin als gerade zu betrachten, wobei die einzelnen Wegstückchen um kleine Winkel gegeneinander am Umfang versetzt sind. Das bedeutet also den Ersatz der echten, schrägen Nut durch eine treppenförmig gestaltete mit der Anfangs- und Endlage der wirklichen Nut. In jedem Leiterteilchen der stückweise geraden Nuten wird vom Ständerfeld eine kleine Spannung induziert, und alle Spannungen längs eines ganzen Leiters ergeben die etwas verkleinerte Gesamtspannung.

Der Korrekturfaktor, eben der *Schrägungsfaktor* f_{schr}, ist ein richtiger Wicklungsfaktor, der aber nur für die gegenseitige, nicht etwa auch für die eigene Induktion in Frage kommt. Er wird als ein Faktor der Zonenbreite bei unendlich feiner Nutung zu berechnen sein. Man findet daher leicht den schon oben in Abschnitt 23 angegebenen Wert:

$$f_{\text{schr}} = \frac{\text{Sehne zwischen Nutanfang und Nutende}}{\text{Bogen zwischen Nutanfang und Nutende}},$$

wenn Nutanfang und Ende als Punkte eines Kreises betrachtet werden, dessen voller Umfang einem Polpaar entspricht.

Beträgt der Schrägungswinkel bei Schrägung um $1/n$ des Umfanges einer $2p$-poligen Maschine $\beta = p\,360°/n$, so ist

$$f_{\text{schr}} = \frac{\sin\beta/2}{\beta/2} \approx 1 - \frac{1}{6}\left(\frac{2p}{n}\,\frac{\pi}{2}\right)^2 = 1 - 0{,}41\left(\frac{2p}{n}\right)^2.$$

Der genaue Wert von f_{schr} interessiert wohl niemals, da er immer über 0,99 liegen dürfte. Von Einfluß ist dagegen der *Streufaktor*:

$$\sigma_{\text{schr}} = 1 - f_{\text{schr}}^2 \approx \frac{1}{3}\left(\frac{2p}{n}\,\frac{\pi}{2}\right)^2 = 0{,}82\left(\frac{2p}{n}\right)^2.$$

Meist schrägt man um eine volle Nutteilung der am Netz liegenden Wicklung, stellt also um $1/N_1$ des Ständerumfanges schräg. Mithin ist $n = N_1$, und wegen $N_1 = 3 \cdot 2p \cdot q_1$ kann man bei Drehstromwicklungen unter Benutzung der Lochzahl q_1 je Pol und Strang besser setzen:

$$\sigma_{schr} = 0{,}82 \left(\frac{2p}{3 \cdot 2p \cdot q_1}\right)^2 = 0{,}0915 \frac{1}{q_1^2}.$$

Der Kurzschluß-Blindwiderstand X_i einer jeden Asynchronmaschine — unabhängig, ob geschrägt oder ungeschrägt — ist:

$$X_i = X_1 - \frac{X_{12}^2}{X_2},$$

mit

$$X_{12}^2 = X_{1h} X_{2h} \qquad \text{bei der ungeschrägten und}$$

$$= X_{1h} X_{2h} f_{schr}^2 \qquad \text{bei der geschrägten Maschine.}$$

Daraus folgt für die:

ungeschrägte Maschine

$$X_i = X_1 - \frac{X_{1h} X_{2h}}{X_2},$$

geschrägte Maschine

$$X_i = X_1 - \frac{X_{1h} X_{2h} f_{schr}^2}{X_2},$$

$$= X_1 - \frac{X_{1h} X_{2h}}{X_2} + X_{1h} \frac{X_{2h}}{X_2} \left(1 - f_{schr}^2\right),$$

$$\approx X_1 - \frac{X_{1h} X_{2h}}{X_2} + X_{1h} \sigma_{schr}.$$

Beim dritten Glied rechts wurde X_{2h}/X_2 gleich 1 gesetzt, während dieser Wert in Wirklichkeit etwa 0,98 bis 0,95 betragen dürfte.

Wie man sieht, tritt ein zusätzlicher *Streublindwiderstand* $X_{1h}\, \sigma_{schr}$ gegenüber der ungeschrägten Maschine auf, der X_{schr} benannt werden soll. Mit der Formel für den Nutzblindwiderstand X_{1h} läßt sich sein Wert angeben zu:

$$X_{schr} = X_{1h}\, \sigma_{schr} = \frac{4\pi^2}{10} \left(\frac{z_1}{100}\right)^2 \frac{f}{50} \frac{l}{100} \frac{1}{2p} \lambda_0 f_{w,1}^2 \sigma_{schr}.$$

Die Tabelle für σ_{schr} ist auf S. 115 zusammen mit denen für die anderen Streufaktoren angegeben. Die Näherungsformel zeigte schon, daß der neue Streublindwiderstand dem eines Käfigankers gleicher Nutenzahl entspricht. Tatsächlich stimmen die Werte σ_d für Käfiganker und σ_{schr} für geschrägte, gewickelte Drehstromanker überein. Man muß natürlich σ_{schr} in Abhängigkeit von q_1, σ_d in Abhängigkeit von q_2 nachsehen.

Oft interessiert es, ohne weitere Rechnungen den durch Schrägung geänderten ideellen Kurzschlußstrom kennenzulernen. Sei I_i der Strom der ungeschrägten Maschine, $I_{i,schr}$ der Strom der geschrägten Ausführung und I_μ der in beiden Fällen gleich große Magnetisierungsstrom. Dann ergibt eine einfache Betrachtung:

$$\frac{I_{i,schr}}{I_i} = \frac{I_\mu}{I_\mu + I_i\, \sigma_{schr}}.$$

Diese Formel mag für schnelle Vergleiche dienen. Bei der normalen Durchrechnung einer Maschine sollen jedoch alle Blindwiderstände einzeln summiert werden und mittels ihrer Summe soll der ideelle Kurzschlußstrom bestimmt werden. Man bekommt dann einen besseren Überblick über die anteilige Wirkung der Teilwiderstände.

Bei Kurzschlußankern, insbesondere in gegossener oder gespritzter Ausführung, fließt ein Teil des *Läufer*stromes im innig berührenden Eisen, und zwar in Richtung der *Ständer*nuten. Die Läuferströme versuchen nämlich, die örtliche Durchflutung des Ständers möglichst ortsgetreu aufzuheben. Dadurch wird die Schrägung zum Teil unwirksam gemacht und der Streublindwiderstand X_{schr} verringert.

Diese Verhältnisse sollen Berücksichtigung finden, wenn der Anteil der 3 Blindwiderstände der doppeltverketteten Streuung 50% und mehr von X_i beträgt. In Übereinstimmung mit vielen praktischen Ergebnissen ist es angemessen, in diesen Fällen die genannten Streublindwiderstände nur mit 90 bis 80% ihres Wertes einzusetzen.

29. Der ideelle Kurzschluß-Blindwiderstand X_i. Zu Beginn mögen die exakte und die von uns durchweg geübte angenäherte Bestimmung von X_i einander gegenübergestellt werden. Nach Abschnitt 24 war (allgemein gültig):

$$\frac{U_{\text{strang}}}{I_i} = X_i = X_1 - \frac{X_{12}^2}{X_2} = X_{1,\sigma} + X_{1,h} - \frac{X_{1,h}\, X_{2,h}\, f_{\text{schr}}^2}{X_{2,\sigma} + X_{2,h}}\,.$$

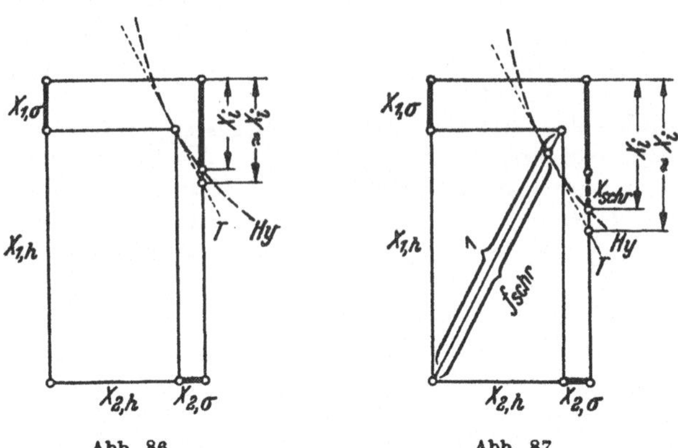

Abb. 86. Abb. 87.

Abb. 86 u. 87. Zur genauen und angenäherten graphischen Bestimmung von X_i aus $X_{1,h} + X_{1,\sigma}$, $X_{2,h} + X_{2,\sigma}$ sowie $f_{\text{schr}} \leqq 1$. Die gleichseitige Hyperbel Hy liefert den exakten und die Tangente T den angenäherten Wert von X_i. ($X_{1,\sigma}$ und $X_{2,\sigma}$ stark übertrieben.)

Abb. 86 bietet für den Fall der ungeschrägten Maschine mit $f_{\text{schr}} = 1$ und Abb. 87 für den Fall der geschrägten Maschine mit $f_{\text{schr}} < 1$ eine graphische Methode der Bestimmung von X_i nach obiger Formel. Man sieht links senkrecht den primären Nutz- und Streublindwiderstand $X_{1,h} + X_{1,\sigma}$ und waagerecht nach rechts den sekundären Nutz- und Streublindwiderstand $X_{2,h} + X_{2,\sigma}$ abgetragen. Der Inhalt des Rechtecks mit den Seiten $X_{1,h}$ und $X_{2,h}$ ist gleich X_{12}^2. Die durch seinen freien Eckpunkt gelegte gleichseitige Hyperbel H_y bestimmt den genauen Wert von X_i. Sie vollzieht also die Umrechnung von $X_{2,\sigma}$ auf die Primärseite und berücksichtigt auch alle feineren Einflüsse.

Bei der geschrägten Maschine hat man die Diagonale des genannten Rechtecks genau auf den f_{schr}-fachen Wert zu verkürzen. Der Endpunkt der verkürzten Diagonale bestimmt eine neue gleichseitige Hyperbel, die in der wiedergegebenen Weise das vergrößerte X_i, bei dem der hinzutretende Anteil X_{schr} besonders hervorgehoben wurde, liefert. Wählt man statt der Hyperbeln ihre Tangenten T im Endpunkt der Diagonalen, die übrigens spiegelbildlich zu den Diagonalen selbst verlaufen, so gewinnt man die angenäherten Blindwiderstände, die sich mit unseren vereinfachten Werten decken. Sie sind, wie man im Bilde stark übertrieben sieht, etwas zu groß.

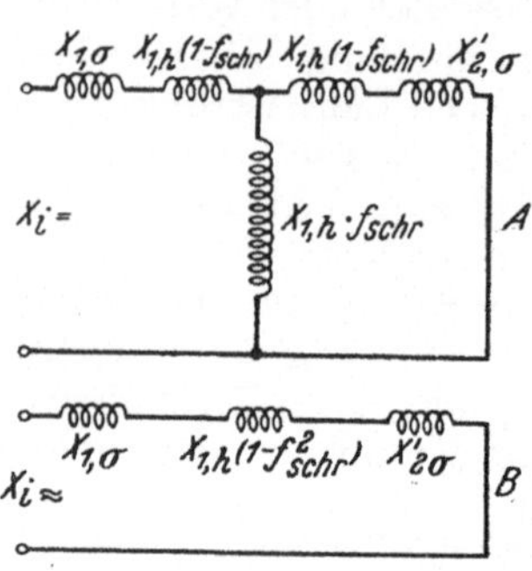
Abb. 88. Ersatzschema zur genauen (A) und zur angenäherten (B) Berechnung von X_i aus $X_{1,\sigma}$, $X'_{2,\sigma}$ (auf Ständer bezogen), $X_{1,h}$ und f_{schr}.

Eine andere Darstellung zeigt Abb. 88. In (A) ist eine Schaltung wiedergegeben, die den obengenannten exakten Wert von X_i liefert, wie man aus der Identität erkennt:

$$X_i = X_{1,\sigma} + X_{1,h} - \frac{X_{1,h}\,X_{2,h}\,f_{schr}^2}{X_{2,\sigma} + X_{2,h}} \equiv X_{1,\sigma} + X_{1,h}(1 - f_{schr}) +$$

$$+ \frac{X_{1,h}\,f_{schr}[X_{1,h}(1 - f_{schr}) + X'_{2,\sigma}]}{X_{1,h}\,f_{schr} + X_{1,h}(1 - f_{schr}) + X'_{2\,\sigma}} \quad \text{mit} \quad X'_{2,\sigma} = X_{2,\sigma}\,\frac{X_{1,h}}{X_{2,h}}.$$

Die Parallelschaltung des Zweiges $X_{1,h} f_{schr}$ kann fast immer unberücksichtigt bleiben, da sein Betrag etwa 20- bis 50-mal so groß wie der der beiden übrigen Glieder ist. Das Gesamtergebnis wird durch unsere Vereinfachung, die (B) zeigt, um etwa 1 bis 2% vergrößert. Diese Ungenauigkeit wird weit aufgewogen durch einen klareren Berechungsgang.

In (B) wurde, in Übereinstimmung mit früherem, statt $2 \cdot X_{1h}(1 - f_{schr})$ die Größe $X_{1h}(1 - f_{schr}^2)$ eingetragen. Beide Werte stimmen wegen $f_{schr} \approx 1$ fast genau miteinander überein.

Bei der praktischen Berechnung einer Asynchronmaschine bestimmt man die einzelnen Streuleitwerte, deren Summe den *ideellen Streuleitwert* ergibt. Um eine reine Addition zu ermöglichen, wurde die vereinfachte Bestimmung von X_i zugelassen. Man bestimmt also:

$$\lambda_i = \frac{\lambda_{n,1}}{q_1} + \frac{\lambda_{n,2}}{q_2}\left(\frac{f_{w,1}}{f_{w,2}}\right)^2 + \lambda_s\,\frac{l_{s,1}}{l} + \lambda_0\,f_{w,1}^2(\sigma_{d,1} + \sigma_{d,2} + \sigma_{schr}),$$

wobei im einzelnen ist:

$\lambda_{n,1}$ = Streuleitwert der Ständernut in cm/cm,
$\lambda_{n,2}$ = Streuleitwert der Läufernut in cm/cm,
λ_s = Streuleitwert der Wickelköpfe in cm/cm für Ständer plus Läufer,
λ_0 = Nutzleitwert in cm/cm = $0{,}38\,\dfrac{\Phi\,10^6}{V_\mu\,l}$,
$l_{s,1}$ = Ständerwickelkopflänge = $l_l - l$ in cm,

l = Maschineneisenlänge = Schichtlänge in cm,
$\sigma_{d,1}$ = Streufaktor der doppeltverketteten Streuung infolge von Oberfeldern der Ständerwicklung $= f(q_1; v_1)$,
$\sigma_{d,2}$ = Streufaktor der doppeltverketteten Streuung infolge von Oberfeldern der Läuferwicklung $= f(q_2; v_2)$ beim Schleifringanker bzw. $f\left(q_2 = \frac{N_2}{3 \cdot 2p}\right)$ beim Käfiganker,
σ_{schr} = Streufaktor der doppeltverketteten Streuung infolge gegenseitiger axialer Nutenschrägung $= f(q_1)$ bei Schrägung um eine ganze Ständernutteilung,
q_1 = Nutenzahl je Pol und Strang im Ständer $= \frac{N_1}{3 \cdot 2p}$,
v_1 = Schrittverkürzung im Ständer,
q_2 = Nutenzahl je Pol und (evtl. gedachten) Strang im Läufer $= \frac{N_2}{3 \cdot 2p}$,
v_2 = Schrittverkürzung im Läufer,
$f_{w,1}$ = Wicklungsfaktor für die Grundwelle im Ständer,
$f_{w,2}$ = Wicklungsfaktor für die Grundwelle im Läufer, bei Käfigankern = 1.

Zur Vermeidung von Rechenfehlern seien die ungefähren Zahlwerte angegeben, die bei der Berechnung normaler Maschinen auftreten können. Es ist:

$$\begin{aligned} \lambda_{n,1} &= 1 \text{ bis } 4, \\ \lambda_{n,2} &= 0{,}8 \text{ bis } 4 \text{ ohne Zusatzstreustege,} \\ &\phantom{= 0{,}8} \text{ bis } 10 \text{ mit Zusatzstreustegen,} \\ \lambda_s &= 0{,}5 \text{ bis } 0{,}15, \\ \lambda_0 &= 15 \text{ bis } 70, \\ q_1, q_2 &= 2 \text{ bis } 5, \\ f_{w,1}, f_{w,2} &= 0{,}9 \text{ bis } 0{,}96 \text{ (1 bei Käfig),} \\ l_{s,1}/l &= 0{,}3 \text{ bis } 1{,}5. \end{aligned}$$

Am wichtigsten ist natürlich die Angabe der üblichen Werte für den ideelen Streuleitwert selbst, der betragen kann:

$$\lambda_i = 1 \text{ bis } 2{,}5.$$

Diese Werte können selbstverständlich über- und unterschritten werden. Sie sollen nur einen Überblick geben.

Die sechs Summanden von λ_i sind bei *natürlich* ausgelegten Maschinen nicht allzusehr voneinander verschieden; sie können manchmal fast gleich groß werden. Unter natürlicher Auslegung verstehen wir, daß man im Ständer und im Läufer ähnliche Nutenzahlen wählt, daß man die Nuten etwa mit einem Verhältnis von Höhe zu Breite von 4 : 1 bis 6 : 1 gestaltet, daß man vernünftige Verhältnisse für Durchmesser und Eisenbreite benutzt und daß man vor allem noch keine *künstlichen* Mittel zur Steigerung der Streuung gebraucht. Solche natürlich ausgelegten Maschinen findet man in der Regel bei Motoren mit Schleifringankern. Bei den modernen Kurzschlußläufern mit Einfach- oder Doppelkäfig legt man meistens Wert auf eine starke Erhöhung von λ_i, damit der Kurzschlußstrom klein gehalten wird. Dann macht man vorzugsweise zwei der sechs Glieder merklich oder sogar erheblich größer, und zwar:

$$\frac{\lambda_{n,2}}{q_2}\left(\frac{f_{w,1}}{f_{w,2}}\right)^2$$

durch Benutzung eines hohen Läufer-Nutensteges geringer Weite und

$$\lambda_0 f_{w,1}^2 \sigma_{d,2}$$

durch Wahl einer kleinen Lochzahl im Läufer.

Eine Beeinflussung der vier übrigen Summanden ist kaum möglich, noch wäre sie zu empfehlen.

Der *ideelle Streublindwiderstand* X_i kann erst berechnet werden, wenn man über die primäre Leiterzahl z_1 je Strang verfügt hat. In Sonderfällen wird z_1 sogar durch die Forderung bestimmt, ein bestimmtes X_i bei gegebenem λ_i zu erreichen, nämlich dann, wenn man bei festgelegten Abmessungen einer Maschine einen bestimmten Kurzschlußstrom einhalten muß.

Natürlich widerspricht die sich ergebende Leiterzahl dann meistens derjenigen, die man nach Wahl des Flusses aus der Spannungsformel gefunden hätte. Durchweg bleibt in solchem Fall der eine Weg, die Ausnützung der Maschine zu verringern, indem man entweder die Typenleistung reduziert oder für eine verlangte Leistung größere Modelle nimmt.

Dieser Schritt ist immer technisch unbefriedigend, wirtschaftlich natürlich in Ausnahmefällen vertretbar, da er u. U. Schnittänderungen und ähnliches erspart.

Die Regel soll sein, die Maschine magnetisch und im Strombelag voll auszunützen. Die weitere Forderung nach einem gewissen Kurzschlußstrom wird erfüllt, indem man zuerst $X_i = U_{\text{strang}}/I_i$ aus eben dieser Forderung bestimmt, dann das natürliche λ_i berechnet und dieses durch künstliche Erhöhung auf den für X_i erforderlichen Wert bringt. (Man beachte, daß die Praxis den Stillstandsstrom I_k angibt, während bei der Theorie durchweg mit dem ideellen Strom I_i gerechnet wird. Er ist um 10 bis 15% größer als I_k.)

Wir bringen noch einmal die Formel für X_i:

$$\frac{U_{\text{strang}}}{I_i} = X_i = \frac{4\pi^2}{10}\left(\frac{z_1}{100}\right)^2 \frac{f}{50}\,\frac{l}{100}\,\frac{1}{2p}\,\lambda_i.$$

Für $4\pi^2/10$ setzt man 3,95.

Man beachte folgende Tatsache. Bei Betrieb der Maschine mit anderer Frequenz f muß man, wenn man die magnetischen Beanspruchungen beibehalten will, die Phasenspannung linear mit dieser neuen Frequenz ändern. Es ändert sich aber auch X_i linear mit der Frequenz, so daß der ideelle Kurzschlußstrom *unabhängig* von der Frequenz erhalten bleibt.

Das gleiche gilt auch vom Magnetisierungsstrom I_μ. Das Verhältnis beider Ströme, nämlich I_μ/I_i, ist ebenfalls frequenzunabhängig und wird oft gleich dem resultierenden Streufaktor σ gesetzt. Sein Wert, von dem wir keinen Gebrauch machen werden, liegt zwischen 0,02 und 0,20.

In Einzelfällen braucht man die Streublindwiderstände getrennt für den Ständer und den Läufer, etwa um im Fall eines Drehreglers ein Vektordiagramm entsprechend dem des Transformators zeichnen zu können. In diesem Fall rechnen wir mit den wirklichen Leiterzahlen z_1

und z_2 und auch, falls der Drehregler zu einem Periodenwandler wird und umläuft, mit den beiden Frequenzen f_1 und f_2. Die Wickelkopfstreuung wird aus Gründen der Einfachheit nur im Ständer, die Schrägungsstreuung nur im Läufer berücksichtigt. Dann ist:

$$X_{1,\sigma} = 3{,}95 \left(\frac{z_1}{100}\right)^2 \frac{f_1}{50} \frac{l}{100} \frac{1}{2p} \left(\frac{\lambda_{n,1}}{q_1} + \lambda_s \frac{l_{s,1}}{l} + \lambda_0 f_{w,1}^2 \sigma_{d,1}\right)$$

und

$$X_{2,\sigma} = 3{,}95 \left(\frac{z_2}{100}\right)^2 \frac{f_2}{50} \frac{l}{100} \frac{1}{2p} \left(\frac{\lambda_{n,2}}{q_2} + \lambda_0' f_{w,2}^2 [\sigma_{d,2} + \sigma_{\text{schr}}]\right).$$

30. Der relative ideelle Kurzschlußstrom. Wie beim Magnetisierungsstrom I_μ ist es auch beim ideellen Kurzschlußstrom I_i angebracht, seinen Relativwert zu bestimmen, ihn also in Beziehung zum Nennstrom I_n zu setzen. Übliche Werte für den bezogenen Kurzschlußstrom $i_i = I_i/I_n$ sind 3,5 bis 6. Große Schnelläufer haben einen mehr als 6-fachen Kurzschlußstrom, wenn man keine besonderen Maßnahmen zu seiner Beschränkung auf geringere Werte vorsieht. Wir wollen diesen hohen Strom den *natürlichen* Kurzschlußstrom nennen, der sich demnach ergibt, wenn man keine Vorkehrungen zu seiner Herabminderung trifft. Der untere der genannten Werte für i_i wird bei Maschinen kleiner Leistung je Pol oder solchen mit schlechtem Leistungsfaktor erreicht, ohne daß besondere Maßnahmen erforderlich sind. Maschinen für direkte Einschaltung, wozu heute bereits die überwiegende Mehrzahl aller Asynchronmaschinen kleinster bis größter Leistung zählt, sollen mit Rücksicht auf die Netzbelastung während der Anlaufzeit möglichst kleine Ströme aufnehmen. Man stellt hierbei oft die Forderung nach einem nur 3,5-fachen Kurzschlußstrom. Da hiermit, wie oben schon gesagt, der wirkliche Anlaufstrom, also nicht der stets etwas größere ideelle Kurzschlußstrom gemeint ist, kann man diesen um rund 10 bis 15% höher ansetzen, je nachdem, welchen Einfluß die Ohmschen Widerstände haben. Man sollte aber mit Rücksicht auf die Überlastbarkeit, den Leistungsfaktor und den Wirkungsgrad den ideellen Kurzschlußstrom nicht allzu klein wählen.

Der dem ideellen Kurzschlußstrom I_i entsprechende Strombelag sei A_i. Man kann ihn ausdrücken durch:

$$A_i = \frac{3 z_1}{\pi D} I_i = \frac{3 z_1}{2 p t_p} \frac{U_{\text{strang}}}{X_i} \text{ in A/cm.}$$

Setzt man wie schon öfters:

$$U_{\text{strang}} = 1{,}11 \frac{f}{50} z_1 f_{w,1} \Phi,$$

$$\Phi = B_{L,\text{mittel}} t_p l 10^{-6}$$

und

$$X_i = 3{,}95 \left(\frac{z_1}{100}\right)^2 \frac{f}{50} \frac{l}{100} \frac{1}{2p} \lambda_i,$$

so bekommt man die Gleichung:

$$A_i = 0{,}843 \frac{B_{L,\text{mittel}}}{\lambda_i} f_{w,1},$$

worin $0{,}843 = \frac{3{,}75}{\sqrt{2}\pi}$ ist.

Wir erinnern uns aus Abschnitt 23 der Formel für den Strombelag des Magnetisierungsstromes

$$A_\mu = 0{,}843 \frac{B_{L,\,\text{mittel}}}{\lambda_0} \frac{1}{f_{w,1}},$$

die den gleichen typischen, einfachen Aufbau hat, nur daß der Nutzleitwert $\lambda_0 f_{w,1}^2$ an die Stelle des Streuleitwertes λ_i tritt.

Der *bezogene* ideelle Kurzschlußstrom läßt sich unter Benutzung des Nennstrombelages A_n schreiben:

$$i_i = \frac{I_i}{I_n} = \frac{A_i}{A_n} = 0{,}843 \frac{B_{L,\,\text{mittel}}}{A_n} \frac{f_{w,1}}{\lambda_i}.$$

Wenn wir für moderne große Maschinen mit einer mittleren Luftinduktion von $B_{L,\,\text{mittel}} = 5300$ bis 5700 G und mit einem Nennstrombelag A_n von 480 bis 520 A/cm rechnen, so folgt bei einem Wicklungsfaktor $f_{w,1} \approx 0{,}92$:

$$i_i = \frac{I_i}{I_n} \approx \frac{8}{\lambda_i}.$$

Der ideelle Streuleitwert λ_i mag hier bei 1 bis 2 liegen, so daß der relative Kurzschlußstrom zwischen 8 und 4 betragen würde.

Kleinere Maschinen arbeiten (wegen der zierlicheren Nuten) nur mit einem halb so großen Strombelag. Ihre mittlere Luftinduktion ist 5000 bis 5300 G. Ihr Wicklungsfaktor beträgt 0,96, falls Einschichtwicklung vorgesehen ist. Bei ihnen rechnet man daher mit

$$i_i = \frac{I_i}{I_n} \approx \frac{15}{\lambda_i}.$$

Wie man sieht, sind der Nutzleitwert λ_0 beim ideellen Leerlauf und der Streuleitwert λ_i beim ideellen Kurzschluß recht brauchbare Größen. Man kann sie bereits berechnen, wenn man nur den Blechschnitt und die Polzahl der Maschine kennt und über die eine grundlegende Beanspruchung, nämlich die magnetische Induktion $B_{L,\,\text{mittel}}$ im Luftspalt eine Annahme getroffen hat.

Der Wicklungsfaktor $f_{w,1}$, der nur in engen Grenzen variiert, ist immer als bekannt vorauszusetzen.

Nicht dagegen benötigt man die Kenntnis der Leiterzahl z_1, die ja im Grunde genau so zufällig ist wie die Betriebsspannung der Maschine.

Wenn man noch den Metallaufwand im Ständer und Läufer kennt oder zuverlässig schätzt, lassen sich *alle* Eigenschaften der Maschine herleiten, ohne daß man die Ständer- oder Läuferwicklung wirklich ausgelegt hat.

Verluste und Wirkungsgrad.

Man unterscheidet bei der Asynchronmaschine die Leerverluste und die Lastverluste. Die Leerverluste bestehen aus den Eisen- und Reibungsverlusten, die Lastverluste setzen sich zusammen aus den Wicklungsverlusten in der Ständer- und in der Läuferwicklung, zu denen noch die lastabhängigen Zusatzverluste treten. Bei Schleifringankern mit ständig aufliegenden Bürsten müssen auch die Übergangsverluste den Lastverlusten zugeschlagen werden. *Gemessen* werden die Eisen- plus Reibungsverluste und, wenn eine Belastung der Maschine möglich ist, die Läuferwicklungsverluste. *Berechnet* werden die Ständerwicklungsverluste auf Grund der Widerstands- und der Strommessung, die Übergangsverluste und die Zusatzverluste, für die bei Vollast der vereinbarte Wert von 0,5% der abgegebenen mechanischen Leistung gilt. Bei Teillast werden die Zusatzverluste quadratisch mit dem Ständerstrom, die Übergangsverluste linear mit dem Läuferstrom umgerechnet.

Bei neuen Modellen werden natürlich alle Verluste vorausberechnet, bei wiederholter Anfertigung greift man soweit wie möglich auf gemessene Werte zurück.

Für die gesamten Verluste, die man in der Regel nur für Vollast, $^3/_4$-Last und $^1/_2$-Last zu gewährleisten pflegt, gelten fast überall 10% Toleranz. Man garantiere niemals die einzelnen Verlustposten und verlange auch keine solche Garantie. Die Toleranz gilt für eine Überschreitung der vereinbarten Werte. Geringere Verluste bedeuten keine Verletzung der Garantie. Eine einzige Ausnahme können die Läuferwicklungsverluste machen, da man bei parallel arbeitenden Motoren und auch bei Motoren zum Antrieb von Kolbenarbeitsmaschinen den Schlupf zu garantieren pflegt. Die Angabe des Schlupfes und seine Gewährleistung ist aber identisch mit der Garantie der Läuferwicklungsverluste, ohne daß dies jemals ausgesprochen wird. Der Schlupf regelt in diesen Fällen die Lastverteilung oder die Lastschwankungen. Man kann ihn wegen der starken betrieblichen Temperaturänderungen nur mit 20% Toleranz gewährleisten.

31. Leerverluste. Sie bestehen aus den Eisenverlusten Q_{fe} und den Reibungsverlusten Q_{rbg}. Die Eisenverluste seien nachstehend für den weitaus wichtigsten Fall der 3-phasigen Maschine behandelt, bei der im Ständer Netzfrequenz und im Läufer Schlupffrequenz herrscht. Durch die drehende und wechselnde Ummagnetisierung in den einzelnen Teilen des wirksamen Eisens treten Wirbelstrom- und Hystereseverluste auf, die, sofern die Ummagnetisierung mit Netzfrequenz bzw. mit Schlupffrequenz geschieht, unmittelbar vom Netz her gedeckt werden. In den Läuferzähnen und in der Läuferoberfläche, in geringerem Maße auch in den Ständerzähnen und in der Bohrungsfläche sind weitere Eisenverluste zu verzeichnen, die von der örtlichen Schwankung (Pulsation) der magnetischen Luftspaltinduktion herrühren. Die Pulsationsfrequenz ist weit höher als die Netzfrequenz und beträgt z. B. im Läufer bei voller Drehzahl das $6q_1$-fache der Netzfrequenz. Die Pulsationsschwankungen der Induktion rühren von der wechselnden gegenseitigen Stellung der Läufer- und Ständerzähne her. Bei halbgeschlossenen Nuten in beiden Maschinenteilen ist die Schwankung gering, bei offenen Nuten in einem der beiden Teile (vorzugsweise im Ständer) ist sie dagegen recht groß. Offene Nuten in beiden Teilen würden die Pulsation noch weiter erhöhen; sie werden daher immer vermieden.

Die Eisenverluste durch Pulsation treten mit Pulsationsfrequenz auf und werden nicht unmittelbar vom Netz gedeckt. Sie wirken auf die Welle wie eine mechanische Bremsung ein und müssen deshalb auch vom Läufer her mechanisch gedeckt werden. Die an der Kupplung zur Verfügung stehende Leistung ist also noch um die Pulsationsverluste kleiner als die bereits um die Läuferwicklungsverluste und die Reibungsverluste verringerte Luftspaltleistung. Zur Vereinfachung berücksichtigen wir die zusätzlichen Eisenverluste durch eine Erhöhung der reinen Eisenverluste und betrachten sie daher als unmittelbar vom Netz gedeckt.

Die *Eisen*verluste werden berechnet aus dem Gewicht, dem Quadrat der Induktion, der sog. Verlustziffer v_{10} und einem korrigierenden Faktor, der die Zunahme der Eisenverluste durch die Bearbeitung berücksichtigt. Die eigentlichen Läufereisenverluste werden wegen der kleinen Schlupffrequenz vernachlässigt.

Ein Kilogramm entgratetes Dynamoblech, wie es ausschließlich für Asynchronmaschinen im Ständer und im Läufer verwendet wird, hat bei der Induktion B den Verlust:

$$v = \left[v_h \frac{f}{50} + v_w \left(\frac{f}{50}\right)^2\right] \left(\frac{B}{10000}\right)^2 \text{ in W.}$$

Der erste Klammerausdruck ist ein Maß für die bei einer Induktion von 10000 G auftretenden Hystereseverluste, der zweite Ausdruck berücksichtigt die bei gleicher Induktion zu beobachtenden Wirbelstromverluste. Da die Frequenz f bei der Asynchronmaschine im Ständer konstant ist, faßt man die beiden Klammerausdrücke zu einem einzigen zusammen, der nun natürlich nur für eine bestimmte Frequenz f gilt. Er heißt die Verlustziffer v_{10} und gibt die spezifischen Verluste bei der Frequenz $f = 50$ Hz und bei der Induktion $B = 10000$ G in W/kg an. Die rein quadratische Umrechnung mit der Induktion deckt sich nicht ganz mit den Tatsachen. Wegen der erheblichen Unsicherheit bei der Eisenverlustberechnung gehe man aber nicht allzusehr in die Feinheiten.

Die mit v_{10} berechneten *Rücken*verluste des Ständers sind kleiner als die wirklichen. Dies ist auf die verlusterhöhende Wirkung der Bearbeitung, des Stanzens und des Schichtens der Bleche zurückzuführen. Ein Zuschlag von 50% zu den sog. reinen Eppstein-Verlusten trifft in der Praxis etwa die wahren Verhältnisse.

Die wahren *Zahn*verluste im Ständer einer Maschine mit halbgeschlossenen Nuten, bei der die Pulsationsverluste noch recht klein sind, liegen noch stärker über den Eppstein-Verlusten. Hier ist ein Zuschlag von etwa 200% notwendig.

Man hat also im Rücken statt mit v_{10} mit $1,5\,v_{10}$ und in den Zähnen mit $3 v_{10}$ zu rechnen. Durch besondere, aber kostspielige Maßnahmen lassen sich diese Zuschläge drücken. Der Erfolg steht oft in keinem Verhältnis zum Aufwand.

Sobald die Maschine *offene* Ständernuten bekommt, steigen die Gesamteisenverluste sprunghaft um 30 bis 60% an. Man zahlt einen hohen Preis für die Öffnung der Nuten, die sich außerdem in einem fühlbar geringer werdenden Leistungsfaktor bemerkbar macht. Der Sitz der zusätzlichen Verluste sind im wesentlichen die Läuferoberfläche und die Läuferzähne. Rechnerisch wollen wir diese neuen Verluste aber so berücksichtigen, als ob sich die eigentlichen Ständerzahnverluste erhöht hätten. Dann bleiben die Läuferzähne außer Ansatz.

Ein Maß für die Induktionsschwankungen infolge der offenen Ständernuten gibt der gesamte CARTERsche Faktor der Maschine, der bei Maschinen mit halbgeschlossenen Nuten 1,05 bis 1,15, bei solchen mit offenen Nuten aber 1,3 bis 1,7 beträgt. Er ist auch ein Maß für die magnetische Spannung am Luftspalt. Multipliziert man nun die Ständerzahnverluste (einschließlich ihres 200proz. Zuschlages) mit dem Quadrat des CARTERschen Faktors, so kommt man zu einem physikalisch begründeten und praktisch erprobten Ergebnis für die Ständerzahnverluste der Maschine mit *offenen* Nuten.

Man kann demnach für beide Verlustanteile setzen:

Ständerrückenverluste

$$Q_{fe,r} = 1{,}5\, v_{10}\, G_{r,1} \left(\frac{B_{r,1}}{10000}\right)^2 \text{ in W},$$

Ständerzahnverluste, einschließlich Läuferverluste durch Pulsation

$$Q_{fe,z} = 3{,}0\, v_{10}\, G_{z,1} \left(\frac{B_{z,1}}{10000}\right)^2 k_c^2 \text{ in W}.$$

Die Gewichte $G_{r,1}$ des Ständerrückens und $G_{z,1}$ der Ständerzähne wurden in Abschnitt 20 berechnet. Sie sind in kg einzusetzen. Die Verlustziffer v_{10} beträgt meist 3,6 W/kg bei kleineren und 2,3 W/kg bei größeren Maschinen. Bessere Blechsorten zeigen geringere Verluste, jedoch wachsen die Zuschläge mit sinkender Verlustziffer. Obige Zuschläge gelten für die genannten Werte von 2,3 und 3,6 W/kg. $B_{r,1}$ und $B_{z,1}$ sind die magnetischen Induktionen im Rücken und in den Zähnen, die bei der Berechnung des Magnetisierungsstromes gefunden wurden. Sie sind in Gauß einzusetzen.

Wenn man eine Maschine mit einem $k_c = 1{,}5$ vergleicht mit einer solchen, deren $k_c = 1{,}05$ ist, so sieht man, daß die (scheinbaren) Ständerzahnverluste sich verdoppelt haben. Wenn die Ständerverluste etwa 50% der gesamten Eisenverluste der Maschine mit halbgeschlossenen Nuten ausmachen, so erhöhen sich demnach die gesamten Eisenverluste nach Öffnung der Ständernuten um 50%. Dies steht im Einklang mit der Erfahrung.

Die zahlreichen in der Literatur angegebenen Formeln zur exakten Berechnung der Läufereisenverluste sind schwierig zu handhaben und liefern gerade bei Maschinen hoher Leistung, wo u. U. noch keine Meßergebnisse bei der Vorausberechnung zur Verfügung stehen, *ungeeignete* Werte. Meistens errechnet man mit diesen Formeln bei Maschinen mit hoher Lochzahl je Pol und Strang viel zu große zusätzliche Eisenverluste. Die hier genannten Formeln sind einfacher und zeigen unmittelbar den Einfluß der offenen Nuten durch die Verwendung des CARTERschen Faktors an. Sie wurden an einer großen Anzahl ausgeführter Asynchronmotoren nachgeprüft.

Wenn man Gelegenheit hat, Vergleichsmessungen an 10 oder 20 großen, völlig gleichen und gleichzeitig erbauten Maschinen zu machen, so wird man die Feststellung machen, daß einzelne Ergebnisse der

Eisenverlustmessung bis zu 25 % über und unter dem Mittelwert liegen können. Nach solchen Erfahrungen verzichtet man, wenn auch ungern und unbefriedigt, auf genauere Rechenmethoden.

Durch Verwendung höherer Eisengewichte kann man bei gleichbleibendem Kraftfluß die Eisenverluste absenken, da der linearen Gewichtserhöhung eine quadratische Verringerung von B^2 gegenübersteht. Dies gilt, soweit die Gewichtserhöhung der Querschnittsvergrößerung zugute kommt. Verlängert man dagegen die Zähne, um z. B. mehr Wicklungskupfer unterbringen zu können, so steigen die Zahnverluste natürlich an.

Verbreitert man eine Maschine unter Beibehaltung der Leiterzahl, läßt man also den Fluß konstant, so steigen zwar alle Eisengewichte im gleichen Verhältnis an, die Eisenverluste dagegen fallen im gleichen Maße ab. Wie bei den Wicklungen macht sich also auch beim aktiven Eisen der Mehraufwand an Werkstoff in einer Verringerung der Verluste geltend.

Erhöht man bei unveränderten Abmessungen den Fluß durch Wahl einer geringeren Leiterzahl, so steigen die Eisenverluste praktisch quadratisch an. (Nicht genau quadratisch, da der Abplattungsfaktor α etwas fällt.) Die Wicklungsverluste dagegen sinken quadratisch ab, wenn man das Wicklungsgewicht unverändert läßt. Waren vorher Eisen- und Wicklungsverluste gleich groß, so bleibt ihre Summe praktisch unverändert erhalten. Waren aber die Eisenverluste vor der Flußerhöhung klein, so nehmen die Gesamtverluste ab. Man kann also durch die Wahl eines anderen Flusses den Wirkungsgrad evtl. ändern; immer aber wird man dabei sein Maximum verschieben. Meist sprechen andere und zwingende Gründe für die Bemessung des Flusses.

Zu den Eisenverlusten treten als zweiter Posten die *Reibungs*verluste. Kleinere und mittlere Asynchronmaschinen werden, sofern nicht besondern ruhiger Lauf vorgeschrieben ist, in großem Umfang mit Wälzlagern ausgerüstet. Die Lagerreibungsverluste werden dadurch auf ein sehr geringes Maß reduziert. Sie treten gegenüber den Luftreibungsverlusten stark zurück. Bei Großmaschinen findet man wieder Gleitlager. Auch hier sind ihre Verluste relativ klein. Sie stehen in einem nahezu festen Verhältnis zu den übrigen Reibungsverlusten. Wenn es also gelingt, eine geeignete Formel für letztere aufzustellen, so kann man offenbar durch einen entsprechenden Zuschlag auch die Lagerverluste mit erfassen. Auf Grund der Auswertung zahlreicher Meßergebnisse an Maschinen von 5 bis 10000 kW (auch Synchronmaschinen bis 100000 kVA wurden zugrunde gelegt) konnte folgende Formel für die gesamten Reibungsverluste einer Asynchronmaschine gefunden werden:

$$\text{Reibungsverluste} \quad Q_{\text{rbg}} = 8 \frac{D}{1000} \frac{l_a + 150}{1000} v_a^2 \text{ in W},$$

wobei D = Bohrungsdurchmesser in mm,
l_a = Ankerbaulänge in mm und
v_a = Umfangsgeschwindigkeit in m/s ist.

Bei ganz kleinen Maschinen ist statt des Zuschlages von 150 mm zur Ankerlänge nur einer von 75 mm zu nehmen. Bei 2-poligen Maschinen treten, sofern nicht besondere Vorkehrungen zur Erhöhung der Windschnittigkeit des Läufers getroffen werden, um 30 bis 50% höhere Verluste auf. Man sollte hierauf besonders achten, da der Wirkungsgrad der 3000-tourigen Maschinen durch den Reibungsverlust stark verringert wird. Bei Langsamläufern spielen die Reibungsverluste nur eine bescheidene Rolle.

Die Umfangsgeschwindigkeit v_a in m/s stimmt bei 50 Hz zahlenmäßig mit der Polteilung t_p in cm überein. Wählt, mißt oder schätzt man die Polteilung, so kennt man also auch die Umfangsgeschwindigkeit.

Obige Formel gilt für die wahre Betriebsdrehzahl, bei der die richtig bemessene Belüftung der Maschine vorliegt. Bei willkürlicher Änderung der Drehzahl einer gegebenen Maschine bemerkt man, daß die gesamten Reibungsverluste sich mit einer höheren, zwischen 2 und 3 gelegenen Potenz von v_a ändern. Dies beruht auf dem etwa linearen Anwachsen der Lager- und dem kubischen Ansteigen der Luftreibungsverluste. Unsere Formel ist also nur bei der Nenngeschwindigkeit zu benutzen.

Maschinen mit angebauten Schwungrädern haben höhere Reibungsverluste. Sie werden aber bei diesen Typen, deren Lager meistens von fremder Seite geliefert werden (Kompressorantriebe), in der Regel nicht angegeben. Die Reibungsverluste machen 0,5 bis 1% der Nennleistung aus, nur bei großen 2-poligen Maschinen kommen wir leider auf Werte von 1,5%. Die Erbauer großer Synchronmaschinen gleicher Drehzahl haben die Verluste weiter zu drücken verstanden. Hier schneidet die Asynchronmaschine noch verhältnismäßig schlecht ab.

Wenn man die Verluste ähnlicher oder gleicher Maschinen aus Messungen kennt, übernimmt man diese Ergebnisse genau wie die Eisenverlustmessungen in spätere Rechnungen.

Die Eisen- und Reibungsverluste werden häufig beim Leerlauf der nicht mit anderen Maschinen gekuppelten Maschine gemessen. Die Aufteilung in die beiden Summanden ist mit einer gewissen Ungenauigkeit behaftet.

Die Reibungsverluste an den Schleifringen von Regelankern, die man allerdings nicht im garantierten Wirkungsgrad zu berücksichtigen pflegt, kann man leicht berechnen zu:

$$\text{Bürstenreibungsverluste} \quad Q_{r,\,bü} = \frac{F\, v_{ba}}{4} \quad \text{in W},$$

mit F = gesamte Bürstenfläche in cm²,
v_{ba} = Schleifringgeschwindigkeit in m/s.

Die 4 im Nenner berücksichtigt den üblichen Bürstendruck von 200 g/cm² und die Reibungsziffer $\mu = 0{,}13$.

32. Lastverluste. Die Verluste der Asynchronmaschinen erhöhen sich bei Last um die *Wicklungsverluste*, die bei Leerlauf in der Ständerwicklung sehr klein und in der Läuferwicklung verschwindend gering waren. Bei Regelankern mit dauernd aufliegenden Bürsten treten zusätzliche *Übergangs*verluste auf, die den Wirkungsgrad gegenüber einer Maschine mit abgehobenen Bürsten fühlbar verkleinern. Die vereinbarten *Zusatz*verluste von 0,5% der bei Vollast abgegebenen mechanischen

Leistung machen sich rechnungsmäßig wie eine Erhöhung des Ständerwiderstandes bemerkbar, da sie, wie bereits erwähnt, quadratisch auf andere als Nennstromstärke umzurechnen sind.

Die Wicklungsverluste in den m Strängen einer Wicklung werden berechnet zu:

$$Q = m I^2 R_{t^\circ} \text{ in W},$$

worin m = Zahl der Stränge, I = Strom je Strang in A, R_{t° = Widerstand eines Stranges bei t° C.

Man verwendet die Indizes 1 für den Ständer und 2 für den Läufer. Bei Käfigankern gilt:

$$Q_2 = N_2 r_{t^\circ} I_2^2 \text{ in W},$$

wobei N_2 = **Läufernutenzahl,**
r_{t° = **Stabwiderstand einschließlich Ringanteil bei** t° C,
I_2 = **Strom je Stab in A.**

Unter Benutzung der gedachten Strangzahl 3 und des ihr entsprechenden gedachten Strangwiderstandes $R_2 = N_2/3 \cdot r$ kann man die Läuferwicklungsverluste auch berechnen zu:

$$Q_2 = 3 R_{2,t^\circ} I_2^2 \text{ in W}.$$

Dann benutzen wir also die gleiche Formel, unabhängig von der Ausführungsart der Läuferwicklung als Spulen- oder Käfigwicklung.

Man setzt in obige Formeln, sofern man noch nicht das genaue Ergebnis eines Dauerlaufs an gleichen oder sehr ähnlichen Maschinen kennt, bei Maschinen mit nicht wärmebeständiger Isolation den Widerstand bei $t = 75^\circ$ C ein. Wenn man wärmebeständig isoliert und auch eine Erwärmung um 80° C zu erwarten hat, rechnet man die Widerstände und die Verluste für $t = 95^\circ$ C. In beiden Fällen legt man also eine Raumtemperatur von 15° C zugrunde, obwohl diese bis 35° C betragen darf. Dieser ungünstige Fall gilt aber nur für die Erwärmung, nicht für die Bestimmung der Wicklungsverluste und des Wirkungsgrades.

Wenn Erwärmungsmessungen bekannt sind, legt man diese — erhöht um eine Raumtemperatur von 15° C — zugrunde. Ebenfalls darf man z. B. bei einer thermisch stark unterlasteten Maschine, bei der man etwa mit 45° C Erwärmung zu rechnen hat, die Verluste bei $45 + 15 = 60^\circ$ bestimmen.

Bei verhältnismäßig hohen Wicklungsverlusten kann sich hierdurch eine merkliche Verbesserung des Wirkungsgrades ergeben. Man rechnet natürlich sicherer, wenn man mit den höheren Temperaturen von 75 oder 95° arbeitet.

Die wahren Wicklungsverluste aller Wicklungen, in denen Ströme von 50 Hz oder mehr (Periodenwandler, Drehregler, elektrische Welle) fließen, sind höher als die mit dem sog. Gleichstromwiderstand R berechneten Werte. Durch Stromverdrängung steigt nämlich der Echtwert des Widerstandes an. Diese Widerstandszunahme wird bei Asynchronmaschinen nicht vorausberechnet, da sie im allgemeinen wegen der Verwendung von Leitern von nicht mehr als 4 mm Höhe vernachlässigt werden darf. Im übrigen sollen ja gerade auch diese Zusatzverluste durch den vereinbarten Satz von 0,5% mit erfaßt werden. Bei Verwendung von Litzen geht man mit den Abmessungen viel höher, ohne daß der Skineffekt entstehen kann, da die Verdrillung der einzelnen Adern ihm entgegenwirkt.

Die Widerstandszunahme von Schleifringankern mit starken massiven Stäben und von Käfigankern ist bei Stillstand und kleinen Drehzahlen recht erheblich. Sie kann mehrere hundert Prozent betragen. Bei Käfigankern ist sie wegen der von ihr bewirkten Erhöhung des Anlaufdrehmomentes sehr erwünscht. Bei der Wirkungsgradberechnung wird sie nicht berücksichtigt, da sie bei Nenndrehzahl wieder verschwindet.

Eine gute Kontrolle für die Berechnung der Wicklungsverluste aus Widerstand und Strom bietet die gleichzeitige Bestimmung aus dem Wicklungsgewicht und der Stromdichte. Man wendet diese zweite Berechnungsart fast nur bei Spulenwicklungen an, für die die nachstehenden Ausführungen gelten.

Dem Wicklungswiderstand haftet viel Zufälliges an. Gewiß ist die Windungs- oder die Leiterlänge l_l für eine bestimmte Maschinentype eine Art Konstante, die sich nur etwas mit zunehmender Betriebsspannung erhöht. Aber der Querschnitt der Leiter q hängt umgekehrt und die Zahl der Leiter z direkt von der Spannung ab, so daß der Widerstand R eines Stranges sich quadratisch mit der Spannung ändert. Ganz anders verhalten sich Gewicht G und Stromdichte g, die wieder fast unabhängig von der Betriebsspannung sind. Setzt man statt des Widerstandes R eines Stranges sein Gewicht G ein, wobei man die Beziehungen benutzt:

$$R = \frac{z\, l_l}{q\, L} \quad \text{und} \quad G = 3 z\, l_l\, q \frac{\gamma}{1000} \quad \text{nach Abschnitt 8,}$$

so ergibt sich:

$$Q = 3 R I^2 = v\, G\, g^2,$$

worin v = Verlustziffer des warmen Wicklungsmetalls in Watt je kg bei einer Stromdichte von 1 A/mm²,
G = Gewicht in kg und $g = I/q$ = Stromdichte in A/mm².

Die Verlustziffer v ändert ihren Wert mit der Temperatur und dem spezifischen Gewicht des Wicklungsmetalls, für welches vornehmlich Kupfer und Aluminium in Betracht kommt. Es ist, wie eine kleine Nebenrechnung ergibt:

$$v = \frac{1000}{\gamma L} \quad \text{in W/kg bei 1 A/mm}^2$$

mit γ = spezifisches Gewicht,
L = Leitfähigkeit in Meter je Ohm und Quadratmillimeter.

Für die beiden wichtigen Metalle Kupfer und Aluminium ist:

$$v_{\mathrm{Cu}} = \frac{1000}{8{,}95 \cdot 57} \, \frac{235 + t^\circ}{255}$$

und

$$v_{\mathrm{Al}} = \frac{1000}{2{,}7 \cdot 37} \cdot \frac{245 + t^\circ}{265}.$$

Für die häufigsten Betriebs- oder Normaltemperaturen kann man die Verlustziffer v folgender Tabelle entnehmen.

Man erkennt, daß die Wicklungsverluste bei gleicher Stromdichte g mit dem Gewicht G der Wicklung zunehmen. Größere Maschinen haben höhere Wicklungsgewichte und daher höhere Wicklungsverluste als kleinere Einheiten. Ihre Nutzleistung steigt aber in viel höherem Maße an, so daß die prozentualen Wicklungsverluste der Großmaschinen stark fallen.

Temperatur °C	Verlustziffer in W/kg	
	v_{Cu}	v_{Al}
20	1,96	10,0
75	2,39	12,1
95	2,54	12,9

Vergrößert man bei einer gegebenen Maschine das Wicklungsgewicht und hält die Leiterzahl konstant, so steigt zwar G, sinkt aber im gleichen Maße g. Mithin fallen die Wicklungsverluste linear ab. Die Vergrößerung des Aufwandes an Metall ist eine beliebte, wenn auch sehr teuere Maßnahme zur Verringerung der Verluste. Man sollte ihre wirtschaftlichen Grenzen abstecken. Maschinen, deren Erwärmung unter etwa 45 °C liegt, sind mit zu viel Kupfer oder Aluminium ausgeführt. Der übergroße Aufwand an Wicklungsmetall bleibt meistens der Synchronmaschine vorbehalten, wo man glattweg den technisch nötigen Aufwand verdoppelt, um u. U. nur wenige zehntel Prozent im Wirkungsgrad zu gewinnen.

Zieht man bei einer fertigen Maschine Drähte aus der Primärwicklung heraus und betreibt sie mit der alten Leistung, so geht das Gewicht G zurück, während die Stromdichte g praktisch unverändert erhalten bleibt. In diesem Fall erniedrigen sich die Wicklungsverluste. Dafür steigen die Eisenverluste wegen der mit dieser Maßnahme verbundenen Flußerhöhung an.

33. Wirkungsgrad. Grundsätzlich wird der Wirkungsgrad der Asynchronmaschine wie bei jeder anderen Maschine als das Verhältnis der abgegebenen zur aufgenommenen Leistung bestimmt. Als aufgenommene Leistung hat man die Summe aus zugeführter elektrischer und mechanischer Leistung, als abgegebene Leistung die Summe der nutzbar entnommenen elektrischen und mechanischen Leistung einzusetzen. Ersteres ist klar. Letzteres aber ist so zu verstehen, daß man nur *die* Leistung als Abgabe betrachten darf, die wirklich von weiterem Nutzen bei der Anwendung der Maschine ist. Bei einer Maschine z. B., die als Motor mit Drehzahlregelung durch zusätzliche Widerstände im Sekundärkreis läuft, ist die dort an den Schleifringen anfallende elektrische Leistung zwar kein eigentlicher Verlust innerhalb der Maschine, sie muß aber dennoch als Teil der Verluste (Schlupfverlust zusätzlicher Art) der *geregelten* Maschine aufgefaßt werden. Wird die Schlupfleistung aber einer Hintermaschine zugeführt, so ist sie als nutzbar zu betrachten. Nur jener Bruchteil, der in der Hintermaschine selbst wieder verlorengeht, ist den gesamten Verlusten zuzuzählen.

Beim Lauf als Asynchrongenerator ist die Aufnahme gleich der mechanischen Antriebsleistung an der Kupplung. Eine elektrische Aufnahme findet (bei den normalen Drehzahlen knapp über der synchronen) nicht statt. Abgabe des Generators ist die rein elektrische, dem Netz zufließende Leistung. Diese findet man, wenn man von der mechanischen Leistung alle Verlustposten absetzt.

Beim synchronisierten Motor ist der Aufnahme aus dem Netz die über die Schleifringe zufließende Erregerleistung einschließlich der Verluste der Erregerquelle und im etwaigen Regelwiderstand zuzurechnen. Ebenfalls ist beim Betrieb als Synchrongenerator die mechanische Antriebsleistung um die Erregerleistung zu erhöhen.

Der Drehregler hat rein elektrische Aufnahme und Abgabe. Findet eine Belüftung statt, so ist die elektrische Leistungsaufnahme des Lüftermotors der aufgenommenen Drehreglerleistung zuzuschlagen.

Der Drehregler in Sparschaltung hat einen besonders hohen Wirkungsgrad, da sich seine Verluste auf die Durchgangsleistung beziehen, die im allgemeinen ein Vielfaches der Eigenleistung beträgt.

Bei Periodenwandlern muß man die gesamte Primäraufnahme beider Maschinen, des eigentlichen Wandlers und seines Antriebsmotors bzw. seines Abbremsgenerators berücksichtigen. Die Abgabe ist gleich der dem Sekundärnetz geänderter Frequenz zufließende elektrische Leistung.

Die Berechnung des *Wirkungsgrades* sei nachstehend genauer für den weitaus wichtigsten Fall des Drehstrom-Asynchronmotors behandelt.

Man berechnet den Wirkungsgrad η durchweg für Vollast, $^3/_4$- und $^1/_2$-Last und garantiert diese Werte. Den Wert für $^1/_4$-Last kann man berechnen, man gibt für ihn aber keine Gewähr. Bei Maschinen für hohe Überlastbarkeit wird η auch für höhere Lasten berechnet, besonders wenn man die Grenzleistung genau bestimmen will. Meistens pflegt man diese aber der Ortskurve zu entnehmen.

Insgesamt hat man nach den vorstehenden Abschnitten 4 Verlustposten zu bestimmen. Erstens die Leerverluste Q_0, bestehend aus den Eisenverlusten Q_{fe} und den Reibungsverlusten Q_{rbg}, die man bei allen Lasten als konstant ansieht. Zweitens die primären Wicklungsverluste Q_1 und drittens die sekundären Wicklungsverluste Q_2, die sich beide quadratisch mit ihren Strömen ändern. Viertens berücksichtigt man die Zusatzverluste Q_z mit 0,5% der bei Vollast abgegebenen Leistung und ändert sie quadratisch mit dem Primärstrom I_1.

Die wahren Zusatzverluste können wesentlich höher liegen. Man halte sich aber an die gebräuchlichen Vereinbarungen.

Der Wirkungsgrad wird am genauesten bestimmt, wenn man die prozentualen Verluste bestimmt und diese von 100% abzieht. Man schreibt:

$$\text{Wirkungsgrad } \eta \text{ in } \% = 100 - \frac{\text{Gesamtverluste}}{\text{Abgabe} + \text{Gesamtverluste}}\, 100\,.$$

Die Ströme, die der Berechnung der Wicklungs- und der Zusatzverluste dienen, entnimmt man der Ortskurve der Maschine.

Trägt man den Wirkungsgrad η über der aufgenommenen Leistung auf, so erhält man drei typische Kurven, die sich durch die Lage ihres Maximums unterscheiden. Wenn die Leerverluste $Q_0 = Q_{fe} + Q_{rbg}$ relativ klein sind, erreicht die η-Kurve ihr Maximum meistens zwischen $^1/_2$-Last und Vollast. Sind sie gleich den Lastverlusten bei Vollast, so liegt das Maximum bei Vollast. Sobald die Leerverluste (bei Schnelläufern) größer als die Lastverluste der normalbelasteten Maschine werden, wird der Höchstwert von η erst bei Überlast erreicht. Dies ist im allgemeinen bei keiner Maschinengattung erwünscht. Angemessen ist ein Verlauf der η-Kennlinie mit dem Optimum zwischen $^3/_4$- und $^1/_1$-Last.

Bis zum Maximum hat die Kennlinie einen hyperbolischen Verlauf, wobei die y-Achse und die Parallele zur Abszisse im Abstand von 100% die zugehörigen Asymptoten sind. Bei höheren Lasten fällt die Kennlinie wieder ab und nähert sich dem Verlauf einer Geraden, die durch den Punkt 100% auf der y-Achse geht.

Die Erklärung hierfür ist einfach. Wenn man eine Maschine mit verhältnismäßig hohem Kippmoment betrachtet, bei der sich der Blindstrombedarf zwischen Leerlauf und Nennlast nur mäßig ändert, so kann man den Primärstrom I_1 als die geometrische Summe aus dem konstanten Blindstrom (Magnetisierungsstrom I_μ) und dem senkrecht dazu stehenden Wirkstrom I_w ansehen. Der Sekundärstrom ist I_w proportional. I_w ändert sich mit der Leistungsabgabe N_2. Die primären Wicklungsverluste Q_1 bestehen demnach aus einem konstanten und einem quadratisch mit der Leistungsabgabe veränderlichen Anteil. Die sekundären Wicklungsverluste ändern sich quadratisch mit der Abgabe. Sie

a

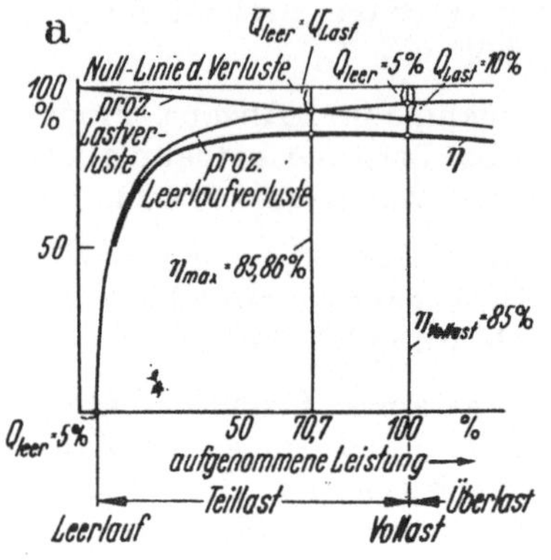

b

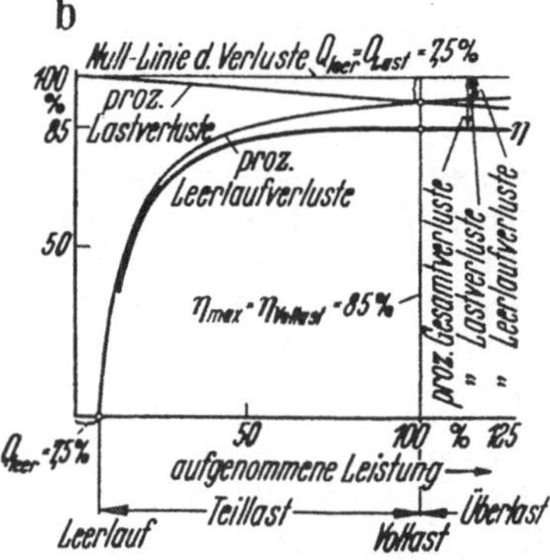

c

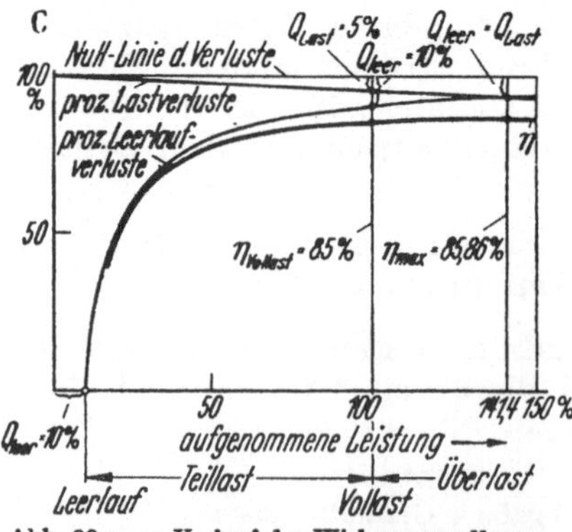

Abb. 89 a—c. Verlauf der Wirkungsgradkennlinie über der aufgenommenen Leistung bei 15% Vollast-Verlusten. a $Q_{leer} = 5\%$, $Q_{last} = 10\%$; b $Q_{leer} = 7{,}5\%$, $Q_{last} = 7{,}5\%$; c $Q_{leer} = 10\%$, $Q_{last} = 5\%$.

haben keinen konstanten Anteil. Die Leerverluste Q_0 sind konstant. Vereinigt man nun die Leerverluste Q_0 mit den Leerlaufwicklungsverlusten $3 I_\mu^2 R_1$, so erhält man den Anteil der Gesamtverluste, der fast unabhängig von der Last ist. Diese Verlustgruppe heißt übrigens die *Leerlaufverluste* und ist später am allereinfachsten zu messen. Die Summe der vom primären Wirkstrom und von dem ihm proportionalen Sekundärstrom verursachten Wicklungsverluste, zuzüglich der Zusatzverluste, ergibt die restliche Verlustgruppe, die sich etwa quadratisch mit der Last ändert.

Bezieht man nun die beiden genannten Verlustgruppen auf die aufgenommene Leistung, so nehmen die prozentualen Leerlaufverluste mit dem Kehrwert der wachsenden Leistung ab, während die prozentualen Belastungsverluste linear mit dieser Leistung ansteigen. In Abb. 89 sind drei Fälle behandelt. Die Gesamtverluste sind bei 100% Aufnahme 15%, und zwar ist der Reihe nach angenommen, daß die Leerlaufverluste Q_{leer} 5, 7,5 und 10% betragen, während die Lastverluste Q_{last} 10, 7,5 und 5% ausmachen. Die prozentualen Verluste, bezogen auf veränderliche Aufnahme, sind von oben nach unten abgetragen. Ihre Nullinie ist die durch die Ordinate 100% gehende Parallele zur Abszisse. Die Summe der bezogenen Verluste ergibt die prozentualen Gesamtverluste Q; die von unten nach oben abzulesende Differenz gegen 100 liefert den Wirkungsgrad. Sein Maximum wird an der Stelle gleicher Leerlauf- und Lastverluste erreicht. Es wandert mit steigenden Leerlaufverlusten nach Orten höherer Leistung. Die linken Äste liefern die Wirkungsgrade für kleine Lasten. Diese kann man leicht angenähert berechnen, wenn man die Lastversuche vernachlässigt, zu:

$$\eta = \frac{\text{Abgabe}}{\text{Abgabe} + \text{Leerlaufverluste}}$$

bei Lasten zwischen Leerlauf und $^1/_4$-Last.

Mindestens sollte man diese Näherungsformel benutzen, um den linken Ast der η-Kurve sauber zu berechnen und zu zeichnen. Man beachte, daß er bei dem Abszissenwert, der gleich den Leerlaufverlusten ist, durch Null geht.

Das geometrische Bild der η-Kurve über der abgegebenen Leistung hat den gleichen typischen Verlauf. Die Kurve geht hier durch den Ursprung.

Die Asynchronmaschine mit stromverdrängungsfreiem Schleifring- oder Kurzschlußanker.

34. Wirkungsweise. Die stromverdrängungsfreie Maschine zeichnet sich dadurch aus, daß infolge klein bemessener Läuferstäbe oder der Verwendung einer dünndrähtigen Spulenwicklung im Läufer keine merkliche Stromverdrängung im Bereich der üblichen Schlupfwerte zu beobachten ist. Auch Schleifringanker sollen wegen der Verwendung hoher, *zusätzlicher* Anlaufwiderstände im Läuferkreis *trotz* etwaiger Stromverdrängungseffekte im Läufer unter diese Betrachtungen fallen. Freiheit von Stromverdrängung bedeutet, daß sich der Echtwiderstand eines Läuferstabes nicht mit der Läuferfrequenz ändert und daß auch der Nutenstreufluß im Läufer nur von der Stärke des Läuferstromes, nicht aber von seiner Frequenz abhängt. Hierbei sei angenommen, daß die Läuferfrequenz nur zwischen der Netzfrequenz f (Stillstand) und der kleinen Schlupffrequenz $f_2 = sf$ (Betrieb) variiere. Der Schlupf s liege zwischen 0 und 1. Bei sehr hohen Schlüpfen zeigt jede Asynchronmaschine Stromverdrängungserscheinungen. Sie sollen im folgenden nicht berücksichtigt werden.

Das wichtigste Ergebnis des Fehlens der Stromverdrängung im Läufer ist, daß die Ortskurve der Maschine ein Kreis ist. Unter *Ortskurve* eines Stromes versteht man den geometrischen Ort des Endpunktes seines Vektors, dessen Anfangspunkt im 0-Punkt liegt. Überdies gehört zur Ortskurve die Bezifferung jedes Punktes durch einen Parameter. Bei unserer Maschine ist der Kreis linear in s, also linear im Schlupf geteilt. Der Kreis selbst ist nur der Träger der Ortskurve; erst der bezifferte Kreis ist die eigentliche Ortskurve.

Da der Kreis als geometrisches Gebilde leicht gezeichnet und als Ortskurve leicht mathematisch behandelt werden kann, nimmt er in der Behandlung der Asynchronmaschine einen beherrschenden Raum ein, obwohl die meisten Motoren, die berechnet und gebaut werden, keinen Kreis als Ortskurve besitzen. In allen Fällen bietet aber der Kreis der stromverdrängungsfrei gedachten Maschine einen vorzüglichen Ausgangspunkt für die Untersuchung *aller* Maschinen, also auch der Motoren mit ausgesprochenen Hochstab-, Keilstab- oder Doppelkäfigankern. Diese letzteren werden ausführlich in eigenen Abschnitten behandelt werden.

Eine ganze Reihe von Erscheinungen und Gesetzen gilt unabhängig von der Läuferart für alle umlaufenden Asynchronmaschinen, die mit einem (angenähert) reinen Drehfeld arbeiten. Sie seien nachstehend erläutert.

Das Drehfeld im Primärteil der Maschine läuft um mit der minutlichen synchronen Drehzahl:

$$n_{syn} = \frac{120 f}{2p},$$

mit f = Netzfrequenz in Hz, $2p$ = Polzahl der Maschine.

Praktisch haben wir mit 50 Hz zu rechnen. Dann ist:

$$n_{syn} = \frac{6000}{2p} \quad \text{und} \quad 2p = \frac{6000}{n_{syn}},$$

woraus sich die wichtigsten Synchrondrehzahlen und Polzahlen ergeben:

Polzahl $2p$ . . .	2	4	6	8	10	12	16	24	48
Synchrondrehzahl n_{syn} .	3000	1500	1000	750	600	500	375	250	125 U/min

Die wahre Drehzahl n ist bei Motorbetrieb etwas kleiner als die synchrone, da das Drehfeld nur dann nutzbar auf den Läufer einwirken kann, wenn eine geringe Relativgeschwindigkeit zwischen beiden besteht. Diese Relativgeschwindigkeit wird durch den Schlupf s oder die Schlupfdrehzahl $s\,n_{syn}$ ausgedrückt. Die Schlupfdrehzahl ist gleich der Differenz aus der Synchrondrehzahl n_{syn} und der wahren Drehzahl n.

Bei Generatorbetrieb wird sie, ebenso wie der Schlupf s, negativ. Es gelten die einfachen Beziehungen:

$$\text{Schlupfdrehzahl} \quad = n_{\text{syn}} - n = s\, n_{\text{syn}},$$

also

$$\text{Schlupf} \qquad s = \frac{n_{\text{syn}} - n}{n_{\text{syn}}}.$$

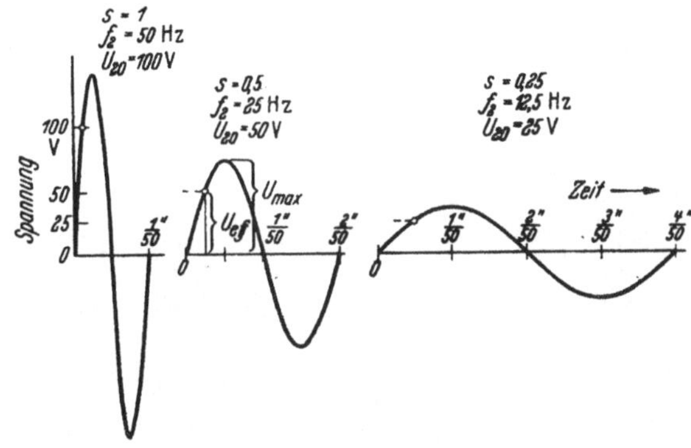

Abb. 90. Zeitlicher Verlauf der Schlupfspannung bei $s = 1$, 0,5 und 0,25 entspr. Stillstand, halber und dreiviertel Synchrondrehzahl. Die Flächen der Halbwellen sind einander gleich und entsprechen dem unveränderten Fluß Φ des Drehfeldes der sekundär offenen Maschine.

Im allgemeinen kann man an der fertigen und belasteten Maschine sehr genau den Schlupf s messen und mit seiner Hilfe aus der synchronen Drehzahl die Schlupfdrehzahl und endgültig die wahre Drehzahl bestimmen zu:

$$n = (1 - s)\, n_{\text{syn}}.$$

Bei einer 6-poligen Maschine für 50 Hz, die mit 985 U/min umläuft, ist die Schlupfdrehzahl 15 U/min und der Schlupf s gleich 0,015. Wegen der Kleinheit des Zahlenwertes drückt man den Schlupf meistens in Prozent aus. Er beträgt also in unserem Fall 1,5%. Normalerweise liegt der Schlupf vollbelasteter Motoren kleiner Leistung zwischen 6 und 3%, der von größeren Einheiten zwischen 2 und 1% und der von Großmaschinen unter 1%.

Wenn der Läuferkreis der 3-phasigen Asynchronmaschine geöffnet ist, mißt man im Stillstand die sog. Läuferstillstandsspannung U_{20}, die der Berechner stets auf einen Strang bezieht, während der Prüffeldingenieur den Wert zwischen zwei Schleifringen angibt. Die Stillstandsspannung hängt vom Kraftfluß Φ und der sekundären wirksamen Leiterzahl je Strang ab. Ihre Frequenz ist gleich der Netzfrequenz. Treibt man den Läufer im Sinne des Drehfeldes an, so nimmt die Läuferspannung ab. Bei Synchronismus, also beim Schlupf $s = 0$, verschwindet sie. Sie ist dem Schlupf proportional und heißt daher auch die Schlupfspannung der Maschine.

Der zeitliche Verlauf der Schlupfspannung ist in Abb. 90 für $s = 1$, $s = 0{,}5$ und $s = 0{,}25$ wiedergegeben. Die Amplitude sinkt proportional mit s, die Periodendauer steigt mit $1/s$. Die Fläche einer Halbwelle ist unabhängig von s, also konstant. Sie repräsentiert — bis auf einen konstanten Faktor — den Fluß Φ.

In Abb. 91 ist die effektive Läuferspannung über dem Schlupf, der von rechts nach links zählt, aufgetragen. Nach dem Überschreiten des Synchronismus wird die Läuferspannung wieder größer, der Schlupf wird negativ. Sinngemäß trägt man auch die Läuferspannung als negative Größe ein. Wenn man den Läufer entgegen dem Drehfeld antreibt, nimmt seine Spannung zu. Der Schlupf steigt auf Werte über 1 an. An der fertigen Maschine kann man umgekehrt aus der Erhöhung der

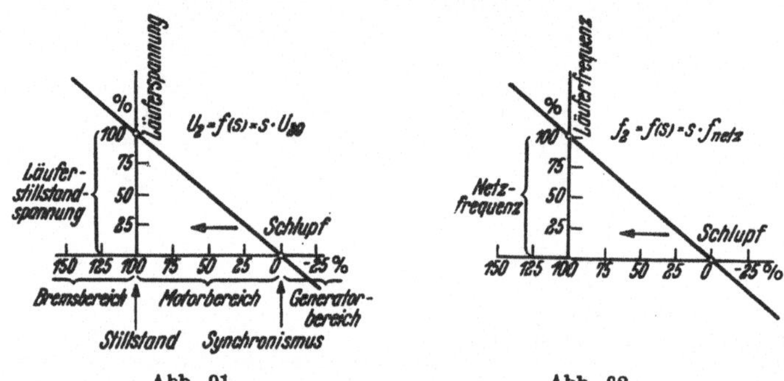

Abb. 91. Abb. 92.

Abb. 91 u. 92. Spannung des offenen Läufers und seine Frequenz über dem Schlupf.

Läuferspannung gegenüber dem Wert bei Stillstand auf den Lauf entgegen dem Drehfeld oder aus ihrer Abnahme auf den Lauf im Sinne des Drehfeldes schließen.

Die Frequenz im offenen oder geschlossenen Läufer ist ebenfalls dem Schlupf proportional. Man nennt sie daher die *Schlupffrequenz*. Ihr Verlauf über dem Schlupf ist in Abb. 92 dargestellt. Man beachte, daß man ein und dieselbe Läuferfrequenz bei zwei verschiedenen Schlüpfen, die dem Betrag nach übereinstimmen, aber verschiedenes Vorzeichen haben, bekommt. Eine Läuferfrequenz von 25 Hz bei 50 Hz Netzfrequenz erhält man bei $s = 0{,}5$ und bei $s = -0{,}5$, also bei einer Drehzahl von 50% und bei einer Drehzahl von 150% der synchronen. Schließt man an die Schleifringe einer Drehstrommaschine eine zweite an, so läuft diese in beiden genannten Fällen mit derselben Drehzahl, aber in entgegengesetzter Richtung um. Kurz gesagt, es ändert sich die Phasenfolge des Läufers beim Durchgang durch den Synchronismus. In Abb. 92 ist die Frequenz im übersynchronen Bereich negativ aufgetragen.

Der Schlupf s hat einen ausschließlichen Einfluß auf die Aufteilung der vom Ständer über den Luftspalt auf den Läufer übertragenen Leistung N_δ — die sog. *Luftspaltleistung* — in den mechanischen Anteil N_{mech} und den elektrischen Anteil $N_{sek,el}$. Wenn die Maschine beim Motorbetrieb dem Netz die primäre elektrische Leistung $N_{pr,el}$ entnimmt, gehen im Ständer die Verluste Q_{fe} des Eisens und die Wicklungsverluste Q_1 einschließlich der Zusatzverluste Q_z verloren. Die restliche Leistung ist die Luftspaltleistung N_δ, die auf den Läufer übergeht.

Ordnet man der Leistung N_δ die Drehzahl n_{syn} des Drehfeldes zu, so entspricht ihr ein bestimmtes Drehmoment. Dieses Drehmoment wird voll und ganz auf den Läufer übertragen. Die mechanische Läuferleistung ist nun gleich dem Produkt aus Drehmoment und wahrer Drehzahl, sie ist also bei positivem Schlupf kleiner als die Luftspaltleistung. Der restliche Anteil geht als sog. Schlupfleistung elektrischer Form in den Läuferkreis über und ist im allgemeinen als Verlust zu betrachten (Läuferwicklungsverlust). Im Stillstand ist die mechanische Läuferleistung unter allen Umständen Null. Die gesamte Luftspaltleistung der stehenden Maschine wird elektrisch im Läuferkreis umgesetzt, sei es in der Sekundärwicklung selbst, sei es zum größeren Teil in eigens vorgesehenen Anlaßwiderständen.

Das der Luftspaltleistung zukommende Drehmoment steht auch bei der *stillstehenden* Maschine an der Kupplung zur Verfügung.

Die gleichen Verhältnisse findet man bei Reibungs- und Schlupfkupplungen des Maschinenbaues. Das Drehmoment wird unverändert übertragen.

Die Drehzahl der antreibenden Kupplungshälfte entspricht unserer synchronen Drehfeldgeschwindigkeit. Die Drehzahl der angetriebenen Hälfte ist gleich unserer Motordrehzahl. Die Differenz ist als verlorene Drehzahl gleich der Schlupfdrehzahl. Die Aufteilung der übertragenen Leistung wird nur durch den Schlupf der beiden Kupplungshälften bestimmt. Der eine Anteil, der abgehenden Drehzahl entsprechend, ist die nützlich abgegebene Leistung, der zweite Anteil, der Schlupfdrehzahl entsprechend, wird in nutzlose Wärme verwandelt. Soll die angetriebene Kupplungshälfte starten und gegen volles Lastmoment arbeiten, so geht alle Antriebsleistung in Wärme über. Ihre Größe ist, wenn volles Moment verlangt wird, gleich der Nennleistung.

Zum Motor zurückkehrend, können wir zusammenfassen:

$$N_\delta = N_{pr,el} - (Q_{fe} + Q_1 + Q_z),$$

$$N_{mech} + N_{sek,el} = N_\delta,$$

wobei für die Aufteilung gilt:

$$N_{mech} = N_\delta(1 - s) \quad \text{und} \quad N_{sek,el} = N_\delta s.$$

Hieraus folgt die wichtige Beziehung:

$$N_{sek,el} = N_{mech} \frac{s}{1 - s}.$$

Diese Formel sagt aus, daß die Abgabe einer mechanischen Leistung bei der schlüpfenden Asynchronmaschine stets mit dem Auftreten einer elektrischen Sekundärleistung verknüpft ist, unabhängig davon, ob wir uns den Sekundärkreis widerstandsfrei oder widerstandsbehaftet vorstellen wollen. Wenn wir eine bestimmte Schlüpfung wünschen, also z. B. in vielen Fällen die *Drehzahl* der belasteten Maschine *regeln* wollen, so müssen wir den Umsatz der anfallenden elektrischen Leistung im Läuferkreis ermöglichen, sei es, daß wir Widerstände einschalten, sei es, daß geeignete Hintermaschinen vorgesehen werden. Am wichtigsten ist der Fall $s = 1$, also der *Stillstand*, der bei jeder Maschine der Arbeitsbeginn ist. Die Asynchronmaschine soll als Motor von selbst anlaufen und meistens eine Last überwinden. Hierzu ist ein Drehmoment erforderlich, dem eine von der Drehzahl völlig unabhängige Luftspaltleistung N_δ entspricht. (Meistens drückt man das Drehmoment sogar unmittelbar in dieser Leistung aus, indem man seine Größe nicht in mkg, sondern in „synchronen" W oder kW angibt.) Die Beziehung $N_{\text{sek, el}} = s N_\delta$ zeigt, daß beim Start genau die elektrische Leistung N_δ als sekundäre Leistung umgesetzt werden muß. Ein Motor von 4000 kW Nennleistung, der mit vollem Drehmoment anziehen soll, muß 4000 kW über den Luftspalt beziehen und sie restlos sekundär in Wärme verwandeln. Hierzu dienten früher durchweg die Anlaßwiderstände. Heute verlegt man die erforderlichen Widerstände in den Läufer, indem man bei mittleren und größeren Maschinen die an sich zu kleinen Läuferwicklungswiderstände durch Stromverdrängung wirksam erhöht. Unsere vorerst zu betrachtenden Läufer haben aber keine Stromverdrängung, zeigen mithin auch keine allzu großen Anlaufdrehmomente.

Ohne sekundäre Verluste ist also keine Drehmomentbildung möglich, und diese Verluste steigen mit der Höhe des gewünschten Schlupfes.

Die bisherigen Formeln gelten unverändert auch für jene Betriebszustände, bei denen der Schlupf negativ oder auch größer als 1 wird. Negativer Schlupf bedeutet Überschreiten der Synchrondrehzahl. Geht man von der sekundär geschlossenen Maschine aus (also ohne Hintermaschine), so kann die sekundäre Verlustleistung $Q_2 = N_{\text{sek, el}}$ niemals negativ werden. Demnach ist $N_{\text{sek, el}}$ positiv und wegen des negativen Schlupfes wird N_δ negativ. Das bedeutet aber Umkehr der Energierichtung im Luftspalt und ebenfalls Umkehr des Vorzeichens der mechanischen Leistung N_{mech}. Die übersynchrone Maschine nimmt also mechanische Leistung an der Kupplung auf und gibt, falls nicht die Ständerverluste zu groß sind, elektrische Leistung an das Netz ab. Sie wird, ganz allein durch den übersynchronen Antrieb, zum Asynchron*generator*. Werden bei diesem Betrieb sekundär Widerstände eingeschaltet, so ändert sich nur die Höhe des Schlupfes bei gleicher Luftspaltleistung, am grundlegenden Verhalten ändert sich nichts.

Bei einem Schlupf größer als 1 muß die Maschine entgegen dem Drehfeld angetrieben werden. Die sekundären Verluste bleiben positiv, der Schlupf ist positiv, also ist auch die Luftspaltleistung positiv. Es wird also Leistung vom Ständer auf den Läufer übertragen. Da $(1 - s)$ jetzt negativ ist, wird auch die mechanische Leistung negativ, d. h. die Maschine bezieht gleichzeitig Antriebleistung über die Kupplung. Sie *bremst* daher antreibende Maschinen oder mit ihr verbundene, bewegte träge Massen einschließlich ihrer eigenen ab. Zu diesem Vorgang benötigt sie — völlig unerwünschter Weise — noch eine elektrische Leistungszufuhr aus dem Netz. Die Summe beider Leistungen, die recht beträchtlich sein können und oft genug bei dem doppelten Wert der Nennleistung liegen, erscheint als sekundäre elektrische Verlustleistung und muß in den Widerständen des Läufers selbst oder in eigens vorgeschalteten Bremswiderständen umgesetzt werden.

Die drei kennzeichnenden Zustände, zu denen jede Asynchronmaschine für Drehstrom (beim Einphasenbetrieb fehlt der Bremsbetrieb mit $s > 1$) unabhängig von der Läuferart fähig ist, heißen der Motor-, der Generator- und der Gegenstrombremsbetrieb. Man beachte, daß die Maschine in *beiden* letztgenannten Zuständen mechanisch *bremsend* wirkt. Zu einer Energierückgabe an das Netz ist sie aber nur bei übersynchroner Drehzahl fähig. Bei erwünschter Bremsung im Bereich zwischen voller Drehzahl und Stillstand kann sie keine Leistung an das Netz abgeben, sondern muß sogar welche von dort beziehen. Außerdem muß ihr wahrer Schlupf über 1 liegen, d. h. sie muß beim Gegenstrombremsen mit zwei vertauschten Netzzuleitungen arbeiten.

Der Leistungsfluß des Motors, des Generators und der Gegenstrombremse ohne und mit zusätzlichen sekundären Bremswiderständen ist

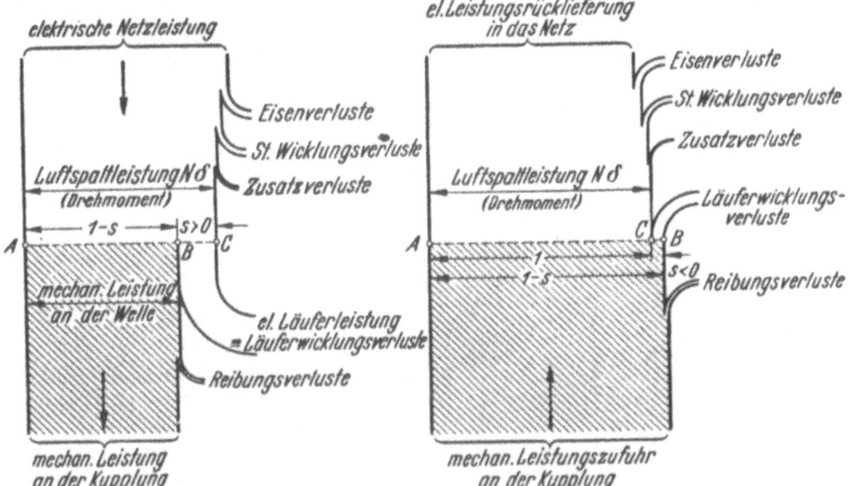

Abb. 93. Leistungsfluß eines *Motors* bei 20% Schlupf entspr. 80% der Synchrondrehzahl. (*Unter*synchroner Lauf *mit* dem Drehfeld.)

Abb. 94. Leistungsfluß eines *Generators* bei −5% Schlupf entspr. 105% der Synchrondrehzahl. (*Über*synchroner Lauf *mit* dem Drehfeld.)

in den Abb. 93 bis 96 dargestellt. Das erste Bild zeigt den Motorbetrieb einer Maschine, die mit 80% der Synchrondrehzahl, also mit einem Schlupf von $s = 0{,}2$ arbeitet. Von der primären, dem Netz entnommenen Leistung gehen die Eisenverluste, die Ständerwicklungsverluste und die Zusatzverluste ab. Die derart verringerte Leistung geht als Luftspaltleistung auf den Läufer über und zerfällt — nur durch s allein veranlaßt — in die 80% betragende mechanische Leistung und die 20% betragende elektrische Läufer- oder Schlupfleistung. Von der mechanischen Leistung gehen noch die Reibungsverluste ab; der weitaus größere Teil steht an der Kupplung als eigentliche Abgabe des Motors zur Verfügung.

Abb. 94 zeigt den Generatorbetrieb bei 105% der synchronen Drehzahl, also bei $s = -0{,}05$. Von der mechanisch an der Kupplung aufgenommenen Leistung gehen zuerst einmal die Reibungsverluste ab.

Außerdem verschwinden genau 0,05/1,05 von der derart verringerten Leistung als elektrische Läuferverlustleistung. Der Rest, also 1,00/1,05 der um die Reibungsverluste verringerten Kupplungsantriebsleistung geht als Luftspaltleistung auf den Ständer über, um dort noch Abzüge durch die Zusatz-, die Ständerwicklungs- und die Eisenverluste zu erfahren. Der übrigbleibende Teil tritt als Nutzabgabe am Netz in Erscheinung.

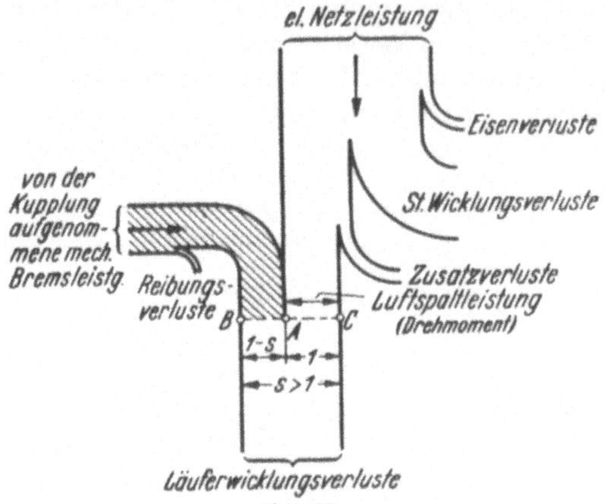

Abb. 95.

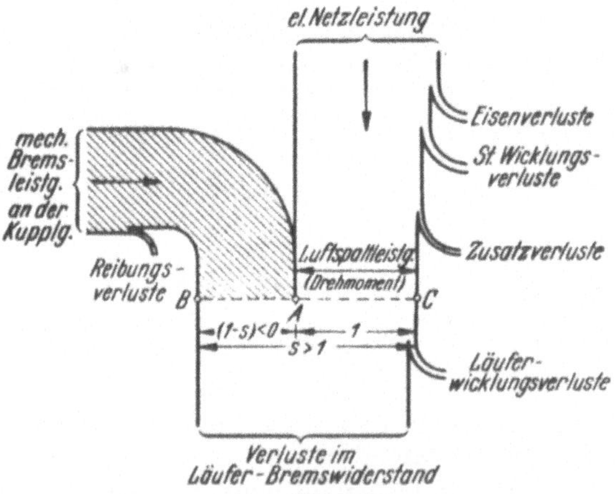

Abb. 96.

Abb. 95 u. 96. Leistungsfluß einer *Gegenstrom*bremse bei 180% Schlupf entspr. −80% der Synchrondrehzahl, also bei Lauf *gegen* das Drehfeld. In Abb. 95 wurde der sekundärseitig *kurz*geschlossene Motor mit seiner recht ungünstigen Bremswirkung zugrunde gelegt. In Abb. 96 wurden große Bremswiderstände im Läuferkreis berücksichtigt. Sie bewirken erhöhte Bremswirkung bei starker Verringerung der *Ständer*verluste.

Abb. 95 zeigt den Fall der Gegenstrombremse *ohne* Zusatzwiderstände im Läuferkreis. Zuvor eine kurze Überlegung. Der Strombelag im Ständer und Läufer ist fast gleich groß. Ihr Metallaufwand ist ungefähr derselbe. Mithin müssen die Wicklungsverluste im Ständer und im Läufer etwa einander gleich sein. Daraus folgt, daß bei dem zugrunde gelegten Schlupf von $s = 1{,}8$ nur eine bescheidene mechanische Bremswirkung an der Kupplung trotz hohen Leistungsbezuges vom Netz her auftritt. Legt man die gleiche Netzaufnahme in Abbildung 96 zugrunde und denkt sich so große *Bremswiderstände* im Läufer eingeschaltet, daß bereits bei Nennstrom hohe sekundäre Verluste entstehen, so treten im Ständer nur die bescheidenen, normalen Wicklungsverluste auf. Die Bremsleistung an der Kupplung wird stark erhöht.

In allen vier Abbildungen stellt die Strecke AC die Luftspaltleistung oder auch die Synchrondrehzahl oder auch das Drehmoment dar. Die Strecke AB entspricht der wahren Drehzahl n, die restliche Strecke BC demnach der Schlupfdrehzahl oder dem Schlupf, wenn AC gleich 1 gesetzt wird. Wenn B zwischen A und C liegt, arbeitet die Maschine als Motor, wenn B rechts von C liegt als Generator und wenn B links von A liegt als Gegenstrombremse.

Die wahren Höhen der Leistungen hängen von der wirklichen Maschine und ihren Eigenschaften ab, die alle der Ortskurve zu entnehmen sind. Die starre gegenseitige Abhängigkeit von Luftspalt-

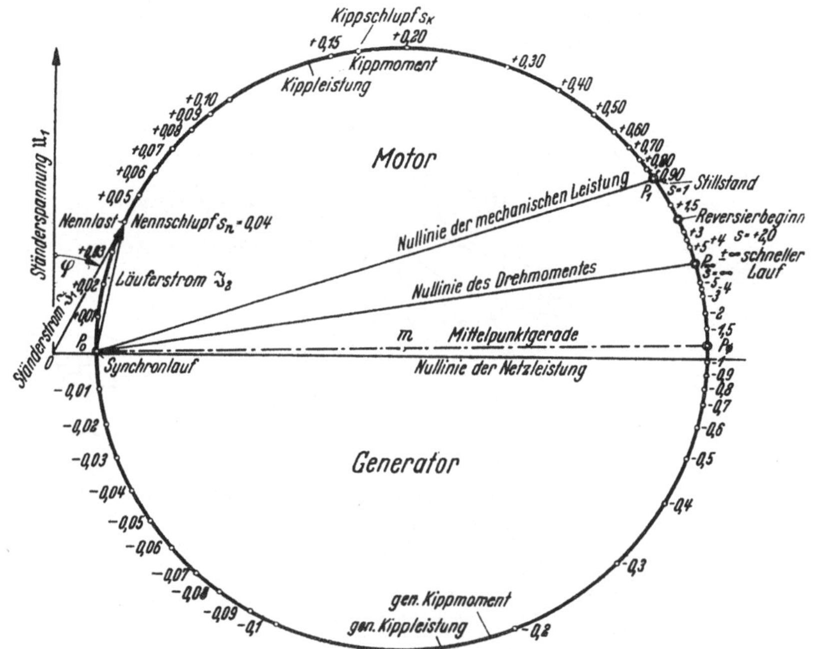

Abb. 97. Ortskurve für Ständer- und Läuferstrom einer Drehstromasynchronmaschine ohne Stromverdrängung im Läufer (OSSANNA-Kreis). Zwischen P_1 und P_∞ liegt der Gegenstrom-Bremsbereich.

leistung, sekundärer elektrischer Leistung und mechanischer Leistung wird dagegen nur vom Schlupf regiert.

In Abb. 97 wird der später abgeleitete OSSANNA-Kreis einer stromverdrängungsfreien Maschine mit verhältnismäßig hohen primären und sekundären Wicklungsverlusten gezeigt. An vielen Punkten ist der zugehörige Schlupf angeschrieben. Die Eisen-, Reibungs- und Zusatzverluste sind nicht berücksichtigt. Der Punkt P_1 gilt für $s = 1$, also für den Stillstand. P_0 ist der Punkt für $s = 0$, also für den Synchronismus oder Leerlauf. P_∞ gilt für unbegrenzt hohen positiven oder negativen Schlupf, gleichzeitig also auch für unbegrenzt hohe Drehzahl im einen oder anderen Drehsinn.

Die Verbindung des Ursprunges oder 0-Punktes mit einem der in s bezifferten Kreispunkte ergibt Größe und Phasenlage des Primärstromes bei diesem Schlupfe s. Die senkrechte Komponente ist gleich dem *Wirk*strom, die waagerechte Komponente gleich dem *Blind*strom. Die aufgenommene primäre Leistung ist gleich dem senkrechten Abstand der Kreispunkte von der Nullinie (Waagerechte durch den 0-Punkt). Die Luftspaltleistung erhält man als den Abschnitt zwischen Kreispunkt und der Nullinie des Drehmomentes, die als Gerade P_0 mit P_∞ verbindet. Die mechanisch abgegebene Leistung entspricht dem Abschnitt zwischen Kreispunkt und der Nullinie der mechanischen Leistung, die als Gerade P_0 mit P_1 verbindet. Die beiden letztgenannten Abschnitte sind auf Senkrechten zur sog. Mittelpunktgeraden abzugreifen. Die Mittelpunktgerade verbindet P_0 mit dem Kreismittelpunkt m. Ihr zweiter Endpunkt heiße $P_\varnothing$. $\overline{P_0 P_\varnothing}$ ist gleich dem Kreisdurchmesser.

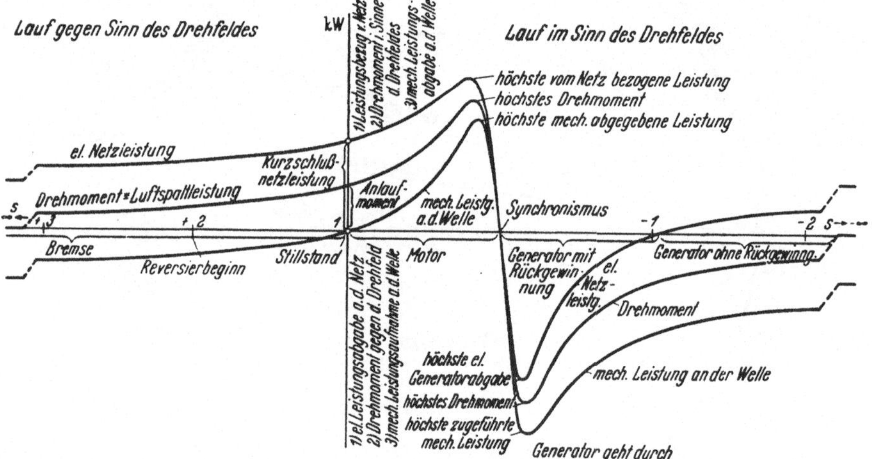

Abb. 98. Elektrische Netzleistung, Luftspaltleistung ≡ Drehmoment und mechanische Leistung an der Welle über der Drehzahl, bzw. Schlupf. Auswertung des Kreises aus Abb. 97. Die dritte Kurve folgt immer zwangsläufig aus der zweiten wegen:)

$$N_{\text{mech}} = (1 - s)\, N_{\text{luftspalt}}.$$

Alle Leistungen erscheinen im gleichen Maßstab, der sich sofort aus dem Maßstab für den Primärstrom, der Strangzahl und der Phasenspannung der primären Wicklung ergibt. Sie wurden für den Schlupfbereich zwischen $+3$ und -2 dem Kreis entnommen und in Abb. 98 im Liniendiagramm dargestellt. In den beiden Bildern sind die Bereiche des Motors, des Generators und der Gegenstrombremse besonders angegeben. Bei hohen negativen Schlüpfen wird der Wirkungsgrad des Generators so schlecht, daß er keine nutzbare Leistung mehr an das Netz rückliefert, sondern sogar noch Leistung bezieht. Dieser Bereich beginnt bei $s = -1{,}04$. Er wird nicht weiter berücksichtigt.

Typisch für alle Kurven ist ein positives Maximum im Bereich positiver Schlüpfe und ein negatives Maximum merklich anderer Größe im Bereich negativer Schlüpfe. Beim Drehmoment oder bei der bis auf eine Konstante gleichen Luftspaltleistung spricht man vom *Kippmoment*; beim Motorbetrieb ist es das höchste Drehmoment, das als Lastmoment noch gerade bewältigt werden kann, ohne daß der Motor weiter in der Drehzahl abfällt, stehenbleibt oder gar in umgekehrter Richtung von der Last (Hebezeuge) beschleunigt wird. Beim Generatorbetrieb ist es das höchste zulässige Moment, mit dem z. B. eine Turbine die Asynchronmaschine antreiben darf. Wird es überschritten, geht die Maschine durch.

Die Differenz der Kurvenordinaten ist gleich den Wicklungsverlusten, und zwar ergibt die Differenz aus elektrischer Netzleistung und Luftspaltleistung die Ständerwicklungsverluste und die Differenz aus Luftspaltleistung und mechanischer Leistung an der Welle die Läuferwicklungsverluste. Es ist überall $(N_\delta - N_{\text{mech}}) : N_{\text{mech}} = s : (1 - s)$. Die Kurve für das Drehmoment oder die Luftspaltleistung bedingt also automatisch die Kurve für die mechanische Leistung. Dies gilt auch bei den komplizierteren Verhältnissen der nicht stromverdrängungsfreien Hochstab-, Keilstab- oder Doppelkäfiganker. Wenn man bei ihnen nur die Netzleistung und die Kupferverluste des Ständers über dem Schlupf kennt, findet man durch Subtraktion die Luftspaltleistung und durch deren Aufteilung im Verhältnis $s : (1 - s)$ die mechanische Leistung.

Bei Großmaschinen verlaufen die Kurven der Abb. 98 wesentlich schlanker, wobei z. B. einem Kippmoment von 200% nur noch ein Stillstandsmoment von 20 bis 30% entspricht. Der typische Verlauf ist aber der gleiche.

Man kann den Kurven in Abb. 98 die vorher genannten Eigenschaften der Asynchronmaschine innerhalb der verschiedenen Schlupfbereiche ablesen. Positive Netzleistung bedeutet Bezug (Motor, Bremse oder sehr schlechter Generator), negative Netzleistung bedeutet Rücklieferung (nur Generator). Positive mechanische Leistung ergibt Motorbetrieb. Negative mechanische Leistung bedeutet Bremswirkung (Generator oder Bremse). Positives Drehmoment bedeutet immer den Willen zur Beschleunigung auf den Synchronismus zu, negatives Moment will die Maschine zum Synchronismus hin abbremsen.

Über den ungefähren *Verlauf* des Drehmomentes der stromverdrängungsfreien Maschine in Abhängigkeit des Schlupfes mag folgendes gesagt werden. Wenn die Maschine in unmittelbarer Nähe des Synchronismus läuft, ist die im Läufer induzierte Spannung $U_2 = s\,U_{20}$. Sie wirkt ein auf den Strangwiderstand R_2 und ruft den Strom $I_2 = s\,U_{20}/R_2$ hervor. Wegen der sehr kleinen Schlupffrequenz darf der Blindwiderstand des Läufers vernachlässigt werden. Die Läuferverlustleistung ist daher:

$$N_{\text{sek, el}} = Q_2 = m_2\,R_2\,I_2^2 = m_2\,R_2\left(\frac{s\,U_{20}}{R_2}\right)^2$$

und die daraus sich ergebende Luftspaltleistung wird:

$$N_\delta = \frac{N_{\text{sek, el}}}{s} = m_2\,\frac{U_{20}^2}{R_2}\,s = k_1\,s\,,$$

wobei k_1 eine Konstante ist. Das Drehmoment oder die Luftspaltleistung der Asynchronmaschine in der Nähe des Synchronismus ist also linear vom Schlupf abhängig.

Bei sehr großen Schlüpfen nähern sich der Ständerstrom I_1 und der Läuferstrom I_2 festen Werten. Sie seien mit $I_{1,\infty}$ und $I_{2,\infty}$ bezeichnet. Letzterem Strom kommt sekundär die konstante Verlustleistung zu:

$$N_{\text{sek, el}} = Q_{2,\infty} = m_2 R_2 I_{2,\infty}^2 ,$$

der eine Luftspaltleistung entspricht:

$$N_\delta = \frac{N_{\text{sek, el}}}{s} = \frac{m_2 R_2 I_{2,\infty}^2}{s} = k_2 \frac{1}{s} ,$$

wobei k_2 wieder eine Konstante ist.

Dieses k_2 ist bei Maschinen mit Stromverdrängung nicht konstant, sondern wächst mit s erwünschterweise, und zwar mit $\sqrt{s}$, an.

Das Drehmoment und die Luftspaltleistung der stromverdrängungsfreien Asynchronmaschine im Bereich hoher Schlupfwerte ist dem Kehrwert von s, also dem Wert $1/s$, proportional.

Vergrößert man den sekundären Widerstand R_2 durch zusätzliche Regel- oder Anlaßwiderstände, so schwächt man das Drehmoment im Bereich kleiner Schlüpfe (Drehzahlregelung nach unten) und verstärkt es im Bereich hoher Schlüpfe (Erhöhung des Anlaufdrehmomentes durch den Anlasser). Dazwischen muß ein Maximum des Drehmomentes liegen.

Beide Näherungsformeln vereinigt für den Fall verschwindend kleiner Ständerwiderstände R_1 folgende Formel von KLOSS, in der das Drehmoment M auf das Kippmoment M_{kipp} und der Schlupf s auf den zugehörigen Kippschlupf s_{kipp} bezogen werden. Sie lautet:

$$\frac{M}{M_{\text{kipp}}} = \frac{2}{\frac{s}{s_{\text{kipp}}} + \frac{s_{\text{kipp}}}{s}}$$

M ist also für sehr kleine s diesem selbst, für sehr große s dem Kehrwert $1/s$ verhältnisgleich.

Negativen Werten von s entsprechen negative Drehmomente, die Kurve $M/M_{\text{kipp}} = f(s/s_{\text{kipp}})$ ist also schiefsymmetrisch und nimmt im dritten Quadranten den gleichen Verlauf wie im ersten. Wegen des endlichen Wertes von R_1 ergeben sich Abweichungen, die schon aus Abb. 98 bekannt sind.

Die KLOSSsche Formel ist für den Berechner und den Prüffeldingenieur eine angenehme Hilfe, wenn er schnell den Kippschlupf einer Maschine angeben soll. Er kennt natürlich immer das Nennmoment und den Nennschlupf sowie das relative Kippmoment, also die Grenzbelastbarkeit seiner Maschine. Daraus ergibt sich:

$$s_{\text{kipp}} \approx 2\, s_{\text{nenn}} \frac{M_{\text{kipp}}}{M_{\text{nenn}}} .$$

Man extrapoliert also den Schlupf linear bis zum Kippmoment und verdoppelt den so gefundenen Wert. Abb. 99 zeigt den Verlauf der Näherungskurven und der durch die KLOSSsche Formel gefundenen wirklichen Kurve für das relative Drehmoment. Die Abszisse ist im relativen Schlupf s/s_{kipp} eingeteilt. Die Kurve gilt für alle stromverdrängungsfreien Asynchronmaschinen mit vernachlässigbar kleinen Ständerwiderständen. Unter der eigentlichen Abszissenteilung sind zwei weitere Teilungen für die Werte $s_{\text{kipp}} = 10$ und 25% eingetragen. Sie gelten für absolute Schlupfwerte s. Bei $s = 1$ entnimmt man der Kurve das so wichtige Anzugsmoment M_a der stillstehenden Maschine.

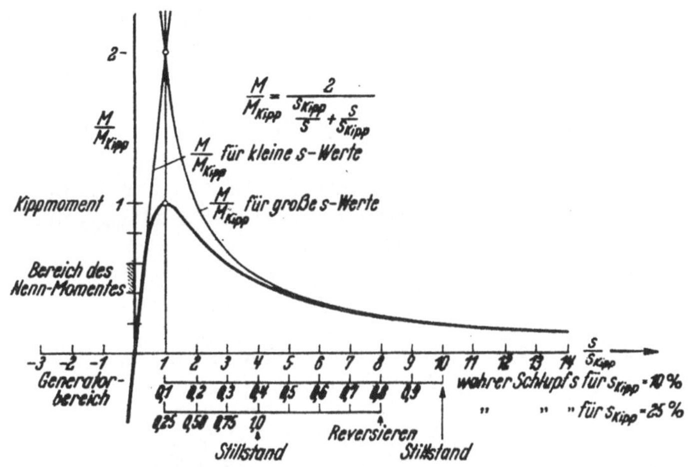

Abb. 99. Verlauf des relativen Drehmomentes einer primär widerstandsfreien Maschine über dem relativen Schlupf bzw. über dem Schlupf bei einem Kippschlupf von 10% und 25%.

Für den Kippschlupf s_{kipp} mag hier eine angenäherte Formel eingefügt werden:

$$s_{\text{kipp}} \approx \frac{R_2^{(1)}}{X_i},$$

mit $R_2^{(1)}$ = sekundärer Strangwiderstand, bezogen auf Primärseite,
X_i = ideeller Kurzschluß-Blindwiderstand.

Wenn man den Läuferwiderstand durch Zusatzwiderstände vergrößert, vergrößert man auch den Kippschlupf. Ebenfalls erhöht man das Anlaufdrehmoment der Maschine. Bei einem bestimmten Gesamtwert von $R_2 + R_{\text{zusatz}}$ nimmt der Kippschlupf den Wert 1 an. Das besagt aber nichts anderes, als daß die so ausgerüstete Maschine mit dem Kippmoment als Anlaufmoment startet. Hiervon macht man bei manchen Kurzschlußläufern (z. B. Blockscheren- oder Rollgangsantriebe) Gebrauch, deren Käfigwicklung aus ausgesprochenem Widerstandsmetall (Messing, Bronze) gefertigt wird. Maschinen, die während des Hochlaufs gut beschleunigen sollen (Zentrifugenantriebe), erhalten ebenfalls durch Wahl eines verhältnismäßig hohen Läufereigenwiderstandes einen erhöhten Kippschlupf von etwa 0,5, so daß bei halber Drehzahl das höchste motorische Moment entwickelt wird.

Wenn man R_2 so hoch bemißt, daß der Kippschlupf größer als 1 wird, erreicht die Maschine im Motorbereich an keiner Stelle ihr Kippmoment. Solche R_2-Werte sehen wir vor bei Gegenstrombremsungen, wenn wir hart reversieren wollen, und bei Drehzahlregelungen schwach belasteter Motoren bis hinab zum Stillstand (Hebezeuge, Ventilatoren bis etwa $^1/_3$ der vollen Drehzahl).

Wenn der Kippschlupf über 1 liegt, nimmt das Anlaufmoment des Motors mit weitersteigendem R_2 wieder ab. Es verschwindet vollends bei $R_2 = \infty$, also bei offenem Läuferkreis.

Über die Größe des Anlaufmomentes seien noch einige praktisch recht wichtige Bemerkungen gemacht. Die heutige Maschine muß meistens ohne Anlasser, also mit Kurzschlußkäfig ausgerüstet, anlaufen. Gleich zu Beginn ihrer Berechnung steht die Frage nach ihrem *relativen Anlaufmoment*. Gegeben ist der zulässige relative Anlaufstrom. Nach dem Vorigen muß die Größe des sekundären Widerstandes eine ausschlaggebende Rolle spielen. Er erscheint aber bereits bei Nennbetrieb, wo er die Nennwicklungsverluste $Q_{2,\,\text{nenn}}$ im Läufer maßgebend beherrscht. Diese werden relativ durch den Nennschlupf s_{nenn} ausgedrückt. Geht man also aus von den Relativwerten:

$$i_k = \frac{I_k}{I_{\text{nenn}}} \quad \text{und} \quad s_{\text{nenn}}$$

mit I_k = Stillstandsstrom und I_{nenn} = Nennstrom, so findet man für den Relativwert des Anlaufmomentes die Formel:

$$m = s_{\text{nenn}}(i_k + 1)^2$$

bei der stillstehenden Maschine ohne Widerstandsänderung im Läufer bzw.

$$m = s_{\text{nenn}}(i_k + 1)^2 k_r$$

bei Maschinen, deren Läuferwiderstand im Stillstand sich zum Läuferwiderstand im Lauf (z. B. infolge Stromverdrängung) wie k_r zu 1 verhält.

Die Erhöhung des relativen primären Kurzschlußstromes i_k um 1 soll etwa berücksichtigen, daß der relative *sekundäre* Kurzschlußstrom wegen der fehlenden Komponente I_μ etwas größer als i_k ist.

Zwei Beispiele mögen die Formeln erläutern. Ein Motor für 1000 kW soll mit normalem Käfigläufer aus stromverdrängungsfreien Rundstäben gebaut werden. Zulässig sei ein relativer Kurzschlußstrom i_k von 5. Der Nennschlupf s_{nenn} beträgt etwa 1,5%. Dann ist, auch in Prozent ausgedrückt, zu erwarten:

$$m\,\% = 1{,}5 \cdot (5 + 1)^2 = 54\,\%\,;$$

der Motor wird also mit rund dem halben Nennmoment starten. Eine Kleinmaschine für 1 kW soll mit dem 6-fachen Strom anlaufen. Ihr Nennschlupf liegt bei 5%. Sie läuft an mit:

$$m\,\% = 5 \cdot (6 + 1)^2 \approx 250\,\%.$$

Die hohen Verluste der Kleinmaschinen machen sich in recht guten Anlaufverhältnissen bemerkbar. Bei der Großmaschine muß man mit einem künstlichen $k_r > 1$, also z. B. mit Stromverdrängungseffekten arbeiten, wenn man auf höhere Anlaufmomente kommen will.

35. Gleichungen der Spannungen und Ströme. Die Asynchronmaschine wird in der Regel mit der konstanten primären Spannung $U_{\text{strang}} = U_1$ betrieben, die an jedem einzelnen Strang des Ständers liegt. In jedem Strang fließt der primäre Strom I_1. In den Strängen oder den Stäben des Läufers fließt der Strom I_2, der vom Ständer her betrachtet mit Netzfrequenz, vom Läufer selbst gesehen mit der wahren Schlupffrequenz erscheint. Die Läuferspannung ist wegen des betrieblichen Läuferkurzschlusses im allgemeinen Null.

Der Betriebszustand wird nur durch den Schlupf s ausgewiesen; s ist also der Parameter.

Der Ständer, von dem nur ein einzelner Strang genauer betrachtet zu werden braucht, bietet zwei Widerstände dar. R_1 ist sein Ohmscher Widerstand und X_1 sein (sehr großer) gesamter Blindwiderstand. Nur Gründe des praktischen Vorgehens führen uns dazu, X_1 zu zerlegen in den Streublindwiderstand $X_{1,\sigma}$ und den Nutzblindwiderstand $X_{1,h}$.

Der Läufer bietet je Strang den Läuferwiderstand R_2 und den (sehr großen) gesamten Blindwiderstand X_2, der wiederum aus Gründen der Zweckmäßigkeit zerlegt werden kann in den Streublindwiderstand $X_{2,\sigma}$ und den Nutzblindwiderstand $X_{2,h}$. Die Läuferblindwiderstände werden für Netzfrequenz berechnet. Wir denken in der Regel an 3-phasige Läufer oder benutzen bei Käfigankern die Vorstellung von drei gedachten Strängen die je aus $^1/_3$ aller Läuferstäbe einschließlich Ringanteil bestehen.

Die Verkettung von Ständer und Läufer beschreibt der Blindwiderstand X_{12}.

Wir haben also als konstante Größen zu betrachten:

Netzspannung	und Maschinenwiderstände
U_1	R_1, jX_1 im Ständer,
	R_2, jX_2 im Läufer,
	jX_{12} für gegenseitige Verkettung.

Als veränderlicher Parameter tritt auf:

$$\text{Schlupf } s = \frac{n_{\text{syn}} - n}{n_{\text{syn}}}.$$

Selbstverständlich könnte man genau so gut die relative Drehzahl $v = n/n_{\text{syn}} = 1 - s$ einführen. Bei der Einphasenmaschine und bei manchen Kommutatormaschinen ist dies sogar die bessere Bezugsgröße.

Die beiden Unbekannten sind:

$$\text{Primärstrom } I_1 \quad \text{und} \quad \text{Sekundärstrom } I_2.$$

Wir fassen kürzer zusammen: An der starren Spannung $U_1 = \text{const}$ liegt die Asynchronmaschine mit den 5 Widerständen R_1, R_2, jX_1, jX_2, jX_{12}; sie arbeitet mit dem zwischen $-\infty$ und $+\infty$ gelegenen Schlupf s. Gesucht wird vornehmlich die Größe von I_1 in Abhängigkeit von s, also $I_1(s)$, und außerdem $I_2(s)$ oder häufig bequemer $I_2(I_1)$, da man $I_1(s)$ meistens kennt.

Es ist empfehlenswert, keinesfalls die Streu- oder die Nutzblindwiderstände oder irgendwie definierte Streuziffern oder Streufaktoren in die augenblickliche Betrachtung hineinzubringen. Man bekommt sonst schwerfällige Formelausdrücke mit einer Reihe zusätzlicher, aber nicht voneinander unabhängiger Glieder.

Wir führen eine Möglichkeit der Messung der obigen Widerstände an. Man denke sich einen 3-phasigen Strom, der den einen Maschinenteil durchfließt, während der andere offen ist. Man mißt einen Spannungsabfall, dessen Ohmsche Komponente dividiert durch I den Wirkwiderstand R, dessen Blindkomponente dividiert durch I den Blindwiderstand X liefert. X_{12} bekommt man, wenn man gleichzeitig die im anderen Maschinenteil induzierte Spannung mißt und diese zum Strom I in Beziehung setzt.

Man benötigt also zwei getrennte Versuche auf der primären und der sekundären Seite.

Für den *Transformator* gelten die bekannten Gleichungen:

$$\begin{aligned} \mathfrak{U}_1 &= \mathfrak{J}_1(R_1 + jX_1) + \mathfrak{J}_2 jX_{12}, \\ \mathfrak{U}_2 &= \mathfrak{J}_1 jX_{12} \qquad + \mathfrak{J}_2(R_2 + jX_2). \end{aligned}$$

Sie sagen aus, daß die Klemmenspannung jeder Seite gleich ist dem Spannungsabfall des eigenen Stromes in den eigenen Widerständen plus der Spannung, die der fremde Strom durch transformatorische Wirkung induziert.

Bei der Asynchronmaschine müssen wir beachten, daß beim Lauf im Sekundärkreis die Frequenz $f_2 = sf$ vorliegt; f ist die Netzfrequenz, für welche die Blindwiderstände berechnet werden. In der zweiten Gleichung sind die beiden X-Glieder daher mit dem Faktor f_2/f oder mit s selbst malzunehmen. Sie lautet dann:

$$\mathfrak{U}_2 = \mathfrak{J}_1 jX_{12}s + \mathfrak{J}_2(R_2 + jX_2 s).$$

In der Regel dividiert man die ganze Gleichung durch s, so daß folgt:

$$\frac{\mathfrak{U}_2}{s} = \mathfrak{J}_1 jX_{12} + \mathfrak{J}_2\left(\frac{R_2}{s} + jX_2\right).$$

Für die betrieblich im Läuferkreis kurzgeschlossene Asynchronmaschine verschwindet natürlich die sekundäre Klemmenspannung, und die Gleichung geht über in:

$$0 = \mathfrak{J}_1 jX_{12} + \mathfrak{J}_2\left(\frac{R_2}{s} + jX_2\right).$$

Unsere Asynchronmaschine verhält sich also bezüglich ihrer beiden Ströme $\mathfrak{J}_1$ und $\mathfrak{J}_2$ genau so wie ein ihr entsprechender Transformator, der sekundär kurzgeschlossen ist und dessen sekundärer Wirkwiderstand nicht mehr R_2, sondern R_2/s ist. Da s meist sehr klein wird, erscheint R_2/s recht groß, und von einem eigentlichen Kurzschluß kann nicht mehr die Rede sein.

Die beiden Gleichungen für die *Asynchronmaschine* lauten demnach:

$$\mathfrak{U}_1 = \mathfrak{J}_1(R_1 + jX_1) + \mathfrak{J}_2\, jX_{12},$$
$$\frac{\mathfrak{U}_2}{s} = \mathfrak{J}_1\, jX_{12} \qquad + \mathfrak{J}_2\left(\frac{R_2}{s} + jX_2\right),$$

speziell mit $\mathfrak{U}_2/s = 0$ im Betrieb. Betrachten wir zuerst den Fall des offenen und stillstehenden Läufers. Für ihn gilt $R_2 = \infty$ und $\mathfrak{J}_2 = 0$ und außerdem $s = 1$. Der Primärstrom ist gleich dem Leerlaufstrom $\mathfrak{J}_0$ und die sekundär meßbare Spannung ist $\mathfrak{U}_{20}$. Es gilt also:

$$\mathfrak{U}_1 = \mathfrak{J}_0(R_1 + jX_1) + 0$$

und

$$\mathfrak{U}_{20} = \mathfrak{J}_0\, jX_{12} + 0,$$

woraus folgt:

$$\mathfrak{J}_0 = \frac{\mathfrak{U}_1}{R_1 + jX_1}$$

und

$$\mathfrak{U}_{20} = \mathfrak{U}_1 \frac{jX_{12}}{R_1 + jX_1}.$$

Führt man ein Übersetzungsverhältnis $\ddot{u}_U$ für die Spannungen ein durch

$$\frac{\mathfrak{U}_1}{\mathfrak{U}_{20}} = \ddot{u}_U, \quad \text{so folgt sofort} \quad \ddot{u}_U = \frac{R_1 + jX_1}{jX_{12}}.$$

Dies ist ein nahezu reeller Wert, da er überwiegend durch das Verhältnis jX_1/jX_{12} bestimmt wird. R_1/X_1 ist sehr klein und liegt meistens unter 0,01.

Betrachtet man nur die erste Gleichung der Asynchronmaschine, die $\mathfrak{U}_1$, $\mathfrak{J}_1$ und $\mathfrak{J}_2$ miteinander verknüpft, so sieht man, daß der Schlupf s in ihr fehlt. Sie bietet also ein gutes Mittel, $\mathfrak{J}_2$ aus $\mathfrak{J}_1$ bei festem $\mathfrak{U}_1$ auszudrücken durch:

$$\mathfrak{J}_2 = \frac{\mathfrak{U}_1 - \mathfrak{J}_1(R_1 + jX_1)}{jX_{12}}.$$

Diese Gleichung wird noch wesentlich brauchbarer durch folgende Umformung:

$$\mathfrak{J}_2 = \frac{\dfrac{\mathfrak{U}_1}{R_1 + jX_1} - \mathfrak{J}_1}{jX_{12}}(R_1 + jX_1),$$

die unter Benutzung der Beziehung $\mathfrak{J}_0 = \mathfrak{U}_1/(R_1 + jX_1)$ führt zu:

$$\mathfrak{J}_2 = -(\mathfrak{J}_1 - \mathfrak{J}_0)\frac{R_1 + jX_1}{jX_{12}} = -(\mathfrak{J}_1 - \mathfrak{J}_0)\,\ddot{u}_I,$$

wobei wir das Stromübersetzungsverhältnis einführten:

$$\frac{\mathfrak{J}_2}{-(\mathfrak{J}_1 - \mathfrak{J}_0)} = \ddot{u}_I = \frac{R_1 + jX_1}{jX_{12}}.$$

Wir stellen fest, daß die beiden Übersetzungsverhältnisse $\ddot{\mathfrak{u}}_U$ für die Spannungen bei Leerlauf und $\ddot{\mathfrak{u}}_I$ für die Ströme bei Last und fester Primärspannung $\mathfrak{U}_1$ miteinander übereinstimmen. Bei der Bestimmung des Sekundärstromes $\mathfrak{J}_2$ müssen wir vom wirklichen Laststrom $\mathfrak{J}_1$ zuerst (vektoriell) den primären Leerlaufstrom $\mathfrak{J}_0$ absetzen und dann die Differenz mit dem Übersetzungsverhältnis malnehmen. Das negative Vorzeichen hängt nur mit dem Zählsinn zusammen. Es ist ohne Interesse. Das auf zwei verschiedene Weisen gefundene Übersetzungsverhältnis wird von uns als das *natürliche* Verhältnis betrachtet und mit $\ddot{\mathfrak{u}}$ bezeichnet, wenn wir wie oben seine komplexe Größe brauchen; sein Absolutwert heiße $\ddot{u}$. Es ist daher:

$$\ddot{\mathfrak{u}} = \frac{R_1 + jX_1}{jX_{12}} \quad \text{und} \quad \ddot{u}^2 = \frac{R_1^2 + X_1^2}{X_{12}^2}.$$

Es mag erwähnt werden, daß man $\ddot{u}$ exakt mißt, wenn man bei einer fertigen Asynchronmaschine die Schleifringspannung bei Stillstand bestimmt. Dann ist (bei gleicher Schaltung von Ständer und Läufer):

$$\ddot{u} = \frac{\text{Netzspannung}}{\text{Schleifringspannung}}.$$

Wir wollen jetzt den primären Strom $\mathfrak{J}_1$ der sekundär kurzgeschlossenen und mit dem Schlupf s laufenden Asynchronmaschine bestimmen. Aus

$$\begin{aligned} \mathfrak{U}_1 &= \mathfrak{J}_1(R_1 + jX_1) + \mathfrak{J}_2 jX_{12}, \\ 0 &= \mathfrak{J}_1 jX_{12} \qquad\quad + \mathfrak{J}_2\left(\frac{R_2}{s} + jX_2\right) \end{aligned}$$

ergibt sich:

$$\mathfrak{J}_1 = \frac{\mathfrak{U}_1}{R_1 + jX_1 + \dfrac{X_{12}^2}{\dfrac{R_2}{s} + jX_2}} = \mathfrak{L}_1(s).$$

Der Strom $\mathfrak{J}_1$ hängt *linear* vom Parameter s ab; er bildet also die reellen Werte, deren s allein fähig ist, nach den Lehren der konformen Abbildung linear auf einen Kreis ab. Durch einen kleinen Kunstgriff formen wir etwas um, indem wir auf beiden Seiten den Strom $\mathfrak{J}_0$, also den Primärstrom für $s = 0$, abziehen. Den verbleibenden Primärstrom nennen wir $\mathfrak{J}'$. Er führt (s. oben) sofort zum Sekundärstrom $\mathfrak{J}_2$.

$$\begin{aligned} \mathfrak{J}' = \mathfrak{J}_1 - \mathfrak{J}_0 &= \frac{\mathfrak{U}_1}{R_1 + jX_1 + \dfrac{X_{12}^2}{\dfrac{R_2}{s} + jX_2}} - \frac{\mathfrak{U}_1}{R_1 + jX_1} \\ &= \frac{-\mathfrak{U}_1}{R_1 + jX_1 - \left(\dfrac{R_1 + jX_1}{jX_{12}}\right)^2 \left(\dfrac{R_2}{s} + jX_2\right)}. \end{aligned}$$

Nun sei ein zweiter Kunstgriff erlaubt, indem wir den rechts stehenden Bruch mit einer komplexen Zahl vom Betrage 1 und vom Argument $2\alpha_0$

erweitern, welche lautet:

$$\frac{-R_1+jX_1}{R_1+jX_1} \equiv e^{2\alpha_0 j}, \quad \text{mit} \quad \operatorname{tg}\alpha_0 = \frac{R_1}{X_1}.$$

Die Erweiterung bedeutet nichts anderes als eine Drehung des Zählers und Nenners um den kleinen Winkel $2\alpha_0$. α_0 ist der Winkel, um den der wahre Leerlaufstrom $\mathfrak{J}_0$ (der vorerst eisen- und reibungsverlustfreien Maschine) gegen den ideellen Magnetisierungsstrom $\mathfrak{J}_\mu$, der ein reiner Blindstrom ist, in der Phase verfrüht erscheint. Wir führen die Erweiterung durch, indem wir im Zähler mit $e^{2\alpha_0 j}$ und im Nenner mit dem äquivalenten Ausdruck $(-R_1 + jX_1)/(R_1 + jX_1)$ malnehmen:

$$\mathfrak{J}' = \frac{-\mathfrak{U}_1}{R_1+jX_1-\left(\frac{R_1+jX_1}{jX_{12}}\right)^2\left(\frac{R_2}{s}+jX_2\right)} \frac{e^{2\alpha_0 j}}{\frac{-R_1+jX_1}{R_1+jX_1}}$$

$$= \frac{\mathfrak{U}'}{R_1+\frac{R_2}{s}\ddot{u}^2+j(X_2\ddot{u}^2-X_1)},$$

$$\text{mit} \quad \mathfrak{U}' = \mathfrak{U}_1 e^{2\alpha_0 j} \quad \text{und} \quad \ddot{u}^2 = \frac{R_1^2+X_1^2}{X_{12}^2}.$$

Wir finden also das natürliche Übersetzungsverhältnis dem Betrag nach, und zwar, wie es bei der Umrechnung von sekundären Widerständen (R_2 und X_2) nötig ist, im Quadrat wieder. Der zweite Kunstgriff war nötig, um statt des komplexen Quadrates $\ddot{\mathfrak{u}}^2$ das reelle $\ddot{u}^2$ zu bekommen; der erste Kunstgriff bezweckte, die beiden Ohmschen Widerstände R_1 und R_2 auf derselben Stufe erscheinen zu lassen. Die neue Spannung $\mathfrak{U}'$ statt der wirklichen $\mathfrak{U}_1$ soll uns keinen Kummer machen. Sie resultiert ja aus $\mathfrak{U}_1$ ohne Änderung des Betrages durch eine Drehung um den kleinen Winkel $2\alpha_0$. Der primäre Strom $\mathfrak{J}_1$ und der sekundäre Strom $\mathfrak{J}_2$, von dem uns immer nur der Betrag interessiert, lauten unter Benutzung der Komponente $\mathfrak{J}'$ des Primärstromes:

$$\mathfrak{J}_1 = \mathfrak{J}_0 + \mathfrak{J}' \quad \text{und} \quad |\mathfrak{J}_2| = |\mathfrak{J}'|\,\ddot{u}.$$

Man beachte, daß durch die Einführung von $\ddot{u}$ *keine* neue unabhängige Größe zu den fünf kennzeichnenden Maschinenwiderständen getreten ist; X_{12} ist verschwunden und $\ddot{u}$ dafür aufgetreten.

36. Ersatzbilder. Die Ersatzbilder oder -diagramme der elektrischen Maschinen sind Anordnungen von Wirk- und Blindwiderständen in Reihen-, Parallel- oder gemischter Schaltung, die man in Gedanken oder auch tatsächlich (als eine Art Nachbildung) an die primäre Spannung U_1 legt. Sie werden so ausgewählt, daß der aufgenommene Strom identisch mit dem primären Strom I_1 der nachzubildenden Maschine ist. Überdies strebt man entweder ein sehr übersichtliches oder ein aus möglichst wenig Gliedern bestehendes Ersatzbild an. Den Vorzug gibt man unter Umständen Diagrammen, die nicht nur I_1, sondern auch weitere Ströme der Maschine erkennen und berechnen lassen. Zum

Beispiel wird man bei der normalen Asynchronmaschine ein Ersatzbild bevorzugen, bei dem in einem der Zweige der Sekundärstrom I_2 oder $I_2 k$, wobei k selbstverständlich unabhängig vom Schlupf sein soll, fließt. Bei den späteren Doppelkäfigmaschinen fließen im Läufer zwei getrennte Ströme I_o im oberen und I_u im unteren Käfig. Man ist dann bestrebt, solche Verzweigungen im Ersatzbild anzuordnen, daß außer I_1 auch I_o und I_u, wenn auch mit einer Konstante behaftet, erscheinen.

Das an Gliedern sparsamste Ersatzbild ist oft nicht auch das übersichtlichste.

Der tiefere Sinn der Ersatzbilder ist der, daß man mit ihrer Hilfe die magnetischen *Verkettungen* durch galvanische *Schaltungen* ersetzt und an Stelle der großen Blindwiderstände die aus ihrer Differenz herrührenden kleinen und recht eigentlich die Eigenschaften der Maschine bedingenden *Streu*blindwiderstände verwendet. Ein einzelner Zweig mit einem großen Blindwiderstand, in dem etwa der Magnetisierungsstrom der Maschine fließt, wird allerdings fast immer auftreten. Außerdem wünscht man, die *Ohmschen* Widerstände, und zwar möglichst unverändert, wiederzufinden.

Für den Ingenieur bedeuten die Ersatzbilder zweierlei. Sie helfen ihm, manche Eigenschaften der Maschine besser zu verstehen und Änderungen an der richtigen Stelle vorzunehmen. Außerdem bieten sie ein gutes Schema zur numerischen oder graphischen Behandlung.

Kapazitive Widerstände können ohne weiteres im Ersatzbild auftreten, obgleich ihnen unmittelbar entsprechende Größen bei der wirklichen Maschine gar nicht vorhanden sind. Wir werden sie aber vermeiden.

Einen kleinen, bei Ersatzbildern elektrischer Maschinen wohl selten gebrauchten Kunstgriff werden wir benutzen, indem wir an einer Stelle des Ersatzbildes eine Zusatzspannung $\Delta\mathfrak{U}$ konstanter Größe und Phasenlage einführen, die gleich $\mathfrak{U}_1 - \mathfrak{U}'$ ist. $\mathfrak{U}'$ ist wie oben die um den kleinen Winkel $2\alpha_0$ im Sinne der Voreilung gedrehte Primärspannung $\mathfrak{U}_1$.

In Abb. 100 sind schematisch die Ideen angedeutet, die zu einem Ersatzbild der 3-phasigen Asynchronmaschine führen. Die wirkliche Maschine arbeitet primär mit den Größen $\mathfrak{U}_1, \mathfrak{J}_1, f_1$, sekundär mit $\mathfrak{U}_2 = 0, \mathfrak{J}_2, f_2 = s f_1$. (*a*). Die Betrachtung der wirklich im Ständer und Läufer vorhandenen Stränge (*b*) wird reduziert auf die eines einzigen: Schnitt AB. Der sekundäre Strang wird auf den Ständerstrang bezogen, so daß seine Frequenz mit $f = f_1$, sein Blindwiderstand mit jX_2 und sein Ohmscher Widerstand mit R_2/s erscheint. Noch stört der Verkettungswiderstand jX_{12}. (*c*). Er wird vermieden in dem Ersatzbild (*d*), das mindestens zwei Glieder enthalten muß. Es besteht bei uns aus drei Gliedern, und zwar aus der Reihenschaltung von $\mathfrak{z}_1$ mit den beiden parallel geschalteten Gliedern $\mathfrak{z}_0$ und $\mathfrak{z}_2$. Der in Klammern bei $\mathfrak{z}_2$ zugefügte Ausdruck soll darauf hinweisen, daß ein Teil von $\mathfrak{z}_2$ den Faktor $1/s$ besitzt. Der restliche Teil von $\mathfrak{z}_2$ und vor allem auch $\mathfrak{z}_1$ und $\mathfrak{z}_0$ selbst sind frei von s. Die $\mathfrak{z}$-Glieder sind bei uns immer Widerstände, und zwar rein Ohmsche, rein induktive oder gemischte. Die allgemeinere Bezeichnung *Impedanz* soll für den resultierenden Wechselstromwiderstand gelten.

Die Gesamtimpedanz des Ersatzbildes nach Abb. 100d beträgt:

$$\mathfrak{z}(s) = \mathfrak{z}_1 + \frac{\mathfrak{z}_2\,\mathfrak{z}_0}{\mathfrak{z}_2 + \mathfrak{z}_0},$$

wobei an die Abhängigkeit von s erinnert wird. Der aufgenommene Strom soll bei der angelegten Spannung $\mathfrak{U}_1$ gleich $\mathfrak{J}_1$ sein; also muß gelten:

$$\mathfrak{z}_1 + \frac{\mathfrak{z}_2\,\mathfrak{z}_0}{\mathfrak{z}_2 + \mathfrak{z}_0} = R_1 + jX_1 + \frac{X_{12}^2}{\frac{R_2}{s} + jX_2}.$$

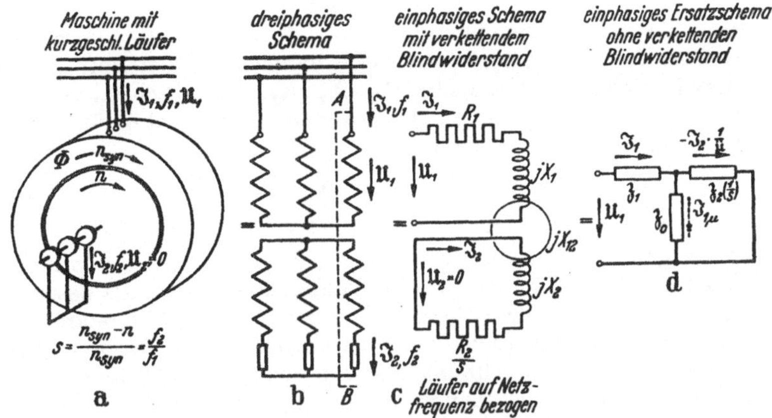

Abb. 100 a—d. Zur Herleitung des *ein*phasigen Ersatzschemas der *Dreh*strom-Asynchronmaschine.

Man wird beim Koeffizientenvergleich finden, daß die Werte von $\mathfrak{z}_1$, $\mathfrak{z}_2$ und $\mathfrak{z}_0$ nicht eindeutig zu bestimmen sind, sondern daß man $\mathfrak{z}_1$ oder den von $1/s$ freien Teil von $\mathfrak{z}_2$ oder speziell $\mathfrak{z}_0$ ganz beliebig wählen darf. Wir wollen $\mathfrak{z}_0$ als frei wählbar betrachten und kommen zu folgendem Ergebnis:

$$\mathfrak{z}_0 = \text{frei wählbar, woraus folgt:}$$

$$\mathfrak{z}_1 = (R_1 + jX_1) - \mathfrak{z}_0,$$

$$\mathfrak{z}_2 = \left(\frac{\mathfrak{z}_0}{jX_{12}}\right)^2 \left(\frac{R_2}{s} + jX_2\right) - \mathfrak{z}_0.$$

Man erkennt das Auftreten eines Übersetzungsverhältnisses $\ddot{\mathfrak{u}} = \mathfrak{z}_0/jX_{12}$, das man seinerseits statt $\mathfrak{z}_0$ als frei wählbar hätte einführen können.

Wenn man den gesamten Blindwiderstand jX_1 eines primären Stranges in einen Nutzblindwiderstand $jX_{1,h}$ und einen Streublindwiderstand $jX_{1,\sigma}$ zerlegt, wobei die Aufteilung noch ganz beliebig vorgenommen werden kann, so ergibt sich, wenn man $\mathfrak{z}_0$ gleich diesem Nutzblindwiderstand $jX_{1,h}$ setzt:

$$\mathfrak{z}_0 = jX_{1,h}, \quad \mathfrak{z}_1 = R_1 + jX_{1,\sigma}, \quad \mathfrak{z}_2 = \frac{R_2}{s}\ddot{u}_h^2 + jX_{2,\sigma}\ddot{u}_h^2,$$

mit den nicht mehr frei wählbaren Beträgen des reellen Übersetzungsverhältnisses $\ddot{u}_h$ und des sekundären Streublindwiderstandes $jX_{2,\sigma}$, welche betragen:

$$\ddot{u}_h = \frac{X_{1,h}}{X_{12}} = \text{rell} \quad \text{und} \quad X_{2,\sigma} = X_2 - \frac{X_{12}^2}{X_{1,h}}.$$

Denkt man sich die entsprechende Zerlegung des gesamten Blindwiderstandes jX_2 eines sekundären Stranges in einen Streublindwiderstand $jX_{2,\sigma}$ und einen Nutzblindwiderstand $jX_{2,h}$, so ergibt sich, daß diese Aufteilung nun nicht mehr willkürlich vorgenommen werden kann, da $jX_{2,\sigma}$ ja schon bekannt ist. Es folgt für den Betrag des sekundären Nutzblindwiderstandes:

$$X_{2,h} = \frac{X_{12}^2}{X_{1,h}}.$$

Die Beträge der vier Blindwiderstände $X_{1,\sigma}$, $X_{2,\sigma}$, $X_{1,h}$, $X_{2,h}$, von denen also nur einer frei definiert werden kann, hängen mit den Beträgen der drei Blindwiderstände der Maschine X_1, X_2, X_{12}, die durchaus nicht frei definiert werden können, sondern als gegeben zu betrachten sind, durch folgende Gleichungen zusammen:

$$X_1 = X_{1,h} + X_{1,\sigma}, \quad X_2 = X_{2,h} + X_{2,\sigma},$$
$$(X_1 - X_{1,\sigma})(X_2 - X_{2,\sigma}) = X_{1,h} X_{2,h} = X_{12}^2.$$

Wir wollen ganz deutlich aussprechen, daß man auch den primären Streublindwiderstand $X_{1,\sigma}$ frei wählen kann. Man kann, falls besondere Wünsche oder Gründe dazu führen, diesen Streublindwiderstand z. B. zu Null, man kann ihn auch, wozu wir meist keine Neigung haben, negativ machen. Die Umrechnung der vier spezielleren Größen aus den drei wirklichen Größen ist dann:

$$X_{1,\sigma} = \text{frei wählbar},$$
$$X_{1,h} = X_1 - X_{1,\sigma},$$
$$X_{2,\sigma} = X_2 - \frac{X_{12}^2}{X_1 - X_{1,\sigma}}$$

und

$$X_{2,h} = \frac{X_{12}^2}{X_1 - X_{1,\sigma}}.$$

Im Falle der Maschine mit geschrägten Nuten setzen wir nach Abschnitt 28 unter Berücksichtigung des Schrägungsfaktors f_{schr}:

$$X_{12}^2 = X_{1h} X_{2h} f_{schr}^2$$

und finden nunmehr, wieder zum frei wählbaren $\mathfrak{z}_0$ des Ersatzbildes zurückkehrend, mit dem Ansatz:

$$\mathfrak{z}_0 = jX_{1h} f_{schr}$$

die beiden anderen Glieder $\mathfrak{z}_1$ und $\mathfrak{z}_2$ zu:

$$\mathfrak{z}_1 = R_1 + jX_{1,\sigma} + jX_{1,h}(1 - f_{schr}),$$
$$\mathfrak{z}_2 = \frac{R_2}{s}\ddot{u}_h^2 + jX_{2,\sigma}\ddot{u}_h^2 + jX_{1,h}(1 - f_{schr}),$$

mit

$$\ddot{u}_h^2 = \frac{X_{1,h}}{X_{2,h}}.$$

Durch die Schrägung sind also in den beiden Gliedern $\mathfrak{z}_1$ und $\mathfrak{z}_2$ zwei gleich große zusätzliche Streublindwiderstände aufgetreten, die bereits in Abschnitt 28 berücksichtigt wurden. Man beachte, daß im Übersetzungsverhältnis $ü_h$ der Schrägungsfaktor f_{schr} nicht enthalten ist. Wenn die Schrägung so weit getrieben wird, daß jeder Ständerstab gegen die Läuferstäbe um $2t_p$ schräggestellt wird, nimmt f_{schr} den Wert Null an. Dann geht der Wert für $\mathfrak{z}_1$ über in $R_1 + jX_1$, und $\mathfrak{z}_0$ wird Null. Das Glied $\mathfrak{z}_2$ wird also kurzgeschlossen und spielt keine Rolle mehr. Diese Maschine nimmt dauernd, unabhängig von s, den Leerlaufstrom $\mathfrak{J}_0 = \mathfrak{U}_1/(R_1 + jX_1)$ auf. Sie kann nicht mehr arbeiten. So etwas tut man natürlich nicht. Wohl aber kann man einen Läufer anderer Polzahl in den Ständer einbringen, wobei dann auch keine gegenseitige Induktion mehr stattfindet. Das entspricht, der Wirkung nach, $f_{schr} = 0$ (Voraussetzung ist, daß nicht durch parallele Gruppen partielle Übertragungen stattfinden). Auch diese Maschine führt dauernd, unabhängig vom Schlupf, den Leerlaufstrom $\mathfrak{J}_0$.

Das soeben benutzte Übersetzungsverhältnis $ü_h$, dessen Index h anzeigt, daß es nur durch Größen bestimmt wird, die mit dem Nutz- oder Hauptfluß zusammenhängen, wird ausgedrückt durch:

$$ü_h = \sqrt{\frac{X_{1,h}}{X_{2,h}}} = \frac{z_1 f_{w,1}}{z_2 f_{w,2}},$$

da sich die Nutzblindwiderstände $X_{1,h}$ und $X_{2,h}$ sicherlich wie die Quadrate der wirksamen Leiterzahlen der Stränge im Ständer und Läufer verhalten. Hiermit legen wir uns aber fest auf eine Definition der Streublindwiderstände $X_{1,\sigma}$ und $X_{2,\sigma}$ der ungeschrägten Maschine, zu denen noch X_{schr} als Streublindwiderstand der geschrägten Maschine tritt. Diese Definition lag den Betrachtungen und Berechnungen des ideellen Kurzschluß-Blindwiderstandes in Abschnitt 29 zugrunde.

Das bisher im Rahmen der Ersatzbilder erwähnte Übersetzungsverhältnis gilt vorerst ausschließlich für die (mit seinem Quadrat vorzunehmende) Umrechnung der sekundären Widerstände auf die Primärseite.

Wir müssen nachprüfen, ob es auch für den Sekundärstrom und die sekundäre Spannung gilt. Wir entnehmen dem aus $\mathfrak{z}_1$, $\mathfrak{z}_2$ und $\mathfrak{z}_0$ bestehenden Ersatzbild den im Zweige $\mathfrak{z}_2$ fließenden Strom $\mathfrak{J}_2'$ zu:

$$\mathfrak{J}_2' = \mathfrak{J}_1 \frac{\mathfrak{z}_0}{\mathfrak{z}_0 + \mathfrak{z}_2} = \mathfrak{J}_1 \frac{\mathfrak{z}_0}{\left(\frac{\mathfrak{z}_0}{jX_{12}}\right)^2 \left(\frac{R_2}{s} + jX_2\right)}$$

und vergleichen diesen Wert mit dem wahren Sekundärstrom $\mathfrak{J}_2$, z. B. aus der zweiten der allgemeinen Gleichungen der Asynchronmaschine, die wir bisher noch nicht zur Bestimmung von $\mathfrak{J}_2$ wegen der darin vorkommenden Abhängigkeit vom Schlupf s benützt haben.

$$0 = \mathfrak{J}_1 jX_{12} + \mathfrak{J}_2\left(\frac{R_2}{s} + jX_2\right)$$

liefert:

$$\mathfrak{J}_2 = -\mathfrak{J}_1 \frac{jX_{12}}{\frac{R_2}{s} + jX_2}.$$

Der Vergleich der beiden Gleichungen für $\mathfrak{J}_2$ und $\mathfrak{J}_2'$, eben der Stromgröße aus unserem Ersatzbild, ergibt:

$$\mathfrak{J}_2 = -\mathfrak{J}_2' \frac{\mathfrak{z}_0}{jX_{12}} \equiv -\mathfrak{J}_2' \ddot{u}_I .$$

Das Übersetzungsverhältnis des Stromes im Ersatzbild stimmt also mit dem für die Umrechnung der Widerstände benutzten Wert überein.

Will man die sekundäre Stillstandsspannung dem Ersatzbild, bestehend aus den Gliedern $\mathfrak{z}_1$, $\mathfrak{z}_2$ und $\mathfrak{z}_0$, entnehmen, so muß man das Glied $\mathfrak{z}_2$ öffnen und die Sekundärspannung $\mathfrak{U}_{20}'$ an dem Spannungsteiler $(\mathfrak{z}_1 + \mathfrak{z}_0)$ entnehmen. Es folgt:

$$\mathfrak{U}_{20}' = \mathfrak{U}_1 \frac{\mathfrak{z}_0}{\mathfrak{z}_1 + \mathfrak{z}_0} = \mathfrak{U}_1 \frac{\mathfrak{z}_0}{R_1 + jX_1} .$$

Wir vergleichen diesen Wert mit dem wirklichen Wert der sekundären Stillstandsspannung $\mathfrak{U}_{20}$, für welche gilt:

$$\mathfrak{U}_{20} = \mathfrak{U}_1 \frac{jX_{12}}{R_1 + jX_1}$$

und finden:

$$\mathfrak{U}_{20} = \mathfrak{U}_{20}' \frac{jX_{12}}{\mathfrak{z}_0} = \frac{\mathfrak{U}_{20}'}{\ddot{u}_U} .$$

Auch das Übersetzungsverhältnis der Spannung im Ersatzbild stimmt mit dem eingangs benutzten Wert $\ddot{u} = \mathfrak{z}_0/jX_{12}$ überein.

Das *Übersetzungsverhältnis* der Ersatzbilder hat also folgende Funktion. Die sekundären Widerstände müssen mit seinem Quadrat malgenommen werden, ehe sie im Ersatzbild erscheinen. Die Spannung am Glied $\mathfrak{z}_0$ des Ersatzbildes muß durch das Übersetzungsverhältnis dividiert werden, um eine Spannung zu erhalten, die man z. B. als sekundäre induzierte Spannung (umgerechnet auf Stillstand) bezeichnen kann. Bei offen gedachtem $\mathfrak{z}_2$ ist sie gleich der im Prüffeld wirklich meßbaren Stillstandsspannung des Läufers. Der Strom im Zweig $\mathfrak{z}_2$ muß mit dem Übersetzungsverhältnis malgenommen werden. Er ergibt dann den Sekundärstrom $\mathfrak{J}_2$ der Größe nach; Phasenlage und Frequenz sind aber immer auf den Ständer bezogen.

Das im vorigen Abschnitt bestimmte *natürliche* Übersetzungsverhältnis ist eine *feste* Größe, die nur von R_1, X_1 und X_{12} abhängt und nicht durch die typischen Läufergrößen R_2, X_2 beeinflußt wird. Das Übersetzungsverhältnis des Ersatzbildes kann, ganz nach unserem Belieben, durch geeignete Wahl von $\mathfrak{z}_0$ *jeden* Wert annehmen. Setzt man aber z.B. die Gleichung für $\mathfrak{U}_{20}$ nach dem Ersatzbild an, so muß sich das willkürliche $\mathfrak{z}_0$ wieder herausheben. Das ist tatsächlich der Fall.

Abb. 101 gibt das bisher näher betrachtete Ersatzbild wieder, das durchweg in der Literatur bevorzugt wird. Es bietet den Vorteil, daß der primäre Streublindwiderstand $jX_{1,\sigma}$ in einem Zweig und der sekundäre Streublindwiderstand $jX_{2,\sigma}$ in einem anderen Zweig gemeinsam mit dem Wirkwiderstand R_2'/s erscheinen. Der $'$ deutet die Umrechnung auf die Primärseite an.

In dem ideellen Falle, daß R_1 und R_2 beide verschwinden, geht die Impedanz des Ersatzbildes in den ideellen Kurzschluß-Blindwiderstand jX_i über. Dann ist:

$$X_i = X_{1,\sigma} + \frac{X_{1,h} X'_{2,\sigma}}{X_{1,h} + X'_{2,\sigma}} \approx X_{1,\sigma} + X'_{2,\sigma}$$

wegen der Kleinheit von $X'_{2,\sigma}/X_{1,h}$.

Im Falle der Maschine mit gegeneinander geschrägten Nuten resultiert:

$$X_i = X_{1,\sigma} + X_{1,h}(1 - f_{\mathrm{schr}}) + \frac{X_{1,h} f_{\mathrm{schr}}(X'_{2,\sigma} + X_{1,h}(1 - f_{\mathrm{schr}}))}{X_{1,h} f_{\mathrm{schr}} + X'_{2,\sigma} + X_{1,h}(1 - f_{\mathrm{schr}})}$$

$$\approx X_{1,\sigma} + X'_{2,\sigma} + X_{1,h}(1 - f^2_{\mathrm{schr}}).$$

In beiden Fällen ist:

$$X_i = X_1 - \frac{X_{12}^2}{X_2},$$

eine allgemeingültige Formel, die sich aber nur bei stark entkoppelten Kreisen, wenn also X_{12}^2 wesentlich kleiner als $X_1 X_2$ ist, zur numerischen Berechnung von X_i eignen würde.

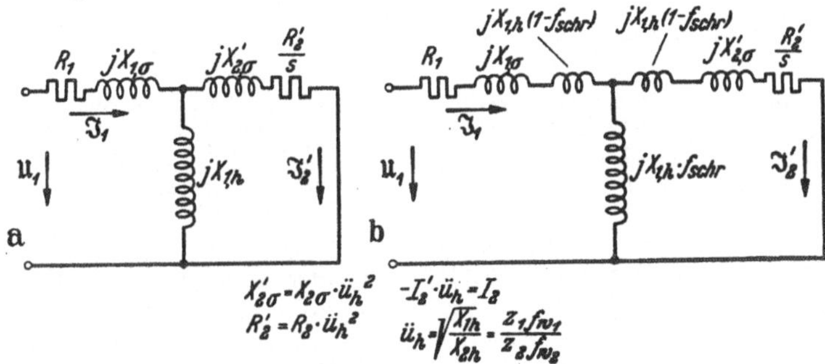

Abb. 101 a u. b. Häufig benutztes Ersatzbild der dreiphasigen Asynchronmaschine für $\mathfrak{z}_0 = jX_{1,h}$ bei der ungeschrägten (a) und für $\mathfrak{z}_0 = jX_{1,h} f_{\mathrm{schr}}$ bei der geschrägten Maschine (b). Das diesem Bild zukommende Übersetzungsverhältnis $\ddot{u}_h$ ist reell.

Wir wollen nun versuchen, statt eines *willkürlichen* Übersetzungsverhältnisses das *natürliche* Übersetzungsverhältnis in das Ersatzbild zu bringen. Wir verfügen über $\mathfrak{z}_0$ in der Weise, daß das erste Glied $\mathfrak{z}_1$ unseres Ersatzbildes verschwindet, indem wir setzen:

$$\mathfrak{z}_0 = R_1 + jX_1, \qquad \text{woraus folgt:}$$

$$\mathfrak{z}_1 = 0,$$

$$\mathfrak{z}_2 = \left(\frac{R_1 + jX_1}{jX_{12}}\right)^2 \left(\frac{R_2}{s} + jX_2\right) - (R_1 + jX_1).$$

Im Zweige $\mathfrak{z}_0$ fließt nunmehr, da er unmittelbar an der vollen Primärspannung $\mathfrak{U}_1$ liegt (Abb. 102) und kein mit s behaftetes Glied enthält, ein konstanter Strom, und zwar der Leerlaufstrom $\mathfrak{J}_0 = \mathfrak{U}_1/(R_1 + jX_1)$. Da die Gesamtstromaufnahme $\mathfrak{J}_1 = \mathfrak{U}_1/\mathfrak{z}(s)$ geblieben ist, fließt im

Parallelzweig $\mathfrak{z}_2$ der Strom $\mathfrak{J}' = (\mathfrak{J}_1 - \mathfrak{J}_0)$. Das ist sehr angenehm, da $\mathfrak{J}'$ nach Multiplikation mit dem natürlichen Übersetzungsverhältnis den Sekundärstrom $\mathfrak{J}_2$ liefert. Recht störend macht sich aber das Auftreten des nicht rein reellen Faktors $(R_1 + jX_1)^2/(jX_{12})^2$ bemerkbar, der das Quadrat des nicht rein reellen natürlichen Übersetzungsverhältnisses ist. Beim Aufbau des Ersatzbildes müßte man jetzt auch einen negativen und mit dem Faktor $1/s$ behafteten Blindwiderstand verwenden. Das erkennt man durch Ausmultiplizieren der letzten Gleichung. Hier hilft der im letzten Abschnitt erwähnte Kunstgriff. Wir denken uns nicht mehr $\mathfrak{z}_2$ an der Spannung $\mathfrak{U}_1$ liegend, sondern ein leicht geändertes $\mathfrak{z}_2'$

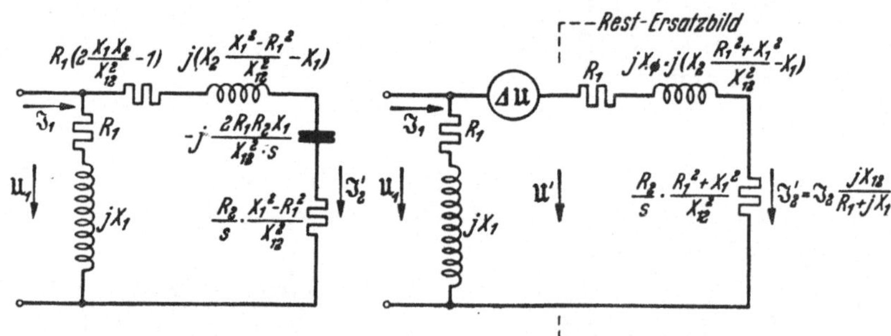

Abb. 102. Korrektes Ersatzbild für die spezielle Annahme $\mathfrak{z}_1 = 0$, dem das natürliche Übersetzungsverhältnis $ü = (R_1 + jX_1)/jX_1$. zukommt. Sehr störend ist das Auftreten des *kapazitiven*, mit $1/s$ behafteten Gliedes.

Abb. 103. Korrektes Ersatzbild für ebenfalls $\mathfrak{z}_1 = 0$ nach Einfügen der konstanten Zusatzspannung $\Delta\mathfrak{U}$. Das Übersetzungsverhältnis für die sekundären Widerstände ist *reell* und gleich $|(R_1 + jX_1)/jX_{12}|$, das Verhältnis für den Sekundärstrom dagegen gleich $(R_1 + jX_1)/jX_{12}$.

an eine im selben Maße geänderte Spannung $\mathfrak{U}'$ gelegt, wobei also der von $\mathfrak{z}_2$ bzw. der von $\mathfrak{z}_2'$ aufgenommene Strom erhalten bleibt. Die Änderung soll nun so getroffen werden, daß erstens der obige Faktor von R_2/s reell wird und daß er zweitens den gleichen Betrag behält. Dann brauchen wir nur zu setzen:

$$\mathfrak{z}_2' = \mathfrak{z}_2 \frac{-R_1 + jX_1}{+R_1 + jX_1} = R_1 + \frac{R_1^2 + X_1^2}{X_{12}^2}\left(\frac{R_2}{s} + jX_2\right) - jX_1,$$

$$= R_1 + \frac{R_2}{s} ü^2 + j(X_2 ü^2 - X_1)$$

mit

$$ü^2 = (R_1^2 + X_1^2)/X_{12}^2.$$

Die Spannung $\mathfrak{U}_1$ muß ersetzt werden durch die Spannung $\mathfrak{U}'$, die nach obigem also wird:

$$\mathfrak{U}' = \mathfrak{U}_1 e^{2\alpha_0 j} \quad \text{mit} \quad \operatorname{tg}\alpha_0 = R_1/X_1.$$

Das jetzt gewonnene Ersatzbild wird in Abb. 103 gezeigt. Im ersten Zweig liegen die beiden nur von der Primärwicklung abhängigen Widerstände R_1 und (das sehr große) jX_1 an der richtigen Spannung $\mathfrak{U}_1$. Der dort fließende Strom ist der wahre Leerlaufstrom $\mathfrak{J}_0$ (Eisen- und Reibungsverluste vernachlässigt), der unabhängig vom Schlupf s konstante Größe hat. Im zweiten Zweig liegen der primäre Wirkwiderstand R_1 (der also zum *zweiten* Male erscheint), der auf die Primärseite mit dem Quadrate des Betrages des natürlichen Übersetzungsverhältnisses umgerechnete sekundäre Wirkwiderstand R_2/s und ein reiner Blindwiderstand $jX_\varnothing$. Die am zweiten Zweig herrschende Spannung ist die um den kleinen Winkel $2\alpha_0$ gedrehte Primärspannung. Andeutungsweise wird sie durch eine in Reihe liegende konstante Hilfsspannung $\Delta\mathfrak{U}$ aus $\mathfrak{U}_1$ erzeugt. Betrachtet man nur das im Abb. 103 angedeutete Restschema, so erkennt man, daß wir unsere echte Maschine reduziert haben auf eine gedachte Maschine ohne Magnetisierungsstrom, die den Strom $\mathfrak{J}'$ führt, der bei $s = 0$ verschwindet und bei einem bestimmten Wert von s seinen absoluten Höchstwert $I_\varnothing$ annimmt. Bei diesem kritischen Schlupf heben sich die beiden Wirkwiderstände gegenseitig auf und es verbleibt nur der Blindwiderstand $jX_\varnothing$. Der größte Strom $|\mathfrak{J}'_{\max}| = I_\varnothing$ ist gleichzeitig der Durchmesser des Kreises, auf dem die Endpunkte von $\mathfrak{J}'$ und daher auch die von $\mathfrak{J}_1$ liegen. Daher rührt auch die Bezeichnung von $X_\varnothing$ her. Es ist also:

$$I_\varnothing = |\mathfrak{J}'_{\max}| = \frac{U_1}{X_\varnothing}.$$

Wir hatten $X_\varnothing$, ohne weiteres darüber zu sagen, in Abb. 103 eingeführt. Unter Benutzung der Formel für $\mathfrak{z}_2'$ ergibt sich natürlich:

$$X_\varnothing = X_2\ddot{u}^2 - X_1 = X_2\frac{R_1^2 + X_1^2}{X_{12}^2} - X_1.$$

Aus dieser detaillierten Definition geht die Abhängigkeit von $X_\varnothing$ und damit gleichzeitig auch die von $I_\varnothing$ vom Primärwiderstand R_1 hervor. Man erkennt, daß eine Vergrößerung von R_1 anfangs sehr wenig bedeutet, da $X_1^2 \gg R_1^2$ ist. Für sehr große Werte von R_1 hingegen wird $X_\varnothing$ stark zu- und $I_\varnothing$ stark abnehmen. Darüber mehr im nächsten Abschnitt.

Wir betonten bereits, daß als gesamter Streublindwiderstand auch weiterhin X_i benutzt werden soll. Es muß sich aber $X_\varnothing$ sofort aus X_i bestimmen lassen, und zwar ist:

$$X_\varnothing = \frac{X_1 X_i + R_1^2}{X_1 - X_i}.$$

Die Bedeutung der drei Widerstände X_1, X_i und R_1 sei ganz kurz wiederholt: Der aus idealem widerstandsfreiem Metall gewickelte Ständer bietet (bei offenem Läufer) einer angelegten Spannung den reinen, großen Blindwiderstand X_1 dar. Seine Größe hängt wesentlich von t_p/δ ab. Die aus idealem widerstandsfreiem Metall im Ständer und im Läufer gewickelte Maschine bietet bei sekundärem Kurzschluß einen reinen, geringen Streublindwiderstand X_i dar. Seine Größe hängt ab von der Nuttiefe, gemessen an der Polteilung, von der relativen Stärke der Oberfelder, von der Schrägung der Nuten und von der Länge der Wickelköpfe, gemessen an der Maschinenlänge. R_1 ist der reine Gleichstromwiderstand der Ständerwicklung allein.

Die Bedeutung der Formel für $X_\varnothing$ in der erstgenannten Form wird klar, wenn man an eine evtl. erst nachträgliche Veränderung von X_2 denkt. Fügt man nämlich zum Gesamtblindwiderstand der Läuferwicklung einen Betrag $\varDelta X_2$ hinzu, so ändert sich $X_\varnothing$ genau um $\varDelta X_2 ü^2$. Änderungen des sekundären Streublindwiderstandes $X_{2,\sigma}$, der ja ein Summand von X_2 ist, um $\varDelta X_{2,\sigma}$ bewirken also ebenfalls eine Zunahme von $X_\varnothing$ um $\varDelta X_{2,\sigma} ü^2$.

Kennt man also den Kreisdurchmesser $I_\varnothing$ einer Maschine mit dem Widerstand $X_\varnothing$ und fügt man nachträglich sekundär $\varDelta X_{2,\sigma}$ zu, so ist der neue, verringerte Durchmesser $I_{\varnothing,\mathrm{neu}}$:

$$I_{\varnothing,\mathrm{neu}} = I_\varnothing \frac{X_\varnothing}{X_\varnothing + \varDelta X_{2,\sigma}}.$$

Diese einfache und korrekte Beziehung erlaubt es uns später, von einem gegebenen OSSANNA-Kreis sofort auf den neuen Kreis überzugehen, wenn uns das Maß der Zunahme des sekundären Blindwiderstandes bekannt ist. Genau so gut können wir die erforderliche Größe des Zuwachses an sekundärem Streublindwiderstand bestimmen, wenn wir wissen, wie stark der Durchmesser des Kreises abnehmen soll.

37. Die Ortskurven der Impedanz $\mathfrak{z}(s) = \mathfrak{U}_1/\mathfrak{J}_1$ und des Stromes $\mathfrak{J}_1(s)$. Wenn die Gleichung eines Stromes vorliegt in der Form:

$$\mathfrak{J} = \frac{\mathfrak{U}}{\mathfrak{z}(s)},$$

wobei $\mathfrak{U}$ eine feste Spannung und $\mathfrak{z}(s)$ eine sich mit dem Parameter (bei uns Schlupf) s ändernde Impedanz ist, so kann man die Ortskurve des Stromes $\mathfrak{J}$ bekanntlich dadurch finden, daß man zuerst die Ortskurve der Impedanz $\mathfrak{z}(s)$ aufzeichnet und diese dann Punkt für Punkt vom Ursprung aus invertiert. Man trägt dabei auf den Vektoren, die die laufenden Punkte der Impedanzkurve mit dem Ursprung verbinden, die mit $|\mathfrak{U}|$ multiplizierten *reziproken* Werte, also $U/|\mathfrak{z}(s)|$ ab. Die so erhaltenen neuen Punkte bilden in ihrer Gesamtheit die Ortskurve $\mathfrak{J}(s)$ des Stromes. Die Bezifferung in s bleibt erhalten. Auf eine Besonderheit ist aber zu achten. Eigentlich müßte die ganze Ortskurve der Ströme an der reellen Achse, von der wir immer annehmen, daß sie in die Richtung der wirksamen Spannung $\mathfrak{U}$ fällt, gespiegelt werden. Bei unserer Methode der reziproken Radien entsprechen nunmehr die mit $-j$ behafteten Stromkomponenten den mit $+j$ behafteten Anteilen der Impedanz. Kurz gesagt, fällt die imaginäre Achse der Impedanz zusammen mit dem negativen imaginären Ast der Ströme; die reellen Ströme und die reellen Widerstände hingegen fallen in die Richtung der reellen Achse. Wir tragen einheitlich nach oben reelle Größe und waagerecht nach rechts Blindwiderstände *und* Blindströme ab.

Die Darstellung der Impedanz und ihre anschließende Inversion scheint ein Umweg gegenüber der unmittelbaren Aufzeichnung der Ortskurve des Stromes. Erstens ist aber gerade bei komplizierter Maschine die Impedanzkurve oft wesentlich einfacher zu zeichnen als die Stromkurve, und zweitens beeinflußt der Schlupf nur einen kleinen Teil der einzelnen Widerstände der Maschine, während ihre Mehrzahl konstant ist. Die gültigen Gesetze sind daher oft anschaulicher am Verlauf der Impedanzkurve zu erkennen.

Wir kehren zur früher gefundenen Gleichung für den Strom $\mathfrak{J}_1$ der stromverdrängungsfreien Asynchronmaschine zurück:

$$\mathfrak{J}_1 = \frac{\mathfrak{U}_1}{R_1 + jX_1 + \dfrac{X_{12}^2}{\dfrac{R_2}{s} + jX_2}} = \frac{\mathfrak{U}_1}{\mathfrak{z}(s)}.$$

Aus ihr folgt:

$$\mathfrak{z}(s) = R_1 + jX_1 + \frac{X_{12}^2}{\dfrac{R_2}{s} + jX_2} = \mathfrak{L}(s).$$

Die Gleichung für die Impedanz $\mathfrak{z}(s)$ ist eine *lineare*, gebrochene Funktion $\mathfrak{L}$ von s und stellt also einen Kreis dar, wenn s alle reellen Werte durchläuft. Wir wollen die einzelnen Punkte dieses Kreises mit einem $'$ kennzeichnen und als Index den zugehörigen Schlupf vermerken. Zwei Impedanzwerte können besonders leicht angegeben werden:

$$s = 0 \quad \text{ergibt} \quad \mathfrak{z}(0) = R_1 + jX_1,$$

$$s = \infty \quad \text{ergibt} \quad \mathfrak{z}(\infty) = R_1 + jX_1 - j\frac{X_{12}^2}{X_2}.$$

Ihre beiden Endpunkte P_0' und P_∞' sind, da R_2/s senkrecht auf jX_2 steht, übrigens Endpunkte eines Kreisdurchmessers. Mithin liegt der Impedanzkreis der Lage nach bereits genau fest. Sein Mittelpunkt m' liegt natürlich in der Mitte zwischen P_0' und P_∞'. Der Radiusvektor nach dem Mittelpunkt ist daher:

$$\mathfrak{z}_m = R_1 + jX_1 - j\frac{X_{12}^2}{2X_2}.$$

Er hängt — genau so wie die Größe und die Lage des Kreises — *nicht* von R_2 ab. Man kann also über diesen Kreis schon manches aussagen, ehe man den Läuferwiderstand R_2 kennt. (Bei der Einphasenmaschine beeinflußt R_2 dagegen die Ortskurve der Impedanz wesentlich, deren Träger dann ein begrenzter Kreisbogen ist.)

Der Durchmesser des Impedanzkreises heiße $z_\varnothing$. Er beträgt:

$$z_\varnothing = \frac{X_{12}^2}{X_2}.$$

Um beliebige Kreispunkte P_s' zu beliebigen Schlüpfen s finden zu können, muß noch ein dritter Punkt bekannt sein. Es liegt nahe, den Punkt P_1' für den Schlupf $s = 1$, also den Stillstandspunkt, aufzusuchen. Eine kleine Überlegung sagt uns, daß er von P_0' aus unter dem Winkel β_0 gegen die Waagerechte $P_0'P_\infty'$ gesehen werden muß, wobei $\operatorname{tg}\beta_0 = R_2/X_2$ ist. Errichtet man im Punkte P_∞' auf $P_0'P_\infty'$ die Senkrechte und trägt auf ihr die Strecke $R_2(X_{12}/X_2)^2$ ab, deren Endpunkt $(R_2)'$ oder D heißen möge, so schneidet die Gerade durch $(R_2)'$ und P_0' den Impedanzkreis im gesuchten Punkt P_1'. Tragen wir dagegen Strecken der Länge $R_2(X_{12}/X_2)^2 : s$ ab, deren Endpunkte sinngemäß jetzt $(R_2/s)'$ heißen sollen, so schneiden die Geraden durch diese Punkte und durch P_0' den Impedanzkreis in den Punkten P_s'. Weitere Punkte können aber meistens bequemer mit der unten erläuterten Schlupfgerade gefunden werden.

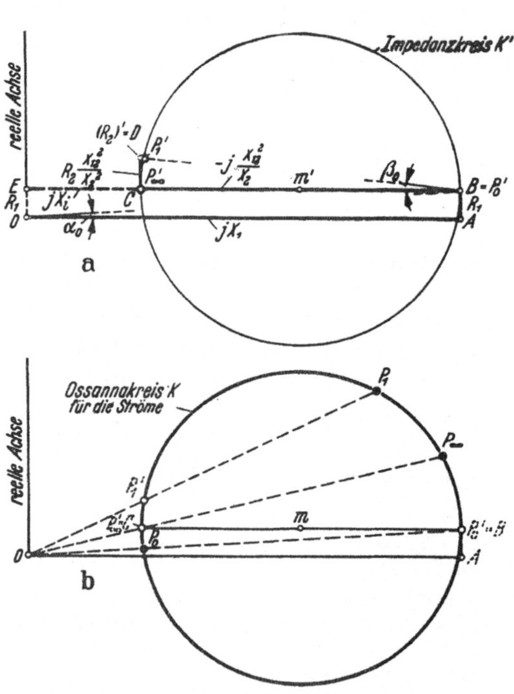

Abb. 104a u. b. Die Konstruktion des Impedanzkreises (a) und seine Inversion zum OSSANNA-Kreis (b); benötigt werden R_1, R_2, jX_1, jX_2 und jX_{12}.

Abb. 104 unterstützt das bisher Gesagte. In (a) ist vom Ursprung O waagerecht nach rechts der Blindwiderstand jX_1 mit Endpunkt A abgetragen. Daran setzt sich senkrecht nach oben R_1 mit Endpunkt B. B ist gleichzeitig P_0'. Rückwärts gehend ist der negative Blindwiderstand

$$-jX_{12}^2/X_2$$

oder

$$-jX_2(X_{12}/X_2)^2$$

mit Endpunkt $C = P_\infty'$ abgetragen. Senkrecht nach oben setzt sich der Widerstand $R_2(X_{12}/X_2)^2$ mit dem Endpunkt $D = (R_2)'$ an. Der einfache Linienzug $OABCD$, dessen einzelne Strecken in übersichtlichster Weise mit den fünf Widerständen der Maschine R_1, R_2, X_1, X_2 und X_{12} zusammenhängen, beschreibt uns vollständig das betriebliche Verhalten der Maschine, da aus diesem Zug sofort der Impedanzkreis K' hergeleitet wird. Man hat nur diesen Kreis mit BC als Durchmesser zu zeichnen und die einzige Gerade DB mit ihm zu schneiden. Jetzt ist der Kreis der Lage und Größe nach und durch die drei Punkte P_0', P_1' und P_∞' auch der Bezifferung nach bekannt.

Wenn wir an einer fertigen oder durchgerechneten Maschine die sekundäre Leiterzahl z_2 bei gleichbleibendem Metallaufwand ändern, so ändern sich R_2 und X_2 quadratisch, X_{12} linear mit z_2. Wie man sieht, macht sich diese Änderung von z_2 am Impedanzkreis nirgends bemerkbar. Eine Wicklungsänderung des Läufers im genannten Sinne hat also keinen Einfluß auf die Wirkungsweise und das Verhalten der Maschine. Im schroffen Gegensatz steht hierzu der Einfluß einer Änderung der primären Leiterzahl z_1, mit deren Anwachsen der Impedanzkreis sich quadratisch aufbläht.

Eine feinfühlige Variation von z_1 gehört daher zu der Kunst des Berechners.

Wenn nun der Impedanzkreis K' Punkt für Punkt vom Ursprung O aus invertiert wird, entsteht die gesuchte Ortskurve K des Stromes $\mathfrak{J}_1$. Ein Kreis geht aber bei Inversion wieder in einen Kreis, und zwar in einen ähnlich liegenden über. Wählt man, bei Freiheit in den Maßstäben, die Potenz so, daß die Tangenten von O an K' ihre Länge beibehalten, so geht der Kreis K' in sich selbst über. Der neue Kreis K (OSSANNA-Kreis) deckt sich also mit K' und braucht gar nicht erst gezeichnet zu werden. Das gilt aber nur für den Träger der Ortskurve. Die Bezifferung finden wir durch Geraden, welche O mit den einzelnen Punkten P'_s von K' verbinden und den Kreis zum zweitenmal in den Punkten P_s des Kreises K treffen. Verbinden wir also speziell P'_0, P'_1 und P'_∞ mit O, so gewinnen wir sofort die Gegenpunkte P_0, P_1 und P_∞, also die Punkte für Synchronismus, Stillstand und unbegrenzt schnellen Lauf der Maschine auf dem OSSANNA-Kreis K des Primärstromes (Abb. 104b).

Wir ziehen eine kleine Lehre. Wenn ein OSSANNA-Kreis (Eisen- und Reibungsverluste vernachlässigt) vorgelegt wird, so müssen die *Gegenpunkte* von P_0 und P_∞ den *waagerechten* Durchmesser bestimmen. Es ist reizvoll, daraufhin die OSSANNA-Kreise der Literatur zu überprüfen. Weiterhin kann man folgern: Wenn ein OSSANNA-Kreis ohne jede Bezifferung vorgelegt wird, ziehe man seinen waagerechten Durchmesser und bestimme die Gegenpunkte zu dessen Endpunkten. Sie sind identisch mit P_0 und P_∞. Ist ein einziger Punkt des OSSANNA-Kreises außer für $s = 0$ und $s = \infty$ (die beiden Ausnahmen) beziffert, so lassen sich alle weiteren Schlupfwerte eintragen.

Die drei kennzeichnenden Punkte P_0, P_1 und P_∞ sind ebenfalls in Abb. 104b• eingetragen worden.

Die Inversionspotenz ist gleich dem Produkt aus einer beliebigen Impedanz $\mathfrak{z}(s)$ und dem dazugehörigen Strom $\mathfrak{J}(s)$. In unseren Formeln ist dieses Produkt natürlich gleich der angelegten Spannung $\mathfrak{U}$. In den Zeichnungen wird die Impedanz durch eine Länge in mm und ebenso der Strom durch eine Länge in mm wiedergegeben. Die zeichnerische Inversionspotenz ist daher in mm² anzugeben. Sie sei mit P bezeichnet. Sie hängt vom Betrag der Spannung U, von dem Maßstab für die Impedanzen und von dem Maßstab für die Ströme ab:

$$P = \frac{U}{m_z\, m_I} \quad \text{in mm}^2$$

mit U = Spannung in V, m_z = Impedanzmaßstab in Ω/mm, m_I = Strommaßstab in A/mm.

Wenn zeichnerisch zwei zusammengehörige Punkte P' auf der Ortskurve der Impedanz und P auf der Ortskurve des Stromes gegeben sind, so braucht man nur die Streckenlängen von $\overline{OP'}$ und von $\overline{OP}$, beide in mm gemessen, miteinander malzunehmen, um die für *alle* Punkte gültige zeichnerische Inversionspotenz P zu finden. Hat man umgekehrt über deren Größe verfügt, so liegt der Maßstab für den Strom fest, wenn eingangs über den Maßstab für die Impedanz verfügt wurde und umgekehrt. Natürlich muß dann die Spannung U bekannt sein.

Wir kannten bisher die Höhe der treibenden Spannung, nämlich U_1 oder das gleich große U'. Außerdem trugen wir die Widerstände der Maschine auf unter (stillschweigender) Annahme eines Maßstabes m_z. Dann wählten wir aus besonderen Gründen die zeichnerische Potenz P gleich der bekannten geometrischen Potenz des Ursprunges O bezüglich des Impedanzkreises. Sie ist gleich dem Produkt der Sekantenabschnitte irgendeiner durch O gehenden, den Kreis treffenden Geraden oder gleich dem Quadrat der Tangentenabschnitte von O an K'. Folglich erscheint der gewünschte OSSANNA-Kreis mit einem ganz bestimmten Maßstab:

$$m_I = \frac{U}{P\,m_z} \quad \text{in A/mm}.$$

Wir blicken noch einmal auf Abb. 104a, und zwar auf die beiden gestrichelten Strecken OE und EC. OE ist natürlich gleich R_1 und $EC = OA - BC$. Also ist der durch EC dargestellte Blindwiderstand:

$$jX_1 - j\,\frac{X_{12}^2}{X_2} = jX_i.$$

Eine andere Herleitung des OSSANNA-Kreises K für die Primärströme soll unter Benutzung von R_1, X_1 und X_i vorgenommen werden. Da R_2 vorerst nicht erscheint, wird der OSSANNA-Kreis *anfangs* nur die beiden Punkte P_0 und P_∞ erhalten oder — ganz korrekt ausgedrückt — wird er nur der Lage nach bestimmt werden können.

In Abb. 105 ist der Impedanzkreis K' einer mit sehr hohem R_1 behafteten Maschine wiedergegeben. Auch der Magnetisierungsstrom soll übertrieben groß sein, d. h. also, daß der Blindwiderstand X_1 verhältnismäßig klein ist. R_1, X_1 und X_i bestimmen die Lage und Größe von K' und außerdem seine beiden Punkte P'_0 und P'_∞. K' ist mit den beiden Tangenten $\mathfrak{G}_0$ und $\mathfrak{G}_\infty$ in diesen beiden Punkten versehen, die in der reellen Richtung verlaufen. Außerdem ist die Durchmessergerade $\mathfrak{G}_v$ eingezeichnet, die durch die beiden genannten Punkte geht.

In Abb. 106 ist die Inversion von Abb. 105 vollzogen. Die Gerade $\mathfrak{G}_0$ ist in den kleinen Kreis K_μ, die Gerade $\mathfrak{G}_\infty$ in den größeren Kreis K_i und die Gerade $\mathfrak{G}_v$ in den ganz großen Kreis K_v übergegangen. Die Durchmesser der drei Kreise sind gleich der Spannung U dividiert durch die Abstände der Geraden in Abb. 105. Diese sind aber der Reihe nach X_1, X_i und R_1, so daß die Kreisdurchmesser in Abb. 106 der Reihe nach I_μ, I_i und I_v betragen. I_μ und I_i sind von der Berechnung des Leerlaufs und des ideellen Kurzschlusses her bekannte Begriffe. I_v ist neu. Er soll der *Verluststrom* heißen und ist ein ideeller Strom, und zwar jener Wirkstrom, den die Maschine aufnehmen würde, wenn alle Blindwiderstände verschwunden wären. Das kann man realisieren, indem man die volle Spannung U_1 als Gleichspannung an jeden primären Strang anlegt. Der ideelle Verluststrom I_v ist ein gewaltiger Strom, der fast das 100fache des Nennstromes betragen kann. Für uns ist er eine angenehme Rechenhilfe.

Da die beiden Geraden $\mathfrak{G}_0$ und $\mathfrak{G}_\infty$ den Impedanzkreis K' berühren, müssen auch die beiden Kreise K_μ und K_i den Stromkreis K berühren. Da die Gerade $\mathfrak{G}_v$ die Geraden $\mathfrak{G}_0$ und $\mathfrak{G}_\infty$ sowie den Impedanzkreis K' senkrecht schneidet, muß auch der Verlust-

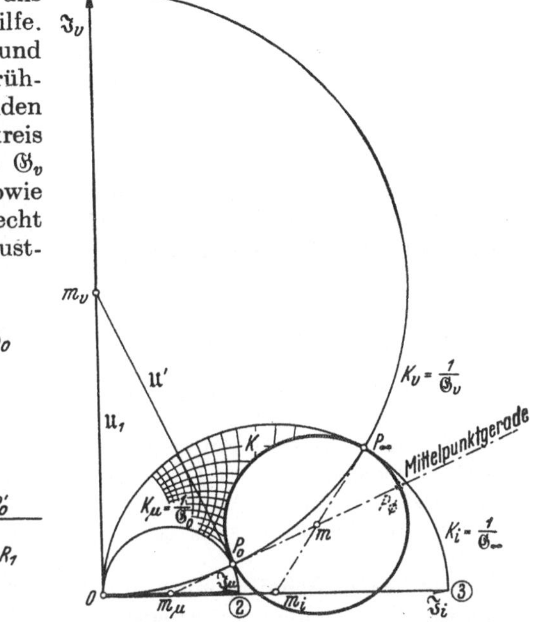

Abb. 105. Die der in Abb. 104a gezeigten Konstruktion gleichwertige Zeichnung des Impedanzkreises unter Benutzung von R_1, jX_1 und jX_i.

Abb. 106. Konstruktion des OSSANNA-Kreises nach Größe und Lage, unter Benutzung der drei Halbkreise K_μ, K_i und K_v über den drei ideellen Strömen $\mathfrak{J}_\mu$, $\mathfrak{J}_i$ und $\mathfrak{J}_v$. Inversion des Bildes in Abb. 105.

kreis K_v die drei Kreise K_μ, K_i und vor allem den Kreis K senkrecht schneiden. Denn die Winkel bleiben bei der Inversion der Größe nach erhalten.

In Abb. 105 ist das sich unendlich ausdehnende Gebiet oberhalb von K' und innerhalb der beiden Tangenten zum Teil mit quadratischer Unterteilung versehen, die nach der Inversion in Abb. 106 als konforme Unterteilung des Zwickels zwischen den Kreisen K, K_μ und K_i wiederkehrt. In diesen Zwickel rutscht der OSSANNA-Kreis immer tiefer hinein, wenn man entweder den primären Widerstand R_1 erhöht oder die Netzfrequenz und linear mit ihr die Betriebsspannung U_1 verringert. Hierüber vgl. weiter unten.

Die letzten Betrachtungen führen zu einer exakten und trotzdem eleganten Konstruktion des OSSANNA-Kreises einer stromverdrängungsfreien Asynchronmaschine, und zwar nach Größe und Lage.

Man denke sich drei ideelle Zustände der Maschine.

1. Zustand: Die Maschine liegt an der vollen Spannung, deren *Frequenz verschwindend klein* ist. Sie nimmt einen sehr großen reinen Wirkstrom auf; es ist:

$$I_v = \text{ideeller Verluststrom} = \frac{U_1}{R_1}; \text{ in Phase mit } U_1.$$

2. Zustand. Die Maschine liegt im *Leerlauf* an voller Spannung, der Sekundärstrom ist Null. Der primäre Widerstand ist vernachlässigbar klein. Sie nimmt einen kleinen reinen Blindstrom auf; es ist:

$$I_\mu = \text{ideeller Leerlaufstrom} = \frac{U_1}{X_1}; \ 90^\circ \text{ gegen } U_1 \text{ nacheilend.}$$

3. Zustand. Die Maschine liegt an voller Spannung, der primäre und der sekundäre Widerstand sind vernachlässigbar klein. Der Schlupf sei nicht Null. Die Maschine arbeitet im *Kurzschluß*. Sie nimmt einen großen reinen Blindstrom auf; es ist:

$$I_i = \text{ideeller Kurzschlußstrom} = \frac{U_1}{X_i}; \ 90^\circ \text{ gegen } U_1 \text{ nacheilend.}$$

Diese drei Ströme I_v, I_μ und I_i trage man phasengerecht auf, also I_v in Phase mit der Primärspannung U_1, I_μ und I_i senkrecht dazu. Es ergeben sich die drei Punkte 1, 2 und 3 (Abb. 106). Sie bestimmen die drei Halbkreise über den Durchmessern 01, 02 und 03. Diese drei Halbkreise K_v, K_μ und K_i bestimmen den gesuchten OSSANNA-Kreis K, der den ersten Halbkreis senkrecht schneidet und die beiden anderen berührt.

Die beiden Schnittpunkte mit K_v sind gleichzeitig die Berührungspunkte mit K_μ und K_i; es sind die Punkte P_0 für $s = 0$ und P_∞ für $s = \infty$.

Der Durchmesser von K heiße (auch späterhin) $I_\varnothing$. Er folgt sofort aus den drei ideellen Strömen und beträgt:

$$I_\varnothing = \frac{I_i - I_\mu}{1 + \frac{I_i}{I_v}\frac{I_\mu}{I_v}}.$$

Der Zähler allein ergibt $I_\varnothing$ für $R_1 \to 0$; das zweite Glied im Nenner korrigiert diesen Wert bei $R_1 \neq 0$. In fast allen Fällen ist diese Korrektur winzig klein. Sie soll aber immer überprüft werden. Recht fühlbar wird sie bei Motoren für kleinste Frequenzen, etwa im Bereich von 3 bis 10 Hz.

Besonders in theoretischen Abhandlungen pflegt man den OSSANNA-Kreis anders zu konstruieren. Man berechnet zuerst seinen Radius und dann die Koordinaten seines Mittelpunktes. Das erstere haben wir gerade auch getan, indem wir den doppelten Wert, nämlich $I_\varnothing$ bestimmten. Zum zweiten können wir uns keinesfalls entschließen. Einmal sind die Formeln sehr unübersichtlich, und zweitens wird uns der weitere Weg verlegt. Wenn wir eine Maschine nämlich ändern wollen, so müssen wir durchweg die Läuferstreuung variieren. Bei Stromverdrängungsläufern ändert sie sich sogar von selbst, und zwar in Abhängigkeit des Schlupfes. Dann atmet der Durchmesser des OSSANNA-Kreises und der Mittelpunkt ändert seine Lage. Von unseren drei Halbkreisen bleiben aber zwei, nämlich K_v und K_μ, unverändert. Betrachten wir nun noch einmal Abb. 106, so sehen wir an der dort vollzogenen geometrischen Bestimmung des Mittelpunktes m von K, daß bei einer Änderung nur des Kreises K_i als Resultat von Eingriffen in die Streuverhältnisse der Maschine der *eine* geometrische Ort von m erhalten bleibt, nämlich die Gerade, welche den Mittelpunkt m_μ von K_μ mit P_0, dem Schnittpunkt von K_μ und K_v verbindet.

Dies ist eine recht nützliche Feststellung. Wir nennen diese Gerade die *Mittelpunktgerade* und erkennen, daß ihre Existenz nur von zwei Größen des Ständers abhängt, und zwar von R_1 und X_1 oder genau so gut von I_v und I_μ. Da P_0 von O aus unter dem Winkel $\alpha_0 = \operatorname{arctg} R_1/X_1$ gesehen wird, erscheint P_0 und somit auch jeder Mittelpunkt m eines künftigen OSSANNA-Kreises K von m_μ aus unter dem doppelten Winkel, also unter $2\alpha_0$ gegen die Waagerechte gesehen. Der Tangens des Winkels, unter dem die Mittelpunktgerade ansteigt, ist daher:

$$\operatorname{tg} 2\alpha_0 = \frac{2\frac{R_1}{X_1}}{1 - \left(\frac{R_1}{X_1}\right)^2} \approx \frac{2R_1}{X_1},$$

oder unter Benutzung der ideellen Ströme I_μ und I_v und nach einfacher Umformung:

$$= \frac{2}{\frac{I_v}{I_\mu} - \frac{I_\mu}{I_v}} \approx 2\frac{I_\mu}{I_v}.$$

Meistens kann die rechtsstehende Näherungsformel benutzt werden, da der Winkel $2\alpha_0$ klein ist. Man beachte aber die genauere Formel. Sie sagt aus, daß bei Gleichheit des Verluststromes I_v und des Magnetisierungsstromes I_μ der Mittelpunkt m genau über dem Mittelpunkt m_μ von K_μ liegt. Das kann man jederzeit im Prüffeld durch Wahl eines großen Vorschaltwiderstandes im Ständer oder durch Verringerung von Netzspannung und Frequenz erreichen.

Bei weiterer Herabsetzung von I_v wandert m weiter nach links, und der OSSANNA-Kreis verschwindet als winzige Erscheinung im spitzen Winkel zwischen K_i und K_μ. Die wirkliche Durchführung solcher Versuche ist lohnend.

Der messende Ingenieur stellt sich die Neigung der Mittelpunktgeraden anders vor. Er trägt waagerecht nach rechts die Ständerspannung (je Strang) und senkrecht nach oben den doppelten Ohmschen Abfall ab, den der Leerlaufstrom am Ständerwiderstand R_1 eines Stranges hervorruft. Das Ganze bedeutet nur eine Erweiterung unserer letzten Gleichung mit R_1, da $I_v R_1 = U_1$ ist.

Man beachte, daß die Mittelpunktgerade genau im Abstand des halben Magnetisierungsstromes die Nullinie schneidet und dort also im Mittelpunkt m_μ von K_μ beginnt.

Weitere Angaben über die praktische Darstellung von K finden sich in Abschnitt 41.

38. Einfluß des Primärwiderstandes R_1 und der Netzfrequenz f. Wenn der primäre Widerstand R_1 sich ändert, verändert der Impedanzkreis K' seine Lage, nicht aber seine Größe, da sein Durchmesser unverändert gleich X_{12}^2/X_2 ist. Wenn K' für ein bestimmtes R_1 gezeichnet vorliegt, so gleitet er bei einer Vergrößerung von R_1 nach oben und bei einer Verringerung nach unten. Die Mittelpunkte m' liegen auf einer gemeinsamen Senkrechten zur Nullinie. Die bereits erwähnten Tangenten $\mathfrak{G}_0$ und $\mathfrak{G}_\infty$ in den beiden Punkten P_0' und P_∞' sind allen Kreisen gemeinsam. Abb. 107 zeigt die Impedanzkreise K_0', K_1', K_2', K_5' und K_{10}' der gleichen Maschine, bei der nur die Ständerwiderstände R_1 geändert wurden, die der Reihe nach die Relativwerte 0, 1, 2, 5 und 10 haben. Die Stillstandspunkte P_k' behalten, da sich sekundär nichts geändert hat, ihre Lage auf den einzelnen Kreisen bei. Sie liegen daher auf einer Parallelen $\mathfrak{G}_1$ zu den beiden Tangenten $\mathfrak{G}_0$ und $\mathfrak{G}_\infty$. Invertiert man die einzelnen Impedanzkreise K', so bekommt man in Abb. 108 die ihnen entsprechenden OSSANNA-Kreise K_0, K_1, K_2, K_5, K_{10} und die zusätzlich eingezeichneten K_{20} und K_{50}. Alle OSSANNA-Kreise berühren die festen Kreise K_μ und K_i. Die Stillstandspunkte P_k liegen alle auf einem Kreise k_1, der durch Inversion von $\mathfrak{G}_1$ entstanden ist und dessen Mittelpunkt auf der Nullinie liegt.

Wenn man die zusammengehörigen Punkte P_0 und P_∞ der einzelnen OSSANNA-Kreise miteinander verbindet, gewinnt man die sog. *Drehmomentgeraden*. Sie gehen alle durch den gemeinsamen Punkt p der Nullinie, dessen Abstand von O gleich dem halben harmonischen Mittel von I_μ und I_i ist. Es empfiehlt sich immer, auch wenn man nicht an eine Veränderung von R_1 denkt, diesen Abszissenabschnitt zu berechnen und p wirklich in die Zeichnung einzutragen:

$$\overline{Op} = \text{Abszissenabschnitt aller Drehmomentgeraden,}$$

$$= I_\mu \frac{I_i}{I_\mu + I_i}$$

als Strom in A ausgedrückt.

Der Punkt p ist ein bequemes Hilfsmittel, um zu einem gegebenen P_0 schnell P_∞ und umgekehrt zu finden, ohne u. U. den OSSANNA-Kreis selbst zeichnen zu müssen. P_∞ wandert auf K_i, P_0 wandert auf K_μ; p, P_∞ und P_0 liegen auf einer Geraden, und zwar der Drehmomentgeraden.

Das Studium der Abb. 108 zeigt ohne weitere Erklärung, warum ein sog. Ständeranlasser bei Asynchronmotoren keinen Sinn hat, jedenfalls, wenn man von der Maschine noch ein Drehmoment erwartet. Drückt man den Anlaufstrom auf etwa den Nennstrom herab durch Erhöhung von R_1 (etwa durch Öffnen des Ständersternpunktes und Einschalten

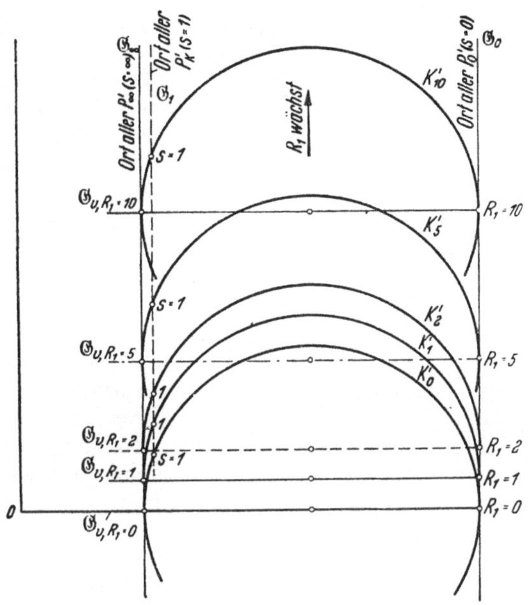

Abb. 107. **Impedanzkreise für veränderliche Beträge des primären Widerstandes mit den Relativwerten $R_1 = 0, 1, 2, 5$ und 10.**

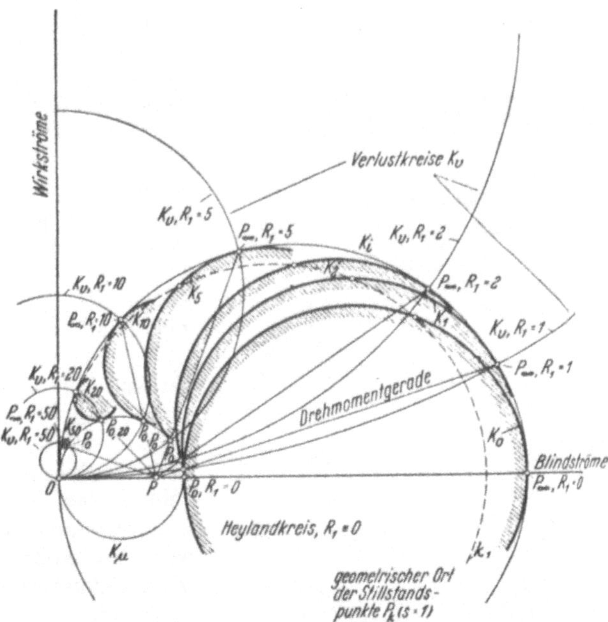

Abb. 108. **OSSANNA-Kreis für veränderliche Beträge des primären Widerstandes mit den Relativwerten $R_1 = 0, 1, 2, 5, 10, 20$ und 50. Inversion von Abb. 107.**

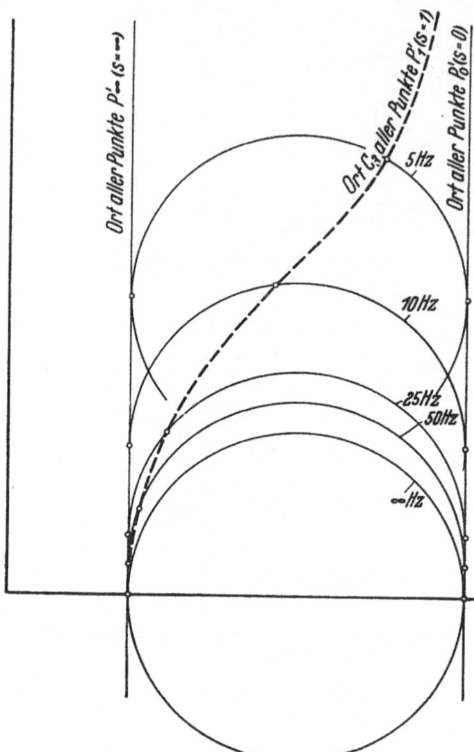

Abb. 109. Impedanzkreise für veränderliche Netzfrequenz. Die Maßstäbe ändern sich linear mit f, d. h. die Blindwiderstände sind in Wirklichkeit der Frequenz proportional und die Ohmschen Widerstände konstant.

des Anlassers), so kann man ein relatives Anlaufmoment nur von der Höhe des Nennschlupfes erwarten. Eine Großmaschine entwickelt ein Moment von 1 bis 2%, eine Kleinmaschine eines von 3 bis 6% des Nenndrehmomentes. Das heißt, sie bleibt meist infolge der trockenen Reibung stehen.

Wenn eine Asynchronmaschine mit *veränderlicher Frequenz* betrieben wird (Rollgangsmotoren, Kesselspeisepumpen), so ändert man die angelegte Spannung im gleichen Verhältnis wie die Frequenz. (Vom Fall sehr kleiner Frequenzen, wo man die zugeführte Spannung weniger stark und schließlich gar nicht mehr schwächt, sei hier abgesehen.) Die ideellen Blindströme I_μ und I_i bleiben erhalten, da sich X_1 und X_i ebenfalls mit der Frequenz ändern. Die Ohmschen Widerstände erscheinen ihnen gegenüber mit dem Kehrwert der Frequenz erhöht, sind also bei halber Frequenz verdoppelt, bei $^1/_4$ der Nennfrequenz vervierfacht einzusetzen. Wir denken nämlich — ein üblicher Kunstgriff — an die volle unveränderte Spannung der Maschine, an unveränderte Netzfrequenz und an diesem Zustande angepaßte Wirkwiderstände. Dann er-

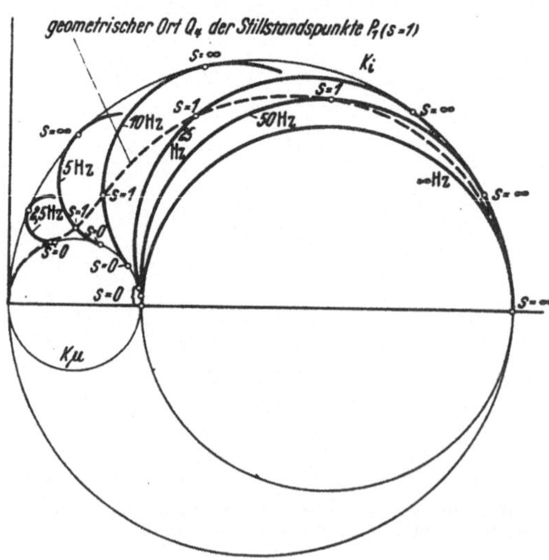

Abb. 110. OSSANNA-Kreis für veränderliche Netzfrequenz und in gleichem Maße geänderte Netzspannung. Inversion von Abb. 109.

halten wir den richtigen Strom, dem wir bei der Leistungsbestimmung nur die wirkliche, verringerte Spannung zuzuordnen haben. Außerdem beachten wir natürlich, daß die Synchrondrehzahl sich ändert.

Abb. 109 zeigt die Impedanzkreise K' für ∞, 50, 25, 10 und 5 Hz, für die Maßstäbe gelten, die sich im Verhältnis der angeschriebenen Frequenzen ändern.

Gegenüber Abb. 107 besteht der wesentliche Unterschied darin, daß nicht nur R_1, sondern auch R_2, und zwar im gleichen Maße als veränderlich zu betrachten ist. Die Punkte P_1' für Stillstand wandern jetzt von links über die einzelnen Kreise nach rechts. Verbindet man jeweils P_1' mit P_0', so gehen alle Geraden durch den gleichen Punkt S auf der Nulllinie. S fällt aus dem Bild heraus. Es ist der Singulärpunkt der Kurve dritter Ordnung C_3, auf welcher die gesamten Stillstandspunkte P_1' liegen (rationale, zirkulare Kubik). Bei der Inversion in Abb. 110 müssen wir mit konstanter Spannung rechnen, da wir ja alle Widerstände auf eine solche bezogen hatten. Die Kreise K' gehen in die OSSANNA-Kreise K über, die wiederum die beiden festen Kreise K_μ und K_i berühren. Es ergibt sich also der Lage und Größe nach genau die Abb. 108, jedoch mit dem sehr wesentlichen Unterschied einer ganz anderen Bezifferung in s. Die Punkte für $s = 0$ und $s = \infty$ sind bekannt. Die Stillstandspunkte P_1 der einzelnen OSSANNA-Kreise liegen auf der durch Inversion von C_3 entstandenen Kurve vierter Ordnung Q_4, die symmetrisch zur Nulllinie verläuft und als vorderen Schmiegungskreis unseren Kreis K_μ hat (Q_4 ist eine rationale, bizirkulare Quartik).

Den beiden genannten Kurven höherer Ordnung werden wir beim Doppelkäfigmotor wieder begegnen, wo die eine die Trägerin der Impedanzkurve, die zweite die Trägerin der Ortskurve des Ständerstromes sein wird.

Bei der Auswertung der OSSANNA-Kreise von Maschinen mit veränderlicher Spannung und im gleichen Maße veränderter Frequenz muß man beachten, daß die Strommaßstäbe und die Drehmomentmaßstäbe erhalten bleiben, die Maßstäbe für die Leistungen und die Verluste dagegen mit U_1 variieren.

Will man die Abb. 108 und 110 genauer untersuchen, so beachte man, daß die Netzleistung stets senkrecht zur Nullinie, das Drehmoment und die mechanische Leistung senkrecht zur jeweiligen Mittelpunktgeraden $P_0 m$ abgelesen werden müssen, wenn man den gleichen Maßstab benutzen will. Nullinie für das Drehmoment ist die Gerade $P_0 P_\infty$ und Nullinie für die mechanische Leistung die Gerade $P_0 P_1$.

39. Die Ortskurven der Impedanz $\mathfrak{z}'(s) = \mathfrak{U}'/\mathfrak{J}'$ und des Stromes $\mathfrak{J}' = \mathfrak{J}_1 - \mathfrak{J}_0$. Nach Abschnitt 35 lautet die Gleichung für den um den Leerlaufstrom $\mathfrak{J}_0$ verringerten Primärstrom $\mathfrak{J}' = \mathfrak{J}_1 - \mathfrak{J}_0$:

$$\mathfrak{J}' = \frac{\mathfrak{U}'}{R_1 + \frac{R_2}{s}\ddot{u}^2 + j(X_2\ddot{u}^2 - X_1)} = \frac{\mathfrak{U}'}{R_1 + \frac{R_2}{s}\ddot{u}^2 + jX_\varnothing},$$

mit

$$\ddot{u}^2 = \frac{R_1^2 + X_1^2}{X_{12}^2}.$$

Setzen wir $\mathfrak{J}' = \mathfrak{U}'/\mathfrak{z}'(s)$, so ergibt sich für die Impedanz $\mathfrak{z}'(s)$ der obige Nenner, also:

$$\mathfrak{z}'(s) = R_1 + jX_\varnothing + \frac{R_2}{s}\ddot{u}^2.$$

Auf diese Impedanz wirkt die Spannung $\mathfrak{U}'$ ein, die aus der wahren Spannung $\mathfrak{U}_1$ durch Drehung im voreilenden Sinne um den Winkel $2\alpha_0$ hervorgeht, mit $\alpha_0 = \operatorname{arctg} R_1/X_1$.

Die Impedanz*ortskurve* ist jetzt besonders einfach, da ihr Träger eine Gerade ist, deren Bezifferung dem reziproken Schlupf $1/s$ proportional ist. Beim Schlupf $s = \infty$ und $s = 0$ hat $\mathfrak{z}'$ die Werte:

$$\mathfrak{z}'(\infty) = R_1 + jX_\varnothing,$$

$$\mathfrak{z}'(0) = R_1 + jX_\varnothing + \infty.$$

Bei einem bestimmten negativen Schlupf, nämlich bei

$$s_\varnothing = -\frac{R_2\ddot{u}^2}{R_1},$$

verschwindet der Ohmsche Anteil; die Impedanz wird rein imaginär, und zwar gleich $jX_\varnothing$. Sie nimmt ihren kleinsten Betrag an; der zugehörige Strom $|\mathfrak{J}'|$ wird am größten und gleich $I_\varnothing$.

In Abb. 111 ist die Impedanzgerade $\mathfrak{z}'(s)$ dargestellt. Ihre reelle Achse ist um den Winkel $2\alpha_0$ nach links gedreht, so daß man $\mathfrak{J}'(s)$ in Abb. 112 unmittelbar durch Inversion auffinden kann. Die Potenz ist gleich dem Betrag von $\mathfrak{U}'$, also gleich dem Betrag der Primärspannung $\mathfrak{U}_1$. Die Ortskurve K, auf der die Endpunkte von $\mathfrak{J}'$ liegen, ist natürlich identisch mit dem OSSANNA-Kreis K. Soll K gleichzeitig die Endpunkte von $\mathfrak{J}_1$ darstellen, so ist lediglich eine Verschiebung des Ursprunges um $-\mathfrak{J}_0$ erforderlich. Der Ursprung für die Ströme $\mathfrak{J}'$ ist der Punkt P_0 auf K, der ja um $\mathfrak{J}_0$ vom Ursprung O der wahren Primärströme $\mathfrak{J}_1$ verschieden ist.

In Abb. 113 sind die beiden Ortskurven vereint dargestellt. Gleichzeitig sind die im vorigen Abschnitt eingeführten Halbkreise K_μ, K_i und K_v über $\mathfrak{J}_\mu$, $\mathfrak{J}_i$ und $\mathfrak{J}_v$ mit eingezeichnet, deren enge Beziehungen zur Impedanzgeraden $\mathfrak{z}'(s)$ ersichtlich ist. Der Maßstab für $X_\varnothing$ wurde so gewählt, daß in der Zeichnung $X_\varnothing$ die gleiche Länge wie $I_\varnothing$ hat. Der Träger der Impedanzgeraden ist dann identisch mit der Tangente $T_\varnothing$ im Punkte $P_\varnothing$ des OSSANNA-Kreises. Die Drehmomentgerade P_0P_∞ schneidet auf der Impedanzgeraden die dem Widerstand R_1 entsprechende Strecke v_1 ab. Die Gerade P_0P_1 schneidet die Impedanzgerade im Endpunkt der Strecke v_2, welche dem Widerstand $R_2\ddot{u}^2$ entspricht.

Bei der praktischen Behandlung unserer Aufgaben gehen wir nun gerade umgekehrt vor, indem wir auf der Tangente im Punkte $P_\varnothing$ zuerst $v_1 = kR_1$ und $v_2 = kR_2\ddot{u}^2$ abtragen und die Streckenendpunkte mit P_0 verbinden, um auf diese Weise erstens zu den beiden Punkten P_1 und P_∞ des OSSANNA-Kreises zu kommen und zweitens diese beiden Verbindungsgeraden weiter als *Nullinie des Drehmomentes* und *Nullinie der mechanischen Leistung* benutzen zu können. k ist eine Konstante, die die gewählten Maßstäbe berücksichtigt. Wir werden ihr noch eine andere sinnvolle Deutung geben.

Soll ein anderer Schlupf als $s = 1$ betrachtet werden, so ist auf der Tangente $T_\varnothing$ an v_1 nicht v_2, sondern v_2/s anzusetzen und der Endpunkt mit P_0 zu verbinden, wobei auf K der zum Schlupf gehörige Punkt P_s ausgeschnitten wird.

Die Verbindung von O mit m_v, dem Mittelpunkt von K_v, liefert die reelle Achse und die Richtung von $\mathfrak{U}_1$. Die Verbindung von P_0 mit m_v liefert die Richtung von $\mathfrak{U}'$. Sie fällt zusammen mit der Tangente T_0

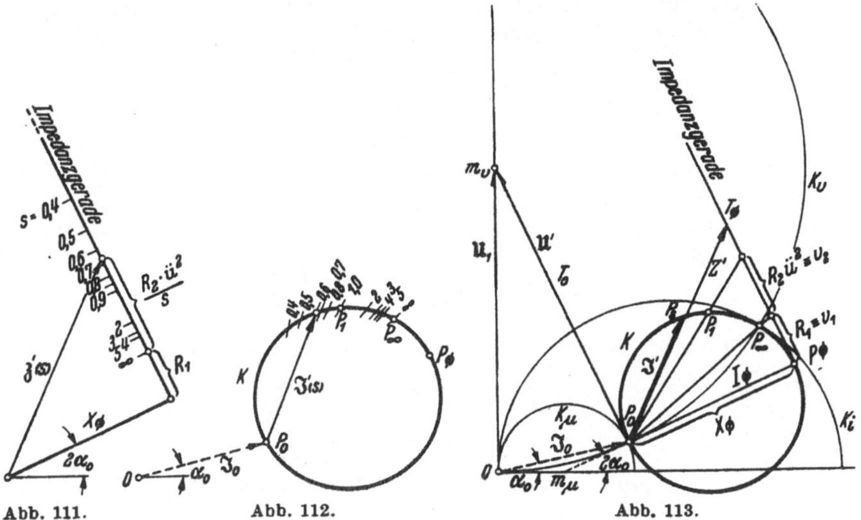

Abb. 111. Abb. 112. Abb. 113.

Abb. 111. Impedanzgerade $\mathfrak{z}'(s) = jX_\varnothing + R_1 + \frac{R_2 \ddot{u}^2}{s}$ als Inverse eines vom Punkt P_s aus invertierten OSSANNA-Kreises, dessen I_μ viel größer als normal angenommen worden ist.

Abb. 112. Ortskurve K für $\mathfrak{J}' = \mathfrak{U}'/\mathfrak{z}'(s)$, also Inverse der Impedanzgerade aus Abb. 111. Verlagerung des jetzigen Ursprunges von P_s um $-\mathfrak{J}_0$ nach O ergibt den Anfangspunkt für den OSSANNA-Kreis, der mit K zusammenfällt.

Abb. 113. Vereinigte Darstellung von $\mathfrak{z}'(s)$ aus Abb. 111 und K aus Abb. 112 unter Zufügung der Halbkreise K_μ, K_i und K_v über den Strömen $\mathfrak{J}_\mu$, $\mathfrak{J}_i$ und $\mathfrak{J}_v$.

in P_0. Man kann sich — in Gedanken — Om_v als Vektor $\mathfrak{U}_1$ und $P_0 m_v$ als Vektor $\mathfrak{U}'$ vorstellen.

40. Das natürliche Übersetzungsverhältnis ü. Wir wiederholen den Ausdruck für das fast ausschließlich benutzte natürliche Übersetzungsverhältnis ü, welches für die Spannungsübersetzung der sekundär offenen Maschine, für die Stromübersetzung der belasteten Maschine und für die quadratische Umrechnung der Sekundärwiderstände gilt:

$$\ddot{u} = \frac{R_1 + jX_1}{jX_{12}}, \quad \ddot{u}^2 = \frac{R_1^2 + X_1^2}{X_{12}^2},$$

mit dessen Benutzung wir finden:

$$\frac{\mathfrak{U}_{20}}{\mathfrak{U}_1} = \frac{1}{\ddot{u}}, \quad \mathfrak{J}_2 = -(\mathfrak{J}_1 - \mathfrak{J}_0)\,\ddot{u}, \quad R_2^{(1)} = R_2\,\ddot{u}^2.$$

Wir erinnern an die Formel für den Durchmesser-Blindwiderstand $X_\varnothing$:

$$X_\varnothing = X_2\,\ddot{u}^2 - X_1,$$

aus der wir sofort umgekehrt $\ddot{u}^2$ als reelle Größe ausdrücken können:

$$\ddot{u}^2 = \frac{X_1 + X_\varnothing}{X_2} = \frac{X_1}{X_2}\left(1 + \frac{X_\varnothing}{X_1}\right) = \frac{X_1}{X_2}\left(1 + \frac{I_\mu}{I_\varnothing}\right)$$

$$\text{wegen } I_\mu = \frac{U_1}{X_1} \quad \text{und} \quad I_\varnothing = \frac{U_1}{X_\varnothing}.$$

Setzt man für die beiden Gesamtblindwiderstände X_1 und X_2 die Summe aus ihren Nutz- und Streublindwiderständen ein, so folgt:

$$\ddot{u}^2 = \frac{X_{1,h} + X_{1,\sigma}}{X_{2,h} + X_{2,\sigma}}\left(1 + \frac{I_\mu}{I_\varnothing}\right) = \left(\frac{z_1 f_{w,1}}{z_2 f_{w,2}}\right)^2 \frac{1+\sigma_1}{1+\sigma_2}\left(1 + \frac{I_\mu}{I_\varnothing}\right).$$

Hierbei wurde jeweils der relative Streublindwiderstand X_σ/X_h durch die Streuziffer σ ausgedrückt. Wenn die relative Streuung im Ständer und im Läufer genau oder nahezu genau übereinstimmt, kann der zweite Bruch des letzten Ausdrucks gleich Eins gesetzt werden. Dann resultiert für $\ddot{u}^2$ die Formel:

$$\ddot{u}^2 = \left(\frac{z_1 f_{w,1}}{z_2 f_{w,2}}\right)^2 \left(1 + \frac{I_\mu}{I_\varnothing}\right)$$

und für $\ddot{u}$ selbst (in guter Näherung unter Vermeidung des Wurzelzeichens):

$$\ddot{u} = \frac{z_1 f_{w,1}}{z_2 f_{w,2}}\left(1 + \frac{0{,}5\, I_\mu}{I_\varnothing}\right).$$

In diesem Ausdruck ist der Einfluß einer etwaigen Nutenschrägung und der stets vorhandene Einfluß des Ständerwiderstandes R_1 voll und ganz vorhanden, und zwar durch das Auftreten von $I_\varnothing$, dessen Größe durch f_{schr} und R_1 mit beeinflußt wird.

Für z_2 ist bei Käfigankern 1/3 der Stabzahl, also $N_2/3$ zu setzen, während $f_{w,2}$ in diesem Fall gleich Eins ist.

Der Klammerausdruck ist nichts anderes als das Verhältnis der Strecke $m_\mu P_\varnothing$ zur Strecke $P_0 P_\varnothing$. Er liegt zwischen 1,02 und 1,10.

Recht interessant ist die Betrachtung einer Maschine mit völlig gleicher Nuten- und Leiterzahl und gleichen Nutformen im Ständer und im Läufer. Bei ihr ist $R_1 = R_2$, $X_1 = X_2$, $z_1 = z_2$, $f_{w,1} = f_{w,2}$. Jedermann erwartet instinktiv ein Übersetzungsverhältnis vom Wert Eins. Dies trifft nicht zu, sondern $\ddot{u}$ liegt um 2 bis 10% über Eins. Das bedeutet aber, daß die sekundäre Stillstandsspannung kleiner als die zugeführte Primärspannung ist, wie jede praktische Erfahrung auch zeigt. Es bedeutet ferner, daß wir auch den der Strecke $P_s P_0$ entsprechenden Strom um 2 bis 10% vergrößern müssen, um den wahren Sekundärstrom zu erhalten. In geschickt aufgebauten Vektordiagrammen verringert man $\mathfrak{U}_1$ um den Ohmschen und induktiven Spannungsabfall, um zur induzierten Spannung $\mathfrak{E}_1$ zu gelangen, die bei sekundärem Leerlauf immer kleiner als $\mathfrak{U}_1$ ist. In unserem Fall wäre $\mathfrak{E}_2$ identisch mit $\mathfrak{E}_1$, also auch $|\mathfrak{E}_2/\mathfrak{U}_1| < 1$. Das ist aber gerade der gleiche Unterschied, den obige Korrektur bewirkt. Den Sekundärstrom $\mathfrak{J}_2$ im *Vektordiagramm* bekommt man aus der Differenz von $\mathfrak{J}_1$ und dem mit der Last veränderlichen Magnetisierungsstrom, der von $\mathfrak{E}_1$ abhängt. *Wir* benutzen dagegen den *festen* Leerlaufstrom $\mathfrak{J}_0$, dessen fester Endpunkt P_0 ist, bekommen daher zeichnerisch einen zu kleinen Sekundärstrom, den wir mit derselben Korrektur um 2—10 % erhöhen.

Wenn man wieder die Abb. 108 und 110 betrachtet, erkennt man, daß für jeden OSSANNA-Kreis ein anderes *ü* gilt, dessen Korrektur aber sofort aus der Zeichnung selbst gewonnen werden kann.

Das Übersetzungsverhältnis ü, dessen Betrag *ü* wir eben berechnet haben, ist eine komplexe Größe und weicht gegen die reelle Achse um den kleinen Winkel α_0 im negativen Sinne ab. Die Sekundärströme müßten also gegen die Lage P_0P_s noch um α_0 gedreht werden. Das interessiert uns niemals, da wir immer nur den Betrag von $\mathfrak{J}_2$ benötigen.

Die Benutzung des Kreisdurchmessers $I_\varnothing$ zur genauen Bestimmung von *ü* hat einen Nachteil, der nicht verschwiegen werden soll. Wie aus der ersten Formel dieses Abschnitts hervorgeht, ist *ü* gänzlich unabhängig von der Größe der sekundären Streublindwiderstände, speziell des sekundären Nutstreublindwiderstandes. Gerade dieser wird aber immer wieder im Laufe der Auslegung geändert oder unterliegt durch Stromverdrängungserscheinungen oder durch den Doppelkäfigeffekt dem Einfluß des Schlupfes s. Keinesfalls wird aber das Übersetzungsverhältnis davon berührt, wohl aber $I_\varnothing$, welches in diesen Fällen als variabel zu betrachten ist. Man darf daher zur Korrektur des reinen Verhältnisses der Windungszahlen nur jenes $I_\varnothing$ benutzen, dem angenähert gleiche relative Streublindwiderstände im Ständer und Läufer zukommen. Wir legen daher für die Berechnung von *ü* zugrunde:

1. bei stromverdrängungsfreien Maschinen den Durchmesser des allein vorkommenden OSSANNA-Kreises,
2. bei Maschinen mit Stromverdrängung (Hochstäbe im Läufer) den Durchmesser des OSSANNA-Kreises für $s = 1$,
3. bei Doppelkäfigmaschinen den Durchmesser des OSSANNA-Kreises für den oberen Käfig.

Man vergesse nicht, daß es wertvoll ist, die Gründe für die Korrektur zu erkennen und die Korrektur auch immer anzuwenden, besonders bei Motoren für extrem hohen Ständerwiderstand oder extrem tiefe Netzfrequenz, die Genauigkeit aber nicht durch schwerfälligere Formeln steigern zu wollen. Man beachte, daß die Änderung des Läuferwiderstandes $R_2^{(1)}$ infolge der ständig wechselnden Temperatur in ganz anderen Grenzen liegt, als durch die nicht ganz exakte Korrektur des Wertes *ü* bedingt wird. Unser Fehler mag bei 1 % liegen, die Widerstandsänderung bei einem einzigen Schweranlauf kann 50 % betragen, beim Leichtanlauf beträgt sie 20 % infolge der Speicherung einer Wärmemenge im Läufermetall, die gleich der kinetischen Energie die hochgefahrenen

Schwungmassen ist. Dies gilt für selbstanlaufende Kurzschlußmotoren, bei denen uns aber gerade gewisse Bedenken gekommen sind.

Bei Schleifringankern liegt durchweg gleiche Streuung im Ständer und Läufer vor, und bei ihnen haben wir die beste Gelegenheit, $\ddot{u}$ durch die Messung der Schleifringspannung der stehenden Maschine zu prüfen, indem wir (bei Stern-/Sternschaltung) vergleichen:

$$\frac{U_{\text{netz}}}{U_{\text{schleifring}}} \quad \text{mit} \quad \frac{z_1 f_{w,1}}{z_2 f_{w,2}}\left(1 + \frac{0{,}5\, I_\mu}{I_\varnothing}\right).$$

Die Übereinstimmung ist durchweg vorzüglich.

41. Praktische Aufzeichnung und Auswertung des Ossanna-Kreises. Nachstehende Konstruktion des Ossanna-Kreises ist korrekt und gleichzeitig einfach. Sie beruht auf den in den vorhergehenden Abschnitten dargelegten Gedanken. Benötigt werden außer der Primärspannung U_1 folgende fünf Größen:

1. ideeller Leerlaufstrom = Magnetisierungsstrom $= I_\mu$,
2. ideeller Kurzschlußstrom $= I_i$,
3. primärer Widerstand je Strang $= R_1$,
4. sekundärer Widerstand je (evtl. gedachter) Strang $= R_2$,
5. Übersetzungsverhältnis (Betrag) $= \ddot{u}$,

die aus den fünf einzigen Maschinenwiderständen R_1, R_2, X_1, X_2 und X_{12} resultieren. I_μ ist als Resultat der Durchrechnung des magnetischen Kreises bekannt. I_i folgt als U_1/X_i aus der Bestimmung des ideellen Kurzschluß-Blindwiderstandes X_i. R_1 und R_2 sind die unmittelbaren Ergebnisse der Wicklungsauslegung von Ständer und Läufer.

Wir bestimmen zuerst drei weitere Größen, nämlich:

$$I_v = \frac{U_1}{R_1} = \text{primärer Verluststrom in A},$$

$$I_\varnothing = \frac{I_i - I_\mu}{1 + \frac{I_i}{I_r}\frac{I_\mu}{I_r}} \approx I_i - I_\mu = \text{Durchmesser des Ossanna-Kreises in A},$$

$$h = \frac{200}{\frac{I_v}{I_\mu} - \frac{I_\mu}{I_r}} \approx 200\,\frac{I_\mu}{I_r} \text{ in mm} = \text{Anstiegshöhe der Mittelpunktgeraden über der Basis } b = 100 \text{ mm}.$$

Jetzt kann man bequem das Übersetzungsverhältnis $\ddot{u}$ nach dem vorhergehenden Abschnitt bestimmen zu:

$$\ddot{u} = \frac{z_1 f_{w,1}}{z_2 f_{w,2}}\left(1 + \frac{0{,}5\, I_\mu}{I_\varnothing}\right) \quad \text{oder noch genauer:} \quad \ddot{u}^2 = \left(\frac{z_1 f_{w,1}}{z_2 f_{w,2}}\right)^2\left(1 + \frac{I_\mu}{I_\varnothing}\right).$$

Vor dem Aufzeichnen verfügt man über den Maßstab a_1 des Primärstromes, den man *frei* wählen kann. Man nimmt einen Wert, der die bequeme Darstellung von I_i auf der verfügbaren Zeichenfläche erlaubt. Es empfiehlt sich, für I_i etwa 170 bis 200 mm zur Verfügung zu stellen.

Die anderen Maßstäbe ergeben sich zwangsläufig aus a_1. Es ist:

primärer Strommaßstab	$a_1 =$ (frei wählbar)	in A/mm,
sekundärer Strommaßstab	$a_2 = \ddot{u} a_1$	in A/mm,
Leistungs- und Verlustmaßstab	$w = 3\, U_1\, a_1$	in W/mm,
Drehmomentmaßstab	$m_d = \frac{0{,}975}{n_{syn}}\, w$	in mkg/mm.

Abb. 114 zeigt die Konstruktion. Man trägt auf der Waagerechten durch den Ursprung O nach rechts den halben Magnetisierungsstrom $I_\mu/2$ ab und bezeichnet den Endpunkt mit m_μ. Man verlängert um die Basis $b = 100$ mm, in deren Endpunkt man senkrecht nach oben h abmißt. Man verbindet m_μ mit dem Endpunkt von h und gewinnt die (noch zu verlängernde) Mittelpunktgerade. Auf ihr wird von m_μ aus $I_\mu/2$ abgetragen. Man gewinnt den Leerlaufpunkt P_0. Von P_0 trägt man $I_\varnothing$ ab, dessen Endpunkt $P_\varnothing$ ist. Der Kreis über dem Durchmesser $P_0 P_\varnothing$ ist der gesuchte OSSANNA-Kreis K. Obwohl P_∞ auf K bereits festliegt (als Gegenpunkt des von O aus betrachteten linken Endpunktes des waagerechten Kreisdurchmessers), bestimmen wir P_∞ und P_1 durch Abtragen der beiden Verluststrecken v_1 und v_2 auf der Tangente in $P_\varnothing$. Wir erinnern daran, daß durch Abtragen des durch s dividierten Wertes, also durch Benutzung von v_2/s jeder *Betriebspunkt* P_s auf K gefunden werden kann.

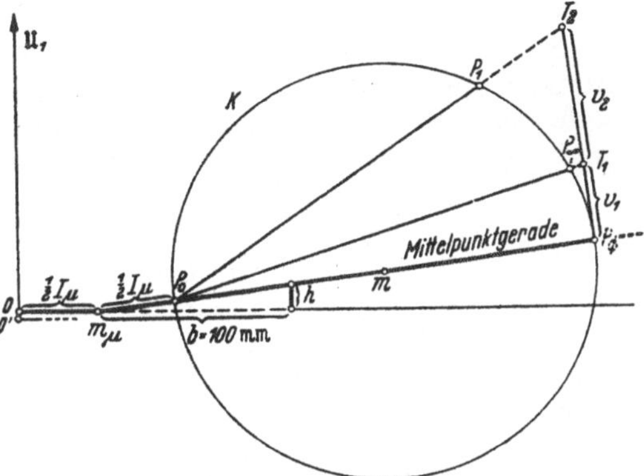

Abb. 114. Praktische Konstruktion des OSSANNA-Kreises durch den Streckenzug $O m_\mu P_0 P_\varnothing T_1 T_2$ mit anschließender Verlagerung von O nach O'. (Erläuterung im Text.)

Die beiden Strecken v_1 und v_2 können aufgefaßt werden als *Ohmsche Widerstände* R_1 und $R_2 \ddot{u}^2$ im Bilde einer Impedanzgeraden, deren Träger die Tangente in $P_\varnothing$ ist (vgl. Abschn. 39). Sie können betrachtet werden als Strecken, die den *Verlust* repräsentieren, den der Strom $I_\varnothing$ in den drei primären Widerständen R_1 und der sekundäre Strom $I_\varnothing \ddot{u}$ in den (evtl. gedachten) drei sekundären Widerständen R_2 hervorruft. Zuletzt kann man sie als *Ströme* ansehen, die in Phase mit $\mathfrak{U}'$ liegend gedacht die eben genannten Verluste zu decken imstande sind. Der praktisch tätige Berechner bevorzugt die Vorstellung als *Verluste*. Man beachte, daß $I_\varnothing$ der reduzierte Primärstrom, der von P_0 aus gemessen wird, ist und nicht etwa der wirkliche Primärstrom, der von O ausgeht. Wenn man R_1 oder $3 I_\varnothing^2 R_1$ oder $I_\varnothing^2/I_v$ unter Berücksichtigung des Impedanzmaßstabes ($P_0 P_\varnothing$ ist hier gleich $X_\varnothing$) oder des Leistungsmaßstabes w oder des Strommaßstabes a_1 in Millimeter umrechnet, bekommt man jedesmal die gleiche Strecke v_1. Das gleiche gilt für die sekundäre Größe v_2. Wir wählen die Darstellung über die Verluste und finden:

$$v_1 = 3 I_\varnothing^2 R_1/w \text{ in mm}$$

und

$$v_2 = 3 (I_\varnothing ü)^2 R_2/w \text{ in mm.}$$

(Bei Kurzschlußankern ist $R_2 = \frac{N_2}{3} r$, wenn r der Stabwiderstand einschließlich Ringanteil ist.)

v_1 und v_2 werden von $P_\varnothing$ senkrecht zur Mittelpunktgeraden, also auf der Tangente $T_\varnothing$ in $P_\varnothing$ abgetragen und ihre Endpunkte mit P_0 verbunden. Sie liefern die Punkte P_∞ und P_1 und gleichzeitig die *Nullinie für das Drehmoment* $P_0 P_\infty$ und die *Nullinie für die mechanische Leistung* $P_0 P_1$.

Hiermit ist die eigentliche Konstruktion bereits beendet. Es fehlt nur noch die *Nullinie für die Netzleistung*, wenn man die Eisenverluste Q_{fe} berücksichtigen will. Man bekommt sie als Parallele zur bisherigen Nullinie durch O', indem man O nach O' um die meist winzige Strecke

$$\overline{OO'} = \frac{Q_{fe}}{w} \text{ in mm nach unten verlagert.}$$

Den im Prüffeld feststellbaren Leerlaufpunkt P_0', der die Eisenverluste, die Reibungsverluste (als mechanische Leistung des Läufers) und — wie bei uns — die Leerlaufwicklungsverluste des Ständers berücksichtigt, finden wir durch Verlagerung unseres theoretischen Leerlaufpunktes P_0 nach oben um die winzige Strecke:

$$\overline{P_0 P_0'} = \frac{Q_{rbg}}{w} \text{ in mm.}$$

Verbindet man P_0' mit P_1, so kann man diese Gerade als *Nullinie für die Kupplungsleistung* der Maschine ansprechen.

Für die Praxis ist meist der umgekehrte Weg der wichtigere, daß man einen vektoriell dargestellten, gemessenen Leerlaufstrom $\mathfrak{J}_0'$ in den theoretischen $\mathfrak{J}_0$ zurückverwandelt, indem man den Ursprungspunkt um Q_{fe}/w nach oben, den Endpunkt des Stromes um Q_{rbg}/w nach unten verlagert. Die restliche Wirkleistung ist dann sehr klein und kann durch $3 R_1 I_0^2$ schnell überprüft werden, wobei man ohne weiteres für I_0 den gemessenen Strom einsetzen darf.

Die *Auswertung* soll an Abb. 115 erläutert werden. Die nicht benötigten Konstruktionslinien aus Abb. 114 sind zur besseren Übersicht fortgelassen worden. Zuerst versieht man die Zeichnung noch mit dem $\cos\varphi$-Kreis, dessen Mittelpunkt auf der Senkrechten durch O' liegt und dessem Durchmesser man vorzugsweise den Wert 100 mm oder Eins gibt. Man bekommt den Leistungsfaktor eines von O' ausgehenden Stromvektors, indem man die Länge der durch ihn bestimmten Kreissehne durch den Kreisdurchmesser teilt.

Meistens trägt man auch eine *Schlupfgerade* ein, die wir allerdings getrennt in Abb. 116 behandeln wollen; wir können nämlich den Schlupf auch sehr genau ohne Schlupfgerade der Abb. 115 entnehmen. In Abb. 116 sieht man einen beliebigen Kreis mit den drei Punkten P_0 für $s = 0$, P_k für $s = 1$ und P_∞ für $s = \infty$. Der Kreis soll weiter linear in s

unterteilt werden. Man wählt eine ganz beliebige Gerade g, die nur nicht durch P_∞ gehen darf, und zieht durch P_∞ die Parallele zu g, die den Kreis zum zweitenmal in S trifft. Man verbindet S mit P_0 und P_k

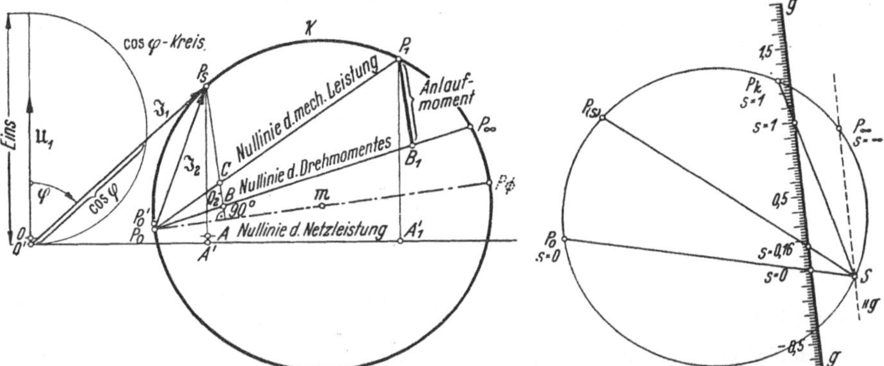

Abb. 115. Zur Auswertung des OSSANNA-Kreises.

Abb. 116. Konstruktion und Bezifferung einer beliebig wählbaren (nur nicht durch P_∞ gehenden) Schlupfgeraden.

und bezeichnet die entstehenden Schnittpunkte auf g mit 0 und 1. Die dazwischenliegende Strecke unterteilt man regulär, z. B. — wie in Abbildung — in 50 gleich große Unterabschnitte. Nach Wunsch verlängert man diese Unterteilung über 0 und 1 hinaus. Verbindet man nun einen laufenden Punkt P_s auf K mit S, so trifft die Verbindungsgerade unsere Skala auf g in dem Punkte, der dem Schlupf s von P_s entspricht. Umgekehrt findet man zu einem beliebigen Schlupf s den Kreispunkt, indem man zuerst den entsprechenden Punkt auf der Schlupfgeraden g aufsucht und dann seine Verbindung mit S zum Schnitt mit K bringt.

Man kann unzählige Schlupfgeraden konstruieren. Statt zuerst die Gerade selbst zu zeichnen, kann man auch erst den Pol S auf dem Kreise K, und zwar an jeder beliebigen Stelle (einschl. P_∞), wählen. Man darf dann jede Gerade, die parallel zu $P_\infty S$ verläuft, als Schlupfgerade betrachten. Gern wählt man ihren Abstand so, daß die Strecke zwischen den Punkten 0 und 1 50 oder 100 mm beträgt. Auf diese Weise erleichtert man die reguläre Unterteilung.

Abb. 117. Rechnerische Schlupfbestimmung: $s = a/b : c/d$ für den laufenden Punkt $P_{(s)}$ eines Kreises, auf dem bekannt sind die 3 Punkte P_0, P_k und P_∞ für die Schlüpfe $s = 0$, 1 und ∞.

Will man den Schlupf einiger weniger Punkte auf K bestimmen, und zwar schnell und doch recht genau, so benutze man das *Doppelverhältnis* aus den Abständen a, b, c und d nach Abb. 117. Es ist:

$$s = \frac{a}{b} : \frac{c}{d}.$$

Wir kehren zur Auswertung von Abb. 115 zurück. Man entnimmt:

Primärstrom $I_1 = a_1 \overline{O'P_s}$ in A,

Sekundärstrom $I_2 = a_2 \overline{P_0 P_s}$ in A,

Kurzschlußstrom (Stillstandsstrom)

$$I_k = a_1 \overline{O'P_1} \text{ in A},$$

Leerlaufstrom (einschl. Eisen- und Reibungsverluste)

$$I_0' = a_1 \overline{O'P_0'} \text{ in A},$$

$$\cos\varphi = \frac{\text{Sehne des } \cos\varphi\text{-Kreises}}{\text{Durchmesser dieses Kreises}},$$

Netzleistung $N_{pr} = w\,\overline{P_s A'}$ in W, $\overline{P_s A'} \perp$ Nullinie durch O',

Luftspaltleistung $N_\delta = w\,\overline{P_s B}$ in W, $\overline{P_s B} \perp$ Mittelpunktgerade $P_0 P_\varnothing$,

Abgegebene Leistung (einschl. Reibungsverluste)

$$N_{\text{mech}} = w\,\overline{P_s C} \text{ in W}, \quad \overline{P_s C} \perp P_0 P_\varnothing,$$

Drehmoment $M_d = m_d\,\overline{P_s B}$ in mkg, $\overline{P_s B} \perp P_0 P_\varnothing$.

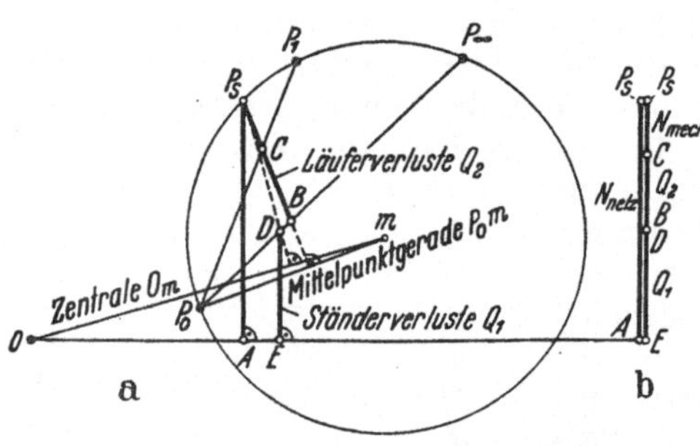

Abb. 118 a u. b. Korrekte Entnahme der Ständerwicklungsverluste Q_1, sowie der Läuferwicklungsverluste Q_2 (a). Daneben Bilanz der Netzleistung, der mechanischen Leistung und der beiden Verlustposten (b).

Die Ständerwicklungsverluste $Q_1 = 3 I_1^2 R_1$ können entgegen der häufigen Ansicht *nicht* ohne weiteres entnommen werden. Die Läuferwicklungsverluste Q_2 dagegen erscheinen als Strecke $\overline{BC}$.

Abb. 118 soll (ohne Beweis) die Entnahme der korrekten Ständerverluste Q_1 zeigen. Man muß die Zentrale Om einzeichnen und von P_s aus das Lot darauf fällen. Dieses schneidet die Nullinie des Drehmoments $P_0 P_\infty$ in D. Der senkrechte Abstand dieses Punktes von der Nullinie durch O ergibt die gesuchten Ständerwicklungsverluste. Es ist also:

Ständerwicklungsverluste $Q_1 = w\,\overline{DE}$ in W, $\overline{P_s D} \perp$ Zentrale Om und $\overline{DE} \perp$ Nullinie,

Läuferwicklungsverluste $Q_2 = w\,\overline{BC}$ in W, $\overline{BC} \perp$ Mittelpunktgerade $P_0 m$.

Im Bereich höherer Schlüpfe (über 0,25) liest man s recht bequem ab zu:

$$s = \frac{\overline{BC}}{\overline{P_s B}}.$$

Will man den Kreispunkt für eine bestimmte Leistungs*abgabe* N aufsuchen, so errichtet man z. B. im Mittelpunkt m die Senkrechte auf der Mittelpunktgeraden $P_0 P_\varnothing$ und trägt auf ihr, beginnend beim Schnittpunkt C mit der Nullinie der mechanischen Leistung $P_0 P_1$ die Strecke $n = (Q_{\text{rbg}} + N)/w$ in mm ab. Durch den Endpunkt von n legt man die Parallele zu $P_0 P_1$, die den Kreis links im normalen Arbeitspunkt trifft. Der rechte Schnittpunkt kommt in der Regel nur während des Hochlaufes in Betracht. Im allgemeinen trägt man die Strecken n für $^1/_4$-, $^1/_2$-, $^3/_4$- und $^1/_1$-Last ab, um die zugehörigen Punkte des Kreises dann hintereinander auszuwerten. Wenn man den Wirkungsgrad ziemlich genau abschätzen kann, geht man bequemer vor, indem man von O' aus senkrecht nach oben die Strecke $n = N/(\eta w)$ abträgt und die durch ihren Endpunkt gehende Parallele zur Nullinie mit K schneidet. Der Wirkungsgrad wird nicht dem Diagramm entnommen, da die stets erstrebte hohe Genauigkeit zeichnerisch nicht erreicht werden kann. Man geht, nachdem man die beiden Ströme I_1 und I_2 gefunden hat, nach den Angaben des Abschnitts **33** vor.

Der Schlupf wird im Bereich der Nennleistung häufig aus den rechnerisch ermittelten Läuferverlusten bestimmt zu:

$$s = \frac{3\, I_2^2\, R_2}{N_{\text{mech}} + 3\, I_2^2\, R_2}$$

42. Einhalten bestimmter Werte für Kurzschlußstrom und Anlaufmoment. Eine Asynchronmaschine ohne zusätzliche Streustege speziell im Läufer soll als eine *natürlich* ausgelegte Maschine gelten. Bei ihr ist die Bedingung $X_1/X_2 \approx X_{1,h}/X_{2,h}$ immer angenähert erfüllt. Ihr ideeller Kurzschlußstrom I_i und der daraus resultierende Durchmesserstrom $I_\varnothing$ sowie der Stillstandsstrom I_k haben verhältnismäßig hohe natürliche Beträge.

Die Anschlußbedingungen verlangen fast durchweg, daß durch *künstliche* Maßnahmen der Stillstandsstrom verringert wird. Dazu stehen uns im wesentlichen zwei Mittel zur Verfügung, nämlich die Verringerung der Nutenzahl besonders im Läufer (im Ständer spielt die Frage der Isolation, z. B. der Hochspannungsmaschinen, bei der Wahl der Nutenzahl eine ausschlaggebende Rolle) und noch mehr die Erhöhung der Läufernutstreuung durch Vorsehen eines engen, hohen Nutensteges oberhalb des Läuferstabes. Die letzte Maßnahme ist häufig die einzig mögliche, wenn nämlich die Nutenzahl nicht geändert werden soll. Rein fabrikatorisch ist die Maßnahme nicht allzu teuer, denn beim Stanzen der neuen Läuferbleche wird das Stanzwerkzeug radial nach innen versetzt, so daß es die Nuten näher nach dem Mittelpunkt zu ausstanzt. Natürlich muß das Werkzeug eine entsprechende Ausbildung erhalten, damit ein Steg gewünschter Breite entsteht. Seine Höhe ist durch Einrichten des Werkzeuges beliebig regulierbar. Man vermeide es aber bei laufender Fertigung, jede Maschine mit einem in feinsten Grenzen variierten Steg zu versehen, da die Lagerhaltung der verschiedenen Bleche sonst teuer und unübersichtlich wird und zu groben Fehlern beim Schichten führen kann.

Im folgenden soll nur an eine Erhöhung des Streuleitwertes des Steges der Läufernut gedacht werden um:

$$\lambda_{\text{zus},2} = \frac{\text{Zusatzsteghöhe}}{\text{Stegbreite}} = \frac{\Delta h_s}{b_s}.$$

Dieser Leitwert liegt zwischen 1 und 10. Er macht sich — in erster Annäherung — am Gesamtleitwert λ_i mit $1/q_2$ seines Wertes bemerkbar.

Verschiedene Wege stehen offen, um die Wirkung der Zusatzstreuung zu berücksichtigen. Am einfachsten erhöht man das natürliche λ_i um:

$$\Delta\lambda_i = \frac{\lambda_{\text{zus},2}}{q_2} \frac{f_{w,1}^2}{f_{w,2}^2},$$

wobei durchweg wegen der Wahl von Käfigankern $f_{w,2} = 1$ zu setzen ist. q_2 ist immer wieder, auch bei Käfigen, gleich $N_2/(3 \cdot 2p)$.

Mit dem neuen $\lambda_i' = \lambda_i + \Delta\lambda_i$ berechnet man, ganz wie vorher, den neuen ideellen Kurzschlußstrom I_i', anschließend den neuen Durchmesserstrom $I_\varnothing'$ und die neuen (kleiner gewordenen) Verluststrecken v_1' und v_2' bzw. für einen beliebigen Schlupf s die Strecke v_2'/s.

Jetzt zeichnet man den neuen Ossanna-Kreis K', der gänzlich im Inneren des natürlichen Kreises K liegt, den er im Punkt P_0 berührt. Die alte Mittelpunktgerade bleibt *erhalten*, daher liegt m', der neue Mittelpunkt, auch auf $P_0 m$. Die Punkte P_∞' und P_1' liegen wesentlich tiefer als vorher, und die Nullinie für das Drehmoment und für die mechanische Leistung verlaufen flacher als vorher.

Ein *zweiter* Weg besteht darin, daß man an die Verluststrecke v_2 der ursprünglichen, natürlich ausgelegten Maschine senkrecht nach rechts gehend (also parallel zur Mittelpunktgeraden), die Strecke der Blindverluste x_2 anträgt, welche gleich ist:

$$x_2 = 3 I_\varnothing^2 \ddot{u}^2 \frac{X_{\text{zus},2}}{w} \text{ in mm},$$

oder

$$= v_2 \frac{X_{\text{zus},2}}{R_2} = v_2 \frac{x_{\text{zus},2}}{r},$$

mit

$$X_{\text{zus},2} = \frac{4\pi^2}{10} \left(\frac{z_2}{100}\right)^2 \frac{f}{50} \frac{l}{100} \frac{1}{2p} \frac{\lambda_{\text{zus},2}}{q_2},$$

$$x_{\text{zus},2} = \frac{4\pi^2}{10} \frac{f}{50} l \lambda_{\text{zus},2} \cdot 10^{-6}$$

$$R_2 = \frac{N_2}{3} r,$$

r = Stabwiderstand einschließlich Ringanteil.

Der neue Durchmesserstrom $I_\varnothing'$ ist jetzt:

$$I_\varnothing' = I_\varnothing \frac{\overline{P_0 P_\varnothing}}{\overline{P_0 P_\varnothing} + x_2}.$$

Die Punkte P_1' und P_∞' gewinnt man nach Abb. 119.

Die Bezugnahme auf den Stabwiderstand r hat den Vorzug, besser zu erkennen, mit welchem zusätzlichen induktiven Widerstand $x_{\text{zus.}\,2}$ jeder Läuferstab tatsächlich behaftet ist.

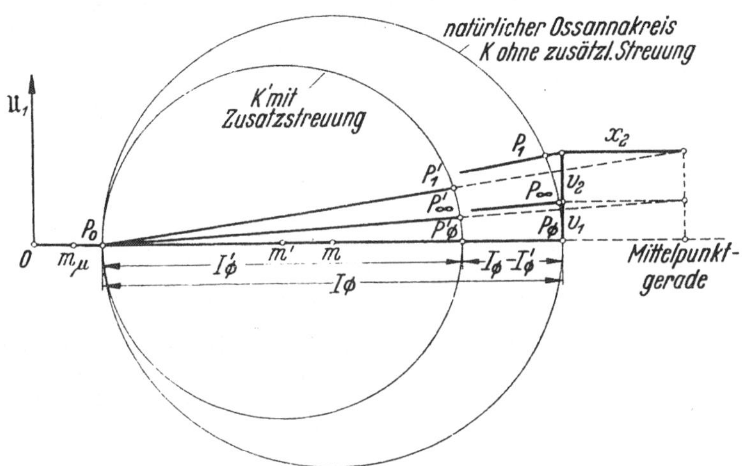

Abb. 119. Verkleinerung eines gegebenen, natürlichen OSSANNA-Kreises durch läuferseitige Zusatzstreuung unter Benutzung der Blindverluststrecke x_2 mit Konstruktion der neuen Nullinien für Drehmoment und mechanische Leistung.

Die *dritte* Berechnungsmöglichkeit soll der Arbeitsweise des Ingenieurs angepaßt sein, der eine im wesentlichen bereits gegebene Maschine so ändern will, daß sie die gewünschten Anlaufdaten erhält. Wir gehen von Abb. 120 aus, in die zuerst der Kreis K der Maschine ohne Zusatzstreuung eingezeichnet wurde. In dieses gleiche Bild zeichnet man einen Kreis um 0 als Mittelpunkt (Q_{fe} vernachlässigt), dessen Radius gleich dem zulässigen Kurzschlußstrom I_k (Anlaufstrom, nicht ideeller Strom) ist. Parallel zur Nullinie werden zwei Geraden im Abstand $\bar{v}_1$ und $\bar{v}_2$ gezogen, von denen die zweite den Kreis mit I_k als Radius im künftigen Kurzschlußpunkt $P_1' = P_k$ trifft. $\bar{v}_1$ repräsentiert die primären Wicklungsverluste infolge I_k, $\bar{v}_2$ stellt das gewünschte Anlaufmoment dar. Es ist:

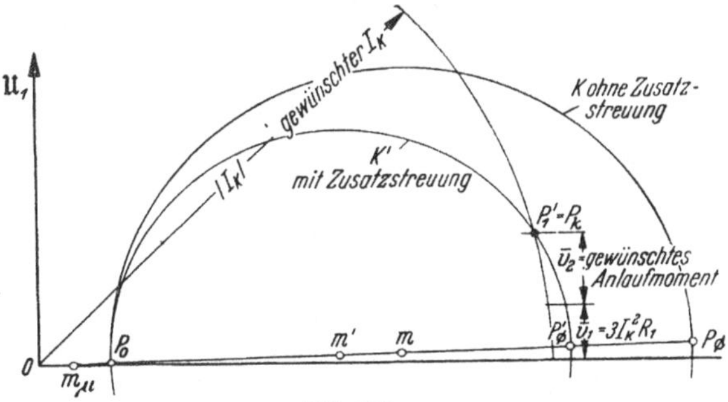

Abb. 120.
Anpassen einer Maschine an verlangte Anlaufbedingungen.

$$\bar{v}_1 = 3\, I_k^2\, R_1 \quad \text{und} \quad \bar{v}_2 = \frac{M_a}{M_n}\, N_n \text{ in W.}$$

mit I_k = Anlaufstrom, M_a/M_n = relatives Anlaufmoment,
N_n = Nennleistung in W.

Natürlich ist beim Eintragen in die Zeichnung der Maßstab für die Leistung zu berücksichtigen.

Durch P_k geht ein einziger Kreis K', dessen Mittelpunkt auf der Mittelpunktgeraden von K, also auf $P_0 P_\varnothing$, liegt. Es ist der durch die vorzusehende Zusatzstreuung verkleinerte neue OSSANNA-Kreis.

Für die Durchmesser $I_\varnothing$ des alten und $I'_\varnothing$ des neuen Kreises gilt exakt:

$$I_\varnothing = \frac{U_1}{X_2 \ddot{u}^2 - X_1} \quad \text{und} \quad I'_\varnothing = \frac{U_1}{(X_2 + X_{\text{zus},2})\,\ddot{u}^2 - X_1}.$$

Hieraus folgt für die Abnahme des Durchmessers, bezogen auf den verbleibenden Durchmesser:

$$\frac{I_\varnothing - I'_\varnothing}{I'_\varnothing} = \frac{X_{\text{zus},2}\,\ddot{u}^2}{X_2 \ddot{u}^2 - X_1} = \frac{X_{\text{zus},2}}{X_2 - X_1 \dfrac{1}{\ddot{u}^2}}.$$

Korrekt müßte man jetzt für $\ddot{u}^2$ den Wert $(R_1^2 + X_1^2)/X_{12}^2$ einsetzen. Da die besprochene Maßnahme der Streuungserhöhung aber meistens bei mittleren und bei Großmaschinen vorgenommen wird, deren R_1 sehr klein gegen X_1 ist, dürfen wir hier setzen:

$$\ddot{u}^2 \approx \frac{X_1^2}{X_{12}^2} \quad \text{und bekommen} \quad \frac{I_\varnothing - I'_\varnothing}{I'_\varnothing} \approx \frac{X_{\text{zus},2}}{X_2 - \dfrac{X_1 X_{12}^2}{X_1^2}}.$$

Hieraus ergibt sich durch Umformung und unter Benutzung der alten Formel $X_i = (X_1 - X_{12}^2/X_2)$, zu deren Benutzung der Nenner auffordert, die recht brauchbare Näherungsformel:

$$\frac{I_\varnothing - I'_\varnothing}{I'_\varnothing} = \frac{X_{\text{zus},2}}{X_i}\,\frac{X_1}{X_2} = \frac{\dfrac{\lambda_{\text{zus},2}}{q_2}\,\dfrac{f_{w,1}^2}{f_{w,2}^2}}{\lambda_i}.$$

Die vereinfachenden Annahmen sollen ausführlich angegeben werden:

$$1.\ \frac{R_1^2}{X_1^2} \to 0, \qquad 2.\ \frac{X_1}{X_2} = \left(\frac{z_1 f_{w,1}}{z_2 f_{w,2}}\right)^2.$$

Für den praktischen Gebrauch benutzt man die Formel in zwei verschiedenen Schreibweisen. Wenn man $I_\varnothing$ kennt und irgendwie über $\lambda_{\text{zus},2}$ verfügt hat, will man sofort den neuen Durchmesser $I'_\varnothing$ bekommen:

$$I'_\varnothing = \frac{I_\varnothing}{1 + \dfrac{\lambda_{\text{zus},2}}{\lambda_i q_2}\,\dfrac{f_{w,1}^2}{f_{w,2}^2}}.$$

Bei Käfigankern ist $f_{w,2} = 1$. Hat man die umgekehrte (also obige) Aufgabe vorliegen und soll man den natürlichen Kreis um $(I_\varnothing - I'_\varnothing)$ verkleinern, so ist man unmittelbar an dem Wert $\lambda_{\text{zus},2} = \Delta h_s/b_s$ interessiert, der sich ergibt zu:

$$\lambda_{\text{zus},2} = \frac{\Delta h_s}{b_s} = q_2\,\frac{f_{w,2}^2}{f_{w,1}^2}\,\lambda_i\,\frac{I_\varnothing - I'_\varnothing}{I'_\varnothing}.$$

Der natürliche Kreisdurchmesser kann leicht den Betrag des 6- bis 12-fachen Nennstromes annehmen. Der künstlich verringerte Durchmesser der zu bauenden Maschine soll etwa den 4- bis 6-fachen Wert des Nennstromes besitzen. Dann muß $I_{\varnothing}$ auf $^2/_3$ bis $^1/_3$ seiner natürlichen Größe gebracht werden. Das heißt aber, daß der Zusatzstreuleitwert einer Läufernut rund 0,5 bis 2 mal $\lambda_i\, q_2$ betragen muß. Da λ_i in den Grenzen zwischen 1 und 2 liegt und q_2 zwischen 3 und 6 betragen mag, kommen (überschläglich) für $\lambda_{\text{zus},2}$, also für das Verhältnis $\Delta h_s/b_s$ des Zusatzläufersteges Werte in Betracht zwischen 3 und 12.

Die zusätzliche Streuung wird durch Sättigungserscheinungen unter Umständen illusorisch gemacht. Wählt man nämlich b_s zu klein, so erreicht die magnetische Induktion B_s im Schlitz beim Kurzschluß sehr hohe Beträge, und das den Schlitz begrenzende Eisen ist auch nicht mehr angenähert als unbegrenzt permeabel gegenüber der Luft anzusehen. Als obere Grenze soll ein B_s von 20000 G gelten. Man kontrolliert B_s, indem man setzt:

$$B_s = \frac{I_{k,2}\sqrt{2}}{0{,}8\, b_s},$$

worin $I_{k,2}$ = der Läuferstrom je Nut der stillstehenden Maschine in A und
b_s = die Schlitzweite des Steges in cm ist.

Überschreitet B_s die genannte Grenzinduktion, so ist b_s und gleichzeitig Δh_s entsprechend zu vergrößern.

Man bedenke, daß in den Lufträumen der Zusatzstege ein Vielfaches der Wirkleistung der Läuferwicklung als Blindleistung beim Anfahren umgesetzt wird. Eine Maschine von 1000 kW z. B. hat eine Läuferwirkleistung im Stillstand von 500 bis 1000 kW (entspr. 50 bis 100% Anlaufmoment) und eine Blindleistung von rund 5000 kVA, wovon 1500 bis 2500 kVA ihren Sitz in den Streustegen des Läufers haben können.

Man darf nicht nur an den rein numerischen Wert $\Delta h_s/b_s$ denken, sondern muß sich auch ein der Aufgabe angemessenes $\Delta h_s \cdot b_s$, erstreckt über die Maschinenlänge l, vorstellen.

Wir bedenken jetzt die zweite Aufgabe der Maschine, tatsächlich das verlangte *Drehmoment* beim Anlauf zu entwickeln, nachdem wir für ihren richtigen Anlaufstrom gesorgt haben. Durch rückwärtige Konstruktion findet man zu dem gewünschten Stillstandspunkt P_1' auf der Tangente in $P_{\varnothing}'$, nachdem man die Verluststrecke v_1' rechnerisch bestimmt hat, auch die Verluststrecke v_2'. Die Rückwärtsrechnung ergibt das benötigte R_2 bzw. r eines Läuferstabes einschließlich Ringanteil.

Hier muß man sich entscheiden, ob man das u. U. zu hohe R_2 verantworten kann (mit Rücksicht auf die Verluste im Läufer bei Nennbetrieb) oder ob man zu den später behandelten Sonderläuferarten mit Hochstäben in Rechteck- oder Keilform oder zu Doppelkäfigen greifen muß.

Folgende Regel darf gelten: Bei Maschinen mit normalem Dauerbetrieb in der Nähe der Synchrondrehzahl darf v_2/v_1 oder v_2'/v_1' zwischen 1,3 und 1 liegen. Der beste Wert einer guten Verlustaufteilung ist 1,2.

Bei Motoren für Sonderzwecke, die nur einige Umläufe machen (Scherenantriebe) oder Schwungmassen beschleunigen (Zentrifugen) oder Drehkräfte ausüben (Drehmagnete), ist man in der Wahl des Läuferwiderstandes fast frei, soweit es die Verluste betrifft. Diese treten eben durch die Eigenart des Betriebes bedingt auf, und wir können uns ziemlich gut den gestellten oder gewünschten Forderungen anpassen, die zu einem bestimmten Schlupf (z. B. $s = 1$) eine bestimmte Kraft (Drehmoment) verlangen. Dann arbeitet man meistens besser mit stromverdrängungsfreien Maschinen, da bei den kunstvolleren Läuferarten häufig in den zuletzt genannten Fällen üble Wärmestauungen in gewissen Partien des Läufermetalls auftreten können, die von zerstörenden Spannungen mechanischer Art begleitet sein mögen.

Entwurf und Bemessung.

43. Ausnutzungsziffer C. Die Leistungsfähigkeit einer Asynchronmaschine hängt offenbar von ihren Abmessungen, ihren Beanspruchungen und ihrer Drehzahl ab. Wegen der unvermeidlichen Phasenverschiebung treten der $\cos\varphi$ und wegen der unvermeidlichen Verluste der Wirkungsgrad η als Faktoren auf, mit der die Leistung der idealen verlustlosen Maschine zu multiplizieren ist. Als wesentliche Abmessungen erkennen wir den Bohrungsdurchmesser D und die reine Paketlänge l, als Beanspruchung betrachten wir speziell die mittlere magnetische Induktion $B_{L,\,\mathrm{mittel}}$ im Luftspalt und den Strombelag A_1 im Ständer; als Drehzahl setzen wir die Synchrondrehzahl n_{syn} ein.

Den bequemsten Zugang zu einer Formel über die Leistungsfähigkeit bietet die schon oft benutzte Spannungsformel und die Formel für den Strombelag. Wir beginnen mit:

$$N = 3\,U_1 I_1 \cos\varphi\,\eta\,10^{-3} \text{ in kW},$$

worin U_1 = primäre Spannung je Strang in V,
I_1 = primärer Strom je Strang in A.

Unter Benutzung der Spannungsformel:

$$U_1 = 1{,}11\, z_1 f_{w,1} \frac{f}{50} \Phi \quad \text{mit} \quad \Phi = B_{L,\,\mathrm{mittel}}\, t_p\, l \cdot 10^{-6}$$

und der Beziehung für den Strombelag

$$A_1 = \frac{3\, z_1 I_1}{\pi D} \quad \text{bekommt man:}$$

$$N = 4{,}55 \cos\varphi\, \eta\, f_{w,1} \frac{A_1}{500} \frac{B_{L,\,\mathrm{mittel}}}{5000} \overline{D}^2\, \overline{l}\, n_{\mathrm{syn}} \text{ in kW}.$$

Hierbei ist:

$4{,}55 = \dfrac{5\pi^3}{\sqrt{2}\cdot 24}$, $f_{w,1}$ = primärer Wicklungsfaktor,

$\cos\varphi$ = Leistungsfaktor, η = Wirkungsgrad,

A_1 = primärer Strombelag in A/cm,

$B_{L,\,\mathrm{mittel}}$ = mittlere Luftinduktion in G,

$n_{\mathrm{syn}} = \dfrac{120 f}{2p}$ = Synchrondrehzahl in Uml/min,

$\overline{D}$ = Ständerinnendurchmesser (Bohrung) in m,

$\overline{l}$ = Paketbreite = reine Maschinenlänge in m.

Der vor $\overline{D}^2 \overline{l}\, n_{\text{syn}}$ stehende Ausdruck wird als Ausnützungszahl C nach Esson bezeichnet, obwohl C nicht eine reine Zahl, sondern ein Ausdruck in kW min/m³ ist. C ist also ein Maß für eine räumliche Energiedichte. Man berechnet C zu:

$$C = 4{,}55 \cos\varphi\, \eta\, f_{w,1} \frac{A_1}{500} \frac{B_{L,\text{mittel}}}{5000}$$

und setzt $$N = C \overline{D}^2 \overline{l}\, n_{\text{syn}}.$$

Bei kleinen Maschinen ist $A_1 \approx 200$ A/cm, $B_{L,\text{mittel}} \approx 5000$ G, $f_{w,1} = 0{,}96$, $\cos\varphi \approx 0{,}7$ und $\eta \approx 0{,}7$. Bei Großmaschinen sind die Werte $A_1 \approx 550$ A/cm, $B_{L,\text{mittel}} \approx 5700$ G, $f_{w,1} \approx 0{,}92$, $\cos\varphi \approx 0{,}90$ und $\eta \approx 0{,}90$. Die Ausnutzungszahl C ändert sich daher von der Kleinmaschine bis zur Großmaschine von:

$$C = 0{,}85 \text{ bis } 4{,}25.$$

Sie ist demnach keineswegs eine Konstante. Aber zur schnellen und auch sicheren Bestimmung der Abmessungen einer neuen Maschine ist C fast unentbehrlich. Wenn man bereits mehrere Maschinen durchgerechnet oder gebaut hat, so trägt man C am besten über der Leistung je Pol auf und wählt das noch unbekannte C einer einzuschaltenden Maschine mit Rücksicht auf die früheren Werte. Man glättet auf diese Weise die Typenreihen.

Am stärksten ändert sich der *Strombelag*, wenn man zu größeren Leistungen übergeht, da der Durchmesser wächst und man größere und tiefere Nuten wählt. In gewisser Hinsicht kann man A_1 dem Durchmesser D proportional setzen. Dann müßte man also ein neues C' über D^3 berechnen. Das würde aber zu fallenden C'-Werten bei zunehmender Größe führen und soll daher unterbleiben.

Da auch die Länge der Maschine mit ihrem Durchmesser zunimmt, kann man annehmen, daß die *Leistung* mit der 4. Potenz von D steigt, daß also umgekehrt der Durchmesser einer Asynchronmaschine der 4. Wurzel aus der Leistung (bei konstant bleibenden Polzahlen) proportional ist. Dieses Gesetz ist mit überraschender Genauigkeit in den größten Leistungsbereichen erfüllt. Trägt man also die Treppenkurve der Durchmesser über der Leistung, z. B. von 4-poligen Maschinen, auf und legt eine mittlere Kurve hindurch, so steigt diese mit der 4. Wurzel an. Zweckmäßigerweise wählt man doppeltlogarithmische Darstellung und bekommt eine mittlere Gerade mit dem Anstieg 1 : 4 (vgl. Abb. 126).

Eine andere Bemessungsformel gewinnt man an Hand zahlreicher ausgeführter Maschinen, wenn man das *Drehmoment* M_d über $\overline{D}^2 \overline{l}$ in doppeltlogarithmischer Darstellung aufzeichnet. Die sich ergebenden Kurven sind nahezu Geraden, die einander parallel laufen und so gestaffelt sind, daß dem Langsamläufer der höhere Volumenbedarf $\overline{D}^2 \overline{l}$ bei gleichem Drehmoment zukommt. Nur die große 2-polige Maschine, deren Engpaß im Läuferrücken liegt, schneidet schlechter ab. Außerdem wird man im allgemeinen feststellen, daß die typischen Kleinmotoren bis 20 kW Leistung etwas mehr Aufwand als ihre großen Geschwister fordern.

Ganz stark in der Ausnutzung fallen die ausgesprochenen Langsamläufer zurück, deren Raumbedarf daher bei gleichem Drehmoment sehr stark anwächst, besonders im Bereich der Polteilungen von 14 bis 17 cm. Dies rührt von dem ungewöhnlich großen relativen Luftspalt δ/t_p her, der dadurch entsteht, daß δ in Abhängigkeit von D und nicht von t_p zu wählen ist.

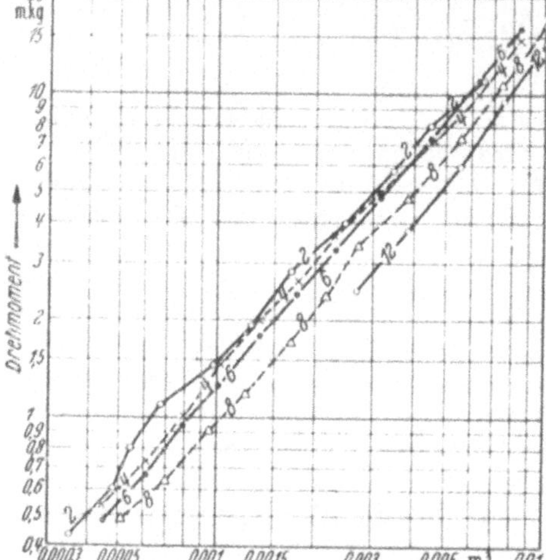

Abb. 121. Drehmoment $= f(\overline{D}^2\overline{l})$ bei Kleinmaschinen mit 2 bis 12 Polen.

Abb. 121 und 122 zeigen das Drehmoment in mkg über $\overline{D}^2\overline{l}$ in m³ von ausgeführten Maschinen in einem sehr großen Bereich. Die Streckenzüge lassen sich recht befriedigend annähern durch den Ansatz:

$$M_d^{0,8} = k \cdot \overline{D}^2 \overline{l},$$

wobei erinnert sei an den Zusammenhang zwischen Drehzahl, Leistung und Drehmoment:

$$M_d = \frac{975}{n} N,$$

mit M_d = Drehmoment in mkg,
n = Drehzahl in Uml/min und
$975 = 60000/(9{,}81 \cdot 2\pi)$.

Das Drehmoment wurde mittels der synchronen Drehzahl berechnet, die Darstellung zeigt also:

$$\frac{975}{n_{syn}} N = f(\overline{D}^2 \overline{l}) \text{ mit } 2p \text{ als Parameter.}$$

Benutzt wurden die Abmessungen von einigen hundert Modellen, die in vielen tausend Stücken ausgeführt worden sind. Sie stellen wohl die obere Grenze dessen dar, was man mit Rücksicht auf die Wirtschaftlichkeit des Betriebes und die Sicherheit und Lebensdauer durch Anwendung von Ingenieurkunst erreichen kann.

Wer Maschinen in ganzen Serien durchrechnen muß, benutzt tatsächlich am besten den Ansatz

$$C'' \overline{D}^2 \overline{l} = \left(\frac{N}{n_{syn}}\right)^K$$

mit $K \approx 0{,}8$ und bestimmt C'', das nunmehr bei ungeänderter Polzahl wirklich konstant bleibt, indem er die kleinste, die mittlere und die größte Maschine nach erprobten Grundsätzen auslegt und C'' als Mittelwert seiner drei Rechnungen bestimmt, um es nun nicht mehr zu variieren. Man darf die Maßeinheiten, nachdem man sie einmal festgelegt hat, natürlich nicht mehr ändern. Sich unter C'' etwas vorstellen zu wollen, hat keinen Zweck. Es ist zu einer reinen, wertvollen Rechenhilfe geworden.

Großmaschinen sind Einzelgänger. Sie treten nicht in ausgesprochenen Serien auf. Sie werden im allgemeinen erst geplant, angeboten, bestellt und dann erst endgültig ausgelegt. Bei ihnen sollte man die

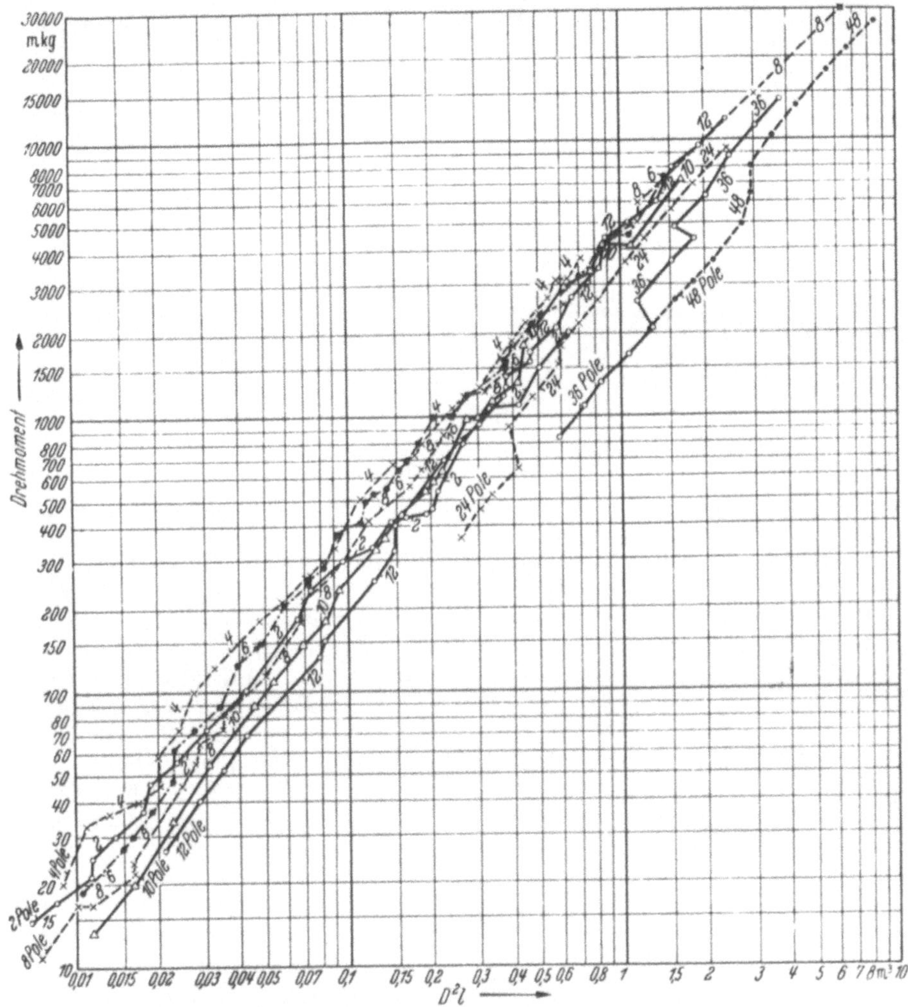

Abb. 122. Drehmoment $= f(\overline{D}^2 \overline{l})$ bei mittleren und großen Maschinen mit 2 bis 48 Polen. (Die Streckenzüge wurden noch nicht geglättet.)

beiden Hauptabmessungen immer über die ESSONsche Ausnutzungszahl C bestimmen, indem man das Produkt bestimmt zu:

$$\overline{D}^2 \overline{l} = \frac{N}{C\, n_{syn}}$$

und $D = f(N)$ wählt, woraus l resultiert. C liegt bei Großmaschinen zwischen 3,5 und 4,5.

Die Ausnutzungszahlen C sind in den Abb. 123 und 124 für hoch ausgenützte offene Maschinen moderner Bauart wiedergegeben. Man beachte, daß sie in Abhängigkeit der Leistung je Pol und nicht der Maschinenleistung selbst dargestellt sind. Die C-Werte der 2-poligen Maschinen liegen bei den Großmaschinen fühlbar unter denen der 4- und 6-poligen Einheiten, da man die Luftinduktion etwa 10% geringer wählen muß. Dies geschieht mit Rücksicht auf den Läuferrücken,

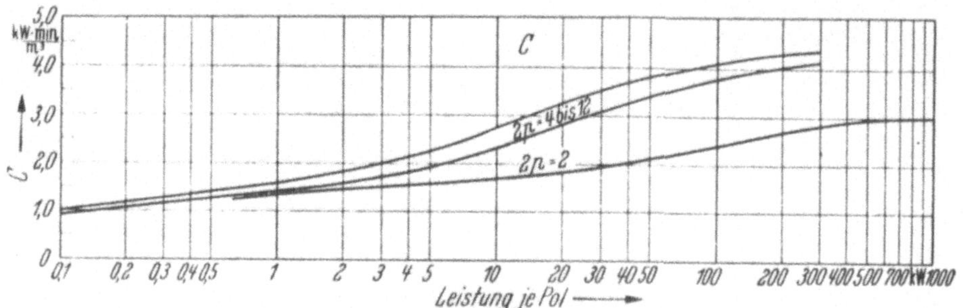

Abb. 123. Ausnützungszahl C über der Leistung je Pol für Schnelläufer. Die oberste Kurve gilt für $2p = 4$.

obwohl man dessen Induktion wesentlich über 20000 G (allerdings ohne Berücksichtigung der Welle) treibt.

Kleine Hochspannungsmaschinen können nur mit 50 bis 60% der Leistung einer gleichen Maschine mit Niederspannungswicklung betrieben werden, da der relativ sehr hohe Isolationsbedarf den Nutenfüllfaktor und auch die Wärmeabgabe stark reduziert.

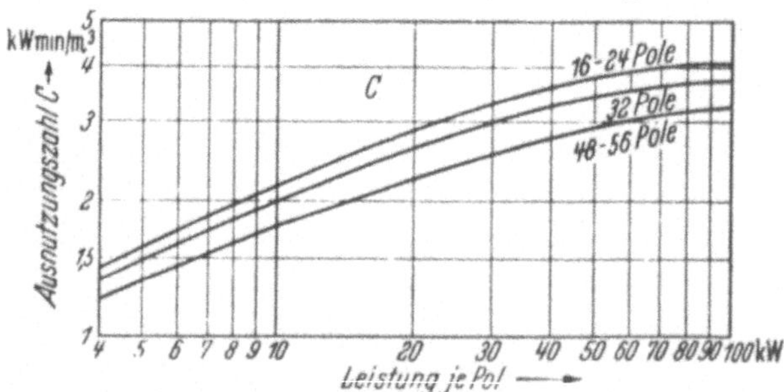

Abb. 124. Ausnützungszahl C über der Leistung je Pol für Langsamläufer.

44. Drehschub σ. Die Dimension der Ausnützungszahl C war die einer Energiedichte in kW min/m³. Die Vorstellung von C kann erleichtert werden, wenn man sich darunter nicht den Energieinhalt der Raumeinheit, sondern in gleichwertiger Weise eine Schubkraft je Flächeneinheit, also eine Tangentialbeanspruchung an der aktiven Maschinenoberfläche vorstellt. Die laufende, belastete Maschine muß ein Drehmoment aufbringen, das auf am Umfang wirksame Schubkräfte zurückzuführen ist. Wenn man die mittlere nutzbare Umfangskraft je cm² den Drehschub σ in kg/cm² nennt, bekommt man folgenden Zusammenhang mit dem an der Kupplung zur Verfügung stehenden Drehmoment M_d:

$$\sigma \pi \bar{D}^2 \bar{l}\, 5000 = M_d \text{ in mkg}, \quad \bar{D} \text{ und } \bar{l} \text{ in m.}$$

Das Drehmoment drücken wir durch die abgegebene Leistung N und die wahre Drehzahl $n = n_{\text{syn}}(1 - s)$ aus:

$$M_d = N \frac{975}{n_{\text{syn}}(1-s)}, \quad \text{wobei} \quad 975 = \frac{60000}{2\pi\, 9{,}81} \text{ ist.}$$

Wenn wir für N den im vorigen Abschnitt gefundenen Ausdruck benutzen:

$$N = C\, \overline{D}^2\, \overline{l}\, n_{\text{syn}},$$

so ergibt sich für den Drehschub der Ausdruck:

$$\sigma = \frac{C}{16{,}1\,(1-s)},$$

wobei $16{,}1 = \frac{\pi^2}{6} 9{,}81$ ist.

Man kann C durch den Strombelag A_1 und die mittlere Luftinduktion $B_{L,\text{mittel}}$, durch den Wicklungsfaktor $f_{w,1}$, den Wirkungsgrad η und den Leistungsfaktor $\cos\varphi$ ausdrücken:

$$\sigma = 0{,}283 \frac{\cos\varphi\, \eta}{(1-s)} f_{w,1} \frac{A_1}{500} \frac{B_{L,\text{mittel}}}{5000}, \quad \text{mit} \quad 0{,}283 = \frac{1{,}25\,\pi}{\sqrt{2} \cdot 9{,}81}.$$

Setzt man für C die uns bereits bekannten Werte zwischen 0,8 und 5 oder für $f_{w,1}$, η, $\cos\varphi$, A_1, $B_{L,\text{mittel}}$ die in Betracht kommenden Zahlenwerte ein, so findet man, daß der nutzbare mittlere Drehschub zwischen 0,05 und 0,30 kg/cm² liegt. Diese Werte sind, verglichen mit den Beanspruchungen der Mechanik, bescheiden zu nennen.

Wenn wir statt mit dem nutzbaren Drehschub mit dem idealen Drehschub σ' rechnen, der für η, $(1 - s)$ und $\cos\varphi$ gleich Eins gelten soll, kommen wir zu tieferen Einblicken in die Wirkungsweise der Maschine. Wir rechnen also mit

$$\sigma' = 0{,}283 \frac{A_1}{500} \frac{B_{L,\text{mittel}}}{5000} f_{w,1}.$$

Diesen Wert setzen wir in Beziehung zur mittleren radialen Zugbeanspruchung σ_z, die wir als die mittlere Zugkraft je cm² zwischen Ständer und Läuferoberfläche berechnen. Bekanntlich ziehen sich zwei durch einen Luftspalt getrennte Eisenflächen, in dem die Induktion B herrscht, an mit der spezifischen Kraft:

$$\sigma_z = 1{,}01 \left(\frac{B}{5000}\right)^2 \text{ in kg/cm}^2, \quad \text{mit } B \text{ in G und } 1{,}01 = \frac{125}{4\pi\, 9{,}81}.$$

Wir denken uns die Feldverteilung im Luftspalt — abweichend von der Wirklichkeit — sinusförmig. Dann ist die mittlere spezifische Zugkraft:

$$\sigma_z = 1{,}25 \left(\frac{B_{L,\text{mittel}}}{5000}\right)^2, \quad \text{wobei} \quad 1{,}25 = \frac{125\pi}{32 \cdot 9{,}81} \text{ ist.}$$

Setzen wir nunmehr die mittlere ideale *Schub*kraft σ' in Beziehung zur mittleren *Zug*kraft σ_z, so finden wir eine dimensionslose Zahl ϱ, die den Charakter einer Reibungsziffer hat:

$$\varrho = \frac{\sigma'}{\sigma_z} = 2{,}26\, f_{w,1} \frac{A_1}{B_{L,\text{mittel}}}, \quad \text{mit} \quad 2{,}26 = \frac{3.20}{\sqrt{2}}.$$

Die Reibungsziffer ϱ gibt an, wieviel von den radialen Zugkräften im Luftspalt bei Last in tangential wirksame Kräfte umgesetzt werden. Rechnet man bei unserer vorerst noch ideal gedachten Maschine mit einem Strombelag von 500 A/cm, einer mittleren Luftinduktion von 5000 G und einem Wicklungsfaktor von 0,92, so resultiert eine Reibungsziffer von 0,21. Das bedeutet folgendes: Die an die Netzspannung angeschlossene Maschine wird durch Aufnahme von Magnetisierungsstrom magnetisiert. Es treten Zugkräfte zwischen Ständer und Läuferoberfläche auf, deren Höhe durch Veränderung der Netzspannung quadratisch mit dieser verändert werden kann. Bei Last, gekennzeichnet durch das Auftreten eines vorerst idealen Stromes ($\cos\varphi = 1, \eta = 1, s = 0$), wird der ϱ-fache Teil dieser Radialkräfte umgesetzt in treibende Tangentialkräfte. Es steht zu erwarten, daß bei der wirklichen Maschine ein Grenzwert für die Reibungsziffer existiert, oberhalb dessen die Maschine abkippt.

Es mag an die Verhältnisse einer Lokomotive erinnert werden. Ihr Dienstgewicht entspricht den Zugkräften der magnetisierten Maschine. Der Umsatz in Nutzkraft am Haken hängt von der zulässigen Reibungsziffer zwischen Rad und Schiene ab. Wird eine zu große Kraft am Haken verlangt, so schleudern die Räder. Dienstgewicht und Reibungsziffer hängen nicht voneinander ab.

Wir wollen jetzt feststellen, mit welchen Reibungsziffern die wirkliche Asynchronmaschine arbeitet und bei welchen Grenzwerten sie abkippt. Wir erinnern an die beiden Ausdrücke für den Strombelag des ideellen Leerlaufstromes und des ideellen Kurzschlußstromes:

$$A_\mu = 0{,}843\,\frac{B_{L,\,\mathrm{mittel}}}{\lambda_0 f_{w,1}} \quad \text{und} \quad A_i = 0{,}843\,\frac{B_{L,\,\mathrm{mittel}}}{\lambda_i} f_{w,1}$$

und benutzen diese beiden, um die „blinden“ Reibungsziffern ϱ_μ und ϱ_i zu bestimmen:

$$\varrho_\mu = \frac{1{,}91}{\lambda_0} \quad \text{und} \quad \varrho_i = \frac{1{,}91\, f_{w,1}^2}{\lambda_i}.$$

Betrachten wir nur den zweiten Ausdruck. Er sagt aus, daß eine Asynchronmaschine, die unter idealen Verhältnissen arbeitet und den ideellen Kurzschlußstrom als Wirkstrom führt, mit einer Reibungsziffer ϱ_i arbeitet, die wegen λ_i zwischen 0,8 und 2,4 und $f_{w,1} \approx 0{,}92$ etwa 202 bis 67% beträgt.

Das wahre Drehmoment einer Asynchronmaschine entspricht ihrer Luftspaltleistung. Dies kann sehr genau dem OSSANNA-Kreis als der schräge Abstand $\overline{P_s B}$ des Kreispunktes P_s von der Nullinie des Drehmomentes $P_0 P_\infty$ entnommen werden. Wenn wir diese Strecke als Strom auffassen, so haben wir gerade den oben eingeführten idealen Strom, dessen Belag — in die Formel für die Reibungsziffer eingeführt — diese zu berechnen gestattet. In der Tat ist (nur noch Eisen- und Reibungsverluste als sehr klein vernachlässigt)

$$\frac{\overline{P_s B}}{\overline{P_s O}} = \frac{\eta \cos\varphi}{1 - s} \quad \text{(vgl. hierzu Abb. 115).}$$

Wenn wir bei der Darstellung eines OSSANNA-Kreises den Primärstrommaßstab nicht frei wählen, sondern ihn festsetzen zu

$$a_1 = \frac{\lambda_i I_i}{191 f_{w,1}^2} \text{ A/mm},$$

entspricht einem Millimeter auf den Strecken $\overline{P_s B}$ genau 1% Reibung. Auf dieser Basis eines Einheits-Maßstabes für die Reibungsziffer gelingt

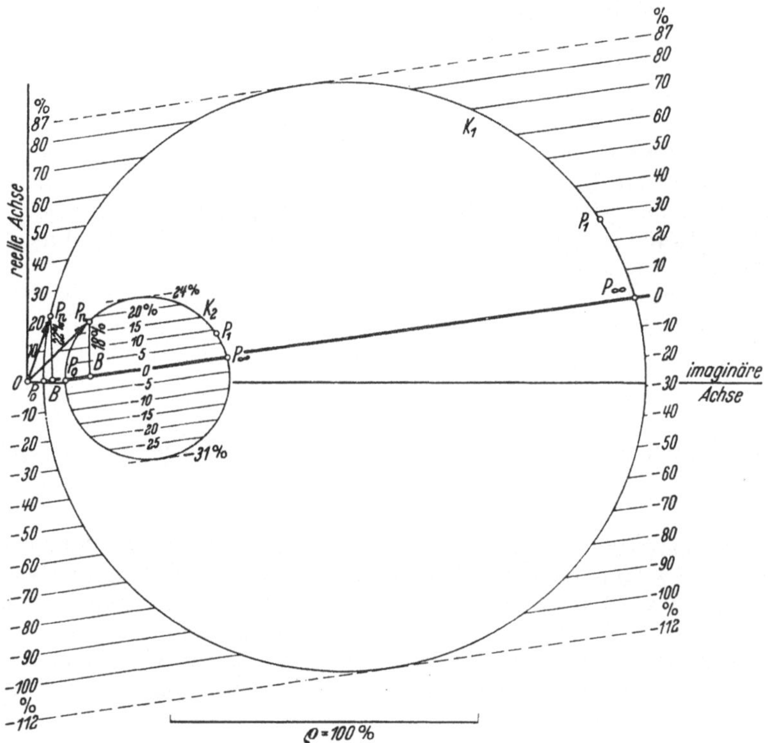

Abb. 125. OSSANNA-Kreis K_1 eines großen Schnelläufers ($\lambda_0 = 40$, $\lambda_i = 0{,}8$, $f_{w,1} = 0{,}92$) und Kreis K_2 eines Langsamläufers ($\lambda_0 = 15$, $\lambda_i = 2{,}4$, $f_{w,1} = 0{,}92$) mit *gleichem* Maßstab für die Reibungsziffer ϱ.

es nun, ganz verschiedene Asynchronmaschinen miteinander vergleichen zu können.

Dies ist in Abb. 125 geschehen. Der große OSSANNA-Kreis K_1 gehört zu einer streuungsarmen Maschine mit kleinem Luftspalt, für die gilt: $\lambda_i = 0{,}8$, $\lambda_0 = 40$ und $f_{w,1} = 0{,}92$. Der kleine Kreis K_2 kommt einer mit hoher Streuung behafteten Maschine zu, die außerdem einen großen Luftspalt besitzt und die Werte hat: $\lambda_i = 2{,}4$, $\lambda_0 = 15$ und $f_{w,1} = 0{,}92$.

Die Blindreibungsziffern λ_i im ideellen Kurzschluß sind 202 und 67%. Der ideelle Kurzschlußstrom der ersten Maschine ist also z. B. mit 202 mm, der der zweiten Maschine mit 67 mm Länge darzustellen. Dann stimmt der Maßstab für die Reibungsziffern überein. Betrachtet man

Abb. 125, so sieht man, daß die erste Maschine (etwa ein großer Schnellläufer) bis zu 87% ihrer Radialkräfte in Umfangskräfte verwandeln kann, ehe sie motorisch abkippt. Bei Fremdantrieb vermag sie mit einer negativen Ziffer von -112% zu arbeiten, ehe sie durchgeht. Die zweite Maschine repräsentiert einen Langsamläufer. Sie kippt bereits bei 24% motorisch und bei -31% generatorisch ab.

Die Nennlastpunkte sind mit P_n gekennzeichnet. Ihnen kommen praktisch gleiche Beträge der Luftinduktion und des Strombelages zu, so daß bei ihnen die Nennreibungsziffer mit rund 20% übereinstimmt.

Die wachsende Streuung einer Asynchronmaschine wirkt wie Öl unter den Rädern der Lokomotive. Die Grenzreibungsziffer wird stark verringert, die Überlastbarkeit sinkt infolgedessen ab.

Wir beachten, daß die Kreise in Abb. 125 im wesentlichen nur unter Benutzung von λ_i und λ_0 gezeichnet wurden. Die Kenntnis der Netzspannung, der Leiterzahl, der Polzahl usw. ist nicht erforderlich. Der Metallaufwand in Ständer und Läufer (also die Dicke des Metallmantels) bestimmen die Lage der Punkte P_∞ und P_1.

Liegt ein OSSANNA-Kreis mit bekanntem Maßstab a_1 für den Primärstrom gezeichnet vor, so ergänzen wir noch:

$$\text{Maßstab für die Reibung } r = \frac{191\, f_{w,1}^2\, a_1}{\lambda_i\, I_i} \text{ in \% je mm}$$

und entnehmen die zu einem Kreispunkt P_s gehörige Reibungsziffer:

$$\varrho\% = r \cdot \overline{P_s B}.$$

Es empfiehlt sich bei Vergleichen, alle OSSANNA-Kreise so darzustellen, daß $r = 1\%/\text{mm}$ oder $r = 0{,}5\%/\text{mm}$ wird. Dann liegen die Vollastpunkte etwa 20 oder 40 mm über der Nullinie, und alle Maschinen können auf einer allgemeingültigen Basis verglichen werden.

Es mag überraschen, daß man den nach freier Wahl von r nicht mehr unabhängigen Primärstrommaßstab a_1 auch ohne λ_i und I_i berechnen kann, da gilt:

$$a_1 = \frac{\lambda_i I_i r}{191\, f_{w,1}^2} = \frac{U_1}{\frac{4\pi^2}{10}\left(\frac{z_1}{100}\right)^2 \frac{l}{100}\, \frac{1}{2p}\, \frac{f}{50}\, f_{w,1}^2\, 191}\, r \text{ in A/mm.}$$

Nach der rechten Formel arbeitet jeder Ingenieur unbewußt, indem er z. B. bei Verdoppelung der Netzspannung und entsprechender Halbierung der Leiterzahl (wenn er den Kraftfluß beibehalten will) den Strommaßstab halbiert, kurz gesagt, wenn er dem Nennstrom wieder die alte Länge in der Zeichnung geben will. Er arbeitet nach der Formel, wenn er die Eisenlänge der Maschine l z. B. verdoppelt, den Kraftfluß also in der Regel auch verdoppelt und bei gleichbleibender Netzspannung die Leiterzahl halbiert. Dann muß er a_1 ebenfalls verdoppeln, um wiederum den Nennstrom in der alten Länge darstellen zu können. Die gleichen Überlegungen gelten für Änderungen der Polzahl, der Frequenz und vor allem des Kraftflusses bei ungeänderter Maschine, wobei sich dann U_1/z_1 ändern muß. Diese unbewußt getroffenen Entscheidungen über a_1 bekommen durch den einheitlichen Maßstab r für die prozentuale Reibungsziffer ihren tieferen Sinn und ihre Begründung.

45. Durchmesser, Polteilung, Luftspalt. Nachdem man die Ausnutzungsziffer C den Abb. 123 und 124 entnommen hat, muß man zur Aufteilung des Produktes $D^2 l$ schreiten. Aus herstellerischen Gründen kommt dem Durchmesser D die größere Bedeutung als der Länge l zu: Geht man nämlich von einem gegebenen Gehäuse aus, so muß dieses für möglichst viele Polzahlen brauchbar sein. Es ist in der Praxis üblich, alle Polzahlen von 4 bis 12 im gleichen Gehäuse unterzubringen. Nur die 2-poligen Maschinen bekommen aus konstruktiven Gründen ein eigenes Gehäuse. Die ausgesprochenen Langsamläufer, die heute durchweg als 24-polige Motoren für Holzschleifer oder Walzenstraßen und als 48-polige Maschinen für Kompressoren gebaut werden, sind immer Einzelausführungen. Bei ihnen ist die Polteilung t_p die maßgebende Größe.

Die Verwendung des gleichen Gehäuses für 4- bis 12-polige Maschinen bedingt, daß der Außendurchmesser D_a des Ständers konstant zu halten ist. Da die Rückenhöhe mit fallender Polteilung abnimmt, kann man die Bohrung D des Ständers (Innendurchmesser) mit zunehmender Polzahl größer werden lassen. Es ist üblich, für 4, 6 und 8 Pole den Innendurchmesser anwachsen zu lassen, so daß die magnetische Induktion im Ständerrücken einen konstanten Wert behält. Für höhere Polzahlen ändert man D nicht mehr.

Gründe der Herstellung können auch dafür sprechen, gerade die meistgebauten kleinen 4- und 6-poligen Modelle mit *gleichem* Blechschnitt auszuführen. In diesem Fall ist der Ständerrücken bei 4 Polen hoch, bei 6 Polen schwach belastet.

Die Eisenlänge l des Paketes bzw. die Baulänge l_a bei unterteilten Paketen wird häufig in zwei oder drei Größen abgestuft. Man spricht vom 2- oder 3-Breitensystem. Bei kleinen Maschinen hoher Stückzahl ist der Vorteil, das aktive Paket aus gleichen Blechen für zwei oder drei aufeinanderfolgende Leistungen aufbauen zu können, geringer. Für sie wendet man daher auch das *Ein*breitensystem an. Man ändert also von Type zu Type sowohl die Bohrung D als auch die Länge l. In diesem Fall kann man sich natürlich die jeweils günstigste Breite aussuchen. Im Fall des *Mehr*breitensystems bekommt man eine etwas ungünstiger ausfallende schmale und eine ebenfalls etwas ungünstige breite Maschine, wenn man die mittlere Breite am besten dimensioniert. Der Unterschied braucht nicht merklich zu sein, da das Optimum für Durchmesser und Breite recht flach verläuft.

Wenn man die Abmessungen der am häufigsten gebauten 4- und 6-poligen Maschinen gewählt hat, ergeben sich die zur Verfügung stehenden Durchmesser für die 8-, 10- und 12-poligen Schnelläufer von selbst. Man wählt ein gutes Verhältnis von Durchmesser und Länge bzw. Polteilung und Länge und bestimmt die Durchmesser einer kleinen, einer mittleren und einer großen Maschine. Trägt man D auf doppelt logarithmischem Papier über der Leistung auf, so bekommt man eine Kurve durch drei Punkte, die man immer durch eine Gerade ersetzen kann. Markiert man nun die verschiedenen Leistungen der ganzen Reihe auf der Abszisse, so entsprechen ihnen genau so viele einzelne Durchmesser auf der Geraden $D = f(N)$. Will man z. B. das 3-Breitensystem einführen, so behält man nur jeden dritten Durchmesser bei und führt die Maschine für die links und rechts anschließende Leistung mit dem gleichen Durchmesser aus. Aus der Geraden $D = f(N)$ wird dann eine Treppe, wobei auf jeder Stufe drei Leistungen liegen. Es ist unzweckmäßig, eine höhere Zahl von Durchmessern auszuwählen und dafür einige Breiten ausfallen zu lassen. Schon gar nicht sollte man die gleiche Leistung bei zwei unterschiedlichen Durchmessern und dementsprechend verschiedenen Längen ausführen.

Man kann diese Durchmesserbestimmung nur für die wichtigste Polzahl festlegen. Für die anderen (meist höheren) Polzahlen stehen nunmehr die gleichen oder die mäßig erhöhten Werte zur Verfügung (D_a soll ja bleiben). Da die Leistung etwa mit der Drehzahl zurückgeht, während das Drehmoment nahezu erhalten bleibt, gilt der Durchmesser D bei erhöhter Polzahl für eine verringerte Leistung. Umgekehrt kann man sagen, daß D einer 6-poligen Maschine höher als D einer 4-poligen Ausführung bei gleicher Leistung liegen muß.

Ein Wort noch über die Eisenlänge l bzw. Baulänge l_a. Bei einer 4-poligen Maschine ist die Wickelkopfausladung fast doppelt so groß wie bei einer 8-poligen Ausführung. Steht das gleiche Gehäuse zum Einbau zur Verfügung, so kann man die Eisenlänge bei 8 Polen wesentlich vergrößern. Hiervon macht man oft Gebrauch. Man verbreitert also die höherpoligen Maschinen. Da auch der Innendurchmesser D des Ständers vergrößert werden konnte, wächst bei gleichbleibendem D_a das für die Leistung (noch besser für das Drehmoment) maßgebende Produkt $D^2 l$ an. Trotz der schlechter werdenden Belüftung, die von der Ankerumfangsgeschwindigkeit abhängt, erhöhen die 6- und 8-poligen Maschinen entweder etwas ihr Drehmoment gegenüber der 4-poligen Ausführung oder behalten es doch praktisch bei. Macht man die Überlegungen in umgekehrter Richtung im Hinblick auf die 2-polige Maschine, so erkennt man, daß bei ihr $D^2 l$ bei gleichem D_a stark zurückgehen muß. Die 2-polige Maschine ist daher teuer. Ihre Vorteile liegen meist in ihrer hohen Drehzahl, die für manche Antriebe unerläßlich ist.

Im Abschnitt **43** war bereits angedeutet worden, daß sich die Leistung einer Maschine eher mit D^3 als mit D^2 ändert, weil der Strombelag, der $\cos\varphi$ und η mit D wachsen. Da man auch die Länge l mit D zunehmen läßt, ist zu erwarten, daß die Leistung einer Maschine mit D^4 ansteigen wird. Dies ist tatsächlich der Fall. In Abb. 126 sind die Ständerinnendurchmesser D für 2- bis 12-polige Maschinen über der Leistung aufgetragen, und zwar für den Bereich von 1 bis 1000 kW. Durch die Darstellung auf doppeltlogarithmischem Papier ergeben sich Geraden, die fast parallel verlaufen und bei Bedarf nach links oder rechts verlängert werden können. Die Neigung der Geraden ist 1 : 4; dies entspricht der vierten Wurzel aus der Leistung.

Kennt man den Durchmesser z. B. einer 200 kW-Maschine, so ist der einer 400kW-Maschine $\sqrt[4]{2} = 1{,}19$ mal so groß. Eine Maschine mit der 10-fachen Leistung hat bei gleicher Polzahl einen rund $\sqrt[4]{10} = 1{,}8$-fachen Durchmesser.

Bei den Langsamläufern bestimmt man statt des Durchmessers die *Polteilung*. Sie ist — wiederum in doppeltlogarithmischer Darstellung —

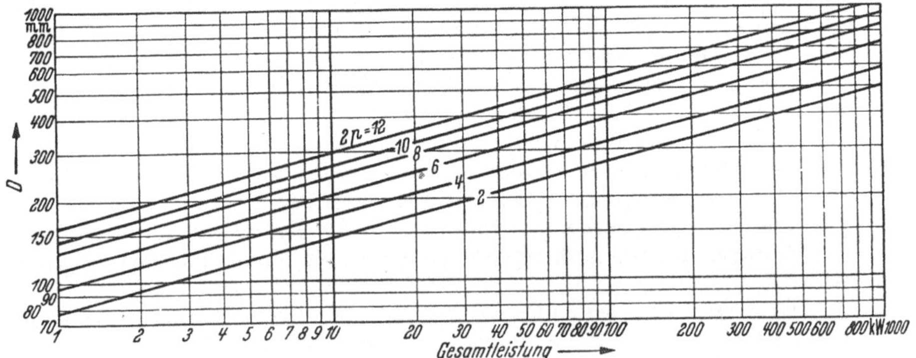

Abb. 126. Bohrungsdurchmesser D über der Maschinenleistung für 2- bis 12 polige Maschinen.

in Abb. 127 wiedergegeben. Bezugsgröße ist nun natürlich die Leistung je Pol. Man muß beachten, daß diese Maschinen zwar sehr kleine Polteilungen und Polleistungen haben, daß ihre Gesamtleistung und ihr Durchmesser dagegen sehr groß sein können. Eine 48-polige Maschine, z. B. mit einer Polteilung von 250 mm und einer Leistung je Pol von 60 kW, hat einen Durchmesser von 3800 mm und eine Leistung von 2880 kW. Eine 4-polige Maschine gleicher Polteilung hätte einen Durchmesser von 316 mm und nach Abb. 126 eine Gesamtleistung von 100 kW. Ihre Leistung je Pol wäre nur 25 kW. Man sieht hieraus, daß der Langsamläufer bei gleicher Polteilung erheblich breiter ausgeführt werden muß.

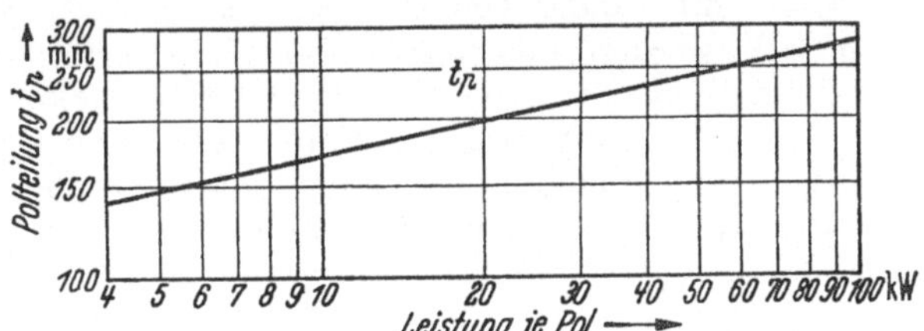

Abb. 127. Polteilung t_p von Langsamläufern (24 bis 48 Pole) über der Leistung je Pol.

Die Maschinenlänge l soll nicht gesondert dargestellt werden, da sie bei Kenntnis der Werte C und D bereits eindeutig festliegt. Nur über die Baulänge l_a, die um die Summe der Kühlschlitze größer als l ist, einige Worte.

Bei Eisenlängen unterhalb 200 mm pflegt man auf Schlitze zu verzichten. Man schichtet die Blechkette voll. Oberhalb dieser Länge unterteilt man das Eisenpaket der Länge l in einzelne Teilpakete, deren mittlere Stärke 50 bis 60 mm ist. Die trennenden Kühlschlitze macht man 10 mm breit. Die Unterteilung ist in der Maschinenmitte meistens feiner als am Rande, wo sich die kühlende Wirkung der Wickelköpfe bemerkbar macht. Wählt man statt der Luftschlitze axiale Kühlkanäle runden oder ovalen Querschnitts, so schichtet man die Kette voll. Ebenfalls werden mantelgekühlte Modelle mit voller Schichtung ausgeführt.

Die Baulänge l_a liegt bei Verwendung von Schlitzen etwa 20% über der reinen Schichtlänge l.

Der *Luftspalt* der Asynchronmaschine sollte, sofern es sich nicht um eine synchronisierte Maschine handelt, aus elektrischen Gründen so klein wie möglich gehalten werden, da er die Höhe des Magnetisierungsstromes und somit den Leistungsfaktor maßgebend beeinflußt. Bei Maschinen mit kleiner Nutenzahl je Pol und Strang drückt ein kleiner Luftspalt zwar auf den Kurzschlußstrom, da die Streublindwiderstände der doppeltverketteten Streuung unmittelbar vom reduzierten Luftspalt δ'', also auch von δ selbst abhängen. Der Nachteil eines größer werdenden Magnetisierungsstromes ist aber meist wesentlich größer als der Gewinn an Kurzschlußstrom, wenn man den Luftspalt erhöhen würde.

Die Bemessung des Luftspaltes ist also eine reine Angelegenheit der Konstruktion und der Fertigung; sie geschieht mit Rücksicht auf die zulässige Verlagerung des Läufers (Gleitlager) oder die Betriebsart (Riemenantrieb) oder eine erhöhte Betriebssicherheit (Bergwerke). Neuzeitliche Maschinen werden zum großen Teil mit Wälzlagern ausgerüstet; ihre Luftspalte konnten daher gegen früher verkleinert werden. Sie haben aber eine wesentlich höhere Luftinduktion. Der magnetische Zug ist also gestiegen. Die anfängliche Luftspaltverkleinerung mußte teilweise wieder aufgegeben werden. Sehr breite Maschinen brauchen einen größeren Luftspalt als normal bemessene, da die Durchbiegung der Welle mit zunehmendem Lagerabstand wächst. Maschinen von 1 bis 30 kW werden meistens anders konstruiert und gebaut (Komplettschnitte) als die Maschinen von 30 bis 3000 kW. Die Langsamläufer bilden mit ihren großen Durchmessern eine Gruppe für sich. Für diese drei Gruppen gelten daher auch unterschiedliche Bemessungsregeln, die für normal breite Einheiten lauten:

Kleinmotoren 1 bis 30 kW
$$\delta = 0{,}2 + \frac{D}{1000} \text{ bei 4 bis 12 Polen,}$$
$$= 0{,}3 + \frac{D}{666} \text{ bei 2 Polen.}$$

Mittlere und Großmaschinen über 30 kW
$$\delta = \frac{D}{1200}\left(1 + \frac{9}{2p}\right) \text{ bei 2 bis 16 Polen.}$$

Langsamläufer
$$\delta = \frac{D}{1600} + 0{,}6 \text{ bei 18 bis 56 Polen.}$$

Alle Maße sind in Millimeter einzusetzen. Die diesen Regeln entsprechenden Luftspalte sind in den Abb. 128 bis 130 über dem Innendurchmesser D des Ständers aufgetragen. Bei erschwerten Betriebsbedingungen pflegt man den Spalt um 50% zu vergrößern. Die normalen Werte des $\cos\varphi$ gelten dann nicht mehr, auch η büßt etwas ein. Bei schmalen Maschinen darf man die Luftspalte etwa 10% kleiner machen.

Die genannten Luftspalte lassen sich bei sorgfältiger Fertigung (z. B. Vermeidung ovaler Blechketten, schlechter Zentrierung u. ä.) immer einhalten. Der berechnende Ingenieur lasse sich von keiner Seite zur Bewilligung höherer Werte verleiten. Eine einzige Reklamation z. B. darf nicht der Grund sein, die technische Qualität künftiger Maschinen sinken zu lassen.

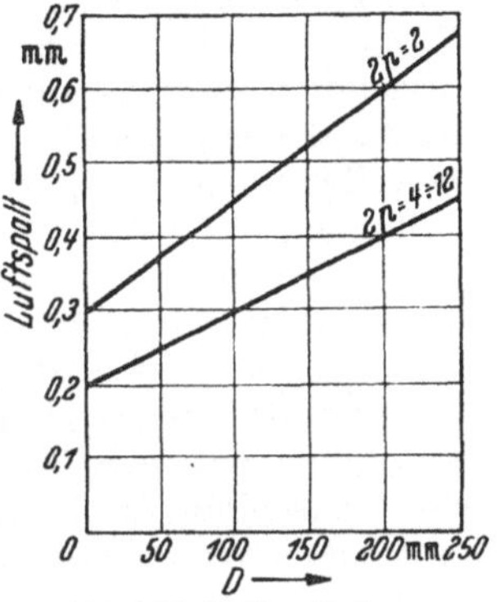

Abb. 128. Luftspalt δ von Kleinmotoren für 1–30 kW.

Einen tieferen Einblick gewährt die Darstellung des auf die Polteilung bezogenen Luftspaltes, der maßgebend für die Stromaufnahme bei Leerlauf und den Leistungsfaktor bei Last ist. Man gewinnt die entsprechenden Formeln, indem man D durch $2pt_p/\pi$ ersetzt. Die Wiedergabe zeigte bereits Abb. 62 für alle drei Gruppen von Maschinen, der man entnehmen konnte, wie stark die Magnetisierungsverhältnisse sich mit zunehmender Polzahl verschlechtern. Bei einer Polteilung $t_p = 150$ mm hat die 4-polige Kleinmaschine einen Spalt $\delta = 0{,}4$ mm, der 48-polige Langsamläufer dagegen einen solchen von 2,0 mm. Bei gleicher Luftinduktion (sie ist in Wirklichkeit geringer) und bei gleichem Wicklungsfaktor wäre sein Leerlaufstrom rund 5mal so groß. Da die Kleinmaschine eine relativ höhere magnetische Spannung für das Eisen braucht, ist der resultierende Unterschied jedoch geringer.

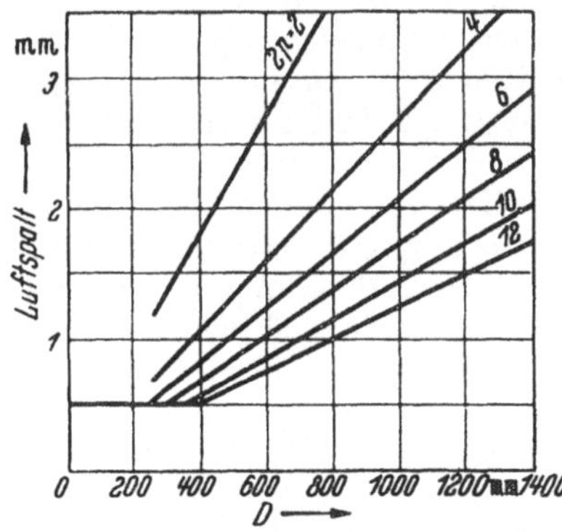

Abb. 129. Luftspalt δ von mittleren und großen Schnelläufern.

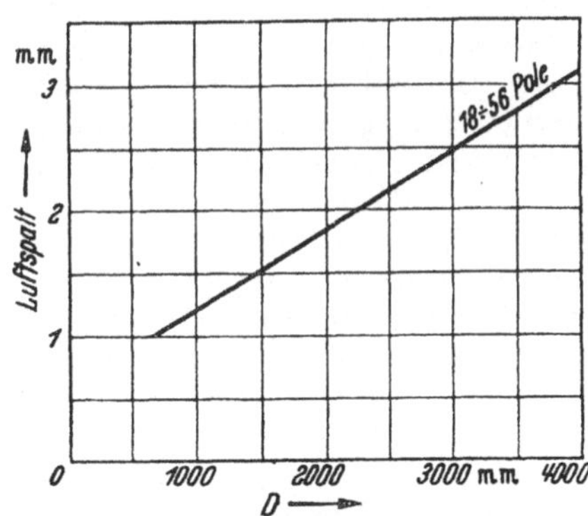

Abb. 130. Luftspalt δ von Langsamläufern.

46. Nutenzahl und Abmessungen. Die Wahl der *Ständernutenzahl* $N_1 = m \cdot q_1 \cdot 2p$ einer m-strängigen Maschine der Polzahl $2p$ und der *Lochzahl* q_1 je Pol und Strang fällt nicht schwer. Man geht am besten von der Lochzahl q_1 selbst aus. Die Werte $q_1 = 1$ und $q_1 = 2$ vermeidet man, wenn es irgend möglich ist. Bei ihnen ist die doppeltverkettete Streuung sehr hoch und der Kurzschlußstrom und die Überlastbarkeit daher gering. Am häufigsten wird $q_1 = 3$ und 4 gewählt. Die zugehörigen Streufaktoren σ_d sind bereits recht klein. Über $q_1 = 4$ geht man bei

Maschinen großer Leistung je Pol, bei denen sich sonst zu ungefüge Spulen und schlechte Abkühlverhältnisse an der Nutenwandung ergeben würden. Die obere Grenze dürfte $q_1 = 9$ bei großen 2-poligen Maschinen sein. Maßgebend für die Lochzahl q_1 ist auch die *Nutteilung*. Die obere Grenze für die Nutteilung kann man bei Asynchronmaschinen mit 45 bis 50 mm ansetzen. Meist ist die Teilung kleiner. Für Hochspannungsmaschinen sind Teilungen von 20 bis 30 mm noch recht brauchbar. Der Abstand der Spulenköpfe reicht aus. Bei Niederspannung und kleiner Polteilung geht man mit der Teilung auf 20 bis 15 mm zurück. Kleinere Teilungen sind nicht erwünscht. Im Mittel dürfte die Nutteilung $t_n = 20$ bis 25 mm die meistgebrauchte sein. Kennt man nun den Durchmesser D des Ständers, so berechnet man die Polteilung $t_p = \pi D/2p$. Unter Annahme einer passenden Nutteilung t_n bestimmt man die Nutzahl Q_1 je Pol und daraus die Lochzahl q_1 je Pol und Strang, bei Dreiphasenmaschinen mit $m = 3$ also $q_1 = Q_1/3$. Diese Zahl macht man bei Asynchronmaschinen, wenn irgend möglich, ganzzahlig. Nur wenn die Teilung sehr klein werden würde, entschließt man sich bei kleinen Maschinen für $q_1 = 2{,}5$ und $q_1 = 1{,}5$. Diese Lochzahlen q_1 sind aber als Ausnahme zu betrachten. Wird bei großer Polteilung t_p die Lochzahl q_1 größer als 4, so überlege man sich, ob man nicht doch eine größere Nutteilung t_n als vorerst angenommen zulassen sollte. Weitere elektrische Vorteile sind wegen $q_1 > 4$ kaum noch zu verzeichnen, die Herstellungskosten der Wicklung dagegen steigen.

Will man den gleichen Blechschnitt für verschiedene Polzahlen verwenden, so ist man in der Wahl von q_1 nicht mehr frei, wenn man gebrochene Zahlen bei jeder dieser Polzahlen vermeiden will. Eine Maschine, die mit 4 und mit 6 Polen arbeiten soll, bekommt am besten die Lochzahl $q_1 = 3$ oder 6 bei 4 Polen; bei 6 Polen steht ihr dann $q_1 = 2$ oder 4 zur Verfügung. Die Nutenzahl $N_1 = 36$ oder 72 ist daher bei solchen Maschinen recht häufig anzutreffen. Sie können bei 72 Nuten auch noch 8-polig mit $q_1 = 3$ und 12-polig mit $q_1 = 2$ betrieben werden.

Bei 2-poligen Maschinen, die mit 3-Ebenen-Wicklung ausgerüstet werden sollen, wählt man q_1 gern geradzahlig, damit zwei parallelschaltbare Teilgruppen entstehen. Man nimmt also $q_1 = 4$, 6 oder 8 (Drehregler).

Die *Läufernutenzahl* N_2 ist ein etwas schwierigeres Problem. Von ihr hängt das Auftreten parasitärer synchroner und asynchroner Drehmomente ab. Diese rufen Geräusche und Einsattelungen des Drehmomentes hervor. Das gilt besonders für Käfiganker. Man beachte aber gleich eine wichtige Tatsache. Die gleiche Läufernutenzahl kann, bei ebenfalls unveränderter Ständernutenzahl, eine ruhige oder eine geräuschvolle Maschine ergeben, je nach der Resonanzlage der Ständerblechkette. Schallerregende Kräfte werden bei jeder Läufernutenzahl erzeugt. Wirken sie in Resonanz auf die Ständerbleche ein, so wird das übliche schwache Maschinengeräusch stark erhöht. Man kann sehr einleuchtende Versuche hierüber machen, indem man die im übrigen gleichbleibenden Maschinen mit verschieden hohen Ständerrücken ausrüstet oder die unveränderte Maschine mit verschiedener Netzfrequenz betreibt. Eine sonst sehr ruhige Maschine kann dann sehr geräuschstark werden[1].

Wir bringen nachstehend Empfehlungen für die Wahl der Läufernutenzahl, die sich als durchaus brauchbar erwiesen haben. Die Lochzahl q_2 je Pol und Strang bei *Schleifringankern* der Strangzahl 3 wird um 1 oder 2 abweichend von der Ständerlochzahl q_1 gemacht. Wenn $q_1 = 2$ oder 3 ist, macht man q_2 meistens größer, wählt also z. B. $q_2 = 3$ oder 4 oder auch 5. Bei höheren Lochzahlen q_1 im Ständer wählt man q_2 um 1 kleiner, versieht also die Maschine mit $q_1 = 4$ z. B. mit $q_2 = 3$, aber auch mit $q_2 = 5$. Allgemein läßt sich sagen, daß die zusätzlichen Eisenverluste ansteigen, wenn die Nutenzahl von Ständer und Läufer stark (mehr als 25%) voneinander abweichen. Daher ist eine Läuferlochzahl, die sich nur um 1 von der Ständerlochzahl unterscheidet, zu empfehlen. Besondere Gründe zwingen natürlich auch zum Unterschied $q_1 - q_2 = \pm 2$. Dies trifft z. B. im Falle einer Maschine zu, die mit 3-Ebenenwicklung sowohl im Ständer als auch im Läufer versehen werden soll, damit die Teilgruppen der halben Lochzahl jeweils parallelschaltbar seien. Dann bekommt der Ständer $q_1 = 6$ und der Läufer $q_2 = 4$ oder 8.

Im allgemeinen kann man sagen:

Lochzahl q_2 des Läufers je Pol und Strang bei Schleifringankern
$$q_2 = q_1 \pm 1 \quad \text{oder}$$
$$= q_1 \pm 2 \quad \text{seltener.}$$

Wir denken dabei an ganzzahlige Werte für q_1.

Besondere Gründe, vor allem bei Kleinmaschinen, zwingen dazu, im Läufer auch gebrochene Zahlen für q_2, insbesondere $q_2 = 1{,}5$ oder 2,5, zuzulassen. Unter den Wert $q_2 = 2$ geht man aus den gleichen Gründen wie beim Ständer nur sehr ungern. Strenge Regeln kann man keinesfalls aufstellen.

Bei *Käfigankern* kann man mit gutem Erfolg die gleichen Nutenzahlen, also die gleichen Lochzahlen q_2 wie beim Schleifringanker wählen. Man wird keine ausgesprochenen Versager bekommen. Noch besser bewährt sich eine gebrochene Lochzahl q_2, die sich statt um 1 um $^2/_3$ von q_1 unterscheidet. Das heißt also, daß die Nutenzahl Q_2 je Pol im Läufer sich um 2 von der Nutenzahl Q_1 im Ständer unterscheidet. Man kann daher setzen:

Gedachte Läuferlochzahl q_2 je Pol und Strang bei Käfigankern
$$q_2 = \frac{N_2}{3 \cdot 2p} = q_1 \pm \frac{2}{3}\,.$$

Ist z. B. $q_1 = 3$, so macht man $q_2 = 3\frac{2}{3}$. Die 4-polige Maschine hätte dann $N_1 = 3 \cdot 4 \cdot 3 = 36$ Ständernuten und $N_2 = 3 \cdot 4 \cdot 3\frac{2}{3} = 44$ Läufernuten. Dies ist eine oft erprobte Nutenzahl.

Bei hoher Lochzahl im Ständer macht man die Läufernutenzahl q_2 kleiner, benutzt also oben das —-Zeichen. Bei wenig Ständernuten benutzt man das +-Zeichen.

[1] JORDAN: Der geräuscharme Elektromotor. Girardet: Essen 1950.

Die *Nutenabmessungen* hängen vom Durchmesser und der Nutenzahl ab. Bei Langsamläufern steigert man die Nuthöhe h_n des Ständers mit wachsender Polteilung gemäß Abb. 131. Die kleineren Werte gelten für Einschichtwicklungen in halbgeschlossenen Nuten, die rund 14 mm höheren Werte für Zweischichtwicklungen in offenen Nuten. Bei Schnellläufern verwendet man heute zum Teil wesentlich höhere Nuten als früher, wenigstens im Bereich der größeren Maschinendurchmesser. Abb. 132 zeigt die in Betracht kommenden Werte über dem Durchmesser D. Die Kleinmaschinen haben Nuten von 15 bis 25 mm Höhe. Sie sind immer halbgeschlossen. Bei Durchmessern über 250 mm kommen

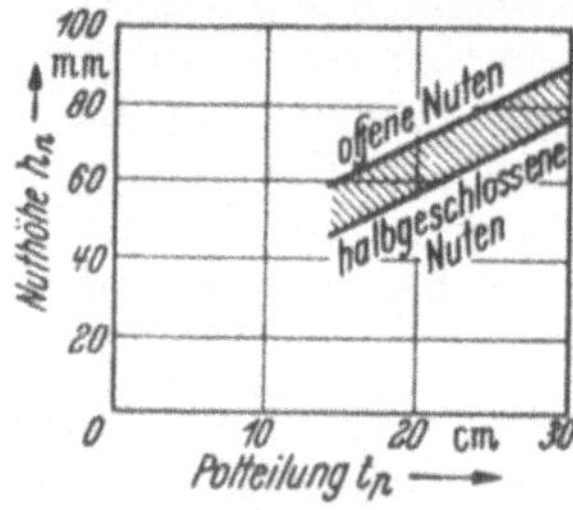

Abb. 131. Ständernuthöhe h_n von Langsamläufern.

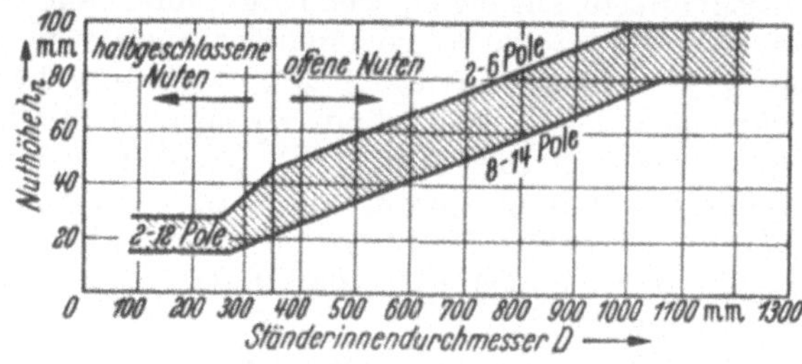

Abb. 132. Ständernuthöhe h_n von Schnelläufern.

zu Anfang halbgeschlossene und offene Nuten vor. Über 350 mm herrscht heute die offene Nutenform vor. Bei gleichen Bohrungen findet man bei 2 bis 6 Polen häufig höhere Nuten als bei 8 bis 14 Polen.

Die Steigerung der Nuthöhe der Kleinmaschine ist zwecklos. Geht man nämlich bei ihr von dem den Preis der Maschine bestimmenden Außendurchmesser D_a aus und versucht Maschinen verschiedener Nuthöhe $h_{n,1}$ auszulegen, so nimmt mit wachsendem $h_{n,1}$ sowohl die Rückenhöhe $h_{r,1}$ als auch die Polteilung t_p ab. Das heißt, die Bohrung D wird immer kleiner. Damit sinkt aber $D^2 l$ und infolgedessen die Leistungsfähigkeit. Mit abnehmender Nutenhöhe muß wegen des zurückgehenden Nutenraumes der Strombelag reduziert werden, so daß dann ebenfalls die Leistungsfähigkeit abnimmt. Dazwischen liegt ein ziemlich genau einzuengender Wert für die günstigste Nutenhöhe, der (immer noch bei festgehaltenem D_a) die höchste Maschinenleistung ergibt. Bei Großmaschinen dagegen macht sich eine Erhöhung der Ständernut um 10 oder 20 mm sehr kräftig in einem erhöhten Strombelag, aber nur sehr mäßig im Preis bemerkbar, da D_a prozentual nur ganz geringfügig wächst.

Die Breite der Nut hängt unmittelbar von der Nutteilung ab. Man überläßt etwa die eine Hälfte der Teilung dem Zahn, die andere der stromführenden Nut und verteilt so die Arbeit zu gleichen Teilen auf den Magnetismus und auf den Strom. Wegen des unvermeidlichen Verlustes an Raum durch die Isolation macht man die Nut in halber Höhe oft etwas stärker als den Zahn.

Der Zahn wird bei Kleinmaschinen parallelflankig ausgeführt; bei den größeren Einheiten bekommt die Nut eine parallele Begrenzung, und zwar zur Aufnahme der außerhalb fertig hergestellten Formspulen. Ihre Breite beträgt dann 50 bis 55% der an der Bohrung gemessenen Nutteilung. Zahnbreite und Nutbreite in $^1/_3$ Höhe sind dann einander fast gleich.

Die sehr schwachen Zähne (0,25 der Teilung) und die entsprechend weiten, aber niedrigen Nuten (0,75 der Teilung) der alten Maschinen werden heute nicht mehr ausgeführt.

Die mitunter recht breiten Zähne ($b_z \approx \frac{2}{3} t_n$) und schmalen Nuten ($b_n \approx \frac{1}{3} t_n$) von Synchronmaschinen finden bei Asynchronmaschinen kaum Anwendung.

Die Nuthöhe h_n verhält sich zur Nutbreite b_n wie 3 : 1 bis 5,5 : 1. Noch schlankere Nuten sind selten. Rückwärts kann man aus diesen Verhältnissen, sofern man über die Nuthöhe h_n entschieden hat, die Nutbreite b_n und daraus die Teilung t_n und zuletzt die Lochzahl q_1 bestimmen.

Die *Läufernuten* der Schleifringmaschinen sind fast immer niedriger als die Ständernuten. Nur bei kleinen Maschinen, deren Nutteilung am Nutengrund wesentlich kleiner als am Ankerumfang ist, findet man höhere Läufernuten. Die Läufernuten müssen 70 bis 80% des gesamten Wicklungsquerschnittes vom Ständer aufnehmen. (Der Läufer ist also belegt mit einem Metallmantel, dessen Dicke das 0,7- bis 0,8-fache der Dicke des Ständermantels — bei gleichem Material — beträgt.) Der Füllfaktor ist wegen der meist geringeren Spannung (weniger Isolation) größer als im Ständer (45 gegen 33 bis 38%), so daß die gesamte lichte Fläche der Läufernuten nur 50 bis 70% derjenigen des Ständers zu betragen braucht.

Nuthöhe und -breite, letztere wieder auf die Teilung bezogen, sind daher kleiner als im Ständer. Man macht die Läufernuthöhe $h_{n,2} \approx 0{,}8 h_{n,1}$.

Bei Käfigankern ist nur das 0,6-fache vom Wicklungsquerschnitt des Ständers unterzubringen, bei Doppelkäfigen rund das Doppelte hiervon, wenn man Messing plus Kupfer wählt. Bei Verwendung von Kupfer im Ständer und Aluminium im Läufer (Spritz- oder Schleuderguß) muß der Metallquerschnitt von Ständer und Läufer sich nahezu decken.

Abb. 23 zeigte typische Läufernutformen für Käfiganker. Bei Rundstäben würde oft der Zahnquerschnitt zu gering werden, so daß man die ovale Form vorzieht. Hochstäbe werden zur Erhöhung des Anlaufmomentes gewählt. In der Regel sind bei ihnen die Zähne stark entlastet. Dagegen leidet die Läuferrückenhöhe, so daß die Nuten u. U. schräg gegen den Radius angestellt werden müssen. Keilstäbe führen zu schmalen Zahnbreiten am Nutengrund, lassen aber ausreichende Querschnitte in $^1/_3$ Höhe über der engsten Stelle stehen; da sie radial kürzer als vergleichbare Rechteckstäbe ausfallen, ist bei ihrer Verwendung der Läuferrücken reichlich bemessen.

Man vermeidet Nutenformen, bei denen entweder die kleinste Zahnstärke unter 6 mm sinkt oder die Läuferzahninduktion Werte über 18000 bis 20000 G an der ungünstigsten Stelle erreicht.

47. Rückenhöhe. Die Rückenhöhen $h_{r,1}$ im Ständer und $h_{r,2}$ im Läufer können — wenn man nur die magnetische Beanspruchung berücksichtigt — gleich groß gemacht werden. Sofern man die mittleren magnetischen Induktionen im Luftspalt und im Rücken oder ihr Verhältnis gewählt hat, hängt die Rückenhöhe h_r nur noch von der Polteilung t_p ab. Es ist wegen der Gleichheit der Flüsse:

$$B_r \cdot 2 h_r \cdot 0{,}92\, l = B_{L,\,\text{mittel}}\, t_p\, l\,,$$

also:

$$h_r = \frac{B_{L,\,\text{mittel}}}{B_r}\, t_p\, 0{,}543\,.$$

$B_{L,\,\text{mittel}}$ beträgt 5000 bis 5700 G, B_r kann man immer mit 12000 bis 13500 G ansetzen, so daß man die Rückenhöhe zu bemessen hat mit

$$h_r \approx 0{,}22 t_p\,.$$

Man kann also im allgemeinen die Rückenhöhe beider Maschinenteile gleich $^1/_4$ bis $^1/_5$ der Polteilung machen. Umgekehrt vermag man bei einem vorgelegten Blech mit meßbarer Rückenhöhe h_r sofort die in Betracht kommende Polteilung t_p zu $4{,}5 h_r$ und damit die in Frage kommende Polzahl anzugeben. Dies ist mitunter recht nützlich.

Aus Gründen der billigen Herstellung wird die Läuferrückenhöhe gelegentlich größer gemacht, und zwar, wenn die Bleche unmittelbar auf die Welle geschoben werden. Bei 2 poligen Maschinen kann der Läuferrücken nur bei Kleinmaschinen nach obiger Formel bemessen werden. Wegen $t_p = \pi D/2$ und $h_r = 0{,}22 t_p$ folgt $h_r = 0{,}35 D$. Allein die Welle braucht schon $^1/_3\, D$ für sich selbst, so daß gerade noch $^1/_3\, D$ für Rückenhöhe plus Nuthöhe im Läufer verbleiben. Der Läuferrücken fällt also um mindestens die Läufernuthöhe zu klein aus. Weitere Einbußen können Ventilationskanäle bringen, die man aber auch oft weglassen darf, ohne allzusehr an Kühlwirkung zu verlieren. Jedenfalls muß man bei großen 2 poligen Einheiten die Luftinduktion reduzieren und doch noch mit rechnerischen Werten von B_r bis 25000 G arbeiten. Bei annähernd synchronem Lauf beteiligt sich auch die massive Welle an der Leitung des Kraftflusses und entlastet damit den Rücken. Bei Stillstand dringt der Fluß nicht in die massive Welle ein, wodurch der Magnetisierungsstrom stark (bis zu 50% und mehr) ansteigt. Der Ständer wird meistens nach der angegebenen Beziehung $h_{r,1} \approx 0{,}22\, t_p$ bemessen. Er wird daher magnetisch voll ausgenutzt, aber nicht überlastet. Nur wenn bei *hoch*poligen Maschinen mit großem Durchmesser und kleiner Polteilung die Rückenhöhe, *mechanisch* gesehen, zu schwach werden würde, macht man sie um 30 bis 50% stärker.

Wenn der Außendurchmesser D_a der Maschine vorgegeben ist, kennt man weder die Polteilung t_p noch die Rückenhöhe h_r beider Maschinenteile. Man weiß aber recht genau, welche Nutenhöhen $h_{n,1}$ und $h_{n,2}$ man zu verwenden gedenkt. Dann findet man wegen

$$D_a - 2 h_{r,1} - 2 h_{n,1} = D = \frac{2 p\, t_p}{\pi} \quad \text{und} \quad h_{r,1} = h_r = 0{,}22\, t_p:$$

$$h_{r,1} = \frac{D_a - 2 h_{n,1}}{1 + \dfrac{1{,}4}{2p}} = (D_a - 2 h_{n,1})\, \frac{2p}{2p + 1{,}4}\,.$$

Die letzte Formel zeigt an, daß bei gegebenem D_a der Innendurchmesser D mit zunehmender Polzahl anwachsen darf. Er beträgt bei 2 Polen 60%, bei 4 Polen 75%, bei 6 Polen 80% und bei 8 Polen 85% von $D_a - 2h_{n,1}$.

Bei noch höherer Polzahl ändert man D nicht mehr, um zu schwache Rücken auszuschließen.

48. Wirkungsgrad und Leistungsfaktor. Zu Beginn des Entwurfes braucht man das Produkt aus Wirkungsgrad η und $\cos\varphi$, um die noch unbekannte Stromaufnahme des Asynchronmotors bestimmen zu können. Der vom Netz zufließende Strom beträgt:

$$I_{\text{netz}} = \frac{N\,1000}{\sqrt{3}\,U_{\text{netz}}\,\eta\,\cos\varphi},$$

mit N = Motorleistung in kW, U_{netz} = Spannung zwischen 2 Zuleitungen in V.

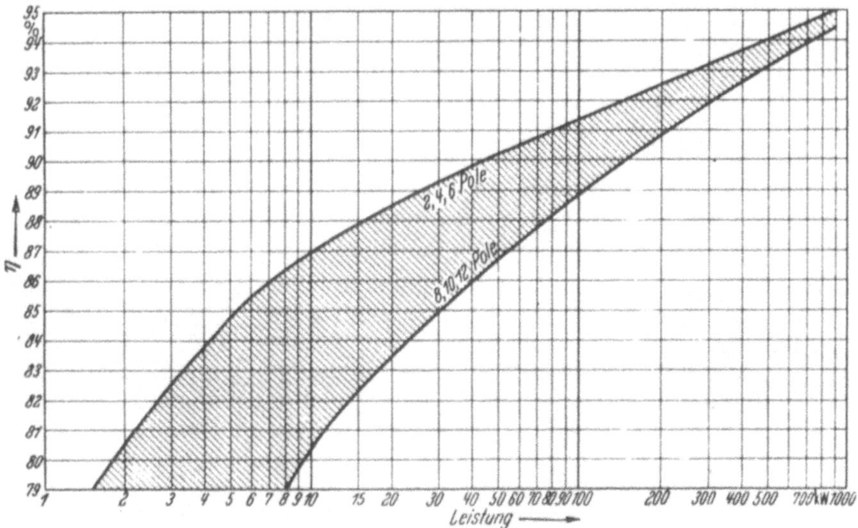

Abb. 133. Bereich der Wirkungsgrade η für 2- bis 12-polige Motoren.

Dieser Strom ist gleich dem Strom je Strang bei Sternschaltung. Dabei ist die Spannung je Strang $U_1 = U_{\text{netz}}/\sqrt{3}$. Bei Dreieckschaltung ist der Strom je Strang gleich $I_{\text{netz}}/\sqrt{3}$, während die Spannungen übereinstimmen. Bei der Berechnung denkt man ausschließlich an die Werte je Strang; nach ihrer Beendigung trage man aber der wirklichen Schaltung wieder Rechnung, um unliebsame Fehler im Verhältnis $1/\sqrt{3}$ zu vermeiden. Die Werte für η und $\cos\varphi$ entnimmt man entweder ähnlichen Maschinen, oder man muß sie vorerst schätzen. Beide hängen in gewissem Maße von der Ausnützung der Maschine ab. Man kann sie also nicht durch unveränderliche Kurvenzüge festlegen. Ursprüngliche Normalwerte wurden mit steigender Ausnützung laufend unterschritten. Wenn man über genügend Werkstoff verfügt, kann man insbesondere den Wirkungsgrad fühlbar anheben. Auch der $\cos\varphi$ läßt sich verbessern.

Einen Überblick über heute übliche, nicht zu hoch angesetzte η-Werte, die mindestens für die erste Durchrechnung benutzt werden können, geben die Abb. 133 und 134. Das erste Bild gibt einen Bereich für Leistungen zwischen 1 und 1000 kW, dessen obere Grenze für 2-, 4- und 6-polige Maschinen und dessen untere für 8-, 10- und 12-polige Motoren gelten kann. Abb. 134 zeigt η von Langsamläufern der Polzahl 24, 36 und 48. Diese Beträge können durch Mehraufwand an Ständerkupfer noch angehoben werden.

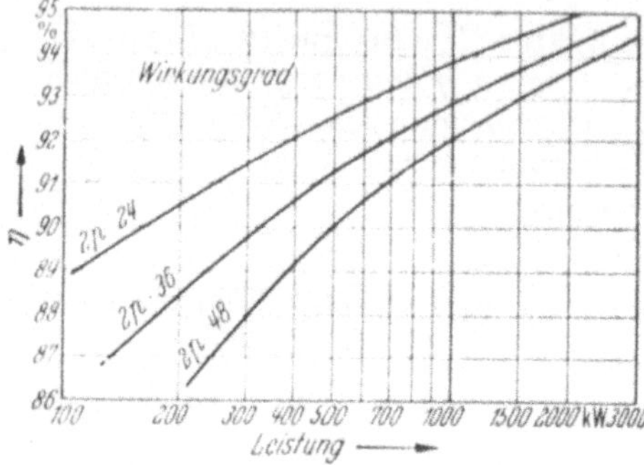

Abb. 134. Wirkungsgrade η für Langsamläufer.

Die Wirkungsgrade gelten nur für Maschinen mit Kupferwicklung. Nimmt man statt dessen Aluminium, so liegen die Werte natürlich tiefer, da bei gleicher Leistung die Wicklungsverluste um 50% ansteigen. Macht man die Nuten entsprechend tiefer und legt 50% mehr Metall hinein, so gehen die Verluste auf den alten Wert zurück. Dagegen steigen die Eisenverluste in den verlängerten Zähnen an. Im allgemeinen wird die Aluminiummaschine einen kleineren Wirkungsgrad und eine kleinere Leistung haben müssen.

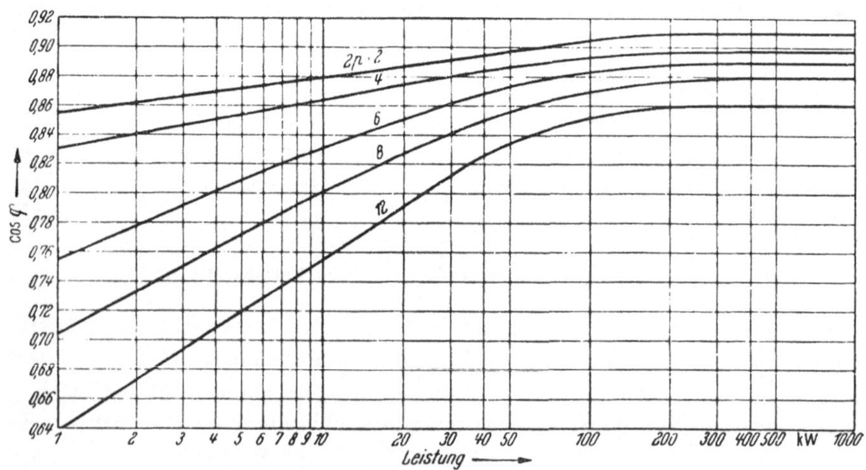

Abb. 135. Leistungsfaktoren $\cos\varphi$ für 2- bis 12-polige Motoren.

Die Wirkungsgrade verstehen sich bei den kleineren Maschinen für solche mit Käfiganker in Aluminiumausführung.

Die Leistungsfaktoren streuen etwas weniger als die Wirkungsgrade; sie unterscheiden sich aber um so stärker bei den verschiedenen Polzahlen. Abb. 135 gibt mittlere Werte für Maschinen mit 2, 4, 6, 8 und 12 Polen und Abb. 136 für 24, 36 und 48 Pole. Im letzten Bild können die $\cos\varphi$-Werte für andere Polzahlen interpoliert werden. Nur die 2-polige Maschine erreicht und überschreitet heute noch den Betrag von 0,90, der früher auch von den größeren 4- und 6-poligen Maschinen eingehalten wurde. Heute gilt ein $\cos\varphi$ von 0,88 bis 0,90 als guter Leistungsfaktor für Schnelläufer. Die Langsamläufer erreichten früher bei einer wesentlich geringeren Ausnutzung ($^1/_3$ bis $^1/_2$ der jetzigen) beachtlich höhere $\cos\varphi$-Werte. Man hat inzwischen zugunsten der billigeren Maschine auf den höheren $\cos\varphi$ verzichtet, den man z. B. durch preiswerte Kondensatoren dem Netz gegenüber beliebig verbessern kann. Der tiefere Grund für den geringen Leistungsfaktor der Langsamläufer liegt im gleichzeitigen Auftreten eines großen Luftspaltes und einer kleinen Polteilung. Über den höchstmöglichen $\cos\varphi$ kann man sich schon frühzeitig einen Anhalt verschaffen, indem man in Annäherung setzt:

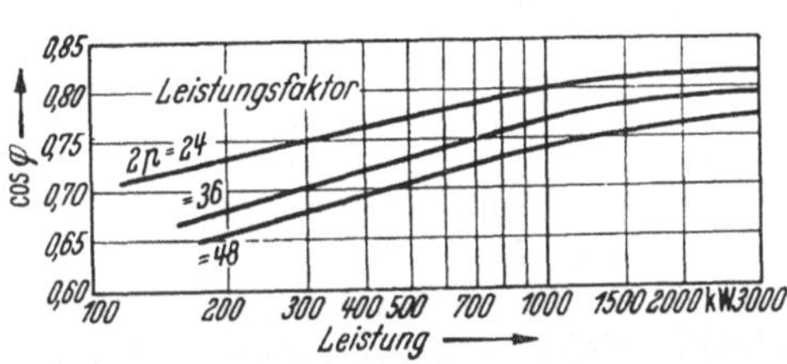

Abb. 136. Leistungsfaktoren $\cos\varphi$ für Langsamläufer.

$$\text{höchster } \cos\varphi \approx \frac{f_{w,1}^2 \lambda_0 - \lambda_i}{f_{w,1}^2 \lambda_0 + \lambda_i} = \frac{I_i - I_\mu}{I_i + I_\mu}.$$

Für λ_i oder I_i sind die Werte, die für kleinen Schlupf gelten, einzusetzen, die also den OSSANNA-Kreis der stromverdrängungsfreien Maschine oder den Schmiegungskreis der Maschine mit Stromverdrängung bestimmen.

Ist z. B. der magnetische Nutzleitwert $\lambda_0 = 40$ und der ideelle Streuleitwert $\lambda_i = 2$, so kann die Maschine bei $f_{w,1} = 0{,}92$ keinen höheren $\cos\varphi$ als 0,89 erreichen.

Bei einem Langsamläufer mit $\lambda_0 = 20$ und $\lambda_i = 2{,}5$ und $f_{w,1} = 0{,}92$ ist der beste $\cos\varphi$ nur 0,74.

Hohe Ständerwicklungs- und Eisenverluste sind eine betrübliche Prämie für den Leistungsfaktor, der durch sie fühlbar angehoben werden kann.

Umgekehrt ist ein geringer *relativer* Kurzschlußstrom eine ebenso mißliche Prämie für eine Maschine mit schlechtem $\cos\varphi$. Dieser bedingt einen höheren Nennstrom und erniedrigt infolgedessen den relativen Einschaltstrom. Es ist also möglich, daß eine Maschine mit höherem relativem Einschaltstrom in Wirklichkeit den kleineren Einschaltstrom hat. Bei Maschinen, die in Konkurrenz zueinander stehen, vergleiche man daher die absoluten Werte von I_k.

49. Fluß und Leiterzahl. Wenn man, ausgehend von der Polzahl und Leistung, unter Benutzung von C und D die Eisenlänge l gefunden hat, kennt man die beiden wesentlichen Abmessungen der Maschine, nämlich D und l. Der nächste Schritt ist die Bestimmung des Kraftflusses Φ. Wie schon oft erwähnt, ist die *mittlere Luftinduktion* $B_{L,\text{mittel}}$ diejenige Größe, die bei den heutigen Maschinen nur in geringen Grenzen schwankt. Unter 4900 G geht man selbst bei ganz kleinen Maschinen (außer Drehreglern) nicht mehr und 5700 G dürfte der höchste Wert auch bei Großmaschinen sein. (In Ausnahmefällen kann man natürlich auch die 6000 G-Grenze überschreiten.) Im Mittel hält man sich an die noch engeren Grenzen 5000 bis 5500 G. Wenn man gar keinen Anhalt besitzt, legt man anfänglich 5250 G zugrunde. Man denke daran, daß die *maximale* Luftinduktion rund 40% (entspr. $\alpha = 1{,}4$) darüber liegt, also zwischen 7000 und 8000 G beträgt. Man bestimmt jetzt den Fluß Φ je Pol:

$$\Phi = B_{L,\,\text{mittel}}\, t_p\, l\, 10^{-6} \text{ M-Maxwell}$$

mit t_p = Polteilung $= \pi D/2p$ in cm, l = Eisenlänge in cm.

Die in Betracht kommenden Zahlenwerte mögen überschlagen werden. Eine kleine Maschine mit 10 cm Polteilung und 8 cm Länge hat einen Fluß von 0,4 M-Maxwell, eine Großmaschine mit 50 cm Polteilung und 60 cm Paketbreite hat einen Fluß von 17 M-Maxwell. Die äußersten Grenzen liegen etwa zwischen 0,2 und 30 M-Maxwell.

Aus dem Fluß Φ berechnet man sofort die primäre Leiterzahl z_1 eines Stranges zu:

$$z_1 = \frac{U_1}{1{,}11\, f_{w,1}\, \Phi}\, \frac{50}{f}\,.$$

U_1 ist die an einem Strang liegende Spannung. Nur bei Kleinmotoren mit hohem relativem Spannungsabfall wird ein entsprechend verkleinerter Betrag zugrunde gelegt werden. Der Wicklungsfaktor $f_{w,1}$ der Ständerwicklung für die Grundwelle wird der Tabelle auf S. 57 entnommen. Er hängt von der Lochzahl q_1 je Pol und Strang und bei gesehnten Wicklungen von der Spulenverkürzung v ab.

Bei einer Frequenz von 50 Hz und bei Einschicht- oder ungesehnter Zweischichtwicklung kann man immer rechnen mit

$$z_1 = \frac{U_1}{1{,}06\, \Phi}\,,$$

und bei normal gesehnter Zweischichtwicklung, deren relative Spulenweite $W/t_p \approx 5/6$ entsprechend $v \approx q/2$ ist, ergibt sich:

$$z_1 = \frac{U_1}{1{,}02\, \Phi}\,.$$

Selbstverständlich wird man bei der endgültigen Rechnung den exakten Wicklungsfaktor berücksichtigen. Die beiden letzten Formeln sollen nur darauf hinweisen, in welch einfachem Zusammenhang bei 50 Hz Leiterzahl, Spannung und Fluß stehen. Vertauscht man die Stellung von Φ und z_1, so erkennt man, daß die auf einen Leiter entfallende Spannung praktisch gleich dem Fluß ist. Die Windungsspannung ist also nahezu gleich dem doppelten Fluß. Im obengenannten Beispiel hat also die kleine Maschine eine Windungsspannung von rund 0,8 V ($\Phi = 0{,}4$) und die Großmaschine eine solche von 34 V ($\Phi = 17$).

Die Leiterzahl je Nut ergibt sich bei m Strängen zu

$$z_n = \frac{z_1}{N_1/m}$$

und speziell bei Dreiphasenmaschinen zu

$$z_n = \frac{z_1}{N_1/3}.$$

Die Leiter eines Stranges verteilen sich auf $^1/_3$ aller N_1 Nuten. Merkwürdigerweise schleichen sich bei solch einfachen Zusammenhängen am liebsten numerische Fehler ein.

Die Formel gilt natürlich *unabhängig* von der Ausführung der Wicklung als Einschicht- oder Zweischichtwicklung. Die Leiterzahl je Spule (korrekter je Spulenseite) ist bei Einschichtwicklungen gleich der Leiterzahl je Nut, da die Nut nur eine Spulenseite aufnimmt. Bei der Zweischichtwicklung ist die Leiterzahl einer Spulenseite gleich der Leiterzahl einer Schicht, also gleich der halben Leiterzahl je Nut, da diese 2 verschiedene Spulenseiten oder 2 Schichten beherbergt. z_n muß daher bei Zweischichtwicklungen durch 2 teilbar sein.

Wenn z_n zu klein oder gebrochen wird, kann man sich fast immer durch Wahl von parallelen Zweigen innerhalb des Stranges helfen, ohne auf das sehr unangenehme Mittel angewiesen zu sein, etwa den Fluß ändern zu müssen.

Resultiert z. B. z_n bei Einschichtwicklung mit $3^1/_2$, so führt man die Maschine mit 7 oder 14 Leitern je Nut und 2 oder 4 parallelen Zweigen aus. Wenn man über die Schaltung in Stern oder Dreieck frei verfügen kann (bei Stern-Dreieckanlauf z. B. nicht), ist es oft möglich, durch Übergang auf die andere Schaltung z_n günstiger zu gestalten. Aus $3^1/_2$ Leitern je Nut, die bei Sternschaltung herauskamen, würde sich $3{,}5\sqrt{3} = 6{,}05$, also 6 je Nut bei Dreieck ergeben.

Eine Feinabstimmung der Leiterzahl $z_n/2$ je Schicht gelingt oft durch Variieren der Spulenweite W. Verkürzt man die Spulen stärker, so wächst $z_n/2$, macht man sie weiter, so sinkt $z_n/2$ um einige Prozent, da der Sehnungsfaktor sich ändert.

Man verändere niemals den Fluß Φ, ehe man nicht die Möglichkeiten rein arithmetischer Art erschöpft hat, also Schaltung, parallele Gruppen und Sehnung untersucht hat. Natürlich dürfen wir uns um ± 1 bis 2% auch im Fluß oder gleichbedeutend hiermit in der mittleren Luftinduktion anpassen.

Die Leiterzahl von *Schleifringankern* wird, wenn man eine bestimmte Schleifringspannung im Stillstand wünscht, ebenfalls nach der Spannungsformel bestimmt. Hier ist man im allgemeinen etwas freier, da die Schleifringspannung meistens um $\pm 10\%$ schwanken darf, ohne daß man den Anlasser ändern müßte. Bei Großmaschinen bekommt der Anker meistens 2 Leiter je Nut, wodurch die gesamte Leiterzahl z_2 eines Läuferstranges festliegt. Durch die — stets unerwünschte — Parallelschaltung von Gruppen kann man die wirksame Leiterzahl z_2 halbieren, dritteln usw. Die Schleifringspannung ist gleich $\sqrt{3}\,U_2$ oder gleich U_2, je nachdem man Stern- oder Dreieckschaltung wählt. Dadurch läßt sich die Spannung in grobem Bereich anpassen.

Erwünscht ist
$$\frac{\text{Schleifringspannung}}{\text{Schleifringstrom}} = 1{,}5 \text{ bis } 2\,.$$

Aus Isolationsgründen unterscheidet man 3 Bereiche der Schleifringspannung. Der Niederspannungsbereich geht bis etwa 800 V, der mittlere Bereich von 800 bis 1300 V und der Hochspannungsbereich von 1300 bis 2200 V zwischen 2 Ringen. Über 2200 V geht man sehr ungern. Muß man es tun, so vermeidet man das wirkliche Auftreten dieser Spannung, indem man die Maschine beim Anfahren an verringerte Netzspannung legt oder indem man den Läufer (der jetzt 6 Ringe bekommt) in Dreieck anläßt und betrieblich auf Stern umschaltet.

Der Strom je Schleifring soll möglichst unter 1000 A liegen. Seine vernünftige obere Grenze liegt bei 1500 A, in Ausnahmefällen bei 2000 A. Darüber hinaus machen die Ringe und ihre Bürstenbestückung große Schwierigkeiten.

Der Asynchronmotor mit Käfiganker aus rechteckigen oder keilförmigen Hochstäben.

50. Aufbau und Wirkungsweise. Zur Vergrößerung des natürlichen Anlaufmomentes der 3-phasigen Asynchronmaschine muß der Läuferwiderstand im Stillstand und während des Hochlaufes in wirksamer Weise erhöht werden.

Beim Schleifringanker verwendet man die beliebig regelbaren äußeren Anlaßwiderstände. Beim Kurzschlußanker scheidet diese Möglichkeit aus. Man muß also versuchen, wenn man den erhöhten Läuferwiderstand nicht auch beim Betrieb mit Nenndrehzahl zulassen will, den Widerstand *frequenzabhängig* zu machen. Beim Anlauf ist die Frequenz im Läuferstab gleich der Netzfrequenz, bei voller Drehzahl unter Last nur noch 2 bis 6% davon. Der Läuferstrom ruft in der oben offenen Läufernut ein Streufeld hervor, das den Leiter seitlich durchsetzt und zu Induktionserscheinungen in ihm selbst führt. Diese machen sich durch Wirbelströme bemerkbar, die sich dem eigentlichen Stabstrom überlagern und seine gleichförmige Verteilung stören. Am Nutengrund ist das Nutenquerfeld noch Null. Die magnetische Induktion quer zur Nut steigt von unten nach oben zu stark an und bewirkt, daß der Strom bei höherer Frequenz einseitig nach *oben* verdrängt wird.

Dadurch wird der Leiter nicht mehr gleichmäßig ausgenutzt und im oberen Teil stärker als bei reiner Gleichstromspeisung belastet. Die Folge sind erhöhte Verluste, die man ihrerseits auf einen erhöhten Widerstand zurückführen kann. Der Effekt ist um so stärker, je höher die magnetische Nutinduktion und je größer die sich dem Nutstreufluß bietende seitliche Leiterfläche ist. Man wird also bei hohen Stäben in oben offenen Nuten besonders große Widerstandszunahmen erwarten können.

Die Widerstandserhöhung nimmt mit sinkender Frequenz ab und verschwindet beim normalen Schlupf fast vollends. Sie ändert sich bei *kleinen* Frequenzen mit dem *Quadrat*, bei *hohen* Frequenzen mit der *Wurzel* aus dem Schlupf, der der Läuferfrequenz verhältnisgleich ist.

Die Wirbelströme bilden sich besonders stark bei Stäben mit hoher Leitfähigkeit aus. Ihre Widerstandserhöhung ist also besonders groß. Verwendet man dagegen Stäbe aus Metall geringer Leitfähigkeit (Messing, Bronze), so ist die Stromverdrängung wesentlich schwächer ausgebildet, und der Stabwiderstand ändert sich nur wenig. Man verwendet daher nur Kupfer- und Aluminiumstäbe, vorzugsweise erstere.

Der die Nut in der Breite *voll* ausfüllende Stab hat die größte Stromverdrängung; ein Stab, der seine Nut seitlich nur halb füllt, wirkt genau so wie ein doppelt breiter Stab der halben Leitfähigkeit. Wir arbeiten und rechnen daher immer mit satt eingepaßten Stäben, die außerdem den betrieblichen Vorzug haben, daß bei ihnen keine Funken zum Läufereisen hin beim Anlauf entstehen können.

Um einen ersten Begriff über die erreichbaren Wirkungen zu geben, mag gesagt werden, daß ein Kupferstab von h cm Höhe — eingebettet in eine oben offene Nut — einem Wechselstrom von 50 Hz fast genau den h-fachen Widerstand bietet, den er einem Gleichstrom entgegensetzt. Das Widerstandsverhältnis beträgt dann also h. Ein 4 cm hoher Stab hat also die 4fachen Verluste, ein 6 cm hoher Stab die 6fachen Verluste. Hat eine Maschine im Kurzschluß, z. B. bei Verwendung von fast stromverdrängungsfreien Rundstäben, ein Anlaufmoment von 30%, so steigt dieses bei Verwendung von rechteckigen Stäben der Höhe $h = 4$ cm, wenn der Strom im Läufer durch geeignete Maßnahmen beibehalten wird, auf 120%, falls wir uns die Maschine sehr breit vorstellen und den Einfluß der Ringe vernachlässigen. In der Nähe des Synchronismus verschwinden die zusätzlichen, beim Anlauf erwünschten Verluste, und die Maschine läuft mit den normalen Läuferwicklungsverlusten.

Die Stromverdrängung tritt im wesentlichen nur in den im Eisen eingebetteten Stablängen auf. Die frei in Luft liegenden Stücke und die Ringe zeigen fast keine Stromverdrängung. Die resultierende Wirkung des ganzen Käfigs ist bei einer schmalen Maschine daher wesentlich geringer. Sie hängt von der Aufteilung des Ohmschen Läuferwiderstandes R_2 auf den in Luft liegenden Teil R_2' und den im Eisen eingebetteten Teil R_2'' ab. Im Mittel tritt nur $^2/_3$ der örtlichen, hohen Widerstandsänderung wirksam für den ganzen Läufer in Erscheinung. Braucht man z. B. ein gesamtes Widerstandsverhältnis von 3, so muß im eingebetteten Stab selbst ein Verhältnis von rund 4,5 auftreten.

Wenn man statt der rechteckigen Stäbe solche von *Keilform* nimmt, deren Breite mit zunehmender Leiterhöhe abnimmt, so daß also die schmale Leiterkante am Nutenfenster und die breite Seite am Nutengrund liegt, so erhöht sich bei gleicher Gesamthöhe der Effekt der Stromverdrängung ganz erheblich. Der gesamte Leiterstrom zieht sich wie beim parallelflankigen Stab auf dieselbe obere Zone zurück, deren Querschnitt durch die Keilform aber stark, z. B. auf $^1/_2$ oder $^1/_3$, geschwächt ist. Dadurch wächst das Widerstandsverhältnis noch ganz bedeutend an. Diese Stabform ist als die technisch richtige zu betrachten. Sie ist in jeder Beziehung der Rechteckform überlegen.

Außer Rechteck- und Keilstäben hat man gelegentlich abgesetzte Stäbe mit schlankem Oberteil vorgeschlagen. Ihre Anwendung tritt wohl stark zurück.

Rundstäbe können erst ab 1,5 cm Durchmesser als stromverdrängungsbehaftet angesehen werden. Ihr Widerstandsverhältnis liegt weit unter dem der schmalen Keilstäbe; sie können aus der Betrachtung herausgehalten werden.

Der zweite, völlig unerwünschte und für uns schädliche Effekt der Stromverdrängung besteht in der *Abnahme* des *Streublindwiderstandes*, die stets die Zunahme des Wirkwiderstandes begleitet. Dies gilt besonders bei den uns hier allein interessierenden Einzelstäben je Nut. Mit wachsender Frequenz, wachsender Leiterhöhe und wachsender Leitfähigkeit des Leitermetalles strebt die Natur dahin, daß der Ohmsche und der induktive Widerstand einander nahezu gleich werden. Ohne die Stromverdrängung, die wir durch Verdrillung unseres in feine Adern aufgeteilten, wirklichen Massivstabes vermeiden könnten, würde der Blindwiderstand ein Vielfaches des Ohmschen Widerstandes sein; er könnte z. B. das 20-fache betragen. Durch die Stromverdrängung geht der 20-fache Blindwiderstand zurück auf $^1/_4$, der Ohmsche herauf auf das 5-fache, so daß beide den relativen Betrag 5 annehmen.

Die Abnahme des Streublindwiderstandes bewirkt eine *Vergrößerung* des Kurzschlußstromes. Mit sinkender Läuferfrequenz nimmt der Streublindwiderstand wieder zu und erreicht Werte, die fühlbar höher liegen als bei stromverdrängungsfreien Maschinen mit ihren weiteren, niedrigeren Nuten. Der Schmiegungskreis, der die Ortskurve unserer neuen Maschine im Bereich kleiner Schlüpfe gut annähert, ist daher kleiner als der OSSANNA-Kreis einer verdrängungsfreien Maschine mit gleichem Kurzschlußstrom. Der Preis für das vervielfachte Anlaufmoment wird also bezahlt mit einem kleineren Kippmoment und einem geringeren Leistungsfaktor bei Nennlast. Der Wirkungsgrad jedoch nimmt nur wenig ab.

Die Verringerung des Streublindwiderstandes kommt durch die verkümmerte Ausbildung des Nutstreufeldes im oberen Teil der Läufernuten zustande. Der ganze untere Nutteil (unterhalb einer gewissen kritischen Grenze) kann bei starker Verdrängung als feldfrei und daher weggeschnitten betrachtet werden. Bei wachsender Drehzahl sinkt die Frequenz des Läuferstromes. Der Strom verteilt sich immer besser auf den ganzen Stab, das Streufeld wird größer, der Streublindwiderstand wächst an.

Bei Maschinen mit großer Polteilung (über 20 cm) reicht der durch die Stromverdrängung auf $^1/_3$ bis $^1/_5$ reduzierte Streublindwiderstand der Läufernuten nicht mehr aus, um den Stillstandsstrom I_k auf dem gewünschten Wert zu halten. Man muß daher in der Regel erhebliche *zusätzliche* Streuleitwerte in eigens hierfür vorgesehene Streustege des Läufers legen. Der Blindwiderstand (immer nur auf Netzfrequenz zu beziehen) dieser Stege ist natürlich, da sie frei vom Strom sind, nicht der Verdrängungserscheinung unterworfen und daher konstant. Durch diesen Ballast wird die *Schwankung* des Streublindwiderstandes des stromführenden unteren Läufernutteiles außerdem im günstigen Sinn gemildert.

Bei kleinen Polteilungen (14 bis 20 cm) leiden die Maschinen von Natur aus an zu großer Streuung. Verwendet man bei ihnen Hochstäbe, so wächst der natürliche Streublindwiderstand X_i (für $s = 0$ berechnet) wegen des großen Leitwertes der hohen schmalen Nuten stark an. Vergleicht man z. B. eine runde Nut mit einer Keilnut von 30 mm Höhe und der Breite $b_1 = 2$ mm oben bzw. $b_0 = 6$ mm unten, so hat die erste Nut im stromführenden Teil ein $\lambda_n = 0{,}6$ und die zweite ein $\lambda_n = 4$. Beim Stillstand geht dieser Wert auf rund 1 zurück, so daß beide Maschinen, die sich also nur durch die Läufernutenform und sonst in nichts unterscheiden sollen, fast den gleichen Stillstandsstrom I_k haben werden. Im Bereich der Synchrondrehzahl tritt $\lambda_n = 4$ der Keilstabmaschine voll in Erscheinung. Die Maschine wird also vergleichbar mit einer Rundstabmaschine, die einen zusätzlichen Streusteg vom Leitwert $4 - 0{,}6 = 3{,}4$ hat. Wegen dieser Mitgift hütet man sich bei Maschinen, zu denen vor allen Dingen die Langsamläufer der Polzahl 36 und 48 gehören, vor eigens vorgesehenen Streustegen. Man bringt bei ihnen also die Leiteroberkante so dicht wie möglich an die Läuferoberfläche heran. Um zusätzliche (z. T. enorme) Wirbelströme in der Oberkante durch das magnetische *Nutz*feld des Luftspaltes zu vermeiden, darf man aber nur bis 1, allerhöchstens 0,5 mm an den Luftspalt herankommen. Das heißt also, daß man einen Schutzsteg von 1 mm Höhe aus ganz anderen Gründen als denen der Streuungsbemessung vorzusehen hat.

Da der Rechteckstab noch stärkere Schwankungen des Streublindwiderstandes als der Keilstab zeigt, ist er diesem unterlegen. Der Rechteckstab ist natürlich als ein Mitglied der Familie der Keilstäbe zu betrachten. Man muß also folgern, daß der beste Stab derjenige mit *starkem* Anzug, ausgewiesen durch das Seitenverhältnis, ist. Meist wählen wir für dieses den Wert b_1/b_0, indem wir die Staboberkante b_1 zur Stabunterkante b_0 in Beziehung setzen. (Der Index 1 deutet auf die ganze Nut- oder Stabhöhe, der Index 0 bedeutet Höhe Null.) Ein Rechteckstab wird dann gekennzeichnet durch $b_1/b_0 = 1$, ein mittlerer Keilstab durch $b_1/b_0 = 0{,}5$ und der als am stärksten angezogene, praktisch zu verwendende Stab durch $b_1/b_0 = 0{,}3$.

Wie immer muß der Ingenieur das ganze Gebiet zu erforschen bemüht sein, um dann der Weisheit der Beschränkung Platz zu gewähren. In unserem Falle heißt das, daß wir zuerst alle Eigenschaften aller Keil*formen* studieren werden, um sie dann bis auf höchstens 3 für immer zu verlassen.

Ich empfehle die *alleinige* Verwendung von $b_1/b_0 = 1$, 0,5 und 0,33. Der erste Stab ist natürlich der Rechteckstab. Er hat statt eines elektrischen Vorteiles, der von den beiden anderen in höherem Maße gewährt wird, unwiderleglich den Vorzug, billiger hergestellt werden zu können.

Bemessung und Berechnung des Ständers, des Läufers (außer der Nutform), des magnetischen Kreises, des Streublindwiderstandes (oberhalb Läuferstab-Oberkante) und der Verluste geschehen genau wie bei der stromverdrängungsfreien Maschine. Der $\cos\varphi$ ist um 0,02 kleiner anzusetzen, die Ausnützungsziffer C bleibt dieselbe. Die mittlere Luftinduktion wird beibehalten. Man rechnet also eine Maschine mit Stromverdrängungsanker genau so durch wie eine normale Maschine und hat nur den Echtwiderstand der in Eisen eingebetteten Läuferstäbe und den echten Streuleitwert des stromführenden Läufernutteiles in Abhängigkeit vom Schlupf etwa für $s = 1$, 0,25, 0,125 und 0 zusätzlich zu bestimmen. Betrachtet man diese Größen jeweils als konstant, so kann man nach normalem Vorgang je einen OSSANNA-Kreis (für jeden Schlupf also einen anderen) konstruieren. Auf diesem bestimmt man den Punkt für den zugrunde gelegten Schlupf und löscht alle anderen Punkte des Kreises wieder aus. Die verbleibenden Punkte liefern die Ortskurve der Maschine mit Stromverdrängungsanker.

51. Erhöhung des Stabwiderstandes und Verringerung des Nutstreuleitwertes.

Bei gleichförmiger Verteilung des Stromes bietet ein l cm langer Keilstab nach Abb. 137 dem Strom einen Wirkwiderstand:

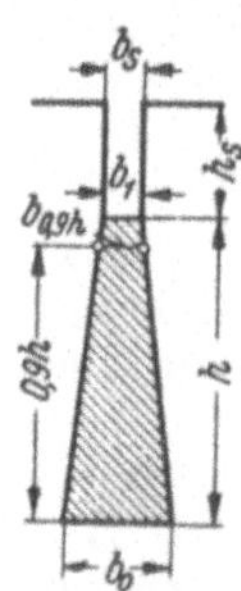

Abb. 137. Bezeichnung der Abmessungen von Keilstäben.

$$r = \frac{l}{h\left(\frac{b_1 + b_0}{2}\right) 10^4 L}\ \Omega,$$

wobei (hier ausnahmsweise) die Abmessungen l, h, b_1 und b_0 in cm und L wie immer in m/(Ω mm²) einzusetzen sind.

Der Streuleitwert des stromführenden Nutteiles ist:

$$\lambda_n = \frac{h}{3\,b_1}\, y_1(\beta) \quad \text{mit} \quad \beta = \frac{b_1}{b_0}.$$

Der Streuleitwert ist kleiner als der einer Rechtecknut gleicher Höhe h und gleicher oberer Breite b_1. Der Korrekturfaktor $y_1(\beta)$ ist Abb. 138 zu entnehmen. Angenähert kann man λ_n berechnen, indem man setzt:

$$\lambda_n \approx \frac{h}{3\,b_{0,9h}} \quad \text{mit} \quad b_{0,9h} = \frac{9\,b_1 + b_0}{10}.$$

Dies ist die Nutbreite in 90% der Stabhöhe gemessen. Der Fehler beträgt höchstens −4,5%, d. h. der wahre Wert liegt über dem näherungsweise berechneten.

Unter dem Einfluß der Stromverdrängung bietet der Stab infolge der wirklichen, nicht mehr gleichförmigen Stromverteilung einen erhöhten Wirkwiderstand $r_\sim$ und einen verringerten Streuleitwert $\lambda_\sim$, die über das *Widerstandsverhältnis* k_r und das *Streuverhältnis* k_i aus r und λ_n berechnet werden:

$$r_\sim = r\,k_r, \qquad \lambda_\sim = \lambda_n\,k_i.$$

Die beiden Verhältniswerte k_r und k_i hängen ab von der Frequenz, von der Leitfähigkeit, von der Stabhöhe h und vom Seitenverhältnis $\beta = b_1/b_0$. Die Frequenz wird bei unserem Problem am besten durch die Netzfrequenz f und den Schlupf s ausgedrückt. Die magnetische Leitfähigkeit des Stabes wird gleich der des Vakuums gesetzt. (Eiserne Leiter scheiden also aus der Betrachtung aus.)

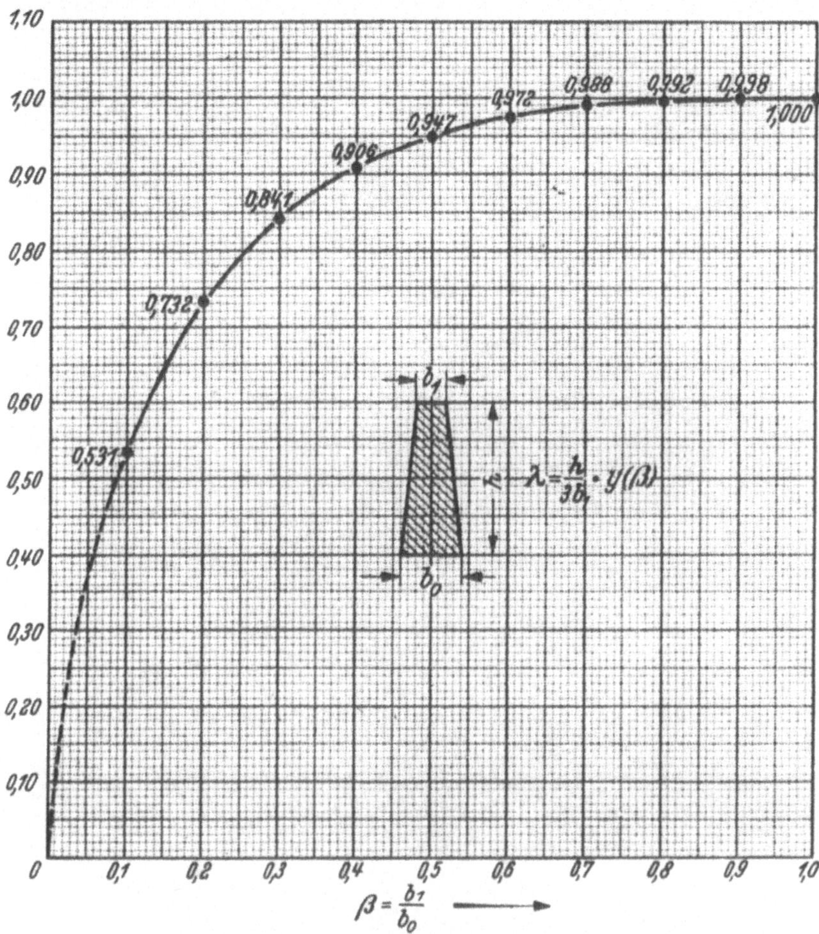

Abb. 138. Beiwert $y(\beta)$ zur Berechnung des Streuleitwertes des stromführenden Teiles von Keilnuten. (Im Text: $y_1(\beta)$).

$$y(\beta) = \frac{3\beta}{(1-\beta)(1-\beta^2)}\left[\frac{1}{1-\beta^2}\ln\frac{1}{\beta} - 0{,}75 + 0{,}25\beta^2\right].$$

Die mathematische Untersuchung zeigt, daß k_r und k_i dargestellt werden können in Abhängigkeit der *reduzierten Leiterhöhe* h' und des Seitenverhältnisses β. Die reduzierte Leiterhöhe h' ist eine reine Zahl und beträgt:

$$h' = \frac{\pi}{\sqrt{10}}\sqrt{s\frac{f}{50}\frac{L}{50}}\,h \approx \sqrt{s\frac{f}{50}\frac{L}{50}}\,h.$$

Die Leiterhöhe h muß hierbei in cm eingesetzt werden. Da die Netzfrequenz f in der Regel 50 Hz und die Leitfähigkeit des mäßig warmen Kupfers 50 m/(Ω mm²) beträgt, stimmt bei Stillstand die reduzierte Leiterhöhe nahezu überein mit dem in cm gemessenen Betrag der Stabhöhe, also gilt $h' \approx |h \text{ in cm}|$.

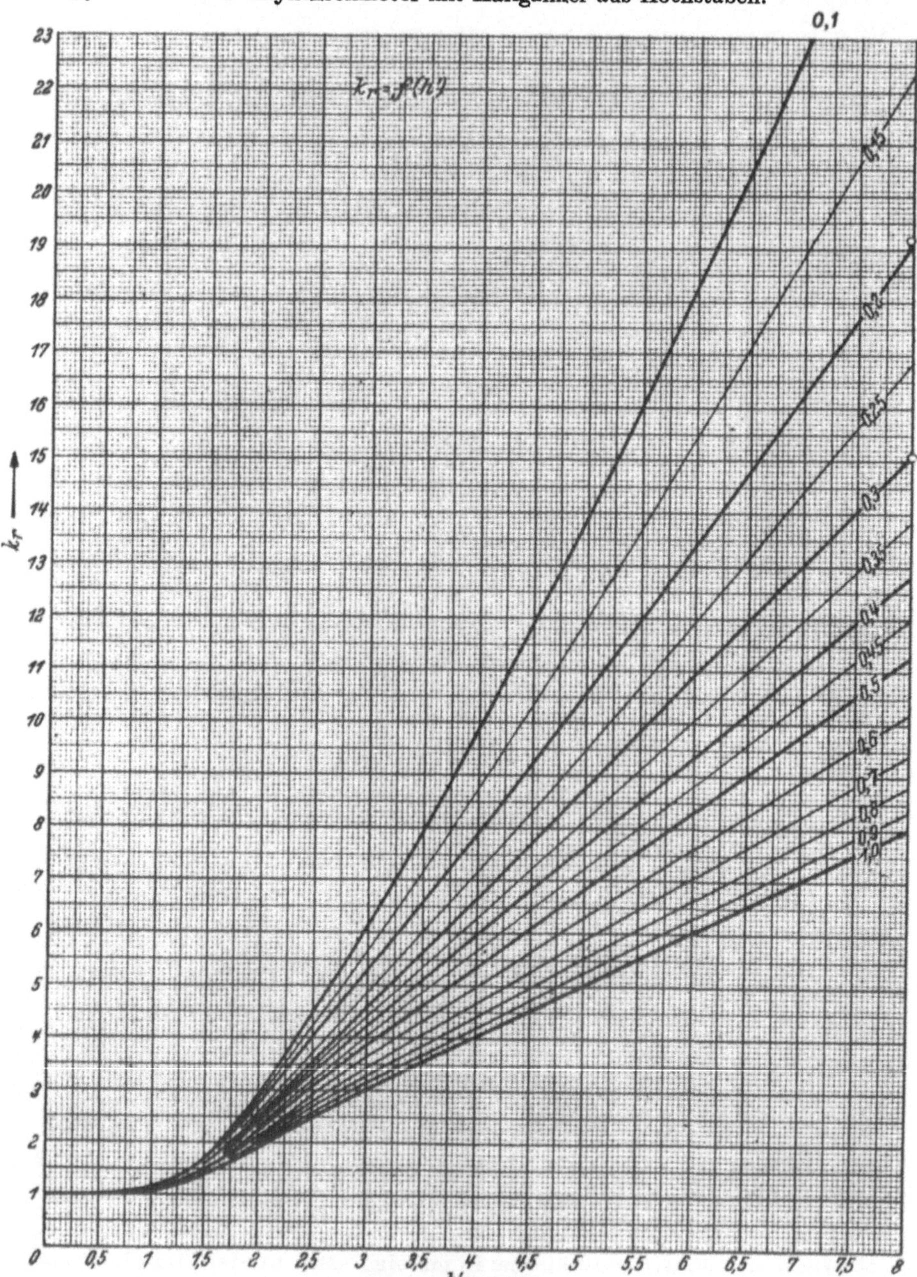

Abb. 139. Widerstandsverhältnis k_r von Keilstäben in Abhängigkeit der reduzierten Leiterhöhe h' mit dem Seitenverhältnis β als Parameter.

$$k_r = \frac{r_\sim}{r}, \quad h' \approx \sqrt{s \frac{f}{50} \frac{L}{50}}\, h, \quad \beta = \frac{b_1}{b_0}.$$

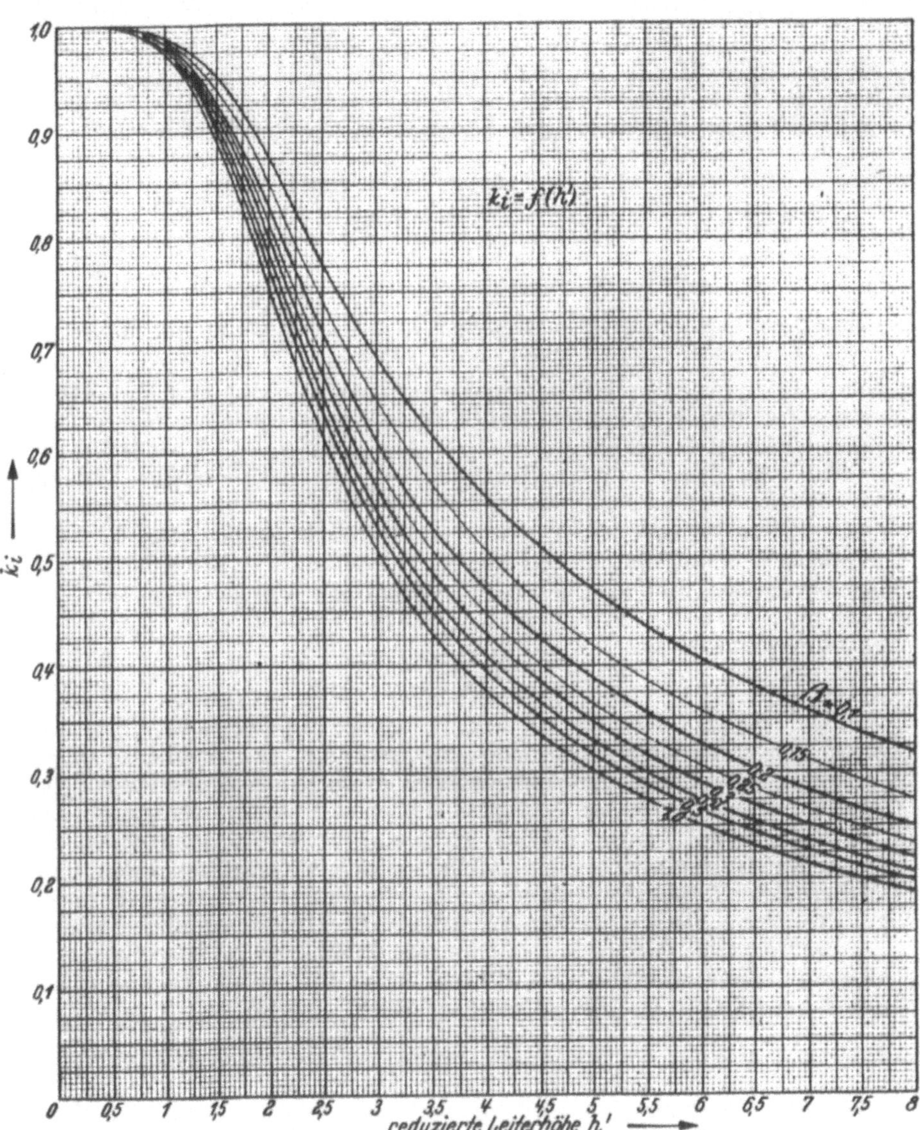

Abb. 140. Streuverhältnis k_i von Keilstäben in Abhängigkeit der reduzierten Leiterhöhe h' mit dem Seitenverhältnis β als Parameter.

$$k_i = \frac{\lambda_\sim}{\lambda}, \quad h' \approx \sqrt{s\,\frac{f}{50}\,\frac{L}{50}}\,h, \quad \beta = \frac{b_1}{b_0}.$$

Abb. 139 und 140 zeigen $k_r(h'; \beta)$ und $k_i(h'; \beta)$. Mit ihrer Hilfe ist man imstande, einen in den Abmessungen vorgelegten Hochstabmotor zu berechnen. Man hat nur zu beachten, daß der ideelle Streuleitwert λ_i und der Wirkwiderstand r des im Eisen eingebetteten Stabteiles jetzt vom Schlupf s abhängig sind. In ausführlicher Schreibweise ist:

$$\lambda_i = \frac{\lambda_{n,1}}{q_1} + \lambda_s \frac{l_{s,1}}{l} + \lambda_0 f_{w,1}^2 (\sigma_{d,1} + \sigma_{d,2} + \sigma_{\text{schr}}) + \\ + \frac{\frac{h_{s,2}}{b_{s,2}}}{q_2} f_{w,1}^2 + \frac{\lambda_n}{q_2} f_{w,1}^2 k_i ,$$

$$R_2 = \frac{N_2}{3}(r' + r'' k_r),$$

wobei r' = Stabwiderstand einschließlich Ringanteil außerhalb des Eisens und
r'' = Stabwiderstand innerhalb des Eisens.

Man wählt beliebige Werte s, darunter speziell $s = 1$ und $s = 0$, bestimmt k_r und k_i und berechnet λ_i und R_2/s. Zu jedem λ_i gehört ein eigener Strom I_i und dazu wieder ein eigener Strom $I_\varnothing$. Über jedem $I_\varnothing$ zeichnet man den Halbkreis, auf dem man mittels der beiden Verluststrecken v_1 und v_2 den Betriebspunkt P_s bestimmt. Die Mittelpunkte aller Kreise liegen auf der gleichen Mittelpunktgeraden. Die Verluststrecken v_1 und v_2 sind für den jeweils zugehörigen Durchmesserstrom $I_\varnothing$ zu bestimmen. Für R_1 ist der unveränderliche Ständerwiderstand R_1 und für R_2/s der veränderliche Läuferwiderstand eines gedachten Stranges einzusetzen:

$$\frac{R_2}{s} = \frac{N_2}{3} \frac{r' + r'' k_r}{s}$$

Die Widerstandszunahme von r'' auf das k_r-fache und die Abnahme des Streublindwiderstandes des stromführenden Teiles der Läufernut auf das k_i-fache der Werte bei gleichförmiger Stromverteilung soll näher untersucht werden. Zu diesem Zwecke werde nur ein einzelner, auf seine ganze Länge l in das Eisen eingebetteter Leiter betrachtet. Sein Seitenverhältnis $\beta = b_1/b_0$ bleibe unverändert, dagegen sollen seine Höhe h, der Absolutwert von b_1 und b_0 oder die Frequenz seines Stromes sf in weiten Grenzen veränderlich sein. Die Impedanz dieses Stabes besteht aus der Summe seines Ohmschen Widerstandes $r k_r$ und seines Streublindwiderstandes $j s x k_i$. Wir beziehen die Impedanz zuerst auf $s x$ und betrachten also den reduzierten Wert:

$$\mathfrak{z}_l = \frac{r}{s x} k_r + j k_i .$$

Der darin vorkommende Ausdruck r/sx ist sehr nahe mit der obengenannten reduzierten Leiterhöhe h' verwandt, und zwar durch:

$$h' = \sqrt{1{,}5 \frac{s x}{r}}\, y_2(\beta) \quad \text{mit} \quad y_2(\beta) = \sqrt{\frac{2\beta}{1+\beta} \frac{1}{y_1(\beta)}} .$$

Dieser Zusammenhang resultiert aus den Formeln für r und $s x$:

$$r = \frac{l}{h \frac{b_1 + b_0}{2} 10^4 L} \quad \text{und} \quad s x = \frac{4\pi^2}{10} \frac{s f}{50} l\, 10^{-6} \frac{h}{3 b_1} y_1(\beta) .$$

Der Verlauf von $y_2(\beta)$ ist in Abb. 141 eingetragen. Wir gehen nun so vor, daß wir für die einzelnen Seitenverhältnisse β zu vielen Werten von sx/r die reduzierte Leiterhöhe h' und sogleich an Hand der Kurven in Abb. 139 und 140 k_r und k_i bestimmen. Dann stellen wir $\mathfrak{z}_I$ dar, indem wir einerseits β und andererseits sx/r oder seinen Kehrwert $r/(sx)$ als Parameter festhalten. Es ergeben sich die beiden Kurvenscharen der

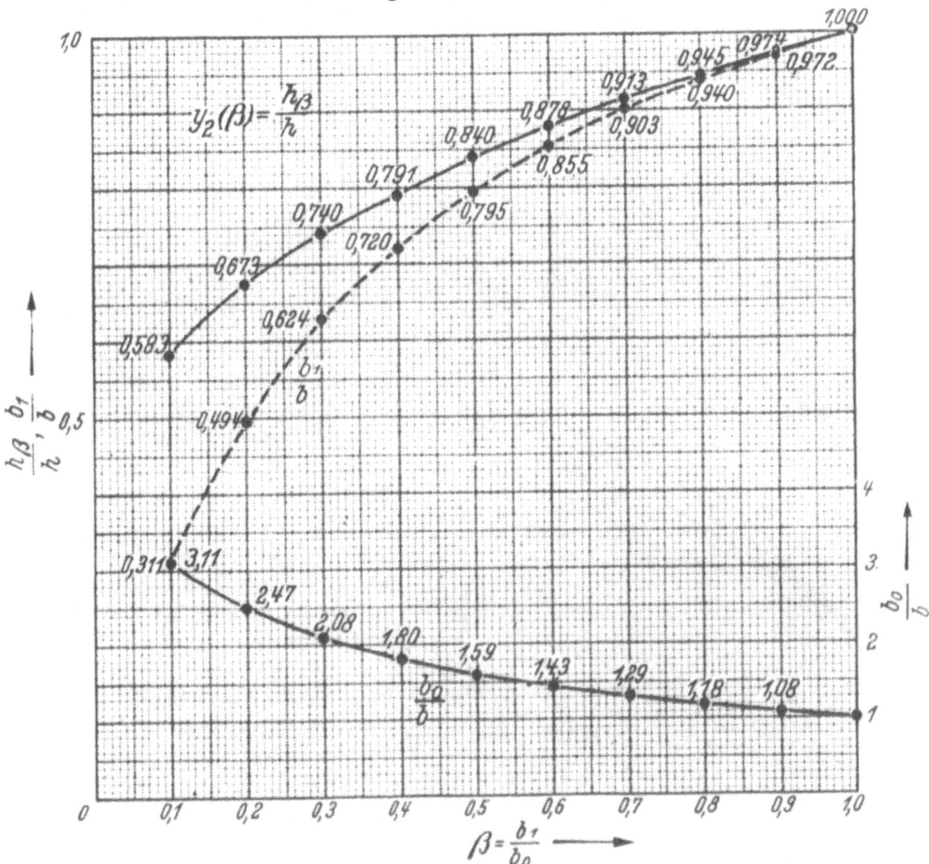

Abb. 141. $y_2(\beta) = \frac{h_\beta}{h}$, $\frac{b_1}{b}$ und $\frac{b_0}{b}$ in Abhängigkeit des Seitenverhältnisses von Keilstäben.

aufschlußreichen Abb. 142. Die Endpunkte der von 0 ausgehenden reduzierten Impedanzen $\mathfrak{z}_I$ würden bei einem nicht der Verdrängung unterworfenen Stab auf der Senkrechten $\mathfrak{G}$, die im Abstand j von 0 die waagerechte, imaginäre Achse schneidet, liegen. Mit zunehmendem β (Annäherung an die Rechteckgestalt) steigt bei festgehaltenem $r/(sx)$ die Wirkkomponente der Stabimpedanz an, während die Blindkomponente stetig sinkt. Die Wirkkomponente (also das Maß für $k_r r$ bei festgehaltenem x und s) erreicht für die Parameterwerte $r/(sx)$ unter 0,2 ein Maximum und fällt bei weiterer Annäherung an die rechteckige Stabform wieder ab. Für diesen Grenzfall ist $k_r \approx 2{,}8$. In der Regel genügt dieser Wert des Widerstandsverhältnisses nicht, so daß man Parameterwerte $r/(sx)$ unter 0,2 oder sx/r über 5 betrachten muß. Bei ihnen zeigt sich aber eindeutig, daß dem rechteckigen Stab ($\beta = 1$) nur ein fühlbar unter dem jeweiligen Höchstwert liegendes k_r und vor allem ein recht kleines, sehr unerwünschtes Streuverhältnis k_i zukommt. Als beste Stabform erscheint $\beta = 0{,}3$ bis $0{,}5$.

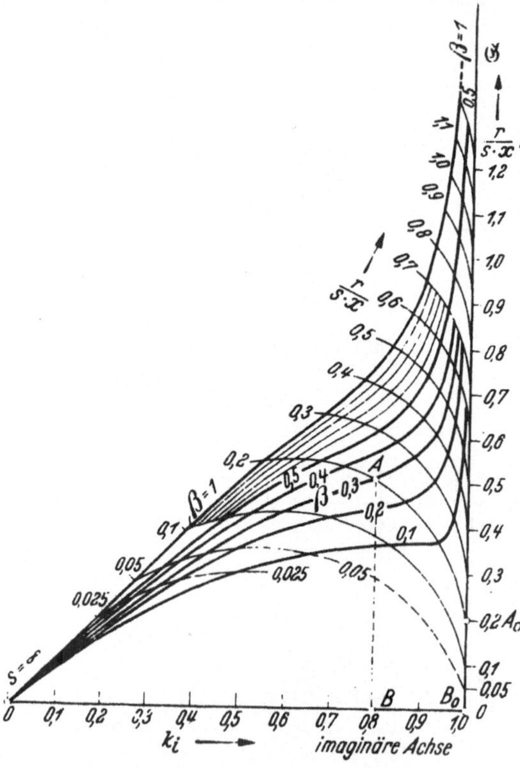

Abb. 142. Verlauf der Impedanz: $\mathfrak{z}_I = \frac{r}{s x} k_r + j k_i$ eines Keilstabes mit den Parameterlinien für $r/(s x)$ und $\beta = b_1/b_0$ gleich const.

Wenn man in der Maschine bei einem bestimmten Läuferstillstandsstrom und bei gegebenem r ein bestimmtes Anlaufmoment erzielen will, so muß man ein ganz bestimmtes k_r erreichen. Dazu existieren in der Regel zwei verschiedene Stäbe, mit zwei verschiedenen Werten β. Ohne Zweifel wird man den Stab aussuchen, dessen k_i bereits den näher an 1 gelegenen Betrag hat, da sich bei diesem Stab die kleinere Schwankung des Streublindwiderstandes ergibt. Der bessere Stab hat aber das kleinere β, also bedingt umgekehrt ein kleineres β auch den besseren Stab.

Die Maschine mit dem stärker angezogenen Keilstab hat ein höheres Kippmoment und den besseren Leistungsfaktor, wenn man vom gleichen Kurzschlußstrom ausgeht.

Die Beträge von k_r und k_i können Abb. 142 entnommen werden zu

$$k_r = \frac{\overline{AB}}{\overline{A_0 B_0}} \quad \text{und} \quad k_i = \frac{\overline{OB}}{\overline{OB_0}}.$$

Man beachte, daß die höchsten k_r-Werte unten links zu finden sind. Die Strecke $\overline{AB}$ wird dort zwar zunehmend kleiner, der Betrag von $\overline{A_0 B_0}$ fällt aber in noch viel stärkerem Maße ab, so daß beider Verhältnis dauernd wächst.

Man gleitet auf den Kurvenscharen $\beta = \text{const}$ nach oben, wenn man den Schlupf s verringert oder den Ohmschen Widerstand r erhöht oder den Streuleitwert λ_n (also x) verkleinert. Denkt man an unveränderte Frequenz, also speziell an $s = \text{const}$, und füllt man in die Nut nacheinander Stäbe aus Silber, Kupfer, Aluminium, Messing, Bronze oder Manganin, so durchläuft man die gleichen Kurvenscharen $\beta = \text{const}$ wieder von unten links nach rechts oben. Ein supraleitender Stab ergäbe für alle Formen β den Punkt 0; er böte weder Ohmschen noch induktiven Widerstand.

Hält man Material, Stabform und Stabgröße fest und verkleinert man die Frequenz, speziell also den Schlupf s, so durcheilt man wieder die Kurven $\beta = \text{const}$ von unten nach oben. Dies geschieht aber tatsächlich in der an- und hochlaufenden Maschine. Daher stellen die Kurven $\beta = \text{const}$ gleichzeitig den mit s veränderlichen Anteil der Impedanz der Asynchronmaschine mit Stromverdrängung dar. Man hat den Ursprung 0 nur noch um einen dem primären Widerstand R_1 proportionalen Betrag nach unten und um einen dem Blindwiderstand $X_\varnothing$ proportionalen Betrag nach links zu verlagern, um eine Darstellung (relativer Art) der Impedanz $\mathfrak{z}' = \mathfrak{U}'/(\mathfrak{I}_1 - \mathfrak{I}_0)$ der ganzen Maschine zu gewinnen. Dies gilt für sehr breite Maschinen mit $r'/r'' \to 0$.

Wenn man nur die absoluten Stababmessungen verkleinert und sonst nichts verändert, bleibt sx erhalten und wächst r quadratisch an. Wiederum gleitet man längs der Kurven $\beta = \text{const}$ nach oben. Man erkennt, daß die absolute Größe des Stabquerschnittes und seine Leitfähigkeit erst in Verbindung mit einer bestimmten Netzfrequenz f und einem bestimmten Schlupf s von wirklichem Interesse ist. Ein winziger Stab gibt der hochfrequent betriebenen Maschine die gleichen typischen Eigenschaften wie ein durch *ähnliche* Vergrößerung entstandener grober Stab seiner Maschine bei mäßig frequenter Speisung.

Wenn man verschieden gestaltete Stäbe in ihren Eigenschaften miteinander vergleichen will — und dazu sind wir hier unter allen Umständen gezwungen —, muß man vorher eine vernünftige Basis festlegen. Wir wählen die beiden einzigen sinnvollen Bedingungen aus. Erstens sollen die vergleichbaren Stäbe bei Nennlast zu gleichen Läuferverlusten führen, also muß r oder bei gleichem Werkstoff der Querschnitt $F = h(b_1 + b_0)/2$ übereinstimmen. Zweitens soll der Nennleistungsfaktor der gleiche sein, also muß x oder λ_n übereinstimmen. (k_i ist im Bereich der Nenndrehzahl wegen $s \to 0$ fast Eins.) Wir vergleichen daher nur Stäbe, für die gilt:

$$h \cdot (b_1 + b_0) = \text{const} \quad \text{und} \quad \lambda_n = \frac{h}{3b_1} \cdot y_1\left(\frac{b_1}{b_0}\right) = \text{const}.$$

Beginnt man z. B. die Betrachtung mit dem Rechteckstab der Höhe h und der Breite b, die wegen seiner Form mit b_1 und b_0 identisch ist, so findet man sofort:

$$r = \frac{l}{h\, b\, 10^4\, L} \quad \text{und} \quad s\,x = \frac{4\pi^2}{10}\, l\, \frac{s\,f}{50}\, 10^{-6}\, \frac{h}{3b} \quad \text{und daraus:}$$

$$h' = \sqrt{1{,}5\, \frac{s\,x}{r}} \quad \text{wegen} \quad h' = \frac{\pi}{\sqrt{10}} \sqrt{s\, \frac{f}{50}\, \frac{L}{50}}\,.$$

Die eigentlichen Keilstäbe mit $\beta = b_1/b_0$ kleiner als Eins müssen, wenn wir die obigen beiden Bedingungen einhalten wollen, so bemessen werden, daß bei ihnen wird:

$$h_\beta \cdot (b_1 + b_0) \frac{1}{2} = h b \quad \text{und} \quad \frac{h_\beta}{3 b_1} \cdot y_1\left(\frac{b_1}{b_0}\right) = \frac{h}{3 b},$$

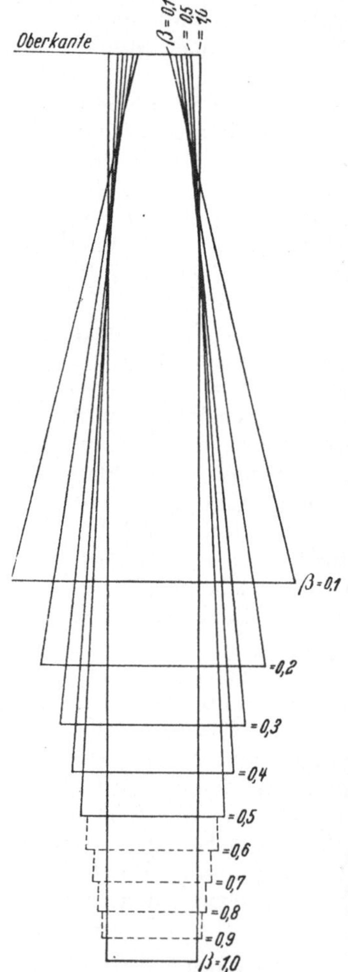

Abb. 143. Keilstäbe gleichen Querschnittes und gleicher Nutstreuung bei verschwindend kleiner Frequenz.

wobei h_β die Höhe des Keilstabes zum Unterschied von der Höhe h des vergleichbaren Rechteckstabes ist. Diese beiden Bedingungen werden erfüllt, wenn man macht:

$$h_\beta = h \sqrt{\frac{2\beta}{1+\beta} \frac{1}{y_1(\beta)}};$$

$$b_0 = b \sqrt{\frac{2 y_1(\beta)}{\beta(1+\beta)}}.$$

$$b_1 = b_0 \beta.$$

Die hier interessierenden *Verhältnisse* h_β/h, b_0/b und b_1/b sind in Abb. 141 über β aufgetragen. Man beachte, daß die mit einem Rechteckstab vergleichbaren Keilstäbe bei fallendem β immer niedriger und oben schmäler, unten dagegen breiter werden müssen. Abb. 143 enthält eine Reihe von Querschnitten von Keilstäben zwischen $\beta = 0{,}1$ und $1{,}0$, die gleiche *Fläche* und gleiche *Streuleitfähigkeit* besitzen und daher den eben gestellten Bedingungen genügen. Die Darstellung deckt sich inhaltlich mit der von Abb. 141. Bei ihr erkennt man recht deutlich, daß ein Keilstab mit verschwindender oberer Breite b_1 (als Folge von $\beta \to 0$) offenbar mit unbegrenzt großer unterer Breite b_0, aber gleichzeitig mit verschwindender Höhe h_β ausgeführt werden müßte. Er besitzt infolgedessen *keine* Stromverdrängung mehr und verhält sich daher (wenn er ausführbar wäre) wie jeder seiner Vergleichsstäbe, wenn man diese zur Vermeidung jeglicher Stromverdrängung mit verdrillten, voneinander isolierten Einzelleitern herstellen würde. Unsere Bedingung $r = \text{const}$ und $x = \text{const}$ bei $s = \text{const}$ führt also für $\beta = 0$ zu einem Stab, dessen k_r und k_i beide Eins werden. Mithin liegt der *optimale* Keilstab zwischen $\beta = 1$ und $\beta = 0$. Die Endpunkte der relativen Stabimpedanz z_I in Abb. 142 für $\beta = 0$ liegen auf der bereits genannten Senkrechten $\mathfrak{G}$, die also auch die verdrillten Stäbe enthalten würde. Andere Vergleichsbasen, wie etwa $b_1 = \text{const}$ oder $h = \text{const}$ als erste und $F = \text{const}$ als zweite Bedingung, führen zu keinem diskutierbaren Ergebnis, da solche Stäbe der Maschine bei Nennlast ein unterschiedliches Verhalten geben würden.

Eine andere Darstellung der relativen Impedanz eines der Stromverdrängung unterworfenen, in eine oben offene Nut eingebetteten Leiters keilförmiger Gestalt finden wir, indem wir die wahre Impedanz auf r beziehen und betrachten:

$$\mathfrak{z}_{II} = k_r + j\,k_i\,\frac{s\,x}{r}\,; \quad \text{mit } \mathfrak{z}_I \text{ besteht der Zusammenhang:}$$

$$= \mathfrak{z}_I\,\frac{s\,x}{r}\,,$$

wodurch es gelingt, jederzeit mit Hilfe des wieder auftretenden Parameters $s\,x/r$ oder seines Kehrwertes $r/(s\,x)$ von der einen Darstellung in die andere überzugehen. Die Kurvenscharen für $\mathfrak{z}_{II}$, wieder mit β und diesmal mit $s\,x/r$ als Parameter, zeigt Abb. 144. Die Benutzung von $\mathfrak{z}_{II}$ aus Abb. 144 kommt der Arbeit des Ingenieurs beim Auslegen der Maschine besonders gut entgegen, während Abb. 142 mit den Kurven für $\mathfrak{z}_I$ ihn unterstützt, wenn er die bereits dimensionierte Maschine in Gedanken laufen läßt und ihre Ortskurve studiert.

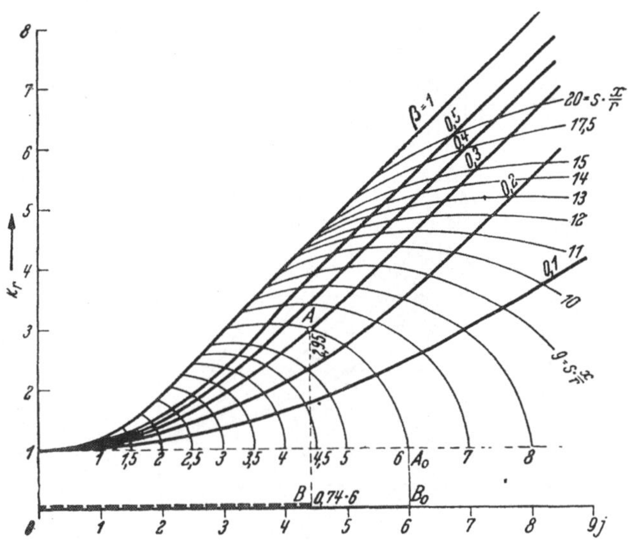

Abb. 144. Verlauf der Impedanz: $\mathfrak{z}_{II} = k_r + j\,k_i\,\frac{s\,x}{r}$ eines Keilstabes mit den Parameterlinien für $s\,x/r$ und $\beta = b_1/b_0$ gleich const.

Man stelle sich vor, daß der Stabwiderstand r mit Rücksicht auf die Läuferverluste bei Nennbetrieb oder in Anpassung an den Metallaufwand der Ständerwicklung gegeben sei und setze für ihn und auch für den Schlupf den Wert 1.

Dann beginne man in Gedanken einen bisher sehr flachen Rechteckstab mit konstantem $h\,b$ immer schmaler (b wird kleiner) und entsprechend immer höher (h nimmt zu) zu gestalten. r bleibt also erhalten, x wächst quadratisch mit h an, da es von h/b abhängt. Daher nimmt der Parameter $s\,x/r$ ständig zu. Wie man sieht, steigt der Endpunkt der Stabimpedanz auf der Kurve $\beta = 1$ an, und zwar im oberen Bereich linear mit der Wurzel aus dem Parameter oder linear mit der gewählten Stabhöhe. Machen wir bei einem bestimmten Punkt halt und ändern nun die Stab*form* unter der Bedingung $r = \text{const}$ und $x = \text{const}$ wie oben, so gehen wir über auf die den Punkt durchsetzende Kurve $s\,x/r = \text{const}$. Gerade in dem interessanten Teil mit $k_r > 2{,}5$ steigt k_r

mit zunehmender Keilform (fallendes β) noch an, während k_i in durchaus erwünschter Weise größer wird. Denkt man an ein k_r von rund 4, so ist $\beta = 0{,}3$ die beste Zahl für das Seitenverhältnis b_1/b_0.

Das Widerstandsverhältnis k_r und das Streuverhältnis k_i werden Abb. 144 entnommen zu

$$k_r = \frac{\overline{A\,B}}{\overline{A_0\,B_0}} \quad \text{und} \quad k_i = \frac{\overline{B\,O}}{\overline{B_0\,O}}.$$

Nach den beiden Darstellungen in Abb. 142 und 144, in denen zuerst k_i und dann k_r unmittelbar sichtbar wurden, soll nun abschließend noch eine vereinte Wiedergabe von k_r und k_i in Abb. 145 gezeigt werden. Die Längen der Einheit für k_r und k_i wurden im Verhältnis 1 : 10 gewählt. Wiederum sind die Scharen für $s\,x/r$ und für β als jeweils konstante Parameter eingetragen. Will oder muß man ein bestimmtes k_r einhalten so bestehen bei den höheren Werten zwei Möglichkeiten. Man wählt von ihnen diejenige mit dem größeren k_i aus, um die Schwankung des Streublindwiderstandes klein zu halten. Dann ist bei gleichem Kurzschlußstrom und gleichem Anlaufmoment das Kippmoment und der Leistungsfaktor bei Nennbetrieb größer. Wiederum zeigt sich die Überlegenheit des Keilstabes mit $\beta = 0{,}3$ für $k_r = 4$ bis 6.

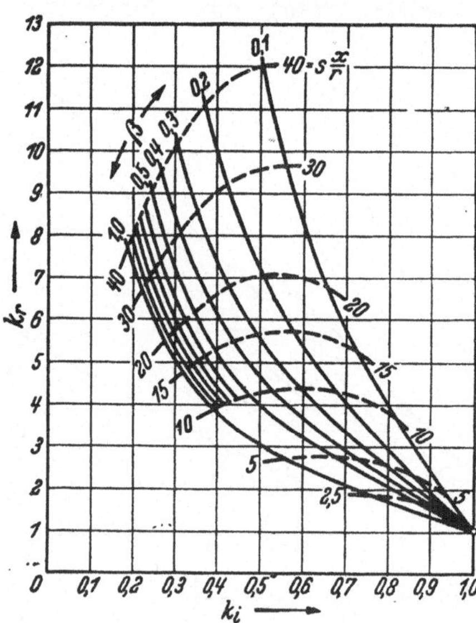

Abb. 145. Darstellung von k_r über k_i mit den Parameterlinien für $s\,x/r$ und $\beta = b_1/b_0$ gleich const.

An noch kleinere β-Werte dürfen wir nicht denken, da dann b_1 zu klein und die magnetische Induktion beim Anfahren im Bereich der Oberkante des Stabes viel zu groß werden würde. Außerdem setzt uns b_0 wegen des unten zu schmal werdenden Zahnes eine Grenze in der Wahl von β.

52. Die Ortskurve des Primärstromes $\mathfrak{J}_1\,(s)$ der Asynchronmaschine mit Hochstabanker. Die Gleichung für die Ortskurve $\mathfrak{J}_1 = f(s)$ stimmt im Aufbau mit der für die stromverdrängungsfreie Maschine überein. Nur muß man jetzt beachten, daß ein Teil des Widerstands R_2 und ein Teil des gesamten Blindwiderstands $j X_2$ des Läufers nicht mehr konstant, sondern vom Schlupf s abhängig sind. Wenn wir die nicht der Stromverdrängung unterworfenen Teile mit $'$ und die der Stromverdrängung unterworfenen Teile mit $''$ bezeichnen, so ist:

$$R_2 = R_2' + k_r\,R_2''$$

und

$$X_2 = X_2' + k_i\,X_2''.$$

R_2' ist der — auf einen gedachten Läuferstrang bezogene — unveränderliche Läuferwiderstand, der von den Kurzschlußringen und von den nicht in das Eisen eingebetteten Stablängen herrührt. R_2'' ist der restliche Widerstand, der den im Eisen liegenden Stablängen zukommt.

X_2' ist der gesamte Blindwiderstand — eines gedachten Läuferstranges —, der sich aus der Summe des Nutz- und Streublindwiderstandes ergibt, wenn man letzteren nur bis zur Oberkante des Läuferstabes berechnet. Man stelle sich vorübergehend den wirklichen Läuferstab aus ungewöhnlich leitfähigem Metall hergestellt vor und lege diesen Ersatzstab gleichen Widerstandes, aber sehr kleiner Höhe an *den* Ort in der Nut ein, den sonst die Oberkante des wirklichen Stabes einnimmt. Dann entfällt jede Streuung des stromführenden Läufernutteiles. Die Streuung des Läufersteges ist natürlich in X_2' mitenthalten. Der Streublindwiderstand des unteren, stromführenden Läufernutteiles ist der Verdrängung unterworfen und heiße X_2''. Wegen der schlanken Keilform ist X_2'' recht groß und beträgt ein Mehrfaches des Betrages, der z. B. bei einer runden Nut resultieren würde.

Für $\mathfrak{J}_1(s)$ können wir jetzt schreiben:

$$\mathfrak{J}_1 = \frac{\mathfrak{U}_1}{R_1 + jX_1 + \dfrac{X_{12}^2}{\dfrac{R_2' + k_r R_2''}{s} + j(X_2' + X_2'' k_i)}};$$

$$\text{mit } k_r = k_r(s) \quad \text{und} \quad k_i = k_i(s).$$

Durch den bereits in Abschnitt 35 geübten Kunstgriff können wir für die Weiterbehandlung besser setzen:

$$\mathfrak{J}_1 = \mathfrak{J}_0 + \mathfrak{J}' = \mathfrak{J}_0 + \frac{\mathfrak{U}'}{R_1 + \dfrac{R_2' + R_2'' k_r}{s}\ddot{u}^2 + j(X_2'\ddot{u}^2 - X_1) + jX_2'' k_i \ddot{u}^2},$$

wobei wie früher $\ddot{u}^2 = \dfrac{R_1^2 + X_1^2}{X_{12}^2}$ und $\mathfrak{U}'$ gleich der um den Winkel $2\alpha_0$ im Sinne der Voreilung geschwenkten Primärspannung $\mathfrak{U}_1$ ist.

Der konstante Blindwiderstand im Nenner $j(X_2'\ddot{u}^2 - X_1)$ ist nichts anderes als der beim stromverdrängungsfreien Motor mit $X_\varnothing$ bezeichnete Streublindwiderstand, der dort den Durchmesser des Ossanna-Kreises bestimmte. Bei der Maschine mit Stromverdrängung findet man seine Größe, indem man die Streuung der ganzen Maschine berechnet, bei der Läufernut aber nur den Steg, keinesfalls aber den unteren stromführenden Teil berücksichtigt. Da wir nur bis zur Staboberkante rechnen dürfen, soll vorübergehend gesetzt werden:

$$\overline{X}_\varnothing = X_2'\ddot{u}^2 - X_1 = \frac{U}{\overline{I}_\varnothing},$$

wobei der $\overline{}$ an die Staboberkante als Grenze erinnern soll. Man berechnet also entweder die beiden großen Blindwiderstände X_2' und X_1 oder besser in üblicher Weise den ideellen Kurzschlußstrom $\overline{I}_i$ einer Maschine mit unberücksichtigtem, unterem Läufernutteil, woraus $\overline{I}_\varnothing$

und $\overline{X}_\varnothing$ folgen. Den konstanten Wirkwiderstand R_1 faßt man mit $j\overline{X}_\varnothing$ zu dem konstanten Anteil der Gesamtimpedanz $\mathfrak{z}' = \mathfrak{U}'/\mathfrak{J}'$ zusammen, deren veränderlicher Anteil durch die restlichen Glieder gebildet wird, so daß die Gruppierung lautet:

$$\mathfrak{z}' = \frac{\mathfrak{U}'}{\mathfrak{J}'} = R_1 + j\overline{X}_\varnothing + \left(\frac{R_2'}{s} + \frac{R_2'' \, k_r}{s} + j X_2'' \, k_i\right) \ddot{u}^2.$$

Die letzten beiden der insgesamt fünf Glieder, also $\left(\frac{R_2''}{s} k_r + j X_2'' \, k_i\right) \ddot{u}^2$, wurden für $\ddot{u}^2 = 1$ und $X_2'' = 1$ in Abb. 142 für die unterschiedlich geformten Keilstäbe dargestellt. Setzt man in entsprechendem Maßstab an die einzelnen Punkte einer dieser Kurven für $\beta = \text{const}$ einerseits noch R_2'/s nach oben und andererseits $R_1 + j\overline{X}_\varnothing$ nach links unten an, so gewinnt man die Ortskurve für $\mathfrak{z}'$, aus der durch Inversion die Ortskurve für $\mathfrak{J}'$ hervorgeht. Durch Berücksichtigung des festen Leerlaufstromes $\mathfrak{J}_0$ und Drehung des Koordinatensystems um $2\,\alpha_0$ gewinnt man schließlich die Ortskurve für $\mathfrak{J}_1$.

Bei unbegrenzt breiten Maschinen zeigt sich die Stromverdrängung in reiner Form, während ihre Erscheinungen bei sehr schmalen Maschinen durch das relativ große Glied R_2' nur in geschwächtem Maße zur Wirkung kommen. Um die schwerwiegende Entscheidung zu fällen, ob der Rechteckstab oder einer der Keilstäbe, und welcher von diesen den Vorzug verdient, soll die sehr breite Maschine untersucht werden, bei der R_2' gegen R_2'' vernachlässigt werden kann.

Unter der Annahme $R_1 = R_2'' \ddot{u}^2 = 0{,}1$ und $\overline{X}_\varnothing = X_2'' \ddot{u}^2 = 1$ wurde aus Abb. 142 die Kurvenschar $\mathfrak{J}_1 = f(s;\, \beta)$ in Abb. 146 gewonnen Die einzige Variation betrifft nur die Stab*form*, gekennzeichnet durch das Verhältnis der Seiten $\beta = b_1/b_0$. Die Lage der Staboberkante im Läufer ist immer die gleiche. Der Läuferwiderstand, hier nur durch R_2'' repräsentiert, und der Streublindwiderstand der stromführenden Läufernut X_2'' sind für alle Ortskurven dieselben. Sie beginnen daher im gleichen Punkt P_∞ auf dem Kreis $\overline{K}$, der als Ossanna-Kreis eines Motors mit Rundstabkäfig etwa in der Höhe der Keilstaboberkante betrachtet werden kann. Sie enden im Punkte P_0 auf dem allen gemeinsamen Schmiegungskreis K_0; der Punkt P_n für Nennlast nimmt auf ihm in bester Annäherung für alle Stabformen β die gleiche Lage ein. Außerdem ist der Nennschlupf für alle Formen derselbe.

Betrachtet man die Ortskurven oberflächlich, so scheint diejenige für den Rechteckstab ($\beta = 1$) wegen ihrer hohen Lage den Vorzug zu verdienen, während die übrigen Kurven für fallende β-Werte geringer zu bewerten sind. Beachtet man aber die quer verlaufenden Hilfskurven für Punkte gleichen Schlupfes, speziell für $s = 1$ (Stillstand), so sieht man, daß die hohe Lage der Ortskurve des Rechteckstabes erkauft wird mit einer starken Ablösung ihres rechten Zweiges vom Schmiegungskreis K_0. Daher ist der Kurzschlußstrom größer als der jeder anderen Stabform. Untersucht man die unterste Kurve für $\beta = 0{,}1$, so befriedigen weder die kleinen Momente noch der tiefe Sattel vor dem Aufgleiten auf den Schmiegungskreis. Die Kurven für $\beta = 0{,}2$ und 0,3 sind wohl als die besten anzusprechen, da sie gute Anlaufmomente, kleine Kurzschlußströme und geringe Einsattlung miteinander vereinen.

Mit Rücksicht auf dieses Bild wiederholen wir noch einmal die schon früher gemachte Aussage, daß der Rechteckstab dem Keilstab

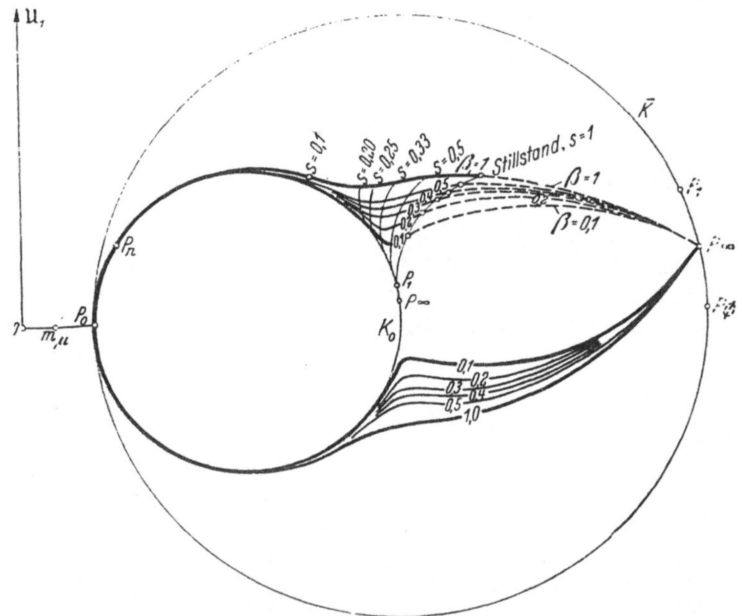

Abb. 146. Ortskurven des Primärstromes $\mathfrak{J}_1$ breiter Maschinen mit Keilstäben gleichen Widerstandes und gleicher Nutstreuung bei kleiner Läuferfrequenz. Punkt P_1 auf dem allen Kurven gemeinsamen Schmiegungskreis K_0 wäre der Anlaufpunkt bei stromverdrängungsfreien, verdrillten, sehr fein unterteilten Stäben. Man beachte die Lage der Punkte bei konstantem Schlupf s.

unterlegen ist und daß die beste Stabform bei einem Seitenverhältnis von etwa 1 : 3 bis höchstens 1 : 2 liegt. Man sollte sich vielleicht auf die einzige Form $\beta = 1:3$ beschränken.

Bei größerem $\bar{X}_{\varnothing}$ oder kleinerem $X_2'' \ddot{u}^2$ der Läufernut wächst der Durchmesser des Schmiegungskreises K_0, gemessen am Durchmesser des Ossanna-Kreises $\bar{K}$, an. Dies ist im allgemeinen der Fall. In unserem Bild sollten die Ortskurve ihren typischen Verlauf zeigen. Daher wurde ein recht großer Streublindwiderstand der stromführenden Läufernut zugrunde gelegt.

53. Praktische Aufzeichnung und Auswertung der Ortskurve des Primärstromes $\mathfrak{J}_1(s)$ des Stromverdrängungsmotors. Es werden außer der stets als bekannt vorauszusetzenden Primärspannung U_1 folgende Größen benötigt:

1. Ideeller Leerlaufstrom = Magnetisierungsstrom = I_μ.

2. Ideeller Kurzschlußstrom = $\bar{I}_i$, ermittelt aus ideellem Streuleitwert $\bar{\lambda}_i$, der bis zur Staboberkante des Läufers berechnet wurde.

3. Primärer Widerstand $= R_1$.

4a. Sekundärer Teilwiderstand der Ringe und Stablängen in *Luft* $= R_2'$.

4b. Sekundärer Teilwiderstand der Stablängen in *Eisen* $= R_2''$, beide für $N_2/3$ Stäbe berechnet.

5. Übersetzungsverhältnis (Betrag) $= \ddot{u}$.

6. Streuleitwert λ_n des stromführenden Läufernutteiles.

7. Tabelle für Widerstandsverhältnis k_r und Streuverhältnis k_i bei verschiedenen willkürlich gewählten Schlüpfen s, darunter $s = 1$.

Man bestimmt zuerst den ideellen Verluststrom $I_v = U_1/R_1$ und den Durchmesser $\bar{I}_\varnothing$ des OSSANNA-Kreises $\bar{K}$, der für eine Maschine gelten würde, deren Läufermetall im Bereich der Oberkante des wirklichen Läuferstabes liegt:

$$\bar{I}_\varnothing = \frac{\bar{I}_i - I_\mu}{1 + \frac{\bar{I}_i}{I_v}\,\frac{I_\mu}{I_v}} \approx \bar{I}_i - I_\mu .$$

Dann berechnet man die Anstiegshöhe h der Mittelpunktgeraden über der Basis $b = 100$ mm zu:

$$h = \frac{200}{\frac{I_v}{I_\mu} - \frac{I_\mu}{I_v}} \approx 200\,\frac{I_\mu}{I_v} \quad \text{in mm.}$$

Zuerst bestimmt man jetzt den Durchmesser $I_\varnothing^{(1)}$ des Kreises $K^{(1)}$, der durch den wahren Punkt P_1 (Stillstand) geht, zu:

$$I_\varnothing^{(1)} = \bar{I}_\varnothing \frac{1}{1 + a\,k_i^{(1)}}, \quad \text{worin} \quad a = \lambda_n \frac{f_{w,1}^2}{q_2\,\bar{\lambda}_i}. \text{ (Vergl. S. 188).}$$

$k_i^{(1)}$ ist das Streuverhältnis für $s = 1$. Aus diesem Durchmesserstrom gewinnt man das korrigierte Übersetzungsverhältnis $\ddot{u}$:

$$\ddot{u} = \frac{z_1\,f_{w,1}}{\frac{N_2}{3}}\left(1 + \frac{0{,}5\,I_\mu}{I_\varnothing^{(1)}}\right),$$

welches für alle weiteren Rechnungen gilt, da es von den Verhältnissen im Läufer unabhängig ist.

Anschließend werden die Verluststrecken für $s = 1$ berechnet zu:

$$v_1^{(1)} = 3\,I_\varnothing^{(1)2}\,R_1/w \text{ in mm}$$

und

$$v_2^{(1)} = 3(I_\varnothing^{(1)}\,\ddot{u})^2\,(R_2' + R_2''\,k_r^{(1)})/w \text{ in mm,}$$

worin $k_r^{(1)}$ das Widerstandsverhältnis für $s = 1$ und w der Leistungsmaßstab ist.

Genau wie bei der stromverdrängungsfreien Maschine trägt man vom O-Punkt waagerecht nach rechts bis m_μ den halben Magnetisierungsstrom und daran ansetzend die Basis $b = 100$ mm ab, in deren Endpunkt man die Senkrechte errichtet, auf welcher h abgemessen wird. Man gewinnt die Mittelpunktgerade und im Abstand $0{,}5\,I_\mu$ von m_μ den Punkt P_0 auf ihr, von wo man den Strom $I_\varnothing^{(1)}$ abträgt. Im Endpunkt werden auf der Senkrechten zur Mittelpunktgeraden die beiden Verluststrecken $(v_1^{(1)} + v_2^{(1)})$ abgemessen, deren Endpunkt mit P_0 verbunden wird. Die Verbindung schneidet den Kreis $K^{(1)}$ über $I_{\varnothing}^{(1)}$ im Punkt P_1, also in dem wirklichen Stillstandspunkt der Maschine. Alle Konstruktionslinien, außer der Mittelpunktsgeraden mit P_0, sind ganz dünn einzutragen und wieder zu löschen. P_1 wird dauerhaft vermerkt.

Die gleichen Schritte sind zu machen, um den Punkt P_s beim Schlupf s zu gewinnen. Auf eines sei besonders hingewiesen: Die Verluststrecke $v_2^{(s)}$ muß mit $(R_2' + R_2'' k_r^{(s)})/s$, also mit dem durch den immer kleiner werdenden Schlupf s dividierten Echtwiderstand des Läufers berechnet werden. Als Strom ist bei $v_1^{(s)}$ und $v_2^{(s)}$ der jeweils neue errechnete $I_{\varnothing}^{(s)}$ zugrunde zu legen.

Man entnimmt der Tabelle für einen bestimmten Schlupf s die gegenüber dem Stillstand veränderten Werte $k_r^{(s)}$ und $k_i^{(s)}$. Dann ist:

$$I_{\varnothing}^{(s)} = \bar{I}_{\varnothing} \frac{1}{1 + a\,k_i^{(s)}} \quad \text{und}$$

$$v_1^{(s)} = 3 I_{\varnothing}^{(s)2} R_1/w \text{ in mm}, \quad \text{sowie}$$

$$v_2^{(s)} = 3 (I_{\varnothing}^{(s)}\, ü)^2 \left(\frac{R_2'}{s} + \frac{R_2''}{s} k_r\right) \Big/ w \text{ in mm}.$$

Da mit fallendem s k_r und (wegen des zunehmenden k_i) auch $I_{\varnothing}^{(s)}$ sinkt, braucht $v_2^{(s)}$ sich in einem bestimmten Schlupfbereich nur wenig zu ändern. Mit weiterfallendem s nähert sich k_r dem Werte Eins und $I_{\varnothing}^{(s)}$ dem Grenzwert $I_{\varnothing}^{(0)}$ des Schmiegungskreises K_0. Dann nimmt $v_2^{(s)}$ wegen $s \to 0$ immer stärker zu.

Man trägt nun für den Schlupf s von P_0 aus auf der Mittelpunktgeraden $I_{\varnothing}^{(s)}$ ab, errichtet im Endpunkt die Senkrechte, mißt auf ihr die Summe der beiden Verluststrecken $v_1^{(s)} + v_2^{(s)}$ ab und verbindet ihren Endpunkt mit P_0. Der Schnitt mit dem Kreis $K^{(s)}$ über $I_{\varnothing}^{(s)}$ ist der gesuchte Betriebspunkt P_s der Maschine mit Stromverdrängung.

Man wiederholt diese Berechnung und Konstruktion für etwa zwei weitere Schlupfwerte und löscht immer wieder die Hilfslinien aus. Die verbleibenden Punkte P_s werden miteinander verbunden und ergeben die Ortskurve für $\mathfrak{J}_1$ einschließlich der Bezifferung der einzelnen Punkte.

Der größte Teil der Kurve (etwa zwischen $s = 0{,}1$ und 0) schmiegt sich sehr gut dem Kreis K_0 an, dessen Durchmesser gefunden wird, wenn man $k_i = 1$ setzt:

$$I_{\varnothing}^{(0)} = \text{Durchmesser des Schmiegungskreises } K_0 = \bar{I}_{\varnothing} \frac{1}{1+a}.$$

Bei diesem Kreise berechnet man die Verluststrecke v_2 für $s = 1$, da man mit ihrer Hilfe den vorderen Verlauf der Linie für die abgegebene Leistung $N_{\text{mech}} = 0$ findet. Man setzt:

$$v_1^{(0)} = 3 I_{\varnothing}^{(0)2} R_1/w \text{ in mm} \quad \text{und}$$

$$v_2^{(0)} = 3 (I_{\varnothing}^{(0)}\, ü)^2 (R_2' + R_2'')/w \text{ in mm}.$$

Man trägt $I_{\varnothing}^{(0)}$ von P_0 aus auf der Mittelpunktgeraden ab, errichtet im Endpunkt die Senkrechte und trägt erst $v_1^{(0)}$ und anschließend $v_2^{(0)}$ ab.

Die *beiden* Endpunkte werden mit P_0 verbunden. Die Verbindungen stellen etwa auf $^3/_4$ ihrer vorderen Länge die Nullinie für das Drehmoment $M = 0$ und für die abgegebene Leistung $N_{mech} = 0$ dar.

Die Ströme sind unter Berücksichtigung des gewählten Strommaßstabes a_1 darzustellen, aus dem sich der Leistungsmaßstab w und der Drehmomentmaßstab m_d wie bei der normalen Maschine ergeben.

Jetzt ist noch der weitere Verlauf der Linien für das Drehmoment Null und für die abgegebene Leistung Null (deren vordere Äste bereits vorliegen) zu bestimmen. Man fällt von jedem der bezifferten Punkte P_s das Lot auf die Mittelpunktgerade und trägt von dieser aus nach oben die zugehörigen *Ständer*-Wicklungsverluste ab, deren Streckenlänge ist:

$$v_s = (\overline{P_0 P_s}\, a_1)^2\, 3\, R_1/w \text{ in mm.}$$

Es ist also der Verlust des von P_0 ausgehenden Stromes $\mathfrak{J}_1'$ zu berechnen. Die Endpunkte B der Abtragsstrecken v_s werden miteinander verbunden und ergeben die *Nullinie des Drehmomentes.*

Die restliche Strecke auf dem genannten Lot, also die Strecke $\overline{P_s B}$, wird nunmehr im Verhältnis $(1 - s) : s$ geteilt, wobei $(1 - s)$ dem oberen und s dem unteren Teilabschnitt entspricht. Die Teilpunkte C liegen auf der gesuchten *Nullinie der abgegebenen Leistung.* Diese Linie geht durch den Punkt P_1 und verläßt für $s > 1$ in steilem Aufstieg den Bereich der Ortskurve. Die Nullinie des Drehmomentes läuft flach nach rechts weiter und erreicht den im allgemeinen nicht gezeichneten Punkt P_∞ auf dem Kreis $\bar{K}$.

Die Drehmomente und die mechanischen Leistungen werden wie sonst auf den Senkrechten zur Mittelpunktgeraden zwischen der Ortskurve und den beiden nunmehr gekrümmten Nullinien abgegriffen.

Die Eisenverluste Q_{fe} sollen wie üblich durch Verlagerung des Ursprunges von O nach O' um die meist sehr kleine Strecke $\overline{OO'} = Q_{fe}/w$ mm nach unten berücksichtigt werden. Die Reibungsverluste interessieren nur bei der Wirkungsgradberechnung. Man kann sie im Bilde der Ortskurve eintragen, indem man den Leerlaufpunkt P_0 um die sehr kleine Strecke $\overline{P_0 P_0'} = Q_{rbg}/w$ nach oben verschiebt und durch diesen neuen Punkt eine Kurve legt, die sich immer stärker der Nullinie für die mechanische Leistung (welche ihrerseits noch die Reibungsverluste enthält) nähert und durch den Stillstandspunkt P_1 geht.

Die Auswertung geschieht wie bei der stromverdrängungsfreien Maschine; speziell entnimmt man den Primärstrom, den Sekundärstrom und den Leistungsfaktor zu den entsprechenden Punkten für Teil- und Vollast, die alle auf dem Schmiegungskreis K_0 liegen. Daraus gewinnt man den Wirkungsgrad, wobei man den Läuferwiderstand unbedenklich mit $R_2 = R_2' + R_2''$ einsetzen darf. Man legt also $k_r = 1$ zugrunde.

Zusätzlich pflegt man, wie bei allen Kurzschlußläufern (speziell bei den später zu behandelnden Doppelkäfigmotoren), den Bereich des eigentlichen Hochlaufes zwischen Stillstand und etwa 90% der vollen Drehzahl auszuwerten. Man entnimmt zu den bezifferten Punkten den Primärstrom I_1 und das Drehmoment M und trägt sie über der Drehzahl auf. Die Kurven werden am besten in relativen Maßstäben aufgetragen, indem man I_1/I_{nenn}, M/M_{nenn} über n/n_{syn} oder $(1 - s)$ aufträgt. Dann hat man die stets erwünschte Vergleichsbasis mit Maschinen anderer Leistung, anderer Polzahl oder fremder Herkunft.

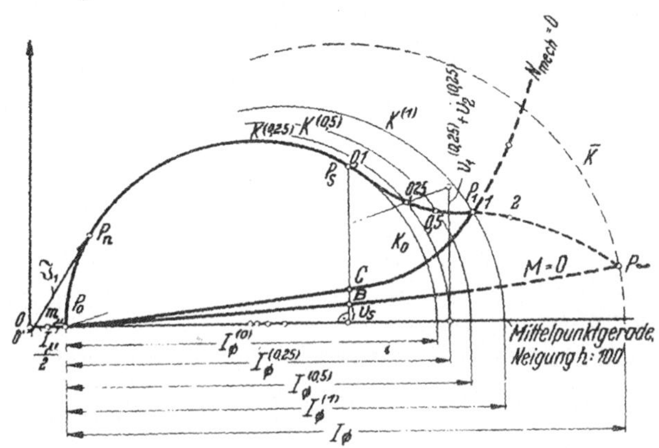

Abb. 147. Punktweise Konstruktion der Ortskurve für den Strom $\mathfrak{J}_1$ eines Keilstabmotors unter Benutzung der vom Schlupf s abhängigen Durchmesser-Ströme $I_{\varnothing}^{(s)}$ und der zugehörigen Verluststrecken $v_1^{(s)}$ und $v_2^{(s)}$. Weiterhin Eintragen der Null-Linien für Drehmoment und mechanische Leistung.

Der steil abfallende Kurvenast im Bereich zwischen 90 und 100% der Drehzahl wird durch Eintragen der rechnerisch ermittelten Lastergebnisse gewonnen; man entnimmt Strom und Drehmoment der Ortskurve, berechnet aber den Schlupf wie bei der normalen Maschine zu:

$$s = \frac{Q_2}{N_{\text{mech}} + Q_2}, \quad \text{mit} \quad Q_2 = 3\, I_2^2\, R_2 .$$

Man beachte, daß die Kurve für M durch den Punkt $s = 0$ oder $n = 100\%$ geht, während die Kurve für den Strom in der Höhe des Leerlaufstromes über $s = 0$ oder $n = 100\%$ wieder nach oben abbiegt. Oberhalb des genannten Abszissenwertes beginnt der generatorische Bereich.

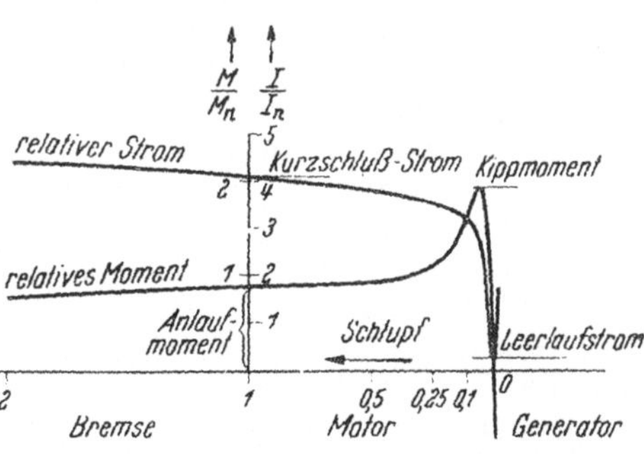

Abb. 148. Relativer Strom und Drehmoment der Maschine entsprechend Abb. 147.

Soll die Maschine als Gegenstrombremse ($s = 2$) betrieben werden, so muß k_r und k_i für $s = 2$ ermittelt und der Kurvenpunkt P_2 ebenfalls eingezeichnet werden. Man beachte, daß die Nullinie für die mechanische Leistung — gemessen von der Nullinie des Momentes — in doppelter Höhe über diesem Punkt verläuft.

Die genannte Konstruktion ist in Abb. 147, die daraus gewonnenen Hochlaufkurven in Abb. 148 wiedergegeben.

Ein kleiner Hinweis mag eine gelegentliche Schwierigkeit beseitigen. Die Verluststrecke v_2 nimmt mit fallendem s mitunter so hohe Beträge an, daß ihr Endpunkt nicht leicht oder gar nicht in die Zeichnung eingetragen werden kann. In diesem Fall errichtet man statt im Endpunkt von $I_\varnothing$ z. B. im Endpunkt von $I_\varnothing/2$ oder $I_\varnothing/3$ die Senkrechte, auf der man statt $(v_1 + v_2)$ nur $(v_1 + v_2)/2$ oder $(v_1 + v_2)/3$ abmißt und deren Endpunkt mit P_0 verbindet. Man wendet also eine Verkleinerung an. Der Berechnung von v_1 und v_2 legt man aber zweckmäßigerweise $I_\varnothing$ und $I_\varnothing ü$ selbst zugrunde.

Unsere Konstruktion läuft auf die immer wiederholte Annahme einer Maschine *ohne* Stromverdrängung hinaus, bei der von Fall zu Fall (von Schlupf zu Schlupf) eine andere Läufernutstreuung (k_i ändert sich) und ein anderer Läuferwiderstand (k_r ändert sich) gelten. Dadurch reduziert sich die Arbeit auf die gewohntere Behandlung einer stromverdrängungsfreien Maschine.

Eleganter wäre gewiß die Aufzeichnung der Impedanz

$$\mathfrak{z} = R_1 + j\bar{X}_\varnothing + \left(\frac{R_2' + R_2'' k_r}{s} + jX'' k_i\right) ü^2,$$

deren Nullpunkt mit P_0 und deren imaginäre Achse mit der Mittelpunktgeraden zusammenfallen müßten. Durch Umkehr (Inversion mit der Potenz U_1) würde die gewünschte Ortskurve des Stromes resultieren. Leider verläßt die Impedanzortskurve wegen des mit $1/s$ behafteten Gliedes bald unser Zeichenpapier; aus Gründen der praktischen Erfahrung empfiehlt sich daher die Benutzung der ständig kleiner werdenden Ströme $I_\varnothing$ und der nach links rückenden Verluststrecken v_1 und v_2.

54. Einhalten bestimmter Anlaufdaten. Im allgemeinen werden beim Motor mit Hochstabanker die Anlaufdaten, also der Kurzschlußstrom I_k der stillstehenden Maschine und ihr Anzugsmoment M_a vorgeschrieben. Wir gehen beim Entwurf genau so vor wie beim stromverdrängungsfreien Motor, indem wir zuerst auf Grund der Nennleistung die Abmessungen der Maschine bestimmen und den magnetischen Kreis und die Streublindwiderstände berechnen. Die Höhe und die Breite der Läuferzähne ist natürlich vorerst noch unbekannt, weshalb man auch meistens die Läuferrückenhöhe noch nicht mit ihrem genauen Betrag einsetzen kann. Man behilft sich mit einer Schätzung der beiden magnetischen Teilspannungen für den Läufer und bedenkt dabei, daß bei Hochstabankern wegen der schmalen Nuten die Zähne breit und die Zahninduktion meistens gering zu sein pflegen. Der Streuleitwert λ_i wird ohne Berücksichtigung des Streuleitwertes des noch unbekannten stromführenden Läufernutteiles berechnet. Der Querstrich über λ_i und I_i sowie $I_\varnothing$ kann jetzt entfallen. Wir sehen im Läufer vorerst nur einen kleinen, unbedingt als Schutz vor dem Hauptfeld benötigten Streusteg von 1 mm Höhe und 2 bis 3 mm Breite vor. Wie in Abb. 120 konstruieren wir den Ossanna-Kreis, hier also $K^{(1)}$, der durch den gewünschten Anlaufpunkt P_k geht, und tragen zusätzlich den großen Ossanna-Kreis K ein, dessen Durchmesser sich in gewohnter Weise aus obigem λ_i

berechnen läßt. Wir berechnen nun aber nicht sogleich die erforderliche Zusatzstreuung des Läufers, die nötig ist, um den großen Kreisdurchmesser $I_\varnothing$ auf den benötigten kleinen Durchmesser $I_\varnothing^{(1)}$ zu verringern, da wir hierzu den Beiwert k_i kennen müßten. Wir entnehmen dagegen der Zeichnung den sekundären Kurzschlußstrom:

$$I_{2,k} = \overline{P_0 P_k}\, a_2,$$

wobei $a_2 = a_1 \ddot{u}$ der Maßstab für den Sekundärstrom ist. $\ddot{u}$ ist wie immer gleich

$$\frac{z_1 f_{w,1}}{\frac{N_2}{3}} \left(1 + \frac{0{,}5\, I_\mu}{I_\varnothing^{(1)}}\right)$$

mit $I_\varnothing^{(1)}$ = Durchmesser des durch P_k gehenden OSSANNA-Kreises $K^{(1)}$.

Der gesamte Widerstand $r_2 = r_2' + r_2''$ eines Stabes einschließlich Ringanteil ist als bekannt zu betrachten, da wir ihn nur mit Rücksicht auf die Läuferverluste bei Vollast oder den Metallaufwand des Ständers zu bemessen haben. Wir bezeichnen den Ringanteil und den kleineren Stabanteil, der nicht im Eisen liegt, wie oben mit r_2' und den größeren restlichen Anteil im Eisen mit r_2'' und setzen:

$$Q_2 = \frac{M_a}{M_n} N_n = N_2 (r_2' + k_r r_2'')\, I_{2,k}^2,$$

woraus wir das erforderliche Widerstandsverhältnis k_r berechnen können zu:

$$k_r = \frac{M_a}{M_n} N_n \frac{1}{I_{2,k}^2 N_2 r_2''} - \frac{r_2'}{r_2''},$$

mit M_a/M_n = relatives Anlaufmoment, N_n = Nennleistung in W, N_2 = Läufernutenzahl.

Zu diesem k_r bestimmen wir in Abb. 139 die zugehörige reduzierte Leiterhöhe h', die bei einer Netzfrequenz von 50 Hz und bei rechteckigen Kupferstäben praktisch gleich der erforderlichen Leiterhöhe in cm ist. Bei anderen Verhältnissen müssen wir setzen:

$$\text{Leiterhöhe } h \approx \frac{h'}{\sqrt{\frac{L}{50}\,\frac{f}{50}}} \text{ in cm.}$$

Die reduzierte Leiterhöhe hängt natürlich beim eigentlichen Keilstab von der zu wählenden Stabform, also vom Seitenverhältnis $\beta = b_1/b_0$, ab. Dieses muß spätestens jetzt festgelegt werden. Wir empfehlen immer wieder $\beta = 0{,}5$, $0{,}3$ oder $0{,}33 = 1:3$. Nachdem nun die notwendige Stabhöhe bekannt ist und der Stabquerschnitt selbst schon ganz zu Anfang gewählt worden war, kann man jetzt die Leiterbreiten b_1 und $b_0 = b_1/\beta$ errechnen. Nun ist auch der Streuleitwert λ_n und das Streuverhältnis k_i aus Abb. 140 bekannt. Da die stromführende Läufernut jetzt festliegt, kann man ihren bei Stillstand wirksamen Streuleitwert berechnen zu:

$$\lambda_n k_i = \frac{h}{3 b_1}\, y_1(\beta)\, k_i \quad \text{mit} \quad y_1(\beta) \text{ aus Abb. 138.}$$

Meistens ist eine wesentlich höhere Läuferstreuung notwendig, um den großen Durchmesser $I_\varnothing$ des Kreises K, der zu λ_i gehört, auf den viel kleineren Betrag des Durchmessers $I_\varnothing^{(1)}$ des Kreises $K^{(1)}$, der durch den verlangten Anlaufpunkt geht, zu verringern.

Die Aufgabe lautet also, den erforderlichen Zusatzstreuleitwert λ_{zus} der Läufernut zu bestimmen, der zusammen mit $\lambda_n\, k_i$ den anfänglichen ideellen Streuleitwert λ_i so stark vergrößert, daß der anfängliche Strom $I_\varnothing$ zurückgeht auf den Wert $I_\varnothing^{(1)}$. Es ergibt sich:

$$\lambda_{zus} = q_2 \frac{\lambda_i}{f_{w,1}^2} \frac{I_\varnothing - I_\varnothing^{(1)}}{I_\varnothing^{(1)}} - \lambda_n k_i. \quad \text{(Vergl. S. 188).}$$

Der Streusteg der Läufernut, dessen Breite b_s bereits mit 2 bis 3 mm angenommen war, ist zu erhöhen um die Höhe:

$$h_{s,\,zus} = b_s\, \lambda_{zus}.$$

Bei großen Leiterquerschnitten macht man die Breite b_s des Steges oft größer als die obere schmale Stabkante b_1, damit Sättigungserscheinungen infolge der hohen Läuferströme beim Stillstand und beim beginnenden Hochlauf vermieden oder doch verringert werden. Verdoppelt man nachträglich b_s, so ist auch h_s zu verdoppeln.

Bei Langsamläufern und bei Maschinen sehr kleiner Polteilung und niedriger Lochzahl kann es vorkommen, daß der gewünschte oder verlangte Anlaufpunl t P_k bereits außerhalb des Kreises K liegt, weil die natürliche Streuung der Maschine auch ohne Berücksichtigung der Läufernut (nur deren Schutzsteg von 1 mm Höhe wird eingerechnet) schon zu groß ist. In diesem Fall nützt nur eine Erhöhung des Kraftflusses, also eine nachträgliche Verringerung der Leiterzahl. Der ideelle Kurzschlußstrom I_i steigt quadratisch mit Φ an. Darf man mit Rücksicht auf den $\cos\varphi$ bei Nennlast den Fluß Φ nicht erhöhen, so bleibt nur das stets unbefriedigende Mittel der Typenvergrößerung. In diesem Fall überlege man vorher ernstlich den Bau eines Doppelkäfigankers, der zwar bei normal gelagerten Fällen fast immer durch einen fast gleichwertigen Hochstabanker ersetzt werden kann, aber in diesen Sonderfällen seine besseren Anlaufqualitäten erweist. Sie werden mit höheren Herstellungskosten bezahlt.

55. Angenäherte Bestimmung des Widerstandes und der Streuung von Hochstäben. Die Erhöhung des Ohmschen Widerstandes und die Verringerung des Streuleitwertes eines in eine oben offene Nut satt eingepaßten Hochstabes rechteckiger oder keilförmiger Gestalt kann man auf eine Schwächung des Stabquerschnittes und auf eine Verkleinerung der Nuthöhe zurückführen. Da infolge der Verdrängung des Stromes nach oben die unteren Stabpartien fast stromfrei und die unteren Nutteile nahezu feldfrei sind, kann die Unterkante des Stabes aus der Betrachtung herausbleiben. Wir wollen parallel zur Staboberkante erstens einen Schnitt durch den *Stab* im Abstand der *Widerstandshöhe* h_r und zweitens einen Schnitt durch die *Nut* im Abstand der *Streuhöhe* h_i führen. Diese beiden Höhen sollen so berechnet werden, daß unter der vereinfachenden Annahme einer nunmehr gleichförmigen

Stromverteilung sich für die restlichen oberen Teile von Stab und Nut in bester Annäherung der Echtwiderstand $r\,k_r$ und der Echtstreuleitwert $\lambda_n\,k_i$ ergeben. Man findet auf verschiedenen Wegen die sehr einfachen und vor allem für *alle* Stäbe mit ihrem unterschiedlichen β geltenden Formeln:

Widerstandshöhe $h_r \approx \dfrac{1\ \text{cm}}{\sqrt{s\,\dfrac{f}{50}\,\dfrac{L}{50}}}$; speziell für Kupfer und $sf = 50$ Hz ist $h_r = 1$ cm.

Streuhöhe $h_i \approx \dfrac{1{,}5\ \text{cm}}{\sqrt{s\,\dfrac{f}{50}\,\dfrac{L}{50}}}$; speziell für Kupfer und $sf = 50$ Hz ist $h_i = 1{,}5$ cm.

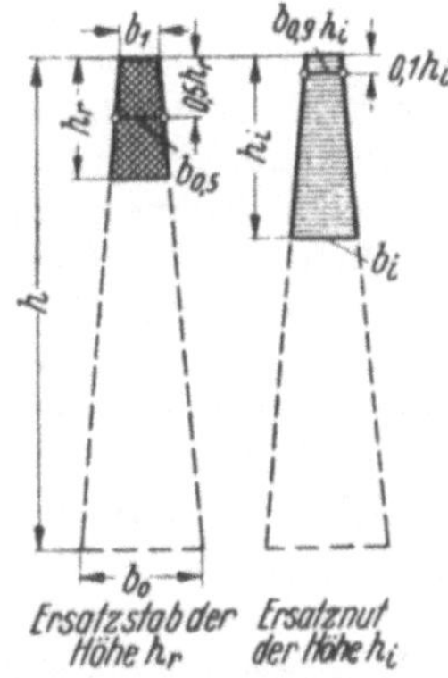

Abb. 149. Die Widerstandshöhe h_r von Ersatz-Keilstäben und die Streuhöhe h_i von Ersatz-Keilnuten.

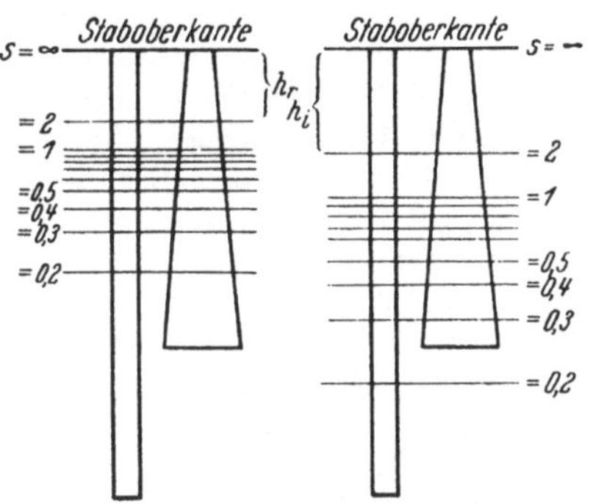

Abb. 150. Widerstandshöhe h_r und Streuhöhe h_i bei veränderlichem Schlupf s.

In Abb. 149 ist der wahre Stab der Höhe h unten so weit beschnitten, daß nur noch der obere Restquerschnitt längs der Widerstandshöhe h_r übriggeblieben ist. Die obere Kante b_1 und die seitlichen Originalbegrenzungen bleiben erhalten. Im gleichen Bild wurde die den Stab fassende Nut bis auf die obere Streuhöhe h_i beschnitten. Auch ihre obere Breite b_1 und ihre seitlichen Begrenzungen, die denen des Stabes gleich sind, bleiben erhalten. Der Reststab und die Restnut werden jetzt als stromverdrängungsfrei in die Rechnung eingesetzt. Beim Reststab arbeitet man vorteilhaft mit der mittleren Breite $b_{0,5}$ in halber Widerstandshöhe h_r und setzt seinen Querschnitt mit $h_r\,b_{0,5}$ an. Der wirkliche Querschnitt ist $h(b_1 + b_0)/2$. Das Verhältnis des letzteren zum Restquerschnitt liefert *unmittelbar* das Widerstandsverhältnis k_r. Es ist also:

$$k_r = \frac{\text{Stabquerschnitt}}{\text{Restquerschnitt}} = \frac{h\,\dfrac{b_1 + b_0}{2}}{h_r\,b_{0,5}}\,.$$

In Wirklichkeit interessiert meistens der wahre Widerstand $r_\sim = k_r\,r$. Diesen kann man nach der Näherungsbetrachtung aber sofort angeben, auch wenn man gar nicht auf r, also nicht auf den wirklichen Stabquerschnitt und noch nicht einmal auf die gewählte Stabform zurückgeht. Es ist nämlich:

$$r_\sim = \frac{l}{h_r\, b_{0,5}\, L},$$

mit l = Stablänge im Eisen in m,

$h_r = \dfrac{10}{\sqrt{s\dfrac{f}{50}\dfrac{L}{50}}}$ hier bequemer in mm,

$b_{0,5}$ = Stabbreite im Abstand von $0{,}5\,h_r$ unter der Oberkante gemessen in mm,
L = Leitfähigkeit in $\mathrm{m}/(\Omega \cdot \mathrm{mm}^2)$,
s = Schlupf,
f = Netzfrequenz in Hz.

Diese Formel erscheint uns sehr bedeutungsvoll. Sie sagt aus, daß beim Anlauf der Maschine alle Stäbe, wenn sie nur in der Breite $b_{0,5}$ und natürlich auch im Werkstoff übereinstimmen, unabhängig von der Keilform β und (genügende Gesamthöhe vorausgesetzt) unabhängig von der Stabhöhe h den gleichen wirksamen Widerstand $r_\sim$ bieten. Will man also einen bestimmten Anlaufwiderstand erzielen, so liegt umgekehrt die Stabbreite $b_{0,5}$ fest. Nur über sie können wir und müssen wir verfügen. Der bisherige Vorgang, zuerst k_r auszurechnen, dazu h' bei einem bestimmten, aber willkürlich wählbarem $\beta = b_1/b_0$ aufzusuchen und zuletzt die wahre Stabhöhe h zu bestimmen, führt trotz dieser Umwege zum gleichen Ziel. Legt man also wie üblich irgendeinen Stabquerschnitt fest, so braucht man ein bestimmtes k_r. Erhöht man nachträglich diesen Querschnitt aus irgendwelchen Gründen, so muß man k_r im gleichen Maße heraufsetzen, da man gleichen Anlaufwiderstand bekommen will. Man findet also zwei verschiedene reduzierte Höhen h', wenn man β beibehält und ganze Scharen von h', wenn man auch noch β variiert. Legt man schließlich alle ausgelegten Stäbe, die den gleichen Echtwiderstand $r_\sim = r\,k_r$ besitzen, übereinander, so haben alle die gleiche Breite $b_{0,5}$, und zwar an der gleichen Stelle, nämlich $0{,}5\,h_r$ mm unter der oberen Stabkante gemessen. Benutzen wir unsere Näherungsformel hingegen, so finden wir aus $r_\sim$ sofort $b_{0,5}$; wir zeichnen es $0{,}5\,h_r$ mm unter die Spur der Oberkante des sonst noch unbekannten Stabes und legen durch die Endpunkte von $b_{0,5}$ irgendwelche geradlinigen, vorzugsweise symmetrisch verlaufenden Begrenzungen, die wir durch eine *beliebig* gelegene Stabunterkante beschneiden. Vornehmlich legen wir diese Kante so tief, daß der gewünschte Gesamtquerschnitt resultiert. Die Näherung gilt hinreichend genau schon für Stäbe, deren wahre Höhe h etwas mehr als das Doppelte von h_r beträgt. Für den praktisch wichtigsten Fall des Kupferstabes einer Maschine für 50 Hz können wir sagen: Die *Breite* des Stabes, gemessen 5 mm unter seiner Oberkante, ist das alleinige Maß für das *Anlaufmoment*, sofern durch geeignete Mittel der gleiche Kurzschlußstrom beibehalten wird. Will man also das Moment erhöhen, so ist die Stabbreite genau an dieser Stelle zu verringern; soll das Moment kleiner werden, so ist diese Stabbreite zu vergrößern. Gleichzeitige Änderungen der Höhe h oder des Seitenverhältnisses β oder beider haben dagegen keinen Einfluß.

Wenn die Maschine ihren Schlupf ändert, ändert sich auch h_r, und zwar mit dem Kehrwert der Wurzel aus s. Mit wachsender Drehzahl wird also h_r größer. Abb. 150 zeigt, wie h_r sich mit fallendem Schlupf immer mehr vergrößert. Der Stabquerschnitt oberhalb der eingetragenen Schnittlinien, die parallel zur Oberkante im Abstand h_r verlaufen, ist der wirksame Querschnitt, der darunterliegende Teil ist weggeschnitten zu denken. In den Ringen und den Stablängen außerhalb des Eisens tritt keine Stromverdrängung auf. Infolgedessen bleibt, unabhängig vom Schlupf, ihr voller Querschnitt wirksam. In Abb. 151 ist ein Keilstab mit den zugehörigen Ringsegmenten einer Nutteilung gezeichnet, und zwar mit seinen wirksamen Querschnitten beim Stillstand und

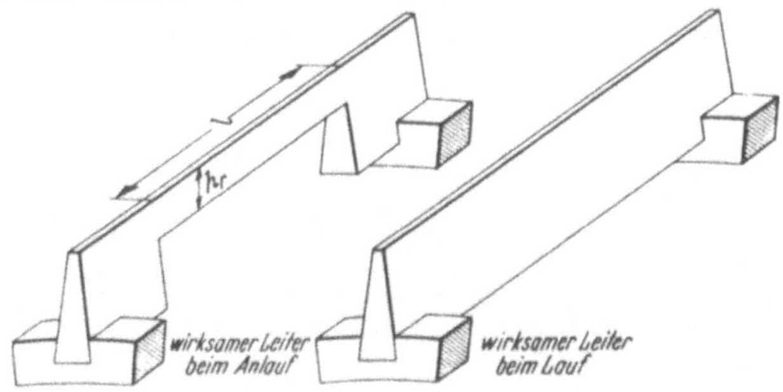

Abb. 151. Wirksamer Keilstab (bezüglich Wirkwiderstand) beim Anlauf und bei voller Drehzahl.

später beim Lauf in der Nähe des Synchronismus, wenn die Stromverdrängung fortgefallen ist. Man muß sich nun vorstellen, daß beim Hochlauf die wirksame Unterkante sich immer mehr absenkt und bei voller Drehzahl die Lage der wahren Unterkante erreicht, so daß ein immer größerer und zuletzt der ganze Stabquerschnitt zur Verfügung steht.

Ein Zahlenbeispiel mag die Brauchbarkeit der Näherungsmethode beweisen. Gegeben sei ein Kupferstab von 4,3 cm Höhe, der oben 0,6 und unten 1,2 cm mißt. Die Frequenz sei 60 Hz. Seine Widerstandshöhe ist (bei $L = 50$):

$$h_r = \frac{1{,}0 \text{ cm}}{\sqrt{\frac{60}{50} \cdot \frac{50}{50}}} = 0{,}915 \text{ cm}.$$

Die Breite in einem Abstand von 0,915/2 cm von der Oberkante ist 0,664 cm, so daß der wirksame Querschnitt beträgt:

$$F_r = 0{,}915 \cdot 0{,}664 = 0{,}607 \text{ cm}^2.$$

Der wahre Querschnitt ist:

$$F = 4{,}3 \cdot 0{,}9 = 3{,}87 \text{ cm}^2,$$

so daß das Widerstandsverhältnis beträgt:

$$k_r = \frac{F}{F_r} = \frac{3{,}87}{0{,}607} = 6{,}38.$$

Aus Abb. 139 entnehmen wir den genaueren Wert zur reduzierten Leiterhöhe $h' = 4{,}3 \sqrt{\frac{60}{50} \cdot \frac{50}{50}} = 4{,}72$ und zum Seitenverhältnis $\beta = 0{,}5$, nämlich $k_r = 6{,}4$. Die Übereinstimmung ist recht befriedigend

Der Anlaufwiderstand eines Stabes lautete unter Benutzung von k_r:

$$r_\sim = r_2' + r_2'' k_r .$$

Er kann unter Umgehung von k_r bestimmt werden zu:

$$r_\sim = r_2' + \frac{l}{h_r\, b_{0,5}\, L} .$$

Andererseits kann das erforderliche $b_{0,5}$ sofort angegeben werden, wenn man das relative Anlaufmoment M_a/M_n einer Maschine der Nennleistung N_n W einhalten soll, wenn in jedem der N_2 Läuferstäbe der Sekundärstrom $I_{k,2}$ fließt. Der Leistungsumsatz lautet:

$$\frac{M_a}{M_n} N_n = N_2\, I_{k,2}^2 \left(r_2' + \frac{l}{h_r\, b_{0,5}\, L}\right),$$

woraus sich ergibt:

$$b_{0,5} = \frac{l}{h_r\, L \left(\frac{M_a}{M_n} N_n \frac{1}{I_{k,2}^2 N_2} - r_2'\right)} .$$

Wir kommen zur Streuung. Die angenäherte Bestimmung des bei Stromverdrängung wirksamen *Streuleitwertes* geschieht, indem wir nur die obere Restnut längs der Streuhöhe h_i berücksichtigen, wobei wir wiederum an eine gleichmäßige Stromverteilung in dieser Restnut denken. Man stoße sich nicht daran, daß h_i gerade das 1,5-fache von h_r beträgt, daß wir also mit einem Ersatzstab rechneten, der kleiner als die Ersatznut ist. Durch Einführen einer komplexen Ersatzhöhe läßt sich dieser Schönheitsfehler beseitigen. Man erhält dann Wirk- und Streublindwiderstand als reellen und imaginären Teil eines einzigen, beide umfassenden Ergebnisses. Das ist elegant, kommt aber den praktischen Bedürfnissen durchaus nicht entgegen und widerstrebt dem realen Sinn des Ingenieurs bei der Auslegung der Maschine. Die Streuhöhe h_i wächst (Abb. 150) ebenfalls mit fallendem Schlupf an; der Streublindwiderstand der Maschine steigt also und ihre Ortskurve schließt sich immer stärker einem verhältnismäßig kleinen, der vollen Streuung entsprechenden Schmiegungskreis an. Wir können ziemlich genau setzen:

$$k_i = \frac{\text{Streuleitwert der Restnut}}{\text{Streuleitwert der Nut}} = \frac{\frac{h_i}{3 b_1}\, y_1\!\left(\frac{b_1}{b_i}\right)}{\frac{h}{3 b_1}\, y_1\!\left(\frac{b_1}{b_0}\right)} = \frac{h_i}{h}\, \frac{y_1\!\left(\frac{b_1}{b_i}\right)}{y_1\!\left(\frac{b_1}{b_0}\right)},$$

mit y_1 aus Abb. 138 und wie oben:

$$h_i = \frac{1{,}5 \text{ cm}}{\sqrt{s \frac{f}{50} \frac{L}{50}}} .$$

Die beiden Streuleitwerte lassen sich näherungsweise bestimmen, indem man statt der oberen Nutbreite b_1 diejenige in 90% der Resthöhe h_i bzw. der Nuthöhe h, gemessen über der Unterkante der Restnut bzw. der Nut, einsetzt und den Faktor $y_1 = 1$ macht. Dann ergibt sich für k_i:

$$k_i = \frac{h_i}{h}\, \frac{b_{0,9h}}{b_{0,9h_i}} ,$$

wobei $b_{0,9h}$ = die Breite in $0{,}9h$ und $b_{0,9h_i}$ = die Breite in $0{,}9h_i$ ist.

Die angenäherte Bestimmung von k_i sei für den gleichen Stab wie oben durchgeführt. Er hatte die Höhe $h = 4{,}3$ cm, die Breiten $b_1 = 0{,}6$ und $b_0 = 1{,}2$ cm und führte einen Strom der Frequenz $f = 60$ Hz. Mithin ist für ihn:

$$h_i = \frac{1{,}5\ \text{cm}}{\sqrt{\frac{60}{50} \cdot \frac{50}{50}}} = 1{,}37\ \text{cm}.$$

Schneiden wir die Nut 1,37 cm unter der Oberkante ab, so mißt sie unten $b_i = 0{,}791$ cm. Es ist also (genauer):

$$k_i = \frac{1{,}37}{4{,}3} \frac{y_1\left(\frac{0{,}600}{0{,}791}\right)}{y_1\left(\frac{0{,}600}{1{,}200}\right)} = \frac{1{,}37}{4{,}3} \cdot \frac{0{,}991}{0{,}947} = 0{,}334. \quad y_1 \text{ aus Abb. 138.}$$

Genau den gleichen Wert entnehmen wir für die reduzierte Leiterhöhe $h' = 4{,}3\sqrt{1{,}2} = 4{,}72$ mit $\beta = 0{,}6/1{,}2$ der Abb. 140.

Das war die genauere Näherungsmethode. Unter Benutzung der Breiten in 90% der jeweiligen Nuthöhen und unter Vermeidung des Korrekturwertes y_1 würden wir bekommen:

$$k_i = \frac{1{,}37}{4{,}3} \cdot \frac{0{,}660}{0{,}619} = 0{,}340, \text{ also nahezu den gleichen Wert.}$$

Im allgemeinen interessiert aber gar nicht k_i, sondern der wahre Streuleitwert $\lambda_\sim = \lambda_n k_i$, den unsere Nut bei 60 Hz bietet. Er kann recht gut und schneller als k_i bestimmt werden zu:

$$\lambda_\sim = \frac{h_i}{3 b_{0,9 h_i}} = \frac{1{,}37}{3 \cdot 0{,}619} = 0{,}74.$$

Der genaue Wert würde lauten

$$\lambda_\sim = \frac{h}{3 b_1} y_1\left(\frac{b_1}{b_0}\right) k_i\left(h';\ \beta = \frac{b_1}{b_0}\right) = \frac{4{,}3}{3 \cdot 0{,}6} \cdot 0{,}947 \cdot 0{,}334 = 0{,}755.$$

Diesen winzigen Fehler von 2%, der unseren Kurzschlußstrom um etwa 0,3% verändert, da die Läufernutstreuung ungefähr $^1/_6$ der gesamten ausmacht, können wir immer vertragen. Man beachte, daß der berechnende Ingenieur statt der Kurven k_r und k_i und derjenigen für $y_1(\beta)$ lediglich die einzigen Formeln $h_r = \frac{1\ \text{cm}}{\sqrt{s}}$ und $h_i = \frac{1{,}5\ \text{cm}}{\sqrt{s}}$ kennen muß, wenn er für den wichtigsten Fall der Asynchronmaschine für 50 Hz und mit Kupferstäben bis auf wenige Prozent genau die wahren Werte des infolge der Stromverdrängung erhöhten Wirkwiderstandes $r_\sim$ und des verringerten Streuleitwertes $\lambda_\sim = \lambda_n k_i$ angeben will.

Sobald h_r und h_i größer als etwa 40% der Leiterhöhe werden, sind die Näherungsformeln nicht mehr zu benutzen. Das heißt also, daß man sie nur für Kupferstäbe von über 2,5 cm Höhe benutzen darf. Der eigentliche Hochstab beginnt aber bei 2,8 cm Höhe. Daher dürfen wir den Anlaufpunkt unserer Maschine stets über h_r und h_i bestimmen.

Es mag erwähnt werden, daß die Suche nach einer Widerstandshöhe und einer Streuhöhe, die unabhängig von der Stabform β

sind, zur Aufdeckung einiger unrichtig mitgeteilten k_r- und k_i-Werte führte. Die in Abb. 139 und 140 wiedergegebenen Kurven wurden dankenswerterweise von J. SCHAMMEL auf Anregung des Verfassers neu berechnet.

Die Näherungsformeln zeigen, daß Stäbe mit genügender Stromverdrängung dem Wechselstrom nahezu den gleichen Wirk- und Blindwiderstand bieten, unabhängig davon, ob man die Unterkante weiter hinausschiebt. Wenn die Stabbreiten in einem Abstand von 0,5 h_r *und* von 0,1 h_i unter der Oberkante mit den Werten eines anderen Stabes übereinstimmen, so stimmen Widerstand und Streuleitwert überein. Solche Stäbe decken sich im oberen Bereich. Die untere Kante kann beliebig tiefer gelegt werden; an den Verhältnissen bei höherer Frequenz ändert sich nichts. k_r und k_i zwar ändern sich heftig mit der veränderlichen Stabhöhe h, die mit ihnen multiplizierten Werte (r und λ) bleiben dagegen fast konstant.

56. Das Ersatzbild des Hochstabes. Liegt auf dem Grunde einer rechteckigen Nut ($\beta = 1$) der Höhe h und der Breite b ein ganz flacher Leiter mit dem Widerstand R, so läßt sich die Impedanz dieser Anordnung darstellen durch die Reihenschaltung der beiden Widerstände R und jX_u:

$$\mathfrak{z} = R + jX_u, \quad \text{mit} \quad jX_u = j\,2\pi f \mu_0 l \frac{h}{b} \quad \text{oder}$$

$$= j\,\frac{4\pi^2}{10}\,\frac{f}{50}\,l\,10^{-6}\,\frac{h}{b}, \quad \text{wegen}$$

$$\mu_0 = \frac{4\pi}{10^9}.$$

Nimmt der Leiter dagegen den gesamten Nutenraum ein, ohne daß sein Gleichstromwiderstand R sich geändert haben soll, so weiß man, daß bei nicht zu geringen Werten von h und f der Ohmsche Widerstand vergrößert erscheint, während der Blindwiderstand infolge der räumlichen Verteilung des Leitermetalls auf mindestens $^1/_3$ von jX_u gesunken ist und wegen der Stromverdrängung sogar nur noch $k_i\, jX_u/3$ beträgt. Der Ohmsche Widerstand hat jetzt die wirksame Größe $R\,k_r$. Ein vollwertiges Ersatzbild zeigt Abb. 152a. Der Blindwiderstand jX_u liegt fein verteilt im Zuge des oberen Zweiges, während der Ohmsche Widerstand R — aufgelöst in viele Teilwiderstände — quer dazu geschaltet ist. Alle Ohmschen Teilwiderstände zusammen ergeben in ihrer Parallelschaltung R; jeder einzelne Teilwiderstand ist also viel größer als R. Der gesamte Scheinwiderstand oder Impedanz des Stabes ist gleich dem Eingangswiderstand $\mathfrak{z}$ des Ersatzbildes:

$$\mathfrak{z} = \frac{\sqrt{jX_u R}}{\mathfrak{Tg}\sqrt{\frac{jX_u}{R}}}.$$

In Abb. 152b ist ein anderes Ersatzbild gegeben, bei dem nicht mehr unendlich kleine Blindwiderstände $d(jX_u)$ und unendlich große Wirkwiderstände $1/dR$ vorkommen, sondern eine Kettenschaltung zu sehen ist aus Ohmschen Widerständen $R, 5R, 9R, \ldots$ und aus Blindwiderständen $jX_u/3, jX_u/7, jX_u/11 \ldots$ Dieses Ersatzbild ist unendlich weit nach rechts auszudehnen. Sein Eingangswiderstand $\mathfrak{z}$ ist identisch mit dem Eingangswiderstand $\mathfrak{z}$ des linken Bildes, und dieser ist identisch mit:

$$\mathfrak{z} = R\,k_r + jX_u\,\tfrac{1}{3}\,k_i.$$

Der Vorzug des Kettenbildes liegt darin, daß man mit seiner Hilfe zu den besten Näherungen für $\mathfrak{z}$ bei kleinen Verhältnissen von X_u/R kommt. Man benutzt — in steigender Näherung — nur das erste Glied R,

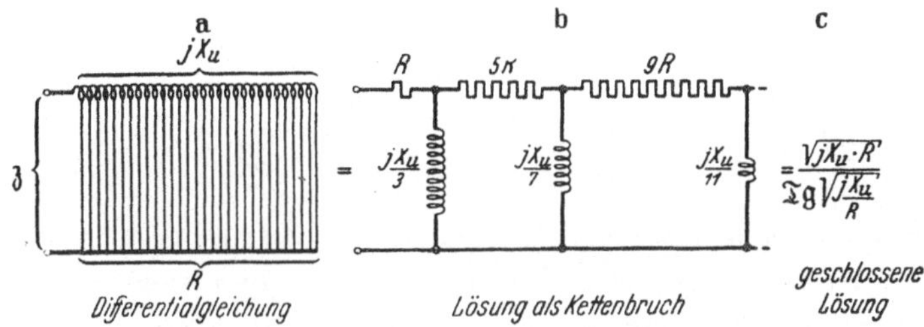

Abb. 152 a—c. **Ersatzbilder und geschlossene Lösung für die Impedanz $\mathfrak{z}$ eines Rechteckstabes des Gleichstrom-Widerstandes R und des (bei gleichförmiger Stromverteilung vorliegenden) Blindwiderstandes $jX = jX_u/3$.**

a Bild mit unendlich fein verteilten Wirk- und Blindwiderständen als Repräsentant der Differentialgleichung.

b Bild der Kettenschaltung endlicher Wirk- und Blindwiderstände als Repräsentant der Lösung in Form eines Kettenbruchs.

c Angabe der geschlossenen Lösung. Die Eingangswiderstände sind alle mit der gesuchten Impedanz $\mathfrak{z}$ des der Stromverdrängung unterliegenden Leiters identisch, die bei vermiedener Verdrängung nur aus den beiden ersten Gliedern von b bestehen würde.

dann die beiden ersten Glieder R und $jX_u/3$, dann die drei ersten Glieder $R, jX_u/3$ und $5R$ usw., die der Reihe nach für $\mathfrak{z}$ die Näherungswerte liefern:

$$\mathfrak{z}_1 = R, \qquad \mathfrak{z}_2 = R + \frac{jX_u}{3}, \qquad \mathfrak{z}_3 = R + \frac{\frac{jX_u}{3}\,5R}{\frac{jX_u}{3} + 5R} \quad \text{usw.,}$$

wobei der Index von $\mathfrak{z}$ auf die Zahl der berücksichtigten Glieder der Kette hinweist. Bildet man den Quotienten aus X_u und R, so findet man einen unmittelbaren Zusammenhang mit der reduzierten Leiterhöhe h':

$$\frac{X_u}{R} = \frac{\frac{4\pi^2}{10}\,\frac{f}{50}\,l\,\frac{h}{b}\,10^{-6}}{\frac{l}{h\,b\,L\,10^4}} = 2h'^2, \qquad h, b, l \text{ in cm;}$$

$$\text{wegen} \quad h' = \frac{\pi}{\sqrt{10}}\sqrt{\frac{f}{50}\,\frac{L}{50}}\,h \quad \text{für} \quad s = 1.$$

Bis etwa zum Werte $h' = 2{,}5$ liefern die ersten 4 Glieder der Kette einen sehr brauchbaren Näherungswert für den Scheinwiderstand $\mathfrak{z}$ des Stabes. Ändert sich die Frequenz des Stromes im Stab, so setzen wir statt f den Wert $s\,f$ ein. Beziehen wir $\mathfrak{z}$ auf den Schlupf, wollen wir also $\mathfrak{z}/s$

kennenlernen, so haben wir im Kettenbild nur R/s, $5\,R/s$ usw. zu setzen, die Blindwiderstände $jX_u/3$, $jX_u/7$ usw. dagegen zu belassen.

Der Vorteil des Ersatzkettenbildes in Abb. 152b liegt darin, daß es sowohl zeichnerisch als auch rechnerisch leicht von links nach rechts gehend behandelt werden kann.

In Abb. 153 ist der graphische Weg beschritten worden. In *a* ist die Existenz nur der beiden ersten Kettenwiderstände R und $jX_u/3$ berücksichtigt. Die Benutzung von R allein führt von 0 zum Punkt 1,

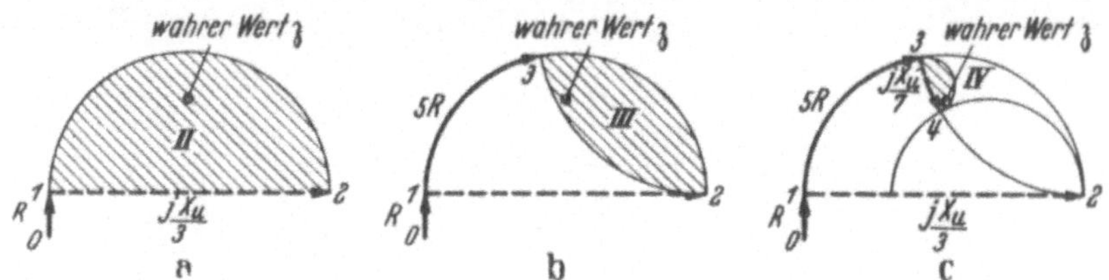

Abb. 153a—c. Graphische Bestimmung des Eingangswiderstandes $\mathfrak{z}$ der Kette für einen Rechteckstab nach Abb. 152 b.
a Benutzung der beiden ersten Glieder. b Benutzung der drei ersten Glieder. c Benutzung der vier ersten Glieder.
Der schraffierte Bereich enthält den besonders vermerkten wahren Wert der Impedanz $\mathfrak{z}$.

die zusätzliche Berücksichtigung von $jX_u/3$ liefert Punkt 2. Das Kreiszweieck *II* enthält den *wahren* Wert $\mathfrak{z}$, der sich unter Berücksichtigung *aller* Glieder ergeben würde. In *b* ist das dritte Glied, nämlich $5\,R$, mitbenutzt worden. Man erhält Punkt 3, der wahre Wert liegt in dem nunmehr sehr stark eingeengten neuen Zweieck *III*. In Bild *c* wurde auch noch der vierte Widerstand $jX_u/7$ berücksichtigt. Der wahre Wert $\mathfrak{z}$ liegt in dem bereits sehr kleinen Zweieck *IV*. Je größer R, gemessen an X_u, ist, je kleiner also die reduzierte Leiterhöhe h' wird, desto näher liegt der wahre Punkt $\mathfrak{z}$ bei *den* Punkten, die durch Benutzung einer geradzahligen Anzahl von Kettengliedern gefunden werden. Speziell wollen wir Punkt 4, also die Näherung durch 4 Glieder, als beste Annäherung bei geringem Aufwand betrachten.

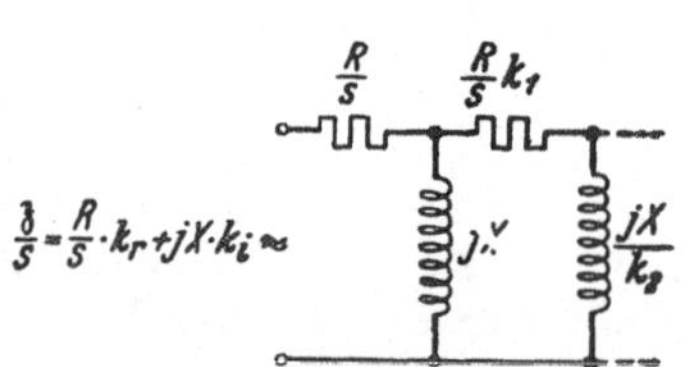

Abb. 154. Viergliedriges Ersatzbild beliebiger Keilstäbe ($0 < \beta \leqq 1$), die bei vermiedener Stromverdrängung den Widerstand R und den Blindwiderstand jX bieten würden. Beiwerte k_1 und k_2 aus Abb. 155.

Das 4-gliedrige Ersatzbild in Abb. 154 soll für die auf den Schlupf s bezogene Impedanz $\mathfrak{z}/s$ *aller* Keilstäbe ($1 \geqq \beta > 0$) gelten. Der erste Kettenwiderstand ist R/s. Er ist der Gleichstromwiderstand R des benutzten Stabes, bezogen auf den Schlupf s beim Betrieb einer Asynchronmaschine. Er resultiert aus der Länge des Eisenpaketes, dem Stabquerschnitt und der Leitfähigkeit des verwendeten Werkstoffes. Der zweite Widerstand ist der Streublindwiderstand der ganzen Nut, die gleichförmig vom Strom durchflossen zu denken ist. Er wird wie üblich berechnet aus Netzfrequenz, Nuthöhe, oberer Breite, Eisenpaketlänge und dem Beiwert $y_1(b_1/b_0)$. Dieser Blindwiderstand jX bedingt zusammen mit $jX_\varnothing$ den Durchmesser des Schmiegungskreises K_0.

Der Widerstand R verursacht zusammen mit dem hier nicht zur Diskussion stehenden Stab- und Ringwiderstand außerhalb des Eisenpaketes den Nennschlupf s und die Nennläuferverluste Q_2.

Hinter R/s steht der weitere Widerstand $k_1 R/s$ in Bereitschaft. Sobald die Frequenz im Stab zu steigen beginnt, wenn also s wächst, blockiert jX die Passage des Stromes und verweist einen nicht unbeträchtlichen Anteil auf den Durchgang durch $k_1 R/s$. Je höher k_1 liegt, desto größer müssen die zusätzlich auftretenden Verluste werden. Etwas gemildert wird diese Stromverzweigung durch den vierten Widerstand jX/k_2. Sobald es gelingt, die Zahlenwerte von k_1 und k_2 bei veränderlichem β anzugeben, ist man imstande, von dem Ersatzschema nützlichen Gebrauch zu machen.

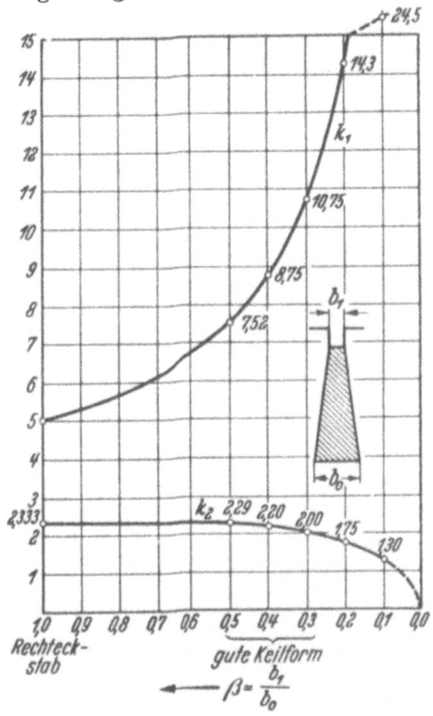

Abb. 155. Beiwerte k_1 und k_2 des Ersatzbildes in Abb. 154 über dem Seitenverhältnis β von Keilstäben einschließlich des Rechteckstabes.

Der Wert von k_1 kann auf Grund der im nachfolgenden Abschnitt durchgeführten Untersuchung noch mit einfachen Mitteln recht genau angegeben werden. Die Größe von k_2 dagegen ist nur mit einem erheblichen Aufwand an genauester Rechenarbeit zu bestimmen. k_2 kann für den Bereich $\beta = 1$ und $\beta = 0{,}5$ in guter Annäherung gleich 7/3, dem exakten Wert für den Rechteckstab gesetzt werden. Die genaueren Werte von k_1 und k_2 sind Abb. 155 für die einzelnen Breitenverhältnisse $\beta = b_1/b_0$ zu entnehmen.

Geht man wieder von der Aufgabe aus, daß sehr breite Maschinen mit verschieden geformten Keilstäben untersucht werden sollen, bei denen der Schmiegungskreis K_0 und der Nennschlupf s_n übereinstimmen, so hat man den Widerstand R und den Streublindwiderstand jX als Konstante zu betrachten. In Abb. 156 ist für die 5 Stabformen $\beta = 1$, 0,5, 0,3, 0,2 und 0,1, für die der Reihe nach gelten $k_1 = 5$, 7,52, 10,75, 14,3 und 24,5 sowie $k_2 = 2{,}33$, 2,29, 2,00, 1,75 und 1,3, die zeichnerische Ermittlung des jeweiligen Zweiecks durchgeführt, innerhalb dessen der exakte Wert des Scheinwiderstandes liegt. Dieser selbst ist mittels der genauen Werte für k_r und k_i berechnet und eingezeichnet worden. Es wurde $X/R = 10$ zugrunde gelegt. (Hierbei ist an Stillstand gedacht worden; bei beginnendem Hochlauf muß R/s an die Stelle von R treten.) Dem Beispiel entspricht bei 50 Hz ein Rechteckstab aus Kupfer von etwa 3,9 cm Höhe. Man sieht an der Lage der Zweiecke, daß der Rechteckstab weniger gut abschneidet, da sein Zweieck tiefer liegt, k_r also geringer sein wird und daß vor allem k_i sehr klein ist, der Kurzschlußstrom also größer als bei den anderen Stabformen werden muß.

Abb. 156 a u. b. Graphische Auswertung des viergliedrigen Ersatzbildes von Keilstäben.
a Allgemeine Konstruktion bei Kenntnis von R, jX, $k_1(\beta)$ und $k_2(\beta)$.
b Spezielle Konstruktion für $R = 1$; $jX = 10j$; $\beta = 1$, 0,5, 0,3, 0,2 und 0,1.
Die an R gemessene Wirkkomponente der wahren Stabimpedanz $\mathfrak{z}$ liefert das Widerstandsverhältnis k_r und die an jX gemessene Blindkomponente ergibt das Streuverhältnis k_i. Die Ziffernfolge 1, 2, 3, 4 bezeichnet die aufeinanderfolgenden Näherungen.

Bei fallendem Schlupf s wird die Genauigkeit immer größer, und im allgemeinen kann die Benutzung des 4-gliedrigen Ersatzschemas zwischen $s = 1$ und $s = 0$ nur empfohlen werden. Wir führen mit Hilfe des 4-gliedrigen Schemas die Keilstabmaschine zurück auf einen Doppelkäfigmotor, so daß wir entscheiden können, unter welchen Verhältnissen ein Doppelkäfig gleichwertig durch einen Hochstabkäfig ersetzt werden kann.

57. Die mathematische Behandlung der Hochstabläufer.

Ein Hochstab der Länge l gleich Eins und der Höhe h habe im Abstand x über seiner Unterkante die Breite $a(x)$ und liege in einer oben offenen Nut der Breite $b(x)$. Seine Leitfähigkeit betrage $\varkappa$, die Permeabilität sei μ des Vakuums und die Kreisfrequenz des ihn durchfließenden Stromes $\omega = 2\pi f s$. Wegen der Bezugnahme auf die feste Netzfrequenz f enthält sie den Schlupf s.

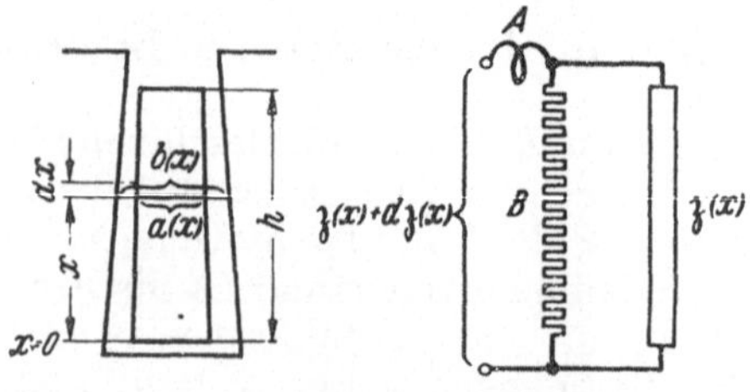

Abb. 157. Bezeichnungen und Ersatzbild der Differentialgleichung beliebiger Stäbe in beliebigen Nuten.

Wir schneiden in der Leiterhöhe x (Abb. 157) eine dünne Schicht der Stärke dx aus dem Leiter heraus und ordnen ihr einen sehr kleinen Blindwiderstand A und einen sehr großen Wirkwiderstand B (oder winzigen Leitwert $1/B$ als Kehrwert desselben) zu. Der komplexe Leiterwiderstand oder die Impedanz des Abschnittes von der Unterkante $x = 0$ bis zur Höhe x sei $\mathfrak{z}(x)$. Er erfährt bei Zunahme der Höhe um dx einen Zuwachs $dz(x)$ durch die Parallelschaltung von B (es kommt weiteres Metall hinzu) und durch die Serienschaltung von A (die Streuung wächst).

Wir setzen daher:

$$\mathfrak{z}(x) + d\,\mathfrak{z}(x) = A + \frac{\mathfrak{z}(x)\,B}{\mathfrak{z}(x) + B}, \quad \text{woraus folgt:}$$

$$d\,\mathfrak{z}(x) = A - \frac{\mathfrak{z}^2(x)}{\mathfrak{z}(x) + B},$$

$$= A - \frac{\mathfrak{z}^2(x)}{B} \quad \text{wegen der Kleinheit von } \mathfrak{z}(x) \text{ gemessen an } B.$$

Für A und B bekommen wir sofort:

$$A = j\,\omega\,\mu\,\frac{d\,x}{b(x)} \quad \text{und} \quad B = \frac{1}{a(x)\,d\,x\,\varkappa}, \quad \text{mit} \quad \omega = 2\pi f\,s.$$

Durch Einsetzen ergibt sich:

$$d\,\mathfrak{z}(x) = j\,\omega\,\mu\,\frac{d\,x}{b(x)} - a(x)\,d\,x\,\varkappa\,\mathfrak{z}^2(x), \quad \text{woraus folgt:}$$

$$\mathfrak{z}'(x) = \frac{j\,\omega\,\mu}{b(x)} - a(x)\,\varkappa\,\mathfrak{z}^2(x).$$

Vorteilhafterweise multipliziert man den Scheinwiderstand $\mathfrak{z}$ mit der Leitfähigkeit $\varkappa$; man bezieht sich also auf einen Stab der Leitfähigkeit $\varkappa = 1$, dessen Querschnitt wegen $l = 1$ gleich dem Kehrwert seines Ohmschen Widerstandes ist. Dieser neue reduzierte Widerstand sei mit $\bar{\mathfrak{z}}(x)$ bezeichnet. Seine Differentialgleichung lautet:

$$\bar{\mathfrak{z}}'(x) = \frac{j\,\omega\,\mu\,\varkappa}{b(x)} - a(x)\,\bar{\mathfrak{z}}^2(x)$$

oder noch einfacher mit $\gamma = j\,\omega\,\mu\,\varkappa$ geschrieben:

$$\bar{\mathfrak{z}}'(x) = \frac{\gamma}{b(x)} - a(x)\,\bar{\mathfrak{z}}^2(x).$$

Diese RICCATIsche Differentialgleichung muß nun entweder exakt oder durch eine Reihenentwicklung oder unter Benutzung von Integralen gelöst werden. Von den Reihenentwicklungen interessieren nur solche nach Potenzen von γ, dem Parameter in obiger Gleichung, da in γ der betrieblich veränderliche Schlupf s enthalten ist. Die Entwicklung nach *steigenden* Potenzen von γ interessiert für den Betrieb etwa zwischen halber Drehzahl und voller Geschwindigkeit, die Entwicklung nach *fallenden* Potenzen von $\sqrt{\gamma}$ interessiert in der Nähe des Stillstandes, speziell zur Klärung der Anlaufverhältnisse und bei noch höheren Schlüpfen im Bremsbereich.

Da Hochstäbe fest in ihrer Nut sitzen sollen, gilt immer $b(x) = a(x)$, so daß unsere Gleichung noch einfacher lautet:

$$\bar{\mathfrak{z}}'(x) = \frac{\gamma}{b(x)} - b(x)\,\bar{\mathfrak{z}}^2(x).$$

Die *Näherungslösung für kleine* γ soll dem Ansatz

$$\bar{\mathfrak{z}}(x) = \frac{1}{\eta_0(x) + \gamma\,\eta_1(x) + \gamma^2\,\eta_2(x) + \gamma^3\,\eta_3(x) + \cdots}$$

genügen, der sofort umgebildet wird in den Kettenbruch:

$$\mathfrak{z}(x) = R + \frac{1|}{|\frac{1}{jX}} + \frac{1|}{|k_1 R} + \frac{1|}{|\frac{k_2}{jX}} + \cdots, \quad \text{mit:}$$

$$R = \frac{1}{\eta_0(x)} \quad \text{und} \quad jX = -\frac{\eta_1(x)}{\eta_0^2(x)}\gamma$$

und mit den beiden sehr wichtigen Beiwerten:

$$k_1 = \frac{1}{\frac{\eta_0\eta_2}{\eta_1^2} - 1} \quad \text{und} \quad k_2 = \frac{1}{(1+k_1)\left[\left(\frac{\eta_0\eta_3}{\eta_1\eta_2} - 1\right)k_1 - 1\right]}.$$

Wie man sieht, wird eigentlich die Lösung für den *Leitwert* $\eta(x) = \frac{1}{\mathfrak{z}(x)}$ gesucht, und zwar deshalb, weil sich dieser Weg als der besser gangbare erweist. Zu diesem Zweck baut man die Differentialgleichung um:

$$\left(\frac{1}{\mathfrak{z}(x)}\right)' = \eta'(x) = b(x) - \frac{\gamma}{b(x)}\eta^2(x)$$

und führt in sie den Ansatz für $\eta(x)$, entwickelt nach Potenzen von γ, ein:

$$\eta(x) = \eta_0(x) + \eta_1(x)\gamma + \eta_2(x)\gamma^2 + \eta_3(x)\gamma^3 + \cdots, \quad \text{woraus folgt:}$$

$$\eta_0' + \eta_1'\gamma + \eta_2'\gamma^2 + \cdots = b(x) - \frac{\gamma}{b(x)}[\eta_0^2 + 2\gamma\eta_1\eta_0 + \gamma^2(\eta_1^2 + 2\eta_0\eta_2) + \cdots],$$

woraus folgt:

$$\eta_0' = b(x), \quad \eta_1' = -\frac{\eta_0^2}{b(x)}, \quad \eta_2' = -\frac{2\eta_0\eta_1}{b(x)}, \quad \eta_3' = -\frac{\eta_1^2 + 2\eta_0\eta_2}{b(x)}, \ldots$$

Für zwei besondere Stabformen ergibt sich eine sehr einfache Auflösung, nämlich für den kreissektorförmig geschnittenen Leiter mit $b(x) = Cx$ und für den parallelflankigen Leiter (Rechteckstab) mit $b(x) = b = \text{const}$. Erstere Stabform liegt nebenbei auch bei dem oft behandelten Fall des Rundleiters in Luft vor, dessen Stromverdrängung meist als Skineffekt bezeichnet wird.

Im Falle des *Sektor*leiters ergibt sich:

$$\eta_0 = C\frac{x^2}{2}, \quad \eta_1 = -C\frac{x^4}{16}, \quad \eta_2 = C\frac{x^6}{96}, \quad \eta_3 = -C\frac{11\,x^8}{6144} \quad \text{usw.}$$

Hieraus resultiert für den Kettenbruch:

$$R = \frac{1}{C\frac{x^2}{2}}, \quad jX = \frac{\lambda}{4C} \quad k_1 = 3, \quad k_2 = 2.$$

Der Kettenbruch kann mühelos erweitert werden. Im Längszweig seines Ersatzbildes liegen hintereinander die Ohmschen Widerstände $R, 3R$,

$5R, 7R, \ldots$ und in den Querzweigen die Blindwiderstände $jX, jX/2, jX/3, jX/4, \ldots$ Er ist in Abb. 158 wiedergegeben und gestattet eine recht bequeme Berechnung des Quotienten der beiden BESSELschen Funktionen I_0 und I_1, die in der exakten Lösung vorkommen.

Im Fall des *Rechteck*leiters ergibt sich:

$$\eta_0 = b\,x\,, \quad \eta_1 = -b\,\frac{x^3}{3}\,, \quad \eta_2 = b\,\frac{2\,x^5}{15}\,, \quad \eta_3 = -b\,\frac{17\,x^7}{315} \text{ usw.}$$

Hieraus resultiert für den Kettenbruch:

$$R = \frac{1}{b\,x}\,, \quad jX = \gamma\,\frac{x}{3\,b}\,, \quad k_1 = 5\,, \quad k_2 = \frac{7}{3}\,.$$

Der Kettenbruch kann ebenfalls mühelos erweitert werden. Im Längszweig seines Ersatzbildes liegen hintereinander die Ohmschen Widerstände $R, 5R, 9R, 13R, \ldots$ und in den Querzweigen die Blindwiderstände $jX, 3\,jX/7, 3\,jX/11, 3\,jX/15 \ldots$ Der Kettenbruch ist durch sein Ersatzbild in Abb. 159 wiedergegeben. Es eignet sich zur bequemen Berechnung des Quotienten der beiden Funktionen Cof und Sin, also des Ctg.

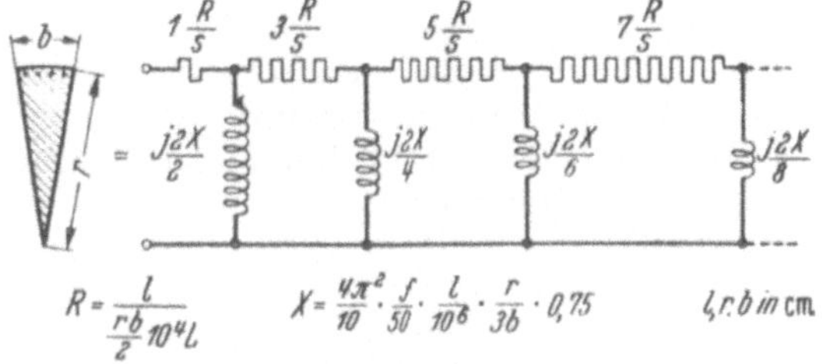

Abb. 158. Kette für sektorförmig gestaltete Stäbe. Gilt auch für den nicht in Eisen eingebetteten *Rund*leiter.

Ähnlich schöne Ersatzbilder entstehen für alle *Potenz*stäbe, die dem Gesetz $b(x) = C\,x^n$ gehorchen. Leider interessieren uns keine positiven Werte von n, da bei nach oben breiter werdenden Stäben die Stromverdrängungserscheinungen nicht groß genug sind, und negative Werte von n haben den Nachteil, daß mindestens die Unterkante $b_0 = b(0)$, wenn nicht sogar der Leiterquerschnitt unbegrenzt groß werden würden. In dem weitaus wichtigsten Fall einer ***geradlinigen*** Abnahme der Leiterbreite b über der Höhe x entsprechend

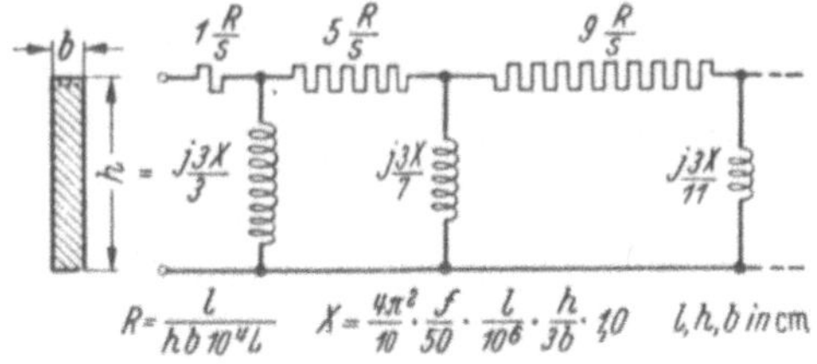

Abb. 159. Kette für den Rechteckstab.

$$b(x) = b_0 - C\,x$$

ergeben sich in $\eta_1(x), \eta_2(x) \ldots$ Glieder mit steigenden Potenzen des natürlichen Logarithmus. Nur das erste Glied $\eta_0(x)$ ist noch frei davon. Die Lösung lautet, wenn wir in zulässiger Vereinfachung setzen wollen:

$$b(x) = 1 - x = \beta$$

mit der neuen Unabhängigen β für die ersten 4 Glieder:

$$\eta_0(\beta) = \frac{1}{2} - \frac{\beta^2}{2}, \quad \eta_1(\beta) = \frac{3}{16} - \frac{\beta^2}{4} + \frac{\beta^4}{16} + \frac{1}{4}\ln\beta,$$

$$\eta_2(\beta) = \frac{17}{192} - \frac{5}{32}\beta^2 + \frac{5}{64}\beta^4 - \frac{1}{96}\beta^6 + \frac{3}{16}\ln\beta - \frac{1}{8}\beta^2\ln\beta + \frac{1}{8}(\ln\beta)^2,$$

$$\eta_3(\beta) = \frac{719}{18432} - \frac{35}{384}\beta^2 + \frac{36}{512}\beta^4 - \frac{23}{1152}\beta^6 + \frac{11}{6144}\beta^8 +$$

$$+ \left(\frac{95}{768} - \frac{5}{32}\beta^2 + \frac{5}{128}\beta^4\right)\ln\beta + \left(\frac{9}{64} - \frac{1}{16}\beta^2\right)(\ln\beta)^2 + \frac{1}{16}(\ln\beta)^3.$$

Der soeben behandelte Stab mißt an der Unterkante 1 und an der Oberkante $\beta = 1 - x$. Sein Seitenverhältnis ist also $(1 - x)/1 = \beta$. Der wahre Stab mißt an der Unterkante b_0 und an der Oberkante b_1; sein Seitenverhältnis ist also b_1/b_0. Dieser Wert war immer mit β bezeichnet worden. Daher wurde soeben auch $1 - x$ durch β ersetzt.

Die numerische Berechnung der vier ersten η-Werte für β zwischen 1 und 0 kann nur mit der Rechenmaschine geschehen, da die Verwendung vielstelliger Logarithmen (von mindestens 10 Stellen) noch mehr Zeitaufwand verlangen würde. Als wesentliches Ergebnis gewinnen wir die Zahlenwerte k_1 und k_2, die in Abb. 155 mitgeteilt worden sind. Besonders k_2 ändert sich bei allerwinzigsten Rechenfehlern in der Bestimmung von $\eta_3(\beta)$ im stärksten Maße. Die in Abb. 155 gebrachten Werte von k_2 wurden außerdem durch weitere Methoden gesichert.

Nach Kenntnis von k_1 und k_2 ist man imstande, das Ersatzbild eines wirklichen Keilstabes der Länge l, der Höhe h, der unteren Breite b_0 und der oberen Breite b_1 anzugeben. Man berechnet seinen Wirk- und seinen Blindwiderstand unter der Annahme gleichförmiger Stromverteilung und schaltet letzterem den k_1-fachen Wirkwiderstand plus dem $1/k_2$-fachen Blindwiderstand parallel. Vor den Wirkwiderstand schaltet man noch jenen Widerstand, der dem bei der wirklichen Maschine vorhandenen, in Luft liegenden Leiterteil einschließlich Ringanteil entspricht. Man gewinnt also endgültig das Schema in Abb. 160, wo die Impedanz $\mathfrak{z}$ des Stabes wieder auf den Schlupf s bezogen wurde. Der Wert der *angenäherten* Impedanz lautet (wieder unter Verwendung kleiner Buchstaben für den Einzelstab):

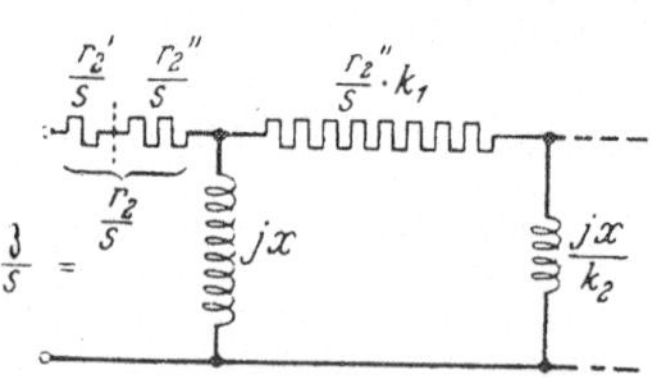

Abb. 160. Ersatzbild für den Keilstab einer Maschine beim Schlupf s unter Berücksichtigung des nicht der Stromverdrängung unterworfenen äußeren Wirkwiderstandes r_2' und der beiden der Verdrängung unterliegenden Widerstände r_2'' und jx.

$$\frac{\mathfrak{z}}{s} = \frac{r_2'}{s} + \frac{r_2''}{s} + \frac{jx\left(\frac{r_2''}{s}k_1 + j\frac{x}{k_2}\right)}{jx\left(1 + \frac{1}{k_2}\right) + \frac{r_2''}{s}k_1} \quad \text{mit}$$

$$jx = \frac{4\pi^2}{10}\,\frac{f}{50}\,l\,10^{-6}\,\frac{h}{3b_1}\,y_1(\beta).$$

Man erkennt beim Betrachten des Ersatzbildes in Abb. 160, daß dem steigenden Betrag von k_1 anfangs eine wachsende Widerstandserhöhung zukommt. k_1 nimmt aber mit fallendem β zu, also mit immer stärkerer Keilform des verwendeten Stabes. k_2 bleibt anfangs nahezu konstant auf dem Wert 7/3. Erst für $\beta < 0{,}5$ nimmt k_2 fühlbar ab. Dann wird die Passage des Stromes durch den Parallelzweig erschwert und die resultierende Widerstandszunahme fällt wieder. Dies deckt sich mit den Ergebnissen der exakten Berechnung.

Jetzt soll die *Näherungslösung für hohe Frequenzen* angegeben werden. Wir setzen wieder:

$$\mathfrak{z}' = \frac{\gamma}{b(x)} - b(x)\,\mathfrak{z}^2, \quad \text{und benutzen den Ansatz:}$$

$$\mathfrak{z} = z_0(x)\sqrt{\gamma} + z_1(x) + z_2(x)\frac{1}{\sqrt{\gamma}} + z_3(x)\frac{1}{\gamma} + \cdots$$

und gewinnen, indem wir nur die beiden ersten Glieder berücksichtigen:

$$\mathfrak{z}(x) = \frac{\sqrt{\gamma}}{b(x)} - \frac{1}{2}\left(\frac{1}{b(x)}\right)' + \cdots .$$

Auf den ersten Blick erkennt man, daß, wenn das zweite Glied vernachlässigt wird, nur die *Leiterbreite der Oberkante* den Wirk- und Blindwiderstand beeinflußt und daß diese beiden Komponenten einander *gleich* werden. Setzt man auch das zweite, reelle Glied in Rechnung, so sieht man, daß der Ohmsche Anteil hierdurch verringert wird, daß man also mit einer wirksamen Leiterbreite b^* rechnen muß, die größer als $b(x) = b_1$ der Oberkante ist, sofern der Stab sich nach oben zu verjüngt. Wir machen den Ansatz:

$$\mathfrak{z}(x) = \frac{1}{b^* h_r} + j\,\omega\,\mu\,\frac{h_i}{3\,b(x)}, \quad \text{mit} \; .$$

$$h_r = \frac{1}{\sqrt{\frac{\omega\,\mu\,\varkappa}{2}}} = \frac{1\ \text{cm}}{\frac{\pi}{\sqrt{10}}\sqrt{\frac{\varepsilon f}{50}\,\frac{L}{50}}} \approx \frac{1\ \text{cm}}{\sqrt{\frac{\varepsilon f}{50}\,\frac{L}{50}}},$$

$$h_i = 1{,}5\,h_r,$$

$$b^* = b(x) - b'(x)\,\frac{h_r}{2}.$$

Dieser neue Ansatz ist, wenn man

$$\frac{1}{b^* h_r} = \frac{1}{(b(x) - b'(x)\,h_r/2)\,h_r} \approx \frac{1}{b(x)\,h_r}\left(1 + \frac{b'(x)}{b(x)}\,\frac{h_r}{2}\right) = \frac{1}{b(x)\,h_r} - \frac{1}{2}\left(\frac{1}{b(x)}\right)'$$

setzt, mit dem vorigen Näherungsansatz aus 2 Gliedern identisch. Gehen wir zum wirklichen Stab zurück, dessen Ohmscher Widerstand mit dem wirklichen $\varkappa$ oder dem technisch gebräuchlicheren $L = \varkappa\,10^4$ berechnet wird, so ergibt sich für die im Eisen eingebetteten Stablängen der folgende Tatbestand. Bei relativ starker Stromverdrängung bietet der Stab einen Wirkwiderstand, der sich aus seiner Länge l, seiner Leitfähigkeit L und einem Restquerschnitt F_r ergibt. Dieser Restquerschnitt F_r hat die Höhe h_r und die mittlere Breite b^*, die man in der halben Ersatzhöhe h_r zwischen den beiden Tangenten messen kann, die in den Endpunkten der Staboberkante an den Stab zu legen sind (vgl. hierzu Abb. 161). Sein Blindwiderstand kann angenähert gleich dem einer Restnut gesetzt werden, die gleichförmig vom Strom durchflossen gedacht wird. Sie hat die Streuhöhe $h_i = 1{,}5\, h_r$ und eine Breite gleich der Breite der wahren Staboberkante $b_1 = b(x)$.

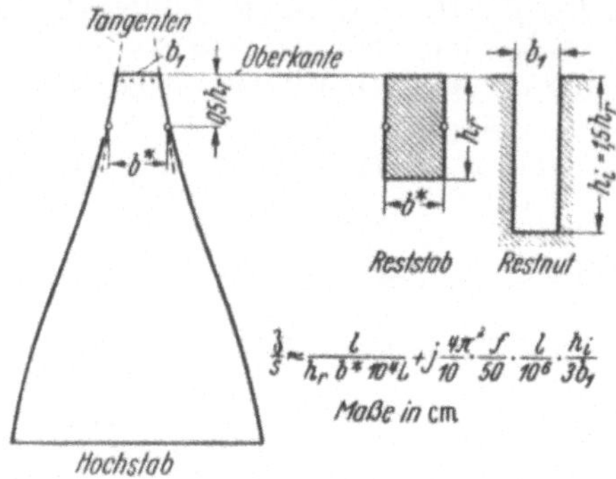

Abb. 161. Zur angenäherten Bestimmung der Stabimpedanz beliebiger, satt in die oben offene Nut eingepaßter Stäbe im Bereich großer Frequenzen.

Eine noch bessere Näherung erzielen wir, wenn wir statt des von den Tangenten begrenzten Leiterabschnittes den gesamten, etwas hiervon abweichenden Querschnitt des Leiters selbst längs der Höhe h_r benutzen, wie schon im Abschnitt 55 vorgeschlagen wurde. Der Blindwiderstand wird noch etwas genauer ermittelt, wenn man bei Keilstäben den üblichen Korrekturwert $y_1(b_1/b_i)$ benutzt, genau so, wie es früher vorgeschlagen wurde. Dieser Wert liegt allerdings ganz in der Nähe von Eins, da sich b_1 und b_i nicht sehr stark voneinander unterscheiden. b_i ist die Nutbreite im Abstand h_i unter der Staboberkante.

Die letzten Überlegungen führen unmittelbar zu einem Lösungsansatz der Riccatischen Gleichung mittels *Integralen.* Wir geben sogleich die Näherungslösung, und zwar für den wirklichen Stab der Höhe h:

$$\mathfrak{z}(h) = \frac{l}{10^4 L \int\limits_{h-h_r}^{h} b(x)\, dx} + j\, \frac{4\pi^2}{10}\, \frac{f}{50}\, l\, 10^{-6}\, \frac{\int\limits_{h-h_i}^{h} \frac{1}{b(x)} \left[\int\limits_{h-h_i}^{x} b(x)\, dx \right]^2 dx}{\left[\int\limits_{h-h_i}^{h} b(x)\, dx \right]^2}$$

$$= \frac{l}{F_r L 10^4} + j\, \frac{4\pi^2}{10}\, \frac{f}{50}\, l\, 10^{-6}\, \frac{h_i}{3 b_1}\, y\!\left(\frac{b_1}{b_i}\right)$$

Die *exakte* Lösung der Differentialgleichung kann für die geradlinig begrenzten Keilstäbe, speziell natürlich für den parallelflankigen *Rechteckstab*, angegeben werden. Wir wollen diesen zuerst behandeln. Bei ihm ist $b(x) = b = \text{const}$. Also vereinfacht sich die Differentialgleichung zu:

$$\mathfrak{z}'(x) = \frac{\gamma}{b} - b\, \mathfrak{z}^2(x) \quad \text{mit der Lösung } \mathfrak{z}(x) = \frac{1}{b}\, \frac{\sqrt{\gamma}}{\mathfrak{Tg}(\sqrt{\gamma}\, x)}\,.$$

Bei großem γ wird der Tangens gleich Eins und die Lösung geht über in das erste Glied der Näherung für große γ.

Die Lösung für den *Keilstab* mit $\beta \neq 1$ führt auf Zylinderfunktionen. Wir führen ein bequemeres Koordinatensystem ein, indem wir die beiden

Flanken des Keilstabes bis zu ihrem Schnittpunkt verlängern. Dieser ist jetzt der Nullpunkt. Wenn die Breite der Unterkante b_0, der Oberkante b_1 und die Höhe h beträgt, so kann man unter Benutzung der Bezeichnungen nach Abb. 162 setzen:

$$b(r) = r\frac{b_1}{r_1} = r\frac{b_0}{r_0}.$$

Die Differentialgleichung lautet jetzt:

$$-\bar{\mathfrak{z}}'(r) = \frac{\gamma}{b(r)} - b(r)\,\bar{\mathfrak{z}}^2(r) \quad \text{oder}$$

$$-\bar{\mathfrak{z}}'(r) = \frac{\gamma}{r}\frac{r_1}{b_1} - r\frac{b_1}{r_1}\bar{\mathfrak{z}}^2(r).$$

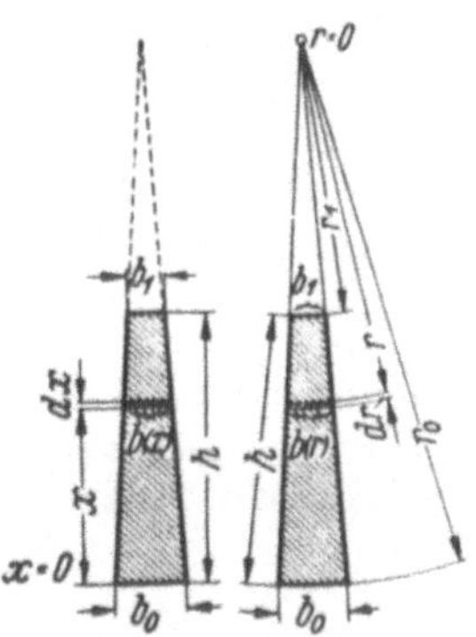

Abb. 162. Bezeichnungen des Keilstabes und des mit ihm praktisch übereinstimmenden Ausschnitts aus einem Hohlleiter.

Geht man gleich über auf den wahren Widerstand

$$\mathfrak{z}(r_1) = \bar{\mathfrak{z}}(r_1)\frac{l}{\varkappa},$$

so findet man die Lösung[1]:

$$\mathfrak{z}(r_1) = \frac{\sqrt{-\gamma}\,l}{b_1\varkappa}\,\frac{J_0(-r_1\sqrt{-\gamma}) - C H_0^{(1)}(-r_1\sqrt{-\gamma})}{J_1(-r_1\sqrt{-\gamma}) - C H_1^{(1)}(-r_1\sqrt{-\gamma})}$$

$$\text{mit}\quad C = \frac{J_1(-r_0\sqrt{-\gamma})}{H_1^{(1)}(-r_0\sqrt{-\gamma})}.$$

J_0, J_1 sind die Besselschen und $H_0^{(1)}$, $H_1^{(1)}$ die Hankelschen Funktionen.

Da r_1 und r_0 unmittelbar aus h, b_1 und b_0 hervorgehen, ist man imstande, für jeden vorgelegten Keilstab die Impedanz $\mathfrak{z}$ auszurechnen.

Die Funktionen J_0, J_1, $H_0^{(1)}$, und $H_1^{(1)}$ sind in Tabellenform in Jahnke-Emde: Tafeln Höherer Funktionen enthalten, und zwar in Abhängigkeit des Argumentes $r\sqrt{j}$. Um diese Tabellen benutzen zu können, formen wir die Gleichung um in:

$$\mathfrak{z}(r_1) = -\left[\frac{\sqrt{\gamma}\,l}{b_1\varkappa}\,\frac{J_0(r_1'\sqrt{j}) - C H_0^{(1)}(r_1'\sqrt{j})}{J_1(r_1'\sqrt{j}) - C H_1^{(1)}(r_1'\sqrt{j})}\right]^* \quad \text{mit}\quad C = \frac{J_1(r_0'\sqrt{j})}{H_1^{(1)}(r_0'\sqrt{j})},$$

wobei zu setzen ist:

$$r_1' = \sqrt{s\,2\pi f\mu\varkappa}\,r_1 = \frac{\pi}{\sqrt{10}}\sqrt{s\frac{f}{50}\frac{L}{50}}\,\sqrt{2}\,r_1 \quad \text{und}$$

$$r_0' = \sqrt{s\,2\pi f\mu\varkappa}\,r_0 = \frac{\pi}{\sqrt{10}}\sqrt{s\frac{f}{50}\frac{L}{50}}\,\sqrt{2}\,r_0 \quad \text{mit}$$

$$r_1 = b_1\frac{h}{b_0 - b_1} \quad \text{und} \quad r_0 = b_0\frac{h}{b_0 - h_1}$$

Der Stern bedeutet, daß von dem eingeklammerten Wert der konjugiert komplexe Wert zu nehmen ist. Unter Berücksichtigung des zu-

[1] Laible, Th.: Stromverdrängung in Nutenleitern ... A. f. E. Bd. 27 (1933) S. 558/63.

sätzlichen Minuszeichens bedeutet die Vorschrift der rechten Seite, daß man den Klammerinhalt zu berechnen und nur das Vorzeichen seines reellen Anteiles umzukehren hat.

Betrachtet man die Formeln für r_1' und r_0', so sieht man, daß es sich um reduzierte dimensionslose Zahlen handelt. Die Wurzel aus 2 wurde getrennt geschrieben, da wir früher die reduzierte Leiterhöhe — das wäre hier also $h' = (r_0' - r_1')/\sqrt{2}$ — ohne diesen Faktor berechnet hatten. Kurz gesagt sind die reduzierten Radien eines Kupferstabes bei der Frequenz $sf = 50$ Hz, dessen wahre Radien z. B. $r_1 = 2$ cm und $r_0 = 5$ cm betragen, gleich $2\sqrt{2}$ und $5\sqrt{2}$, während seine reduzierte Leiterhöhe $h' = 5 - 2 = 3$ ist.

Bei hoher Stromverdrängung verschwindet der Einfluß von J_0 und J_1; er wird wirklich zu Null, wenn ein Keilstab unbegrenzt — unter Wahrung seiner Oberkante und seiner Flanken — nach unten vergrößert wird. Dann gilt:

$$\mathfrak{z} = -\left[\frac{\sqrt{\gamma}\, l}{b_1\, \varkappa}\,\frac{H_0^{(1)}(r_1'\sqrt{j})}{H_1^{(1)}(r_1'\sqrt{j})}\right]^*.$$

Der Doppelkäfigmotor.

58. Aufbau und Wirkungsweise. Der Doppelkäfigmotor üblicher Bauart unterscheidet sich vom normalen Kurzschlußmotor dadurch, daß er statt *eines* Käfigs *zwei* Käfige im Läufer besitzt. Die Käfige haben meistens die gleiche Stabzahl und liegen in der Regel im oberen und im unteren Teil der gleichen Nut. Sie sind durch einen hohen, schmalen Streusteg voneinander getrennt. Beide Käfige besitzen getrennte Ringe. Bei den gegossenen Aluminiumkäfigen sind die oberen Stäbe mit den unteren durch das in den Streusteg eingedrungene Metall miteinander verbunden. Die Ringe sind, ebenfalls aus gußtechnischen Gründen, beiden Käfigen gemein.

Es gibt auch Ausführungen, bei denen z. B. die Stabzahl sich voneinander unterscheidet oder solche, bei denen die Stäbe in verschiedenen Nuten liegen. Nachstehend soll nur von Doppelkäfigen gleicher Stabzahl gesprochen werden, die in gleichen Nuten liegen und getrennte, also insgesamt 4 Ringe besitzen.

Man kann sich den Doppelkäfig entstanden denken aus einem Einfachkäfig, den man durch einen zur Läuferoberfläche parallel geführten Schnitt in einen *oberen* und einen *unteren Teilkäfig* zerlegt hat. Beide Teilkäfige sind dann noch so weit auseinanderzuziehen, daß zwischen ihnen ein *Streusteg* von hohem Blindwiderstand entsteht. Die durch die Aufteilung und Trennung der Käfige geänderte Wirkungsweise der Maschine hängt erstens davon ab, wieviel des ursprünglichen Käfigmetalles oben verblieben ist, und zweitens davon, welchen Blindwiderstand der Streusteg besitzt.

Man kennzeichnet die Aufteilung durch das Verhältnis der Käfig- oder Stabwiderstände, welches mit u bezeichnet werden soll. Man bezieht den oberen Widerstand auf den unteren und bekommt Werte für u

zwischen 3 und 10. Bedient man sich dieses Relativwertes, so kann man sagen, daß der Widerstand der parallel geschalteten Käfige 1, der obere Widerstand $u + 1$ und der untere Widerstand $(u + 1)/u$ betragen.

Der trennende Streusteg wird so bemessen, daß der ihm zukommende Blindwiderstand ungefähr gleich dem oberen Wirkwiderstand ist. Der relative Widerstand des Streusteges liegt also ungefähr bei $(u + 1)j$. Aus anderen Gründen heraus kann man auch sagen, daß dieser Streublindwiderstand so groß zu machen ist, daß der natürliche OSSANNA-Kreisdurchmesser der ursprünglichen Einkäfigmaschine etwa auf $^2/_3$ bis $^1/_3$ verringert wird.

Der induktive Widerstand des Streusteges zwischen dem oberen und unteren Stab ist dem Wirkwiderstand des unteren Stabes (einschl. Ringanteil) vorgeschaltet zu denken. Beide Widerstände zusammen liegen (von Feinheiten abgesehen) dem Wirkwiderstand des oberen Stabes (einschl. seines Ringanteiles) parallel. In den Blindwiderstand des Streusteges sind kleine Beiträge, die von den stromführenden Nutteilen herrühren, einzubeziehen.

Bei hoher Läuferfrequenz (über 10 Hz) teilt sich der gesamte, eine Läufernut durchfließende Strom in zwei stark in der Phase verschobene Teilströme auf, deren zeitlich voreilender den oberen Stab und deren zeitlich nacheilender den unteren Stab durcheilt. Diese Phasenverschiebung — und nur sie allein — bewirkt, daß die Gesamtverluste in der Nut stark ansteigen. Im allgemeinen kann man sagen, daß der Betrag der beiden Teilströme nahezu übereinstimmt und daß ihre Verschiebung (bei 50 Hz, entsprechend Stillstand) fast 90° beträgt. Der relative Gesamtstrom einer Nut vom Betrage 1 zerlegt sich also in einen oberen Teilstrom vom Betrage 0,7 und einen unteren Teilstrom vom Betrage 0,7. Das gesamte, algebraisch ermittelte Stromvolumen ist also um rund 40% gestiegen. Der obere Teilstrom trifft auf den Widerstand $1 + u$, der untere auf den Widerstand $(1 + u)/u$. Sie rufen den Gesamtverlust $0{,}7^2(1 + u) + 0{,}7^2(1 + u)/u \approx 1 + u/2$ hervor. Das bedeutet, daß bei gleichem Läuferstrom der Doppelkäfigmotor statt des Drehmomentes 1 das Drehmoment $1 + u/2$ entwickelt. Wegen $u = 3$ bis 10 sind also Momente zu erwarten, die das 2,5- bis 6fache des Drehmoments einer vergleichbaren Einkäfigmaschine betragen.

Beim Anlauf entsteht der größte Wärmeumsatz im oberen Käfig, da in ihm wegen seines hohen Wirkwiderstandes 80 bis 90% der gesamten Läuferverluste bei Stillstand entstehen. Entgegen einer allgemeinen Ansicht ist sein Strom nahezu genau so groß wie der des unteren Käfigs. Man muß den oberen Käfig mit hoher Wärmespeicherfähigkeit ausführen und wählt daher meistens nicht Kupfer, sondern einen Werkstoff mit höherem spezifischen Widerstand. Durchweg wird der obere Käfig aus Messing gemacht, das einen 3,5fachen Widerstand besitzt. Man führt also den Messingstab und Messingring mit dem 3,5fachen Querschnitt aus und kommt, da die spezifische Wärme mit der von Kupfer übereinstimmt, zur 3,5fachen Wärmekapazität. Die Verwendung von Bronze wäre noch erwünschter, da sie nur die halbe

Leitfähigkeit von Messing besitzt, aber leider sind ihre sonstigen Eigenschaften einer Verwendung hinderlich.

Bei gegossenen Aluminiumläufern verteilt sich die Wärme des oberen Käfigs schnell auf den mit ihm metallisch verbundenen unteren Käfig und auch schnell auf das benachbarte Eisen, mit dem ein inniger Kontakt besteht. Die Wärmestauung ist hier also weniger zu befürchten.

Der Streublindwiderstand des zwischen den beiden Käfigen liegenden Steges bedingt eine sehr starke Erhöhung des ideellen Blindwiderstandes der Maschine, die um so stärker wird, je schneller die Maschine läuft. Mit zunehmender Drehzahl sinkt die Läuferfrequenz. Der Läuferstrom verteilt sich immer stärker nach Maßgabe der *Wirk*widerstände der beiden Käfige und fließt in der Nähe des Synchronismus zu $1/(1 + u)$ seines Wertes im oberen und zu $u/(1 + u)$ seines Wertes im unteren Stab. Dadurch tritt die Wirkung des Streusteges, der vom unteren Stabstrom magnetisiert wird, verstärkt in Erscheinung.

Der Leistungsfaktor bei Nennlast ist etwas geringer als der eines Schleifringmotors. Ebenfalls ist das Kippmoment, und zwar beträchtlich kleiner. Beide Nachteile sind der Preis für die ausgezeichneten Anlaufdaten: hohes Moment und recht kleiner Einschaltstrom.

Zur Verwendung kommt der Doppelkäfigmotor immer dann, wenn eine Maschine gegen volles Lastmoment anfahren muß oder wenn sie zur Verringerung der Netzströme in Stern/Dreieck gegen etwa das halbe Lastmoment angelassen werden soll. Die Abgrenzung gegen den Keilstabläufer, der in der Herstellung durchweg billiger sein dürfte, ist so zu vollziehen, daß man den Doppelkäfig nur dann bauen sollte, wenn man die verlangten Eigenschaften nicht mehr mit dem Keilstab erreichen kann.

Im allgemeinen ist es richtig, den Doppelkäfig für den gegossenen Aluminiumläufer und für den Motor mit sehr schwierigen Anlaufbedingungen zu reservieren. Die meisten mittleren und Großmaschinen sind mit Keilstab ausführbar. Bei den immer recht kritischen Langsamläufern, die an zu hoher natürlicher Streuung leiden, ist im Bereich kleinerer Leistung der Doppelkäfig überlegen.

59. Gleichungen der Spannungen und Ströme. Beim Doppelkäfigmotor sind drei verschiedene Stromkreise zu unterscheiden, die vorerst mit römischen Indizes I, II und III bezeichnet werden sollen. Der Primärkreis I (Ständer) liegt an der Netzspannung und besitzt den Ohmschen Widerstand R_I und den gesamten, aus Nutz- und Streublindwiderstand bestehenden induktiven Widerstand jX_I. Die angelegte Strangspannung ist $\mathfrak{U}_I$, der Strom im Strang $\mathfrak{J}_I$. Da die Netzfrequenz konstant ist, erscheint kein vom Schlupf abhängiger Faktor. Der obere Käfig im Läufer ist der Sekundärkreis II. Sein Ohmscher Widerstand ist R_{II}, sein gesamter Blindwiderstand jX_{II}. Der Strom dieses Kreises — auf primäre Frequenz bezogen — ist $\mathfrak{J}_{II}$. Der Schlupf wird berücksichtigt, indem man R_{II} durch s dividiert. Kreis III ist der untere Käfig mit den Widerständen R_{III} und jX_{III}, von denen der erstere auch durch s zu teilen ist. Der dort fließende Strom ist $\mathfrak{J}_{III}$.

Zwischen den 3 Kreisen bestehen magnetische Verkettungen, die durch zwei verschiedene Blindwiderstände gekennzeichnet werden. $jX_{I\,II}$

und $jX_{I\,III}$ sind die Blindwiderstände der gegenseitigen Induktion von Ständer und oberem bzw. unterem Käfig. $jX_{II\,III}$ ist der Blindwiderstand der gegenseitigen Verkettung der beiden Käfige. Die beiden zuerst genannten Widerstände sind wegen der Lage der beiden Käfige in den gleichen Nuten einander gleich. $jX_{I\,II} = jX_{I\,III}$ hängt nur von der Verteilung des Nutzflusses ab, $jX_{II\,III}$ enthält dagegen Anteile, die auf Läuferoberfelder und Läufernutstreufelder zurückgehen, die beiden Käfigen gemeinsam sind.

Die dem Ingenieur viel näher liegenden *Streu*blindwiderstände müssen aus den soeben genannten *Gesamt*blindwiderständen durch *Differenz*bildung gewonnen werden. Dieses bezieht sich auf ihre korrekte Definition. Ihre Berechnung geschieht natürlich unmittelbar, um die volle Übersicht und die Genauigkeit beim Rechenvorgang zu wahren. Die Gleichungen für die 3 Kreise lauten:

$$\begin{aligned}
\mathfrak{U}_I &= \mathfrak{J}_I(R_I + jX_I) + \mathfrak{J}_{II}\, jX_{I\,II} + \mathfrak{J}_{III}\, jX_{I\,III},\\
0 &= \mathfrak{J}_I\, jX_{I\,II} + \mathfrak{J}_{II}\left(\frac{R_{II}}{s} + jX_{II}\right) + \mathfrak{J}_{III}\, jX_{II\,III},\\
0 &= \mathfrak{J}_I\, jX_{I\,III} + \mathfrak{J}_{II}\, jX_{II\,III} + \mathfrak{J}_{III}\left(\frac{R_{III}}{s} + jX_{III}\right).
\end{aligned}$$

Zur Vereinfachung sei gesetzt:

$$\begin{aligned}
r_I &= R_I + jX_I, & a &= jX_{I\,II},\\
r_{II} &= \frac{R_{II}}{s} + jX_{II}, & b &= jX_{I\,III} = a,\\
r_{III} &= \frac{R_{III}}{s} + jX_{III}, & c &= jX_{II\,III},
\end{aligned}$$

woraus sich ergibt:

$$\begin{aligned}
\mathfrak{U}_I &= \mathfrak{J}_I r_I + \mathfrak{J}_{II} a + \mathfrak{J}_{III} b,\\
0 &= \mathfrak{J}_I a + \mathfrak{J}_{II} r_{II} + \mathfrak{J}_{III} c.\\
0 &= \mathfrak{J}_I b + \mathfrak{J}_{II} c + \mathfrak{J}_{III} r_{III}.
\end{aligned}$$

a, b, c sind reine Blindwiderstände, r_I, r_{II}, r_{III} dagegen komplexe Widerstände, von den die beiden letzten linear von $1/s$ abhängen. Die Auflösung obiger Gleichungen nach dem Primärstrom $\mathfrak{J}_I$ ergibt:

$$\mathfrak{J}_I = \mathfrak{U}_I \frac{r_{II} r_{III} - c^2}{r_I r_{II} r_{III} - r_I c^2 - r_{II} b^2 - r_{III} a^2 + 2abc}.$$

Wenn man Zähler und Nenner ausführlich schreiben würde, bekäme man einen Ausdruck von der Form:

$$\mathfrak{J}_I = \mathfrak{U}_I \frac{\dfrac{\mathfrak{A}}{s^2} + \dfrac{\mathfrak{B}}{s} + \mathfrak{C}}{\dfrac{\mathfrak{D}}{s^2} + \dfrac{\mathfrak{E}}{s} + \mathfrak{F}},$$

der die Gleichung einer rationalen, bizirkularen Quartik darstellt. Die Formel ist in ihren einzelnen Gliedern völlig undurchsichtig und soll mittels eines Ersatzbildes für den Doppelkäfigmotor so umgeformt werden, daß man die Ohmschen und die Streublindwiderstände getrennt erhält. Man bleibt sich dabei völlig klar, daß wie beim normalen Asynchronmotor die Definition der Streublindwiderstände als Differenz von Gesamtblindwiderständen willkürlich sein muß. Gründe der Zweckmäßigkeit werden zu einer praktisch geeigneten (nicht aber allein gültigen) Formulierung führen.

60. Ersatzbilder. Abb. 163 zeigt das in der Literatur durchweg angegebene Ersatzbild des Doppelkäfigmotors. Es besteht aus fünf verschiedenen komplexen Widerständen $\mathfrak{z}_0$, $\mathfrak{z}_1$, $\mathfrak{z}_2$, $\mathfrak{z}_3$ und $\mathfrak{z}_4$. Im ersten Parallelzweig $\mathfrak{z}_0$ fließt ein Strom, der im wesentlichen den Magnetisierungsstrom der Maschine darstellt. Im Parallelzweig $\mathfrak{z}_2$ fließt ein Strom, der dem Strom im oberen Käfig verhältnisgleich ist. Im letzten Parallelzweig $\mathfrak{z}_3$ fließt ein Strom, der dem Strom im unteren Käfig proportional ist.

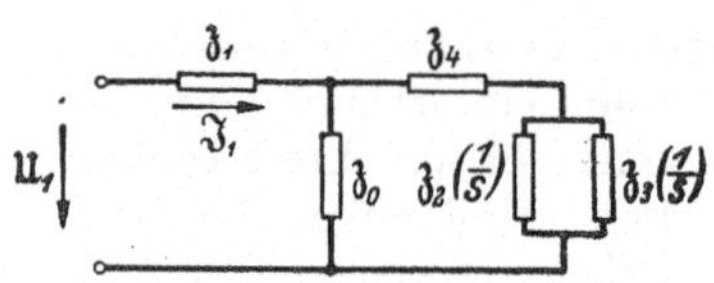

Abb. 163. Übliches allgemeines Ersatzbild des Doppelkäfigmotors. In $\mathfrak{z}_1$ fließt der wahre Primärstrom $\mathfrak{J}_1$ und in $\mathfrak{z}_2$ und $\mathfrak{z}_3$ fließen Ströme, die den wahren Strömen in beiden Käfigen proportional sind. $\mathfrak{z}_0$ kann jeden beliebigen Wert außer Null und unendlich annehmen.

Der aufgenommene Strom ist — wie bei allen zweckentsprechenden Ersatzbildern — gleich dem Primärstrom der Maschine. Der durch $\mathfrak{z}_4$ eilende Strom ist gleich der Summe der beiden Käfigströme, entspricht also dem gesamten Sekundärstrom des Motors. Die Widerstände $\mathfrak{z}_2$ und $\mathfrak{z}_3$ haben ein konstantes und ein von $1/s$ abhängiges Glied, die drei übrigen sind von s unabhängig. Dies ist eine an sich willkürliche, aber sehr zweckmäßige Annahme. Der vom Ersatzbild bei Betrieb mit der primären Strangspannung $\mathfrak{U}_1 = \mathfrak{U}_I$ aufgenommene Strom beträgt:

$$\mathfrak{J}_1 = \mathfrak{J}_I = \frac{\mathfrak{U}_1}{\mathfrak{z}_1 + \dfrac{\mathfrak{z}_0\left(\mathfrak{z}_4 + \dfrac{\mathfrak{z}_2\,\mathfrak{z}_3}{\mathfrak{z}_2 + \mathfrak{z}_3}\right)}{\mathfrak{z}_0 + \mathfrak{z}_4 + \dfrac{\mathfrak{z}_2\,\mathfrak{z}_3}{\mathfrak{z}_2 + \mathfrak{z}_3}}},$$

woraus sich durch Koeffizientenvergleich ergibt:

$$\mathfrak{z}_0 = \text{frei wählbar},$$

$$\mathfrak{z}_1 = (r_I - \mathfrak{z}_0),$$

$$\mathfrak{z}_4 = \left(\frac{c}{a\,b}\,\mathfrak{z}_0^2 - \mathfrak{z}_0\right),$$

$$\mathfrak{z}_2 = \left(\frac{\mathfrak{z}_0}{a}\right)^2\left(r_{II} - \frac{a\,c}{b}\right) = \ddot{u}_{I\,II}^2\left(r_{II} - \frac{a\,c}{b}\right),$$

$$\mathfrak{z}_3 = \left(\frac{\mathfrak{z}_0}{b}\right)^2\left(r_{III} - \frac{b\,c}{a}\right) = \ddot{u}_{I\,III}^2\left(r_{III} - \frac{b\,c}{a}\right).$$

In den letzten beiden Gleichungen wurden die Übersetzungsverhältnisse eingeführt:

$$\ddot{u}_{I\,II} = \frac{\mathfrak{z}_0}{a} \quad \text{und} \quad \ddot{u}_{I\,III} = \frac{\mathfrak{z}_0}{b},$$

die wegen der Gleichheit von a und b einander gleich sind.

Wenn man die beiden Ströme $\mathfrak{J}_{II}$ und $\mathfrak{J}_{III}$ aus den Anfangsgleichungen errechnet und mit den Strömen $\mathfrak{J}_2$ im Zweige $\mathfrak{z}_2$ und $\mathfrak{J}_3$ im Zweige $\mathfrak{z}_3$ des Ersatzbildes vergleicht, kommt man zu dem Ergebnis:

$$\mathfrak{J}_{II} = -\mathfrak{J}_2\, ü_{I\,II} \quad \text{und} \quad \mathfrak{J}_{III} = -\mathfrak{J}_3\, ü_{I\,III}.$$

Die beiden Übersetzungsverhältnisse dienen also, linear genommen, zur Umrechnung der Ströme, quadratisch eingesetzt, zur Umrechnung der Widerstände.

Mithin ist das Ersatzbild auch brauchbar zur Berechnung der Ströme im oberen und unteren Käfig. Das negative Vorzeichen rührt von der Wahl der Richtungspfeile im Ersatzbild her.

Wenn man den Ohmschen Widerstand R_{III} unbegrenzt groß werden läßt, nimmt auch r_{III} und mit ihm $\mathfrak{z}_3$ einen unbegrenzt hohen Betrag an. Dann ist der untere Käfig als nicht vorhanden zu betrachten. Das Ersatzbild geht über in das des vergleichbaren Motors, der nur noch den oberen Käfig besitzt. Läßt man dagegen R_{II}, den Ohmschen Widerstand des oberen Käfigs immer größer werden, so wird r_{II} und mit ihm $\mathfrak{z}_2$ unbegrenzt groß. Dann existiert nur noch der untere Käfig, und das Ersatzbild stimmt überein mit dem der entsprechenden Einkäfigmaschine, die nur den tief gelegenen, unteren Käfig besitzt.

Nach obigem können $\mathfrak{z}_0$ oder auch $\mathfrak{z}_1$ oder auch $\mathfrak{z}_4$ völlig frei gewählt werden. Die Klammerausdrücke von $\mathfrak{z}_2$ und $\mathfrak{z}_3$ hingegen liegen fest. Sie lauten in ausführlicher Schreibweise:

$$\left(r_{II} - \frac{a\,c}{b}\right) = \frac{R_{II}}{s} + j(X_{II} - X_{II\,III}) \quad \text{und}$$

$$\left(r_{III} - \frac{b\,c}{a}\right) = \frac{R_{III}}{s} + j(X_{III} - X_{II\,III}).$$

Hierbei wurde die Gleichheit von a und b bzw. von $jX_{I\,II}$ und $jX_{I\,III}$ bereits berücksichtigt. Die Blindwiderstände auf der rechten Seite erscheinen als Differenz von Gesamtblindwiderständen; sie sollen einfacher als *Streu*blindwiderstände geschrieben werden:

$$jX_{II,\sigma} = j(X_{II} - X_{II\,III}) \quad \text{und}$$

$$jX_{III,\sigma} = j(X_{III} - X_{II\,III}).$$

Man kann $\mathfrak{z}_0$ zwei bestimmte Werte erteilen, die zu besonders brauchbaren Gliedern des Ersatzbildes führen. Es sind die gleichen Werte, die bereits beim Ersatzbild des normalen Asynchronmotors gewählt wurden.

Macht man $\mathfrak{z}_0$ gleich dem Nutzblindwiderstand der Primärwicklung, so bekommt man das Ersatzbild nach Abb. 164. Es ist dann:

$$\mathfrak{z}_0 = jX_{I,h},$$

$$\mathfrak{z}_1 = R_I + j(X_I - X_{I,h}) = R_1 + jX_{I,\sigma},$$

$$\mathfrak{z}_4 = j(X_{II\,III}\, ü_h^2 - X_{I,h}),$$

$$\mathfrak{z}_2 = ü_h^2\left(\frac{R_{II}}{s} + jX_{II,\sigma}\right),$$

$$\mathfrak{z}_3 = ü_h^2\left(\frac{R_{III}}{s} + jX_{III,\sigma}\right), \quad \text{mit} \quad ü_h = \frac{X_{I,h}}{X_{I\,II}} = \text{reell}.$$

Im Fall der Maschine mit geschrägten Nuten ist $\mathfrak{z}_0 = jX_{I,h} f_{\text{schr}}$ zu setzen. Sowohl $\mathfrak{z}_1$ als auch $\mathfrak{z}_4$ erhöhen sich dann um den zusätzlichen Streublindwiderstand $jX_{I,h}(1 - f_{\text{schr}})$.

Dieses Ersatzbild eignet sich gut für die Berechnung des ideellen Kurzschlußstromes I_i des Doppelkäfigmotors. Man bestimmt den ihm entsprechenden ideellen Blindwiderstand X_i, indem man $R_I = 0$ und $s = \infty$ setzt. Später werden wir erkennen, daß man fast genau den gleichen Blindwiderstand bekommt, wenn man die Maschine als Einfachkäfigmaschine betrachtet, die nur mit dem oberen Käfig versehen ist. Die gleichzeitige Anwesenheit des unteren Käfigs erhöht I_i nur um einen winzigen Betrag.

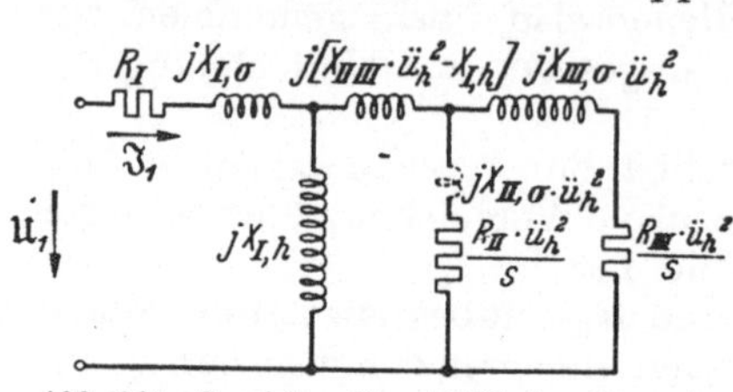

Abb. 164. Spezielles Ersatzbild des Doppelkäfigmotors, worin der erste Querwiderstand gleich dem Nutzblindwiderstand des Ständers ist.

Wenn man $\mathfrak{z}_0 = r_I = R_I + jX_I$ macht, verschwindet $\mathfrak{z}_1$. Man bekommt:

$$\mathfrak{z}_0 = R_I + jX_I,$$

$$\mathfrak{z}_1 = 0,$$

$$\mathfrak{z}_4 = jX_{II\,III}\,\ddot{u}^2 - (R_I + jX_I),$$

$$\mathfrak{z}_2 = \ddot{u}^2\left(\frac{R_{II}}{s} + jX_{II,\sigma}\right),$$

$$\mathfrak{z}_3 = \ddot{u}_2\left(\frac{R_{III}}{s} + jX_{III,\sigma}\right),$$

wobei das komplexe natürliche Übersetzungsverhältnis auftritt:

$$\ddot{u} = \frac{R_I + jX_I}{jX_{I\,II}}.$$

Die Gleichung für den Strom $\mathfrak{J}_I = \mathfrak{J}_1$ lautet jetzt:

$$\mathfrak{J}_I = \frac{\mathfrak{U}_I}{\mathfrak{z}_0} + \frac{\mathfrak{U}_I}{\mathfrak{z}_4 + \frac{\mathfrak{z}_2\,\mathfrak{z}_3}{\mathfrak{z}_2 + \mathfrak{z}_3}}.$$

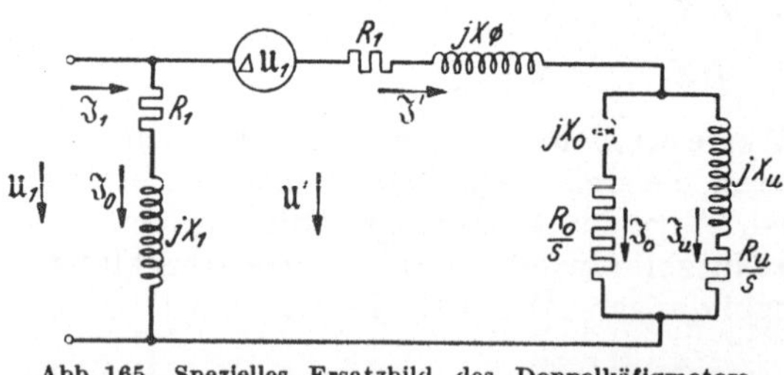

Abb. 165. Spezielles Ersatzbild des Doppelkäfigmotors, in dessen Querwiderständen der schlupfunabhängige wahre Leerlaufstrom $\mathfrak{J}_0$ und die beiden vom Schlupf abhängigen, auf den Ständer bezogenen Käfigströme $\mathfrak{J}_o$ und $\mathfrak{J}_u$ fließen.

Wir wenden auf das zweite Glied den gleichen Kunstgriff an wie beim normalen Motor, indem wir Zähler und Nenner mit dem Ausdruck

$$e^{2\alpha_0 j} = \frac{jX_I - R_I}{jX_I + R_I}$$

erweitern. Dann bekommen wir das neue Ersatzbild nach Abb. 165, in dem wieder die um den kleinen Winkel $2\alpha_0$ geschwenkte Spannung $\mathfrak{U}'$ statt $\mathfrak{U}_I = \mathfrak{U}_1$ auftritt. Die kleine Zwischenrechnung wurde unterdrückt.

Jetzt sollen die römischen Indizes zugunsten der gebräuchlicheren arabischen Zahlen und sinnfälliger Buchstaben verlassen werden. Wir setzen:

$$R_I = R_1,\quad X_I = X_1,\quad X_{I\,II} = X_{I\,III} = X_{12},\quad X_{II\,III} = X_{2,g},$$
$$X_{II} = X_{2,o},\quad X_{III} = X_{2,u},$$
$$R_o = \ddot{u}^2 R_{II},\quad R_u = \ddot{u}^2 R_{III},\quad X_o = \ddot{u}^2 (X_{2,o} - X_{2,g}),\quad X_u = \ddot{u}^2 (X_{2,u} - X_{2,g}),$$
$$X_\varnothing = \ddot{u}^2 X_{2,g} - X_1,\quad \ddot{u}^2 = \frac{R_1^2 + X_1^2}{X_{12}^2}.$$

Es sind wie beim normalen Motor R_1 und jX_1 der Ohmsche Widerstand und der induktive *Gesamt*widerstand der Ständerwicklung. $jX_\varnothing$ ist der Blindwiderstand, der den Durchmesser des Ossanna-Kreises bei allein vorhandenem oberen Käfig bestimmt. R_o und R_u sind die auf einen primären Strang bezogenen Widerstände der beiden Käfige. jX_o und jX_u sind die ebenfalls auf einen primären Strang bezogenen *Streu*blindwiderstände der Käfige, die R_o/s und R_u/s vorgeschaltet zu denken sind. $\ddot{u}$ ist das *natürliche* Übersetzungsverhältnis. Der Blindwiderstand der gegenseitigen Verkettung zwischen Ständer und dem oberen oder dem unteren Käfig ist das normale jX_{12}. Der Gesamtblindwiderstand des oberen Käfigs ist $jX_{2,o}$, der des unteren Käfigs $jX_{2,u}$. Sie entsprechen voll und ganz jX_2 der normalen Maschine. Neu tritt $jX_{2,g}$ auf, der gesamte Blindwiderstand der gegenseitigen Verkettung der beiden Käfige.

Bezeichnet man in sinnvoller Weise mit kleinen Buchstaben die auf einen Läufer*stab* bezogenen Widerstände, und zwar im einzelnen mit r_o den Ohmschen Widerstand eines Stabes im oberen Käfig einschließlich Ringanteil, mit r_u den Ohmschen Widerstand eines Stabes im unteren Käfig, mit x_o den Betrag des Streublindwiderstandes eines oberen Stabes und mit x_u den Betrag des Streublindwiderstandes eines unteren Stabes, wobei nur die Nutenstreuung zu berücksichtigen sein wird, weil die Stirnstreuung im Läufer vernachlässigt werden kann, so betragen die auf einen Ständerstrang bezogenen Werte:

$$R_o = \frac{N_2}{3} r_o \ddot{u}^2,\quad R_u = \frac{N_2}{3} r_u \ddot{u}^2,$$
$$X_o = \frac{N_2}{3} x_o \ddot{u}^2,\quad X_u = \frac{N_2}{3} x_u \ddot{u}^2.$$

Die Stromaufnahme des ersten Parallelzweiges im Ersatzbild in Abb. 165 ist konstant. Dort fließt — unabhängig vom Schlupf s — der Leerlaufstrom $\mathfrak{J}_0$. Den beiden anderen Parallelzweigen fließt der Reststrom $\mathfrak{J}' = \mathfrak{J}_1 - \mathfrak{J}_0$ zu. Er teilt sich auf in den Strom $\mathfrak{J}_o$, der dem Stabstrom im oberen Käfig verhältnisgleich ist, und in den Strom $\mathfrak{J}_u$, der dem Strom im Stab des unteren Käfigs entspricht.

Auf Grund des zuletzt entwickelten Ersatzbildes läßt sich nunmehr für den Strom $\mathfrak{J}_1$ im Ständer der Doppelkäfigmaschine schreiben:

$$\mathfrak{J}_1 = \frac{\mathfrak{U}'}{R_1 + jX_\varnothing + \dfrac{\left(\dfrac{R_o}{s} + jX_o\right)\left(\dfrac{R_u}{s} + jX_u\right)}{\dfrac{R_o + R_u}{s} + j(X_o + X_u)}} + \mathfrak{J}_0.$$

In vielen Fällen läßt man den oberen Blindwiderstand jX_o im Ersatzbild und in der Rechnung unberücksichtigt. Er erschwert die rechnerische Behandlung ganz bedeutend. Außerdem ist jX_o (dem meistens ein *negatives* Vorzeichen zukommt) so klein gegenüber R_o, R_u und dem sehr bedeutenden und die eigentliche Doppelkäfigwirkung bedingenden jX_u, daß man bei der praktischen Berechnung jX_o wirklich stets vernachlässigen darf. Zur Klärung der Frage, ob man jX_o überhaupt im Ersatzbild darstellen muß, auch wenn es voll berücksichtigt werden soll, sei noch kurz das Ersatzbild in Abb. 166 betrachtet. Dort kehren die gleichen Bezeichnungen wieder, nur tragen sie, mit Ausnahme des gleichgebliebenen R_1 und jX_1 einen $'$.

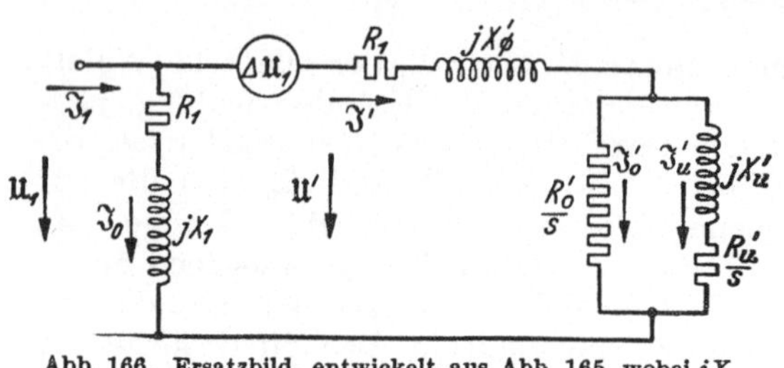

Abb. 166. Ersatzbild, entwickelt aus Abb. 165, wobei jX_o zum Verschwinden gebracht wurde. $\mathfrak{J}_o'$ und $\mathfrak{J}_u'$ sind *nicht* mehr den Käfigströmen verhältnisgleich.

Lediglich jX_o ist verschwunden, d. h. aber, daß $jX_o' = 0$ ist. Das neue Ersatzbild soll nur der exakten Berechnung von $\mathfrak{J}_1$ dienen. $\mathfrak{J}_o'$ und $\mathfrak{J}_u'$ sind also *nicht* mehr den wahren Läuferströmen proportional.

Ohne Ableitung sei das Ergebnis einer Umrechnung der Größen des vorherigen Ersatzbildes in das bezüglich $\mathfrak{J}_1$ gleichwertige, aber verstümmelte neue Ersatzbild gegeben:

$$X_\varnothing' = X_\varnothing + \frac{X_o X_u}{X_o + X_u} \qquad = X_\varnothing + X_o \frac{1}{1+\delta_1},$$

$$X_u' = \frac{1}{X_o + X_u}\left(\frac{R_u X_o^2 + R_o X_u^2}{R_o X_u - R_u X_o}\right)^2 = X_u \left(\frac{1+\delta_3}{1-\delta_2}\right)^2 \frac{1}{1+\delta_1},$$

$$R_u' = \frac{R_o R_u (R_u X_o^2 + R_o X_u^2)}{(R_o X_u - R_u X_o)^2} \qquad = R_u \frac{1+\delta_3}{(1-\delta_2)^2},$$

$$R_o' = \frac{R_u X_o^2 + R_o X_u^2}{(X_o + X_u)^2} \qquad = R_o \frac{1+\delta_3}{(1+\delta_1)^2},$$

$$\frac{R_o' R_u'}{R_o' + R_u'} = \frac{R_o R_u}{R_o + R_u}.$$

δ_1, δ_2 und $\delta_3 = \delta_1 \delta_2$ sind Abkürzungen für folgende Ausdrücke, die der Reihe nach etwa den Betrag 0,1, 0,01 und 0,001 haben können, also wirklich meistens vernachlässigbar klein sind:

$$\delta_1 = \frac{X_o}{X_u}, \qquad \delta_2 = \frac{R_u}{R_o}\frac{X_o}{X_u}, \qquad \delta_3 = \frac{R_u}{R_o}\frac{X_o^2}{X_u^2}.$$

Wir werden im folgenden nur noch nach dem endgültigen Ersatzbild in Abb. 167 rechnen, in welchem die Striche wieder verschwunden sind und in dem X_o für immer weggelassen wurde. Es soll also stets $X_o = 0$ zugrunde gelegt werden. Wenn dagegen, bei anderer als der hier behandelten Bauweise des Doppelkäfigs, X_o einen nennenswerten Betrag hat, können die weiter unten gewonnenen Ergebnisse ohne weiteres beibehalten werden. Man hat dann lediglich statt mit R_o, R_u, X_u und $X_\varnothing$ mit den nach den vorangegangenen Gleichungen ermittelten Werten R_o', R_u', X_u' und $X_\varnothing'$ zu rechnen, in denen der wahre Wert von X_o voll zur Geltung kommt. Es gilt also von jetzt ab für den Primärstrom $\mathfrak{J}_1$ des Doppelkäfigmotors:

$$\mathfrak{J}_1 = \frac{\mathfrak{U}'}{R_1 + jX_\varnothing + \dfrac{\dfrac{R_o}{s}\left(\dfrac{R_u}{s} + jX_u\right)}{\dfrac{R_o + R_u}{s} + jX_u}} + \mathfrak{J}_0 .$$

Die Bestimmung der Ortskurve $\mathfrak{J}_1(s)$ kann rechnerisch oder zeichnerisch geschehen. Sie kann konstruiert werden wie die Ortskurve des Hochstabläufers, indem man mit dem vom Schlupf s abhängigen wirk-

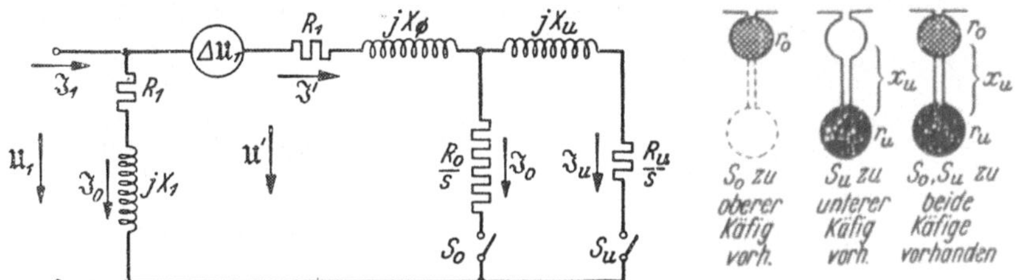

Abb. 167. Endgültiges Ersatzbild des Doppelkäfigmotors für $jX_o = 0$. Durch Öffnen und Schließen der Schalter S_o und S_u können die Fälle: oberer Käfig vorhanden, unterer Käfig vorhanden und beide Käfige vorhanden getrennt berücksichtigt werden.

samen Läuferwiderstand $R_2^{(1)} k_r$ rechnet, der größer als $R_o R_u/(R_o + R_u)$ ist, und indem man mit einem ebenfalls vom Schlupf abhängigen Läufer-Streublindwiderstand $X_{2,\sigma} k_i$ arbeitet, der kleiner als der bei voller Drehzahl in Erscheinung tretende Wert ist. Kurz gesagt, man kann ein k_r und ein k_i einführen, das die Behandlung des Doppelkäfigs auf die des Hochstabankers zurückführt.

Eleganter ist eine rein mathematisch zu begründende Konstruktion, und zwar entweder der Impedanzkurve $\mathfrak{z}(s)$, aus der durch Inversion $\mathfrak{J}_1(s)$ gewonnen werden kann, oder Konstruktionen unmittelbar im Bild der Ströme, die sich eng an die Auslegung der Maschine anschließen.

Zuerst sollen aber die Wirk- und Blindwiderstände im einzelnen berechnet werden.

61. Berechnung der Wirk- und Blindwiderstände. Wir berechnen zuerst den Streublindwiderstand $X_\varnothing$, der im Ersatzbild nach Abb. 165 bzw. 167 auftritt. Man bekommt offenbar seine Größe, wenn man den Primärwiderstand R_1 gleich Null setzt und die sekundären Wirkwiderstände dadurch zum Verschwinden bringt, daß man mit dem Schlupf unendlich rechnet. Setzen wir — nunmehr in erlaubter Weise etwas von der Wirklichkeit abweichend — X_o angenähert Null, so verschwindet die Impedanz des zweiten Parallelzweiges $\mathfrak{z}_2$, und der dritte Zweig $\mathfrak{z}_3$ wird durch einen Kurzschluß überbrückt. Genau so gut können wir uns vorstellen, daß wir den unteren Käfig durch einen sehr hohen und sehr engen Streusteg vom oberen Käfig getrennt haben, so daß seine Wirkung nicht mehr in Erscheinung tritt. Dann nimmt der Doppelkäfigmotor einen ideellen Kurzschlußstrom auf, den der gleiche Motor, jedoch nur mit dem oberen Käfig allein ausgerüstet, führen würde. Hiermit liegt die Berechnung von $X_\varnothing$ auch für den wirklichen Fall des nichtverschwindenden R_1 fest.

Wir bestimmen also den ideellen Leerlaufstrom I_μ, den ideellen Kurzschlußstrom I_i und den ideellen Verluststrom $I_v = U_1/R_1$ derart, daß wir bei der Durchrechnung des magnetischen Kreises die wahre Gestalt der Läuferzähne berücksichtigen, bei der Ermittlung von I_i dagegen nur mit dem oberen Nutensteg und dem oberen stromführenden Teil der Läufernut arbeiten. Es gilt also:

$$I_\mu = \frac{2p\,V_\mu}{1{,}35\,z_1\,f_{w,1}},$$ wobei in V_μ die magnetische Teilspannung auch der unteren Läuferzahnpartie enthalten ist, und:

$$I_i = \frac{U_1}{X_i},$$ wobei gilt:

$$X_i = \frac{4\pi^2}{10}\left(\frac{z_1}{100}\right)^2 \frac{l}{100}\,\frac{f}{50}\,\frac{1}{2p}\,\lambda_i$$ mit der angenäherten Berechnung:

$$\lambda_i = \frac{\lambda_{n,1}}{q_1} + \lambda_s \frac{l_{s,1}}{l} + \lambda_0 f_{w,1}^2 (\sigma_{d,1} + \sigma_{d,2} + \sigma_{\text{schr}}) + \frac{\lambda_{n,o}}{q_2} f_{w,1}^2 .$$

Der erste Ausdruck berücksichtigt die Ständernutenstreuung, der zweite die Stirnstreuung im Ständer und im oberen Käfig. Der Streuleitwert λ_s ist der Tabelle auf S. 103 zu entnehmen. Der dritte Ausdruck gilt wie sonst für die Streuung durch Oberfelder und durch evtl. Schrägung der Nuten. Man entnimmt die σ-Werte der Tabelle auf S. 115. Der Streuleitwert des Nutzflusses ist wie immer:

$$\lambda_0 = 0{,}38\,\frac{\Phi\,10^6}{V_\mu\,l}.$$

Der letzte Ausdruck berücksichtigt die Läufernutenstreuung im Bereich des oberen Käfigs. Es gilt daher (vgl. Abb. 168):

$$\lambda_{n,o} = \frac{h_{s,o}}{b_{s,o}} + \frac{h_{n,o}}{3\,b_{n,o}}$$ bei der sehr seltenen rechteckigen oberen Nut oder

$$= \frac{h_{s,o}}{b_{s,o}} + 0{,}6$$ bei der meist vorgesehenen runden oberen Nut.

Man beachte bitte, daß man sich mancher Möglichkeiten begibt, wenn man den oberen Steg bereits hoch und eng macht, da man damit auf $I_\varnothing$ drückt. Die Verringerung des künftigen Stillstandsstromes soll erst durch den Zwischensteg geschehen. Jetzt kann $X_\varnothing$ (immer noch für den praktisch allein interessierenden Fall $X_o = 0$) berechnen zu:

$$X_\varnothing = \frac{X_1 X_i + R_1^2}{X_1 - X_i}$$ mit $X_1 = U_1/I_\mu$, oder bequemer zu:

$$X_\varnothing = \frac{U_1}{I_\varnothing},$$ wobei wie sonst gilt $$I_\varnothing = \frac{I_i - I_\mu}{1 + \frac{I_i}{I_v}\,\frac{I_\mu}{I_v}} \approx I_i - I_\mu .$$

$I_\varnothing$ ist also nach unserem Rechnungsgang genau der Durchmesser des OSSANNA-Kreises, den die Maschine mit alleinigem oberen Käfig hätte. Nur die magnetische Spannung V_μ ist wegen Berücksichtigung der unteren Läuferzahnpartien um ein geringes höher. Dieses $I_\varnothing$ soll der OSSANNA-Kreisdurchmesser des Doppelkäfigmotors heißen, da auf dem zugehörigen Kreis die Punkte P_0 und P_∞ liegen und in seinem Inneren die ganze Ortskurve des wahren Motors enthalten ist. Der Kreis über $I_\varnothing$ wird zur Ortskurve selbst, wenn man den unteren Käfig entfernt. Jetzt soll X_o berechnet werden, obwohl wir es bei der praktischen Berechnung stets gleich Null setzen wollen. Zu diesem Zweck ist die Differenz zwischen dem Gesamtblindwiderstand $X_{2,o}$ des oberen Käfigs und dem Blindwiderstand der gegenseitigen Verkettung $X_{2,g}$ von Ober- und Unterkäfig zu bilden. Dabei heben sich heraus der auf den Nutzfluß und auf die Oberfelder des Läufers zurückgehende Anteil und übrigbleibt der Anteil, der auf die *Stirn*streuung des oberen Käfigs zurückzuführen ist, sowie ein ***negativer*** Betrag, der auf der *Differenz* des Nuten-Streublindwiderstandes des oberen Käfigs und des gegenseitigen Nuten-Streublindwiderstandes beider Käfige beruht.

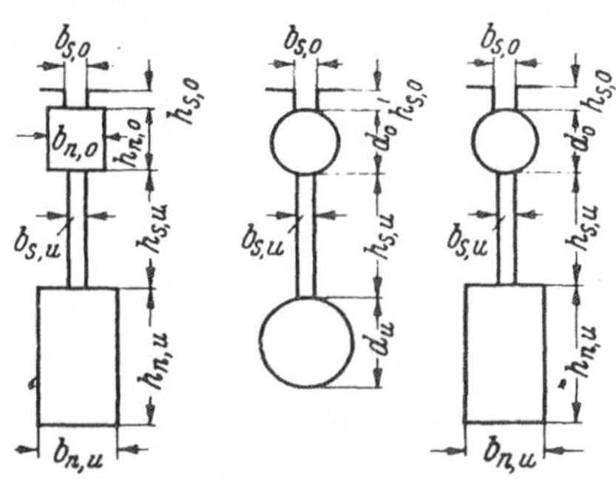

Abb. 168. Bezeichnungen von Nuten für Doppelkäfige. Linke Gestalt ungebräuchlich.

Für die Stirnstreuung des oberen Käfigs (die man im allgemeinen gleich der Stirnstreuung des Ständers zuschlägt) soll der Streuleitwert $\lambda_{s,o}$ gelten, der in bekannter Weise durch Multiplikation mit $l_{s,o}/l$ auf die Ankerlänge Eins reduziert wird. $l_{s,o}$ ist die nicht näher zu begründende Wickelkopflänge des oberen Käfigs. Der Streuleitwert des Nutenstreuflusses des oberen Stabes ist:

$$\frac{h_{s,o}}{b_{s,o}} + \frac{h_{n,o}}{3\,b_{n,o}} \quad \text{bei rechteckiger oberer Nut oder}$$

$$\frac{h_{s,o}}{b_{s,o}} + 0{,}6 \quad \text{bei runder oberer Nut.}$$

Der Streufluß innerhalb der Nut, der vom unteren stromführenden Leiter erregt wird, ist etwas stärker mit dem oberen Leiter verkettet als dessen eigener Streufluß. Dies drückt sich darin aus, daß statt der 3 im Nenner des zweiten Gliedes eine 2 erscheint bzw. statt 0,6 jetzt 0,8 zu setzen ist. Das erste Glied ist beiden Streuleitwerten gemeinsam, so daß für X_o (auf einen Ständerstrang bezogen) resultiert:

$$X_o = \frac{4\pi^2}{10}\left(\frac{z_1}{100}\right)^2 \frac{f}{50}\,\frac{l}{100}\,\frac{1}{2p}\,\lambda_o \quad \text{mit dem Streuleitwert:}$$

$$\lambda_o = \lambda_{s,o}\,\frac{l_{s,o}}{l} - \frac{h_{n,o}}{6\,b_{n,o}}\,\frac{f_{w,1}^2}{q_2} \quad \text{bei rechteckiger oberer Nut,}$$

$$= \lambda_{s,o}\,\frac{l_{s,o}}{l} - \frac{0{,}2\,f_{w,1}^2}{q_2} \quad \text{bei runder oberer Nut.}$$

Für den ersten Ausdruck kommen Werte zwischen 0,04 und 0,08, für den zweiten solche von —0,1 bis —0,05 in Betracht, so daß für den Streuleitwert λ_0 Beträge zwischen 0,03 und —0,06 resultieren. Bei der sehr schmalen Maschine überwiegt die positive Stirnstreuung der Ringe, bei der mittleren Maschine verschwindet der Ausdruck für λ_0, bei der breiten Maschine überwiegt der negative Anteil, bedingt durch die Verkettung durch den Nutenstreufluß, und der Streuleitwert λ_0 wird negativ. Wir haben also guten Grund, λ_0 gleich Null zu setzen, nicht weil λ_0 sehr klein ist, sondern weil λ_0 mit wachsender Maschinenbreite wirklich durch Null geht.

Beim Doppelkäfigmotor rechnet man gern mit den Werten je Stab. Der X_0 entsprechende Blindwiderstand je Stab ist:

$$x_0 = \frac{X_0}{\ddot{u}^2 \frac{N_2}{3}} = \frac{4\pi^2}{10} l \frac{f}{50} \left(\lambda_{s,o} \frac{l_{s,o}}{l} \frac{q_2}{f_{w,1}^2} - \frac{1}{6} \frac{h_{n,o}}{b_{n,o}}\right) 10^{-6}$$

bei der oben rechteckig gestalteten Nut. Bei der runden Nut ist wieder —0,2 für den letzten Ausdruck in der Klammer zu setzen.

Sehr wichtig ist der Betrag von X_u. Es ist der — auf einen Ständerstrang bezogene — Blindwiderstand, der dem Ohmschen Widerstand R_u des unteren Käfigs vorgeschaltet zu denken ist. X_u resultiert aus der Differenz des gesamten Blindwiderstandes $X_{2,u}$ des unteren Käfigs und des Blindwiderstandes $X_{2,g}$ der Verkettung mit dem oberen Käfig. Bei der Differenzbildung fallen alle Glieder heraus außer den beiden Gliedern, die die Stirnstreuung des unteren Käfigs und die nunmehr positive Differenz des durch den Streusteg erhöhten Streublindwiderstandes des *unteren* Käfigs und des gegenseitigen Streublindwiderstandes beider Käfige berücksichtigen.

Der auf die Länge l des Ankers bezogene Streuleitwert der Ringe ist $\lambda_{s,u}\, l_{s,u}/l$, wobei $l_{s,u}$ die wiederum wegen ihrer Bedeutungslosigkeit nicht näher zu begründende Wickelkopflänge des unteren Käfigs ist.

Der Streuleitwert der eigenen Streuung der unteren Nut ist:

$$\frac{h_{s,o}}{b_{s,o}} + \frac{h_{n,o}}{b_{n,o}} + \frac{h_{s,u}}{b_{s,u}} + \frac{h_{n,u}}{3\, b_{n,u}},$$

wogegen der Streuleitwert der gegenseitigen Nutstreuung viel kleiner bleibt mit:

$$\frac{h_{s,o}}{b_{s,o}} + \frac{h_{n,o}}{2 b_{n,o}}.$$

Die Differenz beträgt also:

$$\frac{h_{n,o}}{2 b_{n,o}} + \frac{h_{s,u}}{b_{s,u}} + \frac{h_{n,u}}{3\, b_{n,u}}.$$

Dies gilt für die in allen 4 Abteilungen rechteckig gestaltete Doppelnut. Das erste Glied ist durch 0,8 zu ersetzen, wenn der obere Stab rund ist (fast ausnahmslos der Fall), das dritte Glied ist durch 0,6 zu ersetzen, wenn die untere Nut rund gestaltet ist (sehr häufig bei kleinen und mittleren Maschinen).

Man beachte nicht so sehr diese Feinheiten, sondern richte die Aufmerksamkeit voll auf das mittlere Glied. Dort steht das Verhältnis von Höhe zu Breite des Streusteges, der den oberen und den unteren Stab voneinander trennt. Sein Betrag ist das 3- bis 10fache dessen der beiden anderen zusammen, die man in der Praxis durch einen konstanten Zahlenwert, nämlich 1,4, zu berücksichtigen pflegt. Der Einfluß der unteren Stirnstreuung ist klein. Er wird stets vernachlässigt. Endlich können wir setzen:

$$X_u = \frac{4\pi^2}{10}\left(\frac{z_1}{100}\right)^2 \frac{f}{50}\,\frac{l}{100}\,\frac{1}{2p}\,\lambda_u \quad \text{mit dem Streuleitwert:}$$

$$\lambda_u = \left(\frac{h_{n,o}}{2b_{n,o}} + \frac{h_{s,u}}{b_{s,u}} + \frac{h_{n,u}}{3b_{n,u}}\right)\frac{f_{w,1}^2}{q_2} \quad \text{bei rechteckiger Nutgestaltung,}$$

$$\lambda_u = \left(\frac{h_{s,u}}{b_{s,u}} + 1{,}4\right)\frac{f_{w,1}^2}{q_2}$$ bei runder Form des oberen und beliebiger Gestalt des unteren Stabes (praktische Näherung).

X_u ist sowohl von der Größenordnung von R_o als auch von $X_\varnothing$, da R_o und $X_\varnothing$ ihrerseits von fast gleicher Größe sind. Es kann zwischen $0{,}5\,X_\varnothing$ und $2\,X_\varnothing$ liegen. In Wirklichkeit berechnet man zuerst $X_\varnothing$, bestimmt dann, auf welchen Bruchteil man $I_\varnothing$ verringern will, um den gewünschten viel kleineren Durchmesser des Laufkreises K_0 zu bekommen, der die Ortskurve für $\mathfrak{J}_1$ im Bereich kleiner Schlüpfe approximiert, und errechnet daraus das notwendige X_u und ganz am Ende das dazugehörige λ_u, mit dessen Hilfe der Streusteg zwischen den Stäben bemessen wird.

Der Streublindwiderstand eines einzelnen unteren Stabes sei x_u. Er beträgt:

$$x_u = \frac{X_u}{\ddot{u}^2\,\frac{N_2}{3}} = \frac{4\pi^2}{10}\,l\,\frac{f}{50}\left(\frac{h_{s,u}}{b_{s,u}} + 1{,}4\right)10^{-6}.$$

Dieser Wert liegt in der Größenordnung des Ohmschen Widerstandes r_o eines oberen Stabes einschließlich Ringanteil. Er ist immer ein Vielfaches des Stabwiderstandes r_u eines unteren Stabes.

In sehr guter Annäherung an die wahren Verhältnisse dürfen wir folgendes sagen. Die Berechnung des ideellen Kurzschlußstromes für die vorgelegte Maschine unter alleiniger Berücksichtigung ihres oberen Käfigs führt auf den Blindwiderstand $X_\varnothing$. Die Berechnung des ideellen Kurzschlußstromes unter alleiniger Berücksichtigung des unteren Käfigs (mit seiner sehr stark vergrößerten Läufernutstreuung) führt auf den Blindwiderstand $X_\varnothing + X_u$. Die Differenz beider ist X_u. X_u ist also die auf einen primären Strang bezogene Erhöhung des Läuferblindwiderstandes, die dadurch zustande kommt, daß man den vorher oben liegenden Käfig nach unten legt. Bei Betrieb mit beiden Käfigen im Bereich der synchronen Drehzahl, in dem die Läuferströme sich wegen der kleinen Läuferfrequenz nur noch nach Maßgabe der Ohmschen Käfigwiderstände verteilen, kommt der Maschine ein Mittelwert von $X_\varnothing$ und $X_\varnothing + X_u$ zu. Das heißt, daß nicht die volle Streuung des unteren Käfigs, sondern nur ein verringerter Betrag wirksam wird. Wir wollen das Ergebnis vorwegnehmen und sagen, daß beim Widerstandsverhältnis $u = r_o/r_u$ der beiden Käfige nur $X_u u^2/(1 + u)^2$ auftritt. Das ist etwa 50 bis 80% von X_u. Der Durchmesser des Laufkreises K_0 für sehr kleine Schlüpfe sei $I_\varnothing^{(0)}$; der des OSSANNA-Kreises für den oberen Käfig war $I_\varnothing$. Dann gilt:

$$\frac{I_\varnothing^{(0)}}{I_\varnothing} = \frac{X_\varnothing}{X_\varnothing + X_u \frac{u^2}{(1+u)^2}}.$$

Die *Wirkwiderstände* werden wie bei einer normalen Maschine berechnet. R_1 als der Widerstand eines primären Stranges ergibt sich aus Leiterlänge, Querschnitt, Leitfähigkeit und Leiterzahl wie sonst. Die Läuferwiderstände werden in der Praxis oft je Stab, natürlich einschließlich Ringanteil berechnet. Wir bezeichnen sie mit r_o und r_u. Der $N_2/3$-fache Wert entspricht dem Widerstand eines gedachten Läuferstranges. Multipliziert man noch mit $ü^2$, so bekommt man die auf einen Ständerstrang bezogenen Werte R_o und R_u, die unmittelbar mit X_o und X_u verglichen werden können.

Es ist also:

$$R_o = ü^2 \frac{N_2}{3} r_o \quad \text{und} \quad R_u = ü^2 \frac{N_2}{3} r_u.$$

r_o, r_u und x_u drückt man am besten in $\mu\Omega$ aus. Dann findet man etwa Werte von $r_u = 100$, $r_o = 300$ bis 1000 und $x_u = 300$ bis $1000\,\mu\Omega$. Man vermeidet dann leichter etwaige numerische Fehler.

Die auf die Primärseite bezogenen Werte vergleicht man zur Sicherheit am besten mit R_1 und $X_\varnothing$. Man findet $R_u \approx R_1$, $R_o = 3$ bis $10\,R_1$, $X_u = 0{,}5$ bis $2\,X_\varnothing$. Dieser Vergleich verhindert ebenfalls Rechenfehler oder weist auf eine etwaige ungünstige Auslegung hin.

Die Parallelschaltung von r_o und r_u liefert den bei kleinen Läuferfrequenzen wirksamen Ohmschen Widerstand je Läufernut, der $N_2/3$-fache Wert ergibt den gedachten Strangwiderstand, der noch mit $ü^2$ malgenommene Betrag ist gleich dem auf den Ständer bezogenen Betriebswiderstand des Läufers:

$$r_2 = \frac{r_o r_u}{r_o + r_u}, \qquad R_2 = \frac{N_2}{3} r_2, \qquad R_2^{(1)} = \frac{R_o R_u}{R_o + R_u} = ü^2 \frac{N_2}{3} r_2.$$

$R_2^{(1)}$ ist oft etwas (etwa 20%) größer als R_1.

Die Leitfähigkeit des Kupfers und Aluminiums ändert sich stark mit der Temperatur. Das Messing behält seine Leitfähigkeit fast unverändert bei. Daher ist das Widerstandsverhältnis $r_o/r_u = R_o/R_u = u$ starken Schwankungen unterworfen. Man tut gut, einheitlich mit einer Temperatur von 75° C zu rechnen, auch wenn man an den Anlauf der noch kalten Maschine denkt. Durch die Wärmespeicherung beim Hochlauf wird diese Temperatur einerseits schnell erreicht und wegen der Wärmeabgabe an das Eisen andererseits nicht allzusehr überschritten.

Das oft benötigte Übersetzungsverhältnis wird wie bei der normalen Maschine berechnet zu:

$$\ddot{u} = \frac{z_1 f_{w.1}}{z_2 f_{w.2}} \left(1 + \frac{0{,}5\, I_\mu}{I_\varnothing}\right), \quad \text{oder wegen} \quad z_2 = \frac{N_2}{3} \quad \text{und} \quad f_{w,2} = 1,$$

$$= \frac{z_1 f_{w.1}}{\frac{N_2}{3}} \left(1 + \frac{0{,}5\, I_\mu}{I_\varnothing}\right).$$

Es ist also das gleiche Verhältnis, das wir bei Durchrechnung einer Einfachkäfigmaschine finden würden, die nur den oberen Käfig besitzt. Bei diesem ist die (eigentlich immer vorauszusetzende) Gleichheit der relativen Streuung von Ständer und Läufer nahezu erfüllt. In $\ddot{u}$ ist bekanntlich der Einfluß des Ständerwiderstandes R_1 und der einer etwaigen Nutenschrägung korrekt enthalten.

62. Zeichnung der Ortskurve des Primärstromes $\mathfrak{J}_1(s)$ unter Benutzung von k_r und k_i. Die Darstellung der Ortskurve für $\mathfrak{J}_1$ kann beim Doppelkäfigmotor in der gleichen Art wie beim Hochstabläufer geschehen. Man hat den Ohmschen Läuferwiderstand nicht als konstant, sondern behaftet mit einem schlupfabhängigen Faktor k_r zu betrachten. Das gleiche gilt von dem zusätzlichen Blindwiderstand der unteren Läufernut, bei welchem ein Faktor $k_i < 1$ zu berücksichtigen ist. Beide Faktoren entsprechen voll und ganz dem Widerstandsverhältnis und dem Streuverhältnis des Hochstabläufers. Wie bei diesem berechnet man für verschiedene Schlüpfe k_r und k_i und konstruiert die zugehörigen Einzelpunkte, die man durch einen Kurvenzug zur gewünschten Ortskurve verbindet. Die Auswertung geschieht in der gleichen Weise wie beim Hochstabläufer.

Für den Primärstrom gilt:

$$\mathfrak{J}_1 = \mathfrak{J}_0 + \mathfrak{J}', \quad \text{mit} \quad \mathfrak{J}' = \frac{\mathfrak{U}'}{R_1 + jX_\varnothing + \dfrac{\dfrac{R_o}{s}\left(\dfrac{R_u}{s} + jX_u\right)}{\dfrac{R_o + R_u}{s} + jX_u}} = \frac{\mathfrak{U}'}{\mathfrak{z}}.$$

Die rechts eingeführte Impedanz beträgt also:

$$\mathfrak{z} = \frac{\mathfrak{U}'}{\mathfrak{J}'} = R_1 + jX_\varnothing + \frac{\dfrac{R_o}{s}\left(\dfrac{R_u}{s} + jX_u\right)}{\dfrac{R_o + R_u}{s} + jX_u}, \quad \text{wofür gesetzt werde:}$$

$$= R_1 + jX_\varnothing + \frac{R_2 \ddot{u}^2}{s} k_r + jX_u \left(\frac{R}{R_o + R_u}\right)^2 k_i.$$

Hierbei ist R_2 der sekundäre Ohmsche Widerstand eines gedachten Läuferstranges von $N_2/3$ Stäben des Einzelwiderstandes $r_2 = r_o r_u/(r_o + r_u)$.

Es ist also auch:

$$R_2 \ddot{u}^2 = R_2^{(1)} = \frac{R_o R_u}{R_o + R_u}.$$

k_r ist für $s = 0$ gleich 1 und steigt mit zunehmendem Schlupf an. k_i ist für $s = 0$ ebenfalls gleich 1 und fällt mit wachsendem Schlupf ab. Der Faktor $R_o^2/(R_o + R_u)^2 = u^2/(1 + u)^2$ zeigt an, welcher Teil des auf die Primärseite bezogenen X_u bei den sehr kleinen Schlüpfen im Bereich der Synchrondrehzahl wirksam bleibt. Durch Koeffizientenvergleich kommt man zu folgendem Ergebnis für k_r und k_i:

$$k_r = \frac{1 + \left(1 + \frac{R_o}{R_u}\right)\bar{s}^2}{1 + \bar{s}^2} = 1 + \frac{R_o}{R_u}\frac{1}{1 + \frac{1}{\bar{s}^2}} \quad \text{und} \quad k_i = \frac{1}{1 + \bar{s}^2} = 1 - \frac{1}{1 + \frac{1}{\bar{s}^2}}.$$

Der hierbei eingeführte reduzierte Schlupf ist.

$$\bar{s} = s\frac{X_u}{R_o + R_u} = s\frac{x_u}{r_o + r_u}.$$

Da man bei zweckentsprechender Auslegung des Doppelkäfigmotors X_u ungefähr gleich R_o macht und R_o das Vielfache von R_u beträgt, ist der reduzierte Schlupf ungefähr gleich dem wahren Schlupf, wenigstens aber von der gleichen Größenordnung. Die Werte von $k_r(\bar{s})$ und $k_i(\bar{s})$ sind in den Abb. 169 und 170 wiedergegeben. k_r hängt außer vom reduzierten Schlupf $\bar{s}$ noch vom Parameter R_o/R_u, also von dem schon eingangs eingeführten Teilwiderstandsverhältnis u des oberen zum unteren Käfig ab. k_i ist hiervon unabhängig. Der reduzierte Schlupf $\bar{s}$ wurde auf einer projektiven Skala aufgetragen, um den ganzen Bereich von 0 über 1 bis ∞ bequem zeigen zu können. Wenn man von eigentlichen Stromverdrängungserscheinungen absieht, wie sie in Wirklichkeit auch in ganz niedrigen Stäben bei entsprechend hoher Läuferfrequenz auftreten würden, erreicht k_r den Grenzwert $1 + u$ und k_i den Wert 0. Im Bereich von $s = 1$ (Stillstand) nimmt auch $\bar{s}$ im allgemeinen den Wert 1 an. Dann beträgt $k_r \approx 1 + \frac{u}{2}$ und $k_i \approx 0{,}5$. Der Läuferwiderstand der anlaufenden Doppelkäfigmaschine erscheint also in der Regel auf das $\left(1 + \frac{u}{2}\right)$-fache erhöht, und die Läuferzusatzstreuung kommt nur halb zur Geltung.

Unter Benutzung der k_r- und k_i-Werte kann der Doppelkäfigmotor nach den Angaben des Abschnitts 53 behandelt werden. Man beachte, daß der dortige, von k_r freie Anteil des Läuferwiderstandes (r_2') entfällt.

Man benötigt außer der primären Strangspannung U_1 die Kenntnis des ideellen Magnetisierungsstromes I_μ, des ideellen Kurzschlußstromes I_i und des primären Widerstandes R_1, der sofort zum Verluststrom $I_v = U_1/R_1$ führt. I_i wird unter alleiniger Berücksichtigung des oberen Käfigs berechnet, indem man bei dem ideellen Streuleitwert λ_i nur den oberen Nutteil einsetzt. Vom Läufer braucht man den oberen Stabwiderstand einschließlich Ringanteil r_o, den entsprechenden Stabwiderstand r_u, die Nutenzahl N_2 und den zusätzlichen Streuleitwert:

$$\lambda_{zus} = 1{,}4 + \frac{h_{s,u}}{b_{s,u}},$$

also das um 1,4 erhöhte Verhältnis von Zwischensteghöhe zu Zwischenstegbreite. Man bestimmt wie bei jeder Maschine die Anstiegshöhe $h \approx 200 I_\mu/I_v$ der Mittelpunktgeraden über der Basis $b = 100$ mm und zeichnet diese Gerade mit ihrem Punkt P_0 hin.

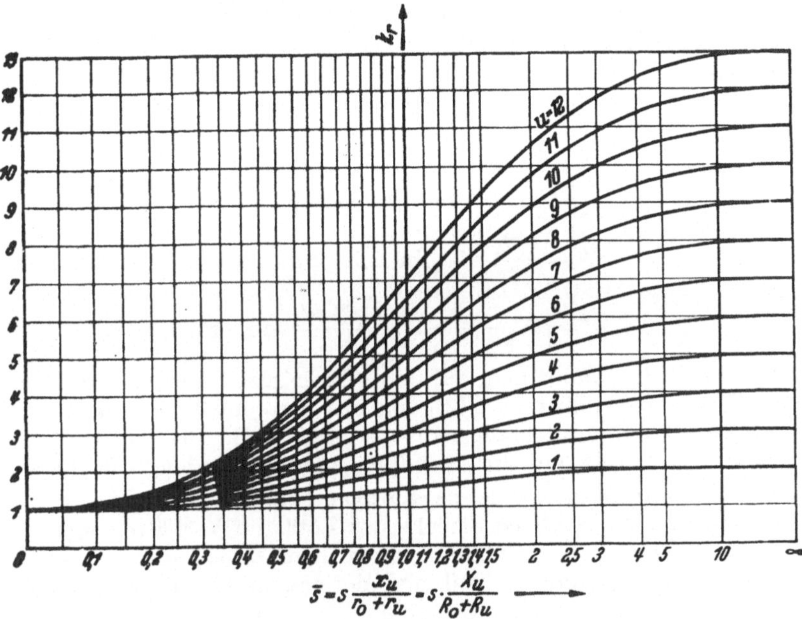

Abb. 169. Widerstandsverhältnis $k_r = r_\sim/r$ bei Doppelkäfigen über dem reduzierten Schlupf mit dem Teil-Widerstandsverhältnis $u = r_0/r_u$ als Parameter.

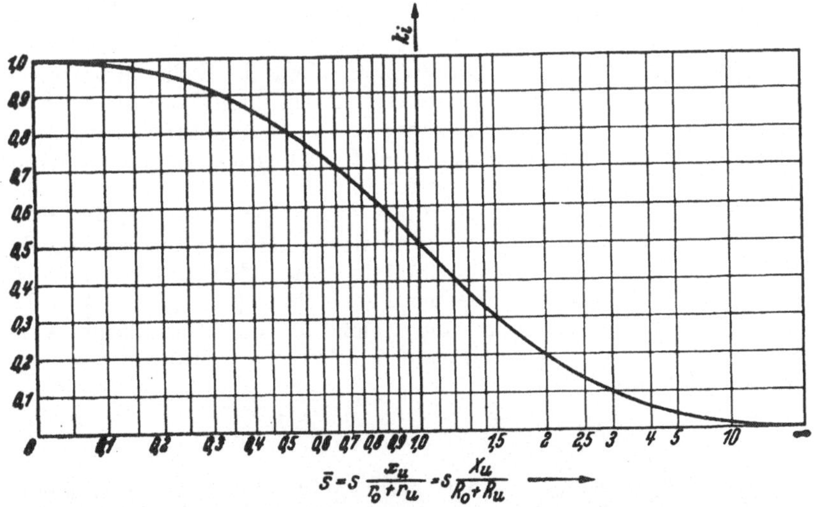

Abb. 170. Streuverhältnis $k_i = \lambda_\sim/\lambda$ bei Doppelkäfigen über dem reduzierten Schlupf.

Dann bestimmt man zu zweckmäßig ausgewählten Schlüpfen s die zugehörigen reduzierten Werte $\bar{s} = e s$, indem man setzt:

$$e = \frac{x_u}{r_o + r_u} \quad \text{mit} \quad x_u = 3{,}95 \frac{f}{50} l\, 10^{-6} \lambda_{\text{zus}}.$$

Wir haben die oft bequemer zugänglichen Werte r_o, r_u und x_u je Stab gewählt, die hier ohne weiteres an die Stelle von R_o, R_u und X_u je Primärstrang treten können.

Man findet k_r und k_i und bestimmt für irgendeinen Schlupf s:

$$I_\varnothing^{(s)} = I_\varnothing \frac{1}{1 + a k_i} \quad \text{mit} \quad a = \frac{\lambda_{\text{zus}}}{q_2 \lambda_i} f_{w,1}^2 \left(\frac{r_o}{r_o + r_u}\right)^2$$

sowie die beiden zugehörigen Verluststrecken:

$$v_1^{(s)} = \frac{3 R_1 I_\varnothing^{(s)2}}{w} \quad \text{in mm} \quad \text{und}$$

$$v_2^{(s)} = N_2 \frac{r_o r_u}{r_o + r_u} \frac{1}{s} \frac{k_r I_\varnothing^{(s)2} \ddot{u}^2}{w} \quad \text{in mm}.$$

In üblicher Weise findet man auf dem (dünn gezeichneten) Kreise $K^{(s)}$ über $I_\varnothing^{(s)}$, der unter Berücksichtigung des Strommaßstabes a_1 von P_0 aus auf der Mittelpunktgeraden abzutragen ist, den Betriebspunkt P_s. Auf dem Lot von P_s auf die Mittelpunktgerade werden, von ihr ausgehend, die Verluste infolge des zugehörigen Primärstromes $\mathfrak{J}' = \overline{P_0 P_s}\, a_1$ abgetragen und die restliche Strecke des Lotes im Verhältnis $s/(1 - s)$ geteilt. Wie beim Hochstabläufer findet man so je einen Punkt der Linie für das Drehmoment Null und derjenigen für die mechanische Leistung Null.

Das Übersetzungsverhältnis ist nach wie vor:

$$\ddot{u} = \frac{z_1 f_{w,1}}{\frac{N_2}{3}} \left(1 + \frac{0{,}5\, I_\mu}{I_\varnothing}\right).$$

63. Einhalten bestimmter Anlaufdaten. Wenn der Stillstandsstrom I_k und das Anlaufmoment M_a vorgeschrieben sind, kann man die erforderlichen Werte für den Widerstand r_o des oberen Stabes, für r_u des unteren Stabes und für den Leitwert $h_{s,u}/b_{s,u}$ des Streusteges zwischen den beiden Käfigen folgendermaßen bestimmen.

Man berechnet den Ossanna-Kreis K für den oberen Käfig, wozu man ja dessen Ohmschen Widerstand noch nicht zu kennen braucht. Diesen Kreis stellt man dar und trägt in seinem Innern den Punkt P_k ein, der die gestellten Anlaufbedingungen erfüllt (vgl. hierzu Abb. 120 u. Abschn. 42). Man entnimmt der Zeichnung den sekundären Kurzschlußstrom $I_{k,2}$, der den wirksamen sekundären Stabwiderstand zu berechnen erlaubt:

$$r_2 k_r = \frac{Q_2}{N_2 I_{k,2}^2} \quad \text{mit} \quad Q_2 = \frac{M_a}{M_n} N_n.$$

Über $r_2 = r_o r_u/(r_o + r_u)$ verfügt man im Hinblick auf den Metallaufwand des Ständers oder die zulässigen Läuferwicklungsverluste bei

Nennbetrieb mit der Leistungsabgabe N_n. Man erhält also das benötigte Widerstandsverhältnis zu:

$$k_r = \frac{M_a}{M_n} N_n \frac{1}{N_2 r_2 I_{k,2}^2}.$$

Jetzt legt man noch den Anlaufkreis $K^{(1)}$ durch P_k und P_0, dessen Mittelpunkt auf der Mittelpunktgeraden liegt. Aus den Durchmessern $I_\varnothing$ von K und $I_\varnothing^{(1)}$ von $K^{(1)}$ findet man den beim Anlauf benötigten zusätzlichen Blindwiderstand eines unteren Läuferstabes zu:

$$x_u \left(\frac{r_o}{r_o + r_u}\right)^2 k_i = \frac{I_\varnothing - I_\varnothing^{(1)}}{I_\varnothing^{(1)}} \frac{U_1}{I_\varnothing} \frac{1}{\ddot{u}^2 \frac{N_2}{3}} = \Delta x.$$

Aus k_r und Δx findet man sofort (die Ableitung dieser einfachen Beziehung sei übergangen) den reduzierten Schlupf beim Anlauf:

$$\bar{s} = \frac{r_2(k_r - 1)}{\Delta x}, \quad \text{woraus man unmittelbar berechnet:}$$

$$k_i = \frac{1}{1 + \bar{s}^2} \quad \text{und weiter:}$$

$$u = \frac{r_o}{r_u} = \frac{k_r - 1}{1 - k_i}. \quad \text{Nunmehr ist bekannt:}$$

$$r_0 = (1 + u)\, r_2 \quad \text{und} \quad r_u = \frac{1 + u}{u} r_2 \quad \text{sowie}$$

$$\frac{h_{s,u}}{b_{s,u}} = \frac{\Delta x \left(\frac{1+u}{u}\right)^2 10^8}{3{,}95 \frac{f}{50} l\, k_i} - 1{,}4.$$

Damit liegen die Abmessungen des Zwischensteges (als Relativwerte) und das erforderliche Widerstandsverhältnis fest. Anschließend kann die ganze Ortskurve gezeichnet werden.

64. Die Ortskurve der Impedanz $\mathfrak{z} = \mathfrak{U}'/(\mathfrak{J}_1 - \mathfrak{J}_0)$. Wie beim Motor mit Stromverdrängungsanker soll unter der Impedanz vorzugsweise das Verhältnis aus der Spannung $\mathfrak{U}' = \mathfrak{U}_1 e^{2\alpha_0 j}$ und dem Strom $\mathfrak{J}_1 - \mathfrak{J}_0$ verstanden werden. Diese Impedanz geht unmittelbar aus dem Ersatzbild in Abb. 167 hervor und wurde bereits vorher bei der Einführung von k_r und k_i benutzt. Ihre Ortskurve kann beim Doppelkäfigmotor sehr leicht konstruiert werden. Sie ist eine rationale zirkulare Kubik, also eine sehr einfache Kurve dritter Ordnung. Zu Unrecht löst ihr Name beim Ingenieur ein gewisses Unbehagen aus. Um eine Vorstellung von der Gestalt solcher Kubiken zu gewinnen, zeichne man einen beliebigen Kreis und eine beliebige Gerade. Auf dem Kreis wähle man einen beliebigen Punkt S (Singulärpunkt der Kubik) und ziehe durch ihn Strahlen. Auf ihnen addiere man, von S ausgehend, die Abschnitte bis zur Geraden und die Kreissehnen. Die Endpunkte ergeben eine Kubik. Die Konstruktion ist eine kissoidale Erzeugung und ist augenscheinlich recht einfach. Abb. 171 zeigt einige Kurven. Unsere hier zu behandelnde Kubik ist symmetrisch und daher von einfachster Gestalt.

Die Gleichung des Stromes $\mathfrak{J}' = \mathfrak{J}_1 - \mathfrak{J}_0$ lautet:

$$\mathfrak{J}' = \mathfrak{J}_1 - \mathfrak{J}_0 = \frac{\mathfrak{U}'}{R_1 + jX_\varnothing + \dfrac{\dfrac{R_o}{s}\left(\dfrac{R_u}{s} + jX_u\right)}{\dfrac{R_o + R_u}{s} + jX_u}},$$

woraus ohne weiteres die Gleichung der Impedanz folgt:

$$\mathfrak{z} = \frac{\mathfrak{U}'}{\mathfrak{J}'} = R_1 + jX_\varnothing + \frac{\dfrac{R_o}{s}\left(\dfrac{R_u}{s} + jX_u\right)}{\dfrac{R_o + R_u}{s} + jX_u},$$

die man leicht umformen kann zu:

$$\mathfrak{z} = R_1 + jX_\varnothing + jX_u\left(\frac{R_o}{R_o + R_u}\right)^2 + \frac{R_o R_u}{R_o + R_u}\cdot\frac{1}{s} + \frac{X_u^2\left(\dfrac{R_o}{R_o + R_u}\right)^2}{\dfrac{R_o + R_u}{s} + jX_u},$$

= Festwert + Gerade + Kreis.

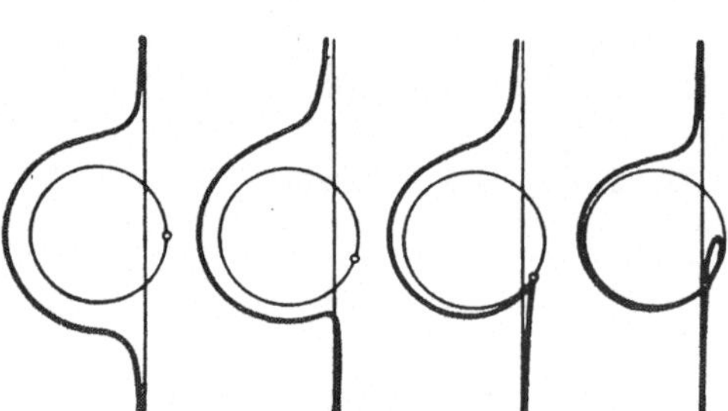

Abb. 171.
Kissoidale Erzeugung rationaler zirkularer Kubiken.

Man erkennt, daß sich die Impedanz zusammensetzt aus einem konstanten Wert, einem mit $1/s$ veränderlichen Widerstand und einem dritten Teil, der durch den Radiusvektor an einen Kreis darstellbar ist. Der veränderliche Widerstand ist nichts anderes als der bereits oben erwähnte, bei Nenndrehzahl der Maschine wirksame Läuferwiderstand $R_2^{(1)}$, der für die normalen Läuferwicklungsverluste in Betracht kommt. Das Zusatzglied verschwindet mit fallendem Schlupf. Bei sehr hohen Schlüpfen nimmt es einen negativen imaginären Wert an, bewirkt dort also eine Verringerung des Streublindwiderstandes. Im Bereich von $s = 1$ (Stillstand) jedoch schafft dieses Glied die starke Zunahme des Ohmschen Widerstandes und die — unerwünschte, aber notwendige — fühlbare Verminderung des induktiven Widerstandes der Maschine.

Abb. 172 zeigt die Konstruktion der Ortskurve für $\mathfrak{z}$. Der Zug $OP'_\varnothing P'_\infty F$ stellt (in geeignetem Maßstab) den festen, von s unabhängigen Anteil $jX_\varnothing + R_1 + jX''_u$ dar, wobei vereinfacht jX''_u statt $jX_u R_o^2/(R_o + R_u)^2$ gesetzt wurde.

Auf der Geraden $\mathfrak{G}_0$ liest man von F aus nach oben bis zum laufenden Punkt G den veränderlichen Ohmschen Widerstand $R_2^{(1)}/s$ ab. $R_2^{(1)}$ steht wie bisher vereinfachend für $R_o R_u/(R_o + R_u)$. Der dritte Anteil wird dargestellt durch SK. K wandert auf dem durch S gehenden Kreis k, dessen Durchmesser gleich X''_u ist und dessen Mittelpunkt auf $P'_\infty F$

liegt. Die Entfernung des Singulärpunktes S von P'_∞ entspricht dem Blindwiderstand

$$jX'_u = jX_u \frac{R_o}{R_o + R_u}.$$

Geht man von irgendeinem Punkt G auf $\mathfrak{G}_0$ aus und verlängert man SG um SK, so gewinnt man den Punkt P'_s der Kubik, der zum gleichen Schlupf s gehört wie der Punkt G. Wenn s sehr klein wird, gleitet P'_s

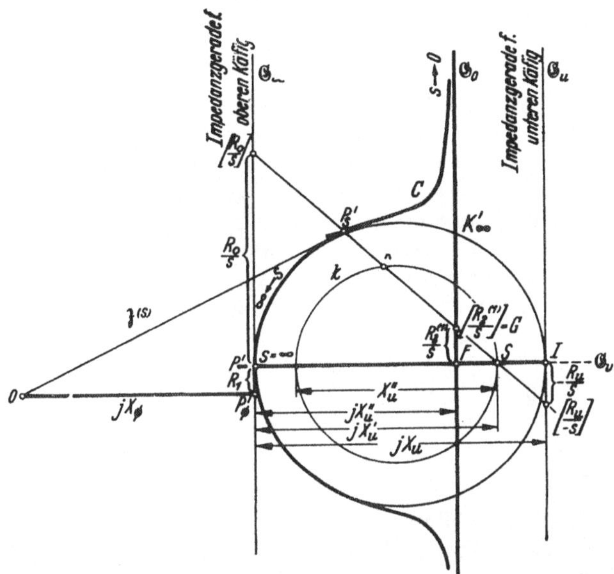

Abb. 172. Konstruktion der Impedanz $\mathfrak{z} = \frac{\mathfrak{U}'}{\mathfrak{J}_1 - \mathfrak{J}_0} = r_1 + jX_\phi + \frac{\frac{R_o}{s}\left(\frac{R_u}{s} + jX_u\right)}{\frac{R_o + R_u}{s} + jX_u}$ des Doppelkäfigmotors. Kreis k, Punkt S und Gerade $\mathfrak{G}_0$ entsprechen: Kreis, Punkt und Gerade in Abb. 171.

sehr hoch hinauf und nähert sich immer mehr der Asymptote $\mathfrak{G}_0$. Wenn s dagegen wächst, sinkt P'_s nach links unten und nähert sich immer besser dem Schmiegungskreis K'_∞, dessen Durchmesser genau gleich jX_u ist. Dies letztere ist ein sehr bedeutsames Ergebnis. Es sagt aus, daß das Verhalten des Doppelkäfigmotors im Bereich hoher Schlüpfe (knapp über $s = 1$ bereits beginnend) nur von X_u, also ausschließlich von der Nutenform des Läufers und nicht von $u = r_o/r_u$ abhängt.

Bei der Inversion der Ortskurve der Impedanz geht die Gerade $\mathfrak{G}_0$ über in den Laufkreis K_0, der die Ortskurve des Stromes des Doppelkäfigmotors 4-punktig im Punkt P_0 für $s = 0$ berührt. Der Kreis K'_∞ geht über in den Kreis K_∞, der die Ortskurve im Punkt P_∞ 4-punktig berührt. Die Asymptote $\mathfrak{G}_0$ und der Schmiegungskreis K'_∞ sind im Bilde der Impedanz daher die wichtigsten Elemente, genau so wie der

Laufkreis K_0 und der Schmiegungskreis K_∞ die wichtigsten Bestandteile im Bild des Stromes sein werden. Wenn eines der beiden Paare vorliegt, kann die gesamte Ortskurve entweder der Impedanz oder des Primärstromes konstruiert werden, und zwar mit sehr einfachen Mitteln. Auch können die Ortskurven bereits mit einem relativen Parameter beziffert werden. Wenn der absolute Wert des Schlupfes (er hängt nur vom Metallaufwand im Läufer ab) an einer einzigen Stelle (mit Ausnahme von $s = 0$ und $s = \infty$) bekannt ist, können alle anderen Punkte nachgeeicht werden. Meistens kennt man die Lage des Punktes für $s = 1$, also den gewollten Stillstandspunkt, da man von diesem auszugehen pflegt.

Die praktische Darstellung der Kubik C als der Trägerin der Ortskurve der Impedanz geht also folgendermaßen vor sich: Man berechnet zuerst R_1 sowie $X_\varnothing = U_1/I_\varnothing$, nachdem man $I_\varnothing$ in bekannter Weise aus I_i und I_μ und $I_v = U_1/R_1$ bestimmt hat. Alle diese Größen werden so ermittelt, als ob man nur einen Einkäfigmotor mit dem oberen Käfig berechnen wollte. Darüber hinaus, nunmehr zum zweiten Käfig übergehend, bestimmt man $X_u = \ddot{u}^2 \cdot N_2/3 \cdot x_u$ und $u = R_o/R_u = r_o/r_u$ und reduziert X_u linear zu X_u' und quadratisch zu X_u'', indem man setzt:

$$x_u = 3{,}95 \frac{f}{50} l\, 10^{-6} \left(\frac{h_{s,u}}{b_{s,u}} + 1{,}4\right), \qquad \ddot{u}^2 = \left(\frac{z_1 f_{w,1}}{\frac{N_2}{3}}\right)^2 \left(1 + \frac{I_\mu}{I_\varnothing}\right),$$

$$X_u = x_u \frac{N_2}{3} \ddot{u}^2, \qquad X_u' = X_u \frac{u}{u+1}, \qquad X_u'' = X_u \left(\frac{u}{u+1}\right)^2.$$

Erst die beiden Größen x_u und u machen aus dem bisherigen Einfachkäfig den Doppelkäfig. Weitere Größen werden nicht benötigt.

Jetzt legt man waagerecht, von O nach rechts gehend (Richtung der Blindwiderstände), zuerst $OP_\varnothing' = X_\varnothing$ hin, trägt senkrecht nach oben (Richtung der Wirkwiderstände) $P_\varnothing' P_\infty' = R_1$ ab und setzt wieder nach rechts in Richtung der Blindwiderstände gehend X_u, X_u' und X_u'' an, um zu den Punkten I, S und F zu gelangen. Man zieht durch F die Senkrechte $\mathfrak{G}_0$ (Asymptote für kleine Schlüpfe) und konstruiert über $X_u = P_\infty' I$ als Durchmesser den Kreis K_∞' (Asymptote für große Schlüpfe). Zur genauen Bestimmung einzelner Punkte benötigt man noch den kleinen Kreis k, der durch S geht und dessen Mittelpunkt auf $P_\infty' S$ liegt. (Diese Gerade ist die alte Widerstandsgerade $\mathfrak{G}_v$, die bei der Inversion in den Verlustkreis K_v mit dem Durchmesser $I_v = U/R_1$ übergeht.) Der Durchmesser von k ist X_u''.

Will man den Impedanzpunkt für einen bestimmten Schlupf s bestimmen, so trage man, von F ausgehend, senkrecht nach oben auf $\mathfrak{G}_0$ den Widerstand $R_2^{(1)}/s = \ddot{u}^2 \cdot N_2/3 \cdot r_2/s$ ab, wobei $r_2 = r_o r_u/(r_o + r_u)$ ist. Man gewinnt Punkt G. Man verlängere $\overline{SG}$ um $\overline{SK}$ und man gewinnt den Punkt P_s' der Kubik.

Wenn wir nur den oberen Käfig mit dem Stabwiderstand r_o oder dem auf einen primären Strang bezogenen Käfigwiderstand $R_o = \ddot{u}^2 \cdot N_2/3 \cdot r_o$ als vorhanden betrachten (wir müssen dann r_u oder $R_u = \infty$ setzen), würde die Impedanz offenbar betragen:

$$\mathfrak{z}_o = R_1 + jX_\varnothing + \frac{R_o}{s}.$$

Sie würde dargestellt durch die Gerade $\mathfrak{G}_\infty$, die die Kubik C im Punkte P'_∞ berührt. Ihre Inversion liefert den OSSANNA-Kreis K des oberen Käfigs. Bei einem bestimmten Schlupf s müßten wir auf G_∞, von P'_∞ ausgehend, den Widerstand R_o/s abtragen.

Unter der Annahme, daß nur der untere Käfig vorhanden sei (r_o oder $R_o = \infty$), betrüge die Impedanz:

$$\mathfrak{z}_u = R_1 + jX_\varnothing + jX_u + \frac{R_u}{s}.$$

Sie hat als Ortskurve die Gerade $\mathfrak{G}_u$, die den Schmiegungskreis K'_∞ in I berührt, also im Abstand des vollen Blindwiderstandes X_u von $\mathfrak{G}_\infty$ verläuft. Ihre Inversion ergibt den OSSANNA-Kreis K_u für den unteren Käfig. Bei einem bestimmten Schlupf s ist von I aus auf G_u der Widerstand $R_u/s = ü^2 \cdot N_2/3 \cdot r_u/s$ abzutragen. Trägt man auf $\mathfrak{G}_u$ den Widerstand R_u/s von I aus nach *unten* ab, legt man also den gleich großen, aber negativen Schlupf $-s$ zugrunde, so liegt der Endpunkt von $-\frac{R_u}{s}$ auf $\mathfrak{G}_u$ und der Singulärpunkt S und der wahre Impedanzpunkt P'_s auf C und der Endpunkt von R_o/s auf G_∞ und zuletzt auch noch der Endpunkt von $R_2^{(1)}/s$ auf $\mathfrak{G}_0$ auf einer gemeinsamen Geraden $\mathfrak{G}$. Diese Gerade dreht sich bei veränderlichem Schlupf um den Singulärpunkt S. Sie ist in Abb. 173 eingetragen. Sie ist besonders wertvoll, wenn man beurteilen will, wie sich z. B. der Stillstandspunkt eines Doppelkäfigmotors ändert, von dem bereits der Läuferblechschnitt und der untere Widerstand festliegen, während lediglich noch eine Entscheidung aussteht, welches Metall für die oberen Stäbe und Ringe verwandt werden soll. Dann kennt man nämlich die Lage von $\mathfrak{G}_\infty$, die von $\mathfrak{G}_u$ und darauf den Punkt $\left[\frac{R_u}{-s}\right]$ als Endpunkt des Widerstandes $\frac{R_u}{-s}$. (Die den Ohmschen Widerständen bei verschiedenen Schlüpfen entsprechenden Punkte auf der Ortskurve der Impedanz oder des Stromes sollen weiterhin durch eckige Klammern bezeichnet werden.) Bei Stillstand ist also $(-s) = -1$ zu setzen. Denkt man jetzt der Reihe nach an Kupfer, Messing, Bronze und Widerstandsmetall der Leitfähigkeiten 50, 14, 7 und 2, und an gleiche Dimensionen von Ober- und Unterkäfig, so würde sich Abb. 174 ergeben mit den vier verschiedenen Anlaufpunkten

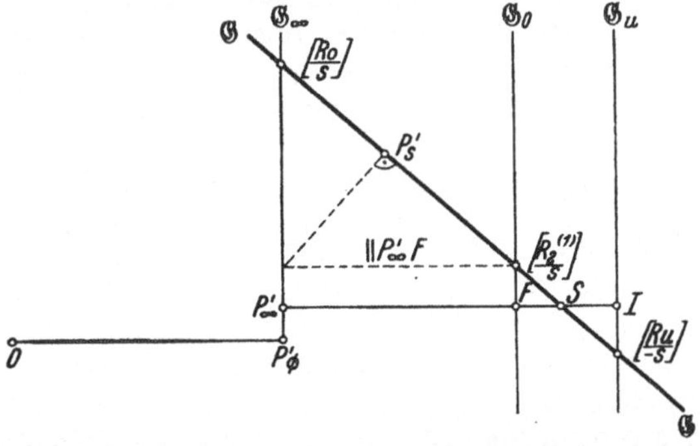

Abb. 173. Darstellung der durch den Singulärpunkt S gehenden Geraden $\mathfrak{G}$. Vergl. den zu ihr inversen Kreis in Abb. 178.

P'_{cu}, P'_{me}, P'_{br} und P'_{wi}. Man sieht, wie die Wirkkomponente der Impedanz zuerst steigt und später wieder fällt.

Bei der Inversion geht die genannte durch S gehende Gerade in einen Kreis über, der durch den Leerlaufpunkt P_0, den wahren Betriebspunkt P des Doppelkäfigmotors und bei $s = 1$ durch den Punkt $[R_o]$ geht. $[R_o]$ ist der gedachte Betriebspunkt einer Maschine, die nur den oberen Käfig mit dem Widerstand R_o besitzt. Außerdem geht der Kreis

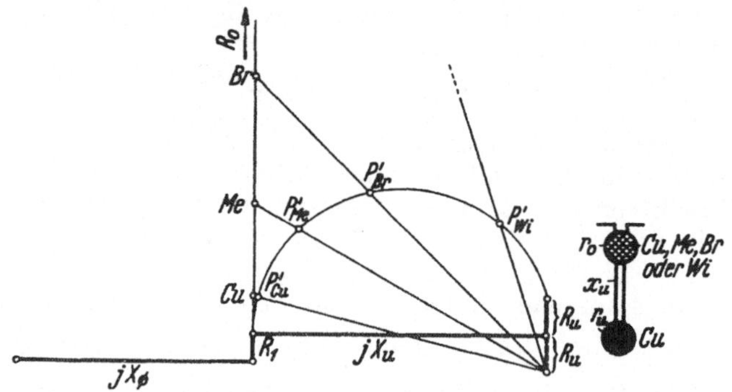

Abb. 174. Änderung der Impedanz des stillstehenden Motors bei Variation der Leitfähigkeit des Metalls im oberen Käfig.

durch den Punkt $[-R_u]$. Dies ist der gedachte Betriebspunkt einer Maschine, die nur den unteren Käfig besitzt, dem der Widerstand $-R_u$ zukommt oder der Arbeitspunkt der gleichen Maschine mit dem Widerstand R_u, die mit negativem Schlupf (beim Anlauf also mit $s = -1$) arbeitet. Vergl. Abb. 178.

65. Die Ortskurve des Primärstromes $\mathfrak{J}_1$. Wenn wir die Ortskurve der Impedanz aus Abb. 172 von ihrem Nullpunkt aus invertieren, indem wir auf jedem Radiusvektor von diesem Nullpunkt aus den mit der Spannung U malgenommenen reziproken Betrag der Impedanz $\mathfrak{z}$ abtragen, erhalten wir die Ortskurve des Stromes $\mathfrak{J}' = \mathfrak{U}'/\mathfrak{z}$. Durch Verlagerung des mit dem Nullpunkt zusammenfallenden Leerlaufpunktes P_0 der Ortskurve des Stromes um $-\mathfrak{J}_0$ nach dem wahren Ursprung O der Ströme erhalten wir die Ortskurve von $\mathfrak{J}_1 = \mathfrak{J}' + \mathfrak{J}_0$. Wir haben lediglich darauf zu achten, daß die Achsen im Bilde der Impedanzen um den kleinen Winkel $2\,\alpha_0$ gegen diejenigen im Bilde der Ströme verdreht sind.

Diese Verhältnisse gehen aus Abb. 175 hervor, welche die Ortskurve Q des Primärstromes (eine rationale bizirkulare Quartik) und die Ortskurve C der Impedanz (eine rationale zirkulare Kubik) gemeinsam wiedergibt. Wir erkennen zuerst die vertrauten Kreise K_μ, K_i und K_v, die die ideellen Ströme I_μ, I_i und $I_v = U_1/R_1$ zum Durchmesser haben. Durch diese 3 Kreise ist eindeutig der Kreis K bestimmt, den wir den OSSANNA-Kreis des Doppelkäfigmotors nennen. Er ist in Wirklichkeit der Träger der Ortskurve eines Motors, der nur den oberen Käfig besitzt. Auf K liegen die beiden Punkte P_0 und P_∞. Sie hängen nur von der Höhe des Primärwiderstandes R_1 ab. Sie sind die Schnittpunkte des Verlustkreises K_v mit K. Der Mittelpunkt von K liegt auf der Mittelpunktgeraden, die durch m_μ, P_0 und $P_\varnothing$ geht; sie wird wie immer mit der Basis $b = 100$ mm und der Anstiegshöhe $h = 2\,b/(I_v/I_\mu - I_\mu/I_v)$ konstruiert. Die primäre Spannung $\mathfrak{U}_1$ hat die Richtung von Om_v, die dagegen um den Winkel $2\,\alpha_0$ im Sinne der Voreilung geschwenkte Spannung $\mathfrak{U}'$ jedoch die Richtung $P_0 m_v$. m_v ist der Mittelpunkt von K_v. $\mathfrak{U}'$ fällt auf die Tangente in P_0 an K und steht auf der Mittelpunktgeraden senkrecht.

$\mathfrak{U}'$ und die Mittelpunktgerade bestimmen das Koordinatensystem für die Impedanz, $\mathfrak{U}_1$ und die Waagerechte durch O dasjenige für den Primärstrom.

Der Ursprung der Ortskurve der Impedanz fällt mit P_0 zusammen. Der (an sich ganz beliebig wählbare) Maßstab für die Impedanz wurde so festgelegt, daß die Länge von $X_\varnothing$ gleich der Länge von $I_\varnothing$ ist. Auf diese Weise liegen die beiden Darstellungen von $\mathfrak{z}$ und $\mathfrak{J}_1$ ganz voneinander getrennt. Die Kubik C wurde mit ihren wichtigsten, für die kissoidale Konstruktion benötigten Elemente eingezeichnet.

Durch Inversion ihrer einzelnen Punkte entsteht die gesuchte Quartik Q. Als *zeichnerische* Inversionspotenz ist das Quadrat der Strecke $\overline{P_0 P_\varnothing}$ zu wählen. Es gilt also für jeden Schlupf s:

$$\overline{P_0 P_s} = \frac{\text{const}}{\overline{P_0 P_s'}} \quad \text{mit} \quad \text{const} = \overline{P_0 P_\varnothing}^2.$$

Bei kleinen Schlüpfen nähert sich die Kubik C immer mehr ihrer Asymptote $\mathfrak{G}_0$. Diese geht bei der Inversion in den Kreis K_0 über, den wir den *Laufkreis* des Doppelkäfigmotors nennen wollen. Sein Durchmesser, als Strom ausgedrückt, beträgt:

$$I_\varnothing^{(0)} = \frac{U}{X_\varnothing + X_u \left(\frac{u}{u+1}\right)^2}.$$

Er entscheidet über die Verhältnisse der Maschine beim Nennbetrieb, speziell über ihren Leistungsfaktor und das Kippmoment. Meistens wird $I_\varnothing^{(0)}$ vom Berechner vorgegeben und die ganze Maschine diesem Wert angepaßt.

Da sich die Kubik C der Gerade $\mathfrak{G}_0$ anschmiegt, muß sich auch die Quartik Q dem Kreise K_0 anschmiegen. Die Berührung ist 4-punktig. Der Mittelpunkt m_0 von K_0 liegt auf der Mittelpunktgeraden.

Bei höheren Schlüpfen (bereits knapp über 1) schmiegt sich die Kubik C sehr eng an den Schmiegungskreis K_∞' an. Dieser geht bei der Inversion in den Kreis K_∞ über. Da K_∞' durch P_∞' geht, muß K_∞ durch P_∞ gehen. Er berührt in diesem Punkte den Kreis K, da auch K_∞' die Gerade $\mathfrak{G}_\infty$ tangiert. K ist aber die Inverse von $\mathfrak{G}_\infty$. K_0 und K_∞ sind 2 der insgesamt 4 reellen Schmiegungskreise der Quartik Q. Sie geben in der Nähe ihres Berührungspunktes den Kurvenverlauf besonders gut wieder. Die beiden anderen Schmiegungskreise können nicht nützlich verwandt werden. Wir übergehen sie daher. Sie berühren in den

Einbuchtungen. Der Durchmesser von K_∞ hängt (außer von R_1 und $X_\varnothing$) nur von X_u, nicht aber von R_o oder R_u oder $u = R_o/R_u$ ab. Er beträgt, auch als Strom ausgedrückt:

$$I_\varnothing^{(\infty)} = \frac{U}{X_\varnothing + \dfrac{R_1^2 + X_\varnothing^2}{X_u}}.$$

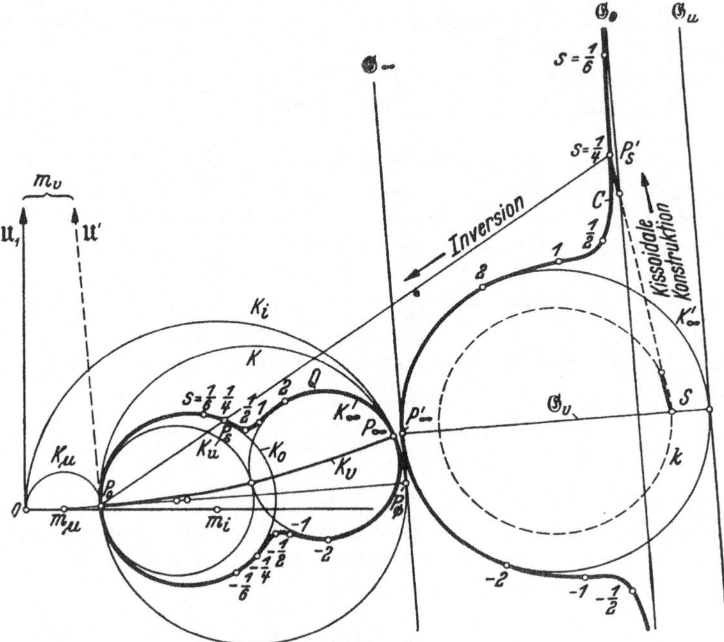

Abb. 175. Vereinigte Darstellung der Ortskurve C der Impedanz $\mathfrak{z} = \dfrac{\mathfrak{U}'}{\mathfrak{J}_1 - \mathfrak{J}_0}$ und der Ortskurve Q des Primärstromes $\mathfrak{J}_1$.

Wir betonen noch einmal, daß dieser Durchmesser und somit auch der Kreis K_∞ festliegen, sobald der *Blechschnitt* des Läufers und somit X_u festliegt. Der Verlauf der Ortskurve von $\mathfrak{J}_1$ im Bezirk der Schlüpfe über 1 hängt demnach nur von der geometrischen Gestaltung der Läufernut ab.

Die Tangente $\mathfrak{G}_u$ an K'_∞ war als die Ortskurve der Impedanz $\mathfrak{z}_u$ eines Motors mit alleinigem unterem Käfig erkannt worden. Sie geht also bei der Inversion in einen Kreis K_u über, der der OSSANNA-Kreis unseres Motors sein würde, wenn man seinen oberen Käfig herauslöste. K_u ist in Abb. 175 eingetragen. Da der Kreis K'_∞ zwischen seinen beiden Tangenten $\mathfrak{G}_\infty$ und $\mathfrak{G}_u$ liegt, muß auch der inverse Kreis K_∞ zwischen den Kreisen K und K_u, und zwar beide berührend, verlaufen. Wenn wir also unseren Doppelkäfigmotor zuerst einmal so berechnen, als ob er nur den oberen Käfig hätte, und dann so behandeln, als ob der untere Käfig allein vorhanden wäre, so bekommen wir die beiden OSSANNA-kreise K und K_u. Wenn wir auf beiden den Punkt für $s = \infty$ bestimmen und jenen Kreis konstruieren, der K und K_u in diesen Punkten berührt, so haben wir den Schmiegungskreis K_∞ des Motors mit *beiden* Käfigen gefunden. Diese Überlegung erlaubt uns eine sehr durchsichtige Konstruktion dieses Schmiegungskreises und eine einfache weitere Berechnung seines Durchmessers aus den Durchmessern $I_\varnothing$ von K (oberer Käfig) und $I_\varnothing(K_u)$ von K_u (unterer Käfig):

$$I_\varnothing^{(\infty)} = I_\varnothing(K_\infty) = \frac{I_\varnothing - I_\varnothing(K_u)}{1 + \frac{I_\varnothing}{I_v}\,\frac{I_\varnothing(K_u)}{I_v}}.$$

Der bisher nicht benötigte Durchmesser des OSSANNA-Kreises K_u für den unteren Käfig wird berechnet zu:

$$I_\varnothing(K_u) = \frac{U}{X_\varnothing + X_u}.$$

Die beiden Formeln für $I_\varnothing(K_\infty)$ liefern natürlich das gleiche Ergebnis. Die Symmetrieachse $\mathfrak{S}_v$ der Kubik geht bei der Inversion in den Verlustkreis K_v über.

Bei der *Konstruktion* der Ortskurve für $\mathfrak{J}_1$ beginnt man am besten mit der Darstellung von K. In diesen Kreis zeichnet man die beiden Schmiegungskreise K_0 und K_∞ ein. Nunmehr hat man im allgemeinen nur noch 2 oder 3 Punkte einzutragen, um den Verlauf der Ortskurve in dem interessierenden Schlupfbereich bestimmen zu können. Die Konstruktion solcher Punkte der Quartik Q gelingt, wenn man die Konstruktion der entsprechenden Punkte auf der inversen Kurve, also auf der Kubik C, kennt. Man kann diese Konstruktion sehr leicht auf die Quartik Q übertragen, wenn man von sich schneidenden Kreisen Gebrauch macht, da solche wieder in sich schneidende Kreise übergehen. Berührungen bleiben bei der Inversion ebenso erhalten wie die Größe der Schnittwinkel. Die kissoidale Konstruktion der Kubik C, die auf dem metrischen Abtragen von Strecken beruht, kann nicht auf die Quartik Q übertragen werden. Zwar ist auch sie — und zwar auf doppelte Weise — kissoidal erzeugbar, das Aufsuchen der dazugehörigen Elemente (je ein Kreispaar) verleidet uns aber diese Methode, da die Elemente in keinem durchsichtigen Zusammenhang mit den Daten der Maschine stehen.

Im folgenden Abschnitt werden 4 Kreise aufgefunden, die geometrische Örter für die Punkte der Kubik sind. Durch Zeichnung von jeweils zweien derselben bekommt man einen ihrer Kurvenpunkte. Durch Darstellung der leicht bestimmbaren inversen Kreise im Bilde der Quartik erhält man die gewünschten Punkte dieser Kurve.

66. Variation der Läufergrößen R_o, R_u, X_u und $u = R_o/R_u$. Wenn man die Beträge der Größen R_o, R_u, X_u oder $u = R_o/R_u$ jeweils als veränderlich ansieht, bekommt man einen tieferen Einblick in die Wirkungsweise der Doppelkäfigmaschine. Man nimmt einen bestimmten Schlupf s als fest gegeben an und ändert z. B. R_o zwischen Null über seinen wahren Betrag bis zum Wert Unendlich. Dabei verfolgt man die Wanderung des Endpunktes der Impedanz $\mathfrak{z}$ oder des Primärstromes $\mathfrak{J}_1$.

In jedem Fall muß man genau angeben, welche der übrigen Größen oder welche — von mehreren dieser Größen abgeleiteten — Ausdrücke als konstant zu gelten haben.

Wir beginnen mit der Variation von R_o. Konstant seien s, R_u, X_u und — wie in jedem Fall — R_1 und $X_\varnothing$. Mit R_o ändert sich natürlich auch u und $R_2^{(1)} = R_o R_u/(R_o + R_u)$. Wir versehen in der Formel für $\mathfrak{z}$ den Ausdruck R_o mit dem Faktor k und betrachten diesen als den augenblicklich veränderlichen Parameter. Es ist dann:

$$\mathfrak{z}(R_o) = R_1 + jX_\varnothing + \frac{\frac{R_o}{s}\,k\left(\frac{R_u}{s} + jX_u\right)}{\frac{R_o}{s}\,k + \frac{R_u}{s} + jX_v}.$$

Der Endpunkt von $\mathfrak{z}(R_o)$ wandert auf einem Kreise $K'(R_o)$, der in Abb. 176 dargestellt ist. Der zu ihm inverse Kreis ist in Abb. 177 eingezeichnet. Er trägt die Bezeichnung $K(R_o)$. Man erkennt beim Betrachten der beiden Darstellungen folgendes: Wenn $R_o k$ unendlich groß wird, hat man den Motor mit fehlendem oberem Käfig vor sich. Nur der untere Käfig bestimmt die Impedanz und den Strom der Maschine. Macht man $R_o k$ gleich Null (was nur in Gedanken durch die Wahl eines unbegrenzt guten und außerdem verdrillten Leiters denkbar ist), so bekommt man, unabhängig vom Schlupf s, stets die Impedanz und den Strom des unendlich schnell laufenden Doppelkäfigmotors. Man erhält also die Punkte P'_∞ bzw. P_∞. Bei dazwischenliegenden Werten von $R_o k$ gibt es Bereiche, in denen das Drehmoment der Maschine mit fallendem Widerstand steigt und andere, in denen das Drehmoment mit fallendem Widerstand sinkt. Man kann also keinesfalls von vornherein sagen, daß z. B. das Abdrehen der oberen Ringe (gelegentliche Maßnahme des Prüffeldes) eine Steigerung des Drehmomentes bringen wird. Meistens ist es sogar umgekehrt.

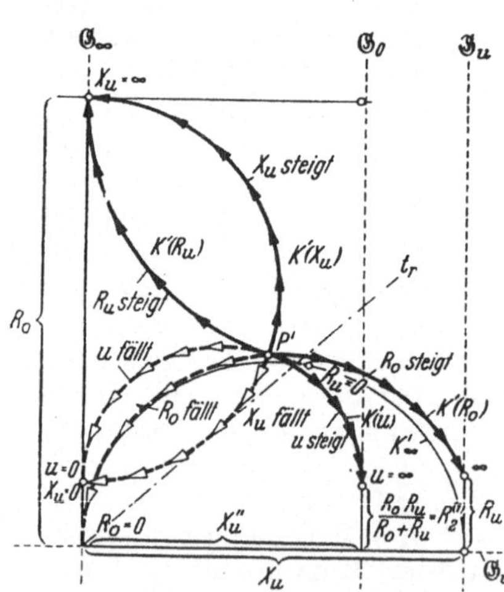

Abb. 176. Variationskreise $K'(R_o)$, $K'(R_u)$, $K'(X_u)$ und $K'(u)$ im Impedanzbild für den Schlupf $s = 1$.

Wir entnehmen dem Variationskreis für R_o noch weiteres. Angenommen, es liegt der in der Praxis recht häufige Fall vor, daß der Läuferblechschnitt vorhanden ist. Dann ist X_u und R_u gegeben, denn in die untere Nut pflegt man nur Kupfer (von Aluminiumläufern abgesehen) zu legen. Die Stäbe und Ringe des oberen Käfigs kann man noch aus unterschiedlichem Werkstoff machen. Mithin ist R_o tatsächlich noch weitgehend zu beeinflussen. Zeichnet man den OSSANNA-Kreis K_u des unteren Käfigs mit dem Betriebspunkt $[R_u]$ auf, so kann der Betriebspunkt des Doppelkäfigmotors (speziell im Stillstand) nur auf dem Kreise $K(R_o)$ gewählt werden, der durch $[R_u]$ geht und K in P_∞ berührt. Wählt man einen bestimmten Punkt aus, so liegt R_o eindeutig fest.

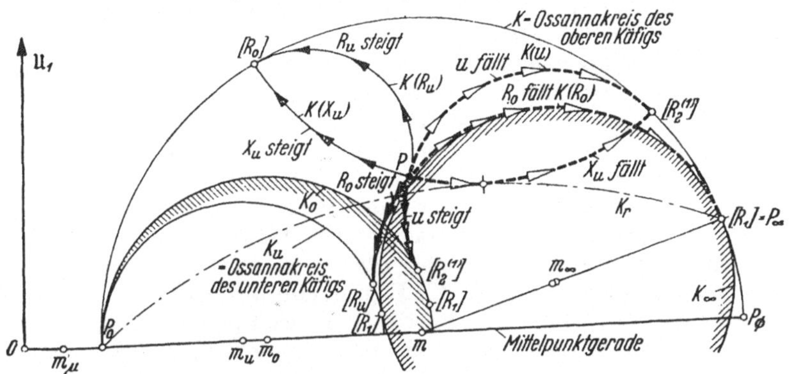

Abb. 177. Variationskreise $K(R_o)$, $K(R_u)$, $K(X_u)$ und $K(u)$ im Bild des Primärstromes für den Schlupf $s = 1$.

Wenn man jetzt den *unteren* Widerstand als veränderlich ansieht, kommt man zu der Impedanzgleichung:

$$\mathfrak{z}(R_u) = R_1 + jX_\varnothing + \frac{\frac{R_o}{s}\left(\frac{R_u}{s}k + jX_u\right)}{\frac{R_o}{s} + \frac{R_u}{s}k + jX_u},$$

wobei alle übrigen Größen wie vorher konstant bleiben sollen. Der entsprechende Kreis $K'(R_u)$ ist in Abb. 176, der inverse Kreis $K(R_u)$ in Abb. 177 eingetragen. Wenn $R_u k$ unendlich groß ist, wenn also der untere Käfig überhaupt nicht existiert, haben wir die Impedanz oder den Strom, die dem oberen Käfig zukommen. Die Kreise $K(R_u)$ berühren den OSSANNA-Kreis K in den Punkten $[R_o/s]$ und außerdem (dies ist später recht nützlich) den Schmiegungskreis K_∞. Liegt also der Blechschnitt des Läufers vor, wodurch K_∞ gegeben ist, und hat man über den Werkstoff des oberen Käfigs verfügt, so kennt man die Lage von $K(R_u)$ bei jedem Schlupf s, insbesondere beim Stillstand. Wählt man auf $K(R_u)$ einen bestimmten Punkt, speziell den Stillstands- oder Kurzschlußpunkt P_k nach Maßgabe des verlangten Anlaufmomentes oder des Anlaufstromes, so liegt R_u fest. Praktisch sucht man allerdings R_u meistens auf andere Weise, indem man so viel Metall für den unteren Käfig vorsieht, daß die Nennverluste im Läufer die angemessene Höhe besitzen oder daß der Metallaufwand dem des Ständers entspricht.

Zeichnet man $K(R_u)$ als den durch $[R_o/s]$ und den Betriebspunkt P_s gehenden Kreis, der K berührt, so kann man sofort den Schmiegungskreis K_∞ eintragen und auf diese Weise oft bequem X_u bestimmen.

Man erkennt am Verlauf von $K(R_u)$, das fast immer einer Erhöhung von R_u auch eine Steigerung des Anlaufmomentes entspricht. Muß man also gelegentlich bei einer fertiggestellten Doppelkäfigmaschine das Anlaufmoment erhöhen, so ist in der Regel R_u durch teilweises Abdrehen der Endringe des unteren Käfigs zu steigern.

Einen interessanten Einblick gewährt die nun betrachtete Veränderung von X_u. Man stelle sich diese Maßnahme am besten folgendermaßen vor. Gegeben sei ein Einfachkäfigmotor, dessen Käfig durch einen zur Welle konzentrischen Schnitt in 2 Teilkäfige zerlegt werde, deren Widerstände sich wie R_o zu R_u verhalten. Die Nut werde unterhalb der Stäbe vertieft, so daß man den unteren Teilkäfig immer weiter von dem oberen und liegenbleibenden Teilkäfig entfernen kann. Dann tritt ersichtlich zwischen beiden Käfigen ein Streusteg auf, der im wesentlichen den Blindwiderstand X_u bedingt. Berühren sich die Käfige noch, so werde X_u angenähert gleich Null gesetzt. Wird nun der untere Käfig in Gedanken unbegrenzt weit vom oberen entfernt, so nähert sich X_u einem unendlich hohen Betrag. Zu Beginn (Berührung, $X_u = 0$) arbeitet man offenbar auf dem OSSANNA-Kreis K des Einfachkäfigs, und zwar beim Punkt $[R_2^{(1)}/s]$, wobei $R_2^{(1)}$ wie immer gleich $R_o R_u/(R_o + R_u)$ ist. Im Falle $X_u = \infty$ muß man den unteren Käfig als entfernt ansehen. Wiederum arbeitet man auf K, jetzt aber im Punkt $[R_o/s]$. Zwischen beiden Punkten schwingt der Kreis $K(X_u)$ in Abb. 177, dessen inverser Kreis $K'(X_u)$ in Abb. 176 zu sehen ist. Die Gleichung für letzteren lautet:

$$\mathfrak{z}(X_u) = R_1 + jX_\varnothing + \frac{\frac{R_o}{s}\left(\frac{R_u}{s} + jX_u k\right)}{\frac{R_o + R_u}{s} + jX_u k},$$

wobei k wieder der variable Parameter ist und die übrigen Größen unveränderlich sind.

$K(X_u)$ schneidet den OSSANNA-Kreis K des oberen Käfigs in den beiden Punkten $[R_o/s]$ und $[R_2^{(1)}/s]$ senkrecht. Kennt man daher die Widerstände R_o und R_u eines Doppelkäfigmotors, so bestimmt man zuerst $R_2^{(1)} = R_o R_u/(R_o + R_u)$ und sucht auf K die den beiden Werten R_o und $R_2^{(1)}$ beim Schlupf s zukommenden Punkte auf. Tangenten in diesen Punkten an K liefern den Mittelpunkt von $K(X_u)$, auf dem nunmehr der Betriebspunkt P_s des Doppelkäfigmotors *beliebig* gewählt werden kann. Alle Kreise $K'(X_u)$ berühren, wenn s sich ändert, $u = R_o/R_u$ aber beibehalten wird, die gemeinsame Tangente t_r, die die Achse der Wirkwiderstände unter dem Winkel φ schneidet, wobei $\sin\varphi = u/(2 + u)$ ist. Bei der Inversion geht t_r in den Kreis K_r (Abb. 177) über, der durch P_0 und P_∞ von K geht. Sein Mittelpunkt liegt auf der Mittelsenkrechten dieser beiden Punkte und wird von P_0 aus unter dem Winkel φ gegen die Mittelpunktgerade gesehen. Alle Kreise $K(X_u)$ für die unterschiedlichen Schlupfwerte s berühren den Kreis K_r. Dessen Lage hängt aber nur von u ab. Daher bietet K_r eine Möglichkeit, den Einfluß von u allein darzustellen. Alle $K(X_u)$ schneiden K senkrecht und berühren K_r. Der tiefste Punkt der Quartik Q liegt auf K_r. K_r zeigt also auch den Grad der Einschnürung von Q an, der offensichtlich mit wachsendem u zunimmt.

Die Kreise $K(X_u)$ können sehr gut zur punktweisen Konstruktion der Quartik Q benutzt werden. Man braucht sie nur noch zum Schnitt mit einem der anderen Variationskreise zu bringen, besonders z. B. mit dem nachstehend als letztem behandelten Kreis $K(u)$.

Wir denken jetzt an die Veränderung von $u = R_0/R_u$ unter der sehr wesentlichen Voraussetzung, daß erstens der bei Nennbetrieb wirksame Läuferwirkwiderstand $R_2^{(1)} = R_o R_u/(R_o + R_u)$ und zweitens der bei Nennbetrieb wirksame Läuferblindwiderstand $X_u'' = X_u R_o^2/(R_o + R_u)^2$ erhalten bleiben. Diese Voraussetzung bedeutet, daß sich Motoren mit verschiedenem u im Bereich der Nenndrehzahl fast gleich verhalten, da die Größe des Laufkreises K_0 (bedingt durch X_u'') und die Höhe des Nennschlupfes (bedingt durch $R_2^{(1)}$) beibehalten werden. Die Variation von u kann und soll sich also erst bei höheren Schlüpfen, insbesondere beim Schlupf $s = 1$ und darüber, auswirken. Die gleiche Basis war bei der Beurteilung der Keilstäbe gewählt worden.

Die Variation von u haben wir uns so vorzustellen, daß man wie oben einen Schnitt durch den Einfachkäfig einer vorgelegten Maschine führt und die beiden entstehenden Teilquerschnitte zueinander in Beziehung setzt. Sie verhalten sich wie $1 : u$. Bei jedem neuen Schnitt hat man den unteren Käfig so weit von dem oberen zu entfernen, daß der konstante Betrag von X_u'' erhalten bleibt. Denkt man an eine konstante Breite $b_{s,u}$ des trennenden Zwischensteges, so ist dessen Höhe $h_{s,u}$ mit zunehmendem u so zu verringern, daß $\dfrac{\frac{h_{s,u}}{b_{s,u}} u^2}{(1+u)^2}$ konstant bleibt.

Unter diesen Annahmen lautet die Gleichung der Impedanz:

$$\mathfrak{z}(u) = R_1 + jX_\varnothing + \frac{R_2^{(1)}}{s} \frac{\frac{R_2^{(1)}}{s} u + jX_u'' (1+u)}{\frac{R_2^{(1)}}{s} u + jX_u''}.$$

Wieder ergibt sich ein Kreis. Der Parameter ist in diesem Fall u selbst. Der Schlupf s ist wie immer jeweils als konstant zu betrachten. Der Kreis $K'(u)$ ist in Abb. 176, der inverse Kreis $K(u)$ in Abb. 177 eingetragen. $K'(u)$ gleitet zwischen den beiden Tangenten $\mathfrak{G}_\infty$ und $\mathfrak{G}_0$ mit fallendem Schlupf s nach oben. Sein Mittelpunkt hat von $\mathfrak{G}_v$ den Abstand $R_2^{(1)}/s$. Im Bilde der Quartik verläuft $K(u)$ zwischen dem OSSANNA-Kreis K des oberen Käfigs und dem unveränderlichen Schmiegungskreis K_0; man findet ihn sehr bequem, indem man auf K oder auf K_0 den Betriebspunkt für den Läuferwiderstand $R_2^{(1)}$ bzw. $R_2^{(1)}/s$ aufsucht.

$K(u)$ ist der *wichtigste* Variationskreis. Ganz zu Beginn der Durchrechnung einer Maschine hat man schon eine begründete Vorstellung von der Größe von K, indem man an die geringe natürliche Streuung des oberen Käfigs denkt. Weiter überlegt man, welchen kleinsten Schmiegungskreis K_0 man mit Rücksicht auf einen erträglichen $\cos\varphi$ und ein noch annehmbares Kippmoment (mindestens 1,5-fach bei Doppelkäfigmotoren, sonst 1,6-fach und darüber) zugrunde legen wird.

Dann trägt man auf K den Punkt P_∞ und in nahezu doppelter Höhe den Punkt $[R_2^{(1)}]$ ein. Das bedeutet, daß man im Betrieb etwa gleiche Läufer- und Ständerverluste haben möchte. Nunmehr konstruiert man den Kreis $K(u)$, der K und K_0 berührt, und zwar ersteren in eben dem genannten Punkt $[R_2^{(1)}]$. Auf diesem Kreise und nur auf diesem Kreise kann man den Anlaufpunkt P_k frei auswählen. Dies ist der vernünftigste Zugang zur Erstauslegung einer Maschine. Hat man ihren Anlaufpunkt P_k gewählt, so liegen alle Daten und Eigenschaften fest.

Die Variationskreise bieten nicht nur den Vorteil, zu erkennen, wie sich die Impedanz oder der Strom einer Doppelkäfigmaschine ändert, wenn man eine der behandelten Größen verändert, sondern sie gestatten auch die Konstruktion der einzelnen Punkte der Impedanz- oder der Strom-Ortskurve, wenn alle Größen bekannt sind. Jeder der Kreise ist ein geometrischer Ort, und zwei von ihnen bestimmen daher einen Punkt der Kubik oder der Quartik. Welcher der beiden stets vorhandenen Schnittpunkte ausscheidet, ist ohne weiteres bei der Anwendung zu erkennen.

Es ist oft zweckmäßig, aus dem Bild der einen Ortskurve durch Inversion in das der anderen überzugehen. Dabei empfiehlt sich der Kunstgriff, durch Wahl der an sich frei bestimmbaren zeichnerischen Potenz einen geschickt gewählten Variationskreis in sich selbst übergehen zu lassen. Man spart dadurch eine Menge Zeichenarbeit, hat aber zu beachten, daß ein Punkt P auf einem solchen Kreis nicht in sich selbst übergeht, sondern in den zweiten Punkt P', in welchem die durch das Inversionszentrum und durch P gehende Gerade den liegenbleibenden Kreis zum zweitenmal schneidet.

67. Die Praxis der Darstellung und Auswertung der Ortskurve von $\mathfrak{J}_1$. Man führt die Rechnung des Doppelkäfigmotors immer zuerst für den oberen Käfig durch. Man gewinnt I_μ, I_i und I_v wie bei einem normalen Motor. Dann bestimmt man h und die primäre Verluststrecke v_1, nachdem $I_\varnothing$ auf die übliche Weise berechnet wurde. Meistens interessiert die Lage von $[R_2^{(1)}]$ und von $[R_o]$ auf K. Dies wären die Kurzschlußpunkte, wenn der obere Käfig das gesamte Läufermetall bzw. nur sein eigenes Metall besäße. Zu ihrer Bestimmung benutzt man daher die beiden Verluststrecken:

$$v_2 = N_2 \, r_2 \, (I_\varnothing \, \ddot{u})^2 / w, \qquad v_o = N_2 \, r_o \, (I_\varnothing \, \ddot{u})^2 / w,$$

$$\text{mit} \quad N_2 = \text{Läufernutenzahl} \qquad r_2 = \frac{r_o \, r_u}{r_o + r_u},$$

$$I_\varnothing = \frac{I_i - I_\mu}{1 + \dfrac{I_i}{I_v} \dfrac{I_\mu}{I_v}}, \qquad \ddot{u} = \frac{z_1 f_{w,1}}{\dfrac{N_2}{3}} \left(1 + \frac{0{,}5 \, I_\mu}{I_\varnothing}\right),$$

$$w = 3 \, U_1 \, a_1 = \text{Leistungsmaßstab in W/mm}.$$

Nunmehr kann man schon den Kreis K mit P_0, P_∞, $[R_2^{(1)}]$ und $[R_o]$ aufzeichnen. In der Regel versieht man diesen Kreis mit zwei zueinander parallelen Schlupfgeraden, die das Eintragen weiterer Betriebspunkte

$[R_2^{(1)}/s]$ und $[R_o/s]$ gestatten. Man ordnet P_0 und P_∞ auf K beide Male dem Schlupf $s = 0$ bzw. $s = \infty$ zu. Bei Konstruktion der ersten Schlupfgeraden bekommt $[R_2^{(1)}]$ die Bezeichnung $s = 1$ und bei der Konstruktion der zweiten (im relativen Abstand u verlaufenden) Geraden bekommt $[R_o]$ die Bezeichnung $s = 1$.

Den besten Anhalt über die Gestalt der Ortskurve geben die beiden Schmiegungskreise K_0 und K_∞. Wir bestimmen als Zwischenwert den Durchmesser des OSSANNA-Kreises für den unteren Käfig:

$$I_\varnothing(K_u) = \frac{U}{X_\varnothing + X_u}, \quad \text{mit} \quad X_\phi = \frac{U}{I_\varnothing}, \qquad X_u = \ddot{u}^2 \frac{N_2}{3} x_u,$$

$$x_u = 3{,}95\, l \frac{f}{50} \frac{\lambda_{zus}}{10^6}, \qquad \lambda_{zus} = 1{,}4 + \frac{h_{s,u}}{b_{s,u}}.$$

Gleichzeitig wird der Durchmesser des Laufkreises K_0 berechnet zu:

$$I_\varnothing(K_0) = \frac{U}{X_\varnothing + X_u''}, \quad \text{mit} \quad X_u'' = X_u \left(\frac{r_o}{r_o + r_u}\right)^2.$$

Der Durchmesser des Schmiegungskreises K_∞ ist:

$$I_\varnothing(K_\infty) = \frac{I_\varnothing - I_\varnothing(K_u)}{1 + \frac{I_\varnothing}{I_v} \frac{I_\varnothing(K_u)}{I_v}}.$$

Man kann auch unmittelbar über den ideellen Streuleitwert λ_i des Oberkäfigs und den Zusatzstreuleitwert λ_{zus} des Unterkäfigs gehen:

$$I_\varnothing(K_u) = \frac{I_\varnothing}{1 + \frac{\lambda_{zus} f_{w,1}^2}{q_2 \lambda_i}} \quad \text{und} \quad I_\varnothing(K_0) = \frac{I_\varnothing}{1 + \frac{\lambda_{zus} f_{w,1}^2}{q_2 \lambda_i} \left(\frac{u}{u+1}\right)^2}, \quad u = \frac{r_o}{r_u}.$$

Der Mittelpunkt des Kreises K_0 (und der des evtl. benutzten Kreises K_u) liegt auf der Mittelpunktgeraden $P_0 m$, der von K_∞ auf $P_\infty m$. m ist der Mittelpunkt von K.

Jetzt sind, nach Darstellung von K_0 und K_∞, nur noch 3 oder 4 Einzelpunkte einzutragen, um die bezifferte Ortskurve im Bereich der positiven Schlüpfe zwischen $s = 1$ und $s = 0$ darstellen zu können. Sie schmiegt sich sehr gut an K_0 und K_∞ an.

a) Benutzung der Kreise K_u und $K(R_o)$. Wenn man außer K noch den Kreis K_u für den unteren Käfig wie in Abb. 178 einträgt (K_0 wird nicht unmittelbar benötigt) und den ersten Kreis mit den Betriebspunkten $[R_o/s]$ und den zweiten Kreis entsprechend mit den Punkten $[R_u/s]$ versieht, besitzt man ein Bild der Verhältnisse, die die wahre Maschine bieten würde, wenn sie einmal nur den oberen und zum zweitenmal nur den unteren Käfig besitzen würde. Aus beiden Betriebspunkten gilt es nun, den wahren Punkt P des Doppelkäfigmotors herzuleiten. Man konstruiere den Variationskreis $K(R_o)$ durch P_∞ auf K und durch $[R_u/s]$ auf K_u, der K_u zum zweitenmal in $[-R_u/s]$ trifft. Ein Kreis durch P_0, $[-R_u/s]$ und $[R_o/s]$ schneidet $K(R_o)$ zum zweitenmal im gesuchten Punkt P. Der letztbenutzte Kreis ist die Inverse der Geraden $\mathfrak{G}$ in Abb. 173. Alle diese Kreise gehen durch einen festen Punkt S auf dem Verlustkreis, so daß man bei dieser Konstruktion nur K oder nur K_u

zu beziffern hat, nachdem man ein einziges Mal auch einen Punkt des anderen Kreises beziffert hatte (K_v und S sind nicht eingezeichnet; S ist der singuläre Punkt der Quartik).

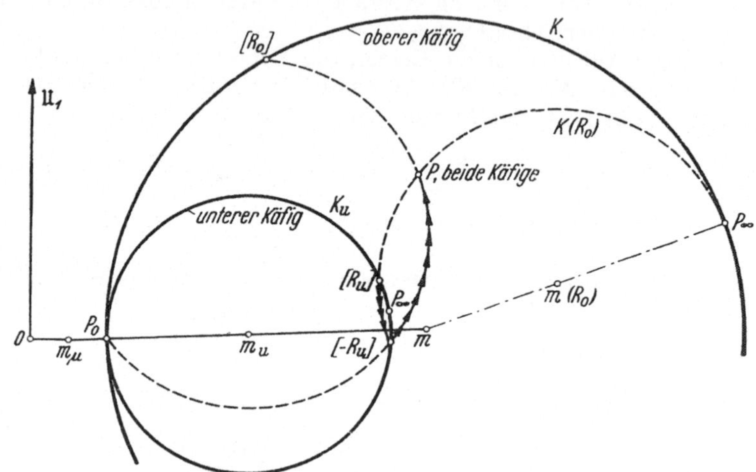

Abb. 178. Konstruktion von Punkten der Ortskurve des Stromes mit Hilfe der beiden Kreise K_u und $K(R_0)$. Darstellung für $s = 1$.

Diese Konstruktion ist am sparsamsten im gedanklichen Aufwand, da sie unmittelbar von den OSSANNA-Kreisen der Einzelkäfige ausgeht, und Punkte auf ihnen benutzt, die den wirklichen Ohmschen Käfig-

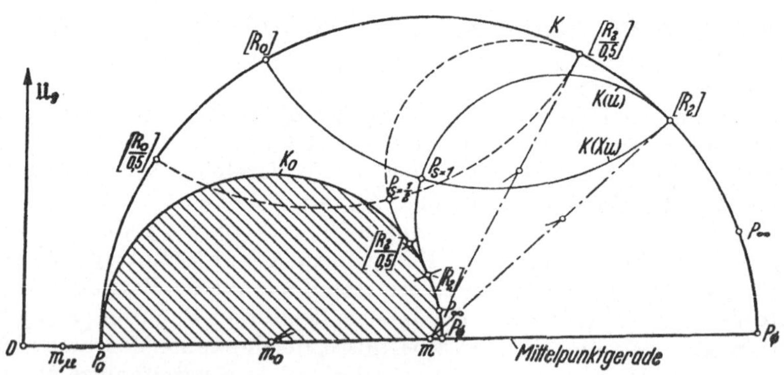

Abb. 179. Konstruktion von Punkten der Ortskurve des Stromes mit Hilfe der Kreise $K(u)$ und $K(X_u)$. Darstellung für $s = 1$ und $s = 0{,}5$.

widerständen entsprechen. Sie ist wie keine andere geeignet, ein unmittelbares Ergebnis zu bieten, wenn man die Metallart im oberen oder unteren Käfig zu ändern beabsichtigt, ganz besonders also, wenn R_0 variiert werden soll.

b) Benutzung der Kreise $K(u)$ und $K(X_u)$. K und K_0, der Schmiegungskreis oder Laufkreis für kleine Schlüpfe, liegen gezeichnet vor.

Man bestimmt auf K die Punkte $[R_2^{(1)}]$ und $[R_o]$, so als ob einmal das gesamte Metall und das andere Mal nur das wirkliche Metall des oberen Käfigs dort vorhanden wäre. Weitere Punkte $[R_2^{(1)}/s]$ und $[R_o/s]$ findet

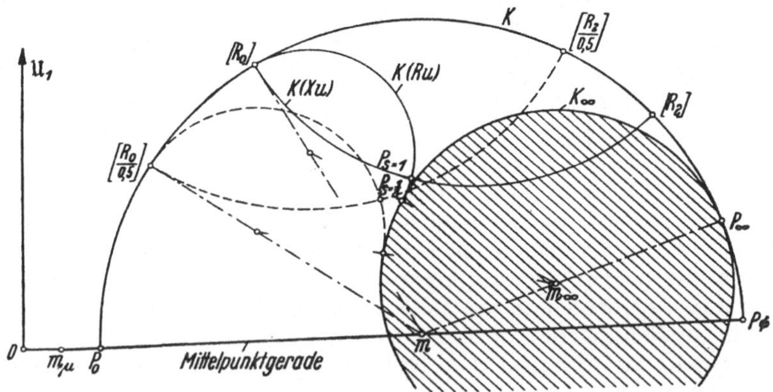

Abb. 180. Konstruktion von Punkten der Ortskurve des Stromes mit Hilfe von $K(R_u)$ und $K(X_u)$. Darstellung für $s = 1$ und $s = 0{,}5$.

man mit zwei verschiedenen Schlupfgeraden. Durch die Punkte $[R_2^{(1)}/s]$ legt man die Kreise $K(u)$, die K und K_0 berühren, und durch die gleichen Punkte und die zugehörigen $[R_o/s]$ die Kreise $K(X_u)$, die K senkrecht

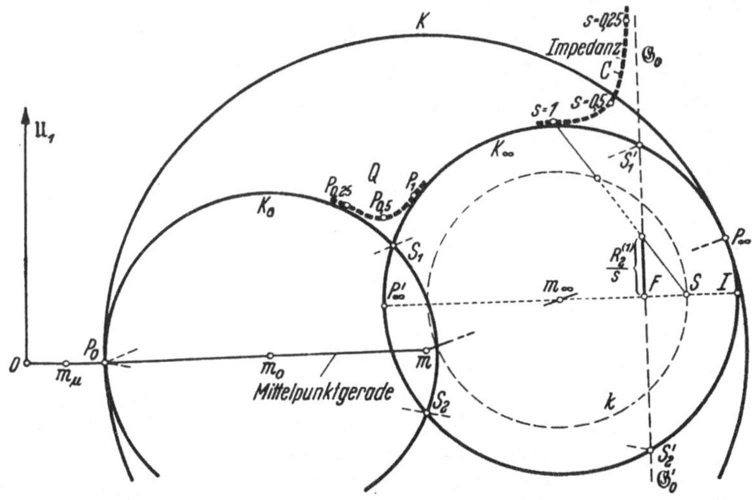

Abb. 181. Konstruktion der Ortskurve Q des Stromes eines Doppelkäfigmotors, von dem gegeben sind: OSSANNA-Kreis K des oberen Käfigs, Schmiegungskreis K_0 für $s \to 0$ und Schmiegungskreis K_∞ für $s \to \infty$. Bezifferung liegt fest, wenn ein einziger Punkt, hier z. B. Punkt P_1, mit $s = 1$ beziffert wird.

schneiden. Der zweite Schnittpunkt eines jeden Kreispaares liefert einen Betriebspunkt der gesuchten Ortskurve. Diese Konstruktion ist, da sie unmittelbar an die Auslegung anschließt, besonders zu empfehlen. Die Schnitte sind, da rechtwinklig, sehr sauber (Abb. 179).

c) Benutzung der Kreise $K(R_u)$ und $K(X_u)$. K und K_∞, der Schmiegungskreis für hohe Schlüpfe, liegen gezeichnet vor. Beide sind bekannt, wenn die Blechschnitte gegeben sind. Man bestimmt auf K — wie bei b) — zusammengehörige Punktpaare $[R_0/s]$ und $[R_2^{(1)}/s]$, die durch die Kreise $K(X_u)$ zu verbinden sind. (Alle diese Kreise berühren den festen, nur von u abhängigen Kreis K_r aus Abb. 177.) Durch $[R_0/s]$ konstruiere man die Kreise $K(R_u)$, die K und K_∞ berühren. Der Schnittpunkt je zweier Kreise $K(R_u)$ und $K(X_u)$ ist ein gesuchter Punkt der Quartik (s. Abb. 180).

Diese Konstruktion hat den großen Vorzug vor den anderen, daß sie den Einfluß von X_u, der nur K_∞ betrifft, und den von $u = R_0/R_u$, der nur K_r angeht, ganz voneinander trennt.

d) Benutzung der Schmiegungskreise K_0 und K_∞. Es liegen in Abb. 181 außer K die beiden Schmiegungskreise K_0 und K_∞ vor. K entspricht immer den Gegebenheiten des Modells. K_0 ist die äußere Grenze dessen, was wir bei Nennbetrieb noch zulassen können. K_∞, durch P_∞ gehend, verläuft ganz knapp unter dem Stillstandspunkt $P_k = P_1$ der Doppelkäfigmaschine. Für diese 3 Kreise bringt der Ingenieur beim Entwurf sehr konkrete Vorstellungen mit. Wir projizieren aus P_0 heraus die Schnittpunkte S_1 und S_2 nach S_1' und S_2' und verbinden diese beiden durch $\mathfrak{G}_0$, die senkrecht zur Mittelpunktgeraden $P_0 m$ verläuft. Der zu dieser Geraden parallele Durchmesser $P_\infty' I$ von K_∞ enthält den Schnittpunkt F mit $\mathfrak{G}_0$ und außerdem den Punkt S, für dessen Entfernung von P_∞' gilt:

$$\overline{P_\infty' S} = \sqrt{\overline{P_\infty' F}\;\overline{P_\infty' I}}\,.$$

Der Kreis k hat den Durchmesser $\overline{P_\infty' F}$. $\mathfrak{G}_0$ und k sind die Konstruktionselemente der Kubik C mit S als Singulärpunkt. Die Inversion ihrer Punkte von P_0 aus führt zu den Punkten der Quartik Q. Zeichnerische Inversionspotenz ist $\overline{P_0 S_1}\,\overline{P_0 S_1'}$. Der Durchmesser von K_∞ ist im Bilde der Kubik gleich X_u zu setzen. K_0 und K_∞ müssen sich immer schneiden.

e) Sonderverfahren. Zum Schlusse sei noch eine recht interessante und für die Praxis brauchbare Konstruktion der Ortskurve Q für den Primärstrom angegeben, die sich durch die Kürze der Vorarbeit (man vermeide numerische Fehler) und die Einfachheit der eigentlichen Zeichnung hervortut. Wir konstruieren die Kreise $k_0^{(s)}$, die K in P_0 berühren, und die Kreise $k_\infty^{(s)}$, die K in P_∞ berühren. Sie verlaufen gänzlich im Inneren von K. Ihre Radien seien $r_0^{(s)}$ und $r_\infty^{(s)}$. Jedes für den gleichen Schlupf s berechnete Kreispaar liefert 2 Punkte der Quartik Q, und zwar den Punkt für den Schlupf s und den weiteren Punkt für $-s$. Die Radien betragen (als Ströme ausgedrückt):

$$r_0^{(s)} = \frac{I\varnothing}{2}\,\frac{s^2+a}{s^2+b}\,,\qquad r_\infty^{(s)} = \frac{I\varnothing}{2}\,\frac{s^2+c}{s^2 d+c}\,,\quad \text{mit}$$

$$a = \left(\frac{R_0+R_u}{X_u}\right)^2,\qquad b = \left(\frac{R_0+R_u}{X_u}\right)^2 + \frac{R_0^2}{X_u X_\varnothing}\,,$$

$$c = \left(\frac{R_u}{X_u}\right)^2,\qquad d = 1 + \frac{X_\varnothing}{X_u} + \frac{R_1^2}{X_\varnothing X_u}\,,\quad \text{wobei } X_\varnothing = \frac{U}{I\varnothing}\,.$$

Man berechnet eine kleine Tabelle für $s = \infty, 1, 0{,}5, 0{,}25$ und 0, trägt die ermittelten Radien von P_0 bzw. P_∞ aus in Richtung des Mittelpunkts m von K ab, markiert die neuen Mittelpunkte und zeichnet die

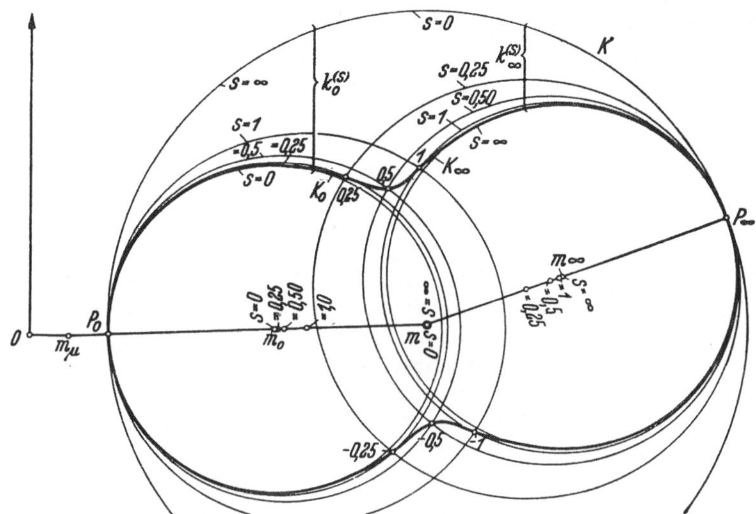

Abb. 182. Konstruktion von Punktpaaren der Ortskurve Q des Doppelkäfigmotors mittels der beiden Kreisscharen $k_0^{(s)}$ und $k_\infty^{(s)}$.

zugehörigen Kreise. Abb. 182 zeigt das in seiner zeichnerischen Klarheit bestechende Ergebnis. Für $s = 0$ nimmt der erste Kreis die Größe des Schmiegungskreises K_0 an, während der zweite Kreis sich bis zur Größe

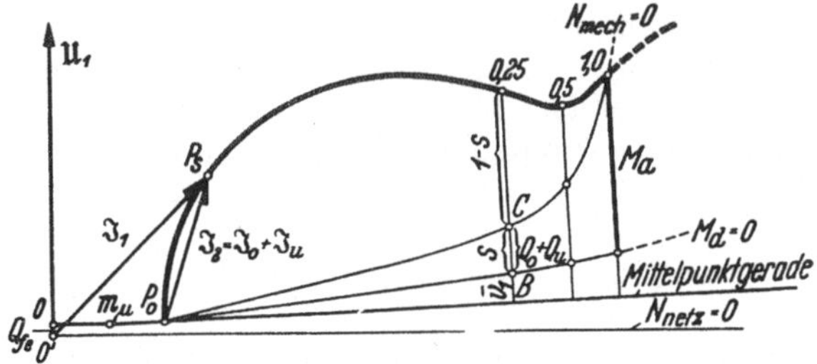

Abb. 183. Zur Auswertung der mit den Nullinien für Netzleistung, Drehmoment und mechanische Leistung versehenen Ortskurve des Primärstromes und des Doppelkäfigmotors.

von K aufbläht. Für $s = \infty$ wird der erste Kreis gleich K, während der zweite auf K_∞ zusammenschrumpft. Hilfskonstruktionen jeder Art entfallen.

Diese Methode sollte man anwenden, wenn alle Daten vorliegen, also z. B. bei der endgültigen Durchrechnung einer Maschine.

Die ersten Kreise $k_0^{(s)}$ hatten wir bei der Verwendung von k_i im Abschnitt 62 als sog. OSSANNA-Kreise $K^{(s)}$ benutzt; die zweite Gruppe $k_\infty^{(s)}$ stellt nichts anderes als die hier neubenannten Variationskreise $K(R_0)$

dar. Gewonnen wurde die Idee dieser Konstruktion aus einer symmetrischen Betrachtung der Quartik einmal von P_0 und das andere Mal von P_∞ her.

Die Vielfalt der genannten Konstruktionsmethoden wird zuerst verwirren. Der Praktiker wird sich, je nach seiner Neigung, für eine von ihnen besonders erwärmen. Wer nur einmal eine Doppelkäfigmaschine durchrechnet, wählt sich ganz willkürlich eines der Verfahren heraus. Wie so oft, führt ein Entschluß weiter als peinliches Abwägen.

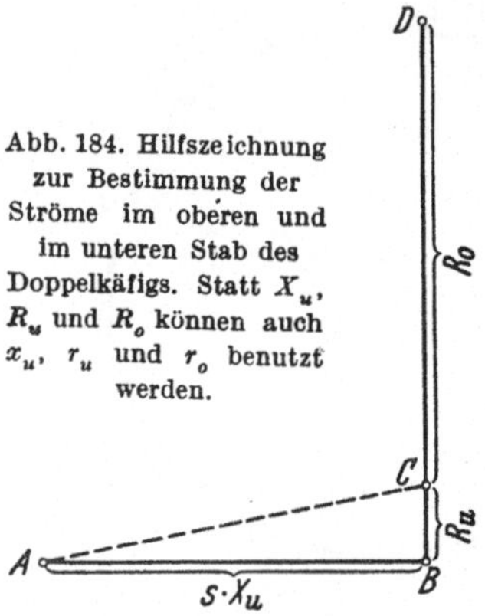

Abb. 184. Hilfszeichnung zur Bestimmung der Ströme im oberen und im unteren Stab des Doppelkäfigs. Statt X_u, R_u und R_o können auch x_u, r_u und r_o benutzt werden.

Die *Auswertung* der Ortskurve entspricht vollkommen derjenigen, die beim Hochstabläufer beschrieben wurde. Man verlagert wie in Abb. 183, den Ursprung von O um die Eisenverluste nach O' und zieht durch O' die Nullinie der Netzleistung. Die senkrechten Abstände der Punkte P_s ergeben die aufgenommene Leistung. Durch einige bezifferte Punkte legt man die Senkrechten zur Mittelpunktgeraden, und trägt von ihr aus nach oben die primären Wicklungsverluste $\bar{v}_1$ des Stromes $I' = \overline{P_s P_0}\, a_1$ (also nicht des ganzen Primärstromes I_1) ab. Die neugewonnenen Punkte verbindet man zur Drehmomentlinie. Die restlichen Strecken teilt man im Verhältnis $s : (1 - s)$ und verbindet die Teilpunkte zur Linie der mechanischen Leistung.

Primär- und Sekundärstrom, Netz-, Luftspalt- und mechanische Leistung sowie der Leistungsfaktor werden wie sonst entnommen.

Der Sekundärstrom ist $I_2 = \overline{P_0 P_s}\, a_2$. Er besteht aus den beiden Teilströmen $I_{2,o}$ und $I_{2,u}$. Es ist sehr zu empfehlen, speziell im Stillstand deren Größe zu bestimmen, um über die von ihnen in r_o und r_u verursachten Verluste eine Kontrolle für die ganze bisherige Rechnung zu gewinnen. Man macht die kleine Hilfszeichnung nach Abb. 184 und setzt:

$$I_{2,o} = I_2 \frac{\overline{AC}}{\overline{AD}} \quad \text{und} \quad I_{2,u} = I_2 \frac{\overline{CD}}{\overline{AD}}, \quad \text{bestimmt:}$$

$$Q_o = N_2 r_o I_{2,o}^2 \quad \text{und} \quad Q_u = N_2 r_u I_{2,u}^2 \quad \text{und kontrolliert:}$$

$$Q_o + Q_u \quad \text{mit} \quad \overline{BC}\, w$$

aus dem Diagramm. Die Abweichung darf nur wenige Prozent betragen.

68. Einhalten bestimmter Anlaufdaten unter Benutzung der Variationskreise. Die Berechnung der erforderlichen Größen von r_o, r_u und x_u bzw. von $h_{s,u}/b_{s,u}$ für den Fall, daß ein bestimmtes Anlaufmoment und ein bestimmter Kurzschlußstrom eingehalten werden sollen, war schon auf rechnerischer Basis in Abschnitt 63 unter Benutzung der Begriffe k_i und k_r erledigt worden. Hier soll die gleiche Aufgabe gelöst werden, wobei die Variationskreise benutzt werden. Sie bieten den erheblichen Vorteil, daß man rein graphisch, noch ohne Kenntnis der Einzelgrößen, vorgehen kann.

Ausgangspunkt bildet immer der Kreis K des oberen Käfigs mit den Punkten P_0, P_∞ und (meistens) $[R_2^{(1)}]$. Letzterer Punkt ist, wie erinnerlich, der normale Kurzschlußpunkt der Einkäfigmaschine mit dem üblichen Metallaufwand im Läufer.

Zuerst behandeln wir den Fall, daß ein bestimmter Kurzschlußstrom I_k und ein bestimmtes Anlaufmoment M_a erreicht werden sollen. Wir tragen den Kurzschlußpunkt P_k, der um I_k vom O-Punkt entfernt liegt und um die Summe der Ständerwicklungsverluste $3 I_k^2 R_1$ und der Läuferverluste $N_n \cdot M_a/M_n$ über der Nullinie der Netzleistung liegt, in das Innere von K ein.

Durch P_k legen wir den Kreis $K(u)$, der K in $[R_2^{(1)}]$ berührt. Außerdem zeichnen wir durch P_k den Kreis $K(X_u)$, der K senkrecht in $[R_2^{(1)}]$ schneidet. Der zweite Schnittpunkt mit K ist der Punkt $[R_o]$. Zuletzt konstruieren wir noch den Schmiegungskreis K_0, der K in P_0 berührt und außerdem den Kreis $K(u)$ von links her tangiert.

Im nächsten Abschnitt gewinnen wir aus diesen Elementen alle gewünschten Daten der Maschine.

Als *zweite* Aufgabe behandeln wir den Fall, daß ein bestimmtes Anlaufmoment bei möglichst kleinem Kurzschlußstrom erreicht werden soll. Wieder gehen wir aus von K mit den Punkten P_0, P_∞ und $[R_2^{(1)}]$. Dieses Mal wählen wir den Durchmesser des Schmiegungskreises K_0, und zwar so klein, wie mit den Betriebsbedingungen vereinbar ist. Dann zeichnen wir $K(u)$, der K und K_0 berührt und durch $[R_2^{(1)}]$ auf K geht. Auf ihm gibt es zwei verschiedene Punkte, der linke etwas tiefer liegend, die das gewünschte Moment besitzen. Wir wählen natürlich den links liegenden Punkt als P_k und konstruieren noch $K(X_u)$, der uns $[R_o]$ auf K liefert.

Als *dritter* Fall sei derjenige besprochen, wo man bei bereits gegebenem Blechschnitt X_u und R_u kennt, aber noch R_o (Cu, Me, Br) wählen kann. Hier lautet die Frage, mit welchem R_o komme ich zum besten Anlaufpunkt P_k.

Man berechnet den Ossanna-Kreis beider Käfige und zeichnet K mit P_0 und P_∞ sowie den in Betracht kommenden verschiedenen Punkten [Cu], [Me] oder [Br], die der Reihe nach einem oberen Käfig aus Cu, Me oder Br entsprechen sollen. K_u, der Kreis des unteren Käfigs, wird mit dem Punkt $[R_u/(-1)]$ versehen, den man gewinnt, indem man die sekundäre Verluststrecke negativ einsetzt. Ein Kreis durch P_0, $[R_u/(-1)]$ und einen der Anlaufpunkte auf K trifft den noch einzutragenden Kreis $K(R_o)$ im Anlaufpunkt P_k der Doppelkäfigmaschine. $K(R_0)$ geht durch P_∞ und $[R_u/(-1)]$ und berührt K. Der beste Anlaufpunkt auf $K(R_o)$ wird ausgewählt. Er liegt natürlich auf dem linken Teil dieses Kreises im Bezirk hoher Momente, aber bereits mäßiger Ströme.

Dieses Bild wird durch Eintragen von $K(X_u)$ und $K(u)$ vervollständigt, wodurch auch K_0 gewonnen wird.

Die Auswertung wird dadurch auf die der ersten Aufgabe zurückgeführt, die jetzt vollständig gelöst werden soll.

69. Zeichnerische Bestimmung von R_1, $R_2^{(1)}$, R_o, R_u, X_u und u. Nachstehend soll, unabhängig von den teilweise schon vorher angegebenen Verfahren, im Zusammenhang dargestellt werden, wie man die Wirk- und die Blindwiderstände eines Doppelkäfigmotors, dessen Stromdiagramm vorliegt, der Zeichnung entnehmen kann. Die Ortkurve kann entweder willkürlich gezeichnet sein (die einzige Bedingung bleibt immer, daß die Gegenpunkte von P_0 und P_∞ auf K — von O aus gesehen — den waagerechten Durchmesser von K bestimmen) oder sie mag, wie oft der Fall, auf Grund einiger vorliegender oder berechneter Größen oder im Einklang mit gestellten Forderungen entworfen worden sein. Schließlich soll auch an die häufig vorkommende Aufgabe gedacht werden, die *Überprüfung* eines Diagrammes, das gezeichnet vorliegt, vorzunehmen.

Wir gehen aus von Abb. 185. Dargestellt ist der Kreis K des oberen Käfigs, der stets als Ausgang zu betrachten ist. Auf ihm liegen die

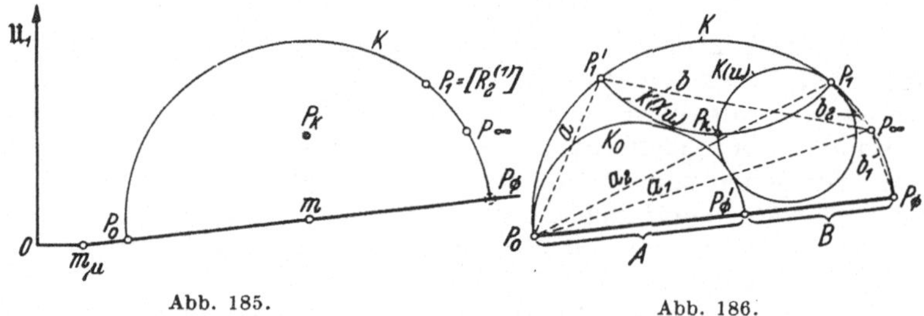

Abb. 185. Abb. 186.

Abb. 185. Beginn der Auslegung eines Doppelkäfigmotors, dessen *Anlaufpunkt* P_k im Inneren des OSSANNA-Kreises K des als Ausgangsmotor dienenden Einfachkäfigmotors mit normalem Metallaufwand gegeben ist. Man benötigt lediglich: Strangspannung und Strommaßstab bzw. Kenntnis eines einzigen der dargestellten Ströme.

Abb. 186. Zeichnerische Weiterbehandlung von Abb. 185 zur *unmittelbaren* Bestimmung der Einzeldaten des Doppelkäfigmotors.

Punkte P_0, $P_1 = [R_2^{(1)}]$, P_∞ und $P_\varnothing$. Ein einziger Punkt, speziell der für den Stillstand, ist als Betriebspunkt der Quartik eingetragen. Er heiße P_k, sonst P_s. $\overline{P_0 P_\varnothing}$ ist ein Maß für $X_\varnothing$. P_∞ entscheidet über R_1. $[R_2^{(1)}]$ ist der Kurzschlußpunkt einer Einkäfigmaschine, deren Käfig die Lage unseres oberen Käfigs hat und über das gesamte Metall unserer beiden Käfige verfügt. Dieser Punkt bestimmt also $R_o R_u/(R_o + R_u)$. P_k bestimmt sowohl $R_o/R_u = u$ als auch X_u.

Zur bequemen Auswertung wird die Zeichnung in verständlicher Weise zu der in Abb. 186 ergänzt. Dieser hat man nur noch die Strecken a, b und a_1, b_1 und a_2, b_2 und A, B zu entnehmen. Wir brauchen nur die Kenntnis der Stromstärke, die der Strecke $\overline{P_0 P_\varnothing} = A + B$ entspricht, also des Stromes $I_\varnothing$ und der primären Spannung je Strang U_1. Dann resultiert:

gegeben: $$X_\varnothing = \frac{U_1}{\overline{P_0 P_\varnothing}\, a_1} = \frac{U_1}{I_\varnothing};$$

aus der Zeichnung: $R_1 = \frac{b_1}{a_1} X_\varnothing$, indirekt: $X_u = X_u''\left(\frac{1+u}{u}\right)^2$,

$$R_2^{(1)} = \frac{b_2}{a_2}\,\frac{A+B}{a_1} X_\varnothing, \qquad R_u = \frac{R_0}{u},$$

$$R_0 = \frac{b}{a}\,\frac{A+B}{a_1} X_\varnothing,$$

$$X_u'' = \frac{B}{A} X_\varnothing,$$

$$u = \frac{\frac{a_2}{b_2}}{\frac{a}{b}} - 1.$$

Diese Widerstände sind alle auf einen Strang der primären Wicklung bezogen. Kennt man dessen Leiterzahl z_1 und Wicklungsfaktor $f_{w,1}$ sowie die Läufernutenzahl N_2, so kann man sogleich die sekundären Werte je Stab bestimmen:

$$\ddot{u}^2 = \left(\frac{z_1 f_{w,1}}{\frac{N_2}{3}}\right)^2 \left(1 + \frac{2\,\overline{m_\mu P_0}}{\overline{P_0 P_\varnothing}}\right),$$

$$r_0 = \frac{R_0}{\ddot{u}^2 \frac{N_2}{3}}, \qquad r_u = \frac{R_u}{\ddot{u}^2 \frac{N_2}{3}}, \qquad x_u = \frac{X_u}{\ddot{u}^2 \frac{N_2}{3}}.$$

Als letzten Wert bestimmen wir das Verhältnis von Höhe und Breite des die beiden Käfige trennenden Streusteges:

$$\frac{h_{s,u}}{b_{s,u}} = \frac{x_u}{3{,}95}\,\frac{50}{f}\,\frac{10^6}{l} - 1{,}4, \quad \text{mit } l = \text{Eisenbreite in cm}, \; f = \text{Netzfrequenz in Hz}.$$

Die polumschaltbaren Maschinen.

70. Aufbau und Schaltung. Wenn man den Ständer einer Asynchronmaschine mit zwei getrennten Wicklungen für zwei verschiedene Polzahlen versieht, kann man durch Umschalten des Netzes von der einen Polzahl $2p_1$ auf die andere $2p_2$ übergehen. Die Maschine wird aber nur dann richtig arbeiten können, wenn der Läufer auf jede der beiden Ständerwicklungen anspricht. Bei einem Käfigläufer (von nicht extrem geringer Nutenzahl) ist dies immer der Fall, bei einem Schleifringanker dagegen meistens nicht. Besitzt die Maschine z. B. eine 4- und eine 6-polige Ständerwicklung und nur eine 4-polige Läuferwicklung, so wird diese im allgemeinen nicht von dem 6-poligen Ständerfeld induziert. Schleifringanker müssen daher ebenfalls polumschaltbar gemacht werden. Wegen der sich ergebenden Schwierigkeiten (hohe Schleifringzahl bzw. komplizierte Betätigungsvorrichtung für Umschaltbrücken) sieht man meistens den Käfigmotor vor. Nur ganz große Maschinen werden gelegentlich mit umschaltbaren Ankern ausgerüstet. Aber auch bei mittleren Einheiten können besondere Anlauf- und Regelbedingungen zu einem gewickelten Anker führen. Wir wollen jedoch weiterhin nur den Käfiganker berücksichtigen, der in den weitaus meisten Fällen angewendet wird. Sein Käfig kann aus fast stromverdrängungsfreien Rundstäben, aus Hochstäben rechteckiger oder keilförmiger Gestalt oder aus Doppelstäben (vorzugsweise) aufgebaut sein.

Wenn man in den Ständer zwei übereinanderliegende Wicklungen legt, vermag man sich den Verhältnissen am bequemsten anzupassen. Man verfügt nämlich bei beiden Polzahlen über die volle Nutenzahl und über jeweils beliebig wählbare Spulenweiten. Die Aufteilung der Höhe des Nutenraumes auf die beiden Wicklungen nimmt man mit Rücksicht auf die verlangten Leistungen vor. Die Kraftflüsse können, da auch die Leiterzahlen frei sind, unabhängig voneinander gewählt werden. Die Wicklungsfaktoren (sonst der Kummer bei polumschaltbaren Maschinen) haben die volle, übliche Höhe.

Stellt man dagegen für jede der beiden Wicklungen nur die halbe Nutenzahl, dafür aber jeweils den vollen Nutquerschnitt zur Verfügung, so muß man alle Spulen mit gleichem Metallaufwand (von Füllstücken abgesehen) und vor allem mit gleicher Spulenweite herstellen. Solche Ausführungen sind nur als Zweischichtwicklungen möglich. Man legt die Spulen der einen Polzahl in die Nuten $1, 3, 5, \ldots$, die der anderen Polzahl in die restlichen $2, 4, 6, \ldots$ Wegen der gleichen Weite können die Spulen nicht gleichzeitig mit der Polteilung bei beiden Drehzahlen übereinstimmen. Man wählt daher als Spulenweite etwa den Mittelwert beider Polteilungen, hat also eine verlängerte und eine verkürzte Wicklung. Die Leiterzahl jeder Wicklung kann dagegen wieder unabhängig gewählt werden. Rein äußerlich unterscheiden sich die Spulen der beiden Wicklungen (von ihren Schaltverbindungen abgesehen) nicht.

Bei getrennten Wicklungen ist jeweils nur ein Teil des Ständerwicklungsmetalls wirksam. Man war daher immer bemüht, die Polumschaltung innerhalb einer einzigen Wicklung vorzunehmen. Stellt man sich z. B. einen Ständer mit 72 Nuten vor, der mit Zweischichtspulen einer beliebigen Weite versehen ist, so kann man durch entsprechende Schaltverbindungen offenbar folgende Polzahlen erreichen: 2 Pole mit $q = 12$, 4 Pole mit $q = 6$, 8 Pole mit $q = 3$, 12 Pole mit $q = 2$ und 24 Pole mit $q = 1$. Alle Lochzahlen q je Pol und Strang sind ganzzahlig, also gut brauchbar.

Der Wicklungsfaktor bei den einzelnen Polzahlen wird in engen Grenzen von q und in starkem Maße von der relativen Spulenweite beeinflußt. Er ist am größten bei derjenigen Polzahl, bei welcher Spulenweite und Polteilung einander am nächsten liegen. Für bestimmte Polzahlen kann er Null werden. Im allgemeinen kann man erwarten, daß eine einzige Wicklung nur für wenige und außerdem wenig voneinander abweichende Polzahlen brauchbar sein wird.

Die größte technische Schwierigkeit bietet die tatsächliche Umschaltung der Spulen von der einen auf die andere Polzahl. Untersucht man das Wicklungsschema von 2 Polzahlen, so erkennt man zwar, daß nicht alle Schaltverbindungen gelöst werden müssen, sondern daß einige

Spulengruppen erhalten bleiben, daß aber recht viele Gruppen aufzutrennen und ganz oder teilweise in andere Stränge umzulegen sind. Es ist klar, daß die Zahl der Gruppen um so kleiner werden wird, je weniger Zonen man vorsieht. Die übliche Zonenbreite von 60° der normalen Drehstromwicklung wird also bei Polumschaltungen meistens besser durch die doppelte Breite von 120° ersetzt, die zwar einen auf den 0,866-fachen Betrag verringerten Wicklungsfaktor bedingt, bei der aber die Zahl der umzuschaltenden Gruppen und der benötigten Klemmen stark vermindert wird.

Beim Entwurf einer polumschaltbaren Wicklung braucht man, sofern man nur die Zweischichtwicklung betrachtet, lediglich auf eine der beiden Schichten Rücksicht zu nehmen, da sich in der anderen Schicht die Leiterverteilung, versetzt um eine Spulenweite, wiederholt.

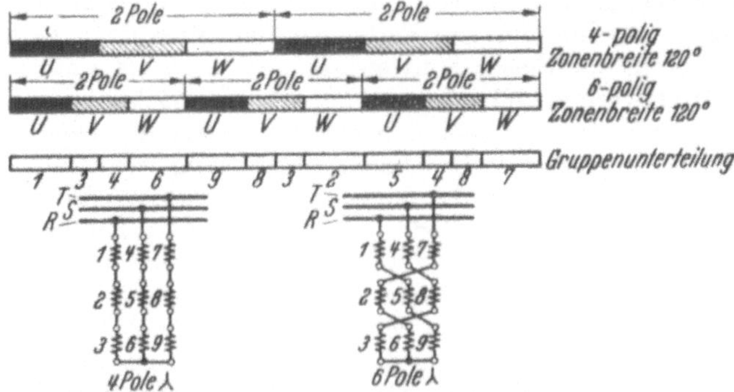

Abb. 187. Entwurf einer polumschaltbaren Zweischichtwicklung für 4 und 6 Pole mit einer Zonenbreite von je 120°. Darstellung nur einer Schicht, darunter Gruppenunterteilung und Schaltung in Stern.

Abb. 187 diene der Darstellung des Entwurfs einer von 4 auf 6 Polen umschaltbaren Wicklung. Die Zonenbreite ist bei beiden Polzahlen mit 120°, also mit $^2/_3$ der *jeweiligen* Polteilung festgesetzt worden. Oben ist die Strangzugehörigkeit (etwa der Oberlage) bei 4 Polen, darunter die bei 6 Polen gezeichnet. Man versteht ohne weiteres, daß es günstig ist, möglichst viele Sprungstellen übereinanderzulegen. Vergleicht man Zug um Zug die Strangzugehörigkeit der einzelnen aufeinanderfolgenden Zonen bei 4 und dann bei 6 Polen, so ergeben sich insgesamt die in der dritten Zeile dargestellten Teilgruppen, die man zu 9 Gruppen schalttechnisch zusammenfassen kann. Gruppe 1 z. B. umfaßt alle Spulen, die beim Umschalten die Zugehörigkeit zum Strang *U* beibehalten, Gruppe 4 diejenigen, die im Strang *V* liegen bleiben, und Gruppe 7 die Spulen, die im dritten Strang *W* verbleiben. Gruppe 2 dagegen gehört bei 4 Polen zum Strang *U*, bei 6 Polen zum Strang *W*. Von den breiten Zonen der 4-poligen Schaltung bleibt natürlich keine einzige erhalten, von den schmäleren Zonen der 6-poligen Wicklung bleiben zwei Drittel bestehen, während die anderen in je zwei Hälften zerfallen.

Unten sind die Gruppenverbindungen wiedergegeben, die man zur Herstellung der gewünschten Polzahl bei Stern-/Sternschaltung vollziehen muß. Die Netzanschlüsse können liegenbleiben, der Sternpunkt wird nicht verändert, aber insgesamt 6 Verbindungen müssen umgelegt werden. Hierzu dient ein entsprechend ausgerüsteter Polumschalter.

Die Polumschaltung innerhalb einer einzigen Wicklung erscheint demnach verhältnismäßig einfach. Die nähere elektrische Untersuchung zeigt aber, daß solche Maschinen meistens nur geringe Überlastbarkeit, mäßige Anlaufeigenschaften und kleinen Leistungsfaktor haben, kurz gesagt, an zu hoher *Streuung* kranken. Der Grund liegt im Auftreten von zusätzlichen Oberfeldern, die man sonst bei normalen Drehstromwicklungen nicht kennt. Der Wicklungsfaktor für die *gerad*zahligen Oberfelder ist nämlich bei Wicklungen mit 120° Zonenbreite nur dann Null, wenn ihr Sehnungsfaktor verschwindet, d. h. wenn die Spulenweite gleich der Polteilung ist. Dies kann man aber offenbar nur bei einer der beiden Polzahlen erreichen. Bei der anderen treten daher geradzahlige Wellen auf. Sie vergrößern die doppeltverkettete Streuung und bedingen das ungünstige Verhalten der Maschine. Es gibt eine gute Lösung, die aus dieser Schwierigkeit herausführt und die vorerst nur angedeutet werden soll. Man denke sich die Wicklung noch einmal, aber gegen die erste um *jene* Polteilung versetzt eingelegt, die *nicht* gleich der Spulenweite ist. Die andere Polteilung sei also genau oder möglichst angenähert gleich der Spulenweite. Beide Wicklungen finden Raum, wenn man ihnen nur jede zweite Nut zur Verfügung stellt. In der Stromführung müssen sie — wegen des Versatzes — *gegen*einander geschaltet werden. Ist z. B. bei einer Wicklung für 4 und 6 Pole die Spulenweite gleich der 6-poligen Teilung, also gleich $\pi D/6$, so entstehen bei 6 Polen keine geraden Oberwellen, da ihr Sehnungsfaktor Null ist. Bei 4 Polen treten aber auch keine auf, da die der ersten Teilwicklung von denen der zweiten ausgelöscht werden, eben weil die beiden Teilwicklungen um $\pi D/4$ gegeneinander versetzt wurden. Bei beiden Polzahlen existieren demnach keine geraden Oberwellen, und die Wicklung verhält sich günstig. In der Schaltung bilden die beiden Wicklungshälften natürlich eine einzige Maschinenwicklung. Der praktische Entwurf ist nicht sehr einfach, die Ausführung lohnt sich aber bei großen Maschinen. Man vergleiche den Abschnitt 75 und 76.

Theoretisch ist die Umschaltung einer solchen einzigen Wicklung für viele Polzahlen möglich. Praktisch führt man sie nur für möglichst nahegelegene Polzahlen wie 4 und 6, 6 und 8 oder Vielfache davon, wie 12 und 18, 16 und 24 sowie z. B. 18 und 24 aus. Bei stark voneinander abweichenden Polzahlen geht man am besten zu getrennten Wicklungen über.

Die häufigste Umschaltung ist die im Verhältnis 1 : 2, die im nächsten Abschnitt behandelt wird. Man nennt sie in der üblichen, hier beschriebenen Ausführung, die DAHLANDER-*Schaltung*. In den meisten Fällen geschieht bei ihr die Umschaltung durch Umlegen der Netzanschlüsse von drei Maschinenklemmen auf drei andere Klemmen, die an Punkte der gleichen Wicklung geführt sind. Außerdem ist gewöhnlich eine Sternpunktverbindung zu lösen bzw. herzustellen. Nur in Sonderfällen, wenn man sich besonders gut an die Lastverhältnisse anpassen will, muß die Wicklung auch im Inneren umgeschaltet werden.

Die Dahlander-Schaltung kann auch im Läufer vorgesehen werden. Der Rotor bekommt dann 6 Schleifringe. Dies ermöglicht eine Drehzahlregelung.

Soll eine Maschine drei oder vier verschiedene Polzahlen bekommen, so versucht man immer mit nur 2 Wicklungen auszukommen. Praktisch wichtig sind die beiden Fälle 4, 6 und 8 Pole und 4, 6, 8 und 12 Pole (2, 4 und 6 Pole bei Kleinmotoren). Im ersten Fall wählt man eine normale Wicklung für 6 Pole und eine getrennte, darüberliegende Dahlander-Wicklung für 4 und 8 Pole. Im zweiten Fall hat man zwei getrennte Dahlander-Wicklungen, von denen die eine für 4 und 8, die andere für 6 und 12 Pole ausgelegt wird.

Mehr als 4 Polzahlen werden nicht vorgesehen.

Eine uneigentliche Polumschaltung ermöglichen die zu einer baulichen Einheit zusammengefügten (Tandem-) Motoren, die unterschiedliche Polzahlen besitzen und wahlweise eingeschaltet werden können. Ebenfalls erlauben die früher z. B. für Bahnen benutzten Kaskadenschaltungen zweier Drehstrommotoren verschiedene Drehzahlen. Sie werden kaum noch ausgeführt.

Alle polumschaltbaren Maschinen haben eine gegenüber der Normaltype verringerte Leistung. Sie hängt ab von den verringerten Werten des Leistungsfaktors oder des jeweils wirksamen Wicklungsmetalles oder der Luftinduktion. Die Leistungsminderung nimmt mit der Zahl der vorgesehenen Umschaltungen zu. Die Abmessungen der Modelle müssen daher wesentlich größer gewählt werden. Die betrieblichen Vorzüge (Werkzeugmaschinenantrieb u. ä.) überwiegen jedoch die Nachteile des Mehraufwandes so beträchtlich, daß diese Motoren immer stärkeren Eingang in die Praxis finden.

Dem Polumschalter ist peinliche Sorgfalt zu widmen. Er ist ein wichtiges Zubehörteil und muß der Wicklung angepaßt sein.

Eine Fülle von polumschaltbaren Wicklungen wurde durch die Patentliteratur bekannt. In den meisten Fällen stehen der angestrebten besseren Ausnützung des Werkstoffes erheblich vergrößerte Nachteile durch erschwerte, kostspielige Umschaltung gegenüber.

Die nachstehend beschriebenen Ausführungen haben sich alle in der Praxis bewährt. Ganz besonders beherrschen die Dahlander-Schaltung und die getrennten Wicklungen das Gebiet.

71. Berechnung polumschaltbarer Maschinen. Die Abmessungen der polumschaltbaren Maschinen können nicht mehr nach den für die Normalmaschine geltenden Kurven in Abschnitt 45 gewählt werden, da die Leistung bei jeder Polzahl fühlbar unter der einer vergleichbaren Normalausführung liegt. Hierfür sind zwei Gründe maßgebend. Verwendet man getrennte Wicklungen, so ist der Werkstoffaufwand bei jeder von ihnen nur noch ein Bruchteil des üblichen. Erhält eine Wicklung z. B. nur 50% des Normalgewichtes, so darf sie nur mit etwa 70% des Nennstromes belastet werden. Die Leistung geht also um 30% zurück. Der zweite Grund ist der fast immer verschlechterte Leistungsfaktor oder die bei Einwicklungsschaltungen zwangsweise bedingte geringere magnetische Ausnützung der Maschine.

Über die räumliche Anordnung der Wicklungen, die stark auf die Berechnung einwirkt, ist folgendes zu sagen: Wenn man zwei übereinanderliegende getrennte Wicklungen vorsieht (von denen eine oder beide wieder in sich umschaltbar sein mögen), lege man immer die höherpolige an den Luftspalt, damit ihre Nutenstreuung klein wird. Auf diese Weise vermeidet man einen allzu kleinen Kurzschlußstrom. Bei der Streuleitwertbestimmung erhält man für beide Wicklungen verschiedene Beträge, da der Nutenraum der oben liegenden Wicklung für die daruntergelegene ein Streusteg ist.

Bei der Wahl von zwei ineinandergeschachtelten Zweischichtwicklungen wählt man den für beide gleichen Schritt so, daß die Unterlage jeder Spule in eine Nut kommt, in der keine Oberlage der gleichen Wicklung liegt. Auf diese Weise stellt man jeder Wicklung *alle* Nuten zur Verfügung. Ihre Felderregerkurven werden dadurch zweimal so fein gestuft und die doppeltverkettete Streuung sinkt daher sehr stark ab.

Bei der Verwendung von in sich umschaltbaren Wicklungen muß man im allgemeinen festen Regeln folgen. Eine beabsichtigte oder unbeabsichtigte Abweichung hat durchweg eine nur schwach belastbare, schlechte Maschine zur Folge.

Der magnetische Kreis der polumschaltbaren Motoren wird wie bei den normalen Maschinen durchgerechnet. Man hat lediglich auf den meist geringeren Wicklungsfaktor bei der Berechnung des Kraftflusses, der Leiterzahl und des Magnetisierungsstromes Rücksicht zu nehmen.

Die Wicklungsfaktoren können bis zu 30% (Spulenweite = halbe Polteilung) unter den üblichen liegen.

Bei der Berechnung des ideellen Kurzschlußstromes müssen die oft stark abweichenden Werte der Streufaktoren σ_d und der Streuleitwerte λ_n für die Nut beachtet werden. Der Gang der Rechnung stimmt aber auch hier mit dem sonstigen überein.

Die Läuferauslegung entspricht, wenn man Kurzschlußanker wählt, gänzlich der normalen. Wählt man dagegen einen Schleifringanker, so sind für ihn die gleichen Überlegungen wie im Ständer notwendig.

Immer zu beachten ist aber die starke Abhängigkeit des Ohmschen Läuferwiderstandes der Käfiganker von der Polzahl. Der Stabwiderstand bleibt natürlich erhalten. Der Ringanteil aber ändert sich in starkem Maße mit der Polzahl. Wir hatten ihn früher durch einen Zuschlag Δl zur wahren Stablänge l_{st} berücksichtigt:

$$\Delta l = 0{,}61\, t_r \frac{q_{st} q_2}{q_r} \frac{L_{st}}{L_r},$$

wobei wie immer q_2 die gedachte Lochzahl des Läufers je Pol und Strang ist:

$$q_2 = \frac{N_2}{3 \cdot 2p}.$$

Setzt man statt der Polteilung t_r der Ringe den Ausdruck $\pi D_r/2p$ ein und berücksichtigt man den Ausdruck für q_2, so bekommt man:

$$\Delta l = 0{,}61 \frac{q_{st}}{q_r} \frac{L_{st}}{L_r} \frac{N_2 \pi D_r}{3} \left(\frac{1}{2p}\right)^2.$$

Der Ringwiderstand ändert sich also mit dem Kehrwert des Quadrates der Polzahl. Bei einer Maschine für 4, 6, 8 und 12 Pole nimmt also der Ringwiderstand die Relativwerte 9, 4, 2,25 und 1 an.

Der Ring ist am höchsten bei der niedrigsten Polzahl belastet, da er den Strom von q_2 Stäben einsammelt. Man muß ihn also für den Betrieb bei höchster Drehzahl bemessen.

Der auf die Primärseite bezogene Läuferwiderstand $R_2^{(1)}$ hängt wie sonst vom Quadrat des Übersetzungsverhältnisses ab, das für jede Polzahl getrennt zu bestimmen ist.

Die Leiterzahl eines gedachten Läuferstranges ist unabhängig von der Polzahl $z_2 = N_2/3$. Der Wicklungsfaktor des Käfigläufers ist bei jeder Polzahl Eins.

Bei der Auslegung getrennter Wicklungen im Ständer muß man bei jeder Polzahl darauf achten, daß in den nicht in Betrieb befindlichen Wicklungsteilen keine Ausgleichsströme als Folge einer Induktion durch die augenblickliche Arbeitswicklung fließen können. Eine örtliche Spannungsinduktion findet fast immer statt. Das ist unvermeidlich. Nur muß man verhindern, daß innerhalb paralleler Gruppen oder gar im Innern einer Dreieckschaltung unerwünschte Ströme fließen können. Man verwendet entweder Sternschaltung oder reine Serienschaltung oder geeignete Sehnung, oder man öffnet das Dreieck der nichtbenützten Wicklung durch einen Hilfskontakt am Polumschalter.

Besonders gefährdet ist eine 4-polige Wicklung durch eine an Spannung liegende 12-polige Wicklung, deren Grundfeld für sie ein jeden Strang gleichphasig induzierendes Oberfeld der Ordnung 3 ist. Diese Spannungen addieren sich in der Dreieckschaltung und rufen bei geschlossenem Kreis heftige Zusatzströme hervor.

Die Anpassung der Maschine an die bei den einzelnen Polzahlen verlangten Leistungen geschieht bei Verwendung nur einer Wicklung nur durch die Art der Verkettung (Stern oder Dreieck) und den Übergang von der Reihen- zur Parallelschaltung innerhalb der Stränge. Man verwendet Stern- und Dreieckschaltung oder Doppelstern- und Doppeldreieckschaltung. Von kunstvolleren Möglichkeiten sehe man ab.

In der Praxis interessiert vor allem das *Verhältnis* der Leistungen, die bei den einzelnen Drehzahlen auftreten. Bei getrennten Wicklungen ist man in der Anpassung an die gewünschte Leistung ziemlich unbehindert. Man kommt bei etwa gleichem Metallaufwand für jede Wicklung zu einem Verhältnis der Leistungen, das etwa dem Drehzahlverhältnis entspricht. Wegen des häufig kleineren Leistungsfaktors bei der langsamen Geschwindigkeit (δ/t_p wird ziemlich groß) liegt die Ausnützung hier meist unter derjenigen bei der höheren Drehzahl. Außerdem macht sich die geringere Eigenlüftung bemerkbar.

Wenn man nur eine einzige Wicklung für zwei verschiedene Polzahlen $2p_1$ und $2p_2$ verwendet und mit unveränderter Betriebsspannung arbeitet (heute die Regel), so hängt die Leistung bei den einzelnen Polzahlen fast nur noch von der gewählten *Schaltung* der Stränge ab. Der Wicklungsfaktor hat keinen unmittelbar sichtbaren Einfluß auf das Leistungsverhältnis. Wir nehmen an, daß bei jeder der beiden

Polzahlen die Schaltungen: Stern, Doppelstern, Dreieck und Doppeldreieck, und zwar unabhängig voneinander zur Verfügung stehen. Dann berechnen wir das Leistungsverhältnis als das Verhältnis der Produkte: Strangspannung mal Strangstrom. Dies gibt eine erste Näherung, bei der wir also die umgesetzte elektrische Scheinleistung noch ohne Berücksichtigung von η und $\cos\varphi$ zugrunde legen.

Die Strangspannung ist bei den beiden Sternschaltungen gleich $U_{\text{netz}}/\sqrt{3}$ und bei den beiden Dreieckschaltungen gleich U_{netz} selbst. Der Strom in jedem Strang betrage I bei Serienschaltung und $2I$ bei den Doppelschaltungen. Er soll also ohne Rücksicht auf die geänderte Kühlung auch bei der tiefen Drehzahl beibehalten werden. Unter diesen Voraussetzungen ergibt sich folgende Tabelle:

$$\frac{\text{Schein-Leistung bei hoher Polzahl}}{\text{Schein-Leistung bei kleiner Polzahl}} = \frac{N_{2,\text{schein}}}{N_{1,\text{schein}}}.$$

Niedrige Polzahl $2p_1$ (hohe Drehzahl)	Hohe Polzahl $2p_2$ (tiefe Drehzahl)			
	Y	YY	Δ	ΔΔ
Y	$\frac{1}{1}$	$\frac{2}{1}$	$\frac{\sqrt{3}}{1}$	$\frac{2\sqrt{3}}{1}$
YY	$\frac{1}{2}$	$\frac{1}{1}$	$\frac{\sqrt{3}}{2}$	$\frac{\sqrt{3}}{1}$
Δ	$\frac{1}{\sqrt{3}}$	$\frac{2}{\sqrt{3}}$	$\frac{1}{1}$	$\frac{2}{1}$
ΔΔ	$\frac{1}{2\sqrt{3}}$	$\frac{1}{\sqrt{3}}$	$\frac{1}{2}$	$\frac{1}{1}$

Das wahre Leistungsverhältnis erhält man, indem man noch mit dem Verhältnis der Leistungsfaktoren und der Wirkungsgrade malnimmt und außerdem rund 20% für die geringere Strombelastbarkeit bei kleiner Drehzahl absetzt. Dann ist also:

$$\text{Leistungsverhältnis} = \frac{N_2}{N_1} = \frac{N_{2,\text{schein}}}{N_{1,\text{schein}}} \frac{\cos\varphi_2}{\cos\varphi_1} \frac{\eta_2}{\eta_1} 0{,}8 \approx \frac{N_{2,\text{schein}}}{N_{1,\text{schein}}} 0{,}6 \ldots 0{,}8.$$

Will man z. B. konstante Leistung bei beiden Drehzahlen haben, so wählt man die Schaltung Doppelstern/Dreieck, bei der sich die Scheinleistungen wie $2/\sqrt{3}$ verhalten. Oft kann man aber auch mit Erfolg die eine unveränderte Schaltung bei beiden Polzahlen verwenden, für die dann das Scheinleistungsverhältnis 1 : 1 gilt. Soll die Maschine dagegen mit konstantem Drehmoment arbeiten, so müssen sich die Leistungen wie die Drehzahlen verhalten. Bei einem Drehzahlverhältnis 1 : 2 wird man Dreieck/Doppelstern oder Stern/Dreieck oder Doppelstern/Doppeldreieck wählen. Für Lüfterantriebe mit dem Geschwindigkeitsverhältnis 1 : 2 empfiehlt sich Stern/Doppelstern oder Dreieck/Doppeldreieck, da hier das Drehmoment mit der Drehzahl zunimmt.

Der Wicklungsfaktor macht sich vorerst nicht bemerkbar. Er drückt sich mitunter recht unangenehm in den ungünstig beeinflußten magnetischen Beanspruchungen aus.

72. Polumschaltung 1 : 2 nach Dahlander. Wenn man eine Reihe von Spulen- oder Spulengruppen, die in gleichen Abständen voneinander liegen, gleichsinnig mit Strom speist, erregt jede von ihnen einen magnetischen Pol gleicher Polarität. Es seien z. B. lauter Nordpole. In den Zwischenräumen kehren die Kraftlinien zurück, dort bemerken wir also Südpole. Die Gesamtzahl der Pole ist also gleich der doppelten Zahl der erregenden Spulen oder Gruppen. Kehrt man nun in der zweiten, vierten usw. Spule die Stromrichtung um, so erregen diese Spulen Südpole. Die Polzahl sinkt auf die Hälfte, sie wird gleich der Spulenzahl. Diese Stromumkehr in der Hälfte jedes Stranges liegt der Dahlander-Schaltung zugrunde. Man versieht z. B. eine Maschine mit einer normalen 8poligen Einschichtwicklung und bekommt je Strang 4 Spulengruppen. Man faßt die erste und dritte und die zweite und vierte Gruppe zu je einem halben Strang zusammen. Schaltet man die beiden Hälften gleichsinnig in den Stromkreis ein, bekommt man 8 Pole; kehrt man die Stromrichtung in einer von ihnen um, entsteht eine 4-polige Anordnung. Die Feldkurve ist nur im ersten Fall einwandfrei. Beim 4-poligen Betrieb treten starke zusätzliche Oberfelder auf, die die Überlastbarkeit beeinträchtigen. Man wählt daher fast ausschließlich die nachstehend beschriebene Zweischicht-Dahlander-Schaltung, bei der dieser Nachteil entfällt.

Abb. 188 zeigt den Entwurf einer einwandfreien Polumschaltung 1 : 2, und zwar für 4 und 8 Pole in der Darstellung nur einer Schicht. Oben ist die Zonenverteilung für 4 Pole eingetragen. Man beachte, daß die Zonenbreite 60° beträgt, also mit der normalen übereinstimmt. Die Anordnung der Zonen ist daher die übliche U, $-W$, V, $-U$, W, $-V$ usw.

Darunter sieht man die Verteilung der Zonen für die doppelte Polzahl. Die absolute Zonenbreite wurde beibehalten, die elektrische Breite

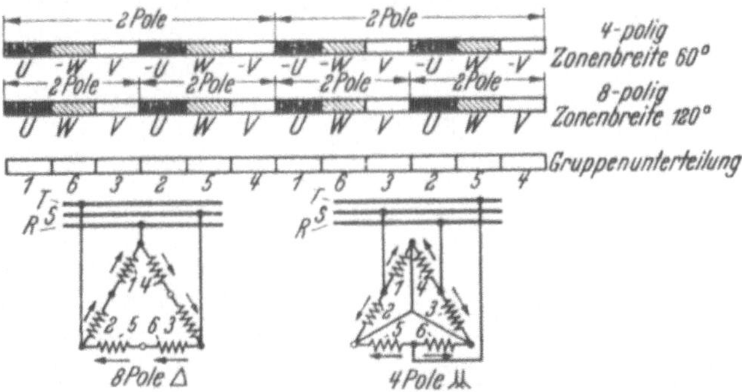

Abb. 188. Dahlander-Wicklung für Polumschaltung im Verhältnis 1 : 2 mit einer Zonenbreite von 60° bei der kleinen Polzahl und 120° bei der doppelten Polzahl. Darstellung nur einer Schicht. Spulenweite exakt gleich der kleinen Polteilung. Unten die häufigste Schaltung: Dreieck/Doppelstern.

also auf das Doppelte erhöht. Sie beträgt jetzt 120°. Auf diese Weise gelingt es eben, mit der *gleichen Zonenzahl* bei beiden Polzahlen auszukommen. Zur Vermeidung geradzahliger Oberwellen bei 8 Polen muß deren Sehnungsfaktor zu Null gemacht werden. Dies erreicht man durch eine Spulenweite W, die genau gleich der Polteilung t_p bei 8 Polen ist. Dann löschen sich die Wellen der einen (hier gezeichneten) Schicht aus gegen die der anderen (hier nicht eingetragenen) Schicht. Bei der 4-poligen Schaltung treten gar keine geraden Oberwellen auf.

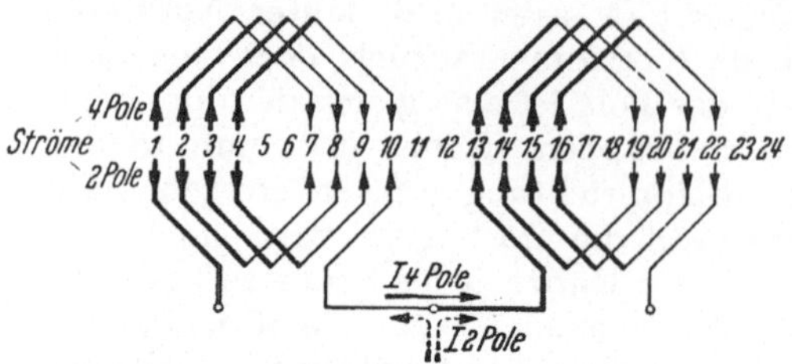

Abb. 189. Stromverteilung in einem Strang einer DAHLANDER-Wicklung bei 4 und darunter bei 2 Polen.

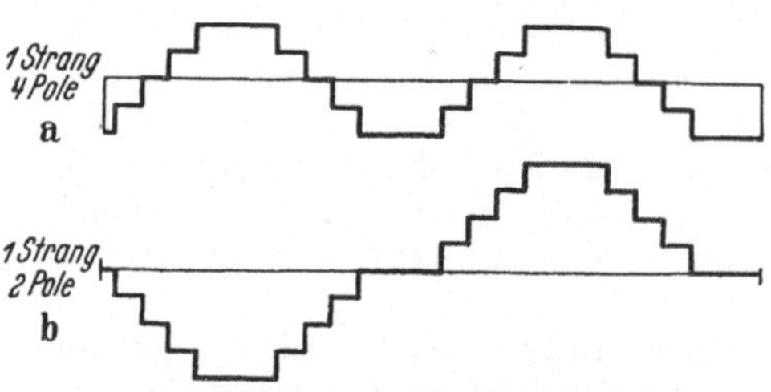

Abb. 190. Felderregerkurven eines Stranges einer DAHLANDER-Wicklung nach Abb. 189 bei 4 und bei 2 Polen. Linke Hälfte in a) erscheint umgeklappt in b).

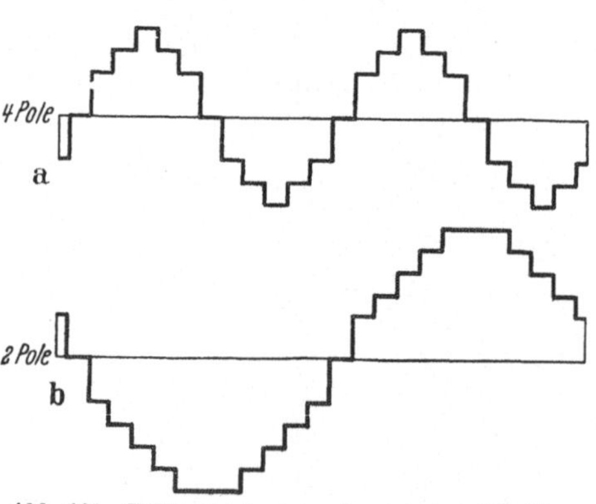

Abb. 191. Felderregerkurven der ganzen Wicklung entspr. Abb. 189 bei 4 und bei 2 Polen.

In der dritten Zeile sind die insgesamt 6 Gruppen zu sehen, zu denen man die Spulen aller drei Stränge zusammenfassen kann. Darunter ist die wichtigste Schaltung dieser Gruppen zu sehen. Die hohe Polzahl (hier 8) sieht gleichsinnige Stromrichtung der Gruppen 1, 2 und 3, 4 und 5, 6 vor. Bei der kleinen Polzahl (hier 4) werden 2, 4, 6 umgekehrt vom Strom durchflossen.

Bei 8 Polen hat man Dreieck-, bei 4 Polen Doppelsternschaltung.

Abb. 189 zeigt einen Strang einer zweischichtigen DAHLANDER-Wicklung für 2 und 4 Pole. Die Spulen haben die Weite der Polteilung bei 4 Polen. Die Zonenbreite entspricht der normalen Breite bei 2 Polen; bei 4 Polen hat sie also die doppelte Normalbreite. Abb. 190 zeigt in a) die Felderregerkurve eines Stranges bei der gleichsinnigen Stromrichtung für 4 Pole. Die Kurve ist frei von geraden Oberwellen. Bei gegensinniger Schaltung ergibt sich die Feldkurve in b). Die Polzahl ist halbiert und beträgt 2. Auch diese Kurve ist frei von geradzahligen Oberwellen.

Die Felderregerkurven aller drei Stränge sind in Abb. 191 a und b für 2 und 4 Pole für einen bestimmten Zeitpunkt wiedergegeben. Da die geradzahligen Oberwellen schon in der Strangkurve fehlten, existieren sie auch nicht in der Kurve aller Stränge. Sobald man die Spulenweite änderte, würde man die Felderregerkurve bei 4 Polen stark verschlechtern.

Das Schema aller höherpoligen Maschinen geht durch Verlängern des gezeigten Schemas hervor.

Die Regeln bei DAHLANDER-Schaltung lauten: Spulenweite gleich der kleinen Polteilung machen, und je $2q_2 = q_1$ Spulen zu unlösbaren Spulengruppen verbinden, wobei q_2 die Lochzahl je Pol und Strang der hohen Polzahl ist. Alle ungeraden Gruppen jedes Strangs und alle geraden Gruppen jedes Strangs für sich in Reihe schalten. Gleiche Stromrichtung beider Stranghälften gibt die hohe Polzahl, ungleichsinnige Stromrichtung gibt die niedrige Polzahl. Verkettung der drei Stränge in Stern oder Dreieck oder in Doppelstern oder Doppeldreieck bleibt frei wählbar und hängt ab von dem gewünschten Leistungsverhältnis. Die Mindestklemmenzahl ist sechs.

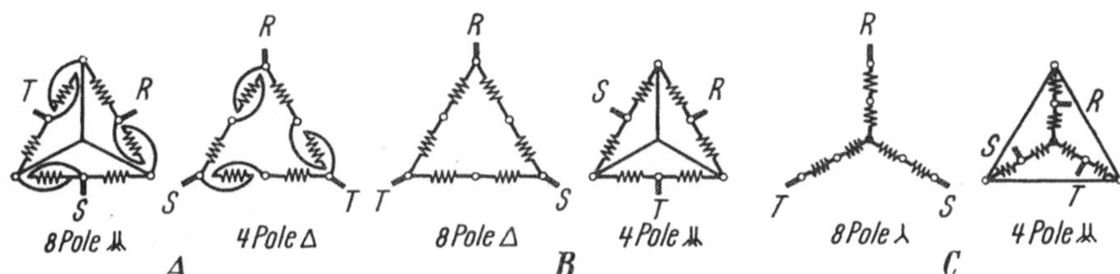

Abb. 192. Praktisch benützte Strangschaltungen für DAHLANDER-Wicklungen: *A* für nahezu konstante Leistung, *B* für nahezu konstantes Drehmoment, *C* für stark mit der Drehzahl zunehmendes Moment.

Die drei wichtigsten Umschaltungen zeigt Abb. 192. Sie werden benutzt für Lüfterantrieb (*C*), (Lastmoment steigt quadratisch mit der Drehzahl an), für konstantes Moment (*B*) und für konstante Leistung (*A*) bei beiden Polzahlen.

Man beachte, daß bei der Umschaltung zwei Netzzuleitungen miteinander getauscht werden müssen, da sich sonst die Drehrichtung umkehren würde. Dies ging schon aus Abb. 188 hervor. Bei 4 Polen war dort die Zonenfolge *U*, *V*, *W*, bei 8 Polen dagegen *U*, *W*, *V*. Schließt man daher das Netz bei 8 Polen rechtsläufig an, so muß man es bei 4 Polen linksläufig anlegen. Man hat hierauf bei der Klemmenbezeichnung oder beim Schaltungsschema zu achten. Die Berechnung wird natürlich nicht betroffen.

73. Vergleich der beiden Polzahlen bei DAHLANDER-Schaltung. Nachstehend sollen die drei wichtigsten Umschaltungen nach Abb. 192 miteinander verglichen werden. Sie seien mit *A*, *B* und *C* bezeichnet. Die höhere Polzahl habe den Index 2, die niedrige den Index 1. Es ist also $2p_2 = 2 \cdot 2p_1$.

Zuerst müssen die beiden *Wicklungsfaktoren* verglichen werden. Bei der kleinen Polzahl $2p_1$ beträgt die relative Spulenweite nur 0,5 und der Sehnungsfaktor infolgedessen 0,707. Wir dürfen den Wicklungsfaktor der ungesehnten Wicklung im Mittel gleich 0,96 setzen. Mithin ist:

Wicklungsfaktor bei $2p_1$ Polen (hohe *Dreh*zahl) $= 0{,}96 \cdot 0{,}707 = 0{,}68$.

Der Wicklungsfaktor bei der hohen Polzahl $2p_2$, also bei niedriger Geschwindigkeit, ist das 0,866-fache des normalen, da die Zonenbreite 120° statt normal 60° beträgt. Der Sehnungsfaktor ist 1, da die relative

Spulenweite jetzt auch 1 ist. Mithin ist:

Wicklungsfaktor bei $2p_2$ Polen (niedrige Drehzahl) $= 0{,}96 \cdot 0{,}866 = 0{,}83$.

Diese Wicklungsfaktoren gelten für alle drei Schaltungen A, B und C. Von Interesse sind die Leistungen und Drehmomente beim Übergang von der Polzahl $2p_2$ auf $2p_1$. Wir berechnen gleich ihre Verhältnisse und benutzen den $\cos\varphi$ und den Wirkungsgrad η mit den entsprechenden Indizes 1 und 2. Vorerst legen wir gleiche Stromdichte bei beiden Polzahlen zugrunde. Es folgt dann:

$$\text{A}\left\{\begin{array}{ll} \text{Leistungsverhältnis} = \dfrac{\sqrt{3}\,U\,2I\,\eta_2\cos\varphi_2}{3\,U\,I\,\eta_1\cos\varphi_1} & = \dfrac{1{,}15}{1}\,\dfrac{\eta_2\cos\varphi_2}{\eta_1\cos\varphi_1}, \\ \text{Drehmomentverhältnis} & = \dfrac{2{,}3}{1}\,\dfrac{\eta_2\cos\varphi_2}{\eta_1\cos\varphi_1}. \end{array}\right.$$

$$\text{B}\left\{\begin{array}{ll} \text{Leistungsverhältnis} = \dfrac{3\,U\,I\,\eta_2\cos\varphi_2}{\sqrt{3}\,U\,2I\,\eta_1\cos\varphi_1} & = \dfrac{0{,}866}{1}\,\dfrac{\eta_2\cos\varphi_2}{\eta_1\cos\varphi_1}, \\ \text{Drehmomentverhältnis} & = \dfrac{1{,}73}{1}\,\dfrac{\eta_2\cos\varphi_2}{\eta_1\cos\varphi_1}. \end{array}\right.$$

$$\text{C}\left\{\begin{array}{ll} \text{Leistungsverhältnis} = \dfrac{\sqrt{3}\,U\,I\,\eta_2\cos\varphi_2}{\sqrt{3}\,U\,2I\,\eta_1\cos\varphi_1} & = \dfrac{1}{2}\,\dfrac{\eta_2\cos\varphi_2}{\eta_1\cos\varphi_1}, \\ \text{Drehmomentverhältnis} & = \dfrac{1}{1}\,\dfrac{\eta_2\cos\varphi_2}{\eta_1\cos\varphi_1}. \end{array}\right.$$

I ist der Strom je Teilgruppe, der sich bei Doppelschaltungen auf $2I$ des Stranges erhöht. U ist die Netzspannung.

In Wirklichkeit muß man bei $2p_2$ wegen der halben Umfangsgeschwindigkeit mit geringerem Strom rechnen. Außerdem ist der Faktor $(\eta_2\cos\varphi_2)/(\eta_1\cos\varphi_1)$ meist unter Eins gelegen, so daß man die obengenannten Verhältnisse mit 0,7 bis 0,8 malzunehmen hat. Dadurch erweist sich Schaltung A wirklich als brauchbar für konstante Leistungen, B für nahezu konstantes Moment und C für eine stärker als die Drehzahl ansteigende Leistung.

Das Verhältnis der *Kraftflüsse* ergibt sich aus der Schaltung und aus den Wicklungsfaktoren. Die abzählbare Leiterzahl je Strang bleibt ja konstant. Es ist:

$$\text{Flußverhältnis: } \frac{\Phi_2}{\Phi_1} = \frac{1}{1{,}05} \quad \frac{1}{1{,}41} \quad \frac{1}{2{,}42} \quad \text{bei}$$
$$\text{Schaltung: } \quad A \quad B \quad C$$

Die *Rückeninduktionen* verhalten sich genau so wie die Flüsse, da bei jeder Polzahl derselbe Rückenquerschnitt zur Verfügung steht. Man muß daher den Rücken für den höchsten Fluß bemessen. In allen drei Schaltungen A, B und C ist daher die kleine Polzahl für den Rückenquerschnitt maßgebend.

Die Induktionen in den *Zähnen* und im *Luftspalt* verhalten sich, wenn man von der geringfügigen Änderung des Abplattungsfaktors absieht, anders als die Flüsse. Beim Übergang von der kleinen Polzahl auf die doppelte halbiert sich die Polteilung und die auf einen Pol entfallende Zähnezahl. Mithin stehen diese Induktionen zueinander im doppelten Verhältnis der Flüsse. Es ist:

Schaltung:		A	B	C
Verhältnis der Rückeninduktionen:	$\frac{B_{r,2}}{B_{r,1}} =$	$\frac{1}{1{,}05}$	$\frac{1}{1{,}41}$	$\frac{1}{2{,}42}$,
Verhältnis der Induktionen in Luft- und Zähnen:	$\frac{B_{L,2}}{B_{L,1}} = \frac{B_{z,2}}{B_{z,1}} =$	$\frac{1}{0{,}52}$	$\frac{1}{0{,}707}$	$\frac{1}{1{,}21}$.

Die Luft- und Zahninduktion ist also bei den Schaltungen A und B am höchsten bei *kleiner* Drehzahl und bei Schaltung C am größten bei *großer* Drehzahl.

74. Berechnung der Maschinen mit DAHLANDER-Schaltung. Der Berechnungsgang wird für jede Polzahl getrennt durchgeführt. Gewisse Größen, wie Eisen- und Wicklungsgewichte oder die Rückenquerschnitte im Ständer oder im Läufer, brauchen natürlich nur einmal bestimmt zu werden. Das gleiche gilt für die Leiterlänge im Ständer und die Stab- und Ringabmessungen im Läufer. Die Widerstände müssen dagegen bereits getrennt berechnet werden, wobei wir besonders darauf achten, daß der Ringanteil (bei gleichbleibendem Stabwiderstand) bei der kleinen Polzahl $2p_1$ das 4-fache des Betrages bei der hohen Polzahl $2p_2$ ist.

Zuerst braucht man die genauen Wicklungsfaktoren. Bei der kleinen Geschwindigkeit, also bei der hohen Polzahl $2p_2$, haben die Spulen die volle, relative Weite. Ihr Sehnungsfaktor ist Eins. Die Zonenbreite ist aber 120°. Also sind die normalen Wicklungsfaktoren mit 0,866 malzunehmen. Als Lochzahl ist wie immer $q_2 = N/(3 \cdot 2p_2)$, also nicht etwa die Zahl $2q_2$ der wirklich schalttechnisch zusammengefaßten Spulengruppen zugrunde zu legen. N ist die Ständernutenzahl. Der Index 2 bezieht sich hier auf die hohe Polzahl, nicht etwa auf den Läufer.

Bei der hohen Drehzahl, also bei der kleinen Polzahl $2p_1$, ist die Spulenweite nur noch $^1/_2$ der Polteilung. Mithin ist der Sehnungsfaktor 0,707. Mit ihm ist der normale Wicklungsfaktor für $q_1 = N/(3 \cdot 2p_1) = 2q_2$ malzunehmen.

Die Wicklungsfaktoren können bequem der nachstehenden Tabelle entnommen werden.

Tabelle der Wicklungsfaktoren $f_{w,2}$ und $f_{w,1}$.

Hohe Pohlzahl $2p_2$		Niedrige Polzahl $2p_1$	
Ständerlochzahl q_2	Wicklungsfaktor $f_{w,2}$	Ständerlochzahl q_1	Wicklungsfaktor $f_{w,1}$
1	0,866	2	0,683
2	0,836	4	0,677
3	0,831	6	0,676
4	0,829	8	0,676
5	0,828	10	0,676
6	0,827	12	0,675
7	0,827	14	0,675
8	0,827	16	0,675

Mit dem Wicklungsfaktor kann man — nach Wahl der Schaltung A, B oder C — den Fluß Φ und den Magnetisierungsstrom I_μ für jede der beiden Polzahlen wie bei einer normalen Maschine berechnen.

Für die Berechnung des ideellen Kurzschlußstromes werden die Faktoren der doppeltverketteten Streuung und der Streuung durch gegenseitige Nutenschrägung sowie geänderte Formeln zur Bestimmung des Nutenstreuleitwertes benötigt. Für die Stirnstreuung benutzen wir bei der ungesehnten Wicklung, also bei $2p_2$ Polen, den normalen Streuleitwert einer Maschine mit Zweischichtwicklung im Ständer und Käfiganker. Er ist $\lambda_s = 0{,}25$ bis $0{,}15$. Bei der stark gesehnten Wicklung bei $2p_1$ Polen berücksichtigen wir die kurzen Spulen durch den Sehnungsfaktor 0,707, rechnen also mit $\lambda_s = 0{,}14$ bis $0{,}10$.

Die doppeltverkettete Streuung ist bei beiden Polzahlen genau so groß wie bei normalen Maschinen mit der üblichen Zonenbreite von 60° und mit unverkürztem Schritt. Zur bequemen Benutzung seien die Streufaktoren $100\sigma_d$, gemeinsam mit denen für die Schrägung $100\sigma_{schr}$, angeschrieben:

Hohe Pohlzahl $2p_2$			Niedrige Pohlzahl $2p_1$		
Ständerlochzahl q_2	$100\,\sigma_d$	$100\,\sigma_{schr}$	Ständerlochzahl q_1	$100\,\sigma_d$	$100\,\sigma_{schr}$
1	9,66	9,66	2	2,84	2,29
2	2,84	2,29	4	0,89	0,57
3	1,40	1,02	6	0,52	0,25
4	0,89	0,57	8	0,38	0,14
5	0,64	0,37	10	0,32	0,09
6	0,52	0,25	12	0,29	0,06
7	0,44	0,19	14	0,27	0,05
8	0,38	0,14	16	0,26	0,04

Die Streufaktoren σ_{schr} gelten für eine Schrägung um eine Ständernutteilung. Bei anderen Beträgen sind sie quadratisch umzurechnen.

Bei der Bestimmung des Nutenstreuleitwertes im Ständer für die hohe Polzahl $2p_2$ müssen wir mit einer Wicklung der vollen Weite, aber einer Zonenbreite von 120° rechnen. Nach Abb. 72 ergeben sich Korrekturbeiwerte, die mit denen einer normalen Drehstromwicklung der Zonenbreite 60° bei einer relativen Spulenweite von $^2/_3$ übereinstimmen. Bei der kleinen Polzahl $2p_1$ rechnen wir wie bei der normalen Wicklung unter Berücksichtigung ihrer wirklichen relativen Weite von $^1/_2$. Es ist daher:

hohe Polzahl $2p_2$ $$\lambda_n = \frac{s}{3\,b_n}\,\frac{13}{16} + \left(\frac{h_2}{b_n} + \frac{2\,h_3}{b_n + b_s} + \frac{h_s}{b_s}\right)\frac{3}{4} + \frac{d}{4\,b_n},$$

niedrige Polzahl $2p_1$ $$\lambda_n = \frac{s}{3\,b_n}\,\frac{10}{16} + \left(\frac{h_2}{b_n} + \frac{2\,h_3}{b_n + b_s} + \frac{h_s}{b_s}\right)\frac{1}{2} + \frac{d}{4\,b_n}$$

mit den üblichen Bezeichnungen nach Abb. 75.

Wenn die Streuleitwerte dem Nomogramm in Abb. 74 entnommen werden, müssen sie bei der hohen Polzahl mit 0,8, bei der tiefen Polzahl mit 0,6 malgenommen werden.

Mit diesen Streufaktoren und Streuleitwerten wird λ_i und X_i und daraus der ideelle Kurzschlußstrom I_i wie sonst berechnet.

Man beachte, daß auch das Übersetzungsverhältnis bei beiden Polzahlen verschieden ist und daher für jede von ihnen bestimmt werden muß. Die Zeichnung der Ortskurve geschieht nach den üblichen Vorschriften für jede Polzahl getrennt.

Recht häufig werden Maschinen mit vier verschiedenen Polzahlen ausgeführt. Sie erhalten zwei in der Ständernut übereinanderliegende DAHLANDER-Wicklungen. In diesem Fall führt man vier getrennte Rechnungen durch und beachtet, daß man vier verschiedene Lochzahlen je Pol und Strang berücksichtigen muß. Außerdem ist bei der Streuleitwertbestimmung der Ständernut darauf zu achten, daß die von der obenauf liegenden Wicklung eingenommene Nuthöhe in das h_2 der darunterliegenden Wicklung einzubeziehen ist.

Bei diesen Maschinen wählt man gern den Doppelkäfigläufer. Die saubere und fehlerfreie Durchrechnung und richtige Bemessung einer solchen Maschine ist ein Kunstwerk, dem allerdings meistens die Anerkennung versagt bleibt.

75. Wicklung für zwei beliebige Polzahlen nach KREBS. Wie schon eingangs betont wurde, wählt man bei in sich umschaltbaren Wicklungen eine möglichst kleine Zonenzahl. Statt der üblichen 6 Zonen von je 60° Breite sieht man 3 Zonen von je 120° Breite vor. Die elegante, hiervon abweichende Lösung nach DAHLANDER bleibt auf das Polzahlverhältnis 1 : 2 beschränkt, von dem hier abgesehen werden soll. Eine andere schöne Lösung für das gleiche Verhältnis hat MANDI angegeben. Sie folgt in Abschnitt 77.

Stellt man die Felderregerkurve einer Wicklung mit nur 3 Zonen dar und berücksichtigt dabei nur eine Schicht (wir betrachten hier nur Zweischichtwicklungen), so erhält man eine sehr oberwellenhaltige Kurve. Wir blicken auf Abb. 193, wo der Zeitpunkt der Stromlosigkeit eines der 3 Stränge zugrunde gelegt wurde. Die Kurve steigt über der einen Zone an, fällt über der nächsten wieder ab und bleibt über der stromlosen Zone konstant. Der eine Pol wird durch ein Dreieck, der andere durch ein Trapez begrenzt. Sie sind also nicht spiegelbildlich und enthalten daher *geradzahlige* Oberwellen, die bei der normalen Drehstromwicklung fehlen. Diese Oberwellen vermehren die Streuung außerordentlich und drücken daher stark auf die Überlastbarkeit und den Leistungsfaktor der Maschine.

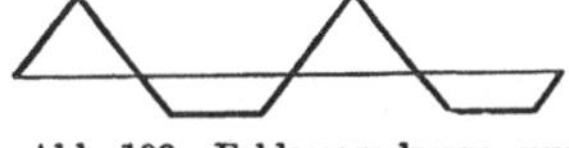

Abb. 193. Felderregerkurve nur einer Schicht von Drehstromwicklungen mit 120° Zonenbreite entspr. Abb. 187. Man beachte die ungleiche Ausbildung der Pole, die von den sonst nicht vorkommenden geradzahligen Oberwellen verursacht wird.

In Wirklichkeit wird die resultierende Felderregerkurve durch die zweite Schicht im allgemeinen verbessert, besonders dann, wenn die Spulenweite möglichst gleich der Polteilung gemacht wird (DAHLANDER-Schaltung, hohe Polzahl). Machen wir die Spulenweite bei einer der beiden gewünschten Polzahlen exakt gleich der Polteilung dieser Polzahl, so entfallen alle geraden Oberwellen. Dann arbeitet die Maschine bei dieser einzigen Polzahl günstig.

Die andere Polzahl wird recht ungünstig beeinflußt werden. Man muß also nach einem Mittel suchen, um gute Feldkurven bei beiden Polzahlen zu erzielen.

Man kann eine beliebige Spulenweite auch bei 120° Zonenbreite wählen und dennoch die geradzahligen Oberwellen in der Felderregerkurve vermeiden, wenn man nach KREBS dafür sorgt, daß sich die Wicklungsverteilung nach genau 180° wiederholt. Dies ist offenbar mit einer zweiten Wicklung möglich, die der ersten gleicht, aber genau um 180°, also eine Polteilung später beginnt und umgekehrt vom Strom durchflossen wird. Zu diesem Zweck müßte eigentlich der halbe Nutenraum für die erste, der restliche Nutenraum für die zweite Wicklung reserviert werden. Das Ergebnis wäre z. B. eine teuere Vierschichtwicklung. Da die zweite Wicklung fest mit der ersten verbunden wird, bleibt die Zahl der umzuschaltenden Gruppen die gleiche wie sonst.

Man wendet nun nach KREBS folgenden Kunstgriff an. Aus der ersten Wicklung nimmt man alle Spulen heraus, deren Oberschicht in geradzahligen Nuten liegt. Aus der zweiten Wicklung entfernt man alle Spulen, deren Oberschicht in den ungeraden Nuten liegt. Nunmehr kann man beide Wicklungen ineinanderschieben. Sie wirken nach außen wie eine normale Zweischichtwicklung. Die Spulenweite bleibt fast ohne Einfluß auf die geradzahligen Oberwellen, die völlig verschwinden, wenn der *Versatz* der beiden Wicklungsanfänge exakt eine Polteilung beträgt. Macht man die Spulen*weite* gleich einer der beiden Polteilungen, so verschwinden die geraden Oberwellen bereits in der Erregerkurve jeder der beiden Wicklungshälften. Die Regel lautet also: Verwendung zweier ineinandergeschobener Wicklungen mit je der halben Spulenzahl, deren Versatz gleich oder möglichst gleich der jeweiligen Polteilung ist. Wahl der an sich beliebigen Spulenweite gleich der Teilung bei jener Polzahl, wo evtl. korrekter Versatz nicht möglich ist. Je exakter diese Bedingungen eingehalten werden, desto besser ist die Felderregerkurve.

Der Versatz um eine volle Polteilung ist immer möglich, wenn die zugehörige Lochzahl q je Pol und Strang ungeradzahlig ist. Der Beginn der ersten Wicklung liege in Nut 1. $3q$ Nuten später muß die zweite Wicklung anfangen. Die Bezifferung ihrer Anfangsnut muß aber eine gerade Zahl sein. Dies ist nur möglich, wenn $1 + 3q$ gerade, wenn also q selbst ungerade ist. Bei geradem q käme der Anfang der zweiten Wicklung in eine bereits besetzte Nut. Man muß also hier um eine Nut weiter gehen und kann nicht mehr um genau 180° versetzen. Wenn aber beide Lochzahlen geradzahlig sind, kann man die geradzahligen Oberwellen nur bei einer Polzahl gänzlich vermeiden. Man begnügt sich dann mit dem bestmöglichen Versatz und wählt als Spulenweite die kleinere Polteilung.

Der Entwurf einer Wicklung nach KREBS, die also aus zwei gleichen Hälften besteht, soll für den gleichen Fall wie in Abb. 187 durchgeführt werden. Die Polzahlen sind also 4 und 6, die Ständernutenzahl sei 36. Die Lochzahl bei 4 Polen ist daher 3, bei 6 Polen nur 2. Bei 4 Polen ist daher der Versatz um 180° möglich; daher wird die Spulenweite gleich der Polteilung bei 6 Polen gemacht. Die geradzahligen Oberwellen entfallen daher bei beiden Polzahlen.

Wir gehen aus von Abb. 194a, wo die Oberschicht einer 4-poligen Maschine mit 36 Nuten dargestellt ist, deren Zonenbreite 120° beträgt. Daraus entwickeln wir in b' die Oberschicht der ersten Hälfte unserer

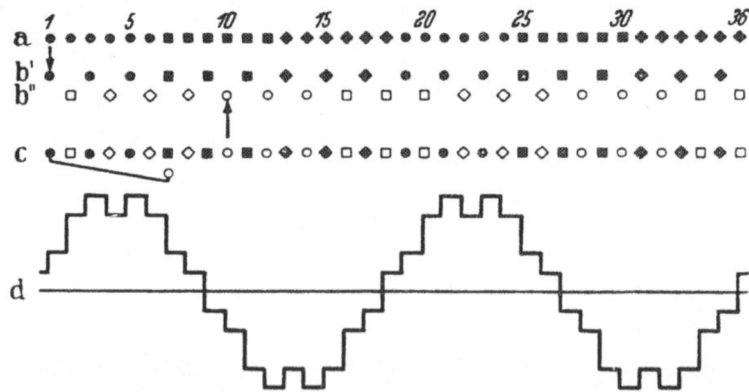

Abb. 194. Polumschaltbare Wicklung für 4 und 6 Pole nach KREBS. Entwurf der Wicklung bei 4 Polen. (Darstellung der Oberlage) *a* Ausgangswicklung mit 120° Zonenbreite entspr. Abb. 187; *b'* Auskämmung aller geradzahligen Nuten; *b''* Geradzahlige Nuten mit *exakt* um 180° gegenüber *b'* versetzter Anordnung und umgekehrter Stromrichtung; *c* Zusammenfügung von *b'* und *b''* mit Angabe der Spulenweite; *d* Felderregerkurve, ohne geradzahlige Wellen.

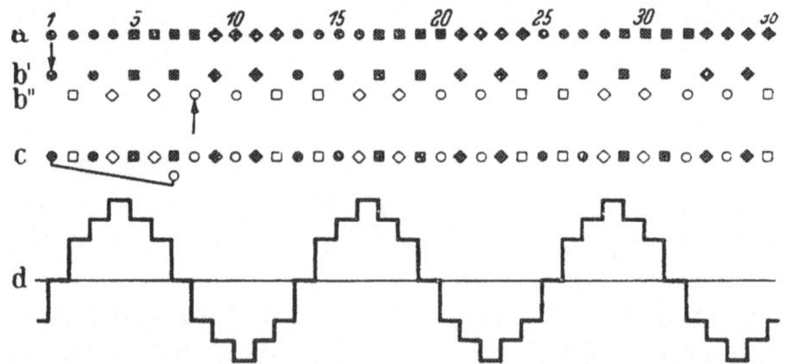

Abb. 195. Entwurf der Wicklung entspr. Abb. 194 bei 6 Polen. *a* Ausgangswicklung mit 120° Zonenbreite entspr. Abb. 187; *b'* Auskämmung aller geradzahligen Nuten; *b''* Geradzahlige Nuten mit *nahezu* um 180° (1 Nut Abweichung) gegenüber *b'* versetzter Anordnung und umgekehrter Stromrichtung; *c* Zusammenfügung von *b'* und *b''* mit Angabe der Spulenweite, die hier *exakt* gleich der Polteilung ist; *d* Felderregerkurve, ohne geradzahlige Wellen.

Abb. 196.

Abb. 197.

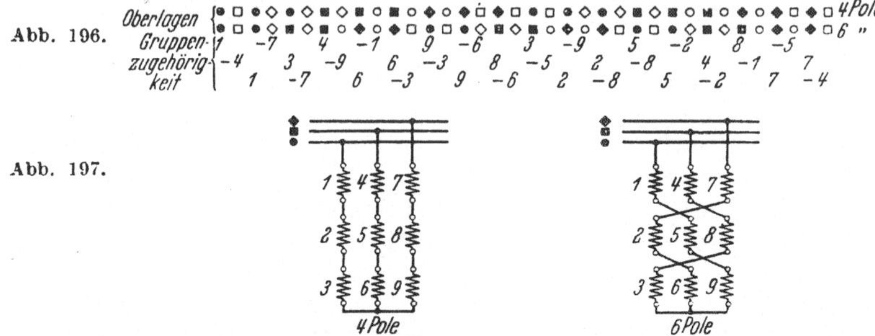

Abb. 196 u. 197. Oberlagen, Gruppenzugehörigkeit der Einzelspulen und Verteilung der Gruppen auf die Stränge bei 4 und bei 6 Polen bei der KREBS-Schaltung entspr. Abb. 194 und 195.

gewünschten Wicklung, indem wir nur die ungeraden Nuten 1, 3, 5 usw. berücksichtigen. Die zweite Wicklungshälfte beginnt in b'' genau um 180° später. Ihr Anfang liegt also in Nut $1 + 3 \cdot 3 = 10$. Sie nimmt die Nuten

10, 12, 14 usw. ein. Die zweite Wicklungshälfte ist eine genaue Wiederholung der ersten, nur mit umgekehrter Stromrichtung. In *c* sind beide Wicklungshälften zusammengeschoben. Beim ersten Anblick verwirrt ein solches Bild, obgleich sein Werdegang sehr einfach ist. In *d* ist die Felderregerkurve für den Fall der Stromlosigkeit eines Stranges wiedergegeben. Wie man sieht, sind alle Pole gleich stark und in gleicher Gestalt ausgebildet; gerade Oberwellen existieren nicht.

Die Spulenweite beträgt mit Rücksicht auf die andere Polzahl 6 Nutteilungen, die erste Spule geht also von Nut 1 nach Nut 7.

Bei 6 Polen kann nämlich wegen der Lochzahl $q = 2$ der Versatz der beiden Wicklungshälften nicht genau gleich $3\,q = 6$ gemacht werden, da sonst der zweite Wicklungsteil in einer bereits besetzten ungeraden Nut beginnen würde.

Der Entwurf der 6-poligen Wicklung ist in Abb. 195 zu sehen. Wiederum ist in *a* die Oberschicht einer Maschine mit 120° Zonenbreite dargestellt, woraus in *b'* die Oberschicht der gewünschten erste Hälfte durch Wegnahme aller geraden Spulen entstand. Der Anfang der zweiten Hälfte liegt in *b''* um $1 + 3\,q = 7$ Nuten später, so daß die erste Spule in Nut 8 liegt. Beide Teile ergeben zusammen Abb. 195c. Wegen der gewählten Spulenweite ergibt sich wiederum eine einwandfreie, von geraden Oberwellen freie Feldkurve in *d*.

Allen ungeraden Nuten in Abb. 194, *b'*, *b''* und *c* und ebenso in Abb. 195, *b'*, *b''* und *c* kommt die positive Stromrichtung zu, da sie von Spulen der erste Wicklungshälfte besetzt sind. Den geraden Nuten kommt die entgegengesetzte Richtung zu. Ihre Spulen sind also verkehrt herum in den Stromkreis einzuschalten.

In Abb. 196 sind die Oberlagen der 4- und der 6-poligen Verteilung unmittelbar übereinander dargestellt. Darunter befinden sich die Bezeichnungen 1 bis 9 und —1 bis —9, die angeben, in welche Teilgruppen die darüber befindlichen Spulen einzureihen sind. Diese Teilgruppen sind endlich in Abb. 197 auf die drei Stränge bei 4 und bei 6 Polen verteilt. Die Schaltung dieser Stränge kann beliebig geschehen. Man benötigt im allgemeinen 18 Klemmen und einen ziemlich komplizierten Polumschalter.

Die Wicklung nach KREBS bleibt am besten Maschinen mit großer Leistung vorbehalten.

76. Wicklungsfaktoren und Streuung der Wicklung nach KREBS. Unter der Voraussetzung, daß man bei geradem q den Versatz der beiden Wicklungshälften um $3q + 1$ Nutteilungen und bei ungeradem q um genau $3q$ Nutteilungen durchführt, ergibt sich für den Wicklungsfaktor:

$$f_w = \frac{0{,}866}{q \sin\frac{60^\circ}{q}}\, f_s \text{ bei ungeradem } q \quad\text{und}\quad f_w = \frac{0{,}433}{q \sin\frac{30^\circ}{q}}\, f_s \text{ bei geradem } q.$$

Der Sehnungsfaktor hängt von der wahren Spulenweite y in Nutteilungen ab und ist:

$$f_s = \sin\left(\frac{y}{3\,q}\,90^\circ\right).$$

Setzt man die Differenz von y gegen $3q$ gleich v, so ist f_s eine Funktion von v. Die Wicklungsfaktoren unter Berücksichtigung der Verkürzung oder Verlängerung v können folgender Tabelle entnommen werden:

Tabelle der Wicklungsfaktoren f_w.

Verkürzung v	Lochzahl q						
	2	3	4	5	6	7	8
±0	0,836	0,844	0,829	0,833	0,827	0,830	0,827
±1	0,807	0,830	0,821	0,829	0,823	0,827	0,825
±2	0,724	0,794	0,800	0,815	0,814	0,820	0,818
±3		0,731	0,766	0,792	0,798	0,809	0,810
±4		0,647	0,717	0,762	0,777	0,792	0,798
±5			0,657	0,722	0,749	0,772	0,782
±6			0,585	0,674	0,716	0,748	0,764
±7				0,620	0,677	0,719	0,741
±8					0,633	0,685	0,716

Zur Berechnung des ideellen Kurzschlußstromes braucht man die Faktoren σ_d der doppeltverketteten Streuung, die bei der Ständerwicklung von denen normaler Wicklungen abweichen. Die Faktoren für den Kurzschlußläufer entnimmt man Abschnitt 27. Dort sind auch die Faktoren für die Schrägungsstreuung aufzusuchen. Man ermittelt den Streufaktor σ_d, indem man die Ordinaten der Felderregerkurve und der Grundwelle quadriert und die entstehenden Kurven integriert. Ihre Flächendifferenz, bezogen auf die Fläche der quadrierten Grundwelle, ergibt σ_d. Einfacher stellt sich natürlich die Benutzung bereits berechneter Werte, wie sie nachstehender Tabelle entnommen werden können.

Tabelle der Streufaktoren $100\sigma_d$ für den Ständer.

Verkürzung v	Lochzahl q						
	2	3	4	5	6	7	8
0	2,85	2,62	0,89	1,13	0,52	0,69	0,39
±1	4,98	1,40	1,37	0,65	0,73	0,44	0,50
±2	7,74	1,70	1,12	0,74	0,49	0,48	0,33
±3		2,62	1,42	0,62	0,60	0,32	0,38
±4		2,02	2,14	0,73	0,63	0,36	0,30
±5			1,92	1,13	0,74	0,40	0,36
±6			2,76	0,92	1,07	0,46	0,43
±7				1,28	0,97	0,69	0,50
±8					1,29	0,59	0,70

Auch die Bestimmung des Nutenstreuleitwertes λ_n weicht von der normalen ab, und zwar spielt die gerade oder ungerade in Nutteilungen gemessene Weite y der Spulen eine wesentliche Rolle. Die Untersuchung ergibt neue Korrekturfaktoren k_1 für den vom Wicklungsmetall erfüllten Teil der Nut und k_2 für den darüber befindlichen Kopfteil, dessen Höhe wegen der Verwendung offener Nuten durch h_2 allein bestimmt ist. Wir setzen wie früher

$$\lambda_n = \frac{s}{3\,b_n} k_1 + \frac{h_2}{b_n} k_2 + \frac{d}{4\,b_n}$$

und entnehmen k_1 und k_2 Abb. 198.

Die Stirnstreuung wird wie normalen Maschinen bestimmt. Bei starker Sehnung empfiehlt es sich, den Streuleitwert λ_s mit dem Wicklungsfaktor $f_s = \sin(90° \, W/t_p)$ malzunehmen.

Bei Maschinen mit Polumschaltung nach KREBS muß man größere Abweichungen zwischen Rechnung und Prüfergebnis in Kauf nehmen. Man sei daher bei der Hergabe von Garantiedaten vorsichtig. Insbesondere machen sich Überschreitungen des Leerlaufstromes und des Kurzschlußstromes bemerkbar.

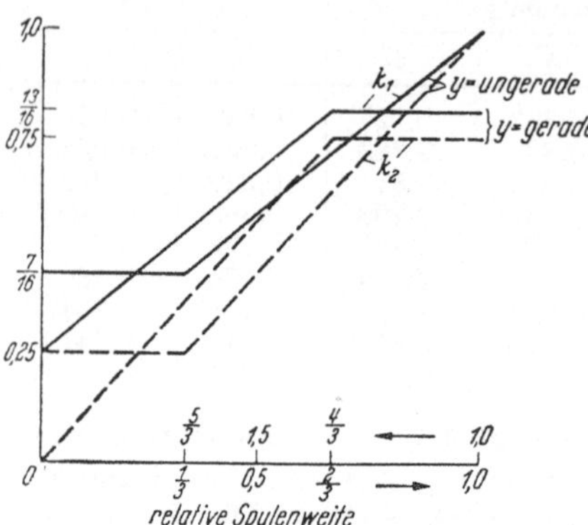

Abb. 198. Korrekturfaktoren k_1 und k_2 für den Nutstreuleitwert bei der KREBS-Schaltung.

77. Wicklung für Polumschaltung 1 : 2 nach MANDI. Für mittlere und größere Maschinen, die im Verhältnis 1 : 2 umgeschaltet werden sollen, kann man mit Erfolg statt der allgemeiner bekannten DAHLANDER-Schaltung die von MANDI angegebene Umschaltung anwenden. Bekanntlich verhalten sich die Wicklungen mit 60° Zonenbreite besser als diejenigen mit 120° Breite. Bei ihnen ist man völlig frei in der Wahl des Wicklungsschrittes, ohne daß geradzahlige Oberwellen auftreten können. Bei beliebiger Größe des Polzahlverhältnisses, etwa bei 3 : 4 oder 2 : 3, mußten wir wegen der sonst zu großen Zahl der umzuschaltenden Gruppen auf die schmale Zone verzichten. Im speziellen Fall der Umschaltung 1 : 2 hatten wir aber bereits bei DAHLANDER eine Zone von 60° neben einer von 120° benutzen können. Durch die von MANDI angegebene Wahl der Doppelsternschaltung bei der hohen Polzahl und der Doppeldreieckschaltung bei der halb so großen niedrigen Polzahl sind nur 12 Klemmen erforderlich und nur wenige Umschaltungen beim Übergang auf die andere Polzahl durchzuführen. Wie bei der DAHLANDER-Schaltung muß die Phasenfolge zweier Netzzuleitungen getauscht werden.

Am besten versteht man die Wicklung an Hand von Abb. 199. Oben in *a* ist die Oberschicht der zweischichtigen Wicklung für 4 Pole, darunter in *b* für 2 Pole dargestellt. Wir erkennen, daß in beiden Fällen 6 Zonen wie bei der normalen Drehstromwicklung für jedes Polpaar vorgesehen sind.

In *c* sind die 12 Gruppen angegeben, in welche man die gesamte Wicklung zerlegen muß, um die Umschaltung vornehmen zu können. Gruppe 1 z. B. geht beim Übergang von 4 Polen auf 2 Pole aus Strang *U* wieder in *U* über. Gruppe 2 wechselt von $-W$ nach *U* usw. Durch geschickte Zusammenfassung kommt MANDI zu der unlösbaren Gruppierung in *d*, die einen Strang bei 4 Polen bildet. Zu diesem Strang und zu den beiden anderen gehören nun im Gegensatz zu einer Normalwicklung 4 Klemmen statt der üblichen 2. Verfolgt man die Linienführung in *d*, so erkennt man, daß Gruppe 1 und 7 in Reihe liegen mit -4 und -10. Diese Art der Gruppierung wird auch bei Normalmaschinen sehr häufig vorgenommen. Neu ist aber, daß der Anfang von 1 und das Ende von 10 miteinander verbunden werden.

In *e* ist die gesamte Schaltung aller Wicklungsteile für die 4-polige Ausführung in Doppelstern und in *f* für die 2-polige Ausführung in Doppeldreieck wiedergegeben. Man sieht, welche Verbindungen zu lösen und welche zu trennen sind.

Bei der Berechnung interessiert immer zuerst der Wicklungsfaktor. Er ist bei beiden Polzahlen genau wie bei einer normalen Drehstrommaschine zu bestimmen, d. h. zur jeweiligen Lochzahl q und zur relativen

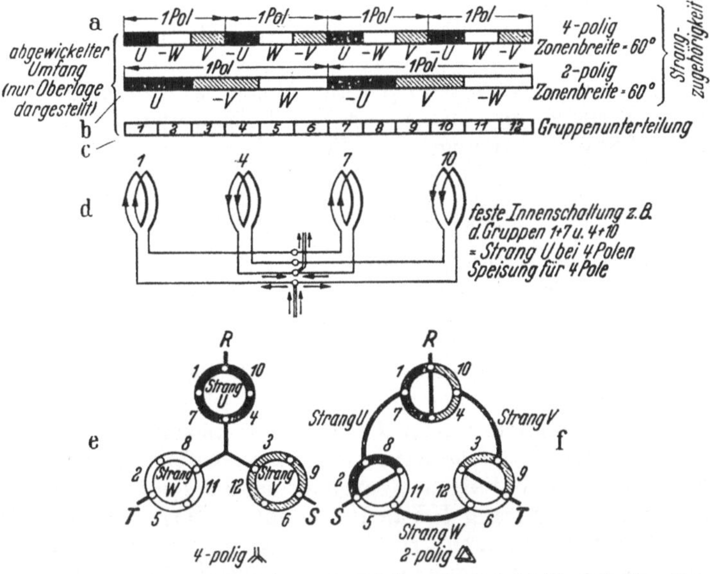

Abb. 199. Polumschaltung 1 : 2 nach MANDI mit 60° Zonenbreite bei *beiden* Polzahlen. Darstellung für die Oberlage. *a* Zonenfolge bei 4 Polen; *b* Zonenfolge bei 2 Polen; *c* Gruppenaufteilung, identisch mit *a*; *d* unlösbare, an 4 Klemmen geführte Innenschaltung der 4 Gruppen, z. B. des Stranges *U* mit Stromverteilung bei 4 Polen; *e*, *f* Außenschaltung der 3 unlösbaren Innenschaltungen für die allein mögliche Doppelsternschaltung bei der hohen Polzahl und die allein mögliche Doppeldreieckschaltung bei der halben Polzahl. Spulenweite ist beliebig. Gerade Oberwellen treten wegen der Zonenbreite von 60° nicht auf.

Spulenweite $y/3q$ oder besser noch zur Verkürzung v der Tabelle in Abschnitt 14 zu entnehmen. Macht man die Spulenweite gleich der Polteilung bei der hohen Polzahl (wie bei der DAHLANDER-Schaltung), so ist der zugehörige Wicklungsfaktor rund 0,96. Es entfällt also der Faktor 0,866 der DAHLANDER-Schaltung. Der Wicklungsfaktor bei der niedrigen Polzahl ist wegen des Sehnungsfaktors $f_s = 0{,}707$ (Spule halber Weite) rund 0,67, stimmt also mit dem der DAHLANDER-Schaltung überein. Bei dem zugrunde gelegten Schritt ist die Maschine bei der tiefen Drehzahl also 15% leistungsfähiger als die Maschine nach DAHLANDER. Die Leistung bei der hohen Geschwindigkeit bleibt dieselbe. Wählt man statt dessen als Spulenweite $^2/_3$ der großen Polteilung, also $^4/_3$ der kleinen, wozu man etwas mehr Metallaufwand benötigt, so tritt bei beiden Polzahlen zum normalen Wicklungsfaktor von rund

0,96 der gleiche Sehnungsfaktor von $f_s = 0{,}866$. Beide resultierenden Faktoren haben jetzt den gleichen Wert, nämlich 0,83. Hierdurch wird die Ausnützung bei kleiner Drehzahl gleich der bei Dahlander. Bei der vollen Drehzahl aber verzeichnen wir einen Gewinn von 25%. Hierin liegt ein entscheidender Vorzug der Schaltung nach Mandi.

Von Interesse ist noch die Luftinduktion, die bei der kleinen Drehzahl und dem zuletzt genannten Wicklungsschritt nur 15% über derjenigen bei der hohen Drehzahl liegt. Die magnetische Ausnützung ist daher als gleichmäßig zu bezeichnen.

Der gesamte Rechnungsgang entspricht dem der normalen Maschine. Es sind also die üblichen Werte für die Streufaktoren und die üblichen Formeln für den Nutstreuleitwert einzusetzen.

Der Entwurf von Wicklungen für höhere Polzahlen geht aus der sinnvollen Verlängerung dessen für 2 : 4 Pole hervor. In diesen Fällen sind auch Parallelschaltungen möglich.

Der Einphasenmotor.

78. Aufbau und Wirkungsweise. Der 1-phasig betriebene Asynchronmotor besitzt einen Ständer mit einer 1-phasigen Wicklung, deren Zonenbreite in der Regel $^2/_3$ der Polteilung, also 120° beträgt. Sie nimmt daher nur $^2/_3$ des Umfangs ein. Durchweg trägt aber auch der restliche Teil eine Wicklung, und zwar die sog. Hilfswicklung, die meist nur beim Anlauf und während des Hochlaufs an das Netz angeschlossen wird. Zur Unterscheidung nennt man die erste und eigentliche Wicklung der Maschine ihre Haupt- oder Arbeitswicklung. Offenbar erhält man die genannten beiden Wicklungen, wenn man bei einer normalen Drehstrommaschine z. B. den Strang UX in Reihe mit YV legt. Der dritte Strang WZ bildet den Hilfsstrang. Hat man also eine in Stern geschaltete Drehstrommaschine, so braucht man nur die Verbindung des dritten Stranges vom Sternpunkt zu lösen, um die fertig geschaltete Haupt- und Hilfswicklung einer Einphasenmaschine zu bekommen.

Der Läufer ist entweder ein normaler Schleifringanker oder ein stromverdrängungsfreier Kurzschlußläufer. Hochstab- und Doppelkäfiganker dürfen nicht verwendet werden. Im Läufer fließen nämlich bei Betrieb zwei verschiedene Ströme, von denen der eine die übliche Schlupffrequenz $f_2' = s\,f_1$ und der andere die vielfach höhere Frequenz $f_2'' = (2 - s)\,f_1$ hat. f_1 ist die Netzfrequenz, s der Schlupf. Bei Synchronismus oder in seiner Nähe wird die Frequenz f'' nahezu gleich der doppelten Netzfrequenz, beträgt also im üblichen Fall rund 100 Hz. Die bei 3-phasigen, stillstehenden Motoren vorhandene Widerstandszunahme im Läufer würde bei einer 1-phasig gespeisten, laufenden Maschine noch um etwa 41% erhöht auftreten und unerträgliche Verluste bedingen. Sie würden von dem höherfrequenten Strom des Läufers verursacht werden. Dieser Strom ist größer als der drehmomentbildende Nutzstrom von Schlupffrequenz. Man benutzt daher nur stromverdrängungsfreie Läufer.

Durch einen Kunstgriff kann man der 1-phasig gespeisten Maschine mehrphasigen Strom zuführen, indem man nämlich der Hilfswicklung einen Kondensator vorschaltet und diese Wicklung samt Kondensator an das Einphasennetz legt. Durch geeignete Abstimmung des Kondensators gelingt es, bei einem einzigen Lastpunkt ein reines Drehfeld auftreten zu lassen. Eine solcherart gespeiste Maschine verhält sich bei der betreffenden Last genau wie eine Drehstrommaschine. Bei ihr darf man daher auch einen Hochstab- oder Doppelkäfigläufer verwenden. Solche Motoren sind selten. Sie sollen nicht weiter behandelt werden.

Die Verhältnisse beim Einphasenmotor können an Hand von Versuchen erläutert werden. Wir betrachten einen normalen Drehstrommotor in Sternschaltung. Er liegt am Dreiphasennetz und läuft unbelastet. Die Drehzahl ist nahezu die synchrone. Nun öffnen wir eine beliebige Zuleitung. Der Motor läuft weiter. Die Drehzahl sinkt etwas ab. Offenbar wirkt in der 1-phasig gespeisten Maschine ein neu aufgetretenes, bremsendes Drehmoment dem zu der gesunkenen Drehzahl gehörigen, leicht erhöhten motorischen Drehmoment entgegen, wodurch sich eine neue Leerlaufdrehzahl unterhalb der synchronen ergibt.

Besonders aufmerksam betrachten wir die Stromaufnahme. Sie ist fast auf das $\sqrt{3}$-fache gestiegen. (Bei Motoren mit kleinem Kurzschlußstrom, also solchen mit hoher Streuung, liegt der Wert beachtlich unter diesem Grenzwert.) Die Blindleistung dagegen ist konstant geblieben. Dies ergibt sich aus der Rechnung:

$$N_{\text{blind, 3ph}} = \sqrt{3}\, U_{\text{netz}}\, I_0$$

bei 3-phasigem Anschluß, wenn wir den Blindstrom praktisch dem Leerlaufstrom gleichsetzen dürfen. Bei 1-phasiger Speisung ist die Blindleistung angenähert:

$$N_{\text{blind, 1ph}} = U_{\text{netz}} \left(\sqrt{3}\, I_0\right).$$

Die beiden Leistungen sind (fast) gleich groß. Daraus ziehen wir den Schluß, daß sich die magnetischen Verhältnisse nicht grundlegend geändert haben können. Wir folgern richtig, daß auch die nur 1-phasig gespeiste Maschine — in der Nähe der Synchrondrehzahl — mit einem Magnetfeld arbeitet, das im wesentlichen gleich dem *Drehfeld* bei 3-phasiger Speisung ist.

Ein weiterer Versuch wird diese Ansicht stützen. Die Erregung des Drehfeldes kann offenbar nicht nur durch den einzigen stromführenden Ständerstrang geschehen. Folglich muß der Läufer maßgeblich beteiligt sein. Wir machen seine Mithilfe unmöglich, indem wir (bei einer Schleifringmaschine) den Läuferkreis öffnen.

Die Drehzahl soll durch Fremdantrieb aufrechterhalten werden. Nunmehr liegt mit Sicherheit reine 1-phasige Erregung vor; die Maschine kann nur noch ein stehendes *Wechselfeld* entwickeln. Sein Energieinhalt ist aber im zeitlichen Mittel gleich der Hälfte desjenigen eines Drehfeldes gleicher Größe, die ihrerseits in beiden Fällen von U_{netz} vorgeschrieben wird. Mithin muß auch die Blindleistung auf die Hälfte sinken. In der Tat geht der Leerlaufstrom beim letzten Versuch auf rund die Hälfte des Stromes bei 1-phasiger Speisung und geschlossenem Läuferkreis oder exakt auf das 0,866fache des Stromes bei Drehstromspeisung zurück.

Das Wechselfeld der läuferseitig offenen, ständerseitig 1-phasig gespeisten Maschine induziert im fast synchron umlaufenden Rotor eine sehr kleine Spannung von Schlupffrequenz und eine hohe Spannung von doppelter Netzfrequenz. (Beim Versuch ist Aufmerksamkeit geboten.)

Sobald der Läufer wieder kurzgeschlossen wird, steigt die Blindstromaufnahme fast auf den doppelten Betrag an. Das Wechselfeld wird wieder zum Drehfeld, dessen Drehrichtung mit der *jeweiligen* mechanischen Drehrichtung übereinstimmt. Wir vermuten mit Recht die Anwesenheit eines restlichen kleinen gegenläufigen Feldes, welches bei Stillstand anwachsen wird, während das mitläufige Feld auf den gleichen Betrag fallen wird.

Tatsächlich liegen diese Verhältnisse auch vor. Im Stillstand der sekundär offenen Maschine führt die Hauptwicklung des Ständers einen Strom, der ein reines, stehendes Wechselfeld hervorruft. Dieses kann in zwei gleich große, gegenläufige Drehfelder halber Amplitude zerlegt werden. Bei Kurzschluß geht die Stromaufnahme stark herauf, das Wechselfeld wird geschwächt, aber an seiner Zerlegung in zwei Drehfelder ändert sich nichts. Es tritt *kein* Drehmoment auf, da die beiden — den gegeneinander umlaufenden Drehfeldern entsprechenden — Drehmomente ebenfalls gleich groß sind und sich auslöschen.

Wirft man die Maschine durch mechanischen Eingriff an der Kupplung in beliebiger Drehrichtung an, so wird das mitläufige Feld verstärkt, das gegenläufige geschwächt. Abb. 200 zeigt die Größe der beiden Felder bzw. der ihnen entsprechenden Spannungen über der relativen Geschwindigkeit $v = 1 - s$ für eine bestimmte Maschine. Bei Synchronismus ist das gegenläufige Feld Φ_g recht klein geworden, während das mitläufige Feld Φ_m nahezu den vollen Betrag des Drehfeldes bei 3-phasiger Speisung erreicht. Nach Überschreitung des Synchronismus nimmt Φ_g wieder zu, Φ_m dagegen wieder ab. Wir schließen daraus, daß eine Drehzahlregelung bei Einphasenmaschinen entfällt.

Jedes der Felder ruft ein Drehmoment hervor; man hat also ein mitläufiges Drehmoment M_m und ein gegenläufiges M_g. Zwei weitere Drehmomente pulsieren. Sie werden nicht betrachtet, da ihr Mittelwert Null ist. Die beiden Momente M_m und M_g sind in Abb. 201 gestrichelt dargestellt. Wir erkennen, daß das gegenläufige M_g bei Synchronismus fast verschwindet, während M_m dort durch Null geht. M_g ist immer negativ. Die Differenz beider Momente ist das resultierende Moment $M_{1\text{ph}}$ des Einphasenmotors. Es beginnt mit dem Wert Null bei Stillstand und erreicht diesen Wert wieder knapp vor dem Synchronpunkt (in beiden Drehrichtungen). Dort liegt also die eigentliche Leerlaufdrehzahl. Falls der Läufer bei *Drehstrom*betrieb mit zunehmender Geschwindigkeit aus dem Stillstand heraus zuerst ein sinkendes Drehmoment entwickelt, bekommen wir bei *Einphasen*betrieb eine Kurve nach Abb. 202. Der angeworfene Motor entwickelt im Bereich kleiner Drehzahlen ein Bremsmoment und kann erst beschleunigen, wenn man die kritische Drehzahl, bei der dieses Bremsmoment durch Null geht, durch mechanische Mittel vorgibt. Dieses Verhalten gibt uns die Möglichkeit, bei nicht allzu großen Maschinen zu entscheiden, ob ein Hochstab- oder Doppelkäfiganker vorliegt. Wir legen die Maschine 1-phasig an das Netz, werfen sie mechanisch an und beobachten sie. Bremst sie sich lebhaft

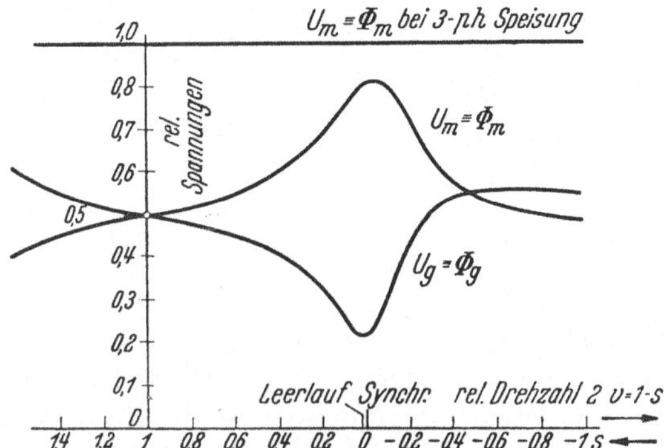

Abb. 200. Betrag der mit- und gegenläufigen Flüsse Φ_m und Φ_g bzw. der ihnen entsprechenden Spannungen U_m und U_g einer nur 2-polig (1-phasig) am Netz liegenden Drehstrommaschine, die einer zu $^2/_3$ bewickelten Einphasenmaschine entspricht. Verlauf der Kurven symmetrisch zur Ordinatenachse. Darüber Verlauf des konstanten Flusses Φ_m bei 3—phasiger Speisung.

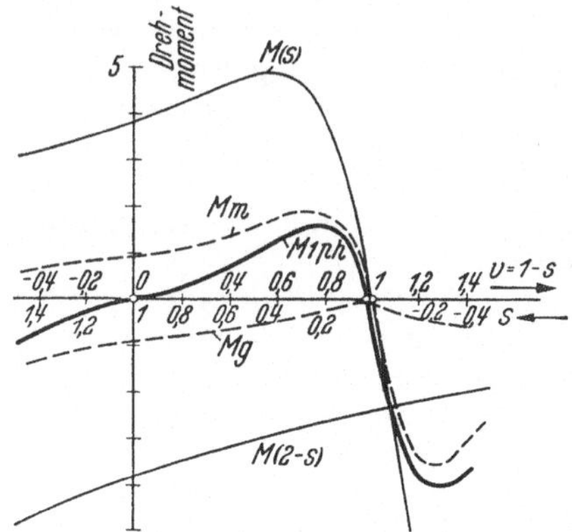

Abb. 201. Drehmoment $M_{1\,\text{ph}}$ der Einphasenmaschine. $M_{(s)}$ und $M_{(2-s)}$ sind die Momente der 3-phasig gespeisten Maschine bei Lauf mit und entgegen dem Drehfeld. M_m und M_g sind die daraus durch quadratische Reduktion über U_m und U_g aus Abb. 200 gewonnenen Momente bei Einphasenbetrieb. Ihre Differenz liefert $M_{1\,\text{ph}}$. (Nicht etwa bereits die Differenz von $M_{(s)}$ und $M_{(2-s)}$)

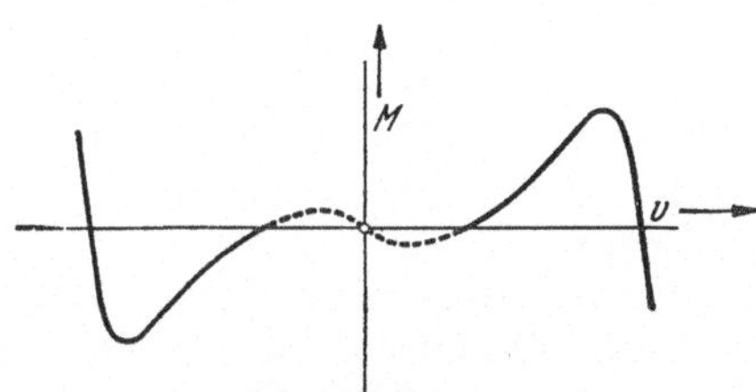

Abb. 202. Drehmoment von Einphasenmaschinen mit Hochstab- oder Doppelkäfiganker. Die gestrichelten Stücke gehören zu *bremsenden* Momenten, welche die angeworfene Maschine wieder stillsetzen.

ab, so hat sie einen Stromverdrängungs- oder Mehrfachkäfigläufer, läuft sie dagegen an, so hat sie einen Rundstabanker. Bei nicht ausgesprochenen Stromverdrängungsläufern ist der Versuch natürlich schwerer zu beurteilen.

Sobald man über die Hilfswicklung — speziell bei stillstehender Maschine — einen gegen den Strom der Hauptwicklung phasenverschobenen Strom schickt, erzielt man ein Überwiegen des mitläufigen Feldes und somit ein echtes Anlaufmoment. Die Phasenverschiebung erreicht man durch Vorschalten von Ohmschen, induktiven oder kapazitiven Widerständen vor die zusammen mit der Hauptwicklung an das Netz gelegte Hilfswicklung. Die Speisung der Maschine geschieht jetzt über 2 Wicklungen, die räumlich um 90° versetzt liegen, mit Strömen, die zeitlich gegeneinander verschoben sind. Solche Anordnungen führen aber bekanntlich zum Auftreten eines — wenn auch unvollkommenen — Drehfeldes und daher zur Ausbildung eines mehr oder weniger starken Drehmomentes in Richtung des resultierenden Drehfeldes. Diese Richtung hängt sowohl vom Sinn der zeitlichen Phasenverschiebung der beiden Ströme als auch vom Klemmenanschluß der beiden Wicklungen ab. Wählt man einen Widerstand oder einen Kondensator vor der Hilfswicklung, so läuft die Maschine in der einen Richtung an, nimmt man eine Drossel, so dreht sie sich entgegengesetzt. Wechselt man bei einer der beiden Wicklungen Anfang und Ende, so kehrt sich die Drehrichtung um.

Bei der Maschine ohne Hilfswicklung ist keine Drehrichtung vor der anderen ausgezeichnet; sie läuft, einmal erfolgreich angestoßen, in der betreffenden Richtung hoch.

Diese Verhältnisse werden durch die anschließenden rechnerischen Untersuchungen klar.

79. Die Gleichung des Primärstromes $\mathfrak{J}$ und der mit- und gegenläufigen Spannungen $\mathfrak{U}_m$ und $\mathfrak{U}_g$. Wenn man einer Drehstrommaschine statt der drei üblichen, gleich großen und um 120° zeitlich gegeneinander versetzten Spannungen *beliebige* Spannungen, deren Summe ebenfalls Null sein soll, zuführt, nimmt sie drei stark voneinander abweichende Ströme auf. Schaltet man z. B. in eine der Netzzuleitungen einen Einphasengenerator von Netzfrequenz ein, dessen Spannung nach Größe und Phasenlage beliebig regelbar sei, so kann man das ursprüngliche, symmetrische Spannungssystem in beliebiger Weise verderben. Man beobachtet, daß bereits bei einer winzigen Zusatzspannung die Stromaufnahme des beeinflußten Maschinenstranges erlischt, während die beiden anderen Stränge gleich große und um 180° in der Phase verschobene Ströme führen. Dies ist aber gerade der Zustand einer nur 1-phasig an das Netz angeschlossenen Maschine. Man findet immer noch eine weitere, annähernd das 3-fache der Phasenspannung betragende Zusatzspannung, die dasselbe leistet.

Ein gestörtes, unsymmetrisches Spannungssystem (Summe der Spannungen Null) kann man zurückführen auf ein symmetrisches *mit*läufiges und ein symmetrisches *gegen*läufiges System. Die Phasenspannungen des ersten seien $\mathfrak{U}_m$, $\mathfrak{U}_m \alpha$ und $\mathfrak{U}_m \alpha^2$ und die des zweiten

$\mathfrak{U}_g$, $\mathfrak{U}_g \alpha^2$ und $\mathfrak{U}_g \alpha$, wobei

$$\alpha = e^{j2\pi/3} = -0{,}5 + j\frac{\sqrt{3}}{2} \quad \text{und}$$

$$\alpha^2 = e^{j4\pi/3} = -0{,}5 - j\frac{\sqrt{3}}{2}$$

ist. Beide symmetrischen Systeme sind reine Drehspannungssysteme, die sich überlagern. Das eine ruft in der Maschine die mitläufigen Ströme $\mathfrak{J}_m$, $\mathfrak{J}_m \alpha$ und $\mathfrak{J}_m \alpha^2$ und das andere die gegenläufigen Ströme $\mathfrak{J}_g$, $\mathfrak{J}_g \alpha^2$ und $\mathfrak{J}_g \alpha$ hervor, nach den einfachen Beziehungen:

$$\mathfrak{J}_m = \frac{\mathfrak{U}_m}{\mathfrak{z}_m} \quad \text{und} \quad \mathfrak{J}_g = \frac{\mathfrak{U}_g}{\mathfrak{z}_g},$$

wobei $\mathfrak{z}_m$ und $\mathfrak{z}_g$ die sich den jeweiligen Spannungen bietenden Impedanzen sind, für die wir nach früheren Überlegungen setzen dürfen:

$$\mathfrak{z}_m = R_1 + jX_1 + \frac{X_{12}^2}{\frac{R_2}{s} + jX_2} \quad \text{und} \quad \mathfrak{z}_g = R_1 + jX_1 + \frac{X_{12}^2}{\frac{R_2}{2-s} + jX_2}.$$

Die mit dem Schlupf s laufende Maschine arbeitet nämlich bezüglich des gegenläufigen Spannungssystems mit dem Schlupf $s_g = (2 - s)$.

Im ersten Maschinenstrang fließt bei Einphasenbetrieb der wahre Strom $\mathfrak{J}$, im zweiten der Strom $-\mathfrak{J}$ und im dritten (evtl. gar nicht existierenden) der Strom Null. Die Spannung an den Klemmen der beiden ersten Stränge, die gleich der Differenz ihrer Strangspannungen ist, stimmt mit der treibenden Netzspannung $\mathfrak{U}_{netz}$ überein. Hieraus ergeben sich folgende Gleichungen für die Ströme:

$$\mathfrak{J}_m + \mathfrak{J}_g = \mathfrak{J}, \quad \mathfrak{J}_m \alpha + \mathfrak{J}_g \alpha^2 = -\mathfrak{J}, \quad \mathfrak{J}_m \alpha^2 + \mathfrak{J}_g \alpha = 0, \quad \text{woraus folgt:}$$

$$\mathfrak{J}_m = \mathfrak{J}\,\frac{1-\alpha^2}{3} \quad \text{und} \quad \mathfrak{J}_g = \mathfrak{J}\,\frac{1-\alpha}{3}.$$

Die beiden Faktoren von $\mathfrak{J}$ haben den gleichen Betrag, nämlich $1/\sqrt{3}$. Das bedeutet, daß man sich den 1-phasigen, in 2 Strängen fließenden Strom $\mathfrak{J}$ zerlegt denken kann in 2 reine Drehstromsysteme, deren Stromstärken übereinstimmen und 57,7% von $\mathfrak{J}$ betragen. $\mathfrak{J}_m$ ist um 30° zeitlich vor-, $\mathfrak{J}_g$ um 30° zeitlich nacheilend gegen $\mathfrak{J}$ verschoben. Untereinander sind $\mathfrak{J}_m$ und $\mathfrak{J}_g$ um 60° verschoben.

Die Spannungsgleichung für die beiden stromführenden Stränge lautet:

$$(\mathfrak{U}_m + \mathfrak{U}_g) - (\mathfrak{U}_m \alpha + \mathfrak{U}_g \alpha^2) = \mathfrak{U}_{netz}.$$

Ersetzt man $\mathfrak{U}_m$ durch $\mathfrak{J}_m \mathfrak{z}_m$ und $\mathfrak{U}_g$ durch $\mathfrak{J}_g \mathfrak{z}_g$ und berücksichtigt man die vorigen Ausdrücke für $\mathfrak{J}_m$ und $\mathfrak{J}_g$, so kommt man zu der sehr einfachen Gleichung:

$$\mathfrak{J} = \frac{\mathfrak{U}_{netz}}{\mathfrak{z}_m + \mathfrak{z}_g}.$$

Für die beiden Spannungen $\mathfrak{U}_m$ und $\mathfrak{U}_g$, die ein unmittelbares Maß für die mit- und gegenläufigen Kraftflüsse Φ_m und Φ_g liefern, ergibt sich:

$$\mathfrak{U}_m = \mathfrak{U}_{netz}\,\frac{1-\alpha^2}{3}\,\frac{\mathfrak{z}_m}{\mathfrak{z}_m + \mathfrak{z}_g} \quad \text{und} \quad \mathfrak{U}_g = \mathfrak{U}_{netz}\,\frac{1-\alpha}{3}\,\frac{\mathfrak{z}_g}{\mathfrak{z}_m + \mathfrak{z}_g}.$$

Bei Stillstand stimmt $\mathfrak{z}_m$ mit $\mathfrak{z}_g$ überein, dort ist also $|\mathfrak{U}_m| = |\mathfrak{U}_g|$. Bei Lauf beginnt $\mathfrak{z}_m$ zu steigen (der Strom einer anlaufenden *Drehstrommaschine* sinkt), während $\mathfrak{z}_g$ fällt. Mithin wächst $\mathfrak{U}_m$ und sinkt $\mathfrak{U}_g$ mit zunehmender Geschwindigkeit. Im Bereich des Synchronismus hat $\mathfrak{z}_m$ wegen $R_2/s \to \infty$ seinen größten Wert, den es bei höherer Geschwindigkeit wieder einbüßt. Mithin ist $\mathfrak{U}_m$ und auch Φ_m am größten bei der Synchrondrehzahl, während $\mathfrak{U}_g$ und auch Φ_g dort am kleinsten werden. Bei hohen negativen Schlüpfen nähern sich $\mathfrak{z}_m$ und $\mathfrak{z}_g$ wieder, also auch $\mathfrak{U}_m$ und $\mathfrak{U}_g$. Da man den Betrag der Impedanz der Drehstrommaschine bei Synchronismus ungefähr gleich $X_1 = U_{\text{strang}}/I_\mu$ und beim Schlupf $s = 2$ ungefähr gleich $X_i = U_{\text{strang}}/I_i$ setzen darf, resultiert für die Phasenspannungen des mit- und des gegenläufigen Systems der 1-phasig betriebenen Maschine bei der vollen Drehzahl:

$$U_m \approx \frac{U_{\text{netz}}}{\sqrt{3}} \frac{I_i}{I_\mu + I_i} \quad \text{und} \quad U_g \approx \frac{U_{\text{netz}}}{\sqrt{3}} \frac{I_\mu}{I_\mu + I_i}.$$

Die beiden Spannungen verhalten sich demnach wie I_i/I_μ. U_m nimmt fast den vollen Betrag der *Strangspannung* bei Drehstrombetrieb an. Das heißt also, daß die 1-phasig gespeiste Maschine in der Nähe der Synchrondrehzahl mit nahezu dem vollen Drehfeld der Drehstrommaschine arbeitet. Nur ein schwaches gegenläufiges Feld Φ_g, das U_g entspricht, sucht den Betrieb zu stören.

Die Drehmomente M_m und M_g, welche die beiden gegenläufigen Systeme mit den Phasenspannungen U_m und U_g hervorrufen, wirken einander entgegen. Daher ist das Drehmoment der Einphasenmaschine gleich der Differenz dieser beiden Momente M_m und M_g.

Man findet sie folgendermaßen. Auf dem OSSANNA-Kreis der 3-phasig mit der Netzspannung U_{netz} betriebenen Maschine markiert man Paare von Punkten mit den Schlüpfen $s_m = s$ und $s_g = 2 - s$. Man entnimmt die zugehörigen Momente $M_{(s)}$ und $M_{(2-s)}$. Diese korrigiert man *quadratisch* mit U_m und U_g, bezogen auf die Phasenspannung des Drehstrombetriebes $U_{\text{netz}}/\sqrt{3}$.

Man erhält

$$M_m = M_{(s)} \left(\frac{U_m}{U_{\text{netz}}/\sqrt{3}} \right)^2 \quad \text{und} \quad M_g = M_{(2-s)} \left(\frac{U_g}{U_{\text{netz}}/\sqrt{3}} \right)^2.$$

Leider findet sich auch in der neuesten Literatur der schwerwiegende Fehler, daß diese quadratische Reduktion nicht vorgenommen wird. Dieser Fehler zieht sich seit langem durch die Schriften des Elektromaschinenbaus. (Richtig z. B. in RICHTER: Elektrische Maschinen, Bd. IV.)

80. Das Ersatzbild der Einphasenmaschine. Die Gleichung des Stromes lautet:

$$\mathfrak{J} = \frac{\mathfrak{U}_{\text{netz}}}{\mathfrak{z}_m + \mathfrak{z}_g} = \frac{\mathfrak{U}_{\text{netz}}}{R_1 + jX_1 + \dfrac{X_{12}^2}{\dfrac{R_2}{s} + jX_2} + R_1 + jX_1 + \dfrac{X_{12}^2}{\dfrac{R_2}{2-s} + jX_2}}.$$

Man bekommt ein Ersatzbild des Einphasenmotors, wenn man (zweckmäßigerweise) zwei gleiche, aber beliebig ausgewählte Ersatzbilder der

3-phasigen Maschine hintereinanderschaltet und im ersten von ihnen den Schlupf s und im zweiten den Schlupf $2 - s$ anschreibt. Das gesamte Ersatzbild liegt an der vollen Netzspannung U_{netz}, während die treibende Spannung bei Dreiphasenbetrieb nur $U_{\text{netz}}/\sqrt{3}$ wäre. Betrachtet man den Stillstand, so bietet sich der Spannung U_{netz} die doppelte Impedanz einer Dreiphasenmaschine dar. Da die Spannung nur das $\sqrt{3}$-fache beträgt, ist der Kurzschlußstrom der Einphasenmaschine genau gleich dem 0,866-fachen des Stromes der gleichen Maschine bei Anschluß aller Klemmen an das Drehstromnetz.

Bei unbegrenzt hohem Schlupf verschwinden die beiden Glieder mit R_2. Wiederum bietet sich der Spannung die doppelte Impedanz der Drehstrommaschine. Also ist der Strom der Einphasenmaschine auch bei $s = \infty$ nur das 0,866-fache dessen einer Drehstrommaschine.

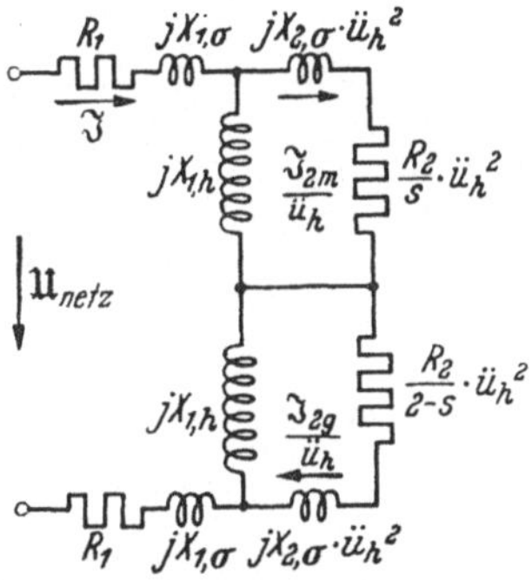

Da man viele Ersatzbilder für den Drehstrommotor zeichnen kann, vermag man noch viel mehr Ersatzbilder für die Einphasenmaschine zu entwerfen, denn man hat volle Freiheit, das erste Diagramm mit dem Schlupf s nach der einen Art, das zweite damit in Reihe liegende mit dem Schlupf $2 - s$ nach einer anderen Art zu entwerfen. Man versteht, daß solche Möglichkeiten mitunter die Durchsichtigkeit, zu der die Ersatzbilder verhelfen sollen, trüben können.

Abb. 203. Ersatzbild der 1-phasigen Asynchronmaschine. Die Widerstände entsprechen den Größen je Strang der vergleichbaren Drehstrommaschine.

Abb. 203 zeigt eines der übersichtlichsten Ersatzbilder für den Einphasenbetrieb einer Asynchronmaschine, deren Daten für den Drehstrombetrieb vorliegen.

81. Die Ortskurven der Impedanz $\mathfrak{z}$ und des Primärstromes $\mathfrak{J}$. Die Endpunkte der Impedanzen $\mathfrak{z}_m$ und $\mathfrak{z}_g$, aus deren Summe sich diejenige des Einphasenmotors ergibt, liegen auf dem Impedanzkreis des Drehstrommotors, wie er in Abb. 104a gezeigt worden war. Für die erste gilt der Schlupf s, für die andere der Schlupf $2 - s$. Sucht man zusammengehörige Paare auf und verbindet sie miteinander, so schneiden sich alle Verbindungsgeraden im gleichen Punkt S, den man als Schnittpunkt der Tangenten im Punkt für $s = 1$ und für $s = \infty$ auf dem Impedanzkreis des Drehstrommotors konstruieren kann. Sekanten durch S treffen den Kreis also in zusammengehörigen Punkten (s) und $(2 - s)$. Die Mitten der Sehnen dieser Sekanten stellen die Endpunkte von $(\mathfrak{z}_m + \mathfrak{z}_g)/2$ dar. Ihr geometrischer Ort ist selbst wieder ein Kreis, genauer gesagt ein doppelt durchfahrener Kreisbogen; als Ortskurve gesehen, ist er eine (im Träger entartete) bizirkulare Quartik mit Bezifferung in v^2, wenn man statt s die relative Drehzahl $v = 1 - s$ einführt. Der Kreisbogen geht durch den *Mittelpunkt* m des Impedanzkreises K' des Drehstrommotors. Außerdem endet er im Punkt P'_∞ und P'_1. Abb. 204 zeigt, wie man in einfachster Weise von dem

Impedanzkreis K' der Drehstrommaschine zur Ortskurve Q' der gleichen, aber 1-phasig gespeisten Maschine kommen kann. Sie gilt für die halbe Impedanz $(\mathfrak{z}_m + \mathfrak{z}_g)/2$.

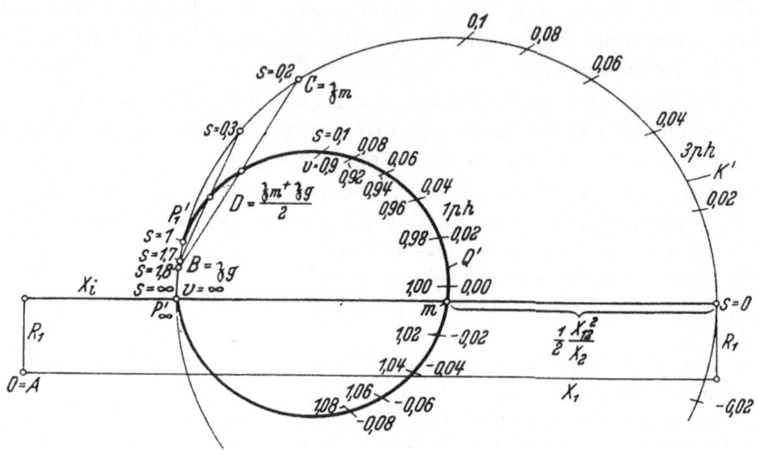

Abb. 204. Ortskurve Q' der halben Impedanz $(\mathfrak{z}_m + \mathfrak{z}_g)/2$ eines 1-phasigen Asynchronmotors, hergeleitet aus der Ortskurve K' des entsprechenden Drehstrommotors. Q' geht durch die *festen* Punkte P'_∞ und m und durch den von R_2 *abhängigen* dritten Punkt P'_1.

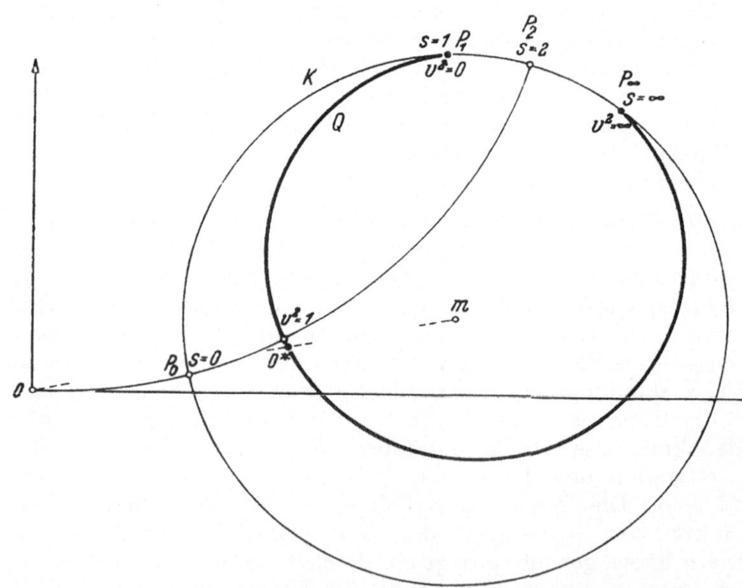

Abb. 205. Ortskurve Q des Primärstromes $\mathfrak{J}$ des 1-phasigen Asynchronmotors, unmittelbar hergeleitet aus dem OSSANNA-Kreis K des entsprechenden Drehstrommotors. K geht durch die *festen* Punkte P_∞ und $O^* =$ Spiegelpunkt von O bezüglich K und durch den von R_2 *abhängigen* Punkt $P_1 =$ Kurzschlußpunkt auf K. Strommaßstab gleich 0,866, Leistungsmaßstab gleich 0,5 der Werte bei Drehstrombetrieb. Bild 205 und Bild 204 sind zueinander invers.

Bei der Inversion geht Q' über in die Ortskurve Q für den Primärstrom $\mathfrak{J}$. Lassen wir — durch geeignete Wahl der Inversionspotenz — den Kreis K' in den gleich großen Kreis K übergehen, so gehen P_1' und P_∞' über in P_1 und P_∞, die wir längst als Punkte des OSSANNA-Kreises K der Drehstrommaschine kennen. Der Mittelpunkt m von K' geht über in den Spiegelpunkt O^* des Ursprunges O bezüglich K. Man findet ihn, indem man auf mO von m aus $R^2/\overline{mO}$ abträgt, wobei R der Radius des Kreises K ist. (Abb. 205.)

Diesem Punkt O^* kommt eine ganz wenig über der synchronen Drehzahl gelegene Geschwindigkeit zu. Praktisch dürfen wir $v \approx 1$ oder $s \approx 0$ setzen.

Wenn man R_2 ändert, etwa durch Benutzung eines Regel- oder Anlaßwiderstandes im Läuferkreis, verschiebt man den Punkt P_1' bzw. den inversen Punkt P_1. *Unverändert* liegen bleiben dagegen der Punkt P_∞' bzw. P_∞ und der Punkt m bzw. O^*. Die Ortskurve der Impedanz des Einphasenmotors hängt also auch der Lage nach von R_2 ab. Das gleiche gilt für ihre Inverse, die Ortskurve des Stromes $\mathfrak{J}$. Alle diese Ortskurven sind Stücke eines Kreises, und alle gehen jeweils durch zwei *feste* Punkte, die unabhängig von R_2 sind.

82. Herleitung der Ortskurve Q des Primärstromes $\mathfrak{J}$ und der Ortskurve Q_2 für die Sekundärströme $\mathfrak{J}_{2m}$ und $\mathfrak{J}_{2g}$ aus dem OSSANNA-Kreis K der 3-phasig gespeisten Maschine. Die Ortskurve Q des 1-phasigen Motors, der aus einem 3-phasigen, in Stern geschalteten Drehstrommotor durch Öffnen einer Netzzuleitung entsteht, wird folgendermaßen aus dem OSSANNA-Kreis K des Drehstrommotors entwickelt. Man zeichne K mit den Punkten P_0, P_1 und P_∞ auf. Dann spiegele man O an K. Man gewinnt O^*. Der Kreis durch P_1, O^* und P_∞ ist der Träger der gesuchten Ortskurve Q. Der Bogen außerhalb von K entfällt. Zur Bezifferung dient: $v^2 = 0$ in P_1, $v \approx \pm 1$ in O^* und $v^2 = \infty$ in P_∞. Weitere Bezifferungen findet man mit einer beliebigen nach Art einer Schlupfgeraden konstruierten Geraden, die aber nicht in s, sondern in v^2 regulär zu unterteilen ist.

Man beachte, daß der Strommaßstab geändert werden muß. Wir hatten bisher mit der halben Impedanz $\mathfrak{z} = (\mathfrak{z}_m + \mathfrak{z}_g)/2$ und mit der Drehstromphasenspannung $U = U_{\text{netz}}/\sqrt{3}$ gearbeitet. Korrigieren wir in Gedanken diese Größen, so müssen wir den Maßstab des Einphasenstromes $\mathfrak{J}$ gleich dem $\sqrt{3}/2$-fachen Maßstab des Drehstromes setzen. Der Leistungsmaßstab geht auf die Hälfte zurück. Wir setzen also noch, ohne unsere Zeichnung etwa zu ändern:

$$\text{primärer Strommaßstab bei Einphasenbetrieb} = 0{,}866\, a_1,$$
$$\text{Leistungsmaßstab bei Einphasenbetrieb} = 0{,}5\, w$$

und ergänzen:

$$\text{sekundärer Strommaßstab bei Einphasenbetrieb} = 0{,}5\, a_2,$$

wenn a_1 der willkürlich gewählte Maßstab des Primärstromes bei Drehstrombetrieb, $w = \sqrt{3}\, U_{\text{netz}}\, a_1$ und a_2 der Maßstab für den Sekundärstrom bei Drehstrombetrieb war.

Im Prüffeld macht man die Beobachtung, daß der Kurzschlußstrom einer Drehstrommaschine nach Öffnen einer Netzzuleitung auf das 0,866-fache des vorigen Wertes zurückgeht. Die zeichnerische Darstellung dieses neuen Kurzschlußstromes deckt sich aber völlig mit der des 3-phasigen Stromes, wenn man, wie oben, den kleineren Maßstab wählt.

Die Bezifferung der Ortskurve in v^2 kann schnell abgeleitet werden. Vertauscht man s mit $2 - s$, so bleibt $\mathfrak{J}$ erhalten. Setzt man $v = 1 - s$,

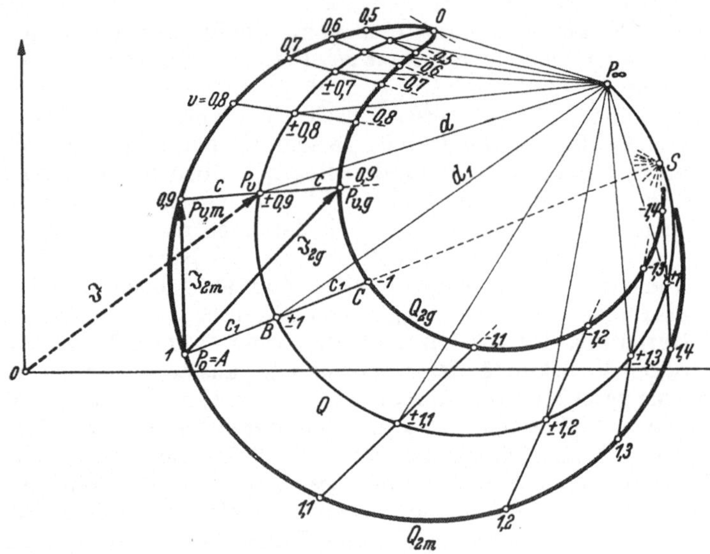

Abb. 206. Ortskurven Q_{2m} des mitläufigen und Q_{2g} des gegenläufigen Läuferstromes $\mathfrak{J}_{2m}$ bzw. $\mathfrak{J}_{2g}$ unmittelbar entwickelt aus der Ortskurve Q des Primärstromes unter Benutzung des Leerlaufpunktes $P_0 = A$ bei Drehstrombetrieb. Sekundärstrommaßstab gleich 0,5 des Wertes bei Drehstrom.

so ist $s = 1 - v$ und $2 - s = 1 + v$. Ersetzt man also wieder s durch $2 - s$ und umgekehrt, so ist dies dasselbe, wie wenn man $1 - v$ durch $1 + v$ oder zuletzt $-v$ durch $+v$ ersetzt. Also kann $\mathfrak{J}$ nur von v^2 abhängen, da das Vorzeichen von v keine Rolle spielt.

Will man den *korrekten* Punkt für $v^2 = 1$ auf der Ortskurve Q finden, so muß man nach Abb. 205 einen Hilfskreis zeichnen, der durch O, P_0 und P_2 geht und der Q im Punkte für $v^2 = 1$ trifft. P_2 ist der Punkt für $s = 2$ auf dem Ossanna-Kreis der 3-phasig betriebenen Maschine.

Wenn man $P_0 = A$ auf K mit dem Punkt B für $v = \pm 1$ auf Q verbindet und diese Gerade verlängert, so findet man Punkt S auf Q. Verbindet man S mit den einzelnen Betriebspunkten P_v auf Q und trägt nach beiden Seiten die Strecken c ab, so gewinnt man die zur gleichen Geschwindigkeit v gehörenden Punkte der Ortskurve Q_2 für die sekundären Ströme. Man muß machen:

$$c = \overline{P_\infty P_v} \cdot v \cdot k \quad \text{mit} \quad k = \frac{c_1}{d_1} = \frac{\overline{AB}}{\overline{P_\infty B}} \qquad \text{(vgl. Abb. 206).}$$

Der niedrigfrequente Läuferstrom $\mathfrak{J}_{2m}$ mißt von P_0 aus nach dem vorderen Bogen der Quartik Q_2, der höherfrequente Läuferstrom $\mathfrak{J}_{2g}$ wird von P_0 aus nach dem hinteren Bogen gemessen. Die beiden Bögen tragen in Abb. 206 den zusätzlichen Index m und g.

Man beachte den auf die Hälfte gesunkenen Maßstab für $\mathfrak{J}_{2m}$ und $\mathfrak{J}_{2g}$.

Die Auswertung der beiden so nahe miteinander verwandten Ortskurven Q und Q_2 geschieht folgendermaßen: Man greift die 3 Ströme $\mathfrak{J}$, $\mathfrak{J}_{2m}$ und $\mathfrak{J}_{2g}$ als Längen aus der Zeichnung ab und rechnet sie in Ampere um. Außerdem entnimmt man Drehzahl (mittels v^2-Skala) und aufgenommene Leistung. Von dieser setzt man rechnerisch $2R_1I^2$ und $3R_2(I_{2m}^2 + I_{2g}^2)$ ab. Das Resultat ist gleich der abgegebenen Leistung einschließlich der Reibungsverluste. Dividiert man sie durch v, so erhält man das Drehmoment in synchr. Watt. Eine unmittelbare Entnahme des Momentes und der mechanischen Leistung ist nicht so bequem zu realisieren wie bei den Drehstrommaschinen und soll daher nicht behandelt werden.[1]

Die Drehzahl v kann an beliebiger Stelle leicht *ohne* v^2-Skala bestimmt werden durch

$$v = \frac{c}{d} : \frac{c_1}{d_1}$$

Der Verlauf der 3 Ströme I, I_{2m}, und I_{2g} ist Abb. 207 zu entnehmen.

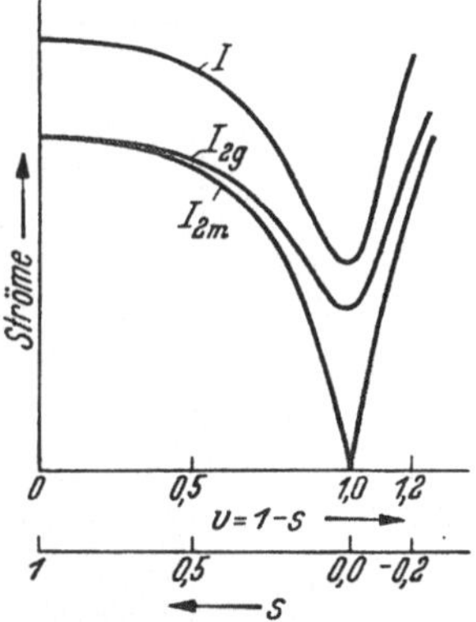

Abb. 207. Der zur Ordinatenachse symmetrische Verlauf des primären und der beiden sekundären Ströme des Einphasenmotors.

83. Der Anlauf mit Hilfsstrang. Der Einphasenmotor läuft nur an, wenn er mechanisch angeworfen wird oder wenn man seiner Hilfswicklung einen Strom $\mathfrak{J}_{hi}$ zuführt, der gegen den Strom $\mathfrak{J}_{ha}$ in der Hauptwicklung in der Phase verschoben ist. Wir wollen von den vielen möglichen Schaltungen nur die in Abb. 209 behandeln. Die Hauptwicklung liegt am Netz und bleibt auch nach dem Hochlauf daran angeschlossen. Die Hilfswicklung wird über einen 1-poligen Schalter S unter Zwischenschaltung eines Ohmschen, induktiven oder kapazitiven Widerstandes nur zu Beginn des Hochlaufes an das Netz gelegt. Danach wird sie wieder abgetrennt. Zu beachten ist bei dieser Schaltung die starke Einsattlung des Drehmomentes bei $^1/_3$ der synchronen Drehzahl, die auf die gleichphasigen Stromkomponenten in den 3 Strängen zurückzuführen ist (Summe der Ströme ist nicht Null).

Wir betrachten ausschließlich den Stillstand. In der Hauptwicklung fließt der Kurzschlußstrom $\mathfrak{J}_{ha}$, der bei gleicher Phasenlage den 0,866-fachen Betrag des Kurzschlußstromes bei 3-phasiger Speisung (Abb. 208) hat. Die Hilfswicklung würde, wenn der Vorwiderstand Null wäre, einen Kurzschlußstrom aufnehmen, der bei fast gleicher Phasenlage nahezu den 1,5- bis 2,0-fachen Betrag hätte. Durch Benutzung des Vorwiderstandes sinkt der Strom auf den Wert $\mathfrak{J}_{hi}$. Der Endpunkt von $\mathfrak{J}_{hi}$ wandert bei Benutzung eines Blindwiderstandes auf einem Kreis,

[1] Vgl. jedoch A. HITZ: Arch. Elektrotechn. Bd. XLIII (1957) Heft 1, S. 15.

dessen Mittelpunkt auf der reellen Achse liegt, bei einem Wirkwiderstand dagegen auf einem Kreis, dessen Mittelpunkt auf der imaginären Achse liegt.

Durch die Phasenverschiebung zwischen $\mathfrak{J}_{ha}$ und $\mathfrak{J}_{hi}$ kommt es zur Ausbildung eines unvollkommenen Drehfeldes, das seinerseits ein Anlaufmoment hervorruft. Die Größe dieses Momentes hängt bei unveränderten Verhältnissen im Läufer der Maschine nur vom Flächeninhalt des von den 3 Strömen $+\mathfrak{J}_{ha}$, $-\mathfrak{J}_{ha}$ und $\mathfrak{J}_{hi}$ bestimmten Dreiecks ab. Führt man nämlich einer 3-phasigen Maschine in den drei gleichviel

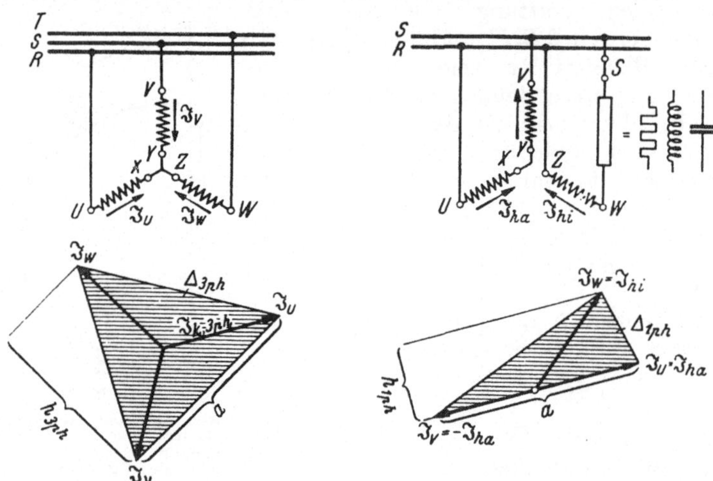

Abb. 208. Schaltung und Stromdreieck beim Kurzschluß eines Drehstrommotors. Inhalt des Dreiecks entspricht dem Anlaufmoment.

Abb. 209. Schaltung und Stromdreieck beim Einphasenmotor mit Hilfsstrang (dritter Strang des Drehstrommotors). Inhalt des Dreiecks entspricht dem Anlaufmoment. Gleicher Proportionalitätsfaktor wie in Abb. 208.

Leiter zählenden Strängen des Ständers die Ströme $\mathfrak{J}_1$, $\mathfrak{J}_2$ und $\mathfrak{J}_3$ zu und zeichnet man diese nach Größe und Phasenlage auf, so entscheidet der Inhalt des durch sie bestimmten Dreiecks über die Höhe des entwickelten Drehmomentes. Kennt man daher bei 3-phasigem Betrieb (Abb. 208) sowohl den Kurzschlußstrom als auch das zugehörige Drehmoment, so kann man ohne weiteres das Moment bei beliebiger Speisung der 3 Stränge über die Flächeninhalte der Stromdreiecke berechnen. In unserem speziellen Fall ist der Dreiecksinhalt in Abb. 208 und in Abb. 209 zu bilden. Wir erkennen, daß die mit a bezeichneten Seiten gleich groß sind. Folglich entscheidet die zugehörige Höhe $h_{3\,\mathrm{ph}}$ bzw. $h_{1\,\mathrm{ph}}$ über den Inhalt und daher über die relative Größe der Momente. Es ist:

$$M_1 = M_3 \frac{h_{1\,\mathrm{ph}}}{h_{3\,\mathrm{ph}}},$$ wenn M_1 das Moment bei 1-phasiger Speisung und M_3 das Moment in der normalen 3-phasigen Schaltung ist.

Wir müssen also bestrebt sein, dem Endpunkt des Stromvektors $\mathfrak{J}_{hi}$ einen möglichst großen Abstand vom Vektor $\mathfrak{J}_{ha}$ zu geben. Dies gelingt in der Regel am besten mit einem Kondensator, in geringerem Maße mit einem Widerstand und meist am schwächsten mit einer Drosselspule. Da letztere bei großen Einheiten billiger als der Widerstand ist, wird sie oft vorgezogen. Bei mittleren Maschinen wählt man gern den Widerstand, bei Kleinmotoren — wie allgemein bekannt — den Kondensator.

Die Erhöhung des Läuferwiderstandes R_2 bei Schleifringankern führt erst zu einer Zunahme und dann wieder zu einer Abnahme des Anlaufmomentes.

Sollte die Hilfswicklung nicht über genau die halbe Leiterzahl der Arbeitswicklung verfügen, so ist $\mathfrak{J}_{hi}$ bei Bildung des Stromdreiecks entsprechend reduziert einzutragen. Oft wählt man eine geringere Leiterzahl, um den Kurzschlußstrom dieser Wicklung zu vergrößern, und führt sie aus Widerstandsmetall aus, um den Ohmschen Vorwiderstand einzusparen. Es besteht dann allerdings eine gewisse Gefährdung dieser Wicklung durch die entstehende Erwärmung, besonders, wenn der Anlauf durch große träge Massen verzögert wird.

Berechnungsbeispiele.[1]

84. Drehstrommotor für 500 kW, 6000 V, 50 Hz, 125 U/min synchron, mit Keilstabanker. Der Motor soll im Stillstand den 3,5-fachen Strom aufnehmen und ein Drehmoment von 50% entwickeln. Die Polzahl ist:

$$2p = \frac{6000}{125} = 48.$$

Wirkungsgrad η und Leistungsfaktor $\cos\varphi$ werden Bild 134 und 136 entnommen:

$$\eta = 0{,}90 \quad \text{und} \quad \cos\varphi = 0{,}71.$$

Die Leistung je Pol ist 500/48 = 10,4 kW. Die Maschine ist also ungefähr mit einem 4-poligen Motor für 40 kW zu vergleichen; sie hat aber wegen des wesentlich größeren Luftspaltes einen kleineren $\cos\varphi$ und wegen des höheren Kupferaufwandes (mit Rücksicht auf die absolute Leistungshöhe von 500 kW) einen gleich guten Wirkungsgrad.

Der dem Netz entnommene Strom ist:

$$I_{\text{netz}} = \frac{500 \cdot 1000}{\sqrt{3} \cdot 6000 \cdot 0{,}90 \cdot 0{,}71} = 75{,}5 \text{ A}.$$

Der Kurzschlußstrom beträgt das 3,5-fache hiervon:

$$I_k = 3{,}5 \cdot 75{,}5 = 264 \text{ A}.$$

Die Ausnützungsziffer wird Abb. 124 entnommen und die Polteilung Abb. 127. Beide Werte hängen von der Leistung je Pol ab:

$$C = 1{,}8 \quad \text{und} \quad t_p = 171 \text{ mm}.$$

Aus der Polteilung folgt der Innendurchmesser des Ständers:

$$D = \frac{2p\,t_p}{\pi} = \frac{48 \cdot 171}{\pi} = 2620 \text{ mm}.$$

Aus C und D ergibt sich unter Benutzung der Leistungsformel die Eisenbreite:

$$N = C\left(\frac{D}{1000}\right)^2 \frac{l}{1000}\, n_{\text{syn}},$$

$$l = 1000\,\frac{500}{1{,}8 \cdot 125}\left(\frac{1000}{2620}\right)^2 \approx 330 \text{ mm}.$$

[1] Zusatzverluste aus Leistungsaufnahme berechnet. Vgl. jedoch S. 127 u. 131.

Die Baulänge wird um 30 mm größer gemacht, da 3 Kühlschlitze von je 10 mm Breite vorgesehen werden sollen. Es ist also:

$$l_a = 330 + 30 = 360 \text{ mm}.$$

Die wirksame Eisenbreite beträgt $0{,}92 \cdot 330 = 304$ mm, weil 8% für Blechisolation und Schichttoleranz verlorengehen.

Die Ständernuthöhe wird nach Abb. 131 abhängig von der Polteilung t_p zu $h_{n,1} = 60$ mm gewählt. Das Stanzmaß ist um 0,3 mm größer und beträgt 60,3 mm.

Die Lochzahl q_1 je Pol und Strang im Ständer wird möglichst groß gemacht, damit der ideelle Kurzschlußstrom und die Überlastbarkeit der Maschine groß genug werden. Die obere Grenze für q_1 wird durch die Betriebsspannung von 6000 V gegeben, da die Spulenköpfe einen genügenden gegenseitigen Abstand bekommen müssen. Wir machen $q_1 = 3$. Auch $q_1 = 2$ ergäbe noch eine brauchbare Maschine. Dagegen ist $q_1 = 4$ kaum auszuführen.

Die Ständernutenzahl N_1 wird also:

$$N_1 = 3 \cdot q_1 \cdot 2p = 3 \cdot 3 \cdot 48 = 432.$$

Aus ihr ergibt sich die an der Bohrung gemessene Nutteilung:

$$t_{n,1} = \frac{\pi D}{N_1} = \frac{\pi\, 2620}{432} = 19{,}0 \text{ mm}.$$

Die Nutbreite soll etwas größer als die halbe Teilung werden. Wir legen sie mit $b_{n,1} = 11{,}0$ mm fest. Das Stanzmaß ist 11,3 mm. Das Übermaß von 0,3 mm in Höhe und Breite wird benötigt, um den unvermeidlichen Ungenauigkeiten beim Schichten der Blechkette Rechnung zu tragen.

Wegen der kleinen Leistung je Pol soll die Maschine eine Einschichtwicklung aus Halbformspulen in halbgeschlossenen Nuten (kleiner CARTERscher Faktor!) bekommen. Als Steghöhe sehen wir $h_{s,1} = 1$ mm und als Stegbreite $b_{s,1} = 2{,}5$ mm vor. Die Zahnbreite in $^1/_3$ Höhe über der engsten Stelle ist:

$$b_{z,1} = \frac{\pi(D + \frac{2}{3} h_{n,1} + 2 h_{s,1})}{N_1} - (b_{n,1} + 0{,}3) = \frac{\pi(2620 + 40 + 2)}{432} - 11{,}3 = 8{,}1 \text{ mm}.$$

Die Ständerrückenhöhe $h_{r,1}$, hängt von der Polteilung ab. Nach Abschnitt 47 wählt man sie zu $^1/_4$ bis $^1/_5$ der Polteilung. Hier wird die untere Grenze mit $h_{r,1} = 33{,}7$ mm genügen.

Die magnetische Beanspruchung allein würde einen noch kleineren Betrag gestatten, da die Luftinduktion mit Rücksicht auf den $\cos\varphi$ geringer als sonst gewählt werden muß. Man vergleiche aber den kleinen Betrag von 33,7 mm mit dem Außendurchmesser der Ständerblechkette, welcher resultiert zu:

$$D_a = D + 2(h_{n,1} + h_{s,1} + 0{,}3 + h_{r,1}) = 2620 + 2\,(60 + 1 + 0{,}3 + 33{,}7) = 2810 \text{ mm}.$$

Die Rückenhöhe ist also nur 1,2% des Außendurchmessers.

Jetzt liegen alle Abmessungen des wirksamen Ständereisens fest.

Der Luftspalt von Langsamläufern muß mit Rücksicht auf den $\cos\varphi$ so klein wie möglich gehalten werden. Da unsere Maschine verhältnismäßig schmal ist, kann der Wert für δ, der sich aus Abb. 130 ergibt, etwa um 0,2 bis 0,25 mm unterschritten werden. Dies ist zulässig, weil die schwache Luftinduktion nur einen kleinen magnetischen Zug verursacht. Wir wählen:

$$\delta = 2{,}0 \text{ mm}.$$

Aus der Formel, die der Kurve in Abb. 130 zugrunde liegt, würde sich der etwas höhere Wert $\delta = 0{,}6 + D/1600 = 0{,}6 + 2620/1600 = 2{,}24$ ergeben, den wir auch bei einer breiteren Maschine mit gleichem Durchmesser wählen müßten.

Jetzt liegt der Läuferaußendurchmesser mit $D - 2\delta = 2620 - 2 \cdot 2 = 2616$ mm fest. Die Tiefe der Läufernuten hängt von den gestellten Anlaufbedingungen ab, die zu einem Stromverdrängungskäfig führen. Die Läuferrückenhöhe $h_{r,2}$ wählt man bei Langsamläufern aus rein mechanischen Gründen größer als magnetisch bedingt. Wir schätzen vorerst die Läufernuthöhe zu etwa 25 mm, die Läuferrückenhöhe zu 43 mm und bekommen den Innendurchmesser:

$$D_i = D - 2\delta - 2(h_{n,2} + h_{r,2}) = 2616 - 2(25 + 43) = 2480 \text{ mm}.$$

In der Praxis wird D_i durch die vorhandenen Schnittwertzeuge bestimmt, so daß man gelegentlich zu noch reichlicher bemessenen Rückenhöhen kommen kann. Ein zu knapper Rücken ist weder magnetisch noch mechanisch zulässig.

Die Zahl der Kühlschlitze im Läufer soll gleich der des Ständers sein. Die 3 Schlitze von ebenfalls 10 mm Breite stehen denen des Ständers gegenüber.

Die Läufernutenzahl N_2 wird möglichst wenig verschieden von der des Ständers gewählt. Wir machen sie (trotz der etwas höheren Leerverluste) um 2 Nuten je Pol größer als im Ständer, und zwar mit Rücksicht auf eine möglichst kleine doppeltverkettete Streuung. Es ist also die Lochzahl je Pol:

$$Q_2 = Q_1 + 2 = 3 \cdot 3 + 2 = 11 .$$

Daher ist die gesamte Nutenzahl:

$$N_2 = 2p \cdot Q_2 = 48 \cdot 11 = 528 .$$

Die Lochzahl je Pol und (gedachten) Strang wird:

$$q_2 = \frac{Q_2}{3} = \frac{N_2}{3 \cdot 2p} = 3\tfrac{2}{3} .$$

Sie stimmt also mit der empfohlenen Zahl $q_2 = q_1 + \frac{2}{3}$ überein.

Die Teilung der Läufernuten, gemessen am Außenumfang, wird:

$$t_{n,2} = \frac{\pi(D - 2\delta)}{N_2} = \frac{\pi\, 2616}{528} = 15{,}5 \text{ mm}.$$

Die Nutabmessungen werden erst später genau festgelegt.

Jetzt wird der Fluß Φ bestimmt, der die wichtigste Größe bei der Auslegung ist. Wenn wir ihn zu klein wählen, genügt die (nunmehr zu schwache) Maschine weder den Anlauf- noch den Nennbedingungen. Nur der optimale $\cos\varphi$ wird günstig beeinflußt. Wenn wir ihn zu groß ansetzen, können wir zwar sehr leicht den Anlauf befriedigen, aber der Nennleistungsfaktor sinkt unter jeden erträglichen Wert.

Wir gehen mit der magnetischen Beanspruchung im Luftspalt auf $^5/_6$ des normalen Wertes von 5300 G und rechnen also mit:

$$B_{L,\text{mittel}} = \tfrac{5}{6} \cdot 5300 = 4400 \text{ G} .$$

Hieraus ergibt sich unmittelbar der Fluß Φ zu:

$$\Phi = B_{L,\text{mittel}}\, t_p\, l\, 10^{-6} = 4400 \cdot 17{,}1 \cdot 33 \cdot 10^{-6} = 2{,}48 \text{ M-Maxwell}.$$

Polteilung t_p und Eisenbreite l sind hierbei in cm einzusetzen. Aus dem Fluß finden wir die Leiterzahl z_1 eines Ständerstranges. Wir wählen mit Rücksicht auf die Leiterabmessungen Dreieckschaltung (in Stern würden sich in unserem Fall zu starke Leiter ergeben) und haben also eine Spannung je Strang gleich der Netzspannung von 6000 V. Wir erhalten:

$$z_1 = \frac{U_{\text{strang}}}{1{,}06\,\Phi} = \frac{6000}{1{,}06 \cdot 2{,}48} = (2280), \quad \text{wegen } f = 50 \text{ Hz} \quad \text{und} \quad 1{,}06 = 1{,}11\, f_{w,1} .$$

Auf eine Ständernut kommen $z_n = 2280/(N_1 : 3) = 2280/144 = 15{,}8$ Leiter. Wir wählen als ganze Zahl 16 Leiter je Nut. Mithin ist die wahre Leiterzahl und der endgültige Fluß:

$$z_1 = 16 \cdot 144 = 2304 \quad \text{und} \quad \Phi = \frac{6000}{1{,}06 \cdot 2304} = 2{,}45 \text{ M-Maxwell}.$$

Die mittlere Luftinduktion sinkt etwas ab und beträgt 4350 G.

Der Leiterquerschnitt q ergibt sich aus der Fläche der Nut, dem Füllfaktor und der Zahl der Leiter je Nut. Die genauen Abmessungen des Leiters gewinnt man erst aus einer genauen Aufstellung, die alle Maße in Höhe und Breite der Nut enthält. Wir wählen zuerst die Anordnung der Leiter in der Nut und bevorzugen dabei ihre einfachste Lage. Nach Abb. 210 liegen alle Leiter übereinander. Zwischen zwei benachbarten Leitern besteht nur die Windungsspannung, deren Betrag 11 % über dem Betrag des doppelten Flusses liegt. Sie ist also $U_w = 1{,}11 \cdot 2\Phi = 5{,}43$ V.

Die Umpressung der Spulen wird nach Abschnitt 10 zu 1,8 mm gewählt. Hierzu kommt eine Werkstattoleranz von 0,2 mm. Die Leiter erhalten waagerechte Zwischenlagen aus Glimmer von 0,2 mm. Das Leiterbündel wird umbandelt. Der beidseitige Auftrag hierfür ist 0,3 mm. Wegen der Tränkung müssen jedem Leiter in Höhe und Breite noch 0,05 mm zugeschlagen werden, wozu in der Breite einmalig 0,2 mm hinzutritt. Die Herstellungstoleranz des blanken Leiters ist etwa 0,05 mm in beiden Richtungen, die Toleranz für seine Umspinnung rund 0,04 mm. Der Isolationsauftrag beträgt insgesamt 0,46 mm. Er hängt von der Größe der Abmessungen ab (Abschnitt 9). Die Aufstellung in mm lautet:

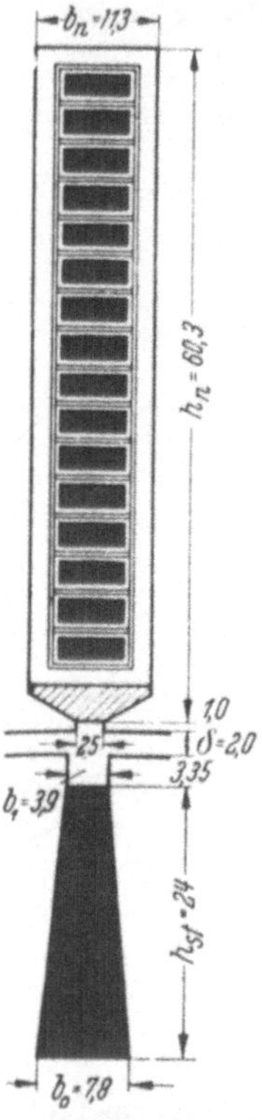

	Breite	Höhe
Leiter blank	6,00	2,50
Leiter isoliert	6,46	2,96
1 Leiter neben-, 16 Leiter übereinander	6,46	47,36
Leitertoleranz.	0,05	0,80
Isolationstoleranz	0,04	0,64
Tränkung	0,25	0,80
15 Zwischenlagen zu 0,2	—	3,00
Band	0,30	0,30
Umpressung (1,8 mm stark)	3,60	3,60
Toleranz hierfür	0,20	0,20
Spule	10,90	56,70
Luft zum Einbau	0,10	0,30
Keil	—	3,00
Nut	11,0	60,0
Stanzmaß der Nut	(11,3)	(60,3)

Abb. 210 u. 212. Ständer- und Läufernut des Motors für 500 kW, 6000 V, 50 Hz, 125 U/min synchron mit 3,5-fachem Kurzschlußstrom und 0,5-fachem Anlaufmoment.

Der Leiterquerschnitt ist $q = 2{,}5 \cdot 6{,}0 - 0{,}2 = 14{,}8\ \text{mm}^2$. Der Abzug von $0{,}2\ \text{mm}^2$ berücksichtigt die abgerundeten Kanten, deren Radius etwa 0,5 mm beträgt.

Der Nutfüllfaktor kann jetzt genau angegeben werden mit $\alpha = 16 \cdot 14{,}8/(11 \cdot 60) = 0{,}36$. Dies ist ein guter Wert. Der Kupferbelag des Ständers ist gleich dem auf eine Nutteilung bezogenen Kupferquerschnitt der Nut, also gleich $16 \cdot 14{,}8/19 = 12{,}5$ mm. Die Leiterlänge ist nach Abschnitt 8 im Mittel gleich $l_l = l_a + 1{,}7 \cdot t_p + 370\ \text{mm} = 360 + 1{,}7 \cdot 171 + 370 = 1020$ mm. Aus ihr ergibt sich der Widerstand eines Ständerstranges zu:

$$R_1 = \frac{z_1 l_l 10^{-3}}{qL} = \frac{2304 \cdot 1{,}02}{14{,}8 \cdot 57} = 2{,}75\ \Omega \text{ bei } 20^\circ.$$

$$= \frac{2304 \cdot 1{,}02}{14{,}8 \cdot 46{,}8} = 3{,}35\ \Omega \text{ bei } 75^\circ.$$

Das Gewicht der blanken Ständerwicklung ist $G = 8{,}9 \cdot 3 z_1 l_l q\, 10^{-6} = 8{,}9 \cdot 3 \cdot 2304 \cdot 1020 \cdot 14{,}8 \cdot 10^{-6} = 920$ kg. Eine gute Kontrolle für Widerstand und Gewicht bietet die doppelte Bestimmung der Ständerwicklungsverluste. Der Strom je Strang ist $I = I_{\text{netz}}/\sqrt{3} = 75{,}5/\sqrt{3} = 43{,}5$ A (Dreieckschaltung). Die Stromdichte g beträgt also $43{,}5/14{,}8 = 2{,}94\ \text{A/mm}^2$. Die Verluste bei 75° betragen:

$$Q_1 = 3\, I^2 R_1 = 3 \cdot 43{,}5^2 \cdot 3{,}35 = 19000\ \text{W} \quad \text{oder}$$

$$= v_{cu}\, g^2\, G = 2{,}39 \cdot 2{,}94^2 \cdot 920 = 19000\ \text{W} \quad \text{(Abschn. 32).}$$

Zur Beurteilung der Erwärmung dient die spezifische Beanspruchung der Nutenwandung, nämlich:

$$v_n = \frac{z_n\, q\, g^2\, 10^3}{(2 h_n + b_n - 10)\, L} = \frac{16 \cdot 14{,}8 \cdot 2{,}94^2 \cdot 10^3}{(2 \cdot 60 + 11 - 10)\, 46{,}8} = 363\ \text{W/m}^2.$$

Sie ist (wie immer bei großen Langsamläufern) sehr niedrig, da die Maschine bei ihrer Umfangsgeschwindigkeit von 17 m/s ($t = 171$ mm) erst bei einer Beanspruchung von 700 bis 800 W/m² eine Erwärmung von 70° annehmen würde. (Solche Aussagen macht man auf Grund früherer Messungen, die man sorgfältig zusammenstellt.)

Der Ständerstrombelag A_1 beträgt $I\, 3 z_1/\pi D = 43{,}5 \cdot 3 \cdot 2304/262\,\pi = 365$ A/cm. Das Produkt aus Strombelag und Stromdichte ist ebenfalls ein brauchbares Maß für die thermische Beanspruchung der Maschine. Es beträgt $A_1\, g = 365 \cdot 2{,}94 = 1070$. Es dürfte etwa 2000 betragen, wenn man 70° Enderwärmung und Isolation nach Klasse B einsetzt.

Nunmehr liegt der ganze Ständer fest, wobei wir voraussetzen, daß die magnetische Beanspruchung im Luftspalt richtig gewählt wurde.

Wir kommen zum Läufer. Zuerst bestimmen wir den Querschnitt der Stäbe und der Ringe. Wegen des verhältnismäßig kleinen Anzugsmomentes kommt nur ein Einfachkäfig mit Keilstäben in Betracht. Wir gehen aus vom Kupferaufwand im Ständer, der durch den Kupferbelag von 12,5 mm ausgewiesen wird. Im Läufer wählen wir nach Abschnitt 46 einen kleineren Belag, der etwa 0,7 bis 0,8 des Ständerbelages ist. Wir finden 9 mm. Jetzt kennen wir auch den Stabquerschnitt, der ja das Kupfer einer Läufernutteilung einsammelt. Wir finden: $q_{st} = 9\, t_{n,2} = 9 \cdot 15{,}5 = 140$ mm². (Der sonst übliche Umweg über Läuferstrom und Stromdichte entfällt.) Der Querschnitt q_r eines Ringes ist gleich dem von q_2 Läuferstäben, beträgt also $3{,}67 \cdot 140 \approx 500$ mm². Er kann immer unabhängig von der Läuferstabzahl bestimmt werden, wenn wir ihn gleich dem Kupfervorkommen des Läufers über $^1/_3$ Polteilung machen. Das ergibt $q_r = 9 \cdot 171/3 \approx 500$ mm². Wenn wir einen schweren Anlauf (hohe Schwungmassen) hätten, würden wir die Ringe nicht aus Kupfer, sondern aus Messing machen und ihnen etwa den 3-fachen Querschnitt geben. Dann betrüge ihre Speicherfähigkeit für Anlaufwärme bei ungeändertem Ohmschen Widerstand ebenfalls das Dreifache.

Die Stablänge wird $2 \cdot 60 = 120$ mm größer als die Ankerbreite l_a gemacht, sie mißt also $l_s = l_a + 120 = 360 + 120 = 480$ mm. Der Ringanteil wird bei der Widerstandsberechnung durch den Zuschlag Δl zur Stablänge l_{st} berücksichtigt. Er ist nach Abschnitt 8:

$$\Delta l = 0{,}61\, t_r \frac{q_{st}\, q_2}{q_r} \frac{L_{st}}{L_r} = 0{,}61 \cdot 167 \frac{140 \cdot 3{,}67}{500} \cdot 1 = 105 \text{ mm}.$$

Die Teilung der Ringe $t_r = \pi\, D_r/2p$ wurde für einen Ringdurchmesser D_r von etwa 2550 mm berechnet, den man bekommt, wenn man vom Ankerdurchmesser die doppelte Läufernuthöhe absetzt.

Jetzt kann der Widerstand eines Läuferstabes einschließlich Ringanteil berechnet werden. Für den Anlauf legen wir eine Temperatur von 20°, für den Betrieb eine von 75° zugrunde.

Die Stromverdrängungserscheinungen bei Kupferstäben pflegt man stets mit der Leitfähigkeit $L = 50$ zu berechnen, da dann bei satt in die Nut eingepaßten Stäben und bei der üblichen Netzfrequenz von 50 Hz die reduzierte Leiterhöhe der stillstehenden Maschine mit dem Betrag der in cm gemessenen Leiterhöhe übereinstimmt. Der Gleichstromwiderstand wird dagegen bei der noch kalten Maschine (20°) mit der Leitfähigkeit $L = 57$ und bei der betriebswarmen Maschine mit $L = 46{,}8$ berechnet. Diese kleine Vereinfachung erleichtert die Berechnung, ohne das Ergebnis fühlbar zu beeinflussen.

Wir bestimmen den kalten Stabwiderstand einschließlich Ringanteil, indem wir den Teilwiderstand r_2' außerhalb des Eisens und den Teilwiderstand r_2'' innerhalb des Eisens getrennt berechnen. Letzterer muß dann noch beim Anlauf mit dem Widerstandsverhältnis k_r malgenommen werden. Es ergibt sich für 20°:

$$r_2' = \frac{l_{st} - l + \Delta l}{1000\, q_{st}\, L_{st}} = \frac{480 - 330 + 105}{1000 \cdot 140 \cdot 57} = 32 \cdot 10^{-6}\,\Omega \quad \text{und}$$

$$r_2'' = \frac{l}{1000\, q_{st}\, L_{st}} = \frac{330}{1000 \cdot 140 \cdot 57} = 41{,}3 \cdot 10^{-6}\,\Omega.$$

Der wirksame, durch die Stromverdrängung erhöhte und auf den Schlupf s bezogene Widerstand ist:

$$\frac{r_2}{s} = \frac{r_2' + k_r r_2''}{s} = \frac{32 + k_r 41{,}3}{s} \cdot 10^{-6}\,\Omega.$$

In Wirklichkeit ist infolge der Anlauferwärmung ein höherer Widerstand vorhanden. Wir verfügen also bezüglich des entwickelten Drehmomentes über eine stille Reserve von 10 bis 20%.

Der warme Widerstand wird mit $L = 46{,}8$ und $k_r = 1$ berechnet. Er gilt für den Nennbetrieb mit kleinen Schlupfwerten und ist:

$$r_2 = (32 + 41{,}3) \cdot 10^{-6} \cdot \frac{57}{46{,}8} = 89{,}5 \cdot 10^{-6}\,\Omega \quad \text{bei} \quad 75^\circ.$$

Jetzt muß der benötigte Wert von k_r bestimmt werden, damit man die Abmessungen des Läuferstabes festlegen kann. Hierzu braucht man den bei Stillstand im Läuferstab fließenden Strom $I_{2,k}$; mit ihm berechnet man die Läuferwicklungsverluste $Q_{2,k}$, die gleich der Nennleistung N_{nenn} multipliziert mit dem relativen

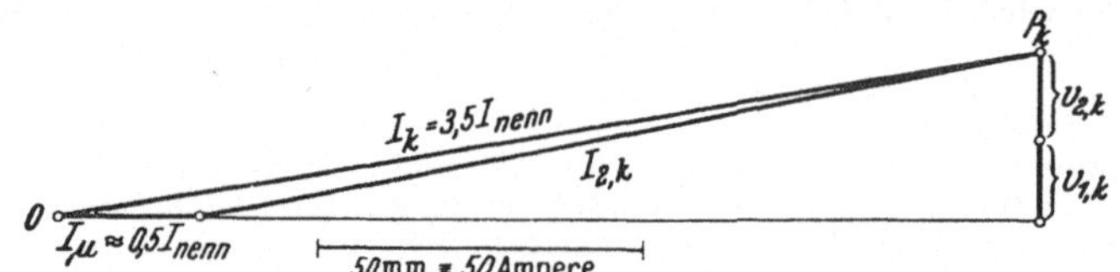

Abb. 211. Bestimmung des sekundären Kurzschlußstromes.

Anlaufmoment $M_a/M_n = 0{,}5$ sein müssen. Daraus läßt sich das erforderliche k_r bestimmen. Aus k_r ergibt sich, nachdem man über das Seitenverhältnis b_1/b_0 des Stabes verfügt hat, die Leiterhöhe h. Wenn der Stab über 2 bis 2,5 cm groß wird, liegt mit k_r die Breite $b_{0,5}$ des Stabes in einer Entfernung von 5 mm unter seiner Oberkante fest.

Wir machen die kleine Skizze nach Abb. 211, in die der gewünschte Anlaufpunkt P_k den gestellten Anlaufbedingungen gemäß eingetragen ist. Um den Sekundärstrom $I_{2,k}$ angeben zu können, braucht man den Magnetisierungsstrom I_μ, der vorerst einfach zu $0{,}5\,I_n$ geschätzt wird. Er beträgt also $0{,}5 \cdot 43{,}5 \approx 22$ A. Der Punkt P_k liegt um $v_{1,k} + v_{2,k}$ über der Nullinie, wobei die Strecke $v_{1,k}$ den primären Wicklungsverlusten, verursacht vom Strom $I_{1,k}$, und die Strecke $v_{2,k}$ der gewünschten sekundären Verlustleistung, hervorgerufen vom Strom $I_{2,k}$, entspricht. Es ist:

$$v_{1,k} = 3\,I_{1,k}^2\,R_1/w = 3 \cdot 153^2 \cdot 3{,}35/18000 = 13{,}0 \text{ mm} \quad \text{und}$$

$$v_{2,k} = N_{\text{nenn}} \frac{M_a/M_n}{w} = 500 \cdot 10^3 \cdot 0{,}5/18000 = 13{,}9 \text{ mm}.$$

Der Strommaßstab a_1 wurde willkürlich mit 1 A/mm und der Leistungsmaßstab daher mit $w = 3 \cdot 6000 \cdot a_1 = 18000$ W/mm gewählt. Das Übersetzungsverhältnis $ü$ ist:

$$ü = \frac{z_1 f_{w.1}}{N_2/3}\left(1 + \frac{0{,}5\,I_\mu}{I_\varnothing}\right) = \frac{2304 \cdot 0{,}96}{528/3}\left(1 + \frac{11}{131}\right) = 12{,}56 \cdot 1{,}08 = 13{,}6.$$

Der Strom $I_\varnothing$ wird in angenäherter Weise der Skizze entnommen.

Wir kennen jetzt den sekundären Strommaßstab $a_2 = a_1 \cdot ü = 1 \cdot 13{,}6 = 13{,}6$ A/mm. Der sekundäre Kurzschlußstrom mißt 131 mm, er beträgt also $131 \cdot 13{,}6 = 1780$ A. Er ruft die Verluste hervor:

$$Q_{2,k} = N_{\text{nenn}} \frac{M_a}{M_n} = I_{2,k}^2 (r_2' + k_r r_2'')\,N_2, \quad \text{woraus sich } k_r \text{ ergibt zu:}$$

$$k_r = \frac{N_{\text{nenn}}\,M_a/M_n}{I_{2,k}^2\,r_2''\,N_2} - \frac{r_2'}{r_2''} = \frac{250000}{1780^2 \cdot 41{,}3 \cdot 10^{-6} \cdot 528} - \frac{32}{41{,}3}$$

$$= 3{,}62 - 0{,}77 = 2{,}85.$$

Es soll ein Keilstab mit mäßigem Anzug Verwendung finden. Das Seitenverhältnis sei $\beta = b_1/b_0 = 0{,}5$. Nach Abb. 139 wird also eine reduzierte Leiterhöhe h' von rund 2,4 (genauer 2,38) benötigt. Der Keilstab ist also 2,4 cm hoch zu machen ($L = 50$, $f = 50$). Die obere Breite ist $b_1 = 0{,}39$ cm, die untere $b_0 = 0{,}78$ cm. Der Querschnitt beträgt also wie gewünscht $q_{st} = 24 \cdot (3{,}9 + 7{,}8)/2 = 140\ \text{mm}^2$. Der genaue Wert von k_r für diesen Stab ist 2,9. Die Stabbreite $b_{0,5}$ im Abstand von 5 mm unter der Oberkante beträgt $b_1 + (b_0 - b_1)\frac{5}{h} = 4{,}72$ mm. Sie allein ist für das Anlaufmoment maßgebend.

Wir wollen $b_{0,5}$ noch näherungsweise bestimmen. Wir nehmen also an, daß beim Stillstand innerhalb der Nuten nur die oberen 10 mm der Stäbe vorhanden seien (Widerstandshöhe $h_r = 1{,}0$ cm). Dann ist:

$$Q_{2,k} = 250000 = I_{2,k}^2 N_2 \left(r_2' + \frac{l}{1000 \cdot 10\ b_{0,5}\ L_{st}}\right),$$

woraus sich unter Benutzung obiger Werte ergibt:

$$b_{0,5} = 4{,}9\ \text{mm}.$$

Die kleine Abweichung von 5% zeigt, wie brauchbar dieses Näherungsverfahren ist. Man sollte es daher für den ersten Entwurf bevorzugen. Die endgültige Durchrechnung der Maschine, speziell für Schlupfwerte unter 1, kann dann mit den Kurven in Abb. 139 geschehen.

Die Läufernut bekommt die in Abb. 212 gezeigte Form[1]. Der Steg wird mit Rücksicht auf den bereits kleinen, natürlichen Kurzschlußstrom der Langsamläufer mäßiger Leistung je Pol möglichst niedrig gehalten. Wir könnten ihn genau vorausberechnen, ziehen aber vor, mit dem angenommenen Steg nunmehr die Kurzschlußberechnung und (vorher) die Berechnung des Magnetisierungsstromes durchzuführen. Letzterer wird natürlich nur in unmerklicher Weise vom Läufersteg beeinflußt. Die Höhe des ideellen Kurzschlußstromes I_i wird dagegen vom Verhältnis Steghöhe zu Stegbreite maßgebend mitbestimmt. Wir rechnen zuerst mit der Mindesthöhe von 0,5 mm für den Steg, die nicht unterschritten werden darf, da sonst das Hauptfeld Zusatzverluste in den oberen Stabpartien hervorrufen würde. Erst später werden wir die wahre Steghöhe ermitteln. Sie wird fast 3 mm höher sein müssen.

Zuerst wird der Magnetisierungsstrom I_μ berechnet. Wir bestimmen der Reihe nach die Querschnitte F und die Längen l für Luft, Zähne und Rücken und setzen die Größen wie bei allen magnetischen Berechnungen in cm² bzw. cm ein.

Der Luftquerschnitt ist $F_L = t_p\, l = 17{,}1 \cdot 33 = 563\ \text{cm}^2$. Die Länge ist $\delta' = \delta\, k_{c,1}\, k_{c,2}\, k_e$. Die CARTERschen Faktoren sind nach Abb. 51 $k_{c,1} = 1{,}03$ und $k_{c,2} = 1{,}08$; der Entlastungsfaktor zur Berücksichtigung der Kühlschlitze ist nach Abb. 52 $k_e = 0{,}975$. Also ist der wirksame Luftspalt $\delta' = 0{,}2 \cdot 1{,}03 \cdot 1{,}08 \cdot 0{,}975 = 0{,}217$ cm.

Der Zahnquerschnitt im Ständer ist $F_{z,1} = 9 \cdot b_{z,1} \cdot 0{,}92\, l = 9 \cdot 0{,}81 \cdot 30{,}4 = 222\ \text{cm}^2$. Die Zahnlänge ist $l_{z,1} = h_{n,1} = 6{,}0$ cm.

Die Zahnbreite im Läufer in $^1/_3$ Höhe über der engsten Stelle (Nutengrund) ist $b_{z,2} = (b_{z,\max} + 2\, b_{z,\min})/3$. Die größte Zahnbreite $b_{z,\max}$ beträgt 1,13 und die kleinste $b_{z,\min}$ nur 0,72 cm. Also ist $b_{z,2} = 0{,}86$ cm. Der Zahnquerschnitt resultiert zu $F_{z,2} = 11 \cdot b_{z,2} \cdot 0{,}92\, l = 11 \cdot 0{,}86 \cdot 30{,}4 = 288\ \text{cm}^2$.

Die Zahnlänge $l_{z,2}$ ist gleich der Stabhöhe zu setzen, beträgt also 2,4 cm. Der Steg wird nicht berücksichtigt, da die zugehörige Induktion sehr klein ist.

Der (doppelte) Rückenquerschnitt im Ständer ist $F_{r,1} = 2\, h_{r,1} \cdot 0{,}92\, l = 2 \cdot 3{,}37 \cdot 30{,}4 = 205\ \text{cm}^2$. Die Rückenlänge $l_{r,1}$ ist gleich der halben Polteilung in Rückenmitte gemessen, beträgt also $l_{r,1} = \pi(D_a - h_{r,1})/4p = \pi(281 - 3{,}37)/96 = 9{,}1$ cm.

Im Läufer ergibt sich der (doppelte) Rückenquerschnitt zu $F_{r,2} = 2\, h_{r,2} \cdot 0{,}92\, l = 2 \cdot 4{,}32 \cdot 30{,}4 = 263\ \text{cm}^2$. Die Rückenhöhe $h_{r,2}$ ist 4,32 cm. Die Rückenlänge $l_{r,2}$ wird $\pi(D_i + h_{r,2})/4p = \pi(248 + 4{,}32)/96 = 8{,}3$ cm.

---

[1] Unter Abb. 210, S. 334.

Jetzt wird der Abplattungsfaktor α bestimmt, indem man zuerst vom Wert $\alpha = 1,4$ ausgeht, dann die magnetischen Induktionen B und die magnetischen Teilspannungen V für Luft und beide Zahnpartien bestimmt und daraus das Verhältnis $k = (V_{z,1} + V_{z,2})/V_L$ berechnet, welches mittels der Korrekturkurve in Abb. 61 den endgültigen Wert für α liefert. Die Ergebnisse der vorläufigen Rechnung erhalten einen

Luft: $$B'_{L,\max} = 1,4\,\frac{\Phi\,10^6}{F_L} = 1,4\,\frac{2,45\cdot 10^6}{563} = 6080\text{ G},$$

$$V'_L = 0,8\,\delta'\,B'_{L,\max} = 0,8\cdot 0,217\cdot 6080 = 1055\text{ A}.$$

Ständerzahn: $$B'_{z,1} = 1,4\,\frac{\Phi\,10^6}{F_{z,1}} = 1,4\,\frac{2,45\cdot 10^6}{222} = 15400\text{ G},$$

$$H'_{z,1} = f(15400) = 37\text{ A/cm}\quad\text{(Abb. 53)},$$

$$V'_{z,1} = l_{z,1}\,H'_{z,1} = 6,0\cdot 37 = 222\text{ A}.$$

Läuferzahn: $$B'_{z,2} = 1,4\,\frac{\Phi\,10^6}{F_{z,2}} = 1,4\,\frac{2,45\cdot 10^6}{288} = 11900\text{ G},$$

$$H'_{z,2} = f(11900) = 9,8\text{ A/cm}\quad\text{(Abb. 53)},$$

$$V'_{z,2} = l_{z,2}\,H'_{z,2} = 2,4\cdot 9,8 = 24\text{ A}.$$

Hieraus ergibt sich der Sättigungsgrad $k' = (V'_{z,1} + V'_{z,2})/V'_L = (222 + 24)/1055 = 0,233$. Zu diesem Wert entnehmen wir der Korrekturkurve in Abb. 61 den endgültigen Abplattungsfaktor $\alpha = f(0,233) = 1,425$. Mit diesem rechnen wir weiter. Wir setzen gleich die Zahlenwerte ein und finden:

Luft: $$B_{L,\max} = 1,425\,\frac{2,45\cdot 10^6}{563} = 6200\text{ G},$$

$$V_L = 0,8\cdot 0,217\cdot 6200 \qquad = 1080\text{ A}$$

Ständerzahn: $$B_{z,1} = 1,425\,\frac{2,45\cdot 10^6}{222} = 15700\text{ G},$$

$$H_{z,1} = f(15700) = 42\text{ A/cm (Abb. 53)},$$

$$V_{z,1} = 6,0\cdot 42 \qquad = 252\text{ A}$$

Läuferzahn: $$B_{z,2} = 1,425\,\frac{2,45\cdot 10^6}{288} = 12150\text{ G},$$

$$H_{z,2} = f(12150) = 10,7\text{ A/cm (Abb. 53)},$$

$$V_{z,2} = 2,4\cdot 10,7 \qquad = 26\text{ A}$$

Ständerrücken: $$B_{r,1} = \frac{2,45\cdot 10^6}{205} = 12000\text{ G},$$

$$H_{r,1} = f(12000) = 4,6\text{ A/cm (Abb. 54)},$$

$$V_{r,1} = 9,1\cdot 4,6 \qquad = 42\text{ A}$$

Läuferrücken: $$B_{r,2} = \frac{2,45\cdot 10^6}{263} = 9300\text{ G},$$

$$H_{r,2} = f(9300) = 2,3\text{ A/cm (Abb. 54)},$$

$$V_{r,2} = 8,3\cdot 2,3 \qquad = 19\text{ A}$$

Die Summe der magnetischen Teilspannungen liefert
die Gesamtspannung $V_\mu = 1419\text{ A}$.

Hieraus ergibt sich der Magnetisierungsstrom je Strang zu:

$$I_\mu = \frac{2pV_\mu}{1{,}35\, f_{w,1}\, z_1} = \frac{48 \cdot 1419}{1{,}35 \cdot 0{,}96 \cdot 2304} = 22{,}8\ \text{A}.$$

Der Strom in den Zuleitungen zum Motor ist wegen der Dreieckschaltung $\sqrt{3}$-mal so groß. Er beträgt also $I_{\mu,\text{netz}} = \sqrt{3}\, I_\mu = \sqrt{3} \cdot 22{,}8 = 39{,}6$ A. Der auf den Nennstrom bezogene Magnetisierungsstrom ist $i_\mu = 22{,}8/43{,}5 = 0{,}52$.

Man beachte, daß die Rückeninduktion als ein Mittelwert berechnet wird, den man also mit dem Abplattungsfaktor 1 bestimmt. Die zugehörige magnetische Feldstärke H ist der reduzierten Magnetisierungskurve in Abb. 54 zu entnehmen.

Jetzt kann der magnetische Nutzleitwert λ_0 berechnet werden, der für die doppeltverkettete und die Schrägungsstreuung benötigt wird:

$$\lambda_0 = 0{,}38\, \frac{\Phi\, 10^6}{V_\mu\, l} = 0{,}38\, \frac{2{,}45 \cdot 10^6}{1419 \cdot 33} = 20.$$

Anschließend wird der ideelle Kurzschlußstrom I_i bestimmt. Wir ermitteln der Reihe nach die Streuleitwerte der Ständernut, der Wickelköpfe, der doppelten Verkettung des Ständers und des Läufers, der Schrägung und zuletzt der Läufernut.

Ständernut:

Aus dem Nomogramm in Abb. 74 entnehmen wir $\lambda_{n,1} = f(h_{n,1} = 60\ \text{mm};\ b_{n,1} = 11\ \text{mm}) = 2{,}65$. Da die Wicklung als Einschichtwicklung ungesehnt ist, ist der Korrekturwert gleich Eins. Der auf die Lochzahl q_1 bezogene Streuleitwert ist:

$$\frac{\lambda_{n,1}}{q_1} = \frac{2{,}65}{3} = 0{,}883.$$

Die genauere Berechnung würde ergeben:

$$\lambda_{n,1} = \frac{s}{3b_n} + \frac{h_2}{b_n} + \frac{2h_3}{b_n + b_s} + \frac{h_s}{b_s}$$

$$= \frac{52}{33} + \frac{3{,}1}{11} + \frac{2 \cdot 2{,}5}{11 + 2{,}5} + \frac{1}{2{,}5} = 2{,}63.$$

Die Abweichung liegt unter 1%.

Stirnstreuung:

Aus der Tabelle in Abschnitt 26 folgt für Einschichtwicklung im Ständer und Käfigwicklung im Läufer $\lambda_s = 0{,}35$. Der nicht im Eisen eingebettete Teil des Leiters beträgt $l_{s,1} = l_l - l = 1020 - 330 = 690$ mm. Der auf die Eisenbreite l bezogene Streuleitwert ist:

$$\lambda_s \frac{l_{s,1}}{l} = 0{,}35\, \frac{690}{330} = 0{,}730.$$

Doppeltverkettete Streuung:

Der primäre Streufaktor ist nach Abschnitt 27 für $q_1 = 3$ und $v = 0$ (unverkürzte Wicklung) $\sigma_{d,1} = 1{,}40/100$. Der Streuleitwert ist daher:

$$\sigma_{d,1}\, \lambda_0\, f_{w,1}^2 = \frac{1{,}40}{100}\, 20 \cdot 0{,}96^2 = 0{,}257.$$

Der sekundäre Streufaktor ist nach Abschnitt 27 für $q_2 = 3^2/_3$ und Käfiganker $\sigma_{d,2} = 0{,}68/100$. Der Streuleitwert ist:

$$\sigma_{d,2}\, \lambda_0\, f_{w,1}^2 = \frac{0{,}68}{100}\, 20 \cdot 0{,}96^2 = 0{,}125.$$

Der Streufaktor für die gegenseitige Nutenschrägung, die um den Betrag einer Ständernutteilung vorgenommen werden soll, ist nach der dritten Tabelle in Abschnitt 27 für $q_1 = 3$ $\sigma_{schr} = 1{,}02/100$, woraus sich der Streuleitwert ergibt zu:

$$\sigma_{schr}\, \lambda_0\, f_{w,1}^2 = \frac{1{,}02}{100} \cdot 20 \cdot 0{,}96^2 = 0{,}187.$$

Läufernut:

Der vorläufige Streuleitwert der Läufernut ist:

$$\lambda_{n,2} = \frac{h_{s,2}}{b_{s,2}} + \frac{h_{n,2}}{3\, b_{n,2}}\, k_i = \frac{0{,}5}{3{,}9} + \frac{24}{3 \cdot 4{,}3}\, k_i$$
$$= 0{,}128 + 1{,}86\, k_i.$$

Für $b_{n,2}$ ist (näherungsweise) die Nutbreite in 90% der Stabhöhe eingesetzt worden. Das Streuverhältnis k_i wird Abb. 140 für die reduzierte Leiterhöhe $h' = 2{,}4$ und das Seitenverhältnis $\beta = 0{,}5$ mit $k_i = 0{,}655$ entnommen. Im Stillstand ist daher der Streuleitwert einer Läufernut $\lambda_{n,2} = 0{,}128 + 1{,}86 \cdot 0{,}655 = 1{,}35$, woraus sich der auf die Lochzahl q_2 bezogene Wert ergibt:

$$\lambda_{n,2}\, \frac{f_{w,1}^2}{q_2} = 1{,}35 \cdot \frac{0{,}96^2}{3{,}67} = 0{,}338.$$

Der gesamte Betrag aller 6 Streuleitwerte ergibt den (noch zu kleinen) ideellen Streuleitwert λ_i': $= 2{,}520.$

Hieraus folgt der ideelle Blindwiderstand:

$$X_i' = \frac{4\pi^2}{10} \left(\frac{z_1}{100}\right)^2 \frac{l}{100}\, \frac{f}{50}\, \frac{1}{2p}\, \lambda_i = 3{,}95 \cdot 23{,}04^2 \cdot 0{,}33 \cdot \frac{1}{48} \cdot 2{,}52 = 36{,}3\, \Omega.$$

Der ideelle Kurzschlußstrom der Maschine je Strang beträgt:

$$I_i' = \frac{U_{strang}}{X_i'} = \frac{6000}{36{,}3} = 165 \text{ A}.$$

Dieser Strom ist noch zu groß, denn der Durchmesser des zugehörigen Ossanna-Kreises wäre:

$$I_\varnothing' \approx I_i' - I_\mu = 165 - 22{,}8 = 142{,}2 \text{ A}.$$

(Die Korrektur durch I_v kann bei großen und mittleren Maschinen immer vernachlässigt werden.)

Der wirklich benötigte Kreisdurchmesser ist aber nach Abb. 213 $I_\varnothing = 132{,}5$ A; die vorläufig in obiger Rechnung mit 0,5 mm eingesetzte Steghöhe der Läufernut muß also noch vergrößert werden. Die Größen λ_i', X_i' und I_i' wurden mit einem ' versehen, da sie noch nicht die endgültigen Werte besitzen.

Abb. 213 gibt die Ortskurve der Maschine wieder. In diesem Bild ist die Skizze der Abb. 211, welche die Anlaufdaten berücksichtigt, noch einmal enthalten, nur konnte jetzt bereits der genaue Magnetisierungsstrom $I_\mu = 22{,}8$ A und die der Mittelpunktgeraden zukommende Anstiegshöhe h über der Basis b, nämlich:

$$h = 200 \cdot \frac{I_\mu}{I_v} = 200 \cdot \frac{22{,}8}{1790} = 2{,}54 \text{ mm}, \quad \text{mit} \quad I_v = \frac{U_{strang}}{R_1} = \frac{6000}{3{,}35} = 1790 \text{ A},$$

genau berücksichtigt werden.

Der Durchmesser $I_\varnothing^{(1)}$ des Ossanna-Kreises, welcher für $s = 1$ gilt und auf dem $P_k = P_1$ liegt, muß also von 142,2 A auf 132,5 A verringert werden. Hierzu braucht man die im Läufersteg unterzubringende Zusatzstreuung, deren Leitwert nach Abschnitt 42 berechnet werden kann zu:

$$\lambda_{zus} = \frac{q_2 \lambda_i'}{f_{w,1}^2} \cdot \frac{I_\varnothing' - I_\varnothing^{(1)}}{I_\varnothing^{(1)}} = \frac{3,67 \cdot 2,52}{0,96^2} \cdot \frac{142,2 - 132,5}{132,5} = 0,73.$$

Die Formelzeichen von Abschnitt 42 sind sinngemäß auf die hier benutzten zu übertragen.

Der Läufersteg, dessen Breite $b_{s,2} = 3,9$ mm ist, muß erhöht werden um:

$$\Delta h_{s,2} = \lambda_{zus} b_{s,2} = 0,73 \cdot 3,9 = 2,85 \text{ mm}.$$

Somit mißt der endgültige Steg $h_{s,2} = 0,5 + 2,85 = 3,35$ mm. Dieses Maß wurde bereits in Abb. 212 eingetragen.

(In der Praxis wird man sich natürlich auf ein rundes Maß, in diesem Fall auf $h_{s,2} = 3,0$ oder 3,5 mm, einigen.)

Wir bestimmen jetzt den endgültigen Streuleitwert λ_i für den ideellen Kurzschluß, wobei wir fast alle Zahlen aus der vorherigen Rechnung einsetzen können. Wir legen den Schlupf $s = \infty$ (also $k_i = 0$) zugrunde und berechnen den ideellen Kurzschlußstrom $I_i^{(\infty)}$, der also unserer Maschine zukäme, wenn nur die allerоberste Zone des Läuferstabes Strom führte. Die eigentliche Nutenstreuung des stromführenden Teiles der Läufernut kommt erst mit sinkender Läuferfrequenz zur Geltung und erreicht mit $s = 0$ den vollen, durch $k_i = 1$ ausgewiesenen Wert.

Es wird:

$$\underset{s=\infty}{\lambda_i^{(\infty)}} = 0,883 + 0,730 + 0,257 + 0,125 + 0,187 + \frac{h_{s,2}}{b_{s,2}} \frac{f_{w,1}^2}{q_2}$$
$$= 2,182 + \frac{3,35}{3,90} \frac{0,96^2}{3,67} = 2,182 + 0,218 = 2,400.$$

Der zugehörige Streublindwiderstand ist:

$$X_i^{(\infty)} = 3,95 \left(\frac{z_1}{100}\right)^2 \frac{l}{100} \frac{f}{50} \frac{1}{2p} \lambda_i^{(\infty)} = 14,4 \cdot 2,40 = 34,6\,\Omega.$$

Der ideelle Kurzschlußstrom der unendlich schnell umlaufend gedachten Maschine ist daher:

$$I_i^{(\infty)} = \frac{6000}{34,6} = 173 \text{ A},$$

woraus sich der Durchmesser des zugehörigen Ossanna-Kreises ergibt zu:

$$I_\varnothing^{(\infty)} = I_i^{(\infty)} - I_\mu = 173 - 22,8 = 150,2 \text{ A}.$$

Die Ossanna-Kreisdurchmesser $I_\varnothing^{(s)}$ für andere Schlüpfe s finden wir bequem zu:

$$I_\varnothing^{(s)} = I_\varnothing^{(\infty)} b, \quad \text{mit} \quad b = \frac{1}{1 + a\, k_i}, \quad \text{wobei} \quad a = \frac{h_{n,2}}{3 b_{n,2}} \frac{f_{w,1}^2}{q_2 \lambda_i^{(\infty)}}$$
$$= \frac{24}{3 \cdot 4,3} \frac{0,96^2}{3,67 \cdot 2,4} = 0,195$$

ist. Zu den einzelnen frei wählbaren Schlupfwerten s bestimmen wir die reduzierte Leiterhöhe h', das Widerstandsverhältnis k_r (Abb. 139) und das Streuverhältnis k_i (Abb. 140) und die beiden Verluststrecken v_1 und v_2. Wir erinnern daran, daß v_1 die Verluste repräsentiert, die der jeweilige Strom $I_\varnothing$ in allen 3 Primärsträngen hervorruft, während v_2 die Verluste wiedergibt, die der gleiche, aber mit $\ddot{u}$ multiplizierte Strom in allen Stäben des Läufers einschließlich der Ringe verursacht, wobei der durch den jeweiligen Schlupf s dividierte Echtwiderstand, also $(r_2' + r_2'' k_r) : s$ berücksichtigt werden muß.

Wir setzen:

$$h' = \frac{\pi}{\sqrt{10}} \sqrt{s \frac{f}{50} \frac{L}{50}}\, h_{st} \approx \sqrt{s}\, h_{st} = \sqrt{s}\; 2{,}4, \quad \text{wegen}$$

$$\pi \approx \sqrt{10}, \qquad f = 50\,\text{Hz}, \qquad L \approx 50\ \text{m}/(\Omega\ \text{mm}^2),$$

$$v_1 = 3\, R_1 \frac{I_{\varnothing}^{(s)2}}{w} = 3 \cdot 3{,}35 \frac{I_{\varnothing}^{(s)2}}{18000}\ \text{mm},$$

$$v_2 = N_2 \frac{r_2' + r_2'' k_r}{s} \frac{(I_{\varnothing}^{(s)} \ddot{u})^2}{w} = 528 \cdot \frac{32{,}0 + 41{,}3\, k_r}{s} \cdot 10^{-6} \cdot \frac{(I_{\varnothing}^{(s)}\, 13{,}6)^2}{18000}\ \text{mm}.$$

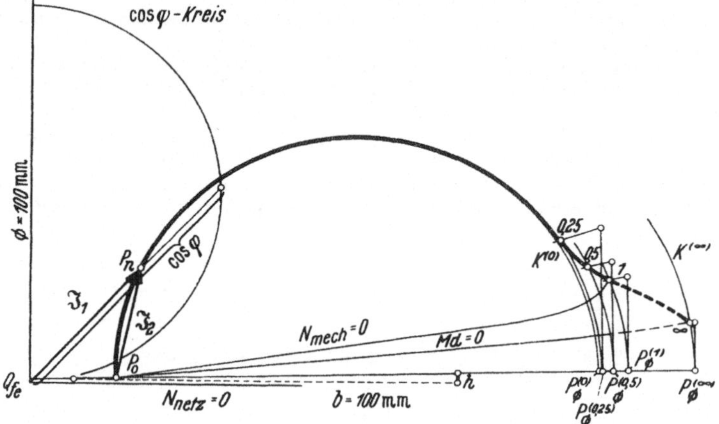

Abb. 213. Ortskurve für den Primärstrom $\mathfrak{J}_1$ des Keilstabmotors für 500 kW. Maßstäbe S. 336; Wiedergabe 1:2.

Es entsteht folgende Tabelle:

s	=	∞	1	0,5	0,25	0
h'	=	∞	2,4	1,7	1,2	0
k_r	=	∞	2,9	1,8	1,25	1,00
k_i	=	0	0,655	0,853	0,956	1,00
$I_{\varnothing}^{(s)}$	=	150,2	133,3	128,6	126,6	125,6 A
v_1	=	12,6	9,9	9,2	9,0	8,8 mm
v_2	=	0	14,7	19,1	29,1	$\frac{6{,}26}{s}$ mm

Mit ihrer Hilfe vervollständigen wir Abb. 213, indem wir bei jedem der s-Werte so vorgehen, als ob wir eine stromverdrängungsfreie Maschine vor uns hätten. Wir verbinden also den Endpunkt der beiden aneinandergesetzten Verluststrecken jeweils mit P_0 und treffen den zugehörigen OSSANNA-Kreis in seinem (allein gültigen) Betriebspunkt. Die Punkte verbinden wir zur Ortskurve der Maschine, die sich ab $s = 0{,}25$ in vorzüglichster Weise ($k_i \to 1{,}0$) dem Kreise $K^{(0)}$ mit dem Durchmesser $I_{\varnothing}^{(0)}$ von 125,6 A anschmiegt.

Auf der Senkrechten zur Mittelpunktgeraden durch die einzelnen Betriebspunkte tragen wir von unten her die Ständerverluste ab und gewinnen die Linie des Drehmomentes Null. Wir setzen dabei als Strom den vom Punkt P_0 ausgehenden Anteil, also I', ein. Die restliche Strecke bis zur Ortskurve teilen wir innerlich im Verhältnis $s:(1-s)$ und gewinnen die Linie der mechanischen Leistung Null.

Der Ursprung wird um rund 0,7 mm zur Berücksichtigung der Eisenverluste nach unten verlagert.

Wir entnehmen der Ortskurve:

$$I_k = 153\text{ A} = 100\%\text{ des geforderten Wertes,}$$
$$M_a = 255000\text{ W} = 102\%\text{ des geforderten Wertes.}$$

Der Leistungsfaktor ist etwas besser, als angenommen. Er beträgt bei vollbelasteter Maschine 0,72 statt 0,71. Der Strom wird also etwas kleiner sein, als angenommen wurde. Der genaue Wert resultiert erst aus der Nachrechnung des Wirkungsgrades, den wir bereits mit dem Strom $I = 42$ A statt bisher 43,5 A berechnen wollen.

Wir brauchen noch die Eisen- und Reibungsverluste der Maschine.

Eisenverluste:

Ständerzahngewicht

$$G_{z,1} = \frac{F_{z,1}}{130}\, l_{z,1}\, 2p = \frac{222}{130}\, 6 \cdot 48 \quad = 492\text{ kg.}$$

Ständerrückengewicht

$$G_{r,1} = \frac{F_{r,1}}{130}\, l_{r,1}\, 2p = \frac{205}{130}\, 9{,}1 \cdot 48 = 690\text{ kg.}$$

Ständerzahnverluste (einschl. Läuferverluste)

$$Q_{z,1} = 3{,}0\, v_{10}\, G_{z,1} \left(\frac{B_{z,1}}{10000}\right)^2 k_c^2 = 3{,}0 \cdot 2{,}3 \cdot 492 \cdot 1{,}57^2 \cdot 1{,}08^2 \quad = \quad 9770\text{ W.}$$

Ständerrückenverluste

$$Q_{r,1} = 1{,}5\, v_{10}\, G_{r,1} \left(\frac{B_{r,1}}{10000}\right)^2 = 1{,}5 \cdot 2{,}3 \cdot 690 \cdot 1{,}20^2 \quad = \quad 3430\text{ W.}$$

Eisenverluste $Q_{fe} = 13200$ W.

Die Eisenverlustziffer v_{10} ist mit 2,3 W/kg eingesetzt worden. Dieser Wert entspricht den üblichen Qualitäten des Dynamoblechs.

Der resultierende Cartersche Faktor k_c ist das Produkt aus $k_{c,1}$, $k_{c,2}$ und k_s.

Die Reibungsverluste werden berechnet zu:

$$Q_{rbg} = 10\,\frac{D}{1000}\,\frac{l_a + 150}{1000}\, v_a^2 = 10 \cdot 2{,}620 \cdot 0{,}510 \cdot 17{,}1^2 = 3900\text{ W.}$$

Durchmesser D und Ankerbreite l_a sind in mm, die Ankerumfangsgeschwindigkeit v_a in m/s einzusetzen. Die Reibungsverluste liegen fast ausschließlich in den Luftverlusten begründet. Sie können etwa 20 bis 30% unter dem berechneten Wert liegen, wenn die Luftführung besonders sorgfältig betrieben wird.

Die sog. Leerverluste der Maschine betragen $Q_0 = Q_{fe} + Q_{rbg} = 17{,}1$ kW.

Die Einzelverluste ergeben sich zu:

Leerverluste

$Q_{fe} + Q_{rbg} \quad = 17{,}1$ kW,

Primäre Wicklungsverluste

$Q_1 = 3 \cdot 42^2 \cdot 3{,}35 \cdot 10^{-3} \quad = 17{,}8$ kW $\quad R_1 = 3{,}35\,\Omega, \quad I_1 = 42$ A.

Sekundäre Wicklungsverluste

$Q_2 = 528 \cdot 89{,}5 \cdot 10^{-6} \cdot 400^2 \cdot 10^{-3} = 7{,}6$ kW $\quad r_2 = 89{,}5 \cdot 10^{-6}\,\Omega, \quad I_2 = 400$ A.

Zusatzverluste

$$Q_z = \frac{N_{nenn}}{\eta}\, 0{,}005 = \frac{500}{0{,}90} \cdot 0{,}005 = 2{,}8\text{ kW}$$

Gesamtverluste $Q = 45{,}3$ kW.

Die prozentualen Verluste betragen also $v\% = 100 \cdot 45{,}3/(500 + 45{,}3) = 8{,}3\%$. Daher ist der wirkliche Wirkungsgrad:

$$\eta = 100\% - 8{,}30\% = 91{,}70\%.$$

Der Wirkungsgrad wurde also um 1,7% überschritten. Die Verluste sind mit den warmen Widerständen berechnet worden, während wir bisher bei der Ortskurve zwar schon mit dem warmen Primärwiderstand, aber aus Gründen der Sicherheit bezüglich des Drehmoments noch mit dem kalten Läuferwiderstand arbeiteten. Der Sekundärstrom von 400 A wurde der Ortskurve entnommen.

Der genaue Primärstrom je Strang beträgt jetzt:

$$I_1 = \frac{500000}{3 \cdot 6000} \cdot \frac{1}{0{,}917 \cdot 0{,}72} = 42{,}0\ \text{A},$$

wie er inzwischen auch schon zugrunde gelegt wurde. Aus dem Netz wird also $I_{\text{netz}} = 72{,}8$ A entnommen.

Der relative Kurzschlußstrom geht, da der Nennstrom etwas kleiner geworden ist, im gleichen Maße herauf. Der absolute Betrag wurde aber genau eingehalten.

85. Drehstrommotor für 900 kW, 3000 V, 50 Hz, 1500 U/min synchron, mit Schleifringanker. Die Polzahl der Maschine ist:

$$2p = \frac{6000}{1500} = 4.$$

Wirkungsgrad η und Leistungsfaktor $\cos\varphi$ betragen nach Abb. 133 und 135:

$$\eta = 95\% \quad \text{und} \quad \cos\varphi = 0{,}89.$$

Der dem Netz entnommene Strom ist daher

$$I_{\text{netz}} = \frac{900 \cdot 10^3}{\sqrt{3} \cdot 3000 \cdot 0{,}95 \cdot 0{,}89} = 205\ \text{A}.$$

Die Ausnützungszahl C nach Abb. 123 und der Durchmesser D nach Abb. 126 betragen:

$$C = 4{,}3 \quad \text{und} \quad D = 580\ \text{mm}.$$

Beide liefern über die Leistungsformel $N = C\,\overline{D}^2\,\overline{l}\,n$ die Eisenbreite:

$$l = 1000\,\overline{l} = 1000 \cdot \frac{900}{0{,}580^2 \cdot 4{,}3 \cdot 1500} = 415\ \text{mm}.$$

Es werden 5 Kühlschlitze zu je 10 mm Breite vorgesehen, so daß die Ankerbreite beträgt:

$$l_a = 415 + 50 = 465\ \text{mm}.$$

Die reine Eisenbreite ist: $l_e = 415 \cdot 0{,}92 = 382$ mm.

Nach Abb. 132 ist die Ständernuthöhe $h_{n,1} = 66$ mm; ihr Stanzmaß ist 66,3 mm. Die Ständernutbreite $b_{n,1}$ beträgt bei einem anzustrebendem Verhältnis von Höhe : Breite gleich 4 bis 5 etwa 13 mm. Hierzu gehört eine Nutteilung von etwa dem doppelten Betrag, also von 26 mm. Die Polteilung ist aber:

$$t_p = \frac{\pi D}{2p} = \frac{\pi\,580}{4} = 456\ \text{mm}.$$

Deshalb müßte die Nutenzahl Q_1 je Pol $456/26 = 17{,}5$ sein. Wir wählen die nächste durch 3 teilbare Zahl, also $Q_1 = 18$. Sie ist das 3-fache der Nutenzahl je Pol und Strang q_1. Daher liegt diese Lochzahl und auch die gesamte Nutenzahl des Ständers fest mit:

$$q_1 = 6 \quad \text{und} \quad N_1 = 3 \cdot 2p \cdot q_1 = 3 \cdot 4 \cdot 6 = 72.$$

Die genaue Nutteilung an der Bohrung ist jetzt $\pi\,580/72 = 25{,}3$ mm und in $^1/_3$ der Nuthöhe $\pi(580 + 44)/72 = 27{,}2$ mm. Die Nutbreite wird etwa gleich der halben Teilung gemacht und soll $b_{n,1} = 13$ mm sein. Die Zahnbreite in $^1/_3$ Höhe ist daher $b_{z,1} = 27{,}2 - 13{,}3 = 13{,}9$ mm. Wieder wurde die Zugabe von 0,3 mm für das Stanzmaß berücksichtigt.

Die Nut wird, da eine Maschine dieser Größe und Spannung eine Zweischichtwicklung aus Formspulen bekommt, offen ausgeführt. Die Nutöffnung ist daher gleich der Nutbreite.

Die Ständerrückenhöhe beträgt (allgemein):

$$h_{r,1} = 0{,}22\, t_p = 0{,}22 \cdot 456 = 100 \text{ mm}.$$

Aus ihr ergibt sich der Ständeraußendurchmesser

$$D_a = D + 2(h_{n,1} + 0{,}3 + h_{r,1}) = 580 + 2(66 + 0{,}3 + 100) = 913 \text{ mm}$$

mit einer Aufrundung von 0,4 mm, wodurch $h_{r,1} = 100{,}2$ mm wird.

Der Luftspalt ist nach Abb. 129 oder nach der dort zugrunde liegenden Bemessungsformel zu wählen:

$$\delta = \frac{D}{1200}\left(1 + \frac{9}{2p}\right) = \frac{580}{1200}\left(1 + \frac{9}{4}\right) = 1{,}6 \text{ mm}.$$

Jetzt bestimmen wir den Fluß Φ, die primäre Leiterzahl z_1 je Strang und die Abmessungen und die Anordnung der Leiter in den Nuten. Die Wicklung ist eine Zweischichtwicklung. Ihre Verkürzung wird gleich 1/6 der Polteilung gemacht; daraus folgt, wegen $q_1 = 6$, $v = 3$ und $W/t_p = 15/18$. Der zugehörige Sehnungsfaktor ist $f_s = \sin(90° \cdot 15/18) = 0{,}966$. Der Wicklungsfaktor ist also $f_{w,1} = 0{,}956 \cdot 0{,}966 = 0{,}924$. Dieser Wert kann unmittelbar der Tabelle in Abschnitt 14 entnommen werden.

Die mittlere Luftinduktion soll ziemlich hoch gewählt werden. Wir setzen sie mit $B_{L,\text{mittel}} = 5600$ G an. Aus ihr ergibt sich der Fluß:

$$\Phi = B_{L,\text{mittel}}\, t_p\, l\, 10^{-6} = 5600 \cdot 45{,}6 \cdot 41{,}5 \cdot 10^{-6} = 10{,}6 \text{ M-Maxwell}.$$

Hierzu gehört nach der Spannungsformel die Leiterzahl:

$$z_1 = \frac{U_{\text{strang}}}{1{,}11\, f_{w,1}\, \Phi} = \frac{3000}{1{,}11 \cdot 0{,}924 \cdot 10{,}6} = (276).$$

Dabei wurde vorerst an Dreieckschaltung gedacht, weil die Maschinenspannung verhältnismäßig klein ist. Die Leiterzahl z_n je Nut ist $276/24 = 11{,}5$ und die Leiterzahl je Schicht die Hälfte hiervon, also 5,75. Bei Sternschaltung wären wir auf den $\sqrt{3}$-ten Teil, also auf 3,32 Leiter je Schicht, gekommen. Bei Anwendung von 4 parallelen Gruppen je Strang (die höchste hier mögliche Zahl von Parallelschaltungen) könnte man die Sternschaltung gut mit 13 Leitern je Schicht, die also $13/4 = 3{,}25$ wirksamen Leitern entsprechen, ausführen. Wir hätten dann aber entweder 26 Lagen übereinander in der Nut oder müßten 2 Leiter nebeneinander vorsehen und 7 Lagen in jeder Schicht übereinander anordnen. Dann müßte ein toter Leiter (der 14. Leiter) verlegt werden. Wir bevorzugen aber den größeren Querschnitt und nur 1 Leiter nebeneinander in der Nut und bleiben bei der Dreieckschaltung, die nunmehr mit 6 statt 5,75 Leitern je Schicht ausgeführt werden soll. Hieraus ergibt sich endgültig:

$$z_1 = \frac{N_1}{3} \cdot 2 \cdot 6 = 24 \cdot 2 \cdot 6 = 288 \text{ Leiter in Reihe je Dreieckstrang},$$

$$\Phi = \frac{3000}{1{,}11 \cdot 0{,}924 \cdot 288} = 10{,}2 \quad \text{und} \quad B_{L,\text{mittel}} = \frac{10{,}2 \cdot 10^6}{45{,}6 \cdot 41{,}5} = 5400 \text{ G}.$$

Durch Änderung des Wicklungsschrittes könnte man den zuerst gewählten Fluß einhalten. Wir möchten aber aus anderen Gründen die gute relative Spulenweite von 5/6 beibehalten.

Die Maschine hat weder parallele Leiter noch parallele Stromkreise (die bei 4-poligen Motoren leicht zum Brummen führen). Die Leiterabmessungen betragen 3,4 mm mal 8,5 mm blank und 3,96 mm mal 9,06 mm isoliert. Der Leiterquerschnitt q ist 28,7 mm² (Abzug von 0,2 mm² für die Abrundung der Kanten) und der wärmebeständige Isolationsauftrag 0,56 mm insgesamt. Dieser Leiterquerschnitt ist die obere Grenze, die von der Wickelei noch beherrscht wird. Bei irgendwelchen Schwierigkeiten könnte man genau so gut auf 2 nebeneinanderliegende, parallele Teilleiter der halben Breite übergehen, deren Isolationsauftrag auf etwa 0,46 mm zurückgehen würde.

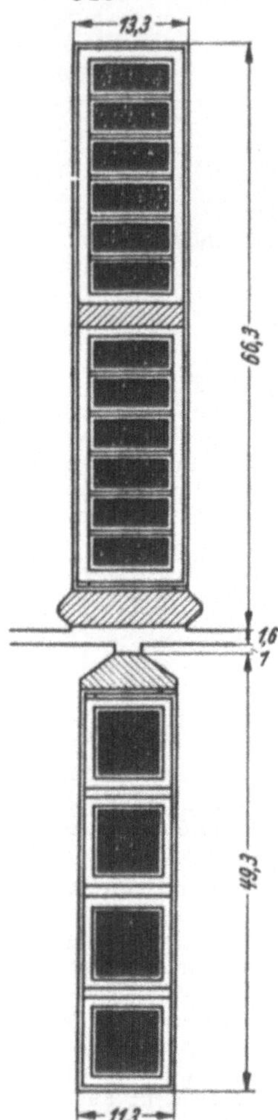

Abb. 214 u. 215. Ständer- und Läufernut des Motors für 900 kW, 3000 V, 50 Hz, 1500 U/min synchron mit Schleifringanker. Läuferstäbe liegen paarweise parallel.

Die Nutauslegung in mm lautet (Abb. 214):

	Breite	Höhe
Leiter blank	8,50	3,40
Leiter isoliert	9,06	3,96
1 Leiter neben-, 6 Leiter übereinander	9,06	23,76
Drahttoleranz	0,05	0,30
Isolationstoleranz	0,04	0,24
Tränkung (0,05 je Leiter + 0,2 in Breite)	0,25	0,30
5 Zwischenlagen je 0,3 mm	—	1,50
Band	0,30	0,30
Umpressung (1,3 mm einseitig)	2,60	2,60
Toleranz hierfür	0,20	0,20
1. Schicht	12,50	29,20
2. Schicht	—	29,20
Zwischenstück	—	2,40
Nutauskleidung[1] (0,15 mm)	0,30	0,45
Luft zum Einbau	0,20	0,25
Keil	—	4,50
Nut	13,00	66,00
Stanzmaß	(13,30)	(66,30)

Der Füllfaktor ist $12 \cdot 28{,}7/(13 \cdot 66) = 0{,}402$. Er ist als recht gut zu bezeichnen. Den gleichen Faktor würden wir mit Leitern des halben Querschnitts bei Verdopplung der Leiterzahl erreichen.

Der Kupferbelag des Ständers ist $12 \cdot 28{,}7/25{,}3 = 13{,}6$ mm. Die Leiterlänge ergibt sich nach Abschnitt 8 zu:

$$l_l = l_a + 2d + y\,t_n \frac{1}{\sqrt{1 - \left(\frac{b_n + a}{t_n}\right)^2}} + \frac{\pi}{2}\,\frac{h_n}{2} + 50 \text{ bis } 60 \text{ mm},$$

$$= 465 + 2 \cdot 50 + 15 \cdot 25{,}3 \frac{1}{\sqrt{1 - \left(\frac{13+3}{25{,}3}\right)^2}} + \frac{\pi}{2}\,33 + 53 = 1160 \text{ mm}.$$

Der gerade Teil des Wickelkopfes d wurde mit 50 mm, der gegenseitige Abstand a der Wickelköpfe a mit 3 mm entsprechend der Betriebsspannung von 3000 V eingesetzt.

Der primäre Strangwiderstand R_1 wird wie üblich für 20° und in diesem Fall einer hoch beanspruchten Wicklung, die nach Klasse B isoliert wird, für die zu erwartende Grenztemperatur von 15 + 80 = 95° berechnet. Es ergeben sich die beiden Beträge:

$$R_{1,\,\text{kalt}} = \frac{288 \cdot 1{,}16}{28{,}7 \cdot 57} = 0{,}204\,\Omega \text{ (bei } 20°) \text{ und}$$

$$R_{1,\,\text{warm}} = \frac{288 \cdot 1{,}16}{28{,}7 \cdot 44} = 0{,}265\,\Omega \text{ (bei } 95°).$$

Man beachte, daß der warme Widerstand 30% über dem kalten Wert liegt.

[1] Unter dem Keil überlappt.

Das Gewicht der blanken Ständerwicklung ist:

$$G = 8{,}9 \cdot 288 \cdot 1160 \cdot 28{,}7 \cdot 10^{-6} \cdot 3 = 256 \text{ kg}.$$

Die Ständerwicklungsverluste der betriebswarmen Maschine belaufen sich auf:

$$Q_1 = 3\,R_1\,I^2 = 3 \cdot 0{,}265 \cdot 118^2 = 11000 \text{ W} \quad \text{oder}$$
$$= v_{cu}\,G\,g^2 = 2{,}54 \cdot 256 \cdot 4{,}11^2 = 11000 \text{ W}.$$

Hierbei wurde der Strom I je Strang von $205/\sqrt{3} = 118$ A und die Stromdichte $g = I/q = 118/28{,}7 = 4{,}11$ A/mm² eingesetzt. Die thermische Beanspruchung der Nutenwandung beträgt:

$$v_n = \frac{1000\,z_n\,q\,g^2}{(2h_n + b_n - 10)\,L} = \frac{1000 \cdot 12 \cdot 28{,}7 \cdot 4{,}11^2}{(2 \cdot 66 + 13 - 10) \cdot 44} = 1000 \text{ W/m}^2.$$

Dieser Wert ist bei der hohen Ankerumfangsgeschwindigkeit von 45,6 m/s zulässig. Ein weiteres Maß bildet das Produkt aus Stromdichte und Strombelag. Der Strombelag des Ständers ist:

$$A_1 = \frac{3\,z_1\,I}{\pi D} = \frac{3 \cdot 288 \cdot 118}{\pi\,58} = 560 \text{ A/cm}.$$

Er liegt recht hoch. Die Stromdichte war $g = 4{,}11$ A/mm², so daß für das gesuchte Produkt resultiert:

$$A_1\,g = 560 \cdot 4{,}11 = 2300.$$

Dieses Produkt läßt leider nicht den günstigen Einfluß schmaler Nuten erkennen. Es wurde früher stärker als heute zur Beurteilung herangezogen. Mit v_n gewinnt man den besseren Überblick. $A_1 g$ ist ein Maß für die auf die Flächeneinheit der Ankeroberfläche bezogenen Verluste, die betragen:

$$v = \frac{A_1\,g}{L}\,10^2 = \frac{2300}{44} \cdot 10^2 = 5220 \text{ W/m}^2.$$

Wir kommen jetzt zum Läufer. Sein Außendurchmesser mißt $D - 2\delta = 580 - 3{,}2 = 576{,}8$ mm. Die Lochzahl je Pol und Strang q_2 soll, da es sich um einen Schleifringanker handelt, ganzzahlig sein. Wir haben also die Wahl zwischen $q_2 = q_1 \pm 1$ und $q_2 = q_1 \pm 2$. Da q_1 mit 6 bereits recht hoch liegt, kommen nur die Minuszeichen in Betracht. Wir können $q_2 = 5$ oder auch gleich 4 machen. Da die Läufernut bereits bei $q_2 = 5$ einen großen Kupferquerschnitt aufnehmen wird, wollen wir von der noch gröberen Nut bei $q_2 = 4$ absehen. Wir wählen also $q_2 = 5$. Mithin wird die Läufernutenzahl:

$$N_2 = 3 \cdot 2p \cdot q_2 = 3 \cdot 4 \cdot 5 = 60.$$

Wir machen also den Läufer 3-strängig. Andere Strangzahlen als 3 kommen heute kaum noch in Frage. Der Metallbelag des Läufers soll 60 bis 80% von dem des Ständers betragen. Wir wählen mit Rücksicht auf den bereits recht großen Ständerbelag den kleineren Wert und setzen also fest, daß der Läufer $0{,}6 \cdot 13{,}6 = 8{,}16$ mm Kupfer bekommen soll. Bei einem mutmaßlichen Füllfaktor von 45% müßte die Nuthöhe bei einer relativen Nutbreite von etwa 0,4 betragen:

$$h_{n,2} \approx \frac{8{,}16}{0{,}45 \cdot 0{,}40} = 45 \text{ mm}.$$

Wegen der starken Unterschneidung der Zähne kann die Nutbreite nicht wie im Ständer gleich der halben Nutteilung oder gar darüber gemacht werden. In Wirklichkeit müssen wir mit Rücksicht auf die Zahninduktion sogar eine noch schmälere Läufernut vorsehen, wodurch wir auf eine Nuthöhe von 49 mm kommen. Diese Nut ist in Abb. 215 skizziert. Sie enthält 4 Leiter, von denen je 2 übereinanderliegende parallel geschaltet sind. Wir haben also nur 2 wirksame Leiter je Nut. Zur Einsparung von Schaltverbindungen wird, wie fast ausschließlich üblich, Wellenwicklung vorgesehen (vgl. Abb. 10). Eine Schrittverkürzung entfällt. Die Weite der Läuferwicklung ist daher gleich 15 Nutteilungen oder gleich einer Polteilung. Der Wicklungsfaktor wird mithin 0,957.

Die blanken Leiter haben die Abmessung 8,0 · 8,0 mm. Ihr Querschnitt ist etwa 62 mm², da rund 2 mm² für die Abrundung wegfallen. Die Herstellungstoleranz soll in dem genannten Maß bereits enthalten sein. Die Isolation der Leiter geschieht durch Umbandelung mit Seidenband (Cambric) und durch eine glimmerhaltige Umpressung. Die Auslegung der Nut in mm lautet:

	Breite	Höhe
Leiter blank	8,0	8,0
Leiter umbandelt (0,3 mm)	8,6	8,6
Leiter umpreßt (1,0 mm)	10,6	10,6
1 Leiter neben-, 4 Leiter übereinander	10,6	42,4
3 Zwischenlagen zu 0,6 mm	—	1,8
Nutauskleidung (0,1 mm)	0,2	0,3
Keil einschließlich Beilage	—	4,0
Luft zum Einbau	0,2	0,5
Nut	11,0	49,0
Stanzmaß	(11,3)	(49,3)

Der endgültige Kupferbelag im Läufer beträgt also 4 · 62/30,1 = 8,2 mm.

Die Läufernutteilung an der Bohrung ist $t_{n,2} = \pi\ 576{,}8/60 = 30{,}1$ mm und in $^1/_3$ Nuthöhe (über der engsten Stelle gerechnet) gleich 26,7 mm. Hieraus ergibt sich die Zahnbreite $b_{z,2}$ in $^1/_3$ Höhe zu 26,7 — 11,3 = 15,4 mm. Die Läufernut wird halbgeschlossen ausgeführt; sie bekommt einen Steg von 1 mm Höhe und 3 mm Schlitzbreite.

Die thermische Beanspruchung der Läuferwicklung kann schon jetzt recht genau bestimmt werden, also bevor der OSSANNA-Kreis gezeichnet wurde. Man setzt den Strombelag des Läufers gleich dem des Ständers multipliziert mit dem $\cos\varphi$ und mit dem Sehnungsfaktor, also $A_2 = A_1 \cos\varphi\, f_s = 560 \cdot 0{,}89 \cdot 0{,}966 = 483$ A/cm. Daraus bekommt man den Strom je Nut $I_{nut} = A_2\, t_{n,2} = 483 \cdot 3{,}01 = 1450$ A. Der Strom eines (Doppel-) Stabes ist daher 725 A. Der genaue Wert wird später dem OSSANNA-Kreis entnommen. Er beträgt 750 A, ist also rund 3% höher. Mit ihm berechnen wir die exakten Größen:

Stromdichte $g_2 = 750/(2 \cdot 62) = 6{,}03$ A/mm²,

Strombelag $A_2 = 750 \cdot 2/3{,}01 = 498$ A/cm.

Ihr Produkt ist: $A_2\, g_2 = 6{,}03 \cdot 498 = 3000,$

dem eine spezifische Belastung der Läuferoberfläche entspricht von:

$$v = \frac{A_2\, g_2}{L}\, 10^2 = \frac{3000}{44}\, 10^2 = 6800 \text{ W/m}^2.$$

Die spezifische Nutbelastung ist:

$$v_n = \frac{1000 \cdot 4 \cdot 62 \cdot 6{,}03^2}{(2 \cdot 49 + 11 - 10) \cdot 44} = 2070 \text{ W/m}^2.$$

Der Läufer ist also durch die Wicklungsverluste recht hoch beansprucht. Er verfügt aber durch seine hohe Geschwindigkeit über eine ausgezeichnete Kühlung.

Die Verluste sollen wieder über den Widerstand und über das Gewicht bestimmt werden. Die Leiterlänge beträgt, wenn wir die gerade Länge $d = 40$ mm und den Kopfabstand $a = 2{,}5$ mm setzen, bei einem Zuschlag von 52 mm:

$$l_l = \frac{t_p}{\sqrt{1 - \left(\frac{11 + 2{,}5}{30{,}1}\right)^2}} + 2 \cdot 40 + \frac{\pi}{2}\, \frac{49}{2} + 52 + 465 = 1140 \text{ mm}.$$

Wir haben die Polteilung $t_p = 456$ statt $y\, t_n$ gesetzt, um daran zu erinnern, daß auch bei einer verkürzten Weite der Wellenwicklung (also bei $y < 3\, q_2$) die mittlere Leiterlänge die gleiche bleiben würde. Die Köpfe werden natürlich bei der Stabwicklung nicht rund abgebogen, sondern die zusammengehörigen Stabenden werden durch Löthülsen miteinander verbunden. Wir haben aber die Formel für die Ständerwicklung übernommen, um keinen neuen Ausdruck schaffen zu müssen.

Die wirksame Leiterzahl eines Läuferstranges beträgt:

$$z_2 = \frac{N_2}{3} \cdot 2 = 20 \cdot 2 = 40.$$

Der Läuferwiderstand je Strang ist:

$$R_{2,\,\text{kalt}} = \frac{40 \cdot 1{,}14}{(2 \cdot 62) \cdot 57} = 0{,}00645\,\Omega \text{ (bei } 20^\circ\text{)},$$

$$R_{2,\,\text{warm}} = \frac{40 \cdot 1{,}14}{(2 \cdot 62) \cdot 44} = 0{,}00835\,\Omega \text{ (bei } 95^\circ\text{)}.$$

Das Gewicht der Läuferwicklung beträgt:

$$G = 8{,}9 \cdot 3 \cdot 40 \cdot (2 \cdot 62) \cdot 1140 \cdot 10^{-6} = 151 \text{ kg},$$

also 59% des Ständerkupfergewichtes. Die Läuferwicklungsverluste bei 95° sind:

$$Q_2 = 3\,R_{2,\,\text{warm}}\,I_2^2 = 3 \cdot 0{,}00835 \cdot 750^2 = 14000 \text{ W} \quad \text{oder}$$
$$= v_{cu}\,G\,g^2 \qquad = 2{,}54 \cdot 151 \cdot 6{,}03^2 = 14000 \text{ W}.$$

Die Läuferwicklungsverluste sind höher als die des Ständers. Man könnte den Metallaufwand im Läufer erhöhen, um sie zu verringern, aber die Schwierigkeiten in der Werkstatt steigen mit größeren Stabquerschnitten noch erheblich an. Außerdem wird der Wirkungsgrad, wie weiter unten ausgewiesen, fast genau eingehalten. Stets kann man die Wicklungsverluste im Läufer verkleinern, indem man den Fluß erhöht. (Im Ständer kann der fallende $\cos\varphi$ diese Maßnahme illusorisch machen.) Der Fluß könnte in unserem Fall um 5 bis 7% gesteigert werden, wenn es sich eben nur um die Entlastung des Läufers handelte. Dann würden die Läuferverluste um 10 bis 14% sinken. Dieser Hinweis mag genügen.

Die Schaltung der Läuferwicklung richtet sich nach dem gewünschten Betrag der Schleifringspannung (bei Stillstand) und der Stromstärke je Ring (bei Nennlast). Der Läuferstrom je Strang ist bereits recht hoch, da er 750 A beträgt. Man wird also nur an Sternschaltung denken können. (Im anderen Fall müßten insgesamt 3mal 1300 A von den Schleifringen abgenommen werden, so daß also die Ringe und die Bürsten zusammen rund 4000 A führen würden.) Jetzt kennen wir (genügend genau) das Übersetzungsverhältnis der Maschine:

$$\ddot{u} = \frac{z_1\,f_{w,1}}{z_2\,f_{w,2}}\,(1 + 0{,}02 \ldots 0{,}04) = \frac{288 \cdot 0{,}924}{40 \cdot 0{,}957}\,(1{,}03) = 7{,}18.$$

Somit ist die Läuferspannung je Strang 3000/7,18 = 418 V. Die Schleifringspannung beträgt $\sqrt{3} \cdot 418 = 727$ V.

Das Produkt aus Strangzahl, Spannung je Strang und Strom je Strang im Läufer liefert die um wenige (etwa 5) Prozent erhöhte Leistung der Maschine, es ist also in unserem Beispiel:

$$3 \cdot 418 \cdot 750 \cdot 10^{-3} = 900\,(1 + 0{,}045).$$

Dieser Zusammenhang erlaubt oft, bei Kenntnis nur einer der beiden Größen schnell die andere bestimmen zu können. Das Verhältnis der Schleifring(stillstands)spannung zum Schleifring(last)strom ist 727 : 750, also rund 1. In der Praxis sorgt man, mit Rücksicht auf die Anlasser, daß dieses Verhältnis zwischen 1 und 2 liegt.

Der Läuferinnendurchmesser D_i soll 280 mm betragen. Dann wird die doppelte Läuferrückenhöhe $2h_{r,2} = (D - 2\delta) - 2(h_{n,2} + h_{s,2}) - D_i = 576{,}8 - 2(49{,}3 + 1) - 280 = 196{,}2$ mm. Die Rückenhöhen von Ständer und Läufer stimmen fast miteinander überein.

Jetzt liegen alle Abmessungen der eigentlichen aktiven Teile fest. Wir berechnen zuerst den magnetischen Kreis, indem wir mit der Bestimmung der Querschnitte und Weglängen der fünf wesentlichen Abschnitte beginnen.

Der Luftquerschnitt ist $F_L = t_p\, l = 45{,}6 \cdot 41{,}5 = 1900\ \text{cm}^2$. Wir bestimmen den magnetisch wirksamen Luftspalt δ' aus dem wahren Spalt δ und den 3 Faktoren $k_{c,1}$, $k_{c,2}$ und k_s, von denen der erste die Nutenöffnung im Ständer, der zweite die im Läufer und der dritte die Entlastung der magnetischen Beanspruchung im Luftspalt durch die Kühlschlitze berücksichtigt. (Wir rechnen immer nur mit der reinen Paketbreite l und nicht mit der größeren wirklichen Ankerbreite l_a.)

Nach Abb. 51 sind die CARTERschen Faktoren $k_{c,1} = f(b_s/t_n = 0{,}515;\ b_s/\delta = 8{,}13) = 1{,}46$ und $k_{c,2} = f(b_s/t_n = 0{,}1;\ b_s/\delta = 1{,}87) = 1{,}03$. Der Entlastungsfaktor k_s nach Abb. 52 wird $k_s = f(l_a/l = 1{,}12) = 0{,}97$. Das Produkt aller drei Werte ist 1,455, so daß der wirksame Luftspalt ist:

$$\delta' = \delta \cdot 1{,}455 = 0{,}16 \cdot 1{,}455 = 0{,}233\ \text{cm}.$$

Der Ständerzahnquerschnitt $F_{z,1}$ ist gleich $3\, q_1\, b_{z,1}\, l_e = 18 \cdot 1{,}39 \cdot 38{,}2 = 955\ \text{cm}^2$. Die Zahnlänge $l_{z,1}$ ist 6,6 cm.

Der Läuferzahnquerschnitt wird $F_{z,2} = 3\, q_2\, b_{z,2}\, l_e = 15 \cdot 1{,}54 \cdot 38{,}2 = 881\ \text{cm}^2$. Die Zahnlänge ist $l_{z,2} = 4{,}9$ cm.

Der (doppelte) Ständerrückenquerschnitt mißt $F_{r,1} = 2 h_{r,1} \cdot l_e = 2 \cdot 10{,}02 \cdot 38{,}2 = 770\ \text{cm}^2$. Die Rückenlänge ist gleich der halben Polteilung in Rückenmitte, sie wird also $l_{r,1} = \pi(D_a - h_{r,1})/4p = \pi(91{,}3 - 10{,}02)/8 = 32$ cm.

Der (doppelte) Läuferrückenquerschnitt ist $F_{r,2} = 2\, h_{r,2}\, l_e = 2 \cdot 9{,}81 \cdot 38{,}2 = 748\ \text{cm}^2$. Die Länge wird $l_{r,2} = \pi(D_i + h_{r,2})/4p = \pi(28 + 9{,}81)/8 = 14{,}8$ cm.

Wir berechnen noch die Eisengewichte der Ständerzähne und des Ständerrückens, wobei wir obige (in Wahrheit etwas zu kleine) Querschnitte benützen. Das Ständerzahngewicht wird $G_{z,1} = (F_{z,1}/130)\, l_{z,1}\, 2p = (955/130) \cdot 6{,}6 \cdot 4 = 194$ kg. Das Rückengewicht ist $G_{r,1} = (F_{r,1}/130)\, l_{r,1}\, 2p = (770/130) \cdot 32 \cdot 4 = 760$ kg.

Jetzt beginnt die eigentliche Berechnung des magnetischen Kreises mit der Bestimmung des Abplattungsfaktors α, der angibt, wie sich die maximale Induktion B_{max} — in den Zähnen und in der Luft — zur mittleren Induktion B_{mittel} verhält. Wir beginnen mit dem vorläufigen Wert $\alpha = 1{,}4$, bestimmen das Verhältnis der magnetischen Spannungen an den beiden Zahnpartien zu der am Luftspalt und suchen in Abb. 61 den korrigierten Wert α auf. Wir ersparen diese Nebenrechnung, weil sich im vorliegenden Fall $\alpha = 1{,}4$ als endgültiger Wert ergibt. Dies kommt oft vor, da ja die Annahme von $\alpha = 1{,}4$ normal gesättigten Maschinen entspricht. Wir gewinnen endgültig:

Luft: $$B_{L,max} = 1{,}4 \cdot \frac{\Phi\, 10^6}{F_L} = 1{,}4 \cdot \frac{10{,}2 \cdot 10^6}{1900} = 7500\ \text{G},$$
$$V_L = 0{,}8\, \delta'\, B_{L,max} = 0{,}8 \cdot 0{,}233 \cdot 7500 \qquad = 1400\ \text{A}$$

Ständerzahn: $$B_{z,1} = 1{,}4 \cdot \frac{\Phi\, 10^6}{F_{z\,1}} = 1{,}4 \cdot \frac{10{,}2 \cdot 10^6}{955} = 14950\ \text{G},$$
$$H_{z,1} = f(14950) = 30\ \text{A/cm (Abb. 53)},$$
$$V_{z,1} = H_{z,1}\, l_{z,1} = 30 \cdot 6{,}6 \qquad = 198\ \text{A}$$

Läuferzahn: $$B_{z,2} = 1{,}4 \cdot \frac{\Phi\, 10^6}{F_{z,2}} = 1{,}4 \cdot \frac{10{,}2 \cdot 10^6}{881} = 16200\ \text{G},$$
$$H_{z,2} = f(16200) = 57\ \text{A/cm (Abb. 53)}$$
$$V_{z,2} = H_{z,2}\, l_{z,2} = 57 \cdot 4{,}9 \qquad = 279\ \text{A}$$

Ständerrücken: $$B_{r,1} = \frac{\Phi\, 10^6}{F_{r,1}} = \frac{10{,}2 \cdot 10^6}{770} = 13200\ \text{G},$$
$$H_{r,1} = f(13200) = 6{,}7\ \text{A/cm (Abb. 54)}$$
$$V_{r,1} = H_{r,1}\, l_{r\,1} = 6{,}7 \cdot 32 \qquad = 215\ \text{A}$$

Läuferrücken: $$B_{r,2} = \frac{\Phi\, 10^6}{F_{r,2}} = \frac{10{,}2 \cdot 10^6}{748} = 13600\ \text{G},$$
$$H_{r,2} = f(13600) = 7{,}7\ \text{A/cm (Abb. 54)}$$
$$V_{r,2} = H_{r,2}\, l_{r,2} = 7{,}7 \cdot 14{,}8 \qquad = 113\ \text{A}$$

Die Summe der magnetischen Teilspannungen ist $V_\mu = 2205\ \text{A}$, woraus sich der Magnetisierungsstrom je Strang ergibt zu:

$$I_\mu = \frac{2p\,V_\mu}{1{,}35\,f_{w,1}\,z_1} = \frac{4\cdot 2205}{1{,}35\cdot 0{,}924\cdot 288} = 24{,}6\ \text{A}.$$

Der Strom in einer Netzzuleitung ist wegen der Dreieckschaltung $I_{\mu,\,\text{netz}} = I_\mu \sqrt{3} = 24{,}6\cdot\sqrt{3} = 42{,}6$ A. Der relative Magnetisierungsstrom beträgt 21%.

Wir überprüfen noch den Abplattungsfaktor α. Es ergibt sich $k = \frac{V_{z,1} + V_{z,2}}{V_L} = \frac{198 + 279}{1400} = 0{,}34$. Hierzu gehört aber gerade $\alpha = 1{,}4$ (Abb. 61).

Wir finden noch den magnetischen Nutzleitwert:

$$\lambda_0 = 0{,}38\cdot\frac{\Phi\,10^6}{V_\mu\,l} = 0{,}38\cdot\frac{10{,}2\cdot 10^6}{2205\cdot 41{,}5} = 42{,}3.$$

Der mit dem Quadrat des primären Wicklungsfaktors malgenommene Wert ist:

$$\lambda_0 f_{w,1}^2 = 42{,}3\cdot 0{,}924^2 = 36{,}3.$$

Jetzt wird der ideelle Kurzschlußstrom I_i berechnet, indem wir die Streuleitwerte für die Ständernut, die Stirnköpfe, die doppeltverkettete Streuung von Ständer und Läufer und zuletzt für die Läufernut bestimmen. Die Schrägungsstreuung tritt nicht auf, da wir die Nuten des Schleifringankers nicht schräg zu stellen brauchen.

Ständernut:

Aus dem Nomogramm in Abb. 74 finden wir für $h_{n,1} = 66$ mm und $b_{n,1} = 13$ mm (Schichtmaße) den Leitwert $\lambda_n = 2{,}00$. Wir denken daran, daß diesem Ergebnis die einfache Formel $\lambda = (h_n + 12)/3b_n$ zugrunde liegt. Die Korrektur k ist wegen $W/t_p = 15/18 = 0{,}833$ gleich 0,9. Der auf die Lochzahl $q_1 = 6$ bezogene, korrigierte Leitwert wird

$$\frac{\lambda_{n,1}\,k}{q_1} = \frac{2\cdot 0{,}9}{6} = 0{,}300.$$

Nach der genauen Formel würde man berechnen:

$$\lambda_n = \frac{s}{3b_n} + \frac{h_2}{b_n} + \frac{d}{4b_n} = \frac{51}{3\cdot 13} + \frac{7{,}1}{13} + \frac{8{,}9}{4\cdot 13} = 2{,}03;$$

diese Zahl stimmt gut mit obigem Wert überein. Sie gilt für volle Spulenweite. Bei 83,3% Weite müssen wir setzen:

$$\lambda_n = k_1\frac{s}{3b_n} + k_2\frac{h_2}{b_n} + \frac{d}{4b_n}$$

$$= 0{,}91\cdot 1{,}31 + 0{,}875\cdot 0{,}545 + 0{,}171 = 1{,}838,$$

statt 1,80 oben. Die Abweichung von 2% spielt keine Rolle. Nochmals soll daher das Nomogramm empfohlen werden, da es Rechenfehler ausschließt.

Stirnstreuung:

Aus der Tabelle in Abschnitt 26 entnehmen wir für Zweischichtwicklungen im Ständer und im Läufer $\lambda_s = 0{,}3$. Der außerhalb der Nut liegende Leiter mißt $l_{s,1} = l_l - l = 1160 - 415 = 745$ mm. Der auf die Ankerlänge l bezogene Streuleitwert ist:

$$\lambda_s\frac{l_{s,1}}{l} = 0{,}3\cdot\frac{745}{415} = 0{,}538.$$

Doppeltverkettete Streuung:

Der primäre Streufaktor ist nach Abschnitt 27 für $q_1 = 6$ und $v = 3$ $\sigma_{d.1} = 0{,}29/100$. Der Streuleitwert also

$$\sigma_{d,1} \lambda_0 f_{w.1}^2 = \frac{0{,}29}{100} \cdot 36{,}3 = 0{,}105.$$

Der sekundäre Streufaktor ist nach dem gleichen Abschnitt für $q_2 = 5$ und $v = 0$ $\sigma_{d,2} = 0{,}64/100$, woraus der Streuleitwert folgt:

$$\sigma_{d.2} \lambda_0 f_{w,1}^2 = \frac{0{,}64}{100} \cdot 36{,}3 = 0{,}232.$$

Die Schrägungsstreuung entfällt, da die Nuten gerade verlaufen.

Läufernut:

Der Streuleitwert der Läufernut wird für die Nuthöhe $h_{n,2} = 49$ mm und die Nutbreite $b_{n,2} = 11$ mm dem Nomogramm in Abb. 74 mit $\lambda_n = 2{,}31$ entnommen. Diesem Wert liegt die Näherungsformel für halbgeschlossene Nuten $\lambda_n = 0{,}1 + (h_n + 24)/3 b_n$ zugrunde. Auf die Lochzahl q_2 und auf den Ständer bezogen ergibt sich:

$$\frac{\lambda_{n,2}}{q_2} \cdot \frac{f_{w,1}^2}{f_{w,2}^2} = \frac{2{,}31}{5} \cdot \frac{0{,}924^2}{0{,}957^2} = 0{,}430.$$

Der korrigierende Beiwert k ist 1, da die Läuferwicklung ungesehnt ist. Nach der genaueren Berechnung würden wir bekommen:

$$\lambda_n = \frac{s}{3 b_n} + \frac{h_2}{b_n} + \frac{2 h_3}{b_n + b_s} + \frac{h}{b_s}$$

$$= \frac{42{,}2}{3 \cdot 11} + \frac{2{,}9}{11} + \frac{2 \cdot 3}{11 + 3} + \frac{1}{3} = 2{,}304 .$$

Die Abweichung liegt unter 1%. Die Stromverdrängung macht sich bei der vorliegenden Maschine bereits bemerkbar. Da man aber bei Schleifringankern niemals den Kurzschlußstrom gewährleistet und auch nie im Bereich oberhalb des Kippschlupfes arbeitet, interessiert die genaue Kenntnis der Ortskurve nur im Bereich kleiner Schlüpfe mit verschwindenden Verdrängungserscheinungen. Für diesen Bereich gilt unsere Berechnung exakt.

Der ideelle Streuleitwert ist (in bester Annäherung) gleich der Summe der einzelnen Streuleitwerte: $\lambda_i = 1{,}605.$

Der ideelle Blindwiderstand folgt mit:

$$X_i = \frac{4\pi^2}{10} \left(\frac{z_1}{100}\right)^2 \frac{l}{100} \frac{1}{2p} \frac{f}{50} \lambda_i = 3{,}95 \cdot 2{,}88^2 \cdot 0{,}415 \cdot \frac{1}{4} \cdot 1{,}605 = 5{,}46\ \Omega.$$

Aus ihm ergibt sich der ideelle Kurzschlußstrom I_i zu:

$$I_i = \frac{U_{\text{strang}}}{X_i} = \frac{3000}{5{,}46} = 550 \text{ A je Strang.}$$

Er ist demnach gleich dem 4,7-fachen Nennstrom. Der Durchmesser des OSSANNA-Kreises ist:

$$I_\varnothing = \frac{I_i - I_\mu}{1 + \frac{I_i}{I_v} \frac{I_\mu}{I_v}} \approx I_i - I_\mu = 550 - 24{,}6 = 525{,}4 \text{ A.}$$

Die im Nenner stehende Korrektur ist wegen $I_v = \frac{3000}{R_1} = \frac{3000}{0{,}265} = 11300$ A völlig zu vernachlässigen.

Das Übersetzungsverhältnis kann jetzt korrekt angegeben werden:

$$\ddot{u} = \frac{z_1}{z_2}\frac{f_{w,1}}{f_{w,2}}\left(1 + \frac{0{,}5\, I_\mu}{I_\varnothing}\right) = \frac{288}{40}\cdot\frac{0{,}924}{0{,}957}\left(1 + \frac{12{,}3}{525{,}4}\right) = 6{,}96 \cdot 1{,}0235 = 7{,}12.$$

Zu Beginn hatten wir die Korrektur mit 3% veranschlagt, sie beträgt also in Wirklichkeit nur 2,35%.

Der Mittelpunkt m des OSSANNA-Kreises K unserer Maschine liegt auf der Mittelpunktgeraden, deren Anstieg h mm über einer Basis $b = 100$ mm ist:

$$h = 200\,\frac{I_\mu}{I_r} = 200 \cdot \frac{24{,}6}{11300} = 0{,}44 \text{ mm}.$$

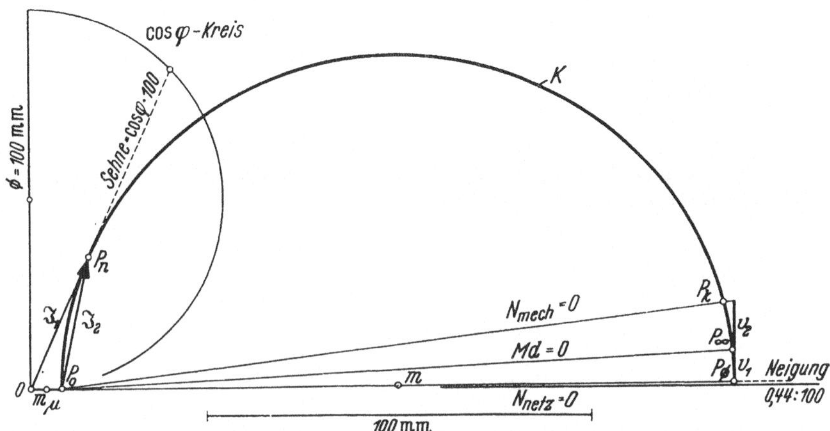

Abb. 216. Ortskurve K des Schleifringankermotors für 900 kW. Wiedergabe 1 : 2.

Die Mittelpunktgerade fällt praktisch mit der Waagerechten zusammen. Man darf bei solch großen Maschinen m stets auf der Waagerechten eintragen (HEYLAND-Kreis). In Abb. 216 wurde aber die Mittelpunktgerade doch exakt berücksichtigt.

Nun folgen noch die beiden Verluststrecken v_1 und v_2, welche die Verluste repräsentieren, die der Strom $I_\varnothing$ in den drei primären Strängen und die der sekundäre Strom $I_\varnothing \ddot{u}$ in den drei sekundären Strängen verursacht. Wir berücksichtigen dabei den unten angeführten Leistungsmaßstab $w = 27000$ W/mm. Es wird:

$$v_1 = 3\, R_{1,\,\text{warm}}\, I_\varnothing^2/w = 3 \cdot 0{,}265 \cdot 525{,}4^2/27000 = 8{,}2 \text{ mm},$$

$$v_2 = 3\, R_{2,\,\text{warm}}\, (I_\varnothing\, \ddot{u})^2/w = 3 \cdot 0{,}00835 \cdot (525{,}4 \cdot 7{,}12)^2/27000 = 13 \text{ mm}.$$

Wir haben gleich die warmen Widerstände benutzt, da wir keine Sicherheit bezüglich des Anlaufmomentes brauchen.

Der OSSANNA-Kreis in Abb. 216 soll mit folgenden Maßstäben gezeichnet werden:

Primärstrom $a_1 = 3$ A/mm, Sekundärstrom $a_2 = a_1\, \ddot{u} = 21{,}4$ A/mm,
Leistung $w = 3\, U\, a_1 = 3 \cdot 3000 \cdot 3 = 27000$ W/mm.

Wir brauchen nur noch die Eisen- und die Reibungsverluste der Maschine, um die Rechnung abschließen zu können.

Ständerzahnverluste (einschl. Läuferverluste)

$$Q_{z,1} = 3\, v_{10}\, G_{z,1}\left(\frac{B_{z,1}}{10000}\right)^2 k_c^2 = 3 \cdot 2{,}3 \cdot 194 \cdot 1{,}495^2 \cdot 1{,}455^2 = 6340 \text{ W}$$

Ständerrückenverluste

$$Q_{r,1} = 1{,}5\, v_{10}\, G_{r,1}\left(\frac{B_{r,1}}{10000}\right)^2 = 1{,}5 \cdot 2{,}3 \cdot 760 \cdot 1{,}32^2 = 4560 \text{ W}$$

zusammen = 10900 W.

Die Reibungsverluste betragen:

$$Q_{rbg} = 10 \frac{D}{1000} \frac{l_a + 150}{1000} v_a^2 = 10 \cdot 0{,}58 \cdot 0{,}615 \cdot 45{,}6^2 = 7500 \text{ W},$$

woraus sich die gesamten Leerverluste ergeben zu $Q_0 = Q_{fe} + Q_{rbg} = 18400$ W. Ihnen entspricht im Bilde des OSSANNA-Kreises eine Verluststrecke von 0,7 mm, um die wir den Ursprung nach unten verschieben müssen.

Aus diesem Bild entnehmen wir endgültig den Primärstrom $I_1 = 115$ A, den Sekundärstrom $I_2 = 750$ A und den Leistungsfaktor $\cos\varphi = 0{,}915$. Daraus berechnen wir die Einzelverluste:

Leerverluste Q_0 (s. oben)	= 18400 W
Primäre Wicklungsverluste $Q_1 = 3 \cdot 0{,}265 \cdot 115^2$ . . .	= 10500 W
Sekundäre Wicklungsverluste $Q_2 = 3 \cdot 0{,}00835 \cdot 750^2$.	= 14000 W
Zusatzverluste (vereinbart) $Q_z = \frac{900000}{0{,}95} \cdot 0{,}005$ . . .	= 4800 W
Gesamtverluste Q	= 47700 W.

Die aufgenommene Leistung beträgt also 947,7 kW bei einer Nutzabgabe von 900 kW. Die prozentualen Verluste sind daher:

$$v\% = 100 \cdot \frac{47{,}7}{947{,}7} = 5{,}03\% \quad \text{und der Wirkungsgrad ist:}$$

$$\eta\% = 100\% - v\% = 100\% - 5{,}03\% = 94{,}97\%.$$

Der Schlupf der warmen, vollbelasteten Maschine wird:

$$s\% = 100 \frac{Q_2}{N_{nenn} + Q_2} = 100 \cdot \frac{14}{914} = 1{,}53\%.$$

Der $\cos\varphi$ liegt mit 0,915 etwas über dem eingangs zugrunde gelegten Wert von 0,90, der Wirkungsgrad dagegen weicht nur um 0,03 von 95% ab. Wir können also die ganze Berechnung ohne jede Änderung beibehalten. Endgültig lauten die Angaben der Maschine:

$$N_{nenn} = 900 \text{ kW}, \quad U_{netz} = 3000 \text{ V},$$

$$I_{netz} = 200 \text{ A}, \quad n = 1477 \text{ U/min},$$

$$\eta\% = 95{,}0\%, \quad \cos\varphi = 0{,}91.$$

η und $\cos\varphi$ wurden in der üblichen Weise abgerundet. Der Strom I wurde mit diesen Werten in Einklang gebracht.

86. Drehstrommotor für 5,5 kW, 380 V, 50 Hz, 1500 U/min synchron mit Kurzschlußanker. Diese Maschine ist ein typischer Kleinmotor. Wir werden wegen der verhältnismäßig hohen inneren Spannungsabfälle bei der Berechnung des Magnetisierungsstromes genauer als sonst vorgehen müssen. Der Kraftfluß wird mit Rücksicht auf gute Werkstoffausnutzung möglichst groß gemacht, wir werden also hohe magnetische Induktionen in der Luft, in den Zähnen und vor allem auch in den Rücken zulassen müssen. Der Preis einer kleinen Maschine hängt ganz wesentlich vom Außendurchmesser D_a des Ständerblechpaketes ab. Es gilt also, unter Verwendung kleiner Ständerrückenhöhen und auch verhältnismäßig niedriger Ständernuten einen möglichst großen Bohrungsdurchmesser D zu erzielen, da die Leistungsabgabe der Maschine etwa von dessen dritter Potenz abhängt. Die Nuthöhe muß natürlich so groß sein, daß man den Strombelag mit noch vernünftigen Stromdichten (5 bis 6 A/mm²) unterbringen kann. Deshalb spart man besonders an der Ständerrückenhöhe ein, die u. U. nur $^2/_3$ (in unserem Fall) des sonst üblichen Wertes von $0{,}22\, t_v$ bekommt.

Der Läuferrücken ist nicht so kritisch, da man die Läuferbleche fast immer unmittelbar auf die Welle schichtet, also den größten Rücken vorsieht, der überhaupt möglich ist. Bei 2-poligen Modellen ist der Rücken, genau wie bei den Großmaschinen, magnetisch immer überlastet.

Wir beginnen mit der Berechnung. Die Polzahl ist wegen $f = 50$ Hz:

$$2p = \frac{6000}{n_{syn}} = \frac{6000}{1500} = 4.$$

Wirkungsgrad und Leistungsfaktor betragen nach Abb. 133 und 135:

$$\eta = 0{,}85 \quad \text{und} \quad \cos\varphi = 0{,}86.$$

Der dem Netz entnommene Strom ist daher:

$$I_{netz} = \frac{5{,}5 \cdot 10^3}{\sqrt{3} \cdot 380 \cdot 0{,}85 \cdot 0{,}86} = 11{,}4 \text{ A}.$$

Die Leistung je Pol ist 5,5/4 = 1,375 kW. Hierzu gehört nach Abb. 123 eine Ausnützungsziffer C von 1,5 bis 1,7. Wir wählen:

$$C = 1{,}6.$$

Der Ständerinnendurchmesser D ist nach Abb. 126 für 5,5 kW und $2p = 4$:

$$D = 152 \text{ mm}, \quad \text{also wird} \quad t_p = \pi D/4 = 119 \text{ mm}.$$

C und D bestimmen über die Leistungsformel (Abschn. 43) $N = C\,\overline{D}^2\,\overline{l}\,n$ die Eisenbreite:

$$l = 100 \text{ mm}.$$

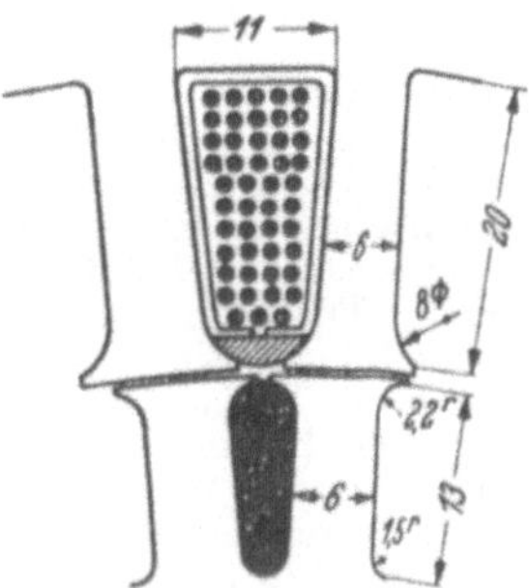

Abb. 217. Ständer- und Läufernut des Motors für 5,5 kW, 380 V, 50 Hz, 1500 U/min synchron mit (stromverdrängungsfreiem) gegossenem Kurzschlußanker.

Bei solch kleinen Breiten sieht man keine Kühlschlitze vor. Daher stimmt die Ankerbreite l_a mit der Schichtbreite l überein. Die Bleche werden in der Regel mit einem Komplettschnitt gestanzt (hohe Stückzahl) und fallen daher ohne Nacharbeit sauber aus. Daher ist der Füllfaktor des geschichteten Paketes höher als bei größeren Maschinen. Wir dürfen mit 0,95 statt mit 0,92 rechnen. Die reine Eisenbreite l_e wird also 95 mm betragen.

Nach Abb. 132 liegt die Ständernuthöhe zwischen 15 und 28 mm. Wir wählen einen etwas unter dem Mittelwert liegenden Betrag und machen:

$$h_{n,1} = 20 \text{ mm}.$$

Die Lochzahl q_1 je Pol und Strang liegt in recht engen Grenzen fest. Wir könnten noch $q_1 = 2$ ausführen, bekämen aber eine recht hohe doppeltverkettete Streuung. Über $q_1 = 4$ können wir nicht gehen, da sonst die Nut zu schmal werden würde. Wir wählen den ersten der beiden in Frage kommenden Werte 3 und 4, da wir den gleichen Schnitt auch für die 6-polige Ausführung verwenden wollen, die dann eine Lochzahl von $q_1 = 2$ bekommen wird. Der 6-polige Motor wird also mit höherer Streuung arbeiten müssen, aber dies ist bei Maschinen kleiner Polteilung nicht zu vermeiden.

Die Ständernutenzahl liegt jetzt fest mit:

$$N_1 = 3 \cdot 2p \cdot q_1 = 3 \cdot 4 \cdot 3 = 36.$$

Die Nutengestalt wird so gewählt, daß ein parallelflankiger Zahn entsteht. Seine Breite soll in halber Nuthöhe 40% der dortigen Nutteilung betragen. Diese Teilung ist aber gleich $\pi(152 + 20 + 1)/36 = 15{,}1$ mm, die Zahnbreite wird also 6,0 mm. Diese Breite wird auf der ganzen Zahnlänge beibehalten, so daß eine Nut nach Abb. 217 entsteht. Sie wird halbgeschlossen ausgeführt und bekommt einen Schlitz von 3 mm Breite (zum Einträufeln der Drähte) und 0,5 mm Höhe. Sie ist unten halbrund und oben gerade begrenzt.

Der saubere Schnitt erlaubt uns, ohne besondere Stanzzuschläge zu arbeiten. Wir dürfen also mit dem vollen Querschnitt von 175 mm² für die Aufnahme der Auskleidung, der Drähte und des Nutenverschlusses rechnen.

Im Rücken wollen wir eine um 50% höhere Induktion zulassen, als wir sie sonst empfohlen haben. Bei der 6-poligen Ausführung unter Benutzung des gleichen Schnittes kommen wir dann natürlich zu einem normal bemessenen Rücken, da seine Höhe bleibt, die neue Polteilung aber nur noch $^2/_3$ der 4-poligen Teilung ist.

Wir setzen also:

$$h_{r,1} = \tfrac{2}{3} \cdot 0{,}22\, t_p = \tfrac{2}{3} \cdot 0{,}22 \cdot 119 = 17{,}5 \text{ mm}.$$

Wir wollen aber doch, um ein rundes Maß für D_a zu bekommen, 1 mm zuschlagen und endgültig ausführen:

$$h_{r,1} = 18{,}5 \text{ mm}.$$

Daher beträgt der Außendurchmesser:

$$D_a = D + 2(h_{n,1} + h_{s,1}) + 2h_{r,1} = 152 + 41 + 37 = 230 \text{ mm}.$$

Der Luftspalt wird nach Abb. 128 für $D = 152$ mm:

$$\delta = 0{,}35 \text{ mm}.$$

Das Verhältnis δ/t_p ist also 1 : 340 und mit Rücksicht auf die Magnetisierung der Maschine als recht günstig zu bezeichnen.

Wir legen jetzt die Ständerwicklung aus. Wegen des (fast immer) beabsichtigten Stern-Dreieckanlaufs wird im Betrieb in Dreieck gefahren. Als Ausführung wird Einschicht-Träufelwicklung gewählt. Wir opfern gewisse Vorteile der Zweischicht-Träufelwicklung (Sehnung, kleinere Streuung) zugunsten der billigeren Herstellung (halbe Spulenzahl). Zur Bestimmung der Leiterzahl brauchen wir den Fluß. Wir ermitteln ihn über Polteilung und Eisenbreite aus der üblichen mittleren Luftinduktion von etwa 5300 G und denken daran, daß infolge der hohen inneren Spanungsabfälle in Wirklichkeit nur 90 bis 95% dieses Betrages wirklich auftreten werden.

Der Fluß ist also:

$$\Phi = B_{L,\text{mittel}}\, t_p\, l\, 10^{-6} = 5300 \cdot 11{,}9 \cdot 10 \cdot 10^{-6} = 0{,}632 \text{ M-Maxwell}.$$

Hierzu gehört eine Leiterzahl je Strang von:

$$z_1 = \frac{U_{\text{strang}}}{1{,}06\, \Phi} = \frac{380}{1{,}06 \cdot 0{,}632} = (567), \quad \text{die wir etwas ändern}$$

$$= 564, \quad \text{damit die Leiterzahl je Nut eine ganze Zahl wird:}$$

$$z_n = \frac{z_1}{N_1 : 3} = \frac{564}{12} = 47 \text{ Leiter je Nut.}$$

Man geht mit dieser Zahl bis etwa 70. Der Fluß ändert sich um eine Kleinigkeit:

$$\Phi = 0{,}632 \cdot \frac{567}{564} = 0{,}635 \text{ M-Maxwell}.$$

Die mittlere Luftinduktion wird:

$$B_{L,\text{mittel}} = 5320 \text{ G}.$$

Der soeben berechnete Fluß wird am besten mit Leerlauffluß bezeichnet, da ihm die volle zugeführte Spannung zugrunde gelegt wurde. Wir werden weiter unten mit kleineren Werten im Ständer, im Luftspalt und im Läufer zu rechnen haben.

Die 47 Leiter nehmen einen Raum ein, der sich aus dem lichten Nutenquerschnitt und dem Füllfaktor α_i für die Leiter einschließlich Isolation ergibt. Dieser Faktor beträgt, wie man aus der Erfahrung weiß oder durch das etwas mühselige Aufzeichnen der (vergrößert dargestellten) Nut jederzeit selbst bestimmen kann, etwa 0,46. Daher ist der Querschnitt eines Leiters mit Isolation:

$$q_i = Q_{\text{nut}}\, \alpha_i / z_n = 175 \cdot 0{,}46/47 = 1{,}71 \text{ mm}^2.$$

Hierzu gehört ein Durchmesser des isolierten Drahtes von $d_i = 1{,}48$ mm. Seine Isolation soll aus Lack und einmaliger Umspinnung bestehen und daher 0,18 mm auftragen. Es verbleibt ein blanker Drahtdurchmesser von:

$$d = 1{,}48 - 0{,}18 = 1{,}30 \text{ mm}, \quad \text{dessen Querschnitt}$$

$$q = 1{,}33 \text{ mm}^2 \quad \text{ist.}$$

Die mittlere Leiterlänge bestimmen wir nach Abschnitt 8 zu:

$$l_l = l_a + 60 + 1{,}2\, t_p = 100 + 60 + 1{,}2 \cdot 119 = 300 \text{ mm}.$$

Daraus ergibt sich der Widerstand eines Ständerstranges bei 20 und bei 75°:

$$R_{1\,\text{kalt}} = \frac{z_1\, l_l/1000}{q\, L} = \frac{564 \cdot 0{,}300}{1{,}33 \cdot 57} = 2{,}23\,\Omega \text{ (bei } 20°) \quad \text{und}$$

$$R_{1,\,\text{warm}} = \frac{564 \cdot 0{,}300}{1{,}33 \cdot 46{,}8} = 2{,}72\,\Omega \text{ (bei } 75°).$$

Das Wicklungsgewicht ist: $G = 8{,}9 \cdot 3 \cdot 564 \cdot 0{,}300 \cdot 1{,}33 \cdot 10^{-3} = 6{,}0$ kg.

Die primären Wicklungsverluste betragen:

$$Q_1 = 3\, R_{1,\,\text{warm}}\, I^2 = 3 \cdot 2{,}72 \left(\frac{11{,}4}{\sqrt{3}}\right)^2 = 356 \text{ W} \quad \text{oder}$$

$$= v_{cu}\, G\, g^2 = 2{,}39 \cdot 6{,}0 \cdot 4{,}95^2 = 356 \text{ W}.$$

Hierbei wurde die Stromdichte $g = I_{\text{strang}}/q = 6{,}6/1{,}33 = 4{,}95$ A/mm² eingesetzt. Der Strom im Strang ist $11{,}4/\sqrt{3} = 6{,}6$ A. Der Strombelag unserer Maschine beträgt $A_1 = 6{,}6 \cdot 47/1{,}325 = 233$ A/cm, da der Strom einer ganzen Nut sich auf die Nutteilung $t_n = 1{,}325$ cm bezieht. Das Produkt aus Stromdichte und Strombelag ist:

$$A_1\, g = 233 \cdot 4{,}95 = 1150.$$

Es läßt (Vergleich mit ausgeführten Maschinen) nur eine Erwärmung um 50° erwarten. Die spezifische Belastung der Nutenwandung wird:

$$v_n = 1000 \cdot \frac{z_n\, q\, g^2}{(U_n - 10)\, L} = 1000 \cdot \frac{47 \cdot 1{,}33 \cdot 4{,}95^2}{45{,}8 \cdot 46{,}8} = 713 \text{ W/m}^2.$$

Man stellt an Hand hinreichender Meßergebnisse am besten die für 50° Erwärmung zulässigen Beanspruchungen über der Ankerumfangsgeschwindigkeit auf und rechnet für die wirklichen Werte die Erwärmung linear um. Man schafft sich eine recht brauchbare und zuverlässige Unterlage für weitere Vorausberechnungen.

Der Metallaufwand der Ständerwicklung wird gekennzeichnet durch die Dicke des Kupferbelages, der bei einem Kupferquerschnitt von $47 \cdot 1{,}33 = 62{,}5$ mm² in der Nut und bei einer Nutteilung von 13,25 mm 4,7 mm beträgt. Auf Grund dieses Wertes werden wir den Metallaufwand des Läufers bestimmen.

Der Außendurchmesser des Läufers ist $D - 2\delta = 152 - 0{,}7 = 151{,}3$ mm. Die Nutenzahl im Läufer wird um 2 Nuten je Pol von der des Ständers verschieden gewählt oder, was dasselbe sagt, die Lochzahl je Pol und (gedachten) Strang soll sein:

$$q_2 = \frac{N_2}{3 \cdot 2p} = q_1 \pm \frac{2}{3}.$$

Wegen der Kleinheit von q_1 entschließen wir uns für das positive Vorzeichen, machen also:

$$q_2 = 3 + \frac{2}{3} = \frac{11}{3} \quad \text{und} \quad N_2 = 3 \cdot \frac{11}{3} \cdot 4 = 44.$$

Diese Nutenzahl ist bei 4 Polen sehr gebräuchlich.

Die Läufernutteilung am Umfang wird $t_{n,2} = \pi(D - 2\delta)/44 = 10{,}8$ mm. In der Läufernut müssen wir so viel Metall unterbringen, daß der Metallbelag rund 60% von dem des Ständers erreicht. Dies gilt bei Verwendung gleichen Werkstoffs. Da wir aber bei einer solch kleinen Maschine den gespritzten Käfig aus Aluminium vorziehen, dessen Leitfähigkeit nur ²/₃ von der des Kupfers ist, müssen wir den Läufer etwa in der gleichen Stärke mit Aluminium wie den Ständer mit Kupfer belegen. Wir wählen eine Nut nach Abb. 217, die ungefähr ²/₃ der Höhe der Ständernut bekommt. Sie ist 13 mm hoch, oben durch einen Halbkreis von 4,4 mm Durchmesser und unten durch einen Halbkreis von 3 mm Durchmesser begrenzt. Ihr Schlitz ist 1,0 mm weit und 0,5 mm hoch. Die Zähne sind fast parallelflankig und messen 6,0 mm in der Breite. Die Nutfläche ist 46,5 mm² und stimmt mit dem Querschnitt des eingespritzten Stabes überein. Der Metallmantel im Läufer mißt also 46,5/10,8 = 4,3 mm.

Die Kurzschlußringe bekommen etwa den Querschnitt von q_2 Stäben, also von 3,67 · 46,5 mm². Wir wählen einen etwas kleineren Wert, nämlich $q_r = 165\,\text{mm}^2$. Die Ringe liegen zu beiden Seiten des Läufers an. Ihr mittlerer Durchmesser D_r wird 125 mm. Ihre Teilung beträgt $t_r = \pi\, D_r/2p = \pi\; 125/4 = 98$ mm. Zu der Stablänge $l_{st} = l = 100$ mm tritt ein Zuschlag Δl zur Berücksichtigung des Ringanteiles am Ohmschen Widerstand:

$$\Delta l = 0{,}61\, t_r \cdot \frac{q_2\, q_{st}}{q_r} = 0{,}61 \cdot 98 \cdot \frac{3{,}67 \cdot 46{,}5}{165} = 62 \text{ mm} \quad \text{(vgl. Abschn. 8).}$$

Der Ohmsche Widerstand eines warmen Stabes einschließlich Ringanteil ist:

$$r_{st} = \frac{l_{st} + \Delta l}{1000\, q_{st}\, L_{st}} = \frac{100 + 62}{1000 \cdot 46{,}5 \cdot 26{,}5} = 131 \cdot 10^{-6}\, \Omega.$$

Die Leitfähigkeit des gespritzten Aluminiums liegt immer fühlbar unter derjenigen des gezogenen oder gewalzten Metalles. Hier wurde (nach Messungen) ein Abzug von 13% von der sonst bei 75° geltenden Leitfähigkeit von 30,6 gemacht.

Wir kennen, wenn wir noch den Innendurchmesser D_i mit 45 mm festlegen, jetzt alle Abmessungen der Maschine und können den ideellen Kurzschlußstrom I_i und den Magnetisierungsstrom I_μ berechnen. Wir müssen etwas stärkere Abweichungen zwischen Vorausberechnung und Messung als bei den größeren Maschinen zulassen.

Kleinmotoren werden durchweg in größeren Reihen angefertigt. Man stellt eine Versuchsmaschine her, ändert im Prüffeld die Betriebsspannung, sucht ihren besten Wert bezüglich der technischen Daten des Motors auf und legt durch endgültige Wahl der entsprechenden Leiterzahl den zugehörigen Fluß fest. Im übrigen sei bemerkt, daß unsere Berechnung auch hier befriedigende Ergebnisse erwarten läßt.

Bei der Berechnung des Magnetisierungsstromes müssen wir 2 Werte unterscheiden, erstens den Strom bei entlasteter Maschine und zweitens den Strom bei vollbelastetem Motor. Wir berechnen nur den zweiten Strom. Er ist wesentlich kleiner als der Magnetisierungsstrom bei Leerlauf, da infolge der relativ hohen Ohmschen und induktiven Spannungsabfälle die magnetischen Beanspruchungen im Ständer, im Luftspalt und im Läufer kleiner als im Leerlauf sind. Wir bestimmen die 3 Spannungen $\mathfrak{E}_1$, $\mathfrak{E}_L$ und $\mathfrak{E}_2$, die der Reihe nach für den Ständer (1), den Luftspalt (L) und den Läufer (2) gelten, indem wir setzen:

$$\mathfrak{E}_1 = \mathfrak{U}_{strang} - \mathfrak{J}_1\, R_1,$$

$$\mathfrak{E}_L = \mathfrak{E}_1 - \mathfrak{J}_1 \frac{j\,X_i}{2},$$

$$\mathfrak{E}_2 = \mathfrak{E}_L - \mathfrak{J}_2' \frac{j\,X_i}{2}.$$

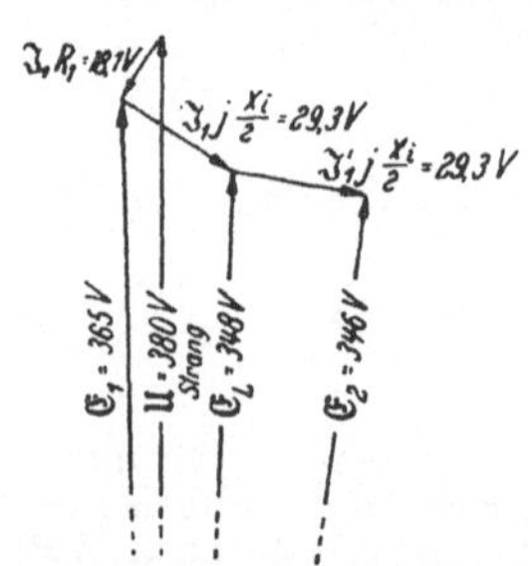

Abb. 218. Zur Bestimmung der Flüsse, Φ_1, Φ_L und Φ_2 im Ständer, Luftspalt und Läufer des *belasteten* kleinen Motors für 5,5 kW, die der Reihe nach den inneren Spannungen $\mathfrak{E}_1$, $\mathfrak{E}_L$ und $\mathfrak{E}_2$ verhältnisgleich sind.

Wir schätzen zuerst den ideellen Strom I_i, berechnen den zugehörigen ideellen Blindwiderstand X_i und setzen den halben Wert $X_i/2$ als Streublindwiderstand des Ständers und die andere Hälfte als auf die Primärseite bezogenen Streublindwiderstand des Läufers ein. Der Läuferstrom $\mathfrak{J}_2'$, der auch auf die Primärseite bezogen wird, bekommt die Größe von $\mathfrak{J}_1$, aber im Gegensatz zu diesem nur eine schwache Phasenverschiebung gegenüber $\mathfrak{U}_{strang}$, hinter der $\mathfrak{J}_1$ selbst um den Winkel φ nacheilt, dessen Kosinus 0,86 ist.

Aus den 3 Spannungen $\mathfrak{E}_1$, $\mathfrak{E}_L$ und $\mathfrak{E}_2$ berechnen wir die drei entsprechenden Flüsse, indem wir die normale Spannungsformel benutzen. Φ_1 ergibt die Induktionen im Ständerrücken und in den Ständerzähnen. Φ_L dient der Bestimmung der Luftinduktion. Φ_2 unterscheidet sich nur wenig von Φ_L und wird zur Berechnung der Induktion in den Läuferzähnen und im Läuferrücken benützt.

Wir schätzen im vorliegenden Fall den ideellen Strom I_i auf den 6,5-fachen Nennstrom, also auf $6{,}5 \cdot 6{,}6 = 43$ A. Hierzu gehört der Blindwiderstand $X_i = 380/43 = 8{,}84\ \Omega$. Daher betragen die Spannungsabfälle:

$$I_1 R_1 = 6{,}6 \cdot 2{,}72 = 18{,}1 \text{ V } (R_1 = \text{warmer Widerstand}),$$

$$I_1 X_i/2 = 6{,}6 \cdot 4{,}42 = 29{,}3 \text{ V},$$

$$I_2' X_i/2 = 6{,}6 \cdot 4{,}42 = 29{,}3 \text{ V}.$$

Wir zeichnen das Vektordiagramm der Spannungen in Abb. 218, dem wir die Beträge der drei gesuchten Spannungen entnehmen zu:

$$E_1 = 365 \text{ V}, \qquad E_L = 348 \text{ V}, \qquad E_2 = 346 \text{ V}, \qquad \text{woraus folgt;}$$

$$\Phi_1 = 0{,}610, \qquad \Phi_L = 0{,}582, \qquad \Phi_2 = 0{,}578 \text{ M-Maxwell}, \quad \text{oder:}$$

$$= 96\%, \qquad = 91{,}5\%, \qquad = 91{,}0\% \text{ von } \Phi = 0{,}635.$$

Die magnetischen Induktionen im Ständer liegen also um 4%, die im Luftspalt um 8,5% und die im Läufer um 9% unter den Werten, die wir ohne Berücksichtigung der Spannungsabfälle berechnen würden. Dies bedeutet eine starke Entlastung des magnetischen Kreises.

Zuerst sind nun wie üblich die Querschnitte und Längen der einzelnen Abschnitte des magnetischen Kreises zu bestimmen.

Luft: $F_L = t_p\, l = 11{,}9 \cdot 10 = 119 \text{ cm}^2,$

$$\delta' = \delta\, k_{c,1}\, k_{c,2} = 0{,}035 \cdot 1{,}16 \cdot 1{,}04 = 0{,}0423 \text{ cm},$$

$$k_{c,1} = f\left(\frac{3}{13{,}25}, \frac{3}{0{,}35}\right) = 1{,}16,$$

$$k_{c,2} = f\left(\frac{1}{10{,}8}, \frac{1}{0{,}35}\right) = 1{,}04 \quad \text{(Abb. 51)}.$$

Ständerzähne: $F_{z,1} = 3\, q_1\, b_{z,1}\, l_e = 3 \cdot 3 \cdot 0{,}60 \cdot 9{,}5 = 51{,}3 \text{ cm}^2,$

$$l_{z,1} = h_{n,1} = 2{,}0 \text{ cm}.$$

Läuferzähne: $F_{z,2} = 3\, q_2\, b_{z,2}\, l_e = 3 \cdot 3\tfrac{2}{3} \cdot 0{,}60 \cdot 9{,}5 = 62{,}7 \text{ cm}^2,$

$$l_{z,2} = h_{n,2} = 1{,}3 \text{ cm}.$$

Ständerrücken: $F_{r,1} = 2 h_{r,1}\, l_e = 2 \cdot 1{,}85 \cdot 9{,}5 = 35{,}2 \text{ cm}^2,$

$$l_{r,1} = t_{r,1}/2 = \pi(D_a - h_{r,1})/4p = \pi(23 - 1{,}85)/8 = 8{,}3 \text{ cm}.$$

Läuferrücken: $F_{r,2} = 2 h_{r,2}\, l_e = 2 \cdot 3{,}96 \cdot 9{,}5 = 75{,}1 \text{ cm}^2,$

$$h_{r,2} = \tfrac{1}{2}(D - 2\delta - 2h_{z,2} - 2h_{n,2} - D_i)$$

$$= \tfrac{1}{2}(152 - 0{,}7 - 1 - 26 - 45) = 39{,}6 \text{ mm}.$$

$$l_{r,2} = t_{r,2}/2 = \pi(D_i + h_{r,2})/4p = \pi(4{,}5 + 3{,}96)/8 = 3{,}33 \text{ cm}.$$

Jetzt wird die Nebenrechnung zur Bestimmung des Abplattungsfaktors α durchgeführt, indem wir mit dem vorläufigen Wert $\alpha = 1{,}4$ beginnen und die vorläufigen Induktionswerte B_L', $B_{z,1}'$ und $B_{z,2}'$ in der Luft und den Zähnen berechnen. Das Verhältnis der zugehörigen magnetischen Teilspannungen liefert $k = (V_{z,1}' + V_{z,2}')/V_L'$, wozu wir in Abb. 61 den korrigierten Wert α entnehmen. Wir berechnen:

Luft: $B_{L,\max}' = 1{,}4 \cdot \dfrac{\Phi_L\, 10^6}{F_L} = 1{,}4 \cdot \dfrac{0{,}582 \cdot 10^6}{119} = 6820 \text{ G},$

$$V_L' = 0{,}8\, \delta'\, B_{L,\max}' = 0{,}8 \cdot 0{,}0423 \cdot 6820 \qquad = 231 \text{ A}$$

Ständerzähne: $B'_{z,1} = 1{,}4 \cdot \frac{\Phi_1\, 10^6}{F_{z,1}} = 1{,}4 \cdot \frac{0{,}610 \cdot 10^6}{51{,}3} = 16600$ G,

$H'_{z,1} = f(16600) = 70$ A/cm (Abb. 53),

$V'_{z,1} = l_{z,1}\, H'_{z,1} = 2{,}0 \cdot 70$ $= 140$ A

Läuferzähne: $B'_{z,2} = 1{,}4 \cdot \frac{\Phi_2\, 10^6}{F_{z,2}} = 1{,}4 \cdot \frac{0{,}578 \cdot 10^6}{62{,}7} = 13000$ G,

$H'_{z,2} = f(13000) = 14{,}5$ A/cm (Abb. 53),

$V'_{z,2} = l_{z,2}\, H'_{z,2} = 1{,}3 \cdot 14{,}5$ $= 19$ A

Das Verhältnis der beiden magnetischen Zahnspannungen zur Luftspaltspannung ist also $k' = (140 + 19)/231 = 0{,}69$, wozu wir Abb. 61 den korrigierten Abplattungsfaktor $\alpha = 1{,}34$ entnehmen. Mit diesem Wert wird anschließend die endgültige Berechnung des (bei Vollast gültigen) Magnetisierungsstromes durchgeführt.

Luft: $B_{L,\max} = 1{,}34 \cdot \frac{\Phi_L\, 10^6}{F_L} = 1{,}34 \cdot \frac{0{,}582 \cdot 10^6}{119} = 6530$ G,

$V_L = 0{,}8\, \delta'\, B_{L,\max} = 0{,}8 \cdot 0{,}0432 \cdot 6530$ $= 226$ A

Ständerzahn: $B_{z,1} = 1{,}34 \cdot \frac{\Phi_1\, 10^6}{F_{z,1}} = 1{,}34 \cdot \frac{0{,}610 \cdot 10^6}{51{,}3} = 15900$ G,

$H_{z,1} = f(15900) = 49$ A/cm (Abb. 53),

$V_{z,1} = l_{z,1}\, H_{z,1} = 2{,}0 \cdot 49$ $= 98$ A

Läuferzahn: $B_{z,2} = 1{,}34 \cdot \frac{\Phi_2\, 10^6}{F_{z,2}} = 1{,}34 \cdot \frac{0{,}578 \cdot 10^6}{62{,}7} = 12400$ G,

$H_{z,2} = f(12400) = 12$ A/cm (Abb. 53),

$V_{z,2} = l_{z,2}\, H_{z,2} = 1{,}3 \cdot 12$ $= 16$ A

Ständerrücken: $B_{r,1} = \frac{\Phi_1\, 10^6}{F_{r,1}} = \frac{0{,}610 \cdot 10^6}{35{,}2} = 17300$ G.

$H_{r,1} = f(17300) = 33$ A/cm (Abb. 54),

$V_{r,1} = l_{r,1}\, H_{r,1} = 8{,}3 \cdot 33 = 274$ A rechnerisch.

Bei solch hohen Induktionen im Ständerrücken tritt eine Entlastung durch zahlreiche Kraftlinien auf, die außerhalb des Rückens durch die Luft gehen. Die Rückrechnung der ausgeführten Maschine ergab, daß nur etwa 55% des rechnerischen Betrages der magnetischen Teilspannung für den Ständerrücken angesetzt werden darf, daß wir also einsetzen $V_{r,1}$ $= 150$ A

Läuferrücken: $B_{r,2} = \frac{\Phi_2\, 10^6}{F_{r,2}} = \frac{0{,}578 \cdot 10^6}{75{,}1} = 7700$ G,

$H_{r,2} = f(7700) = 1{,}7$ A/cm (Abb. 54),

$V_{r,2} = l_{r,2}\, H_{r,2} = 3{,}33 \cdot 1{,}7$ $= 6$ A

Die Summe der magnetischen Teilspannungen ist $V_\mu = 496$ A.

Hieraus berechnen wir den Magnetisierungsstrom der vollbelastet laufenden Maschine zu:

$$I_\mu = \frac{2p\, V_\mu}{1{,}35\, f_{w,1}\, z_1} = \frac{4 \cdot 496}{1{,}35 \cdot 0{,}96 \cdot 564} = 2{,}70 \text{ A je Strang.}$$

Der Strom in den Netzzuleitungen ist $\sqrt{3} \cdot 2{,}70 = 4{,}67$ A. Der Magnetisierungsstrom beträgt 41% des Nennstromes von 11,4 A.

Wir beachten die recht hohe Rückeninduktion im Ständer, die um 50% höher als bei Großmaschinen liegt. Auf die Gründe gingen wir bereits ein. Die sehr niedrige Läuferrückeninduktion kommt dadurch zustande, daß man die Bleche gleich auf die Welle schichtet, um nämlich den teueren Zwischenkörper einzusparen. Nur bei 2-poligen Maschinen wird auch diese Induktion sehr groß. Die Läuferzahninduktion ist mäßig zu nennen. Die tropfenförmige Gestalt der Läufernut gibt Raum für verhältnismäßig breite Zähne. Die Ständerzahninduktion ist normal. Die mittlere wahre Luftinduktion der vollbelasteten Maschine ist nicht 5320 G, wie sich aus dem Leerlauffluß $\Phi = 0{,}635$ M-Maxwell ergab, sondern $4860 = B_{L,\max}/1{,}34 = 6530/1{,}34$.

Zu dem gleichen Ergebnis kommen wir natürlich, wenn wir 5320 im Verhältnis Φ_L/Φ umrechnen.

Wir überprüfen noch einmal den Abplattungsfaktor α. Es ist

$$k = (V_{z,1} + V_{z,2})/V_L = (98 + 16)/226 = 0{,}51.$$

Hierzu gehört nach Abb. 61 der Wert $\alpha = 1{,}35$ bis $1{,}36$, der auf der Kurve $\alpha = f(k)$ abzulesen ist. Die Abweichung von 1,34 ist klein, wir können also die Rechnung als beendet betrachten.

Der magnetische Nutzleitwert ist:

$$\lambda_0 = 0{,}38 \frac{\Phi\, 10^6}{V_\mu\, l} = 0{,}38 \cdot \frac{0{,}635 \cdot 10^6}{496 \cdot 10} = 48{,}8.$$

Der anschließend benötigte mit $f_{w,1}^2$ malgenommene Wert ist:

$$\lambda_0 f_{w,1}^2 = 48{,}8 \cdot 0{,}96^2 = 45.$$

Wir benutzen hierbei wieder den Leerlauffluß $\Phi = 0{,}635$. Jetzt folgt die Berechnung des wirklichen ideellen Blindwiderstandes X_i, indem wir der Reihe nach die Streuleitwerte für die Ständernut, die Wickelköpfe, die doppeltverkettete Streuung des Ständers, des Läufers und der Schrägung sowie zuletzt der Läufernut bestimmen.

Ständernut:

Der Streuleitwert einer Nut ist:

$$\lambda_{n,1} = \frac{s}{3 b_n} + 0{,}60 + \frac{h_{s,1}}{b_{s,1}}$$

$$= \frac{20 - 4}{3 \cdot 8} + 0{,}60 + \frac{0{,}5}{3{,}0} = 1{,}434.$$

0,6 berücksichtigt den halbkreisförmigen Teil der Nut, für s wurde die Höhe des trapezförmigen Teiles genommen und als Nutbreite die untere Seite des Trapezes, also der Durchmesser des runden Teiles eingesetzt.

Der auf die Lochzahl q_1 bezogene Leitwert ist:

$$\frac{\lambda_{n,1}}{q_1} = \frac{1{,}434}{3} = 0{,}478.$$

Wegen $W = t_p$ entfällt eine Korrektur.

Stirnstreuung:

Aus der Tabelle in Abschnitt 26 entnehmen wir für Einschichtwicklung im Ständer und Käfiganker den Leitwert $\lambda_s = 0{,}35$. Die in Luft liegende Leiterlänge im Ständer ist $l_{s,1} = l_l - l = 300 - 100 = 200$ mm. Der auf die Ankerbreite bezogene Streuleitwert wird:

$$\lambda_s \frac{l_{s,1}}{l} = 0{,}35 \cdot \frac{200}{100} = 0{,}700.$$

Doppeltverkettete Streuung:

Die Streufaktoren werden den Tabellen in Abschnitt 27 entnommen. Wir finden für den Ständer $\sigma_{d,1} = 1{,}40/100$ zu $q_1 = 3$ und $v = 0$, für den Käfiganker $\sigma_{d,2} = 0{,}68/100$ zu $q_2 = 3^2/_3$ und für die Schrägung der Nuten um eine Ständernutteilung $\sigma_{schr} = 1{,}02/100$ zu $q_1 = 3$. Wir müssen die Streufaktoren mit dem Nutzleitwert $\lambda_0 f_{w,1}^2 = 45$ malnehmen, um die Streuleitwerte zu bekommen:

$$\sigma_{d,1}\,\lambda_0\,f_{w,1}^2 = \frac{1{,}40}{100}\cdot 45 = 0{,}630,$$

$$\sigma_{d,2}\,\lambda_0\,f_{w,1}^2 = \frac{0{,}68}{100}\cdot 45 = 0{,}306,$$

$$\sigma_{schr}\,\lambda_0\,f_{w,1}^2 = \frac{1{,}02}{100}\cdot 45 = 0{,}460.$$

Läufernut:

Der Leitwert ist:

$$\lambda_{n,2} = \frac{s}{3\,b_n} + 0{,}60 + \frac{h_{s,2}}{b_{s,2}}$$

$$= \frac{13 - 2{,}2 - 1{,}5}{3\cdot 4{,}4} + 0{,}60 + \frac{0{,}5}{1{,}0} = 1{,}805.$$

Hieraus folgt:

$$\frac{\lambda_{n,2}}{q_2}\,f_{w,1}^2 = \frac{1{,}805}{3^2/_3}\cdot 0{,}96^2 = 0{,}453.$$

Wiederum wurde für s die Höhe des trapezförmigen Teiles und als Nutbreite die der Nutöffnung zugekehrte Trapezseite eingesetzt. Die Zahl 0,6 berücksichtigt die halbrunden Teile.

Die Summe aller Streuleitwerte ergibt (in Annäherung) den ideellen Streuleitwert $\lambda_i = 3{,}027$.

Die 3 Beiträge der doppeltverketteten Streuung machen fast 50% des Ergebnisses aus. Wir wissen, daß infolge der Rückwirkungen zwischen Ständer und Läufer sich nicht die vollen Streuungen entwickeln können. Wir müßten einen Abzug zwischen 10 und 20% vornehmen, wollen aber mit der vollen (zu großen) Streuung weiterrechnen, da wir eine Sicherheit für das Kippmoment und den Leistungsfaktor bei Nennbetrieb gewinnen. Die Garantie für den Stillstandsstrom allerdings können wir nur abgeben für einen größeren Strom I_k, als wir ihn dem Ossanna-Kreis entnehmen. Wegen des vorgesehenen Sternanlaufs liegen aber die ganzen Verhältnisse nicht allzu kritisch.

Der ideelle Blindwiderstand je Strang beträgt:

$$X_i = \frac{4\pi^2}{10}\left(\frac{z_1}{100}\right)^2 \frac{f}{50}\,\frac{l}{100}\,\frac{1}{2p}\,\lambda_i = 3{,}95\cdot 5{,}64^2\cdot 0{,}1\cdot\frac{1}{4}\cdot 3{,}027 = 9{,}5\,\Omega;$$

hierzu gehört der ideelle Kurzschlußstrom:

$$I_i = \frac{U_{strang}}{X_i} = \frac{380}{9{,}5} = 40\text{ A je Strang.}$$

Wenn wir die doppeltverkettete Streuung mit einem Dämpfungsfaktor von 0,85 berechnet hätten, welcher Wert sehr wahrscheinlich vielen praktischen Fällen gerecht wird, so wären wir auf einen ideellen Streuleitwert

$$\lambda_i' = 3{,}027 - 0{,}15\,(0{,}630 + 0{,}306 + 0{,}460) = 2{,}818$$

und einen Streublindwiderstand $X_i' = 8{,}85\,\Omega$ gekommen, zu dem der Strom $I' = 43$ A gehört.

Wir behalten als Grundlage für den OSSANNA-Kreis den kleineren Strom $I_i = 40$ A bei, berechnen also den $\cos\varphi$ und die Überlastbarkeit wahrscheinlich zu gering. Hochgesättigte Kleinmotoren zeigen eine stärkere als lineare Abhängigkeit des Stillstandsstromes von der angelegten Spannung. Wir dürfen also die bei Teilspannung gemessenen Ströme nicht proportional mit der Spannung umrechnen. Der Grund ist das bereits früher erwähnte Auftreten von Sättigungserscheinungen besonders im Bereich der Zahnköpfe.

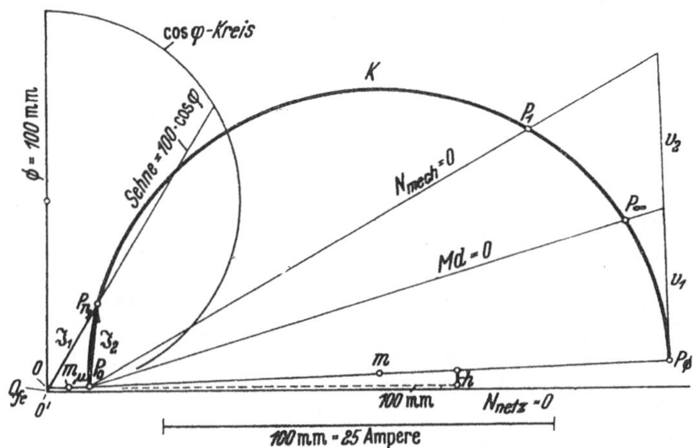

Abb. 219. Ortskurve des 4-poligen Motors mit Kurzschlußanker für 5,5 kW. Wiedergabe 1 : 2.

Wir bestimmen jetzt den OSSANNA-Kreisdurchmesser zu:

$$I_\varnothing = \frac{I_i - I_\mu}{1 + \frac{I_i}{I_v}\,\frac{I_\mu}{I_v}} \quad \text{aus} \quad I_i = 40\text{ A},\ I_\mu = 2{,}70\text{ A},\ I_v = \frac{U_{\text{strang}}}{R_1} = \frac{380}{2{,}72} = 140\text{ A},$$

$$= \frac{40 - 2{,}7}{1 + \frac{40}{140}\cdot\frac{2{,}7}{140}} = \frac{37{,}3}{1{,}006} = 37{,}1\text{ A}.$$

Zur Konstruktion der Mittelpunktgeraden brauchen wir den Anstieg h über der Basis $b = 100$ mm:

$$h = 200\,\frac{I_\mu}{I_v} = 200\cdot\frac{2{,}7}{140} = 3{,}9\text{ mm}.$$

Die beiden Verluststrecken, die den vom Strom $I_\varnothing$ in den 3 Ständerwiderständen R_1 und den vom Strom $I_\varnothing\,\ddot{u}$ in den N_2 Stäben des Ankers einschließlich Ringen hervorgerufenen Verlusten entsprechen, betragen:

$$v_1 = 3\,I_\varnothing^2\,R_1/w = 3\cdot 37{,}1^2\cdot 2{,}72/285 = 39{,}6\text{ mm},$$

$$v_2 = N_2(I_\varnothing\,\ddot{u})^2\,r_{st}/w = 44\cdot(37{,}1\cdot 38{,}3)^2\cdot 131\cdot 10^{-6}/285 = 41\text{ mm}.$$

Hierbei wurde bereits der Maßstab w der Leistung und das Übersetzungsverhältnis $\ddot{u}$ benützt, die sich zusammen mit den beiden Strommaßstäben ergeben zu:

$$a_1 = 0{,}25\text{ A/mm für Primärstrom (frei wählbar), hieraus:}$$

$$a_2 = 0{,}25\,\ddot{u} = 0{,}25\cdot 38{,}3 = 9{,}55\text{ A/mm für Sekundärstrom},$$

$$w = 3\,U_{\text{strang}}\,a_1 = 3\cdot 380\cdot 0{,}25 = 285\text{ W/mm für Leistungen}.$$

Das Übersetzungsverhältnis ist:

$$\ddot{u} = \frac{z_1 f_{w,1}}{\frac{N_2}{3}}\left(1 + \frac{0{,}5\,I_\mu}{I_\varnothing}\right) = \frac{564\cdot 0{,}96}{\frac{44}{3}}\left(1 + \frac{1{,}35}{37{,}1}\right) = 38{,}3.$$

Der OSSANNA-Kreis des Motors ist in Abb. 219 eingetragen. Wir entnehmen die Werte:

$$I_1 = 6{,}6\ \text{A (je Strang)}, \quad I_2 = 215\ \text{A je Stab}, \quad \cos\varphi = 0{,}86$$

und bestimmen daraus den Wirkungsgrad und den Schlupf des Motors bei Volllast, wofür zunächst noch die Eisen- und Reibungsverluste nachzutragen sind:

Eisenverluste:

Ständerrückengewicht $G_{r,1} = \frac{F_{r,1}}{130} l_{r,1} 2p = \frac{35{,}2}{130} \cdot 8{,}3 \cdot 4 = 8{,}95\ \text{kg}.$

Ständerrückenverluste $Q_{r,1} = 1{,}5\, v_{10}\, G_{r,1} \left(\frac{B_{r,1}}{10000}\right)^2$

$$= 1{,}5 \cdot 3{,}6 \cdot 8{,}95 \cdot 1{,}73^2 = 145\ \text{W}.$$

Ständerzahngewicht $G_{z,1} = \frac{F_{z,1}}{130} l_{z,1} 2p = \frac{51{,}3}{130} \cdot 2 \cdot 4 = 3{,}16\ \text{kg}.$

Ständerzahnverluste

$$Q_{z,1} = 3\, v_{10}\, G_{z,1} \left(\frac{B_{z,1}}{10000}\right)^2 k_c^2$$

$$= 3 \cdot 3{,}6 \cdot 3{,}16 \cdot 1{,}59^2 \cdot 1{,}21^2 = 125\ \text{W}.$$

Die Verlustziffer v_{10} von kleineren Maschinen beträgt 3,6 W/kg, da man bei ihnen preiswertere Bleche vorsieht. Bei größeren Motoren nimmt man höher legierte Bleche mit $v_{10} = 2{,}3$ W/kg oder noch bessere Qualitäten.

Die Reibungsverluste werden berechnet zu:

$$Q_{rbg} = 8\, \frac{D}{1000} \cdot \frac{l + 75}{1000}\, v_a^2 = 8 \cdot 0{,}152 \cdot 0{,}175 \cdot 11{,}9^2 = 30\ \text{W}.$$

Der Zuschlag von 75 mm zur Ankerbreite l berücksichtigt die Ausladung der Ringe und der Ventilationsflügel über die reine Paketbreite. Bei größeren Maschinen schlagen wir 150 mm zu. Der Beiwert 8 kann bis zu 10 oder 12 betragen; er steigt bei 2-poligen Maschinen auf 15 an.

Die einzelnen Verluste sind:

Leerverluste	$Q_0 = Q_{fe} + Q_{rbg} = (145 + 125) + 30$	$= 300$ W
Ständerwicklungsverluste	$Q_1 = 3\, I_1^2\, R_1 = 3 \cdot 6{,}6^2 \cdot 2{,}72$	$= 356$ W
Käfigverluste	$Q_2 = N_2\, I_2^2\, r_{st} = 44 \cdot 215^2 \cdot 131 \cdot 10^{-6}$	$= 267$ W
Zusatzverluste	$Q_z = \frac{N_{nenn}}{\eta} \cdot 0{,}005 = \frac{5500}{0{,}85} \cdot 0{,}005$	$= 33$ W
	Gesamtverluste	$Q = 956$ W.

Die prozentualen Verluste betragen:

$$v\% = 100 \cdot \frac{956}{5500 + 956} = 14{,}8\%,$$

woraus sich der Wirkungsgrad $\eta = 85{,}2\%$ ergibt.

Die eingangs angenommenen Daten für η und $\cos\varphi$ stimmen also gut mit den wirklich gefundenen überein.

Der Schlupf der vollbelasteten Maschine wird berechnet zu:

$$s\% = 100 \cdot \frac{Q_2}{N_{nenn} + Q_2} = 100 \cdot \frac{267}{5500 + 267} = 4{,}6\%.$$

Die Drehzahl bei Nennlast ist daher:

$$n = n_{syn}(1 - 0{,}046) = 1500(1 - 0{,}046) = 1430/\text{min}.$$

Die endgültigen Motorangaben lauten:

$$N_{nenn} = 5{,}5\ \text{kW}, \quad U_{netz} = 380\ \text{V},$$
$$I_{netz} = 11{,}4\ \text{A}, \quad n = 1430/\text{min},$$
$$\eta = 85{,}2\%, \quad \cos\varphi = 0{,}86.$$

Der Kurzschlußstrom in Sternschaltung ist etwa $^1/_3$ des mit 61 A dem OSSANNA-Kreis entnommenen Wertes. Der Kurzschlußstrom in der Dreieckschaltung ist rund 20% größer als der dem Diagramm entnommene Strom. Das Anzugsmoment im Stillstand ist in Sternschaltung gleich $^1/_3$ des dem OSSANNA-Kreis mit 6 mkg entnommenen Betrages. In der Dreieckschaltung ist es bis zu 40% größer als der Diagrammwert.

87. Drehstrommotor für 3,3 kW, 380 V, 50 Hz, 1000 U/min synchron mit Kurzschlußanker. Dieser Motor soll die Abmessungen des 4-poligen Modells aus dem vorhergehenden Abschnitt 86 bekommen. Nur die Leiterzahl und der Wicklungsschritt im Ständer werden der neuen Polzahl $2p = 6$ angepaßt. Der Läufer bleibt unverändert erhalten.

Ohne Zweifel wird der gleiche Blechschnitt im Ständer und Läufer bei zwei verschiedenen Polzahlen kaum beide Male das Optimum darstellen können. Aber erstens verlaufen die Kurven für den besten Durchmesser oder die beste Breite oder ähnliche Größen im Elektromaschinenbau meistens recht flach, so daß man immer nach links oder rechts vom Bestwert abweichen darf, ohne bereits merkliche Verschlechterungen in Kauf nehmen zu müssen. Zweitens entscheiden oft wirtschaftliche Gründe (Lagerhaltung, Fertigung, Schnittkosten) darüber, das gleiche Modell mit fertigem Läufer für benachbarte Polzahlen vorzusehen. Solche Polzahlen, und zwar die wichtigsten, sind aber die hier behandelten, nämlich 4 und 6.

Übrigens muß man diesen Weg bei allen polumschaltbaren Maschinen gehen, wo man bekanntlich bis zu 4 Polzahlen, deren Verhältnis 1 : 3 betragen kann, in ein und demselben Modell unterbringt.

Ob man sich bei großen Stückzahlen wirklich entschließt, das gleiche Gehäuse mit unverändertem Blechschnitt und den gleichen Läufer mit unverändertem Käfig für zwei benachbarte Polzahlen zu verwenden, ist eine schwer zu beantwortende Frage. In der Praxis haben sich die Erzeuger für beide Möglichkeiten entschieden.

Wir rechnen dieses Beispiel deshalb durch, um zu zeigen, welche Unterschiede beim Wechsel der Polzahl auftreten. Wir können uns kürzer fassen, da z. B. die Bestimmung der Abmessungen, der Nutenzahlen usw. fortfällt.

Wir beginnen mit der Leistungsfähigkeit der Maschine bei 6 Polen, die einer Nachprüfung bedarf. Die Leistung der 4-poligen Ausführung geht bei Änderung der Polzahl auf 6 mindestens im Verhältnis 4 : 6 zurück, beträgt also höchstens $5{,}5 \cdot 4/6 = 3{,}65$ kW. Zu dieser Leistung gehört eine Leistung je Pol von $3{,}65/6 = 0{,}61$ kW, der nach Abb. 123 eine Ausnützungsziffer C von 1,4 entspricht. Die Leistungszahl der 4-poligen Maschine war aber 1,6; daher beträgt die Leistung bei 6 Polen nur noch:

$$N_6 = N_4 \cdot \frac{4}{6} \cdot \frac{C_6}{C_4} = 5{,}5 \cdot \frac{4}{6} \cdot \frac{1{,}4}{1{,}6} = 3{,}2 \text{ kW}.$$

Da wir einen reichlicheren Rücken als bei der 4-poligen Ausführung besitzen (er brauchte bei gleicher Rückeninduktion ja nur $^2/_3$ seiner wirklichen Höhe zu haben), können wir die Leistung aufrunden auf:

$$N_6 = 3.3 \text{ kW}.$$

Diese Leistung lautet in Pferdestärken ausgedrückt $N_6 = 4{,}5$ PS und wird daher als rundes Maß bevorzugt. Man beobachtet oft mit Vergnügen den Einfluß runder Zahlen in der PS-Angabe auf die Bemessung der entsprechenden Motoren.

Die Ausnützungsziffer oder Leistungszahl wird endgültig:

$$C_6 = \frac{N_6}{\left(\frac{D}{1000}\right)^2 \frac{l}{1000} n_{syn}} = \frac{3{,}3}{0{,}152^2 \cdot 0{,}1 \cdot 1000} = 1{,}43.$$

Wir überprüfen den (bereits festliegenden) Ständerinnendurchmesser D noch an Abb. 126, wobei wir finden, das tatsächlich zu 3,3 kW bei der 6-poligen Maschine der Durchmesser $D = 152$ mm gehört. Mithin stimmen D und l doch mit unseren Bestwerten, genau wie auch bei 4 Polen, überein. (Nur der Außendurchmesser D_a bleibt als nicht der Polzahl optimal angepaßte Größe übrig.)

Wir entnehmen jetzt den Abb. 133 und 135 den Wirkungsgrad η und den $\cos\varphi$, wobei wir letzteren wegen des reichlicheren Rückens um 0,03 erhöhen:

$$\eta = 82{,}5\% \quad \text{und} \quad \cos\varphi = 0{,}82.$$

Daraus folgt sofort der dem Netz entnommene Strom:

$$I_{\text{netz}} = \frac{3300}{\sqrt{3}\cdot 380\cdot 0{,}825\cdot 0{,}82} = 7{,}4\ \text{A}.$$

Wir sehen wieder Dreieckschaltung vor. Daher ist der Strom je Strang $7{,}4/\sqrt{3} = 4{,}27$ A. Die Leiterzahl je Strang muß im Verhältnis der Polzahlen erhöht werden, da der Fluß wegen der auf $^4/_6$ gesunkenen Polteilung ebenfalls auf $^4/_6$ zurückgeht. Wir bekommen also statt 47 Leiter 69 Leiter je Nut, wobei wir 1 Leiter weniger gewählt haben, als der Umrechnung entspricht. Der Wicklungsfaktor wird unmerklich besser; er steigt, da die Lochzahl q_1 jetzt 2 statt vorher 3 beträgt, auf 0,966 gegenüber früher 0,96. Der neue (Leerlauf-) Fluß und die mittlere Luftinduktion werden:

$$\varPhi = \frac{380}{1{,}11\cdot 0{,}966\cdot 828} = 0{,}427\ \text{M-Maxwell},$$

mit $z_1 = 69\cdot 12 = 828$ Leitern je Strang, und

$$B_{L,\,\text{mittel}} = \frac{427\,000}{7{,}93\cdot 10} = 5370\ \text{G}.$$

Die neue Polteilung ist $^4/_6$ der alten und beträgt 79,3 mm. Der Durchmesser der isolierten Leiter geht (bei gleichem Füllfaktor) mit der Wurzel aus dem Polzahlverhältnis, also mit $\sqrt{4/6}$ zurück. Wir finden ungefähr 1,20 mm für den isolierten Draht, wählen aber 1,23 mm, um bei 0,18 mm Auftrag auf einen Normaldurchmesser von 1,05 mm für den blanken Draht zu kommen. Sein Querschnitt ist 0,865 mm², also etwas weniger als $^4/_6$ von 1,33 mm² bei 4 Polen. Die Drahtlänge geht wegen der kleineren Polteilung zurück auf 255 mm. Der Ständerwiderstand wird $R_1 = 4{,}29/5{,}22\ \Omega$ bei 20° bzw. 75°. Er steigt etwa mit dem Quadrat der Polzahl an. Das Wicklungsgewicht sinkt, da die Leiterlänge und der gesamte Kupferquerschnitt in der Nut kleiner geworden sind, auf 4,88 kg. Die Ständerwicklungsverluste gehen gegenüber den Verlusten bei 4 Polen zurück und betragen mit 285 W nur noch 80%. Stromdichte und Strombelag behalten fast unverändert die alten Werte. Dasselbe gilt von den thermischen Beanspruchungen der Nutenwandung.

Der Läuferwiderstand nimmt fühlbar ab. Der Zuschlag Δl, der den Ringanteil berücksichtigt, geht quadratisch mit der Polzahl zurück, so daß bei $l = 100$ mm und $\Delta l = 62$ mm (bei 4 Polen) jetzt der Widerstand eines Stabes ist:

$$r_{st} = \frac{100 + \left(\frac{4}{6}\right)^2\cdot 62}{100 + 62}\cdot 131\cdot 10^{-6} = 103\cdot 10^{-6}.$$

Das bedeutet eine Abnahme um 21%.

Der magnetische Kreis wird unter Benutzung der früheren Werte durchgerechnet. Die Rückenquerschnitte bleiben erhalten. Die Rückenlängen gehen auf $^4/_6$ zurück. Die Gewichte bleiben natürlich dieselben. Die Querschnitte im Luftspalt und in den Zähnen sinken auf $^4/_6$, die Längen bleiben ebenso wie die Gewichte erhalten. Der CARTERsche Faktor ändert sich nicht.

Zieht man von der vollen Spannung von 380 V den Ohmschen Abfall des Ständerstromes ab, so bekommt man 360 V, zieht man noch den induktiven ab (X_i mit 18 Ω geschätzt), so sinkt die induzierte Spannung auf 335 V, und berücksichtigt man noch den Spannungsabfall durch I_2', so bekommt man 333 V. Diesen 3 Spannungen entsprechen die Flüsse im Ständer, im Luftspalt und im

Läufer (vgl. Abb. 218). Der Abplattungsfaktor wird 1,34 wie bei 4 Polen und die Induktionen und die magnetischen Teilspannungen betragen:

	Magnetische Induktion B in G	Magnetische Teilspannung V in A	
Luft	6350 (6530)	215	(226)
Ständerzähne	15800 (15900)	96	(98)
Läuferzähne	12000 (12400)	13	(16)
Ständerrücken	11500 (17300)	22	(150)
Läuferrücken	5000 (7700)	2	6
		$V_\mu = 348$	(496)

Die eingeklammerten Werte sind aus der 4-poligen Berechnung übernommen. Der Magnetisierungsstrom wird:

$$I_\mu = \frac{6 \cdot 348}{1,35 \cdot 0,966 \cdot 828} = 1,93\,\text{A}\ (2,70\,\text{A})\ \text{je Strang.}$$

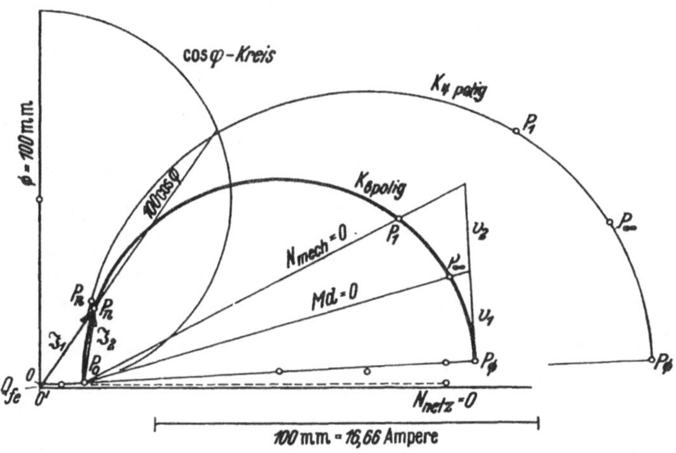

Abb. 220. Ortskurve des 6-poligen Motors für 3,3 kW, der die gleichen Abmessungen hat wie der vorhergehende Motor für 5,5 kW bei 4 Polen. Drehmomentmaßstab in beiden Fällen gleich. Wiedergabe 1:2.

Wenn der Ständerrücken der 4-poligen Maschine nicht so hoch belastet wäre, würden die beiden Magnetisierungsströme fast übereinstimmen.

Der magnetische Nutzleitwert wird $\lambda_0 = 0,38 \cdot \frac{0,427 \cdot 10^6}{348 \cdot 10} = 46,7$, woraus folgt: $\lambda_0 f_{w,1}^2 = 46,7 \cdot 0,966^2 = 43,5$ gegen 45 bei 4 Polen.

Die beiden Lochzahlen q_1 und q_2 in Ständer und Läufer sind auf $^4/_6$ ihres vorigen Wertes gesunken; sie betragen $q_1 = 2$ und $q_2 = 2,44$. Die doppeltverkettete Streuung, die in erster Näherung von $1/q^2$ abhängt, muß sich also auf das $(^6/_4)^2$-fache vergrößern. Das ist ein recht kräftiger Zuwachs. Die Streuleitwerte der Nuten bleiben erhalten, ihre auf die Lochzahl q_1 bzw. q_2 bezogenen Beträge gehen auf den $^6/_4$-fachen Betrag herauf. Nur die Stirnstreuung sinkt, da zwar ihr Streuleitwert erhalten bleibt, aber die in Luft liegende Leiterlänge $l_{s,1}$ kleiner geworden ist. Da die doppeltverkettete Streuung mit ihrem vollen Betrag eingesetzt jetzt $^2/_3$ der gesamten Streuung ausmachen würde, kürzen wir sie um 15%. Dies entspricht den Erfahrungen mit gespritzten Läufern. Wir bekommen für den resultierenden Streuleitwert:

$$\lambda_i = \frac{\lambda_{n,1}}{q_1} + \lambda_s \frac{l_{s,1}}{l} + 0{,}85\,(\sigma_{a,1} + \sigma_{d,2} + \sigma_{\text{schr}})\,\lambda_0 f_{w,1}^2 + \frac{\lambda_{n,2}}{q_2} f_{w,1}^2$$

$$= \frac{1{,}434}{2} + 0{,}35 \cdot \frac{155}{100} + 0{,}85\left(\frac{2{,}84}{100} + \frac{1{,}54}{100} + \frac{2{,}29}{100}\right) \cdot 43{,}5 + \frac{1{,}805}{2{,}44} \cdot 0{,}966^2$$

$$= 4{,}42\ (3{,}027).$$

Hieraus ergibt sich der ideelle Blindwiderstand $X_i = 20\,\Omega$ (9,5) und der ideelle Kurzschlußstrom $I_i = 19$ A (40 A). Der Durchmesser des OSSANNA-Kreises wird $I_\varnothing = 17$ A (37,1 A). Wir übergehen die Einzelheiten der bereits mehrfach behandelten Konstruktion des OSSANNA-Kreises und zeichnen diesen in Abb. 220 mit einem Strommaßstab, der $^4/_6$ von dem der Abb. 219 beträgt. Besser gesagt, wir benützen den gleichen Maßstab für das Drehmoment, so daß gleichen Strecken gleiche Drehmomente entsprechen. Der Kreis des 4-poligen Modells ist dünn zum Vergleich miteingezeichnet. Man führe diesen Vergleich selbst durch. Die Auswertung des Kreises bestätigt unsere anfangs zugrunde gelegten Daten. Wir wollen die Rechnung damit beschließen.

Die technisch bessere Maschine gewinnt man, wenn man für jede Polzahl eigene Schnitte wählt. Die wirtschaftlichere Maschine braucht sich mit dieser aber nicht zu decken.

88. Drehstrommotor für 100 kW, 500 V, 50 Hz, 1500 U/min synchron, mit Doppelkäfiganker. Der Motor soll im Stillstand den 3,5-fachen Nennstrom aufnehmen und das 1,1-fache Nennmoment entwickeln.

Bei einem Doppelkäfigmotor, dessen Anlaufbedingungen vorgeschrieben sind, berechnet man zuerst den OSSANNA-Kreis für den oberen Käfig, zeichnet ihn auf, trägt den Punkt $P_k = P_1$ für den Stillstand ein, der den gestellten Forderungen genügt, und bestimmt das Widerstandsverhältnis u von Oberkäfig zu Unterkäfig sowie den Leitwert des Streusteges, der die beiden Käfige voneinander trennt. Dann findet man sofort den Schmiegungskreis K_0 für kleine Schlüpfe (Laufkreis für $s \to 0$) und den Schmiegungskreis K_∞ für große Schlüpfe ($s \to \infty$). Man konstruiert noch einige wenige Punkte, etwa 2 oder 3 für $s = 0{,}5$, $s = 0{,}25$ und $s = 0{,}0625$, legt durch sie die Ortskurve des Primärstromes und wertet diese dann aus.

Das Beispiel wird, da es typisch für eine der wichtigsten Ausführungsarten des Läufers ist, in allen Einzelheiten durchgerechnet.

Die Polzahl des Motors ist wegen $f = 50$ Hz:

$$2p = \frac{6000}{n_{syn}} = \frac{6000}{1500} = 4.$$

Wirkungsgrad und $\cos\varphi$ werden den Abb. 133 und 135 entnommen, wobei wir den $\cos\varphi$ vorsorglich um 0,01 geringer ansetzen, da bei Doppelkäfigankern der natürliche Kurzschlußstrom noch stärker als sonst verringert wird. Wir finden für $N = 100$ kW und $2p = 4$ die Werte:

$$\eta = 91{,}3\% \quad \text{und} \quad \cos\varphi = 0{,}89 - 0{,}01 = 0{,}88.$$

Der dem Netz entnommene Strom beträgt daher:

$$I_{\text{netz}} = \frac{N\,10^3}{\sqrt{3}\,U\,\eta\cos\varphi} = \frac{100000}{\sqrt{3}\cdot 500\cdot 0{,}913\cdot 0{,}88} = 144\ \text{A}.$$

Wir sehen Sterndreieckanlauf vor, der meistens bei Doppelkäfigmotoren benutzt wird, und finden den Strom im Strang:

$$I_{\text{strang}} = \frac{I_{\text{netz}}}{\sqrt{3}} = \frac{144}{\sqrt{3}} = 83{,}0\ \text{A}.$$

Der Kurzschlußstrom ($s = 1$) beträgt das 3,5-fache des Nennstromes, ist also:

$$I_{k,\text{netz}} = 3{,}5\cdot 144 = 504\ \text{A} \quad \text{bzw.} \quad I_{k,\text{strang}} = 3{,}5\cdot 83 = 290\ \text{A}.$$

Das Anlaufmoment ($s = 1$) soll gleich dem 1,1-fachen Nennmoment sein; daher müssen die Läuferwicklungsverluste im Stillstand betragen:

$$Q_{2,k} = 1{,}1\, N_{\text{nenn}} = 1{,}1 \cdot 100 = 110\,\text{kW}.$$

Wir bestimmen wie immer die Ausnützungszahl C nach Abb. 123 für die Leistung je Pol $N/2p = 25$ kW und finden:

$$C = 3 \text{ bis } 3{,}35,$$

wovon wir den unteren Wert zugrunde legen wollen.

Der Ständerinnendurchmesser wird nach Abb. 126 für die Leistung $N = 100$ kW bestimmt:

$$D = 315\,\text{mm}.$$

Die Eisenbreite resultiert aus der Leistungsformel:

$$l = 1000 \frac{N}{\left(\frac{D}{1000}\right)^2 n_{\text{syn}}\, C} = 224\,\text{mm}.$$

Wir runden etwas ab auf:

$$l = 220\,\text{mm}.$$

Wegen der geringen Breite werden keine Lüftungsschlitze vorgesehen. Die Ankerbreite l_a stimmt also mit der Schicht- oder Eisenbreite l überein. Die reine Eisenbreite l_e liegt 8% darunter und beträgt:

$$l_e = 0{,}92\, l = 0{,}92 \cdot 220 = 203\,\text{mm}.$$

Die Ständernuthöhe ist nach Abb. 132:

$$h_{n,1} = 38\,\text{mm}.$$

Wir haben den oberen Wert gewählt, da die Maschine Zweischicht-Formspulen bekommen soll.

Der Motor könnte bei 100 kW Leistung auch noch recht gut mit einer Handwicklung versehen werden. (Zweischicht- oder Einschicht-Träufelwicklung in halbgeschlossenen Nuten.)

Die Nutbreite soll $^1/_4$ bis $^1/_5$ der Nuthöhe betragen. Wir ziehen die schlankere Form vor, um eine größere abkühlende Nutoberfläche zu erhalten, und machen daher die Nut etwa $38/5 \approx 8$ mm breit. Zu dieser Breite gehört eine Nutteilung $t_{n,1}$ vom fast doppelten Betrag, also von rund 16 mm. Die gesamte Nutenzahl N_1 des Ständers muß also etwa $\pi D/t_{n,1} = \pi\, 315/16 = 61{,}7$ werden. Wir wählen die nächste durch 6 teilbare Zahl:

$N_1 = 60 = 3 \cdot 2p \cdot q_1$, aus der die Lochzahl je Pol und Strang folgt:

$$q_1 = \frac{60}{3 \cdot 4} = 5.$$

Die Formspulen verlangen eine offene Nut. Ihre Öffnung stimmt daher mit ihrer Breite überein. Ein Steg entfällt. Wir bekommen also endgültig:

$$h_{n,1} = 38\,\text{mm}, \qquad b_{n,1} = 8{,}0\,\text{mm}.$$

Die Ständernutteilung an der Bohrung ist:

$$t_{n,1} = \frac{\pi D}{N_1} = \frac{\pi\, 315}{60} = 16{,}5\,\text{mm}$$

und in $^1/_3$ Höhe der Nut über dem engsten Zahnquerschnitt gerechnet:

$$t_{n,\frac{1}{3}h} = \frac{\pi\left(D + \frac{2}{3} h_n\right)}{N_1} = \frac{\pi\left(315 + \frac{2}{3} \cdot 38\right)}{60} = 17{,}9\,\text{mm}.$$

Der Ständerzahn hat an dieser Stelle die Breite $b_{z,1} = 17{,}9 - 8{,}3 = 9{,}6$ mm. Der Zuschlag von 0,3 mm zur Nutbreite berücksichtigt die Zugabe für das Stanzen.

Der Ständerrücken bekommt eine Höhe zwischen $^1/_4$ und $^1/_5$ der Polteilung, welche beträgt:

$$t_p = \frac{\pi D}{2p} = \frac{\pi\, 315}{4} = 247 \text{ mm. } (v_a = 24{,}7 \text{ m/s}).$$

Wir wählen einen niedrigen Rücken, da die Luftinduktion mäßig gehalten werden soll. Er soll werden:

$$h_{r,1} = 0{,}2\, t_p = 0{,}2 \cdot 24{,}7 \approx 49{,}2 \text{ mm}.$$

Daraus folgt der Ständeraußendurchmesser:

$$D_a = D + 2(h_{n,1} + 0{,}3 + h_{r,1}) = 315 + 2(38 + 0{,}3 + 49{,}2) = 490 \text{ mm}.$$

Wieder wurde die Zugabe von 0,3 mm berücksichtigt.

Der Luftspalt wird Abb. 129 entnommen oder nach der dort zugrunde liegenden Formel berechnet:

$$\delta = \frac{D}{1200}\left(1 + \frac{9}{2p}\right) = \frac{315}{1200}\left(1 + \frac{9}{4}\right) = 0{,}85 \text{ mm}.$$

Wir runden etwas nach unten ab, da die Maschine recht schmal ist, und wählen endgültig:

$$\delta = 0{,}8 \text{ mm}.$$

Jetzt liegt auch der Außendurchmesser des Läufers fest mit:

$$D - 2\delta = 315 - 1{,}6 = 313{,}4 \text{ mm}.$$

Sein Innendurchmesser wird gleich dem Durchmesser der Welle gemacht, die aus mechanischen Gründen eine Stärke von 95 mm bekommt. Es ist also:

$$D_i = D_{\text{welle}} = 95 \text{ mm}.$$

Die Gesamthöhe der Läufernut ist vorerst noch unbekannt. Wir finden später eine Höhe von 28 mm und können den Läuferrücken angeben mit:

$$h_{r,2} = \frac{D - 2\delta - D_i}{2} - h_{n,2} = \frac{313{,}4 - 95}{2} - 28 = 81{,}2 \text{ mm}.$$

Die Läufernut wird oben und unten kreisrund gestaltet. Der Unterschied zwischen Stanz- und Schichtmaß ist klein. Wir brauchen ihn daher nicht zu berücksichtigen.

Jetzt wird die Ständerwicklung ausgelegt. Wie immer bildet der Fluß Φ den Ausgangspunkt. Wir wählen die mittlere Luftinduktion nicht zu hoch:

$$B_{L,\text{mittel}} = 5000 \text{ G (vorläufig)} \quad \text{und finden den Fluß:}$$

$$\Phi = B_{L,\text{mittel}}\, t_p\, l\, 10^{-6} = 5000 \cdot 24{,}7 \cdot 22 \cdot 10^{-6} = 2{,}72 \text{ M-Maxwell}.$$

Dazu gehört die Leiterzahl z_1 je Ständerstrang:

$$z_1 = \frac{U_{\text{strang}}}{1{,}11\, f_{w,1}\, \Phi} = \frac{500}{1{,}11 \cdot 0{,}936 \cdot 2{,}72} = 177 \text{ Leiter}.$$

Der Wicklungsfaktor $f_{w,1}$ ist der Tabelle in Abschnitt 14 für $q = 5$ und $v = 2$ mit 0,936 entnommen worden. Wir haben uns also bereits für die Verkürzung der Zweischichtspulen um 2 Nutteilungen entschlossen. Auch $v = 3$ käme in Betracht, da wir immer eine relative Spulenweite von $^5/_6$ anstreben.

Die Leiterzahl wird leicht aufgerundet auf:

$$z_1 = 180 \text{ je Strang (endgültig)}.$$

Die Leiterzahl je Nut wird daher $z_n = 180/(60:3) = 9$ und die Zahl der Leiter je Schicht die Hälfte hiervon, also 4,5. Wir müssen also 2 parallele Wicklungszweige vorsehen, wodurch sich die Leiterzahl je Schicht auf 9 verdoppelt. Durch jeden dieser Leiter geht nur der halbe Strangstrom. Genau so gut können wir weiter mit 4,5 wirksamen Leitern je Schicht rechnen und den wirksamen Querschnitt eines Leiters mit dem doppelten Querschnitt des wahren Leiters einsetzen. Es empfiehlt sich in keiner Weise, dem häufigen Brauch zu folgen und die Zahl der parallelen Zweige in allgemeiner Form mit in die Formeln einzuführen. Dies bleibt sinnvollerweise ausschließlich den Gleichstromankern vorbehalten.

Der endgültige Fluß beträgt jetzt:

$$\Phi = \frac{500}{1{,}11 \cdot 0{,}936 \cdot 180} = 2{,}67 \text{ M-Maxwell},$$

und die mittlere Luftinduktion wird:

$$B_{L,\,\text{mittel}} = \frac{2{,}67 \cdot 10^6}{24{,}7 \cdot 22} = 4920 \text{ G}.$$

Der Nutfüllfaktor einer kleineren offenen Nut für Zweischichtspulen und Niederspannung ist etwa 0,35. Daher faßt unsere Nut $0{,}35 \cdot 38 \cdot 8 = 106$ mm² blankes Kupfer, so daß auf einen der (Teil-) Leiter $106/18 = 5{,}9$ mm² entfallen. In der Nutbreite gehen 2,5 mm für die Isolation verloren, so daß der Leiter $8 - 2{,}5 = 5{,}5$ mm breit wird. Seine Höhe ist daher $(5{,}9 + 0{,}15)/5{,}5 = 1{,}1$ mm. Die 0,15 mm² berücksichtigen den Querschnittsverlust durch Abrundung der Kanten. Der (Teil-) Leiter hat also die Abmessungen:

blank $1{,}1 \cdot 5{,}5$ mm

und bei einem Isolationsauftrag von 0,46 mm für Lack und wärmebeständige Umspinnung:

isoliert $1{,}56 \cdot 5{,}96$ mm

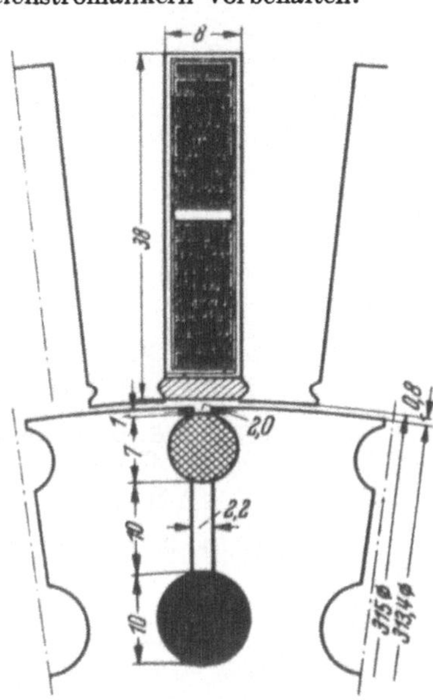

Abb. 221. Ständer- und Läufernut des Doppelkäfigmotors für 100 kW.

Zu diesen Maßen kommen hinzu: 0,04 mm für die Isolationstoleranz, 0,05 mm für die Drahttoleranz und 0,05 mm für die Tränkung, zu der in der Breite noch einmalig 0,20 mm treten. Die Auslegung der Nut in mm lautet bei Verwendung umbandelter Formspulen in einer 0,5 mm stark ausgekleideten Nut (Abb. 221):

	Breite	Höhe
Leiter blank (5,9 mm²)	5,50	1,10
Leiter isoliert	5,96	1,56
1 Leiter neben-, 9 Leiter übereinander	5,96	14,04
Drahttoleranz	0,05	0,45
Isolationstoleranz	0,04	0,36
Tränkung	0,25	0,45
Band (überlappt)	0,60	0,60
Spule	6,90	15,90
2. Spule	—	15,90
Zwischenstück	—	1,00
Nutauskleidung (0,5 mm stark)	1,00	1,50
Keil	—	3,50
Luft zum Einbau	0,10	0,20
Nut	8,00	38,00
(Stanzmaß)	(8,30)	(38,30)

Der Kupferbelag des Ständers beträgt $h = 18 \cdot 5{,}9/16{,}5 = 6{,}43$ mm. Die Leiterlänge der Ständerwicklung wird mit 30 mm gerader Kopflänge und 2 mm gegenseitigem Kopfabstand bei einem Zuschlag von 45 mm und einer Spulenweite von 13 t_n:

$$l_l = 220 + 2 \cdot 30 + \frac{\pi}{2} \cdot 19 + \frac{13 \cdot 16{,}5}{\sqrt{1 - \left(\frac{8+2}{16{,}5}\right)^2}} + 45 = 625\,\text{mm (vgl. Abschn. 8).}$$

Der primäre Widerstand ist:

$$R_1 = \frac{z_1\, l_l/1000}{(2q)\, L} = \frac{180 \cdot 0{,}625}{(2 \cdot 5{,}9) \cdot 57} = 0{,}168\,\Omega \text{ bei } 20° \quad\text{und}$$

$$= \frac{180 \cdot 0{,}625}{(2 \cdot 5{,}9) \cdot 44} = 0{,}218\,\Omega \text{ bei } 95°.$$

Die Wicklung ist nach Klasse B zu isolieren, sie ist also wärmebeständig. Wir berechnen den warmen Widerstand für eine Erwärmung von 80° bei einer Kühlmitteltemperatur von 15°, berücksichtigen also eine betriebliche Temperatur von 95°.

Das Gewicht der Ständerwicklung ist:

$$G = 8{,}9 \cdot 3 \cdot 180 \cdot 0{,}625 \cdot (2 \cdot 5{,}9) \cdot 10^{-3} = 35{,}4\,\text{kg}.$$

Wir bestimmen die Ständerwicklungsverluste aus Widerstand und Strom sowie aus Stromdichte und Gewicht:

$$Q_1 = 3 \cdot R_1 I^2 = 3 \cdot 0{,}218 \cdot 83^2 = 4500\,\text{W}$$

$$= v_{cu}\, G\, g^2 = 2{,}54 \cdot 35{,}4 \cdot 7{,}03^2 = 4500\,\text{W}, \text{ mit } g = \frac{I}{q} = \frac{83{,}0}{2 \cdot 5{,}9} = 7{,}03\,\text{A/mm}^2.$$

Die Beanspruchung der Nutenwandung wird:

$$v_n = \frac{1000\, z_n\, q\, g^2}{(2h_n + b_n - 10)\, L} = \frac{1000 \cdot 18 \cdot 5{,}9 \cdot 7{,}03^2}{74 \cdot 44} = 1610\,\text{W/m}^2.$$

Als zweites Maß für die thermische Beanspruchung berechnen wir das Produkt aus Strombelag A_1 und Stromdichte g:

$$A_1\, g = 453 \cdot 7{,}03 = 3180 \text{ bei einem Strombelag:}$$

$$A_1 = \frac{3\, z_1\, I}{\pi D} = \frac{3 \cdot 180 \cdot 83{,}0}{\pi\, 31{,}5} = 453\,\text{A/cm}.$$

Die Stromdichte liegt mit rund 7 A/mm² recht hoch. Auch die Beträge für v_n und $A_1\, g$ liegen an der oberen Grenze. Die Eisenbeanspruchungen (Induktionen) sind dagegen verhältnismäßig gering. Wir wollen aber den Fluß nicht ändern (erhöhen), da die Maschine die zulässige Erwärmung nicht überschreitet. Zu diese Aussage kommt man natürlich nur an Hand von Messungen an gleichen oder vergleichbaren Maschinen.

Wir kommen jetzt zum Läufer. Zuerst ist seine Nutenzahl N_2 zu bestimmen. Da die Ständerlochzahl q_1 bereits hoch ist (5-Lochwicklung), kommt nur eine kleinere Lochzahl q_2 je Pol und (gedachten) Strang in Betracht. Wir können wählen:

$$q_2 = q_1 - \tfrac{2}{3} \quad\text{oder}\quad q_2 = q_1 - 1,$$

$$= 5 - \tfrac{2}{3} = 4\tfrac{1}{3} \qquad = 5 - 1 = 4.$$

Beide Lochzahlen q_2 liefern eine ganze Nutenzahl Q_2 je Pol und sind daher gut zu gebrauchen. Wir wollen die zweite Zahl wählen und führen den Läufer aus mit:

$$q_2 = 4 \text{ Nuten je Pol und (gedachten) Strang.}$$

Die Nutenzahl wird also:

$$N_2 = 3 \cdot 2p \cdot q_2 = 3 \cdot 4 \cdot 4 = 48.$$

Die zugehörige Nutteilung ist:

$$t_{n,2} = \pi\, \frac{D - 2\delta}{N_2} = \pi\, \frac{313{,}4}{48} = 20{,}5\,\text{mm}.$$

Die Abmessungen der Läufernut können erst gegen Ende des Rechnungsganges genau bestimmt werden. Vorerst soll aber schon der magnetische Kreis durchgerechnet werden. Wir überschlagen daher die fehlenden Nutabmessungen. Im unteren Teil der Nut, die oben und unten kreisrund werden soll, liegt der wesentliche Teil des wirksamen (auf Kupfer bezogenen) Querschnittes. Er soll etwa 60% des Ständerkupferquerschnittes betragen. Wir rechnen also mit einem Kupferbelag des Läufers von $0{,}60 \cdot 6{,}43 = 3{,}85$ mm, so daß auf eine Nutteilung und somit auf eine Nut $3{,}85 \cdot 20{,}5 = 79\ \text{mm}^2$ entfallen. Hierzu gehört ein unterer Stabdurchmesser von 10 mm. Die beiden Stäbe des Doppelkäfigs werden durch einen Streusteg von etwa 10 mm Höhe getrennt, dessen Breite erst später bestimmt werden wird. Der Steg oberhalb des Oberstabes bekommt die üblichen Abmessungen $h_{s,o} = 1$ mm und $b_{s,o} = 2$ mm. Bleibt noch die Abschätzung des oberen Stabdurchmessers. Dort nehmen wir einen Wert zwischen 6 und 8 mm an, wobei wir bereits an die Verwendung von Messing als Stabmetall mit Rücksicht auf die Wärmespeicherfähigkeit denken.

Wir rechnen mit dem Mittelwert der beiden in Betracht kommenden Stabdurchmesser, also mit 7 mm. Jetzt können wir die beiden engsten Zahnbreiten im Läufer $b'_{z,2}$ oben und $b''_{z,2}$ unten angeben mit 12,9 und 7,5 mm. Wir lassen den Stanzzuschlag weg. Die beiden zugehörigen Zahnlängen werden einheitlich mit 5 mm, also mit 0,5 cm, eingesetzt. Der recht breite Zwischenteil im Bereich des Streusteges interessiert magnetisch überhaupt nicht.

Die Querschnitte der einzelnen Abschnitte des magnetischen Kreises und ihre Längen betragen:

Luft:

$$F_L = t_p\, l = 24{,}7 \cdot 22 = 543\ \text{cm}^2.$$

$$\delta' = \delta\, k_{c,1}\, k_{c,2} = 0{,}08 \cdot 1{,}48 \cdot 1{,}03 = 0{,}123\ \text{cm}.$$

$$k_{c,1} = f\left(\frac{8}{16{,}5}\,;\,\frac{8}{0{,}8}\right) = 1{,}48,\quad k_{c,2} = f\left(\frac{2}{20{,}5}\,;\,\frac{2}{0{,}8}\right) = 1{,}03.$$

Man bedenke, welche Vorteile die Verwendung halbgeschlossener Ständernuten bringen würde, bei denen $k_{c,1}$ nur ungefähr 1,04 beträgt. Magnetisierungsstrom und Eisenverluste würden bedeutend kleiner werden. Dem steht die höhere Qualität unserer Wicklung, ihre bessere Fertigung usw. gegenüber.

Der Entlastungsfaktor ist wegen fehlender Kühlschlitze gleich 1.

Ständerzähne:

$$F_{z,1} = 3\, q_1\, b_{z,1}\, l_e = 3 \cdot 5 \cdot 0{,}96 \cdot 20{,}3 = 292\ \text{cm}^2.$$

$$l_{z,1} = h_{n,1} = 3{,}8\ \text{cm}.$$

Läuferzähne:

$$F'_{z,2} = 3\, q_2\, b'_{z,1}\, l_e = 3 \cdot 4 \cdot 1{,}29 \cdot 20{,}3 = 314\ \text{cm}^2\ \text{(oben)},\quad l'_{z,2} = 0{,}5\ \text{cm}.$$

$$F''_{z,2} = 3\, q_2\, b''_{z,2}\, l_e = 3 \cdot 4 \cdot 0{,}75 \cdot 20{,}3 = 183\ \text{cm}^2\ \text{(unten)},\quad l''_{z,2} = 0{,}5\ \text{cm}.$$

Man beachte die sehr starke Einschnürung des Zahnquerschnittes im Bereich der unteren Stäbe. Man sieht bei noch größeren Querschnitten der Unterstäbe besser rechteckige Formen vor.

Ständerrücken:

$$F_{r,1} = 2 h_{r,1}\, l_e = 2 \cdot 4{,}92 \cdot 20{,}3 = 200\ \text{cm}^2.$$

$$l_{r,1} = \frac{t_{r,1}}{2} = \frac{\pi\,(D_a - h_{r,1})}{2 \cdot 2p} = \frac{\pi\,(49{,}0 - 4{,}92)}{8} = 17{,}3\ \text{cm}.$$

Läuferrücken:

$$F_{r,2} = 2 h_{r,2}\, l_e = 2 \cdot 8{,}12 \cdot 20{,}3 = 330\ \text{cm}^2.$$

$$l_{r,2} = \frac{t_{r,2}}{2} = \frac{\pi\,(D_i + h_{r,2})}{2 \cdot 2p} = \frac{\pi\,(9{,}5 + 8{,}12)}{8} = 6{,}9\ \text{cm}.$$

Gegenüber der Berechnung einer Einkäfigmaschine ist soeben nur die einzige Zeile für Querschnitt und Länge des zweiten Läuferzahnabschnitts hinzugekommen.

Für die Eisenverluste brauchen wir die beiden Gewichte:

Ständerrückengewicht:

$$G_{r,1} = \frac{F_{r,1}}{130} l_{r,1}\, 2p = \frac{200}{130} \cdot 17{,}3 \cdot 4 = 106 \text{ kg} \quad \text{und}$$

Ständerzahngewicht:

$$G_{z,1} = \frac{F_{z,1}}{130} l_{z,1}\, 2p = \frac{292}{130} \cdot 3{,}8 \cdot 4 = 34 \text{ kg}.$$

Im vorliegenden Beispiel ergibt sich wieder der häufiger vorkommende Fall, daß der Abplattungsfaktor $\alpha = 1{,}4$ beibehalten werden kann. Wir berechnen daher endgültig:

Luft: $B_{L,\max} = 1{,}4 \cdot \frac{\Phi\, 10^6}{F_L} = 1{,}4 \cdot \frac{2{,}67 \cdot 10^6}{543} = 6900$ G,

$V_L = 0{,}8\, B_{L,\max}\, \delta' = 0{,}8 \cdot 6900 \cdot 0{,}123 \qquad = 679$ A

Ständerzähne: $B_{z,1} = 1{,}4 \cdot \frac{\Phi\, 10^6}{F_{z,1}} = 1{,}4 \cdot \frac{2{,}67 \cdot 10^6}{292} = 12850$ G,

$H_{z,1} = f(12850) = 13{,}8$ A/cm (Abb. 53),

$V_{z,1} = H_{z,1}\, l_{z,1} = 13{,}8 \cdot 3{,}8 \qquad = 52$ A

Läuferzähne:

(oben): $B'_{z,2} = 1{,}4 \cdot \frac{\Phi\, 10^6}{F'_{z,2}} = 1{,}4 \cdot \frac{2{,}67 \cdot 10^6}{314} = 12000$ G,

$H'_{z,2} = f(12000) = 10$ A/cm (Abb. 53),

$V'_{z,2} = H'_{z,2}\, l'_{z,2} = 10 \cdot 0{,}5 \qquad = 5$ A

(unten): $B''_{z,2} = 1{,}4 \cdot \frac{\Phi\, 10^6}{F''_{z,2}} = 1{,}4 \cdot \frac{2{,}67 \cdot 10^6}{183} = 20500$ G.

Bei dieser hohen magnetischen Induktion müssen wir mit den Entlastungskurven in Abb. 53 arbeiten, da die wahre Zahninduktion wegen der magnetisch parallelgeschalteten Nut wesentlich kleiner ist. Wir rechnen mit $b_z/t_n = 7{,}5/17{,}5 = 0{,}43$ und finden:

$H''_{z,2} = f(20500;\, 0{,}43) = 300$ A/cm (Abb. 53),

$V''_{z,2} = H''_{z,2}\, l''_{z,2} = 300 \cdot 0{,}5 \qquad = 150$ A

Ständerrücken: $B_{r,1} = \frac{\Phi\, 10^6}{F_{r,1}} = \frac{2{,}67 \cdot 10^6}{200} = 13350$ G,

$H_{r,1} = f(13350) = 7{,}1$ A/cm (Abb. 54),

$V_{r,1} = H_{r,1}\, l_{r,1} = 7{,}1 \cdot 17{,}3 \qquad = 123$ A

Läuferrücken: $B_{r,2} = \frac{\Phi\, 10^6}{F_{r,2}} = \frac{2{,}67 \cdot 10^6}{330} = 8100$ G,

$H_{r,2} = f(8100) = 1{,}7$ A/cm,

$V_{r,2} = H_{r,2}\, l_{r,2} = 1{,}7 \cdot 6{,}9 \qquad = 12$ A

Die magnetische Gesamtspannung je Pol ist $V_\mu = 1021$ A.

Der Magnetisierungsstrom wird daher:

$$I_\mu = \frac{V_\mu\, 2p}{1{,}35\, f_{w,1}\, z_1} = \frac{1021 \cdot 4}{1{,}35 \cdot 0{,}936 \cdot 180} = 18 \text{ A}.$$

Dies ist der Strom im Strang; in der Netzzuleitung fließt ein Magnetisierungsstrom von $18 \cdot \sqrt{3} = 31{,}2$ A. Der auf den Nennstrom bezogene Magnetisierungsstrom ist $i_\mu = 18/83 = 0{,}217$. Er ist (erwünschterweise) recht klein. Dies rührt von der mäßigen magnetischen Beanspruchung der Maschine her.

Für die Streuungsberechnung brauchen wir den magnetischen Nutzleitwert, den wir gleich mit dem Quadrat des Wicklungsfaktors malnehmen:

$$\lambda_0 f_{w,1}^2 = 0{,}38 \cdot \frac{\Phi\, 10^6}{V_\mu\, l} f_{w,1}^2 = 0{,}38 \cdot \frac{2{,}67 \cdot 10^6}{1021 \cdot 22} \cdot 0{,}936^2 = 39{,}7.$$

Jetzt folgt die Berechnung der Streuleitwerte, wobei wir im Läufer nur den oberen Nutteil berücksichtigen. Der Zwischensteg, dessen Breite noch unbekannt ist, und der untere Nutteil werden erst später in Rechnung gesetzt.

Ständernut:

Das Nomogramm in Abb. 74 ergibt für $h_n = 38$ und $b_n = 8$ bei offener Nut den Leitwert $\lambda_n = 2{,}08$, der mit dem Korrekturbeiwert $k = 0{,}92$ wegen $W/t_p = 13/15 = 0{,}866$ malgenommen werden muß. Der auf die Lochzahl q_1 bezogene Streuleitwert ist:

$$\frac{\lambda_n}{q_1} k = \frac{2{,}08}{5} \cdot 0{,}92 = 0{,}384.$$

Das gleiche Ergebnis würde die genaue Formel liefern.

Stirnstreuung:

Der Streuleitwert für Zweischichtwicklung im Ständer und Käfiganker ist 0,25 bis 0,15 laut Tabelle in Abschnitt 26. Wir wählen den höheren Wert, woraus sich mit $l_{s,1} = l_l - l = 625 - 220 = 405$ mm der auf die Eisenbreite l bezogene Wert ergibt:

$$\lambda_s \frac{l_{s,1}}{l} = 0{,}25 \cdot \frac{405}{220} = 0{,}460.$$

Doppeltverkettete Streuung:

Die Streufaktoren sind zu bestimmen für eine Spulenwicklung ($q_1 = 5$, $v = 2$), eine Käfigwicklung ($q_2 = 4$) und für die Nutenschrägung um eine Ständernutteilung ($q_1 = 5$). Sie werden den Tabellen in Abschnitt 27 entnommen mit:

$$100\, \sigma_{d,1} = 0{,}44, \quad 100\, \sigma_{d,2} = 0{,}57, \quad 100\, \sigma_{\text{schr}} = 0{,}37.$$

Da der Läufer weder gegossen noch gespritzt, sondern mit eingetriebenen Stäben versehen wird, deren Kontakt mit dem Eisen nicht allzu innig ist, sollen die vollen Beträge eingesetzt werden, obwohl sicher mit einer gewissen Reduktion zu rechnen ist. Wir finden:

$$\sigma_{d,1}\, \lambda_0 f_{w,1}^2 = \frac{0{,}44}{100} \cdot 39{,}7 = 0{,}175,$$

$$\sigma_{d,2}\, \lambda_0 f_{w,1}^2 = \frac{0{,}57}{100} \cdot 39{,}7 = 0{,}226,$$

$$\sigma_{\text{schr}}\, \lambda_0 f_{w,1}^2 = \frac{0{,}37}{100} \cdot 39{,}7 = 0{,}147.$$

Obere Läufernut:

Nur der obere Nutteil wird berücksichtigt. Sein Streuleitwert ist:

$$\lambda_{n,o} = h_{s,o}/b_{s,o} + 0{,}6 = \tfrac{1}{2} + 0{,}6 = 1{,}10,$$

der den auf die Lochzahl q_2 und die primäre Wicklung bezogenen Streuleitwert ergibt:

$$\frac{\lambda_{n,o}}{q_2} \cdot f_{w,1}^2 = \frac{1{,}10}{4} \cdot 0{,}936^2 = 0{,}240.$$

Die Summe aller Streuleitwerte ergibt den ideellen Leitwert $\lambda_i = 1{,}632$, woraus sich der ideelle Blindwiderstand X_i und der ideelle Kurzschlußstrom I_i (für den oberen Käfig) ergeben:

$$X_i = \frac{4\,\pi^2}{10}\left(\frac{z_1}{100}\right)^2 \frac{f}{50}\,\frac{l}{100}\,\frac{1}{2p}\,\lambda_i = 3{,}95 \cdot 1{,}80^2 \cdot 0{,}22 \cdot \frac{1}{4} \cdot 1{,}632 = 1{,}15\,\Omega \quad \text{und}$$

$$I_i = \frac{U_{\text{strang}}}{X_i} = \frac{500}{1{,}15} = 435\ \text{A}.$$

Hieraus folgt der Durchmesser des Ossanna-Kreises für den oberen Käfig:

$$I_\varnothing = I_i - I_\mu = 435 - 18 = 417\ \text{A},$$

wozu der Blindwiderstand gehört:

$$X_\varnothing = \frac{U_{\text{strang}}}{I_\varnothing} = \frac{500}{417} = 1{,}20\,\Omega.$$

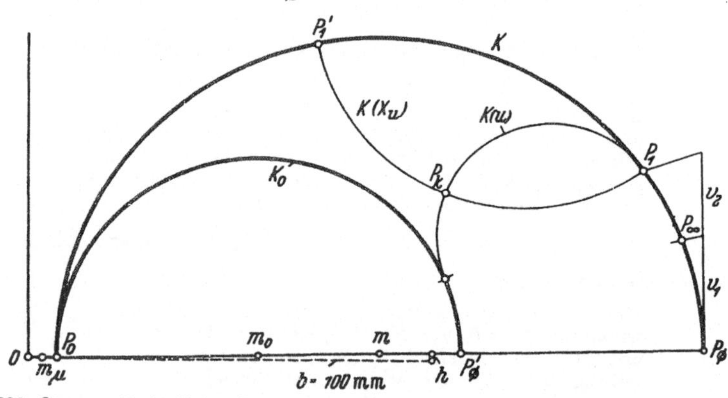

Abb. 222. Ossanna-Kreis K für den oberen Käfig, gewünschter Anlaufpunkt P_k und Schmiegungs- oder Laufkreis K_0 des Doppelkäfigmotors für 100 kW. Die beiden durch P_k gehenden Kreise $K(u)$ und $K(X_u)$ führen unmittelbar zur endgültigen Auslegung des Doppelkäfigs. Wiedergabe 1:2.

Die Korrektur bei der Bestimmung von $I_\varnothing$ ist wie fast immer vernachlässigbar klein.

Der ideelle Verluststrom und das Übersetzungsverhältnis betragen:

$$I_v = \frac{U_{\text{strang}}}{R_{1,\,\text{warm}}} = \frac{500}{0{,}218} = 2300\ \text{A},$$

$$\ddot{u} = \frac{z_1\, f_{w,1}}{\frac{N_2}{3}}\left(1 + \frac{0{,}5\, I_\mu}{I_\varnothing}\right) = \frac{180 \cdot 0{,}936}{\frac{48}{3}}\left(1 + \frac{9}{417}\right) = 10{,}75.$$

Der Anstieg der Mittelpunktgeraden über der Basis $b = 100$ mm ist:

$$h = 200\,\frac{I_\mu}{I_v} = 200 \cdot \frac{18}{2300} = 1{,}6\ \text{mm}.$$

Die Maßstäbe für das Diagramm seien folgende:

Primärstrom: $a_1 = 2{,}5$ A/mm (frei gewählt),

Sekundärstrom: $a_2 = a_1\,\ddot{u} = 2{,}5 \cdot 10{,}75 = 26{,}9$ A/mm,

Leistung: $w = 3\,U_{\text{strang}}\,a_1 = 3 \cdot 500 \cdot 2{,}5 = 3750$ W/mm.

In Abb. 222 ist der Ossanna-Kreis K des oberen Käfigs und der verlangte Anlaufpunkt P_k wiedergegeben. Er hat vom Ursprung O die Entfernung I_k/a_1

und liegt um den Betrag der Ständerwicklungsverluste und der dem Anzugsmoment entsprechenden Läuferverluste über der gestrichelten Waagerechten. Wir berechnen die diesen Verlusten zugehörigen Verluststrecken:

$$v_{1,k} = 3\,R_1\,I_k^2/w \quad = 3 \cdot 0{,}218 \cdot 290^2/3750 = 14{,}7 \text{ mm} \quad \text{und}$$

$$v_{2,k} = \frac{M_a}{M_n}\,\frac{N_{\text{nenn}}}{w} = \frac{1{,}1 \cdot 100 \cdot 10^3}{3750} = 29{,}4 \text{ mm}, \quad \text{zusammen: } 44{,}1 \text{ mm}.$$

Wir können erst weiterarbeiten, wenn wir über den betrieblichen Läuferwiderstand ($s \to 0$), also über den wirksamen Widerstand je Nut $r_2 = r_o r_u/(r_o + r_u)$, entschieden haben, der die Läuferverluste Q_2 bei Nennlast bedingt.

Es ist also der Punkt P_1 auf K einzutragen, so als ob es einen oberen Käfig gäbe, der alles Metall des Läufers in sich vereinigt. Das machen wir in einfachster Weise und vor allem sehr anschaulich, indem wir ohne weitere Rechnung über die Verluststrecke v_2 verfügen, die wir mit Rücksicht auf kleinen Schlupf etwa gleich 0,75 v_1 machen. Nach wie vor entspricht v_1 den vom Strom $I_\varnothing$ in den 3 Widerständen R_1 hervorgerufenen Verlusten. (In anderen Fällen ist v_2 fast gleich v_1 oder sogar größer.) Wir wählen also:

$$v_2 = 0{,}75\, v_1 = 22{,}7 \text{ mm}, \quad \text{wobei wir benutzen:}$$

$$v_1 = 3\,R_1\,I_\varnothing^2/w = 3 \cdot 0{,}218 \cdot 417^2/3750 = 30{,}3 \text{ mm}.$$

Wir tragen diese Verluststrecken in Abb. 222 ein und finden die beiden Punkte P_∞ und P_1 auf K. Sofort berechnen wir den Widerstand r_2, über dessen auf einen primären Strang bezogenen Wert $R_2^{(1)}$ wir soeben verfügt haben:

$$\text{aus} \quad \frac{R_2^{(1)}}{R_1} = \frac{\frac{N_2}{3}\,r_2\,ü^2}{R_1} = \frac{v_2}{v_1}$$

$$\text{folgt} \quad r_2 = \frac{22{,}7}{30{,}3}\,\frac{R_1}{\frac{N_2}{3}\,ü^2} = \frac{22{,}7}{30{,}3} \cdot \frac{0{,}218}{16 \cdot 10{,}75^2} = 88{,}5 \cdot 10^{-6}\,\Omega.$$

Sobald das Verhältnis $u = r_o/r_u$ bekannt ist, können r_o und r_u selbst berechnet werden.

Die Anpassung der Verluststrecke v_2 an die Verluststrecke v_1 ist natürlich unmittelbar verwandt mit der Anpassung der Dicke des Läufer-Kupfermantels an die Dicke des Kupfermantels im Ständer. Nur spielt bei den Verluststrecken noch das Verhältnis der Wicklungsfaktoren und der mittleren Leiterlängen im Ständer und Läufer eine Rolle.

Jetzt erst beginnt die eigentliche, vom Rechnungsgang einer normalen Maschine abweichende Behandlung unseres Doppelkäfigmotors, indem wir zwei Hilfskreise in Abb. 222 einzeichnen, nämlich:

Kreis $K(u)$, der K in P_1 berührt und durch P_k geht, und

Kreis $K(X_u)$, der K in P_1 senkrecht trifft und auch durch P_k geht; er liefert Punkt P_1' auf K.

Wir tragen, ohne etwa eine Rechnung durchführen zu müssen, noch den Schmiegungskreis K_0 (Laufkreis für $s \to 0$) ein, der K in P_0 berührt und $K(u)$ tangiert. Jetzt beziehen wir uns auf Abschnitt 69 und Abb. 186 und werten Abb. 222 aus:

$$a = \overline{P_0\,P_1'} = 107{,}2 \text{ mm}, \qquad a_1 = \overline{P_0\,P_\infty} = 164 \text{ mm},$$
$$a_2 = \overline{P_0\,P_1} = 159 \text{ mm}, \qquad A = \overline{P_0\,P_\varnothing'} = 104{,}5 \text{ mm},$$
$$b = \overline{P_\infty\,P_1'} = 107{,}0 \text{ mm}, \qquad b_1 = \overline{P_\varnothing\,P_\infty} = 29{,}8 \text{ mm},$$
$$b_2 = \overline{P_\infty\,P_1} = 21{,}2 \text{ mm}, \qquad B = \overline{P_\varnothing\,P_\varnothing'} = 62{,}5 \text{ mm}.$$

Gegeben ist $X_\varnothing = 1{,}20\,\Omega$. Wir finden die gesuchten Größen:

$$u = \frac{a_2/b_2}{a/b} - 1 = \frac{159/21{,}2}{107{,}2/107} - 1 = 6{,}5,$$

$$X_u'' = \frac{B}{A} X_\varnothing = \frac{62{,}5}{104{,}5} \cdot 1{,}20 = 0{,}718\,\Omega,$$

(zur Kontrolle) $R_2^{(1)} = \frac{b_2}{a_2} \frac{A+B}{a_1} X_\varnothing = \frac{21{,}2}{159} \cdot \frac{167}{164} \cdot 1{,}20 = 0{,}163 = 0{,}75\,R_1$,

genau wie vorher gewählt.

Jetzt können wir R_o, R_u und X_u sowie nach Division durch $ü^2 N_2/3$ die Werte r_o, r_u und x_u je Läuferstab angeben:

$$R_o = R_2^{(1)}(1+u) = 1{,}22\ \Omega, \qquad r_o = \frac{R_o}{ü^2 \frac{N_2}{3}} = \frac{1{,}22}{10{,}75^2 \cdot \frac{48}{3}} = 660 \cdot 10^{-6}\,\Omega,$$

$$R_u = R_2^{(1)} \frac{1+u}{u} = 0{,}188\,\Omega, \qquad r_u = \frac{R_u}{ü^2 \frac{N_2}{3}} = \frac{0{,}188}{10{,}75^2 \cdot \frac{48}{3}} = 102 \cdot 10^{-6}\,\Omega,$$

$$X_u = X_u'' \left(\frac{1+u}{u}\right)^2 = 0{,}96\ \Omega, \qquad x_u = \frac{X_u}{ü^2 \frac{N_2}{3}} = \frac{0{,}96}{10{,}75^2 \cdot \frac{48}{3}} = 517 \cdot 10^{-6}\,\Omega.$$

R_o konnte auch bequem Abb. 222 entnommen werden zu

$$R_o = \frac{b}{a} \frac{A+B}{a_1} X_\varnothing = \frac{107}{107{,}2} \cdot \frac{167}{164} \cdot 1{,}2 = 1{,}22\,\Omega\,.$$

Der obere Käfig wird aus Messing hergestellt. Seine Stäbe sind 290 mm lang und bekommen einen Durchmesser von 7 mm; sie haben also einen Querschnitt q_{st} von 38,5 mm². Die Ringe werden mit 100% Reichlichkeit gewählt, bekommen also nicht den q_2-fachen, sondern den $2\,q_2$-fachen Querschnitt eines Stabes, nämlich $q_r = 300$ mm². Ihr mittlerer Durchmesser ist 250 mm. Die Leitfähigkeit von Messing bei 75° ist 13,9 m/(Ω mm²).

Der untere Käfig wird aus Kupfer gemacht. Die Stäbe sind 255 mm lang und haben einen Durchmesser von 10 mm, also einen Querschnitt von 78,5 mm². Die Ringe werden wie die oberen (die aber aus Me bestehen) mit 300 mm² Querschnitt ausgeführt, sind also etwas knapper, als sich aus $q_2 q_{st}$ ergeben würde. Ihr Durchmesser ist 240 mm. Die Leitfähigkeit des unteren Käfigs ist bei 75° mit $L = 46{,}8$ m/(Ω mm²) einzusetzen.

Wir wählen als Betriebstemperatur im Läufer 75° gegenüber 95° in dem stärker beanspruchten Ständer.

Der Streusteg zwischen den beiden Stäben bekommt die Breite $b_{s,u} = 2{,}2$ mm bei der bereits früher festgelegten Höhe von $h_{s,u} = 10$ mm.

Wir kontrollieren r_o, r_u und x_u bei den soeben festgesetzten Abmessungen:

$$r_o = \frac{l_{st,o} + \Delta l_o}{q_{st,o} L_{st,o}} = \frac{0{,}290 + 0{,}0613}{38{,}5 \cdot 13{,}9} = 660 \cdot 10^{-6}\,\Omega,$$

wobei $\Delta l_o = 0{,}61\, t_{r,o} \frac{L_{st,o}}{L_{r,o}} \frac{q_2 q_{st,o}}{q_{r,o}} = 0{,}61 \frac{\pi\, 250}{4} \cdot 1 \cdot \frac{4 \cdot 38{,}5}{300} = 61{,}3$ mm.

$$r_u = \frac{l_{st,u} + \Delta l_u}{q_{st,u} L_{st,u}} = \frac{0{,}255 + 0{,}120}{78{,}5 \cdot 46{,}8} = 102 \cdot 10^{-6}\,\Omega,$$

wobei $\Delta l_u = 0{,}61\, t_{r,u} \frac{L_{st,u}}{L_{r,u}} \frac{q_2 q_{st,u}}{q_{r,u}} = 0{,}61 \frac{\pi\, 240}{4} \cdot 1 \cdot \frac{4 \cdot 78{,}5}{300} = 120$ mm.

$$x_u = \frac{4\pi^2}{10} \frac{f}{50}\, l \left(\frac{h_{s,u}}{b_{s,u}} + 1{,}4\right) \cdot 10^{-6}$$

$$= 3{,}95 \cdot 22 \cdot \left(\frac{10}{2{,}2} + 1{,}4\right) \cdot 10^{-6} = 517 \cdot 10^{-6}\,\Omega.$$

Die erforderlichen Werte für r_o, r_u und x_u werden also eingehalten.

Wenn nur der untere Käfig vorhanden wäre, würde der volle Blindwiderstand $X_\varnothing + X_u$ wirksam werden. Dann wäre der Durchmesser des OSSANNA-Kreises K_u:

$$I_\varnothing(K_u) = I_\varnothing \frac{X_\varnothing}{X_\varnothing + X_u} = 417 \cdot \frac{1{,}2}{1{,}2 + 0{,}96} = 232 \text{ A}.$$

Aus diesem Strom berechnen wir exakt und bequem den Durchmesser des Kreises K_∞, der den Verlauf der Ortskurve für den Primärstrom im Bereich der Schlüpfe größer als 1 recht gut wiedergibt:

$$I_\varnothing(K_\infty) = \frac{I_\varnothing - I_\varnothing(K_u)}{1 + \frac{I_\varnothing}{I_v}\,\frac{I_\varnothing(K_u)}{I_v}} = \frac{417 - 232}{1 + \frac{417}{2300}\cdot\frac{232}{2300}} = \frac{185}{1{,}018} = 182 \text{ A}.$$

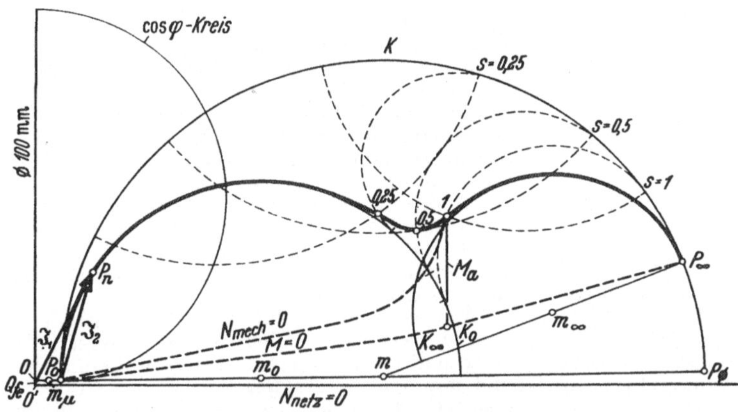

Abb. 223. Ortskurve des Doppelkäfigmotors für 100 kW. Unmittelbare, rein graphische Entwicklung aus Bild 222. Wiedergabe 1:2.

Jetzt kennen wir die beiden wichtigen Schmiegungskreise K_0 und K_∞ und den Betriebspunkt P_k für $s = 1$. Wir konstruieren noch die Kreise $K(u)$ und $K(X_u)$ für $s = 0{,}5$ und $s = 0{,}25$, deren Schnitte uns die beiden Betriebspunkte für $s = 0{,}5$ und $s = 0{,}25$ liefern. Dann sind wir imstande, die Ortskurve in Abb. 223 endgültig aufzuzeichnen und durch Eintragen der Linie für das Drehmoment und die mechanische Leistung sowie durch Verschiebung des Ursprunges um die Eisenverluste nach O' zu vervollständigen.

Man vergegenwärtige sich an dieser Stelle den bisherigen Vorgang. Ausgehend von der gewünschten Nennleistung, wurde ein Maschinenmodell ausgewählt, das auch für einen Schleifringanker oder einen Kurzschlußläufer mit Rund- oder Hochstäben Gültigkeit hätte. Dann wurde dieses Modell mit einer Ständerwicklung versehen, wobei allerdings an eine etwas kleinere Luftinduktion gedacht wurde, und der OSSANNA-Kreis K für einen Läufer mit runden Nuten und normalem Steg berechnet und mit den Punkten P_0, P_∞ und $P_\varnothing$ versehen, genau so, als ob noch keine Entscheidung über die spezielle Läuferart getroffen worden wäre. Auch den Punkt P_1, normalem Metallaufwand im Läufer entsprechend, konnten wir eintragen, wobei nur die Feinheit zu beachten ist, daß wir P_1 bei einem Schleifringanker etwas höher gelegt hätten.

Jetzt erst kommt die wesentliche Bedingung, daß nämlich der Stillstandspunkt P_k, einem vorgegebenen Kurzschlußstrom I_k und einem vorgeschriebenen Drehmoment im Stillstand entsprechend, eingehalten werden soll. Das Kreispaar $K(u)$ und $K(X_u)$, welches durch P_k geht, legt die gesamten wesentlichen Daten, nämlich r_o, r_u und x_u, fest. Eine gewisse Freiheit verbleibt für die Aufteilung von r_o und r_u auf den eigentlichen Stab und den zugehörigen Ring, eine weitere Freiheit für die Gestaltung des Steges zwischen den Stäben, da nur das Verhältnis Höhe : Breite vorgeschrieben ist.

Man denke daran, daß weitere Punkte der Ortskurve Q für den Primärstrom unserer Maschine durch Einzeichnen der entsprechenden Kreispaare $K(u)$ und $K(X_u)$ oder nach irgendeinem anderen Vorschlag aus Abschnitt 67 gefunden werden können, ohne daß wir eine einzige Größe numerisch kennenlernen.

Das bedeutet, daß wir uns nach Vorlage des Kreises K des oberen Käfigs und Eintragen des Anlaufpunktes P_k, der nur innerhalb von K liegen muß, rein zeichnerisch bei einem vernünftigen Aufwand den Verlauf der Ortskurve verschaffen können. Wir sind nicht gezwungen, irgendeine Größe rechnerisch auszudrücken. Wollen wir die Maschine wirklich bauen, so ist dieser Schritt natürlich unerläßlich.

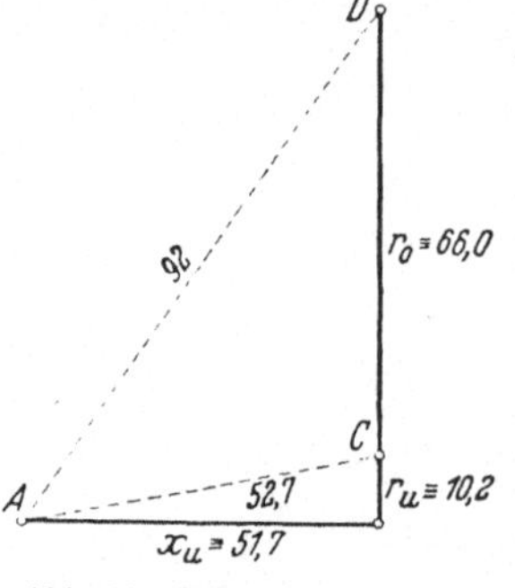

Abb. 224. Hilfszeichnung zur Bestimmung der beiden Läuferströme des stillstehenden Doppelkäfigmotors für 100 kW. Die benutzten Strecken brauchen den 3 Widerständen r_o, r_u und x_u nur verhältnisgleich zu sein.

Immer wieder ist es vorteilhaft, die Rechnung mit der Zeichnung zu kombinieren, wobei es der Veranlagung überlassen bleibt, eine der beiden Möglichkeiten stärker zu bevorzugen. Man verkenne aber nicht den Überblick, den eine Ortskurve mit ihren Hilfslinien bietet, da man ihr mit einem Blick die Drehmomente, die Verluste und die Leistungsfaktoren ansieht. Man befreie aber die graphische Methode von schwerfälligen Schritten, wie z. B. von der zeichnerischen Bestimmung des Verhältnisses zweier Strecken oder gar des Doppelverhältnisses von 4 Strecken. So etwas erledigt man mit dem Rechenschieber. Genau so teile man Strecken in einem vorgegebenen Verhältnis nicht graphisch, sondern ebenfalls unter Benutzung des Rechenschiebers durch Bestimmung der Längen einer ihrer beiden Teilstrecken.

Wir vollziehen jetzt noch die Kontrolle unserer ganzen Rechnung, indem wir die Läuferverluste in Ober- und Unterkäfig im Stillstand getrennt berechnen und mit dem benötigten Betrag von 110000 W vergleichen, der einer 100 kW-Maschine erlaubt, das 1,1-fache Nennmoment zu entwickeln.

Wir entnehmen Abb. 223 den gesamten Sekundärstrom (einer Nut) zu:

$$I_{2,k} = \overline{P_0 P_k}\, a_2 = 109{,}2 \cdot 26{,}9 = 2940 \text{ A}, \quad a_2 = 26{,}9 \text{ A/mm},$$

den wir mit der kleinen Hilfszeichnung in Abb. 224 zerlegen in den Strom $I_{2.o}$ im oberen und $I_{2,u}$ im unteren Stab. Es ergibt sich:

$$I_{2,o} = 2940 \frac{\overline{AC}}{\overline{AD}} = 2940 \cdot \frac{52{,}7}{92} = 1680 \text{ A},$$

$$I_{2,u} = 2940 \frac{\overline{CD}}{\overline{AD}} = 2940 \cdot \frac{66}{92} = 2100 \text{ A}.$$

Beide Ströme haben annähernd die gleiche Größe, ihre Phasenverschiebung ist gleich dem Supplementwinkel von ACD, also fast 90°.

Sie verursachen folgende Verluste:

Oberer Käfig: $Q_o = N_2 r_o I_{2.o}^2 = 48 \cdot 660 \cdot 10^{-6} \cdot 1680^2 = 89500$ W und

Unterer Käfig: $Q_u = N_2 r_u I_{2.u}^2 = 48 \cdot 102 \cdot 10^{-6} \cdot 2100^2 = 21500$ W,

deren Summe $Q_{2,k} = 111000$ W

bis auf 1% mit dem verlangten Betrag übereinstimmt.

Zur Berechnung des Wirkungsgrades werden noch die Eisen- und Reibungsverluste benötigt:

Ständerrücken:

$$Q_{r,1} = 1{,}5\, v_{10}\, G_{r,1} \left(\frac{B_{r,1}}{10000}\right)^2 = 1{,}5 \cdot 2{,}3 \cdot 106 \cdot 1{,}335^2 \qquad = 655 \text{ W},$$

Ständerzähne:

$$Q_{z,1} = 3{,}0\, v_{10}\, G_{z,1} \left(\frac{B_{z,1}}{10000}\right)^2 k_c^2 = 3 \cdot 2{,}3 \cdot 34 \cdot 1{,}285^2 \cdot 1{,}53^2 = 905 \text{ W},$$

Reibungsverluste:

$$Q_{rbg} = 10 \frac{D}{1000} \frac{l_a + 150}{1000} v_a^2 = 10 \cdot 0{,}315 \cdot 0{,}370 \cdot 24{,}7^2 \qquad = 710 \text{ W},$$

zusammen Leerverluste $Q_0 = 2270$ W.

Die Eisenverluste in den Zähnen würden auf etwa die Hälfte sinken, wenn wir halbgeschlossene Nuten verwendet hätten. Das würde einer Steigerung des Wirkungsgrades um 0,35% entsprechen. Außerdem würde sich der Leistungsfaktor verbessern, der Strom also sinken und die Verluste noch etwas abnehmen.

Wir tragen auf der Ortskurve den Betriebspunkt für Vollast ein, der um $N_{nenn}/(\eta\, w) = 100000/(0{,}913 \cdot 3750) = 29{,}2$ mm über der Nullinie liegt, die durch den Ursprung O' geht, der um die Eisenverluste, also um $1560/3750 = 0{,}4$ mm unter 0 gelegt wurde. Wir entnehmen dann:

$$I_1 = 83 \text{ A}, \quad I_2 = 796 \text{ A}, \quad \cos\varphi = 0{,}88$$

und berechnen die Einzelverluste:

Leerverluste:

$$Q_{fe} + Q_{rbg} \qquad = 2270 \text{ W},$$

Primäre Wicklungsverluste:

$$Q_1 = 3\, R_1\, I_1^2 = 3 \cdot 0{,}218 \cdot 83^2 \qquad = 4500 \text{ W},$$

Sekundäre Wicklungsverluste:

$$Q_2 = N_2\, r_2\, I_2^2 = 48 \cdot 88{,}5 \cdot 10^{-6} \cdot 796^2 \qquad = 2710 \text{ W},$$

Zusatzverluste:

$$Q_z = \frac{N_{nenn}}{\eta} \cdot 0{,}005 = \frac{100000}{0{,}913} \cdot 0{,}005 \qquad = 550 \text{ W},$$

zusammen Gesamtverluste $Q = 10030$ W.

Die prozentualen Verluste betragen also:

$$v\% = 100 \cdot \frac{10030}{10030 + 100000} = 9{,}13\%,$$

woraus sich der Wirkungsgrad ergibt

$$\eta\% = 100 - 9{,}13 = 90{,}87\%$$

(gegenüber 91,3 bei Beginn der Rechnung).

Die endgültigen Daten der Maschine lauten:

$$N = 100 \text{ kW}, \qquad U_{netz} = 500 \text{ V},$$
$$I_{netz} = 144 \text{ A}, \qquad n = 1460 \text{ U/min},$$
$$\eta = 90{,}9\%, \qquad \cos\varphi = 0{,}88.$$

Der Schlupf beträgt:

$$s = \frac{Q_2}{N_n + Q_{rbg} + Q_2} = \frac{2710}{100000 + 710 + 2710} = 0{,}0262,$$

woraus sich die Drehzahl

$$n = (1 - s)\, n_{syn} = 0{,}974 \cdot 1500 = 1460 \text{ U/min}$$

ergibt.

89. Polumschaltbarer Drehstrommotor für 12/20 kW, 500 V, 50 Hz, 750/1500 U/min synchron, mit Doppelkäfiganker. Der Motor sei mit allen Abmessungen und mit seiner Ständerwicklung sowie seinem Doppelkäfig gegeben. Es liegt also der in der Praxis häufige Fall einer reinen Nachrechnung vor, und es besteht die Aufgabe, die Motoreigenschaften beim Anlauf und im Betrieb auf Grund der gegebenen Größen festzustellen, während in den vorhergehenden Beispielen die Abmessungen und die Auslegung der Wicklungen erst gesucht werden mußten, die zur Erfüllung gestellter Bedingungen nötig waren.

Die Abmessungen sind:

Breite $l_a = l = 260$ mm (keine Kühlschlitze),

reine Eisenbreite $l_e = 0{,}92\, l = 240$ mm,

Außendurchmesser des Ständers:	D_a	$= 370$ mm,	
Innendurchmesser des Ständers:	D	$= 235$ mm,	
Außendurchmesser des Läufers:	$D - 2\delta$	$= 233{,}7$ mm,	
Innendurchmesser des Läufers:	D_i	$= 150{,}0$ mm,	
Luftspalt:	δ	$= 0{,}65$ mm,	
Rückenhöhe Ständer:	$h_{r,1}$	$= 27{,}2$ mm,	Zahnbreite Ständer $b_{z,1} = 4{,}85$ mm,
Rückenhöhe Läufer:	$h_{r,2}$	$= 19{,}0$ mm,	Zahnbreite Läufer $b_{z,2} = 4{,}6$ mm,
Ständer-Nutenzahl:	N_1	$= 72$	
Läufer-Nutenzahl:	N_2	$= 48$	

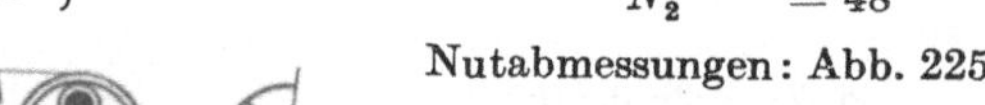

Nutabmessungen: Abb. 225.

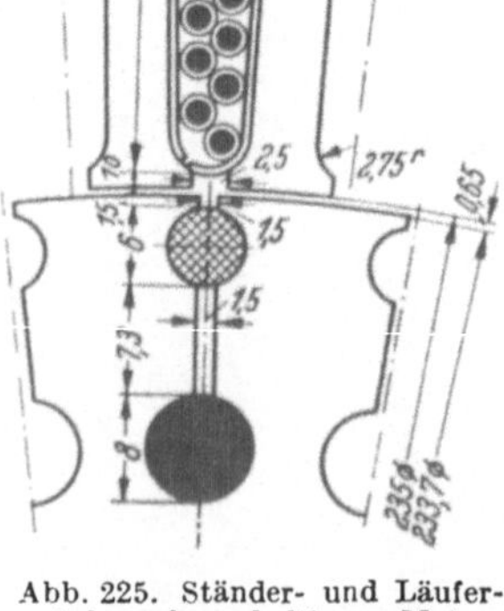

Abb. 225. Ständer- und Läufernut des polumschaltbaren Motors für 12/20 kW bei 8/4 Polen.

Die Angaben für die Ständerwicklung und den Doppelkäfig lauten:

Ständerwicklung:

Zweischichtige, geträufelte Dahlander-Wicklung für die beiden Polzahlen $2p_2 = 8$ und $2p_1 = 4$, mit $22 = 2 \cdot 11$ Drähten je Nut (11 je Schicht) der Abmessung 2,2 mm ∅ blank und 2,57 mm ∅ isoliert, bei einer Leiterlänge $l_l = 520$ mm.

Doppelkäfig:

Oberer Käfig aus Messing, Stablänge 340 mm, Stabdurchmesser 6 mm, Ringdurchmesser 210 mm, Ringquerschnitt 200 mm². Leitfähigkeit bei 75° gleich 13,9 m/(Ω mm²).

Unterer Käfig aus Kupfer, Stablänge 310 mm, Stabdurchmesser 8 mm, Ringdurchmesser 180 mm, Ringquerschnitt 300 mm², Leitfähigkeit bei 75° gleich 46,8 m/(Ω mm²).

Schaltung der Ständerwicklung:

Dreieckschaltung bei 8 Polen und Doppelstern bei 4 Polen, also Schaltung B für annähernd gleiches Drehmoment nach Abschnitt 73.

Wir führen die Rechnung gleichzeitig für beide Polzahlen 8 und 4 durch.

8 Pole	4 Pole
Ständerlochzahl je Pol und Strang:	
$q_1 = \frac{72}{3 \cdot 8} = 3$	$= \frac{72}{3 \cdot 4} = 6.$

	8 Pole	4 Pole
Spulenweite:	$W = 9$ Nutteilungen.	
Relative Spulenweite:	$\frac{W}{t_p} = \frac{9}{3 \cdot 3} = 1{,}00$	$= \frac{9}{3 \cdot 6} = 0{,}50.$
Wicklungsfaktor:	$f_{w,1} = 0{,}831$	$= 0{,}676$ (Tab. in Abschn. 74).
Leiterzahl je Strang:	$z_1 = \frac{N_1}{3} z_n = \frac{72}{3} \cdot 22 = 528$ (Dreieck)	$= \frac{N_1}{3} z_n \frac{1}{2} = 264$ (Doppelstern).
Fluß:	$\Phi = \frac{500}{1{,}11 \cdot 0{,}831 \cdot 528} = 1{,}03$ M-Maxwell	$= \frac{500/\sqrt{3}}{1{,}11 \cdot 0{,}676 \cdot 264} = 1{,}46$ M-Maxwell.
Ständerwiderstand:	$R_1 = \frac{528 \cdot 0{,}520}{3{,}8 \cdot 57} = 1{,}27\,\Omega$ (15°)	$= \frac{1}{4} \cdot 1{,}27 = 0{,}318\,\Omega$ (15°),
	$= 1{,}27 \cdot \frac{57}{46{,}8} = 1{,}55\,\Omega$ (75°)	$= \frac{1}{4} \cdot 1{,}55 = 0{,}388\,\Omega$ (75°).

Der Widerstand ändert sich mit dem Quadrat der Leiterzahl je Strang.

Stabwiderstand einschließlich Ringanteil (oberer Käfig):

$$r_o = \frac{0{,}340 + 0{,}0142}{28{,}3 \cdot 13{,}9} = 901 \cdot 10^{-6}\,\Omega \qquad = \frac{0{,}340 + 0{,}0568}{28{,}3 \cdot 13{,}9} = 1009 \cdot 10^{-6}\,\Omega,$$

wobei

$$\Delta l = 0{,}61 \frac{\pi\, 210}{8} \cdot \frac{2 \cdot 28{,}3}{200} = 14{,}2 \text{ mm} \qquad = 4 \cdot 14{,}2 = 56{,}8 \text{ mm}.$$

Stabwiderstand einschließlich Ringanteil (unterer Käfig):

$$r_u = \frac{0{,}310 + 0{,}0143}{50{,}2 \cdot 46{,}8} = 138 \cdot 10^{-6}\,\Omega \qquad = \frac{0{,}310 + 0{,}0572}{50{,}2 \cdot 46{,}8} = 156 \cdot 10^{-6}\,\Omega,$$

wobei

$$\Delta l = 0{,}61 \frac{\pi\, 180}{8} \cdot \frac{2 \cdot 50{,}2}{300} = 14{,}3 \text{ mm} \qquad = 4 \cdot 14{,}3 = 57{,}2 \text{ mm}.$$

Der Zuschlag Δl zur Stablänge ändert sich quadratisch mit der Polzahl.

Resultierender Stabwiderstand bei Lauf:

$$r_2 = \frac{r_o\, r_u}{r_o + r_u} = \frac{901 \cdot 138}{1039} \cdot 10^{-6} = 120 \cdot 10^{-6}\,\Omega \qquad = \frac{1009 \cdot 156}{1165} \cdot 10^{-6} = 135 \cdot 10^{-6}\,\Omega.$$

Widerstandsverhältnis:

$$u = \frac{r_o}{r_u} = \frac{901}{138} = 6{,}53 \qquad = \frac{1009}{156} = 6{,}47.$$

Zusatz-Streublindwiderstand:

$$x_u = \frac{4\pi^2}{10} \frac{f}{50} l \left(\frac{h_{s,u}}{b_{s,u}} + 1{,}4\right) \cdot 10^{-6} = 3{,}95 \cdot 26 \cdot \left(\frac{7{,}3}{1{,}5} + 1{,}4\right) \cdot 10^{-6} = 642 \cdot 10^{-6}\,\Omega$$

bei beiden Polzahlen.

Die Querschnitte und Längen der Abschnitte des magnetischen Kreises sind:

Luft:

$$F_L = \frac{\pi D}{8} l = \frac{\pi\, 23{,}5}{8} \cdot 26 = 241 \text{ cm}^2 \qquad = 2 \cdot 241 = 482 \text{ cm}^2,$$

$$\delta' = \delta\, k_{c,1}\, k_{c,2}\, k_s = 0{,}065 \cdot 1{,}12 \cdot 1{,}03 \cdot 1{,}0 = 0{,}075 \text{ cm}.$$

$k_{c,1}$ und $k_{c,2}$ werden dem Nomogramm in Abb. 51 entnommen. Entlastungsfaktor $k_s = 1$, da keine Kühlschlitze vorhanden.

8 Pole	4 Pole
Ständerzähne:	
$F_{z,1} = \frac{N_1}{8} b_{z,1} l_e = \frac{72}{8} \cdot 0{,}485 \cdot 24 = 105\,\text{cm}^2$	$= 2 \cdot 105 = 210\,\text{cm}^2$,

$$l_{z,1} = h_{n,1} = 3{,}9\ \text{cm},$$

$$G_{z,1} = \frac{F_{z,1}}{130} l_{z,1}\, 2p = \frac{105}{130} \cdot 3{,}9 \cdot 8 = 25{,}2\ \text{kg}.$$

8 Pole	4 Pole
Läuferzähne:	
$F_{z,2} = \frac{N_2}{8} b_{z,2} l_e = \frac{48}{8} \cdot 0{,}46 \cdot 24 = 66{,}3\,\text{cm}^2$	$= 2 \cdot 66{,}3 = 132{,}6\,\text{cm}^2$,

$$l_{z,2} \approx 0{,}5\ \text{cm}.$$

Bei den Läuferzähnen wird nur der Abschnitt zwischen den unteren Stäben berücksichtigt, da die magnetische Induktion an den übrigen Stellen recht klein ist.

Ständerrücken:

$$F_{r,1} = 2h_{r,1} l_e = 2 \cdot 2{,}72 \cdot 24 = 131\ \text{cm}^2.$$

8 Pole	4 Pole
$l_{r,1} = \frac{\pi (D_a - h_{r,1})}{2 \cdot 2p} = 6{,}7$ cm	$= 2 \cdot 6{,}7 = 13{,}4$ cm,

$$G_{r,1} = \frac{F_{r,1}}{130} l_{r,1}\, 2p = \frac{131}{130} \cdot 6{,}7 \cdot 8 = 54\ \text{kg}.$$

Läuferrücken:

$$F_{r,2} = 2h_{r,2} l_e = 2 \cdot 1{,}90 \cdot 24 = 91{,}2\ \text{cm}^2,$$

8 Pole	4 Pole
$l_{r,2} = \frac{\pi (D_i + h_{r,2})}{2 \cdot 2p} = 3{,}3$ cm	$= 2 \cdot 3{,}3 = 6{,}6$ cm.

Die kleine Nebenrechnung zur Bestimmung des Abplattungsfaktors liefert:

8 Pole	4 Pole
$\alpha = 1{,}34$	$= 1{,}45$.

Wir führen die Berechnung der magnetischen Induktionen B und der magnetischen Teilspannungen V genau so durch wie in den vorhergehenden Beispielen und stellen hier die Ergebnisse zusammen:

	B (G)	V (A)	B (G)	V (A)
Luft	5720	344	4390	264
Ständerzähne . .	13100	59	10100	20
Läuferzähne . . .	20800	155	16000	25
Ständerrücken . .	7900	10	11150	48
Läuferrücken . .	11300	12	16000	79
		$V_\mu = 580$		$V_\mu = 436$

Magnetisierungsstrom:

8 Pole	4 Pole
$I_\mu = \frac{V_\mu 2p}{1{,}35\, f_{w,1} z_1} = \frac{580 \cdot 8}{1{,}35 \cdot 0{,}831 \cdot 528}$	$= \frac{436 \cdot 4}{1{,}35 \cdot 0{,}676 \cdot 264}$
$= 7{,}83$ A je Strang	$= 7{,}25$ A je Strang,
$= 13{,}6$ A im Netz	$= 7{,}25$ A im Netz.

Nutzleitwert:

$$\lambda_0 f_{w,1}^2 = 0{,}38 \frac{\Phi\, 10^6}{V_\mu\, l} f_{w,1}^2$$

8 Pole	4 Pole
$= 0{,}38 \cdot \frac{1{,}03 \cdot 10^6}{580 \cdot 26} \cdot 0{,}831^2 = 17{,}9$	$= 0{,}38 \cdot \frac{1{,}46 \cdot 10^6}{436 \cdot 26} \cdot 0{,}676^2 = 22{,}4.$

	8 Pole	4 Pole
Rückenverluste:		
$Q_{r,1}$	$= 1{,}5 \cdot 2{,}3 \cdot 54 \cdot 0{,}79^2 = 116$ W	$= 1{,}5 \cdot 2{,}3 \cdot 54 \cdot 1{,}115^2 = 235$ W
Zahnverluste:		
$Q_{z,1}$	$= 3 \cdot 2{,}3 \cdot 25{,}2 \cdot 1{,}31^2 \cdot 1{,}15^2 = 394$ W	$= 3 \cdot 2{,}3 \cdot 25{,}2 \cdot 1{,}01^2 \cdot 1{,}15^2 = 235$ W
Reibungsverluste:		
Q_{rbg}	$= 10 \frac{D}{1000} \frac{l+150}{1000} v_a^2 = 80$ W	$= 330$ W
Leerverluste:		
Q_0	$= 590$ W	$= 800$ W.

Die anschließende Berechnung dient der Bestimmung der OSSANNA-Kreise, die unsere Maschine bei 8 und bei 4 Polen haben würde, wenn nur der obere Käfig vorhanden wäre. Wir berücksichtigen also bei der Läuferstreuung nur den kleinen Steg an der Nutöffnung und den oberen kreisrunden Teil der Läufernut. Die zusätzliche Streuung des Zwischensteges und des unteren Nutteiles wird durch das bereits berechnete x_u in die Rechnung hineingebracht. Die Streuleitwerte sind:

Ständernut:

8 Pole: Die Ständerwicklung hat die volle Polteilung als Spulenweite bei doppelter normaler Zonenbreite. Die Streuung entspricht der einer normalen Wicklung mit der relativen Spulenweite $W/t_p = 2/3$. Der mittlere Korrekturfaktor ist 0,8.

4 Pole: Die Ständerwicklung hat die halbe Polteilung als Spulenweite bei normaler Zonenbreite. Der Korrekturfaktor ist (im Mittel) 0,6

Der Streuleitwert einer Ständernut ist:

$$\lambda_n = \frac{s}{3 b_n} + 0{,}6 + \frac{h_s}{b_s} = \frac{39 - 4 - 2{,}75}{3 \cdot 5{,}5} + 0{,}6 + \frac{1}{2{,}5} = 2{,}95$$

s ist die Höhe des trapezförmigen Nutteiles, 0,6 berücksichtigt die beiden halbrunden Teile.

Der korrigierte und auf die Lochzahl bezogene Streuleitwert ist:

8 Pole: $$\frac{\lambda_n}{q_1} k = \frac{2{,}95}{3} \cdot 0{,}8 = 0{,}786$$

4 Pole: $$= \frac{2{,}95}{6} \cdot 0{,}6 = 0{,}295.$$

Stirnstreuung:

Der Streuleitwert für Zweischichtwicklung im Ständer und Käfiganker ist nach Abschnitt 26 $\lambda_s = 0{,}25$ (oberer Wert). Bei der starken Verkürzung der 4-poligen Wicklung soll er mit dem Sehnungsfaktor $f_s = 0{,}707$ malgenommen werden; die Reduktion auf die Eisenbreite ergibt:

8 Pole: $$\lambda_s \frac{l_{s,1}}{l} = 0{,}25 \cdot \frac{260}{260} = 0{,}250$$

4 Pole: $$= 0{,}25 \cdot \frac{260}{260} \cdot 0{,}707 = 0{,}175.$$

Die Länge des in Luft liegenden Leiterteiles ist hierbei mit $l_{s,1} = l_l - l = 520 - 260 = 260$ eingesetzt worden.

Doppeltverkettete Streuung:

8 Pole: Die doppeltverkettete Ständerstreuung stimmt mit derjenigen einer normalen Drehstromwicklung voller Spulenweite überein:

$$\sigma_{d,1} = f(q_1 = 3) = 1{,}40/100.$$

4 Pole: Die doppeltverkettete Ständerstreuung stimmt mit derjenigen einer normalen Drehstromwicklung voller Spulenweite überein:

$$\sigma_{d,1} = f(q_1 = 6) = 0{,}52/100.$$

8 Pole | 4 Pole

Der Streufaktor für den Käfig wird der Tabelle in Abschnitt 27 für die Lochzahl q_2 je Pol und (gedachten) Strang entnommen zu:

$$\sigma_{d,2} = f(q_2 = 2) = 2{,}29/100 \quad \text{mit} \quad q_2 = \frac{N_2}{3 \cdot 2p} = 2, \qquad \Bigg| \qquad \sigma_{d,2} = f(q_2 = 4) = 0{,}57/100 \quad \text{mit} \quad q_2 = \frac{N_2}{3 \cdot 2p} = 4.$$

Der Streufaktor für die Schrägstellung der Nuten um eine Teilung der Ständernuten wird ebenfalls der Tabelle in Abschnitt 27 entnommen:

$$\sigma_{schr} = f(q_1 = 3) = 1{,}02/100, \qquad \Bigg| \qquad \sigma_{schr} = f(q_1 = 6) = 0{,}25/100.$$

Die mit dem Nutzleitwert und dem Quadrat des Ständerwicklungsfaktors multiplizierten Streufaktoren liefern die Streuleitwerte der doppeltverketteten Streuungen:

$$\sigma_{d,1}\,\lambda_0\, f_{w,1}^2 = 0{,}250, \qquad \Bigg| \qquad \sigma_{d,1}\,\lambda_0\, f_{w,1}^2 = 0{,}117,$$

$$\sigma_{d,2}\,\lambda_0\, f_{w,1}^2 = 0{,}410, \qquad \Bigg| \qquad \sigma_{d,2}\,\lambda_0\, f_{w,1}^2 = 0{,}128,$$

$$\sigma_{schr}\,\lambda_0\, f_{w,1}^2 = 0{,}183, \qquad \Bigg| \qquad \sigma_{schr}\,\lambda_0\, f_{w,1}^2 = 0{,}056.$$

Läufernut:

Der Streuleitwert des oberen Teiles der Läufernut ist:

$$\lambda_{n,o} = \frac{h_{s,o}}{b_{s,o}} + 0{,}60 = \frac{1{,}5}{1{,}5} + 0{,}60 = 1{,}60.$$

Dieser Leitwert wird auf die gedachte sekundäre Lochzahl q_2 bezogen und mit dem primären Wicklungsfaktor zum Quadrat malgenommen:

$$\frac{\lambda_{n,o}}{q_2} f_{w,1}^2 = \frac{1{,}60}{2} \cdot 0{,}831^2 = \underline{0{,}553} \qquad \Bigg| \qquad \frac{1{,}60}{4} \cdot 0{,}676^2 = \underline{0{,}183.}$$

Die Summe der Streuleitwerte ergibt . . . . . . $\lambda_i = 2{,}432$ | . . . . $\lambda_i = 0{,}954$.

Hierzu gehört der ideelle Streublindwiderstand (einer Maschine, die nur mit dem oberen Käfig ausgerüstet ist):

$$X_i = \frac{4\pi^2}{10} \left(\frac{z_1}{100}\right)^2 \frac{f}{50}\, \frac{l}{100}\, \frac{1}{2p}\, \lambda_i$$

$$= 3{,}95 \cdot 5{,}28^2 \cdot \frac{0{,}26}{8} \cdot 2{,}432 = 8{,}68\ \Omega \qquad \Bigg| \qquad = 3{,}95 \cdot 2{,}64^2 \cdot \frac{0{,}26}{4} \cdot 0{,}954 = 1{,}71\ \Omega.$$

Der ideelle Kurzschlußstrom je Strang ist:

$$I_i = \frac{U_{strang}}{X_i} = \frac{500}{8{,}68} = 57{,}5\ \text{A} \qquad \Bigg| \qquad = \frac{500/\sqrt{3}}{1{,}71} = 169\ \text{A}.$$

Der ideelle Verluststrom je Strang beträgt:

$$I_v = \frac{U_{strang}}{R_1} = \frac{500}{1{,}55} = 323\ \text{A} \qquad \Bigg| \qquad = \frac{500/\sqrt{3}}{0{,}388} = 745\ \text{A}.$$

Hieraus resultiert der Durchmesser des OSSANNA-Kreises:

$$I_{\varnothing} = \frac{I_i - I_\mu}{1 + \frac{I_i}{I_v}\frac{I_\mu}{I_v}} = \frac{57{,}5 - 7{,}83}{1 + \frac{57{,}5}{323} \cdot \frac{7{,}83}{323}} = \frac{49{,}7}{1{,}004} = 49{,}5\ \text{A} \qquad \Bigg| \qquad = \frac{169 - 7{,}25}{1 + \frac{169}{745} \cdot \frac{7{,}25}{745}} = \frac{161{,}7}{1{,}002} = 161{,}4\ \text{A}.$$

8 Pole	4 Pole
Der Anstieg h der Mittelpunktgerade über der Basis $b = 100$ mm ist:	
$h = 200\,\frac{I_\mu}{I_v} = 200 \cdot \frac{7{,}83}{323} = 4{,}8$ mm	$= 200 \cdot \frac{7{,}25}{745} = 2$ mm.
Das Übersetzungsverhältnis beträgt:	
$ü = \frac{z_1 f_{w,1}}{\frac{N_2}{3}}\left(1 + \frac{0{,}5\, I_\mu}{I_\varnothing}\right)$	
$= \frac{528 \cdot 0{,}831}{16}\left(1 + \frac{0{,}5 \cdot 7{,}83}{49{,}5}\right) = 29{,}6$	$= \frac{264 \cdot 0{,}676}{16}\left(1 + \frac{0{,}5 \cdot 7{,}25}{161{,}4}\right) = 11{,}4.$

Die Ortskurve für den Primärstrom soll unter Benutzung folgender Maßstäbe gezeichnet werden:

8 Pole	4 Pole
Primärstrom:	
$a_1 = 0{,}325$ A/mm	$= 1{,}124$ A/mm,
Sekundärstrom:	
$a_2 = a_1\, ü = 0{,}325 \cdot 29{,}6 = 9{,}62$ A/mm	$= 1{,}124 \cdot 11{,}4 = 12{,}8$ A/mm,
Leistung:	
$w = 3 \cdot 500 \cdot a_1 = 487{,}5$ W/mm	$= \sqrt{3} \cdot 500 \cdot a_1 = 975$ W/mm.

Gleichen Drehmomenten entsprechen bei beiden Drehzahlen gleiche Strecken.

Die beiden primären Verluststrecken betragen:

8 Pole	4 Pole
$v_1 = 3\, R_1\, I_\varnothing^2/w = 3 \cdot 1{,}55 \cdot 49{,}5^2/487{,}5 = 23{,}4$ mm	$= 3 \cdot 0{,}388 \cdot 161{,}4^2/975 = 31{,}2$ mm.

Wir können jetzt die Ossanna-Kreise K mit den beiden Punkten P_0 und P_∞ in Abb. 226 und 227 aufzeichnen. Die Ortskurve soll nach dem Sonderverfahren e in Abschnitt 67 konstruiert werden. Wir brauchen dazu die 4 Hilfsgrößen: a, b, c und d, die wir aus den Widerständen R_1, R_o, R_u, X_u und $X_\varnothing$ bestimmen. Es ist:

8 Pole	4 Pole
$R_1 = 1{,}55\ \Omega$	$= 0{,}388\ \Omega$,
$R_o = \frac{N_2}{3}\, ü^2\, r_o = 16 \cdot 29{,}6^2 \cdot 901 \cdot 10^{-6} = 12{,}62\ \Omega$	$= 16 \cdot 11{,}4^2 \cdot 1009 \cdot 10^{-6} = 2{,}10\ \Omega$,
$R_u = \frac{N_2}{3}\, ü^2\, r_u = 16 \cdot 29{,}6^2 \cdot 138 \cdot 10^{-6} = 1{,}932\ \Omega$	$= 16 \cdot 11{,}4^2 \cdot 156 \cdot 10^{-6} = 0{,}325\ \Omega$,
$X_u = \frac{N_2}{3}\, ü^2\, x_u = 16 \cdot 29{,}6^2 \cdot 642 \cdot 10^{-6} = 9{,}00\ \Omega$	$= 16 \cdot 11{,}4^2 \cdot 642 \cdot 10^{-6} = 1{,}337\ \Omega$,
$X_\varnothing = \frac{U_{strang}}{I_\varnothing} = \frac{500}{49{,}5} = 10{,}1\ \Omega$	$= \frac{500/\sqrt{3}}{161{,}4} = 1{,}790\ \Omega$,
$a = \left(\frac{R_o + R_u}{X_u}\right)^2 = 2{,}61$	$= 3{,}30$,
$b = \left(\frac{R_o + R_u}{X_u}\right)^2 + \frac{R_o^2}{X_u X_\varnothing} = 4{,}37$	$= 5{,}145$,
$c = \left(\frac{R_u}{X_u}\right)^2 = 0{,}0462$	$= 0{,}0593$,
$d = 1 + \frac{X_\varnothing}{X_u} + \frac{R_1^2}{X_u X_\varnothing} = 2{,}149$	$= 2{,}403$.

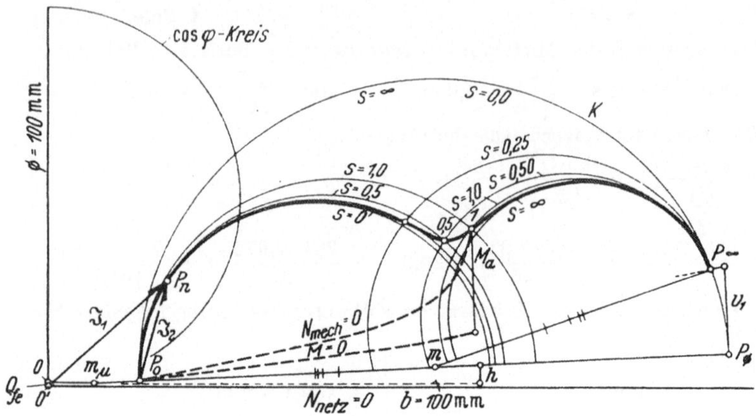

Abb. 226. Ortskurve des polumschaltbaren Motors bei 8 Polen. Wiedergabe 1 : 2.

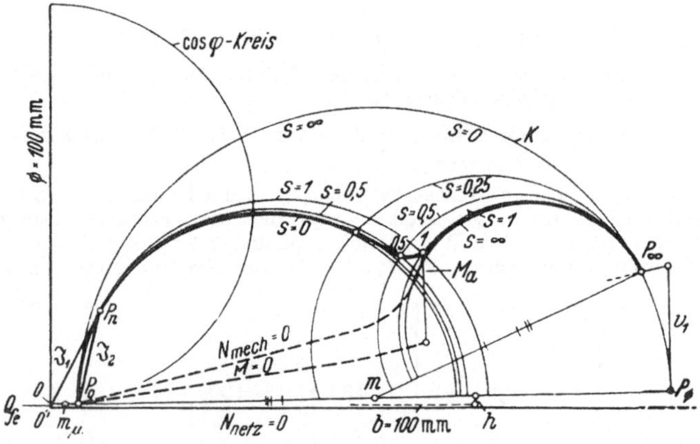

Abb. 227. Ortskurve des polumschaltbaren Motors bei 4 Polen. Gleicher Maßstab für das Drehmoment wie in Abb. 226. Wiedergabe 1 : 2.

Hieraus ergeben sich: $r_0^{(s)} = \frac{I\varnothing}{2} \frac{s^2 + a}{s^2 + b}$ und $r_\infty^{(s)} = \frac{I\varnothing}{2} \frac{s^2 + c}{s^2 d + c}$.

	8 Pole					4 Pole				
s	= 0	0,25	0,5	1,0	∞	= 0	0,25	0,5	1,0	∞
$r_0^{(s)}$	= 14,8	14,9	15,3	16,63	24,75	= 51,7	52,2	53,1	56,5	80,7
$r_\infty^{(s)}$	= 24,75	14,9	12,6	11,8	11,5	= 80,7	47,2	37,6	34,7	33,5

Die Mittelpunkte der Kreise mit dem Radius $r_0^{(s)}$ liegen auf $P_0 m$, die der Kreise mit dem Radius $r_\infty^{(s)}$ auf $P_\infty m$. Die Kreise berühren K in P_0 bzw. P_∞. Ihre Schnittpunkte liefern die Betriebspunkte der gesuchten Ortskurve für die Schlüpfe $\pm s$. In der Zeichnung wurden nur die positiven Schlüpfe berücksichtigt. Durch Eintragen der Linie für die mechanische Leistung und das Drehmoment (Luftspaltleistung) sowie der Nullinie der Netzleistung, die durch Verlagerung des Ursprunges von O nach O' um Q_{fe}/w gewonnen wird, vervollständigen wir unsere Ortskurve.

8 Pole	4 Pole
Wir entnehmen ihr folgende Werte:	
Kurzschluß (Stillstand):	
$I_{k,1} = 38{,}3$ A (je Strang)	$= 111$ A im Netz,
$= \sqrt{3} \cdot 38{,}3 = 66{,}2$ A im Netz,	
$I_{k,2} = 912$ A je Läuferstab	$= 1180$ A je Läuferstab,
$M_a = 13400$ W $= 1{,}11\ N_{nenn}$	$= 22000$ W $= 1{,}10\ N_{nenn}$.

Wenn wir den Läuferstrom (nach Abb. 184) in den oberen und den unteren Stabstrom zerlegen, finden wir:

8 Pole	4 Pole
$I_{2,o} = 491, \quad I_{2,u} = 675$ A,	$I_{2,o} = 585, \quad I_{2,u} = 893$ A,
deren Verluste sind:	
$Q_o = 10400, \; Q_u = 3000$ W,	$Q_o = 16400, \; Q_u = 6000$ W,
zusammen also:	
$Q_o + Q_u = 13400 = M_a$	$Q_o + Q_u = 22400 \approx M_a$.

Die einzeln berechneten Käfigverluste stimmen also genau bzw. sehr angenähert mit dem dem Diagramm entnommenen Anlaufmoment (in synchr. W) überein. Dies ist eine vorzügliche Kontrolle.

Nennbetrieb:

8 Pole	4 Pole
$I_1 = 13{,}9$ A je Strang	$I_1 = 30$ A im Netz,
$= 13{,}9 \cdot 3 = 24$ A im Netz,	
$I_2 = 269$ A je Läuferstab	$I_2 = 300$ A je Läuferstab,
$\cos\varphi = 0{,}66$,	$\cos\varphi = 0{,}88$.
Verluste:	Verluste:
$Q_0 \qquad = 590$ W,	$Q_0 \qquad = 800$ W,
$Q_1 = 3 \cdot 1{,}55 \cdot 13{,}9^2 = 900$ W,	$Q_1 = 3 \cdot 0{,}388 \cdot 30^2 = 1050$ W,
$Q_2 = 48 \cdot 120 \cdot 10^{-6} \cdot 269^2 = 417$ W,	$Q_2 = 48 \cdot 135 \cdot 10^{-6} \cdot 300^2 = 580$ W,
$Q_z = \frac{12000}{0{,}85} \cdot 0{,}005 = 70$ W,	$Q_z = \frac{20000}{0{,}88} \cdot 0{,}005 = 120$ W,
Gesamtverluste $Q = 1977$ W.	Gesamtverluste $Q = 2550$ W.
Hieraus folgt der Wirkungsgrad:	Hieraus folgt der Wirkungsgrad:
$\eta = \frac{12000}{12000 + 1977} = 85{,}8\%$.	$\eta = \frac{20000}{20000 + 2550} = 88{,}7\%$.

Formelanhang.

Längen und Gewichte.

Mittlere Leiterlänge.

Einschichtwicklungen: Abschnitt

$l_l = l_a + 1{,}2\,t_p + 60\,\text{mm}$
Ständer-Einschichtwicklung,

$= l_a + 0{,}67\,t_p + 34\,\text{mm}$
Läufer-Zweischichtträufelwicklungen mit $\frac{W}{t_p} = \frac{5}{6}$,

$= l_a + 1{,}6\,t_p + 100\,\text{mm}$
Ständer-Einschichtwicklung von Großmaschinen,

$= l_a + 1{,}7\,t_p + 370\,\text{mm}$
Ständer-Halbformspulenwicklung für 6000 V. 8

Zweischichtwicklungen:

$$l_l = l_a + 2d + y\,t_n \frac{1}{\sqrt{1 - \left(\frac{b_n + a}{t_n}\right)^2}} + \frac{\pi}{4} h_n + 50\,\text{mm}.$$ 8

Käfig: Stablänge $l_{st} = l_a + 60$ bis 120 mm. 8

Wicklungsgewicht.

$l\,[\text{m}],\ q\,[\text{mm}^2],\ \gamma\,[\text{g cm}^{-3}]$.

3-phasige Wicklung: $G = 3z\,l_l\,q \frac{\gamma}{1000}$ kg. 8

Käfig: $G_k = N_2\,l_{st}\,q_{st} \frac{\gamma_{st}}{1000} + 2\pi D_r q_r \frac{\gamma_r}{1000}$ kg. 8

Eisengewicht.

$F\,[\text{cm}^2],\ h, l\,[\text{cm}]$.

Ständerzähne: $G_{z,1} = 2p \frac{F_{z,1}}{130} h_{n,1}$ kg,

Ständerrücken: $G_{r,1} = 2p \frac{F_{r,1}}{130} l_{r,1}$ kg mit $\frac{1}{130} \approx \frac{1000}{\gamma_{fe}}$. 20

Abschnitt

Luftspalt.

Kleinmotoren 1 bis 30 kW: $\delta = 0{,}2 + \frac{D}{1000}$ mm bei 4 bis 12 Polen,

$= 0{,}3 + \frac{D}{666}$ mm bei 2 Polen.

Mittlere und Großmaschinen über 30 kW: $\delta = \frac{D}{1200}\left(1 + \frac{9}{2p}\right)$ mm bei 2 bis 16 Polen.

Langsamläufer: $\delta = \frac{D}{1600} + 0{,}6$ mm bei 18 bis 56 Polen. 21.45

Carterscher Faktor.

allg. $k_c = \frac{t}{t - y\,b_s}$ mit $y \approx \frac{\frac{b_s}{\delta}}{5 + \frac{b_s}{\delta}}$;

Ständer: $k_{c,1} = \frac{t_{n,1}}{t_{n,1} - y_1\,b_{s,1}}$ mit $y_1 = f\left(\frac{b_{s,1}}{\delta}\right)$.

Läufer: $k_{c,2} = \frac{t_{n,2}}{t_{n,2} - y_2\,b_{s,2}}$ mit $y_2 = f\left(\frac{b_{s,2}}{\delta}\right)$.

result. $k_c = k_{c,1}\,k_{c,2}$.

Entlastungsfaktor.

$$k_e = \frac{1}{\frac{l_a}{l} - \left(\frac{l_a}{l} - 1\right) y_k}, \qquad y_k = f\left(\frac{b_k}{\frac{\delta}{2}}\right).$$ 18

Wicklungs- und Schrägungsfaktor.

Wicklungen.

	Grundwelle	Welle der Ordnung ν	
eigentl. Wicklungsfaktor:	$f_{w,1} = \frac{\sin q \frac{\alpha}{2}}{q \sin \frac{\alpha}{2}}$	$f_{w,\nu} = \frac{\sin q\,\nu \frac{\alpha}{2}}{q \sin \nu \frac{\alpha}{2}}$	
Sehnungsfaktor:	$f_{s,1} = \sin \frac{W}{t_p} 90^\circ$	$f_{s,\nu} = \sin \nu \frac{W}{t_p} 90^\circ$	14

Schrägungsfaktor: $f_{schr} = \frac{\sin \frac{\beta}{2}}{\frac{\beta}{2}}$. 23,28

Käfig.

$f_w = 1$.

Magnetischer Kreis.

Abschnitt

Längen [cm], Querschnitte [cm²].

Induzierte elektrische Spannung [V]. *Magnetischer Fluß* [MM].

$$U_{\text{strang}} = 1{,}11\, z_1 f_w \Phi \frac{f}{50}, \qquad \Phi = B_{L,\text{mittel}}\, t_p\, l\, 10^{-6}.$$

Abmessungen.

1. Luft: Querschnitt $F_L = t_p l$,
wirksame Länge $\delta' = \delta k_{c,1} k_{c,2}$

bzw. bei Berücksichtigung der Kühlschlitze:

$$= \delta k_{c,1} k_{c,2} k_e,$$

2. Ständerzähne: $F_{z,1} = \frac{N_1}{2p} b_{z,1} l_e$ mit $l_e = 0{,}92\, l$,
$l_{z,1} = h_{n,1}$,

3. Läuferzähne: $F_{z,2} = \frac{N_2}{2p} b_{z,2} l_e$,
$l_{z,2} = h_{n,2}$,

4. Ständerrücken: $F_{r,1} = 2 h_{r,1} l_e$,
$l_{r,1} = \frac{1}{2} t_{r,1} = \pi (D_a - h_{r,1})/4p$,

5. Läuferrücken: $F_{r,2} = 2 h_{r,2} l_e$,
$l_{r,2} = \frac{1}{2} t_{r,2} = \pi (D_i + h_{r,2})/4p$.

Magnetische Induktion, Feldstärke und magnetische Spannung. 20

Magnetische Induktion [G]:

Luft	Zähne	Rücken
$B_L = \alpha \frac{\Phi\, 10^6}{F_L}$	$B_{z,1} = \alpha \frac{\Phi\, 10^6}{F_{z,1}}$	$B_{r,1} = \frac{\Phi\, 10^6}{F_{r,1}}$
	$B_{z,2} = \alpha \frac{\Phi\, 10^6}{F_{z,2}}$	$B_{r,2} = \frac{\Phi\, 10^6}{F_{r,2}}$

Magnetische Feldstärke [A/cm]:

$H_L = 0{,}8\, B_L$	$H_z = f(B_z)$ Abb. 53	$H_r = f(B_r)$ Abb. 54

Magnetische Teilspannung [A]:

$V_L = 0{,}8\, \delta' B_L$	$V_{z,1} = H_{z,1} h_{n,1}$	$V_{r,1} = H_{r,1} l_{r,1}$
	$V_{z,2} = H_{z,2} h_{n,2}$	$V_{r,2} = H_{r,2} l_{r,2}$.

Magnetische Gesamtspannung je Pol [A]:

$$V_\mu = V_L + V_{z,1} + V_{z,2} + V_{r,1} + V_{r,2}.$$

Magnetisierungsstrom [A].

3-phasige Speisung: $I_\mu = \frac{2p\, V_\mu}{1{,}35\, z_1 f_w}$.

1-phasige Speisung über $2z_1$ Leiter und Erregung eines Drehfeldes: Abschnitt

$$I_\mu \approx \frac{2p\,V_\mu}{1{,}35\,z_1\,f_w}\sqrt{3}\,.$$

1-phasige Speisung zur Erregung eines Wechselfeldes:

$$I_\mu = \frac{2p\,V_\mu}{1{,}35\,z_1\,f_w}\,\frac{\sqrt{3}}{2}\,.$$ 20

Magnetische Leitwerte und Streufaktoren.

(dimensionslos)

Nutzleitwert.

$$\lambda_0 = 0{,}38\,\frac{\Phi\,10^6}{V_\mu\,l} \qquad \text{mit} \qquad 0{,}38 = \frac{15}{4\pi^2}\,.$$ 23

Streuleitwerte.

Nut, allgemein: $$\lambda_n = \frac{\int\limits_0^{h_n}\frac{1}{b(x)}\left[\int\limits_0^{x}a(x)\,dx\right]^2 dx}{\left[\int\limits_0^{h_n}a(x)\,dx\right]^2}\,.$$

Nut, parallelflankig:

$$\lambda_n = k_1\,\frac{s}{3b_n} + k_2\left(\frac{h_2}{b_n} + \frac{2h_3}{b_s + b_n} + \frac{h_4}{b_s}\right) + \frac{d}{4b_n}\,.$$ 25

Normalnut:

$$\lambda_n = \left(\frac{h_n + 24}{3b_n} + 0{,}1\right)k \quad \text{halbgeschlossene Nut,}$$

$$= \frac{h_n + 12}{3b_n}\,k \quad \text{offene Nut.}$$

Keilnut:

$$\lambda_n = \frac{h}{3b_1}\,y_1(\beta) \approx \frac{h}{3b_{0{,}9h}} \quad \text{ohne Stromverdrängung.}$$ 51

Zusätzlicher Leitwert bei Streusteg im Läufer:

$$\lambda_{zus,2} = \frac{\Delta h_s}{b_s} = q_2\,\frac{f_{w,2}^2}{f_{w,1}^2}\,\lambda_i\,\frac{I\phi - I'\phi}{I'\phi}\,.$$ 42

Zusätzlicher Leitwert beim Doppelkäfig:

$$\lambda_{zus} \approx \left(\frac{h_{s,u}}{b_{s,u}} + 1{,}4\right).$$ 62

Stirn: λ_s aus Tabelle Seite 103. 26

Doppeltverkettete Streuung:

$$\lambda_d = \lambda_0\,f_{w,1}^2(\sigma_{d,1} + \sigma_{d,2}) \quad \text{für Ständer plus Läufer.}$$ 27

Abschnitt

Schrägung: $\lambda_{schr} = \lambda_0 f_{w,1}^2 \sigma_{schr}$. 28

Streufaktoren.

Doppeltverkettete Streuung:

$$\sigma_d = \frac{1}{f_{w,1}^2} \sum_{\nu>1}^{\infty} \frac{f_{w,\nu}^2}{\nu^2},$$ Tabelle Seite 115. 27

Schrägung: $\sigma_{schr} = 1 - f_{schr}^2$, Tabelle Seite 115. 28

Ideeller Gesamt-Streuleitwert.

(Näherung.)

Allgemein:

$$\lambda_i = \frac{\lambda_{n,1}}{q_1} + \frac{\lambda_{n,2}}{q_2} \left(\frac{f_{w,1}}{f_{w,2}}\right)^2 + \lambda_s \frac{l_{s,1}}{l} + \lambda_0 f_{w,1}^2 (\sigma_{d,1} + \sigma_{d,2} + \sigma_{schr}).$$ 24,29

Keilstabanker:

$$\lambda_i = \frac{\lambda_{n,1}}{q_1} + \lambda_s \frac{l_{s,1}}{l} + \lambda_0 f_{w,1}^2 (\sigma_{d,1} + \sigma_{d,2} + \sigma_{schr}) + \\ + \frac{\frac{h_{s,2}}{b_{s,2}}}{q_2} f_{w,1}^2 + \frac{\lambda_n}{q_2} f_{w,1}^2 k_i.$$

$$k_i = f(h'; \beta).$$ 51

Doppelkäfiganker:

$$\lambda_i = \frac{\lambda_{n,1}}{q_1} + \lambda_s \frac{l_{s,1}}{l} + \lambda_0 f_{w,1}^2 (\sigma_{d,1} + \sigma_{d,2} + \sigma_{schr}) + \frac{\lambda_{n,o}}{q_2} f_{w,1}^2$$

mit $\lambda_{n,o} = \frac{h_{s,o}}{b_{s,o}} + 0{,}6$. 61

Ohmsche Widerstände [Ω].

Längen [m], Querschnitte [mm²], Leitfähigkeit [m/(Ω · mm²)].

Wicklungen.

Strangwiderstand: $R = \frac{z\, l_l}{q\, L}$ allgemein,

$R_2^{(1)} = \ddot{u}^2 R_2$ Läuferwiderstand auf Ständer bezogen.

Käfig, allgemein.

Stabwiderstand: $r_{st} = \frac{l_{st}}{q_{st} L_{st}}$.

Anteiliger Ringwiderstand:

$$\Delta r = \frac{\pi D_r}{N_2 q_r L_r 2 \sin^2 \frac{\alpha}{2}} \approx \frac{\pi D_r}{N_2 q_r L_r} \frac{q_2^2}{0{,}55}.$$ 8

Abschnitt

Stabwiderstand einschließlich Ringanteil:

$$r = r_{st} + \Delta r = \frac{l_{st} + \Delta l}{q_{st} L_{st}},$$

wobei: $\Delta l = 0{,}61\, t_r \frac{q_{st} q_2}{q_r} \frac{L_{st}}{L_r}$.

Widerstand eines (gedachten) Stranges: $R_2 = \frac{N_2}{3} r$.

Gesamtwiderstand des Käfigs: $3 R_2 = N_2 r$.

Auf einen primären Strang bezogener Käfigwiderstand:

$$R_2^{(1)} = \ddot{u}^2 R_2 = \ddot{u}^2 \frac{N_2}{3} r.$$ 8

Keilstabanker.

Stabwiderstand, einschließlich Ringanteil:

$$r = r' + r'' k_r, \qquad r' = \frac{l_{st} - l + \Delta l}{q_{st} L_{st}}, \qquad r'' = \frac{l}{q_{st} L_{st}}, \qquad k_r = f(h'; \beta).$$

Widerstand eines (gedachten) Stranges: 51

$$R_2 = R_2' + R_2'' k_r = \frac{N_2}{3} (r' + r'' k_r).$$

Gesamtwiderstand des Käfigs: $3 R_2 = N_2 (r' + r'' k_r)$.

Doppelkäfiganker.

Stabwiderstand, einschließlich Ringanteil:

oben	unten	resultierend
$r_o = \frac{l_{st,o} + \Delta l_o}{q_{st,o} L_{st,o}}$	$r_u = \frac{l_{st,u} + \Delta l_u}{q_{st,u} L_{st,u}}$	$r_2 = \frac{r_o r_u}{r_o + r_u}$
$r_o = u\, r_u = (u+1)\, r_2$	$r_u = \frac{u+1}{u} r_2$	$r_2 = \frac{1}{u+1} r_o = \frac{u}{u+1} r_u$. 61

Widerstand auf einen primären Strang bezogen:

$$R_o = \ddot{u}^2 \frac{N_2}{3} r_o \qquad R_u = \ddot{u}^2 \frac{N_2}{3} r_u \qquad R_2^{(1)} = \ddot{u}^2 \frac{N_2}{3} r_2, \quad = \frac{R_o R_u}{R_o + R_u}.$$

Leitfähigkeit.

Leitfähigkeit $L_{t^\circ} = L_{20^\circ} \frac{20 + T}{t^\circ + T} \left[\frac{\text{m}}{\Omega \cdot \text{mm}^2}\right]$, mit $T = 235$ für Cu, $= 245$ für Al.

Cu	$L_{20^\circ} = 57$	$L_{75^\circ} = 46{,}8$	$L_{95^\circ} = 44$
Al-Draht	37	30,6	28,8
Al-Guß	32	26,5	25

8

Abschnitt

Blindwiderstände [Ω].

Längen [cm], Frequenz [Hz].

Nutzblindwiderstände.

(Auf Netzfrequenz f bezogen.)

$$X_{1,h} = \frac{4\pi^2}{10}\left(\frac{z_1}{100}\right)^2 \frac{f}{50}\,\frac{l}{100}\,\frac{1}{2p}\,\lambda_0 f_{w,1}^2 .$$

$$X_{2,h} = \frac{4\pi^2}{10}\left(\frac{z_2}{100}\right)^2 \frac{f}{50}\,\frac{l}{100}\,\frac{1}{2p}\,\lambda_0 f_{w,2}^2$$

$$X_{12} = \frac{4\pi^2}{10}\,\frac{z_1}{100}\,\frac{z_2}{100}\,\frac{f}{50}\,\frac{l}{100}\,\frac{1}{2p}\,\lambda_0 f_{w,1} f_{w,2} f_{schr}$$

bei Käfigen $z_2 = \frac{N_2}{3}$, $f_{w,2} = 1$. 23

Streublindwiderstände.

Primärer und sekundärer Streublindwiderstand, auf jeweilige Frequenz f_1 bzw. f_2 bezogen.

$$X_{1,\sigma} = \frac{4\pi^2}{10}\left(\frac{z_1}{100}\right)^2 \frac{f_1}{50}\,\frac{l}{100}\,\frac{1}{2p}\left(\frac{\lambda_{n,1}}{q_1} + \lambda_s \frac{l_{s,1}}{l} + \lambda_0 f_{w,1}^2 \sigma_{d,1}\right)$$

einschließlich Läufer-Stirnstreuung.

$$X_{2,\sigma} = \frac{4\pi^2}{10}\left(\frac{z_2}{100}\right)^2 \frac{f_2}{50}\,\frac{l}{100}\,\frac{1}{2p}\left(\frac{\lambda_{n,2}}{q_2} + \lambda_0 f_{w,2}^2 [\sigma_{d,2} + \sigma_{schr}]\right)$$

einschließlich Schrägungsstreuung. 29

Ideeller Gesamt-Streublindwiderstand.

$$X_i = \frac{4\pi^2}{10}\left(\frac{z_1}{100}\right)^2 \frac{f}{50}\,\frac{l}{100}\,\frac{1}{2p}\,\lambda_i = \frac{U_1}{I_i} .$$ 29

Käfiganker.

Nutstreublindwiderstand, allgemein.

Stabwiderstand: $x = \frac{4\pi^2}{10}\,\frac{f}{50}\, l\,\lambda_n\, 10^{-6}$.

Widerstand eines gedachten Stranges: $X_{2n} = \frac{N_2}{3} x$.

Widerstand auf einen primären Strang bezogen:

$$X_{2,n}^{(1)} = \ddot{u}^2 \frac{N_2}{3} x \approx \frac{4\pi^2}{10}\left(\frac{z_1}{100}\right)^2 \frac{f}{50}\,\frac{l}{100}\,\frac{1}{2p}\,\frac{\lambda_n}{q_2} f_{w,1}^2 .$$ 25

Keilstabanker.

Obige Werte mal $k_i = f(h'; \beta)$. 51

Doppelkäfiganker. Abschnitt

Zusätzlicher Streublindwiderstand des unteren Käfigs.

Stabwiderstand: $x_u = \frac{4\pi^2}{10}\frac{f}{50}\, l\, \lambda_{zus}\, 10^{-6}$, $\lambda_{zus} \approx \left(\frac{h_{s,u}}{b_{s,u}} + 1{,}4\right)$. 64

Käfigwiderstand auf einen primären Strang bezogen:

$$X_u = \ddot{u}^2 \frac{N_2}{3} x_u, \text{ wirksam bei fehlendem Oberkäfig}$$

$$\approx \frac{4\pi^2}{10}\left(\frac{z_1}{100}\right)^2 \frac{f}{50}\frac{l}{100}\frac{1}{2p}\lambda_u \qquad \lambda_u \approx \left(\frac{h_{s,u}}{b_{s,u}} + 1{,}4\right)\frac{f_{w,1}^2}{q_2},$$

$$X_u' = \left(\frac{r_o}{r_o + r_u}\right) X_u = \left(\frac{u}{u+1}\right) X_u,$$

$$X_u'' = \left(\frac{r_o}{r_o + r_u}\right)^2 X_u = \left(\frac{u}{u+1}\right)^2 X_u \quad \text{wirksam bei } s \to 0.$$ 64

Allgemeine Beziehungen.

$$X_1 = X_{1,h} + X_{1,\sigma} \qquad X_2 = X_{2,h} + X_{2,\sigma},$$

$$X_{12} = \sqrt{X_{1,h}\, X_{2,h}}\, f_{schr} \qquad X_i = X_1 - \frac{X_{12}^2}{X_2},$$

$$X_\Phi = X_2 \ddot{u}^2 - X_1 = X_2 \frac{R_1^2 + X_1^2}{X_{12}^2} - X_1 = \frac{X_1 X_i + R_1^2}{X_1 - X_i} = \frac{U_1}{I_\Phi}$$

Verluste [W].

Eisen- und Reibungsverluste.

Ständerrücken: $Q_{fe,r} = 1{,}5\, v_{10}\, G_{r,1}\left(\frac{B_{r,1}}{10000}\right)^2$,

Ständerzahn: $Q_{fe,z} = 3\, v_{10}\, G_{z,1}\left(\frac{B_{z,1}}{10000}\right)^2 k_c^2$. 31

Reibung: $Q_{rbg} = 8\, \frac{D}{1000}\, \frac{l_a + 150}{1000}\, v_a^2$, D, l_a [mm], v_a [ms^{-1}],

Bürstenreibung: $Q_{r,bü} = \frac{F\, v_{bü}}{4}$, F [cm^2], $v_{bü}$ [ms^{-1}].

Wicklungsverluste.

3 Stränge: $Q = 3\, R I^2 = v G g^2$,

Käfig: $Q_2 = N_2\, r\, I_2^2$. 32

Cu- und Al-Verlustziffern.

$t^\circ = 20$	75	95	°C
$v_{Cu} = 1{,}96$	2,39	2,54	W/kg
$v_{Al} = 10{,}0$	12,1	12,9	W/kg

Abschnitt

Gleichungen der Ströme.

(Ortskurven.)

Stromverdrängungsfreier Anker.

$$\mathfrak{J}_1 = \frac{\mathfrak{U}_1}{R_1 + jX_1 + \dfrac{X_{12}^2}{\dfrac{R_2}{s} + jX_2}} = \frac{\mathfrak{U}'}{R_1 + \dfrac{R_2}{s}\ddot{u}^2 + j(X_2\ddot{u}^2 - X_1)} + \mathfrak{J}_0, \qquad 35$$

Keilstabanker.

$$\mathfrak{J}_1 = \frac{\mathfrak{U}_1}{R_1 + jX_1 + \dfrac{X_{12}^2}{\dfrac{R_2' + k_r R_2''}{s} + j(X_2' + X_2'' k_i)}}$$

$$= \frac{\mathfrak{U}'}{R_1 + \dfrac{R_2' + R_2'' k_r}{s}\ddot{u}^2 + j(X_2'\ddot{u}^2 - X_1) + jX_2'' k_i \ddot{u}^2} + \mathfrak{J}_0. \qquad 52$$

Doppelkäfiganker.

$$\mathfrak{J}_1 = \frac{\mathfrak{U}'}{R_1 + jX_\phi + \dfrac{\dfrac{R_o}{s}\left(\dfrac{R_u}{s} + jX_u\right)}{\dfrac{R_o + R_u}{s} + jX_u}} + \mathfrak{J}_0, \qquad 60$$

wobei allgemein $\mathfrak{J}_0 = \dfrac{\mathfrak{U}_1}{R_1 + jX_1}$, $\ddot{u}^2 = \dfrac{R_1^2 + X_1^2}{X_{12}^2}$,

$\mathfrak{U}' = \mathfrak{U}_1 e^{2\alpha_0 j}$ mit $\operatorname{tg}\alpha_0 = \dfrac{R_1}{X_1}$.

Einphasig gespeiste Maschine.

$$\mathfrak{J} = \frac{\mathfrak{U}_{netz}}{\mathfrak{z}_m + \mathfrak{z}_g} = \frac{\mathfrak{U}_{netz}}{R_1 + jX_1 + \dfrac{X_{12}^2}{\dfrac{R_2}{s} + jX_2} + R_1 + jX_1 + \dfrac{X_{12}^2}{\dfrac{R_2}{2-s} + jX_2}}. \qquad 79$$

Darstellung der Ortskurven.

Strombeträge [A].

$$I_\mu = \frac{U_1}{X_1} = \frac{2p\,V_\mu}{1{,}35\,z_1 f_w}.$$

$$I_i = \frac{U_1}{X_i}.$$

$$I_v = \frac{U_1}{R_1}.$$

$$I_\phi = \frac{U_1}{X_\phi} = \frac{I_i - I_\mu}{1 + \dfrac{I_i}{I_v}\dfrac{I_\mu}{I_v}} \approx I_i - I_\mu. \qquad 41$$

Verwendung von sekundärerZusatzstreuung. Abschnitt

$$I_\Phi = \frac{I_\Phi}{1 + \frac{\lambda_{zus,2}}{\lambda_i q_2} \frac{f_{w,1}^2}{f_{w,2}^2}}.$$ 42

Keilstabanker.

$$I_\Phi^{(s)} = I_\Phi \frac{1}{1 + a k_i^{(s)}}, \qquad a = \lambda_n \frac{f_{w,1}^2}{q_2 \lambda_i}.$$ 53

Doppelkäfig.

$$I_\Phi(K_0) = \frac{U}{X_\Phi + X_u''} = \frac{I_\Phi}{1 + \frac{\lambda_{zus} f_{w,1}^2}{q_2 \lambda_i}\left(\frac{u}{1+u}\right)^2},$$ Schmiegungskreis für $s \to 0$. 67

$$I_\Phi(K_u) = \frac{U}{X_\Phi + X_u} = \frac{I_\Phi}{1 + \frac{\lambda_{zus} f_{w,1}^2}{q_2 \lambda_i}},$$ Kreis des unteren Käfigs. 65

$$I_\Phi(K_\infty) = \frac{I_\Phi - I_\Phi(K_u)}{1 + \frac{I_\Phi}{I_v} \frac{I_\Phi(K_u)}{I_v}},$$ Schmiegungskreis für $s \to \infty$. 65

Hilfsstrecken [mm].

Mittelpunktgerade:

Anstieghöhe über Basis 100 mm.
$$h = \frac{200}{\frac{I_v}{I_\mu} - \frac{I_\mu}{I_v}} \approx 200 \frac{I_\mu}{I_v},$$ 41

Verluststrecken, allgemein:

$$v_1 = 3 I_\Phi^2 R_1/w.$$

$$v_2 = 3 (I_\Phi ü)^2 R_2/w.$$ 41

Verluststrecken Keilstabanker:

$$v_1^{(s)} = 3 I_\Phi^{(s)2} R_1/w.$$

$$v_2^{(s)} = 3 (I_\Phi^{(s)} ü)^2 \left(\frac{R_2'}{s} + \frac{R_2''}{s} k_r^{(s)}\right) / w.$$ 53

Übersetzungsverhältnis.

$$ü = \frac{R_1 + j X_1}{j X_{12}}, \qquad ü^2 = \frac{R_1^2 + X_1^2}{X_{12}^2}.$$

$$ü = \frac{z_1 f_{w,1}}{z_2 f_{w,2}} \left(1 + \frac{0{,}5 I_\mu}{I_\Phi}\right), \qquad z_2 f_{w,2} = \frac{N_2}{3}$$ bei Käfigen. 40

I_Φ = OSSANNA-Kreisdurchmesser
= Durchmesser des Kreises für oberen Käfig
= $I_\Phi^{(1)}$ bei Hochstabankern.

Formelzeichen.

Lateinische Buchstaben.

a	Abstand der Wickelköpfe
$a(x)$	Stabbreite in Höhe x
a_1, a_2	Maßstab für Prim., Sek.strom
A	Strombelag
b	Breite von Nut, Stab, Zahn
$b(x)$	Stabbreite in Höhe x
b_e	untere Breite der Ersatznut
b_0, b_1	untere, obere Stabbreite
B	magnetische Induktion
C	rat., zirk. Kubik
d	gerade Ausladung Wickelkopf; Abstand bei Zweischichtwicklungen
D	Durchmesser, speziell Ständerbohrung
e	Basis nat. Logarithmen
e	Energiedichte
E	Energie
$e^{2\alpha_0 j} = \dfrac{-R_1 + jX_1}{R_1 + jX_1}$	
f	Frequenz
f_s	Sehnungsfaktor
f_{schr}	Schrägungsfaktor
f_w	Wicklungsfaktor
F	Fläche, Querschnitt
g	Stromdichte
G	Gewicht
$\mathfrak{G}$	Gerade im Bild der Impedanz
h	Höhe von Nut, Leiter, Rücken, Steg
h	Anstiegshöhe, Mittelpunktgerade
h'	reduzierte Leiterhöhe
h_i	Streuhöhe
h_r	Widerstandshöhe
h_β	Höhe des vergleichbaren Keilstabs
Δh_s	zusätzliche Steghöhe
H	magnetische Feldstärke
$H_0^{(1)}, H_1^{(1)}$	Hankelsche Zylinderfunktionen
$\mathfrak{I}, I$	Strom
I_μ, I_i, I_v	Magn., id. Kurzschluß-, Verluststrom
$I_\varnothing$	Durchmesser eines Stromkreises
$\mathfrak{I}_0 = \dfrac{\mathfrak{U}_1}{R_1 + jX_1}$	Leerlaufstrom
$j = \sqrt{-1}$	
k	Hilfskreis
k	Korrekturfaktor Nutstreuung; Sättigungsgrad
$k_r = \dfrac{r_\sim}{r}$	(Echt-) Widerstandsverhältnis
$k_i = \dfrac{\lambda_\sim}{\lambda}$	Streuverhältnis
k_e	Entlastungsfaktor der Kühlschlitze
k_c	Carterscher Faktor
k_1, k_2	Beiwerte von Kettenbruchgliedern
K'	Impedanzkreis
K	Stromkreis
K_0, K_∞	Schmiegungskreis für $s \to 0$, $s \to \infty$
K, K_u	Kreis des oberen, unteren Käfigs
K_μ, K_i, K_v	Halbkreise über I_μ, I_i, I_v
l	Länge; speziell Schichtlänge
l_a	Baulänge
l_i	ideelle Ankerlänge
$l_e = 0{,}92\, l$	reine Eisenlänge
l_s	Wickelkopflänge
l_{st}	Stablänge
Δl	Zuschlag für Ringanteil
L	Induktivität; el. Leitfähigkeit
m, m'	Kreismittelpunkt
m	wickeltechnische Strangzahl
M	Zonenzahl, wirksame Strangzahl
m_z	Impedanzmaßstab
m_d	Drehmomentmaßstab
M, M_d	Drehmoment
n, n_{syn}	wahre, synchrone Drehzahl
N_1, N_2	Ständer-, Läufernutenzahl
N_1, N_2	primäre, sekundäre Leistung
N_δ	Luftspaltleistnng
O	allg. Ursprung
O'	um Eisenverluste verschobener Ursprung
O^*	Spiegelpunkt von O bez. Kreis
p	Polpaarzahl; gemeinsamer Punkt der Drehmomentgeraden
$2p$	Polzahl
$2p_1, 2p_2$	kleine, hohe Polzahl bei Umschaltung
P, P'	Punkt der Ortskurve; Inversionspotenz
$P_0, P_1 = P_k, P_s, P_\infty$	Punkt für $s = 0$, $s = 1$, s, $s = \infty$
$P_\varnothing$	Endpunkt des Kreisdurchmessers durch P_0
P_r	Betriebspunkt Einphasenmotor
q	Lochzahl einer Zone, Lochzahl je Pol und Strang; Leiter-, Stab- oder Ringquerschnitt
Q	Lochzahl je Pol; Verlust; rat. biz. Quartik
Q'	zum Kreisbogen entartete Quartik
r	Maßstab für Reibung; Kreisradius

r Stabwiderstand; meist einschl. Ringanteil
r' — außerhalb des Eisens mit Ringanteil
r'' — innerhalb des Eisens ohne Ringanteil
$r_\sim$ $= k_r \cdot r$ Echtwiderstand infolge Stromverdr.
R Strangwiderstand
$\triangle r$ Ringanteil am ges. Stabwiderstand
s Schlupf; Spulenseitenhöhe
$\bar{s}$ reduzierter Schlupf
s_m, s_g mit-, gegenläufiger Schlupf
S Pol; Singulärpunkt
t allg. Teilung; Tangente
t_n, t_p, t_r Nut-, Pol-, Rücken- oder Ringteilung
$u = \frac{r_o}{r_u}$ (Teil-) Widerstandsverhältnis beim Doppelkäfig
$\ddot{u}$, ü Übersetzungsverhältnis, spez. natürliches
U, $\mathfrak{U}$ Spannung, allg. je Strang
U_{netz} Netzspannung, Einph. motor
$\mathfrak{U}' = \mathfrak{U}_1 \cdot e^{2\alpha_0 j}$ Spannung im Ersatzbild
$v = 1 - s$ relative Geschwindigkeit
v Spulenverkürzung in Nutteilungen
v Verlustziffer Eisen, Kupfer, Aluminium
v Verluststrecke
v_a, $v_{b\ddot{u}}$ Anker-, Schleifringgeschwindigkeit
V magnetische Spannung
V_μ gesamte — — je Pol
w Windungszahl je Strang; Leistungsmaßstab
W Spulenweite
W/t_p relative —
x Höhe über Stabunterkante
x Blindwiderstand je Stab
X Blindwiderstand je Strang
X_1, X_2, X_{12} Gesamtblindwiderstände
$X_{1,h}$, $X_{2,h}$ Nutzblindwiderstände
$X_{1,\sigma}$, $X_{2,\sigma}$ Streublindwiderstände
$X_\varnothing$ der dem Kreisdurchmesser entsprechende Blindwiderstand
X_i ideeller Kurzschluß-Streublindwiderstand
X_u zusätzlicher Streublindwiderstand Doppelkäfig
X_u'' wirksamer — — —
y Spulenweite in Nutteilungen
$y \cdot t_n$ Spulenweite
y Beiwert beim Carterschen Faktor
$y_1(\beta)$ Beiwert der Keilnutstreuung
$y_2(\beta)$ Höhenverhältnis vergleichbarer Keilstäbe
z Leiterzahl, meist je Strang
$\mathfrak{z}$ Impedanz, komplexer Widerstand

Griechische Buchstaben.

α el. Nutenwinkel
α Abplattungsfaktor
$\alpha_0 = \operatorname{arctg} R_1/X_1$
$\beta = b_1/b_0$ Seitenverhältnis
β el. Nutschrägungswinkel
$\beta_0 = \operatorname{arctg} R_2/X_2$
δ Luftspalt
δ' wirksamer Luftspalt
δ'' reduzierter Luftspalt
η Wirkungsgrad
$\eta_0, \eta_1, \ldots$ Näherungslösungen
Φ magnetischer Fluß
γ spez. Gewicht
$\varkappa$ Leitfähigkeit
λ magn. (Streu-)Leitfähigkeit
λ_0 magn. Nutzleitfähigkeit
$\lambda_\sim$ magn. Streuleitfähigkeit bei Stromverdrängung
λ_i ideelle Kurzschluß-Streuleitfähigkeit
μ Ordnungszahl Stromoberwelle; Permeabilität
ν Ordnungszahl der Oberwellen
ϱ Reibungsziffer
σ Beanspruchung
σ Streuziffer oder -faktor
σ_d —, dopp. verk. Streuung
σ_{schr} —, Nutschrägung

Indizes.

a Anlauf; außen
d doppelt verkettet
g gegenläufig; gegenseitig
h Nutz-
h_a, h_i Haupt-, Hilfs-
i ideell; id. Kurzschluß; innen
k Kurzschluß-, Stillstands-, Anlauf-
k Käfig
l Leiter
L Luft
m mitläufig
n Nenn-
o oberer Käfig
r Rücken-, Ring-
s beim Schlupf s; Schlitz oder Steg
st Stab-
u unterer Käfig
v Verlust; bei rel. Geschw. v
z Zahn; zusätzlich
μ, ν Ordnungszahlen
σ Streu-
1, 2 Ständer, Läufer
(0), (s), (1), (∞) beim Schlupf 0, s, 1, ∞

Sachverzeichnis.